科学史译丛

# 科学革命的编史学研究

〔荷〕H.弗洛里斯·科恩 著

张卜天 译

商务印书馆
创于1897 The Commercial Press

H. Floris Cohen
**THE SCIENTIFIC REVOLUTION: A HISTORIOGRAPHICAL INQUIRY**

根据芝加哥大学出版社 1994 年版译出

资助单位：北京大学人文社会科学研究院 Institute of Humanities and Social Sciences Peking University

山水 SHANSHUI FORUM 论坛

# 《科学史译丛》总序

现代科学的兴起堪称世界现代史上最重大的事件，对人类现代文明的塑造起着极为关键的作用，许多新观念的产生都与科学变革有着直接关系。可以说，后世建立的一切人文社会学科都蕴含着一种基本动机：要么迎合科学，要么对抗科学。在不少人眼中，科学已然成为历史的中心，是最独特、最重要的人类成就，是人类进步的唯一体现。不深入了解科学的发展，就很难看清楚人类思想发展的契机和原动力。对中国而言，现代科学的传入乃是数千年未有之大变局的中枢，它打破了中国传统学术的基本框架，彻底改变了中国思想文化的面貌，极大地冲击了中国的政治、经济、文化和社会生活，导致了中华文明全方位的重构。如今，科学作为一种新的"意识形态"和"世界观"，业已融入中国人的主流文化血脉。

科学首先是一个西方概念，脱胎于西方文明这一母体。通过科学来认识西方文明的特质、思索人类的未来，是我们这个时代的迫切需要，也是科学史研究最重要的意义。明末以降，西学东渐，西方科技著作陆续被译成汉语。20 世纪 80 年代以来，更有一批西方传统科学哲学著作陆续得到译介。然而在此过程中，一个关键环节始终阙如，那就是对西方科学之起源的深入理解和反思。应该说直到 20 世纪末，中国学者才开始有意识地在西方文明的背景下研究科学的孕育和发展过程，着手系统译介早已蔚为大观的西方科学思想史著作。时至今日，在科学史这个重要领域，中国的学术研究依然严重滞后，以致间接制约了其他相关学术领域的发展。长期以来，我们对作为西方文化组成部分的科学缺乏深入认识，对科学的看法过于简单粗陋，比如至今仍然意识不到基督教神学对现代科学的兴起产生了莫大的推动作用，误以为科学从一开始就在寻找客观"自然规律"，等等。此外，科学史在国家学科分类体系中从属于理学，也导致这门学科难以起到沟通科学与人文的作用。

有鉴于此，在整个20世纪于西学传播厥功至伟的商务印书馆决定推出《科学史译丛》，继续深化这场虽已持续数百年但还远未结束的西学东渐运动。西方科学史著作汗牛充栋，限于编者对科学史价值的理解，本译丛的著作遴选会侧重于以下几个方面：

一、将科学现象置于西方文明的大背景中，从思想史和观念史角度切入，探讨人、神和自然的关系变迁背后折射出的世界观转变以及现代世界观的形成，着力揭示科学所植根的哲学、宗教及文化等思想渊源。

二、注重科学与人类终极意义和道德价值的关系。在现代以前，对人生意义和价值的思考很少脱离对宇宙本性的理解，但后来科学领域与道德、宗教领域逐渐分离。研究这种分离过程如何发生，必将启发对当代各种问题的思考。

三、注重对科学技术和现代工业文明的反思和批判。在西方历史上，科学技术绝非只受到赞美和弘扬，对其弊端的认识和警惕其实一直贯穿西方思想发展进程始终。中国对这一深厚的批判传统仍不甚了解,它对当代中国的意义也毋庸讳言。

四、注重西方神秘学(esotericism)传统。这个鱼龙混杂的领域类似于中国的术数或玄学,包含魔法、巫术、炼金术、占星学、灵知主义、赫尔墨斯主义及其他许多内容,中国人对它十分陌生。事实上,神秘学传统可谓西方思想文化中足以与"理性"、"信仰"三足鼎立的重要传统,与科学尤其是技术传统有密切的关系。不了解神秘学传统,我们对西方科学、技术、宗教、文学、艺术等的理解就无法真正深入。

五、借西方科学史研究来促进对中国文化的理解和反思。从某种角度来说,中国的科学"思想史"研究才刚刚开始,中国"科"、"技"背后的"术"、"道"层面值得深究。在什么意义上能在中国语境下谈论和使用"科学"、"技术"、"宗教"、"自然"等一系列来自西方的概念,都是亟待界定和深思的论题。只有本着"求异存同"而非"求同存异"的精神来比较中西方的科技与文明,才能更好地认识中西方各自的特质。

在科技文明主宰一切的当代世界,人们常常悲叹人文精神的丧失。然而,口号式地呼吁人文、空洞地强调精神的重要性显得苍白无力。若非基于理解,简单地推崇或拒斥均属无益,真正需要的是深远的思考和探索。回到西方文明的母体,正本清源地揭示西方科学技术的孕育和发展过程,是中国学术研究的必由之路。愿本译丛能为此目标贡献一份力量。

张卜天

2016年4月8日

科学要想沿着无尽的真理之路向前迈进，不是通过宣布放弃“认识实在”这个看似不可能实现的目标，而恰恰要大胆追求它。

——亚历山大·柯瓦雷

历史学家宁愿犯错也不要胆怯。

——林恩·怀特

**献给 Marja**

**献给 David Omar，1994 年 1 月 21 日生**

**谨以此书纪念 R. Hooykaas（1906 年 9 月 1 日—1994 年 1 月 4 日）**

# 目　录

## 第二部分　寻找科学革命的原因

## 第三部分　总结和结论:“真理的盛宴”

# 致　　谢



导言一章将会说明本书的目的和范围,这里我谨感谢所有那些为本书写作提供了宝贵帮助和协作的人。

首先是正式致谢。我在写作时利用了早先的一些会议论文,感谢克鲁维尔学术出版社和日本-荷兰研究所所长允许我重新利用“Beats and the Origins of Early Modern Science”(in V. Coelho [ed.], *Music and science in the age of Galileo* [Dordrecht: Kluwer Academic Publishers, 1992], pp. 17 - 34)和“The Emergence of Early Modern Science in Europe; with Remarks on Needham's 'Grand Question', Including the Issue of the Cross-cultural Transfer of Scientific Ideas”(*Journal of the Japan-Netherlands Institute* 3, 1991, pp. 9 - 31)中的部分内容。还要感谢剑桥大学出版社允许我从李约瑟的 *Clerks and Craftsmen in China and the West* 的第六章复制了一幅图。

感谢特温特大学的图书馆馆员,以及乌得勒支大学科学史研究所成员(特别感谢 Lian Hielkema)、莱顿布尔哈夫博物馆馆员(特别感谢 Peter de Clerq 和 Harry Leechburch)和国会图书馆的馆员们。

我有幸能在 1987 年休假从而完成本书第一部分的初稿。那年我有4个月在华盛顿的 Woodrow Wilson 国际学者中心访问。感谢西欧项目的职员和我的研究助理 Melissa Kasnitz 的支持，整个中心热情好客，令人振奋（合作者 William Christian、Carole Fink、Peirce Lewis 和 Marx Wartofsky 为此贡献良多）。我心存感念地忆起与 Mordechai Feingold 作过一次极富启发的交流。

这里也要感谢特温特大学历史系：Petra Bruulsema 的秘书工作非常出色，Christiaan Boudri、Marius Engelbrecht、Casper Hakfoort、Paul Lauxtermann、Hans Sparnaay、Tomas Vanheste 和 Peter Vardy 随时愿意与我进行愉快的交流，而且坚忍不拔地克服了重重困难。

xvi 感谢普林斯顿大学1989/90级科学史初级班的学生，指导这个班的是我以前在特温特大学的同事 Nancy J. Nersessian，他们试用了本书大部分内容的一个非常原始的初稿，Nersessian 也提出了具体建议和富有建设性的批评。

还要感谢那些阅读了整本书或其中部分内容的 H. Achterhuis、K. van Berkel、I. B. Cohen、H. J. Cook、W. Th. M. Frijhoff、A. Van Helden、J. C. Kassler、M. E. H. N. Mout、M. J. Osler、L. Pyenson、B. Theunissen、R. Wentholt、R. S. Westfall 和 J. G. Yoder等朋友和同事。此外还有不少人在交谈中提供了有益建议，因人数太多，这里恕不一一致谢。特别是，Rob 和 Sam 的书面和口头评价当时给我以温暖的鼓励，他们甚至远比作者更能领会其写作意图。Hooykaas 也是如此，令我深感遗憾的是，他未能在有生之年看到本书出版。我永远不会忘记他对本书所表现出的学术兴趣与个人兴趣。

关于芝加哥大学出版社，非常感谢来自两位读者的别具洞察力的批评以及员工们的奉献精神，特别是 Susan E. Abrams 极富热情，甘于奉献，Pamela J. Bruton 一丝不苟，精诚合作。

最后要向我的女儿 Esther 和妻子 Marja 致以最深挚的谢意，感谢你们的陪伴以及为我付出的辛劳。

于乌得勒支，1994 年 2 月

xvii

# 重要作者列表

下面这张表是为了方便读者查阅而列出的，并非没有遗漏。这些作者关于现代早期科学起源的观点在书中都有详细考察。这张表列出了讨论各位作者观点（而不是像通常那样，仅在该小节的导言部分或结语部分提到这个作者）的那些小节。因此，该表仅仅是从书末索引中抽取的一部分，索引中列出了书中出现的所有人名以及人名出现的每个页码。

| | |
|---|---|
| J. Le Rond d'Alembert（达朗贝尔） | 2.1 |
| J. Ben-David（本-戴维） | 4.2.3，5.1.2，5.3 |
| K. van Berkel（凡·贝克尔） | 5.2.6 |
| J. D. Bernal（贝尔纳） | 3.4.3，3.6.2—3，5.2.6 |
| E. A. Burtt（伯特） | 2.3.4，2.4.1，3.3.5 |
| H. Butterfield（巴特菲尔德） | 2.4.3，3.6.3 |
| M. Clagett（克拉盖特） | 4.2.2 |
| G. N. Clark（克拉克） | 5.2.2 |
| I. B. Cohen（I. B. 科恩） | 2.1 |
| A. Comte（孔德） | 2.2.2 |
| M. Daumas（多马） | 3.4.2 |
| E. J. Dijksterhuis（戴克斯特豪斯） | 2.3.2，2.4.1，4.2.1，4.4.1—2 |

| | |
|---|---|
| H. Dorn(多恩) | 6.5.4 |
| P. Duhem(迪昂) | 2.2.4,2.3,4.3 |
| E. L. Eisenstein(爱森斯坦) | 5.2.9 |
| B. Farrington(法林顿) | 4.2.2 |
| M. Feingold(法因戈尔德) | 3.5.2—3 |
| A. C. Graham(葛瑞汉) | 6.5.3—4 |
| E. Grant(格兰特) | 4.3 |
| G. E. von Grunebaum(冯·格鲁内鲍姆) | 6.2.2 |
| A. R. Hall(霍尔) | 2.4.3,3.3.5,5.1.2,5.2.5 |
| P. Hazard(阿扎尔) | 3.6.1 |
| A. Van Helden(范·赫尔登) | 3.4.2 |
| B. M. Hessen(赫森) | 5.2.2—3 |
| R. Hooykaas(霍伊卡) | 3.4.1,4.2.1,4.3,5.1.1,5.2.6,5.2.8 |
| R. F. Jones(琼斯) | 3.2.1 |
| I. Kant(康德) | 2.2.1 |
| A. Koyré(柯瓦雷) | 2.3.3,2.4.1,2.4.2,4.2.2,4.4.2,5.2.1,5.2.7 |
| T. S. Kuhn(库恩) | 2.4.4,3.2.3,3.4.1,4.4.1,4.4.4, xviii 5.1.2,5.2.6 |
| D. S. Landes(兰德斯) | 5.2.7,6.4,6.5.3 |
| P. F. H. Lauxtermann(劳克斯特曼) | 6.6 |
| G. E. R. Lloyd(劳埃德) | 4.2.3 |
| E. Mach(马赫) | 2.2.3 |
| E. McMullin(麦克马林) | 3.1.2 |
| A. Maier(迈尔) | 2.3.1,2.4.1,2.4.2,4.3 |
| C. Merchant(麦茜特) | 3.4.4 |
| R. K. Merton(默顿) | 3.4.3,3.5.1,5.1.2,5.2.3,5.2.5 |

| | |
|---|---|
| J. -E. Montucla(蒙蒂克拉) | 2.1 |
| S. H. Nasr(纳斯尔) | 6.6 |
| J. Needham(李约瑟) | 6.1,6.3—6 |
| L. Olschki(奥尔什基) | 5.2.1—7 |
| M. Ornstein(奥恩施坦) | 3.5.2 |
| R. H. Popkin(波普金) | 4.4.5 |
| T. K. Rabb(拉布) | 3.6.1,5.1.2 |
| J. H. Randall(兰德尔) | 4.4.3 |
| P. L. Rose(罗斯) | 4.4.2 |
| P. Rossi(罗西) | 3.3.5,4.4.4,5.2.6 |
| A. I. Sabra(萨卜拉) | 6.2.1—5 |
| S. Sambursky(桑博尔斯基) | 4.2.1 |
| J. J. Saunders(桑德斯) | 6.2.1,6.2.4 |
| A. Sayili(萨耶勒) | 6.2.3,6.4 |
| C. B. Schmitt(施密特) | 4.4.3 |
| S. Shapin and S. Schaffer(夏平和谢弗) | 3.2.4,3.4.1,3.5.1,3.6.1,3.7 |
| N. Sivin(席文) | 6.5.3 |
| W. A. Wallace(华莱士) | 4.4.3 |
| M. Weber(韦伯) | 3.3.4,3.6.3,6.5.4 |
| R. Wentholt(文托尔特) | 3.7 |
| Wen-yuan Qian(钱文源) | 6.5.4 |
| R. S. Westfall(韦斯特福尔) | 2.4.5,3.3.2,3.4.3,3.5.3,5.1 |
| R. S. Westman(韦斯特曼) | 4.4.4 |
| W. Whewell(休厄尔) | 2.2.2,4.2.1,4.3 |
| F. A. Yates(耶茨) | 3.3.1—5,4.4.4 |
| E. Zilsel(齐尔塞尔) | 5.2.4,6.5.2 |

# 第一章 “一个近乎全新的自然” 1

> 在过去数百年间，当基督教世界的大师们（*Virtuosi*）[1]全都在从事哲学研究时，一个近乎全新的自然展现在我们面前，这不是很清楚吗？我们难道没有看到，相比于亚里士多德之后那些荒诞昏愦的年代，人们已经察觉到经院哲学中的更多错误，在哲学中做了更多有用的实验，发现了光学、医学、解剖学和天文学中更多伟大的奥秘？毫无疑问，如果科学能够得到正确而普遍的培育，没有什么比它传播得更快了。[2]

这段话写于 1668 年，其作者并非科学家，而是诗人约翰·德莱顿（John Dryden，1631—1700）。他在 1668 年简要表达了当时的一种普遍看法，即科学在 17 世纪正经历一场前所未有的剧变。他还

---

① 我们这里把 virtuoso 译成“大师”，virtuosi 是它的复数形式。在 17 世纪初，virtuoso 一词首先指对宝石和古物感兴趣的绅士。到了 17 世纪中叶开始有了这样一种含义，即在科学和艺术等方面有研究或者做实验的人。波义耳曾写过《基督教大师》（*The Christian Virtuoso*，1690）一书，其副标题为：“表明沉迷于实验哲学可以帮助人成为优秀的基督徒”。在这一标题中，波义耳便是把 virtuoso 视为理解和发展实验哲学的人。——译者

② John Dryden's *Of Dramatick Poesie*: *An Essay*; vol. 1, p. 12, in M. Summers' 1931 edition of *Dryden*: *The Dramatic Works*. 在 Geoffrey Cantor 的帮助下，我通过 A. C. Crombie, "Historians and the Scientific Revolution," p. 12（其中年代误写成 1693 年）找到了这段话。

断言，既然正确的科学研究方法已经找到，科学注定会迅速扩张。

后世赞同这两个判断。不错，自从德莱顿写下这些话，科学已经扩展到越来越多的人类思想活动领域，它对我们日常生活的改变远远超出了人们在 1668 年的预料。17 世纪也一直被看作现代科学起源的特定历史时期。当时的科学在内容上固然与今天差异很大，但从事科学的模式却很相似。在过去几个世纪里，人们一直认为科学在 17 世纪出现了某种前所未有的新变化。

不过，这种认识的性质也发生了很大改变。在 17 世纪下半叶，像德莱顿那样的观念曾经作为争论焦点出现于当时著名的“古今之争”。现代观点的支持者把科学作为主要例子，证明现代人的成就远远超越了古人。在启蒙运动时期，个别科学研究者（如笛卡儿和培根）被誉为新时代的先驱，启蒙思想家们自认为完全置身于这个新时代——这是一个光明和理性的新时代，迷信和黑暗的势力已被击溃。正是在这种特定的思想氛围中，一些先驱者开始对
2 17 世纪科学的方方面面进行研究。然而直到 19 世纪，现代科学的产生才开始被当作一件过去的事情。现代科学是如何产生的，什么促成了它，诸如此类的问题才被提出来。当时，这些历史问题是在更大的哲学框架内部产生的，所给出的回答往往已被这些哲学观点事先决定。这种研究方法使得 17 世纪科学的历史屈从于对科学本性的总体构想。与这种研究方法不同，从 20 世纪初开始，人们开始把现代科学的产生当成一个有独立意义的历史问题。其转折点是皮埃尔·迪昂[①]的著名论题，即现代科学实际上起源

① 迪昂（Pierre Duhem，1861—1916）：法国物理学家、科学史家、科学哲学家。——译者

于中世纪。试图对现代科学的起源获得一种历史理解，这种努力在 1924 年至 1950 年左右大大加速，这源于两个密切相关的事件：其一，作为把握现代科学产生之本质的一种分析工具，“科学革命”概念被明确创造出来，并得以迅速传播；其二，科学史变成了一门专门学科——这一过程固然伴随着新的学术机遇，但很大程度上是由新的“科学革命”概念所孕育的。从那时起，对科学革命的专业研究一直是一个公认的专业学术领域。

于是，算上早期阶段，对现代科学起源的历史解释已经出现了差不多一个世纪。以关于 17 世纪个别科学家的思想、精神和社会状况的迅速涌现的专业研究为基础，对作为历史现象的科学革命的研究大大拓宽了我们对一些问题的理解，比如现代科学是如何产生的，它有别于理解自然奥秘的早期努力的主要特征是什么。然而，这些研究的全景从来没有被描绘过。关于“科学革命到底是怎么回事”“是什么促成了它”这两个基本问题的文献层出不穷，但我们找不到对这类文献的任何综述，对其全面的批判性分析尚付阙如。关于科学革命，历史学家提出了各种各样的想法，但我们尚不能找到一些线索将其观念系统地串起来。简而言之，对于我们目前置身何处，是如何走到这里的，仍然缺乏系统考察。这便是本书所要完成的任务。

对于本书目标的这样一种规定是相当形式性的。在这个宽泛的定义下面，有多少个作者，就可能写出多少本书。为了让读者更清楚本研究所要达到的目标，我应当简要说明本书如何脱胎于我在过去 20 多年里的一些思想关切。我希望由此澄清贯穿全书的
主要观念，这些观念使本书不仅是一部编年史或文献综述，而且使 3
其各个部分能够连成一个整体。

## 本书的一些主导观念及其渊源

这一切都始于一位极富革新精神的政治思想家雅克·德卡特[①],[②]他的名字在荷兰以外几乎不为人知。1967 年我才第一次见到他,那时他的政治生涯刚刚结束。其职业生涯的第一阶段是在 20 年代初的共产主义运动中度过的。1927 年,德卡特永远脱离了这一运动,对他而言,这绝对是一种解放,他迅速转变为最早批评列宁主义和正在形成的斯大林政策的最为博学和深刻的人之一。这种态度在 30 年代扩展为一种坚定的反极权主义,加之对强权政治的敏锐直觉,他很早就对纳粹主义的威胁提出了警告。在 1938 年写成的一部杰作中,他以惊人的准确性预言了二战的到来和最终的胜利以及美苏成为统治世界的两大力量。[③] 不过,该书对法西斯主义威胁的分析并不限于政治议题——这个问题是在研究西方文明的生命力这个更大框架中碰到的。德卡特认为只有西方承载着像多元主义这样的价值,能够进行开放性研究,对任何令人好奇的事物都能做出批判性考察。在他看来,只有西方创造出了一种以"肯定的怀疑态度"(affirmative scepticism)[④]为标志的

---

① 德卡特(Jacques de Kadt,1897—1988):荷兰政治思想家、政治家。——译者

② 有一部出色的专著讨论了德卡特的政治观点,并给出了富有启发的评论:R. Havenaar,*De tocht naar het onbekende: Het politieke denken van Jacques de Kadt* (Journey into the Unknown: Jacques de Kadt's Political Thought)(Amsterdam: van Oorschot,1990)。此书结尾的摘要也许是唯一有关德卡特的英语内容,尽管德卡特对西德尼·胡克(Sidney Hook)和弗朗茨·博克瑙(Franz Borkenau)等人都很熟悉。

③ J. de Kadt, *Het fascisme en de nieuwe vrijheid* (Fascism and the New Liberty)(Amsterdam: Querido,1939).

④ 德卡特这个短语源自 Max Eastman, *Marx and Lenin: The Science of Revolution* (London,1926)。

文明。现代科学技术第一次使西方文明传遍全球成为可能，而此前任何思想开放的社会都没有做到这一点。然而，这一正在进行的西化过程具有两面性。早在 20 世纪 30 年代，德卡特就面临着一个关键问题：非西方世界在吸收科技成果的同时，是否也会吸收孕育了这些成果的多元主义价值，从而创造出一个开放而充满活力的世界，使不同文化之间能够展开生气勃勃的竞争？抑或西方文明正在输出一些工具，使最激烈地反对这些价值的人能够以纳粹主义等所体现的极权主义精神来击溃西方所代表的一切？

旗帜鲜明地提出这些关键问题的显然并非德卡特一人，但能够像他那样本着一种实事求是的、政治现实主义的态度来处理这些问题的人着实不多见。我当时还是一个主修政治社会史的 21 岁本科生，在他思想的影响下，我开始把注意力集中到科学技术在全球西化过程中所扮演的关键角色。我同意德卡特的洞见，认为这个过程具有两面性。要想确保达到一个由“肯定的怀疑态度”赋予活力的开放世界，就必须坚决反对极权主义。但相比于积极从 4
事政治，我更关注历史。无论如何，我最强的好奇心后来集中在了西化过程的历史起源上。自从科学的变革力量释放出来，西化进程已经横扫了全球。我想知道：“现代世界源于何处？”

教科书给出了这个问题的现成答案。它们寻找现代世界在 16 世纪的起源。那时，欧洲的海外扩张导致了现代早期的征服行动；中世纪教会的统一性瓦解了；一种部分基于商业精神的经济开始取代封建关系；民族国家崛起，战争得以现代化，现代科学开始了。不错，有一些现代史教科书提到了现代科学，但都是些简短孤立的片段。简而言之，我很快就开始不同意几乎所有关于现代世界起源的文献的说法。从那时起，我始终认为，现代科学绝对是使西方区别于其他文明的关键要素。这绝非否认其他历史事件和进程同样有助于使“西方区别于其他文明”（借用戴维·兰德斯[David Landes][①]的说法）。[②] 尤其是马克斯·韦伯（Max Weber）[③]对这些事件和进程（本书将屡有提及）做了深入研究。但我的观点是，现代科学是使这种区别过程变得几乎不可逆转的关键因素。毕竟，现代科学催生了基于科学的技术，这在很大程度上导致了接下来几个世纪欧洲在世界文明中的统治权（这种统治权最初并未建立在这种技术的基础之上）。现代科学并非只是某一种思想建构，它蕴涵着对自然进行思想和操作上的双重控制。虽然经验技术是所有重要文明的一个共同特征，但系统运用科学见解来改造我们的自然环境（如弗朗西斯·培根所言，“通过顺从自然来征服自然”）却是欧洲的独创。关于 17 世纪的技术承诺到底何时开始变为现实，更确切地说，现代科学到底在多大程度上导致了工业革命，历史争论一直在进行（我们将在第 3.4.3 节探讨）。[④] 可以肯定的是，如果没有现代科学，工业和后工业世界是不可想象的。倘若西方没有这一特殊的霸权来源，文化上的支配地位就将永远随着世界历史而自然兴衰，就像古代和中世纪世界的许多文

① 兰德斯（1924—2013）：美国哈佛大学经济学、历史学教授。——译者

② D. S. Landes, *Revolution in Time*, p. 25.

③ 韦伯（1864—1920）：德国政治经济学家、社会学家。——译者

④ 作为工业化的主要技术引擎，瓦特蒸汽机的一个无可争议的特征是，这种机器完全依赖于对真空和大气压力的事先认识，这些认识是在科学革命过程中获得的（D. S. L. Cardwell, *Turning Points in Western Technology* 对此做了特别令人信服的论证）。此外，正如兰德斯在 *The Unbound Prometheus* (pp. 21 - 33) 中所表明的，早期工业社会背后的成本效益理性同样源于 17 世纪的科学思维模式。

明起伏消长一样。

沿着这些线索(当然那时要模糊得多)进行思考,我开始意识到,激起我兴趣的“西方区别于其他文明”之谜在很大程度上就隐藏在现代科学的产生这个独特进程中。因此,当我偶然看到一段话(后来我发现它变得非常著名)清楚地表达了我在学生时代的想法时,我那种得到印证的快慰之情是可想而知的:

> [科学革命]使基督教兴起以来的所有事物相形见绌,使文艺复兴和宗教改革降格为一些情节,降格为仅仅是中世纪基督教世界体系内部的一些移位。[1]

这是历史学家赫伯特·巴特菲尔德(Herbert Butterfield)[2]的《现代科学的起源》[3]一书中的话。巴特菲尔德在第十章“科学革命在西方文明史中的地位”中详细阐述了这一观念,它至今仍然是对科学革命主题极少数富有历史意义的明确讨论之一。对于研究17世纪科学的历史学家来说,以上引文颇为有名,因为它以一种敏锐的感觉表明,他们正在对世界史上的一个关键结点进行研究。但是对这种意识的阐述很少超出情感层次,更不要说将其变成一项成熟的研究,以阐明现代科学对西方文明有何影响,以及西方文明如何能够产生出现代科学。这样的研究还有待撰写。这项任务

---

① H. Butterfield, *The Origins of Modern Science, 1300—1800*;这段引语出自1957年修订版的 p. vii。

② 巴特菲尔德(1900—1979):英国历史学家、历史哲学家。——译者

③ *The Origins of Modern Science*,1949;将在本书第2.4.3节和3.6.3节讨论。

无疑令人望而却步，本书只是想为进一步的研究打些基础，在我看来这是不可或缺的。我以为，科学革命史家理查德·韦斯特福尔(Richard S. Westfall)[①]在一篇简短的教学指南开头最为简明地表述了完成整个任务的必要性：

> 科学革命是西方历史上最重要的“事件”，忽视它的历史学科必定会沿着古物癖的方向迈出不幸的一步。无论如何，科学已经处于现代生活各个方面的中心，已经塑造了我们的大多数思维范畴，并且在这一过程中不断颠覆构成我们文明精髓的人文主义概念。通过影响技术，科学有助于消除大部分西方世界的贫困负担，但这样做也加速了我们对世界上有限资源的开发，以至于现代科学产生之后不久，我们很有理由担心资源的耗竭。通过改变医学，科学已经使疾病和痛苦不再不断出现，但也产生了危害环境的有毒物质和可能使我们遭到灭绝的武器。……我深信，这份清单在很大程度上描述了20世纪末的现实，如果没有16、17世纪的科学革命，以上所列的任何东西都是不可设想的。……我希望看到有人能够全面地表明我方才简要概述的完整立场，对于将科学史明确纳入所有声称要解释我们目前世界之起源的学术课程来说，这一立场为这种纳入提供了最终的辩护。[②]

① 韦斯特福尔(1924—1996)：美国科学史家。——译者

② R. S. Westfall, “The Scientific Revolution,” pp. 7–8.

这段写于1986年的话再好不过地阐明了一种观点，正是这种 6
观点促使我在完成了关于20年代荷兰社会民主运动的博士论文之后，决定把注意力转向科学史。我现在认为，科学史是现代史学科的核心所在。

所有这些并不是说我对科学史的兴趣仅限于“外部”方面，即只对现代科学的原因和结果感兴趣，而不顾科学的“内容”——其不断改变的观念、概念、理论和工具，富有创造力的死胡同和更具创造力的成功。恰恰相反，我把科学誉为人类最令人瞩目的心灵冒险之一。在科学史上，“内部主义者”(internalists)与“外部主义者”(externalists)之间的争论由来已久。我在本书第3.5节以及其他许多地方都会详细讨论这一争论，特别是力图将它从非此即彼的无果立场中解救出来。对我个人来说，科学的这两个方面从未包含矛盾。毫无疑问，从某一方面来说，科学是一种社会现象，但我也从未怀疑过，科学远远不止于此。我越来越意识到，现代科学是过去两个多世纪以来社会转型的一种原动力甚至是最关键的原动力——它有“社会变革原动力”的一面。我同样惊叹于科学至少能在一定程度上揭示自然的奥秘——它有“真理”的一面。

正是从这种双重立场出发，我决定更好地了解科学革命。研究的途径有三条。第一条自然来自我在莱顿的国家科学史博物馆(现称“布尔哈夫博物馆”)的新工作。虽然我喜欢科学思想一直甚于科学仪器，但担任七年博物馆馆长一职肯定有助于使我更加意识到，现代科学既源于心，也源于手。第二，早年的一个机会使我能在一手资料的基础之上较为深入地了解科学革命先驱者的各种思维模式。这一机会最初表现为对惠更斯音乐理论的一次考察，最终则表现为，我在《量化音乐》(*Quantifying Music*)一书中连贯地呈现了音乐科学这门常常受到忽视的17世纪科学学科中的一个重要片段。①

与此同时，研究科学革命的第三条也是最明显的途径是研读历史学家对它说了些什么。事实证明，这本身就是一段令人振奋的发现旅程，也最有启发作用——我想我的大多数(即使不是全部)科学史同仁都可以证明这一点。我发现，“科学革命”成为一种历史分析的概念工具实际上是相当晚近的事情；这个概念通过深刻的哲学和历史理解而被锻造出来；此后它经历了迅速而彻底的
7 转变；科学革命本身就是一个极为丰富的事件；那些勇于以种种方式来解释科学革命的人编织出了一张巨大的网；最后，就科学革命的实质和原因进行争论的人似乎对这场争论在一个多世纪的编史学研究之后所达到的整个范围和意义知之甚少。

当我终于意识到最后这点之后，我决定撰写本书。② 我推断，如果不先将人们针对科学革命已经说过的内容加以有序的拆解并重新组装起来，而只是增加一部关于科学革命的总体解释，那是没有多大意义的。利用像“文艺复兴”这样的历史分析工具，或者像

---

① H. F. Cohen, *Quantifying Music: the Science of Music at the First Stage of the Scientific Revolution, 1580—1650*.

② H. F. Cohen, “Over aard en oorzaken van de 17e eeuwse wetenschapsrevolutie: Eerste ontwerp voor een historiografisch onderzoek” (On the Nature and Causes of the 17th-Century Scientific Revolution: Preliminary Draft of a Historiographical Research Project) (Amsterdam: van Oorschot, 1983), inaugural address at Twente University of Technology, 9 June 1983. 我后来于1986年和1989年在科学史学会就我正在进行的研究作过两次谈话。

法国大革命这样的世界历史事件，不少人作过编史学方面的全面描绘和分析。如果过分本着一种簿记员的精神去做，编史学的历史有时可能是一种相当枯燥乏味的体裁——这并不排除这种体裁可能会为进一步的历史分析做出重要贡献。但对于科学革命来说，还没有人做过我所设想的这种规模的工作。

### 相关的工作

我方才所说的意思当然不是要忽视科学革命编史学领域的一些相关工作，其中大部分内容我都心怀感激地用在了我自己的研究中。I. 伯纳德·科恩(I. Bernard Cohen)[①]的研究主要集中在一般意义上的“诸科学革命”(scientific revolutions)观念的历史，但对“科学革命”(the Scientific Revolution)概念的起源也提供了有益的线索。[②]（“科学革命”与“诸科学革命”这两个不同术语之间产生了许多混淆，它们的概念和历史纠缠将构成本书的一个子主题。）此外，还有 A. 鲁珀特·霍尔(A. Rupert Hall)[③]《科学中的革命：1500—1750》(*The Revolution in Science: 1500—1750*)中的“原因问题”一章。亨利·格拉克(Henry Guerlac)[④]、托马斯·库恩(Thomas S. Kuhn)[⑤]、黑尔格·克拉格(Helge Kragh)[⑥]、约翰·

---

① I. 伯纳德·科恩(1914—2003)：美国科学史家。——译者

② I. B. Cohen, *Revolution in Science*, particularly ch. 26, “The Historians Speak.”

③ 霍尔(1920—2009)：英国科学史家。——译者

④ 格拉克(1910—1985)：美国科学史家。——译者

⑤ 库恩(1922—1996)：美国科学哲学家、科学史家。——译者

⑥ 克拉格(1944— )：丹麦科学史家。——译者

克里斯蒂(John Christie)和阿诺德·萨克雷(Arnold Thackray)等人粗略勾勒了科学编史学历史的一些线索。[1] 罗伊·波特(Roy Porter)[2]的《科学革命:一根车轮辐条?》一文考察了科学革命是否符合《历史中的革命》(*Revolution in History*,这篇文章是该书中的一章)的整体图景。最近戴维·林德伯格(David Lindberg)[3]写了一篇《从培根到巴特菲尔德的科学革命观概览》。[4]

另一些相关的编史学工作是对个别科学革命史家及其相关著作的研究。这方面的文献远多于刚才提到的那些段落和章节,这里
8 没有必要详尽列出。例如,有些纪念文章讨论了几乎所有已经故去的科学革命史家,并且赞扬了其中许多人。学术期刊上有文章评论和最新的概述。本书详细考察的几乎所有科学革命著作都有书评(我绝非宣称我已经考察过所有这些评论,我甚至根本不试图这样

---

① H. Guerlac, *Essays and Papers in the History of Modern Science*,特别是该书前 65 页。T. S. Kuhn, *The Essential Tension*,特别是序言和第 1,3,5,6 章。H. Kragh, *An Introduction to the Historiography of Science*. J. R. R. Christie, "The Development of the Historiography of Science." A. Thackray, "History of Science," in P. Durbin (ed.), *A Guide to the Culture of Science, Technology, and Medicine* (New York: Free Press, 1980), pp. 3 - 69.

② 波特(1946—2002):英国社会史家、科学史家、医学史家。——译者

③ 林德伯格(1935—2015):美国科学史家。——译者

④ 斯坦利·雅基(Stanley L. Jaki)的 *The Origin of Science and the Science of Its Origins* 虽然从形式上看是唯一一本旨在涵盖与我同样范围的著作,但很难说是对该主题的有用贡献。正如不止一位批评者所指出的,它其实是护教学(而且是相当恶毒的一种)。在雅基看来,科学革命编史学的历史似乎可以分为三个阶段:生活在皮埃尔·迪昂之前并且没能预见到他的所有那些人;正确的皮埃尔·迪昂;最后是所有后来的历史学家,他们无一例外没能觉察到是如此。把现代科学的产生归功于布里丹和奥雷姆等罗马天主教思想家的强烈欲望压倒了雅基对该主题的所有其他思考。

做)。还有关于迪昂、亚历山大·柯瓦雷(Alexandre Koyré)[①]和李约瑟(Joseph Needham)[②]等人的书和文章——其中每一个人为理解科学革命所做出的贡献自然也成为这些研究诸多主题当中的一个。最后是一些正在进行的关于科学革命的某些特定解释的争论,这些解释已被称为“论题”,如默顿论题(the Merton thesis)、赫森论题(the Hessen thesis)、耶茨论题(the Yates thesis)等等。值得注意的是,这些争论往往被彼此孤立地看待,甚至会脱离它们所属的科学革命争论这一更大框架。或者换句话说,目前关于科学革命的争论尚未充分意识到激增的学术观点的整个范围和深度。各种观点层出不穷,但“争论”却是以本质上分离的独白形式进行的;该主题被分成一个个密不透风的小隔间,每一个隔间里都居住着研究科学革命某一方面的学者。

简而言之,前面所说的所有文献仍然远未构成关于科学革命实质和原因的编史学的完整历史。但我们为什么要有这样一种东西呢?

### 走得比我们现在更远

作为科学史家,我们也许过分理所当然地认为,时间将会筛选出我们历史研究中有价值的东西,它们会自动进入不断积累的“有效的”编史学储备。但我认为,在科学编史学中并没有这样一种机制在起作用,这与我们对其历史进行研究的那些科学的情况往往有所不同。因此,我们必须主动建立某种集体记忆,以确保研究成

---

① 柯瓦雷(1892—1964):法国科学史家、哲学史家。——译者

② 李约瑟(1900—1995):英国科技史家。——译者

果能够得到最好的积累。随着研究的进行，我在本研究开始时所持的怀疑在相当程度上得到了确证：如果没有人关心把各条线索组织在一起，许多价值便可能丧失。诚然，某些关于科学革命的解释已经过时，无法修复。但也有一些关于科学革命的解释尚未得到应有的承认。列奥纳多·奥尔什基（Leonardo Olschki）[1]、约瑟夫·本-戴维（Joseph Ben-David）[2]和赖耶·霍伊卡（Reijer Hooykaas）[3]的研究便是这方面的例子。我发现有人提出了非常有见地的思想，拥有巨大的开发潜力，但尚未得到很好的发掘和利用（柯瓦雷的工作便是显著的例子）。我还发现，如果将李约瑟的关
9 键问题——为什么现代科学产生于西方而不是中国？——作适当转化，那么它对西方科学的研究者也蕴藏着极好的机会。简而言之，我发现，系统研究过去的学者关于科学革命的种种说法，可以为我们提供一种源源不断的、不会很快被耗尽的灵感来源，从而帮助我们走得比现在更远。

进行这项研究时，我不由得心生感激。我有幸被科学史的一位先驱霍伊卡引入这个领域。考虑到今天科学史领域的蓬勃发展，我们理应回到这些使之初兴的大胆的思想家，在其作品中发掘出尚未被利用的洞见。

**采取的方法**

实现这些目标的方法是对关于科学革命的看法作系统比较。

---

① 奥尔什基（1910—1987）：意大利语文学家、语言学家。——译者

② 本-戴维（1920—1986）：美国科学社会学家。——译者

③ 霍伊卡（1906—1994）：荷兰科学史家。——译者

一位历史学家的想法可能偶然会对另一位历史学家的想法产生很大启发，这种启发也会有助于澄清长期存在的争议。比如这样一些棘手的问题：科学革命是何时开始的？天文学、力学、化学、生命科学和医学在科学革命中各自扮演什么角色？我们所说的“机械化”到底是什么意思？还有其他许多正在争论的问题。

大思想家几乎从来不是死板一块。因此我相信，其作品之所以在他们去世后还能保持生命力，往往是因为他们思想深处有一些尚未解决的矛盾。追溯和挖掘这些矛盾是我常用的方法，这样做并不是为了将其廉价地曝光，而是因为这些内在矛盾往往会对日后的分析和研究有极大助益。

本研究的主要成果正是通过这两种操作模式获得的，即比较和寻找给人启发的不一致性。之前思想家的观念，无论多么创新和全面，很少能再被全盘接受，因为它们实际上已经过时。例如，在第 2.3.3 节中我将试图表明，尽管今天遭到了严重忽视，但柯瓦雷的许多思想仍然极具启发性和富有成果——但这种忽视并不难理解，因为新的(尤其是关于伽利略的)历史事实已经出现，以致无法原封不动地全盘接受他的看法。① 在我看来，对于柯瓦雷以及许多其他人的想法，我们既不应全盘接受，也不应一概忽视，而应进行**明智的结合和嫁接**，**有意识地转变和运用**它们。本书所研究的许多想法都很有价值，不会因为最初被用来支持它们的经验事实得到部分修正而消亡。我的一个目的就是为它们切实可行的复 10

① 正是由于忽视了历史生活的事实，雅基对迪昂现代科学起源观的全盘辩护才成了咄咄怪事。

兴做准备。这并不是说，对经验事实的修正是人们不情愿接受的一种不幸意外。任何关于历史解释的争议最终当然必须由经验事实来裁决。但历史事实很难把自己说清楚。它们言说时，我们最好是倾听。但在被思想火炬照亮之前，它们往往无法开始清楚地言说。这种持续的观念转变对于科学编史学的进展是一个至关重要的过程，就像 I. B. 科恩针对科学本身的进展所显示的那样。[①]

**界线**

由方才规定的目标和方法可以看出，本书并不是要考察 17 世纪以来关于从哥白尼到牛顿的科学发展的所有著作——例如追踪历史学家在这几个世纪是如何处理哥白尼的假说或皇家学会会议的。我所关注的始终是作为一个历史问题的现代早期科学的产生，因此我才会关注 20 世纪 20 年代以来的编史学。我并不是要贬低这些非常博学的著作(今天的历史学家仍然能够从中学到很多)，比如让-艾蒂安·蒙蒂克拉(Jean-Étienne Montucla)[②]在 18 世纪末写的他之前的数学科学史，或者库尔德·拉斯维茨(Kurd Lasswitz)[③]在 19 世纪末写的牛顿之前的原子论史。这些著作共同造就了自己的历史，诺埃尔·斯维尔德洛(Noel M. Swerdlow)[④]最

① I. B. Cohen, *The Newtonian Revolution: With Illustrations of the Transformation of Scientific Ideas*.

② 蒙蒂克拉(1725—1799)：法国数学史家。——译者

③ 拉斯维茨(1848—1910)：德国科学家、哲学家、科幻小说家，常用 Velatus 作为笔名。——译者

④ 斯维尔德洛(1941—)：美国科学史家。——译者

近就这一历史中涉及数学科学的部分做了开拓性的概述。① 这个迄今尚未成文的庞大历史当然在许多地方进入了我的研究，但不要把两者相混淆。

本书希望全面，但并不打算详尽无遗。我肯定已经尽了最大努力来考察那些特别注重科学革命的“什么”“何时”“为何”的最为重要、有趣和有影响力的研究。同样肯定的是，我必定遗漏了其中一些研究，我要事先对那些本不应当遗漏的研究表示道歉。但我并不旨在详尽无遗地涵盖所有研究——我希望深入讨论那些最能帮助我们理解现代科学产生的最重要的文献，而不是不管内在价值，对曾经说过的一切做出肤浅的概述。

由于我关注的是历史学家关于作为一个历史问题的科学革命的看法，这完全决定了我所运用的文献类型。我的原始材料自然是能够表达这些看法的作品（主要是书，但也有文章、论文和书的章节）。有不止一部这样的作品已经成为学生的教科书。需要预先提醒读者，由于面对的是学术同仁，我对科学革命史家某些思想的表述可能并不那么简单。此外，我非常关注他们主要思想的特 11
征、叙述的安排等这些在教学中较少关注的东西。

本书的二手文献是对各种文献的大量背景解读，但所解读文献大都是讨论历史学家（其思想构成了我的原始材料）的书和文章。自 80 年代中期以来，当我在写作本书时，这样的文献一直在激增，我曾力图跟上它们的步伐。但我认为自己并没有义务要把

① N. M. Swerdlow, “The History of the Exact Sciences.”（该论文曾在 1991 年 10 月 30 日—11 月 3 日在麦迪逊举行的科学史学会会议上交流；蒙作者惠赠。）

关于科学革命所有人物或所有方面的文献都纳入进来。在这个意义上，我的目标是编史学的，而不是编制书目，无数论点仅仅略为涉及我们的主体，如果要考虑并让读者参考其中所有最新文献，那么本书永远也不可能完成。此外，我这里确想考察的那些研究也会层出不穷，我不得不在某一点上划定界线。除少数例外，我没有考虑 1990 年之后问世的文献。

本书还有一个方面可能会被视为不完备，即它集中在关于科学革命的各种观念，而不是产生这些观念的思想背景和社会背景。例如，我们可以不仅研究柯瓦雷崭新的科学革命概念指的是什么，还可以研究他在提出这一观念时如何把注意力集中于恩斯特·卡西尔（Ernst Cassirer）[①]、埃米尔·梅耶松（Émile Meyerson）[②]、加斯东·巴什拉（Gaston Bachelard）[③]等讨论现代科学起源问题的众多思想家的某些观念，还可以着手探究柯瓦雷的思想如何与他在战前巴黎学术生活中地位偏低有关。[④] 如果以这种方式写作，我很容易把本书篇幅增加一倍或两倍，把它变成一部庞大的“科学革命编史学的思想史和社会史”著作。读这样一本书我也许会很高兴，但我宁愿不去亲自写这本书。本书现有的样子已经能够提供足够的思想食粮。此外，以这种方式进行的许多背景研究容易把观念还原为它们的思想起源和社会起源，而我更倾向于在发现

① 卡西尔（1874—1945）：德国哲学家。——译者

② 梅耶松（1859—1933）：法国科学哲学家。——译者

③ 巴什拉（1884—1962）：法国哲学家。——译者

④ 关于该主题的有趣材料可见于 A. Koyré, *De la mystique à la science*。

来源之前先就观念本身进行研究。[1] 所有这些并不是说我不会偶尔对这里讨论的某些观念的背景做出评论——尤其当迪昂富有创见的夸张、赫尔墨斯主义潮流、某些马克思主义研究方法以及李约瑟思想的相关背景是如此迷人时——但我在这个方向上完全没有做系统的努力。

**调解活动**

我们目前对于科学革命的理解正是源于如此众多重要研究。我一般会带着批判性的同情来处理它们。我将毫不犹豫地坦陈我所看到的缺陷，但我会尽可能做得富有建设性，因为最重要的是为未来的学术创造机会。只要可能，我都会表达我内心深处的赞赏和钦佩。我发现，本书中渗透的精神在埃德温·阿瑟·伯特[2] 12
(Edwin Arthur Burtt，他关于现代科学起源的观念将在第2.3.4节中讨论)的《寻求哲学理解》(*In Search of Philosophic Understanding*，1965)一书中得到了令人信服的表达。他这里讨论的主题是哲学体系，而不是我的主题——关于现代科学起源的观念，但总体进路是完全一致的：

> 我们旨在详细解释每一种哲学，既要揭示它所面临的严

---

① 例如罗伊·波特在其论文“The Scientific Revolution: A Spoke in the Wheel?”中曾试图揭示我这里所谓的“大传统”在冷战中的意识形态基础。在我看来，波特说的大部分内容都言之成理，但我们最终发现，塑造了该传统的那些大胆思想家的独特成就几乎完全不见踪影。

② 伯特(1892—1989)：美国哲学史家、宗教史家、宗教哲学家。——译者

重限制，更要凸显其大有希望的前途，使我们看到它们如何可能得到实质性的实现。[①]

于是，我也旨在以类似的方式在科学革命编史学的过去与可能的未来之间进行调解。但本书还构成了另一项调解活动，这种角色也许在习惯上更与荷兰人相联系，即在欧洲大陆与盎格鲁-撒克逊思潮之间进行调解。由于语言障碍不断加深，今天英美学术界有不少人实际上已经无法理解关于现代科学起源的许多令人振奋的思想。然而就像许多学术领域那样，自二战以来，科学编史学的中心一直在英美学术界。越来越多的翻译肯定在一定程度上弥补了由此带来的损失。但是，以集中的形式来传递用法语、德语或荷兰语原文表述的相关思想似乎还有很大余地。

第三项也是最后一项调解活动涉及专家与旨在综合的学者之间的对立。无论是过去还是现在，许多思想家都表达了对学术工作不断专业化的沮丧。我们处处都可以感觉到专业化，科学史也不例外。专家是不可或缺的——如果对我们在过去半个世纪取得的关于科学革命的显著增长的认识感到遗憾，那纯粹是一种蒙昧主义，只有使尽浑身解数才能把原始状态的科学史事实成功地加工成历史认识的珍品，我敬畏于这种不同寻常的努力。

然而，用越来越精细的线条描绘整体画面细节的行为使这幅图像本身变得越来越难以理解。专业化无情地推进着。每个人都

① E. A. Burtt, *In Search of Philosophic Understanding*, p. 93 of the second edition.

知道这一点，每个人都表示遗憾，但很少有人为此做点什么。而在
减轻专业化不幸后果的那些罕见的自觉努力中，我们必须始终抵
制缺乏经验事实支持的宏大思辨。在我看来，永恒的挑战是在两 13
个极端之间取得平衡，一个极端是相对安全地研究细枝末节，另一
个极端则是自鸣得意地进行草率而笼统的统一。因此，本书希望
能为反抗过度专业化的英勇斗争做出贡献。约翰·赫伊津哈
(Johan Huizinga)①曾说：“所有这些努力要把我们带向何方？这
个致命的问题威胁着正在膨胀而不是内转的所有人文学科。”②因
此我认为，以经验为基础重新获得一种整体性的理解，这种努力应
当被看成为不可或缺的专家所揭示的内容补充了一种具有内在价
值的“加”(plus)，并为也许不可避免的“减”(minuses)给予几分纵
容。在我看来，只有伴随着对包含一切的统一性的认识，才能最充
分地享有多样性。

### 秘密宝藏

就科学革命而言，本篇导言一开始便触及了专业化的主要后果。我指的是科学革命作为世界史中一个关键节点的奇特位置：科学史家们虽然研究科学革命本身，但却脱离了它的主要背景，而科学革命构成了现代世界的起源以及现代世界为何最先产生于西方等研究中缺失的主要环节。19、20 世纪历史写作的出乎预料的

---

① 赫伊津哈(1872—1945)：荷兰历史学家。——译者

② 出自 1928 年的一篇杂志文章，引自 J. Huizinga's *Briefwisseling* (Correspondence) (Utrecht: Veen/Tjeenk Willink, 1990), vol. 2, p. 218。

变化已经使科学史家们拥有了一份近乎秘密的宝藏。至少对于想要了解西方崛起的几乎所有学者(“一般的”历史学家、社会学家、经济学家等)来说,它仍然是秘密的。(本书也讨论了极少数例外。)自从人类思想活动的方方面面在17世纪被现代科学的魔杖触碰和转化之后,研究这些方面的大多数学者也仍然没有注意到这一宝藏。①

这种情况并非没有危险。整合的重要任务仍然摆在我们面前,本书只是朝着那个或许还很遥远的目标迈出了一小步。科学史家既已成为宝藏的唯一守护者,便承担着使其状态完好的重任,直到有一天全面整合最终完成。然而,不应指责科学史家按照对他们来说很自然的用法来处理科学革命概念。正如我在本书中所

---

① 一个例外是关于科学革命对技术以及整个工业化意味着什么的那些研究,比如兰德斯的 *Unbound Prometheus*,或者 Jean-François Revel 两卷本的 *Histoire de la philosophie occidentale*,它也是围绕着科学革命作为西方哲学史中的一个关键断裂而组织的。(这里我禁不住要提到我用荷兰语写的一篇文章,讨论的是科学革命如何处于“两种文化”的分裂的起源处[“De Wetenschapsrevolutie van de 17e eeuw en de eenheid van het wetenschappelijk denken” [The Scientific Revolution of the 17th Century and the Unity of Scientific Thought], in W. Mijnhardt and B. Theunissen [eds.], *De twee culturen: De eenheid van de wetenschap en haar teloorgang* [Amsterdam: Rodopi, 1988], pp. 3-14.]。)

无疑还有许多这样的研究。但我们最常遇到的是那样一些作者,他们认为自17世纪以来的现代科学对其主题产生了巨大影响,但却似乎完全不知道关于科学革命的历史文献。例如 Theodore Roszak 引人入胜的 *The Cult of Information* (New York: Pantheon, 1986)中的历史见解本可以得益于对科学革命文献的少量认识。另一部富有魅力的研究 Christopher Small, *Music, Society, Education*, 2nd rev. ed. (London: Calder, 1980)也是如此。在第四章“The Scientific World View”中,Small 提出过一个论证,表明“调性和声恰恰在17世纪初开始主导西方音乐:这种音乐在接下来三个世纪里几乎完全居于的那个光明的理性世界(尽管浪漫主义者力图摆脱它)正是科学理性主义的世界,这一点绝非偶然”(p. 81)。他的论证具有说服力,但我们希望作者更深入地考察过17世纪“科学理性主义”的产生。类似的例子必定还有许多。

要详细展示的那样,科学革命概念在过去半个世纪里所经历变化的内在逻辑对破坏这个概念起了很大作用。至少可以设想,科学革命概念可能会在整合之日到来之前完全消失。这种趋势已有一些明确迹象,我将在本书结论部分回到这一主题。

半个多世纪以来持续不断的越来越专业化的研究使我们很难构造出一幅关于科学革命的仍然能够符合历史事实的整体图像。14
半个世纪以前,科学革命史家们以极大的勇气和信心提出了这样一些图像。如今,纵观科学革命概念所发生的变化,我们要么是在一种非常狭窄的背景下进行精确定义,要么是在一种宽泛的背景下失去概念的清晰性,要么是为了挽救两者的优点而对科学革命采取一种双向的研究方法,从而需要面临在这一过程中碰到的结构性困难。我们对科学革命概念的日常使用已经在很大程度上变得几乎完全空洞,这绝非偶然。从16世纪开始,我们就习惯于按照一个个世纪把科学史切割成教学片段,称之为16世纪“文艺复兴”,然后是“科学革命”,接着是“18世纪”(或“启蒙运动”)、“19世纪”和“20世纪”科学。在这种日常用法中,科学革命概念已经退化成一个空洞的标签,只适合用来做浅易的分期。至于其他情况,我们似乎愿意按照自己的意图给这个概念赋予任何意义,在内容上几乎没有什么共同之处。事实上,这距离宣布整个概念是“多余的”似乎只有一步之遥,就像爱因斯坦宣布以太是多余的一样。

总之,科学革命作为一种历史分析工具已经变得很不灵光,所以在它能够提供最急需的服务之前,也许应把它置于一旁。不用说,我会把已经存在了半个世纪的科学革命概念的消失视为重大的思想灾难。因此,在科学革命概念经历的这个关键阶段,我的努力在很大程度上不仅是要详细表明这个概念如何遭遇到这样一场危机，而且最重要的是，为它指明沿着何种道路可以获救，以及经过怎样的适当转变又可以恢复到之前的健康状态。

**本书概要**

本书后面内容的设计与方才简述的目的相一致。它主要分为三个部分，第三部分把本书主体所显示的线索汇集在一起，之所以把主体分成两个部分，主要是为了区分关于科学革命的“什么”(what)和“为何”(why)的问题。第一部分讨论历史学家试图找到现代科学有别于之前自然哲学体系的独特的新东西，第二部分则是为了*解释*现代科学的产生而付出的种种努力。我知道这种区分虽然在逻辑上令人满意，也相当切题，但在实际操作上却并非无懈可击。作为一种组织原则，其主要优点是隔开了那些肯定迥然不同的问题，从而使我们有可能揭示对这些问题的各种不同回答的相互关联。这样做之所以可能，是因为“什么”和“为何”的问题大体上是由不同群体提出的。而主要缺点也来自于这并非完全是事实。一些科学革命研究者——我想到的主要是霍尔、默顿、耶茨和本-戴维——关于科学革命的实质和原因的看法几乎各占一半，或者把两个问题密不可分地结合在了一起。这些作者使我不得不面临一项选择，要么让他们出现两次，要么对其观点进行比较任意的归类。无论是哪种情况，所采取的解决办法都不可能完全令人满意，但我已经尽了最大努力试图减少由此给读者带来的不适。此
15 外，特别是在讨论伽利略时，“什么”和“为何”的问题似乎融合在了一起。这种缺憾同样无法弥补，但我已经尽可能地减少了损害。

第一部分有两章。第二章大致以时间顺序提出了我所谓的“大传统”。我指的是使科学革命概念得以产生并作为一种分析工具发展起来的那种思想运动，旨在澄清17世纪新科学的实质。这场运动主要涉及科学观念的内容及其哲学衍生物。这一章所贯穿的主题如下：

——科学史学科并非产生于“一般的”历史，而是产生于科学哲学；

——塑造科学革命概念；

——特指的科学革命（the Scientific Revolution）概念与泛指的诸科学革命（scientific revolutions）概念之间不断变化的关系；

——关于现代科学产生的重要事实标志着与先前自然观的连续还是断裂；

——试图在无偏见的观察、安排实验、对自然现象的数学处理或者“机械化”（无论赋予这个多功能的术语什么含义）中找到科学革命的“关键”；

——因年代鉴定问题而难以提出科学革命的整体图像，赋予笛卡儿等人以恰当角色时所面临的问题，以及难以为当时化学、生命科学和医学的发展找到恰当的位置。

第三章提出了通常在“大传统”框架以外探讨的科学革命编史学中的一系列主题。一些源于科学革命的新发展在这里涌现出来，比如17世纪科学家对于权威、进步和科学未来的态度；科学方
法；科学仪器；设想通过认识自然定律而利用自然；科学运动的组 16
织和体制化以及大学和科学社团在其中的作用。编史学的另一种新近趋向涉及重建17世纪科学家所处的精神世界的要素，以及这

些要素对其科学研究方式的影响——用“赫尔墨斯主义”一词来涵盖这一主题已经变得司空见惯。最后，我讨论了历史学家力图把科学革命置于更广的事件和历史进程中进行研究：17 世纪的社会秩序危机、封建主义欧洲的解体以及整个西方文明进程。最后我在结论中表明，有一条贯穿于整个科学革命编史学的发展线索，即不断努力把现代科学看似必然的产生及其后续发展变成一连串偶然事件。

第二部分可以概括得更加简要。历史学家解释现代科学如何可能产生的努力分为三章。第四章讨论现代科学产生于希腊、中世纪和文艺复兴时期的西方传统自然思想。第五章讨论历史学家提出的把现代科学的产生与西欧历史事件联系起来的因果链。这些因果动因表现为清教主义和宗教改革，技术、技艺和手艺，资本主义的兴起，航海大发现，印刷术，科学主义运动的兴起等。第六章讨论对李约瑟著名问题的某一变种的回答：思考现代科学“未能”产生于历史上的任何其他伟大文明，能对我们认识科学革命的原因有什么助益？

在结尾的第三部分，第七章把我们的发现整合为一篇题为“科学革命概念 50 年”的文章。在最后的第八章[①]，我的身份不再是研究关于科学革命实质和原因的编史学的历史学家，而是一位严格的历史学家，我将按照自己此时对科学革命的理解对其进行概述。这一章旨在成为开放性的一章。在整本书中，我尽力确保与我的看法完全相左的读者依然能从之前的论证中受益——论证并不**依赖**结论。

---

① 第八章在中译本中已经略去，见“中译本补遗”。——译者

因此，只有最后一章所表达的看法才完全是我本人的。由于本书主体是对其他历史学家关于科学革命的看法进行分析，所以我很乐于承担正确阐述这些看法的内容和事实根据的责任，但只有在我明确表示赞同时才是如此。要想公正地评价这里所做的努力，不能把作者的想法与他所研究的那些观念混淆起来。

## 实际事项和约定 17

我并不认为读者毫无准备就能阅读本书。我虽然试图解释很多东西，但并未说明伽利略的主要功绩是什么，或者光荣革命是怎么一回事。要想理解本书，读者应当至少熟悉一部 17 世纪科学史的优秀导论和一部现代欧洲史的优秀教材。巴特菲尔德、爱德华·扬·戴克斯特豪斯(Eduard Jan Dijksterhuis)[①]、霍尔或韦斯特福尔关于科学革命的著作以及罗伯特·罗斯韦尔·帕尔默(Robert Roswell Palmer)[②]和约耳·科尔顿(Joel G. Colton)[③]的《现代世界史》(*A History of the Modern World*)或可作为例子。[④]

然后是关于术语。我用“科学革命史家”来指任何深入探讨这一主题的人，无论他本人是什么学科出身，比如哲学、社会学或经

---

① 戴克斯特豪斯(1892—1965)：荷兰科学史家。——译者

② 帕尔默(1909—2002)：美国历史学家。——译者

③ 科尔顿(1918—2011)：美国历史学家。——译者

④ H. Butterfield, *The Origins of Modern Science, 1300—1800*. E. J. Dijksterhuis, *The Mechanization of the World Picture* (1950 in Dutch; 1961 in English translation). A. R. Hall, *The Revolution in Science, 1500—1750*. R. S. Westfall, *The Construction of Modern Science: Mechanisms and Mechanics*. R. R. Palmer and J. Colton, *A History of the Modern World* (New York: Knopf, 1950; many revisions since).

济学等等。我把研究科学以外的学科的历史学家归为“一般历史学家”，必要时会告知其各自的专业领域。更重要的是，我不得不删去若干结点，以便用清晰的词汇来区分科学史中的不同阶段。除了被称为“希腊的”，古希腊科学有时也被称为“古代的”或“古典的”。中世纪和文艺复兴时期没有什么混淆，但大约 1550 年与 1900 年之间的科学有时被称为“经典的”，有时被称为“现代早期的”，大多数情况下则被称为“现代的”，而 20 世纪科学总被称为“现代的”。从现在起，我将无一例外地把古代西方科学称为“希腊的”或“古代的”，把伽利略、开普勒和牛顿的科学称为“现代早期的”，把爱因斯坦和玻尔以来的科学称为“现代的”。这样便可完全避免“古典”或“经典”一词，如果它在引文中出现，我会在可能引起混淆时注明作者的意思。

正文中的所有引文都以英文呈现，注释则指明出处。如果引用的文本是译文，则所附的注释中会给出原文，只有荷兰文原文除外。如果已有译文，我会在认为合适的地方自由做出更改，而且会在相应的第一个注释中指出这种变动。

注释几乎完全由参考文献组成。一般来说，某一节的第一个注释会对正文中讨论的历史学家的现有文献做简要概述。非专业读者可以忽略所有注释，而不会遗漏任何对于论证不可或缺的内容。开场白已经够长了，现在让我们看看科学以革命性步伐前进这一观念在 18 世纪初是如何兴起的。

# 第一部分　定义科学革命的实质

# 第二章　大传统



## 2.1 “诸科学革命”与科学革命

“诸科学革命”(Scientific Revolutions)是通称。它代表一种关于科学发展进程的哲学观念,表示科学发现一般会以阵发性的方式进行。按照这种观点,科学是跨越式发展的,而不是一点点增加。诸科学革命被认为是以某种频率发生甚至是规律性发生的,并无独特性可言。自1962年库恩的《科学革命的结构》(*Structure of Scientific Revolutions*)出版以来,这个术语和这种观念对思想界产生了巨大影响,但正如I. B. 科恩所表明的,从18世纪初开始,这个术语和观念就已经在流行了。

“科学革命”(Scientific Revolution)则是特称。它代表关于科学史上一个片段的历史观念,表示历史上有一个很难精确确定年代的时期(但几乎总要包括17世纪初的几十年),那时科学发生了戏剧性的剧变。这场剧变是独一无二的。“科学革命”一词最初因为巴特菲尔德1949年出版的系列讲演《现代科学的起源》(*The Origins of Modern Science*)而广泛流行开来。正如I. B. 科恩所表明的,“科学革命”作为一个术语曾在1913年以后被偶然使用,[①]但

---

① I. B. Cohen, *Revolution in Science*, pp. 391 - 400.

作为理解现代早期科学起源的一种概念工具，则是由柯瓦雷在 20 世纪 30 年代创造的。

诸科学革命与科学革命的概念经常被合在一起。有时纯粹是出于误解，因为这两个术语很相似（这当然不是偶然的）。例如，I. B. 科恩发表了他关于“诸科学革命”起源的发现之后，有人立即推论说，“科学革命”一词同样可以追溯到 18 世纪初。[①] 但将它们合在一起也有更为实质性的理由。一方面，一些人虽然主张有一
22 个被称为“科学革命”的独特历史事件，但也区分出了一次或若干次后来的科学革命：19 世纪末、20 世纪初发生的第二次科学革命，等等。[②] 如果允许这些革命增殖，那么原本不同的两个概念自然会趋向于有效合并。

另一方面，如果我们追问（出于某种原因，我们很少这样追问），科学革命是否应算作那些主张科学发展是革命性的人所区分出的诸科学革命之一，我们就会触及许多概念混乱的核心。[③] 如果回答是绝对的“是”，那么科学革命就会失去历史学家所坚持的那种独特性。如果回答是“否”，那么很奇怪，科学中发生的最深刻剧变竟然未被算作一场革命。这里有一个难以解决的悖论。诸科学革命也许就像科学这条大河河面上的波浪，平缓地流过历史，不

---

① 例如霍尔在 *Dictionary of the History of Science*，p. 379 的“Scientific Revolution”词条下写道，“这个术语自 17 世纪末便流行开来”，而此前他刚刚把“科学革命”定义为“关于自然的思想转变……希腊-伊斯兰传统经由它被现代科学所替换”。或参见 T. L. Hankins，*Science and the Enlightenment*，p. 1：“‘科学革命’一词是由达朗贝尔等数学家创造的。”

② 概述参见 I. B. Cohen，*Revolution in Science*，ch. 6。

③ 我在拙文“Music as a Test-Case”，p. 374 中提出了这个问题。

料在流经 17 世纪时经常与科学革命发生冲突,不得不与之协调。抑或是,在现代早期科学产生之前,科学并没有获得一种革命性特征,所以科学革命处于后来发生的无数诸科学革命的起源处。我们将在本章后面的部分看到,在康德、休厄尔和库恩等人的头脑中,这两种观念时而互补,时而对立。

**启蒙思想家论现代早期科学的产生**

有一个早期例子把“科学革命”一词的哲学一般性与历史独特性结合了起来,那就是启蒙运动的著名文献《百科全书》(*Encyclopédie*)。

正如 I. B. 科恩所表明的,17 世纪以两种不同方式为后来创造“诸科学革命”一词做出了决定性的贡献。“革命”这一政治术语很大程度上是由于 1688 年的光荣革命而渐渐失去了其周期性涵义(这种涵义源于天文学家所研究的行星运转),越来越表示朝着更好的未来迈进意义上的激进发展。17 世纪不仅产生了现代早期科学,同时也使一种观念开始兴起,即科学和政治事件一样,也可以通过反叛过去来显示进步。18 世纪在双重含义上使用“诸科学革命”这个新术语,显见于达朗贝尔(Jean Le Rond d'Alembert)[①]在《百科全书》(1756)第六卷中所写的长达四页的“实验”词条。[②]

这里达朗贝尔概述了“严格意义上的哲学的复兴”,[③]这种复兴以培根和笛卡儿的登场为标志。通过倡导一种实验方法,这两

---

① 达朗贝尔(1717—1783):法国数学家、科学家、哲学家和作家。——译者

② I. B. Cohen, *Revolution in Science*, chs. 1, 4, 5, 12, and 13.

③ Jean Le Rond d'Alembert, s. v. "Expérimental," *Encyclopédie*, vol. 6, p. 299: "la renaissance proprement dite de la Philosophie."

个人终结了亚里士多德主义所统治的“黑暗时代”或“无知时代”
23 “模糊费解的哲学研究方法”。[①] 然而，培根和笛卡儿以及此后致力于实验研究的学院派没有完成也不可能完成革命，因为“不应指望心灵这么快就能摆脱一切偏见。牛顿出现了”。[②] 接下来是一次典型转折。一方面，达朗贝尔热情赞颂了牛顿的成就：

> ［他］第一次显示了前人只能设想的东西，即把几何学引入物理学，通过把实验与计算结合起来，形成了一种精确而深刻的、光明的新科学。……此光明最终照亮了全世界。[③]

该词条的其余部分确证了一种印象，即在达朗贝尔看来，牛顿在《自然哲学的数学原理》和《光学》中的成就是独一无二的，它所给出的“真理在今天成了现代物理学的基础和原理”。[④] 另一方面，在歌颂了牛顿的成就之后，达朗贝尔指出，科学革命的这种两阶段进程并非罕见：“革命基础一旦奠定，完成革命便几乎总是下

① Jean Le Rond d'Alembert, s. v. "Expérimental," *Encyclopédie*, vol. 6, p. 299: "les siècles d'ignorance"; "ces tems ténébreux"; "cette méthode vague & obscure de philosopher."

② Ibidem: "il ne faut pas espérer que l'esprit se délivre si promptement de tous ses préjugés. Newton paru."

③ Ibidem: "Newton paru, & montra le premier ce que ses prédécesseurs n'avoient fait qu'entrevoir, l'art d'introduire la Géométrie dans la Physique, & de former, en réunissant l'experience au calcul, une science exacte, profonde, lumineuse, & nouvelle.... la lumière a enfin prévalu."

④ Ibidem: "plusieurs autres vérités qui sont aujourd'hui la base & comme les élémens de la physique moderne."

一代的事情。”①

在启蒙时期对17世纪科学成就的描述中，这种独特性与一般性的混合似乎是一种惯例。我们很难指望启蒙运动所处的18世纪能够出现对于科学史的独立兴趣，因为17世纪之前科学的黑暗时代与科学真理之光的突然出现这两者的二分过于深入人心，参与牛顿及其直接先驱所开创的事业太让人振奋。I. B. 科恩《科学中的革命》(*The Revolution in Science*)中的“18世纪的科学革命观”一章令人信服地表明，尽管作为18世纪自身关切的写照，可能会有一些有趣的研究致力于探讨启蒙运动对17世纪科学的看法，但我们还不能指望18世纪能够出现综合性的、真正历史的观念。我们可以发现一些简要的概述，比如达朗贝尔的词条、对17世纪个别科学家成就的评论、关于某一门数学科学中的“革命”的讨论等，讨论这些领域的首位历史学家均出现于18世纪(比如写了一部天文学史来讨论“哥白尼革命”的让-西尔万·贝利[Jean-Sylvain Bailly]②)。我们甚至发现，在蒙蒂克拉四卷本的《数学史》(*Histoire des mathématiques*, 2 vols., 1758; 2nd ed., 4 vols., 1799—1802)中，有一整卷都是讨论17世纪的。这部著作对之前的所有数学科学(无论是“纯粹的”还是“混合的”)作了考察，内容广泛，至今仍有启发。其背后的驱动力肯定是，蒙蒂克拉对于过去

① Jean Le Rond d'Alembert, s. v. “Expérimental,” *Encyclopédie*, vol. 6, p. 299: “quand les fondemens d'une révolution sont une fois jetés, c'est presque toujours dans la génération suivante que la révolution s'achève.”

② 贝利(1736—1793)：法国天文学家、演说家，法国大革命的早期领导者之一。——译者

有着异乎寻常的强烈兴趣。看到有那么多著作致力于讨论人类疯狂屠杀的历史，他觉得这时应当记录人类在发明和发现方面稳步前进的历史了，这首先体现于具有内在确定性的数学科学。[①] 他确信，就数学科学的进展而言，没有哪个世纪（蒙蒂克拉常常用世
24 纪来思考）比刚刚过去的 18 世纪贡献更多。然而，17 世纪（它又受到了 16 世纪下半叶“人们心灵中的一场快乐革命”的滋养）[②]在很大程度上标志着数学科学的突飞猛进。他还明确区分了希腊遗产在数学科学中的恢复、有限扩展和大规模转变。不过，蒙蒂克拉对于现代早期科学起源的构想基本就这么多。他还广泛而博学地讨论了个别作者在纯粹数学、力学、天文学和光学等方面的著作，他从 1550 年起，以半个世纪为一段对这些学科进行组织，它们的历史不时被多个“革命时期”所打断。

我们还发现，特别是在伏尔泰的著作中，科学被当作文化史的一个组成要素而提出。文化史这种类别没过多久便逐渐消失了，直到 20 世纪才被复兴，但科学史几乎完全被遗漏。[③]

在思考法国启蒙运动的编史学图景以及当时流行的那种历史意识时，要想找到一种关于现代早期科学起源的构想，它既是系统

---

① J. F. Montucla, *Histoire des mathématiques*, vol. 1, pp. i, viii. 感谢斯维尔德洛通过其论文“The History of the Exact Sciences”提醒我注意到了蒙蒂克拉。在研读蒙蒂克拉的这部四卷本著作时，我开始理解斯维尔德洛的热情，尽管我并不认为蒙蒂克拉提出了一种关于现代早期科学起源的概念理解。但我赞同斯维尔德洛的一种看法，即在某种意义上我们仍然在追随着蒙蒂克拉的步伐。

② J. F. Montucla, *Histoire des mathématiques*, vol. 1, p. 559: “cette heureuse révolution dans les esprits.”

③ Voltaire, *Essai sur les moeurs et Vesprit des nations* (1745—1785) (modern ed. by R. Pomeau [Paris: Classiques Gamier, 1990], 2 vols.).

性的、分析性的、解释性的，同时又关注历史本身，这似乎是徒劳的。朝着这一构想迈进的是从启蒙运动到20世纪初的人，其典型人物是康德、休厄尔、马赫和迪昂。每一位思想家至少在其中一个方面占据着中间位置。这里要讨论的第一个人物是康德。尽管他关注的是人类思想的一般形式，而不是其历史细节，但他把诸科学革命的概念与一种关于现代早期科学起源的明确观念有趣地结合了起来。

## 2.2 理解现代早期科学起源的最初尝试

### 2.2.1 康德的“思维方式的革命”

康德认为自己的《纯粹理性批判》(*Kritik der reinen Vernunft*)是把形而上学变成科学的一种努力。在第二版序言中(1787年4月)，他为这样一种努力的可行性提供了论证。其论证是通过类比进行的：他希望表明其他“理性关切”如何以及何时已经成功变成了真正的科学。

在序言中，康德的出发点是，与其他“理性关切”不同，形而上学从未获得一种可靠的、无可置疑的科学的地位。这种令人遗憾的状况是如何出现的？我们能为它做点什么？要想回答这些问 25
题，就必须研究科学一般是如何产生的。康德说，构成“理性关切”的各门学科可以分成两个不同类别：有些学科很成功，也就是说，在其发展的某一点上走上了“科学的可靠道路”；[1]而另一些学科

① “der sichere Gang einer Wissenschaft.”

要么在不无希望的开端之后陷入停滞，要么在不断尝试寻找正确的道路，要么从事这些学科的人对于如何将其继续进行下去越来越缺乏一致意见。在所有这些情况下，我们看到的“只是来回摸索”。[①] 到目前为止，只有三个运用人类理性的领域取得了科学的可靠地位，那就是逻辑学、数学和经验科学。数学是一个有趣的例子。有很长一段时间，特别是在埃及人那里，数学显示出了第一阶段“来回摸索”的特征。直到希腊人转向数学，科学的可靠道路才被发现。找到它绝非易事。这一切是如何发生的已经湮没在历史的黑暗之中，但可以肯定，这一决定性的转折应当归功于

> 个别人物在一次尝试中的幸运灵感所引发的革命。由此人们必须走上的道路不会再被错过，科学的可靠道路将被永远地、无限地选定和标示出来。这场……思维方式的革命以及实现这场革命的幸运者的历史并没有为我们保留下来。[②]

关于数学如何成为一门业已确立的、无疑可靠的科学的这种说明为经验科学作好了准备。因为康德向我们保证，这里模式是

---

① “ein blosses Herumtappen.”

② “Vielmehr glaube ich, dass es lange mit ihr (vornehmlich noch unter den Ägyptern) beim Herumtappen geblieben ist, und diese Umänderung einer Revolution zuzuschreiben sei, die der glückliche Einfall eines einzigen Mannes in einem Versuche zustande brachte, von welchem an die Bahn, die man nehmen musste, nicht mehr zu verfehlen war, und der sichere Gang einer Wissenschaft für alle Zeiten und in unendliche Weiten eingeschlagen und vorgezeichnet war. Die Geschichte dieser Revolution der Denkart ..., und des Glücklichen, der sie zustande brachte, ist uns nicht aufbehalten.”

完全相同的，只不过经验科学需要更多时间才能“走上科学的康庄大道”。[1] 在经验科学中，弗朗西斯·培根是核心人物。其作用有两个：做出关键的发现，使经验科学能够从摸索阶段发展成走上可靠道路的成熟科学，同样重要的是，激励已经走上正轨的其他科学。这一切必须再次被称为“思维方式的革命”。伽利略、托里拆利（Torricelli）和施塔尔（Stahl，“燃素”化学的创始人）等人所做的实验使同时代的自然研究者突然醒悟。他们现在知道，必须主动研究自然，而不是让自然束缚其研究者。在经验科学的“来回摸索”阶段，人们也曾作过观察，但这些观察随意且缺乏组织。在革命发生之前，没有人尝试把观察系统地组织成定律。要想做到这一点，研究者绝不能做一个学生，被动地听老师讲需要学什么，而要做一个法官，主动讯问证人以发现真相。正是这种传统思维方 26
式的革命解释了物理科学为何能在盲目摸索数百年之后最终变成了真正的科学。

康德进而指出，现在形而上学也需要发生一场类似的“思维方式的革命”，以便走上可靠的、无可置疑的科学的康庄大道。成功实现这一点所需的彻底视角转变即为通常所说的“康德的哥白尼式的革命”（这种称呼其实不太恰当）。[2]

从本质上讲，康德在其序言中概述的正是关于“科学革命”的大部分启蒙运动思想对于哲学一般性与历史独特性的结合。但这

---

① “den Heeresweg der Wissenschaft.”

② I. B. Cohen, *Revolution in Science*, ch. 15 列出了许多作者，他们采用了“康德的哥白尼式的革命”这一用语，却没有费心查看该用语所出自的康德的序言。

种结合其实是一种模糊的混合，比如达朗贝尔将其变成了一种关于现代早期科学产生的实际理论，它处于一种关于诸科学革命的一般理论之中。

康德同意前人的看法，认为科学是革命性的。只不过，每一门科学或每一组科学只发生一次革命。正因如此，现代早期科学的产生才是一种独特的现象。每一次这样的革命都以一种特定转变为标志。就经验科学而言，这种革命是从盲目观察到自觉实验的转变。在康德看来，这是现代早期科学产生的关键所在。①

因此，康德为启蒙运动的科学革命思想带来了双重转变。一方面，他给出了一种"诸科学革命的结构"，为科学革命保留了一个特殊的位置。这里我们看到，它与库恩后来的模式有许多相似之处。康德为"来回摸索"阶段所做的标记竟然与库恩为某一学科的"前范式状态"所定的标准有很多共同点（更多的内容见第 2.4.4 节）。更一般地说，康德这里以结构性的论证调和了科学一般意义上的革命性与导致现代早期科学产生的那场独特剧变。

另一方面，康德明确界定了是什么东西使得这种新科学如此不同于以往的自然观。新科学的基本特征是用实验积极讯问自然，而不是像早先那样试图用被动的纯粹观察方法来理解自然。在康德这里，与他关于科学本性的总体看法相一致，这种标准在很大程度上是哲学的先验构造，是强加于历史的，而不是源出于历

① 参见达朗贝尔在"Expérimental"词条中的类似区分，p. 298。区别在于，对于达朗贝尔而言，这是诸种区分中的一种，而对于康德而言，这是关键点。

史。在这方面，康德也为后来关于科学革命典型性质的许多思想做好了准备。

但与后来的思想家不同，康德很少努力用历史事实来支持他的区分标准。他更关注人类思想的固定形式，而不是人类思想随时间的转变，以至于他似乎认为科学史的事实是不可理解的。在 27
谈及伽利略、托里拆利和施塔尔的那段话所附的一个注释中，他甚至说："我这里并没有精确遵循实验方法的历史线索，关于实验方法的起源，我们无论如何也弄不清楚。"①

我们现在开始讨论另一位思想家。他完全同意康德关于科学本性的一般见解，但除此之外他还认为，这些见解必须在一定程度上从整个科学史进程中导出来，而且必须通过尽可能广泛地考察整个科学史进程而得到最终确证。这位思想家便是威廉·休厄尔。

### 2.2.2 开始向科学的过去学习：威廉·休厄尔

和康德等启蒙哲学家一样，英国科学哲学家威廉·休厄尔(William Whewell，1794—1866)对科学史本身并不感兴趣，他主要关注的同样是对科学发展的方式给出一般解释。但休厄尔之所以被正确地视为科学编史学之"父"，甚至被更恰当地视为科学编史学之"祖父"，是因为他认为，要想精确地确定科学发展的模式，

① "Ich folge hier nicht genau dem Faden der Geschichte der Experimentalmethode, deren erste Anfänge auch nicht wohl bekannt sind."

就必须回到历史。①

休厄尔以极为宏大的方式回到了历史。他的《归纳科学的历史》(*History of the Inductive Sciences*)第一版于1837年问世,包括三卷,1857年的第三版即最后一版共1447页。《归纳科学的历史》第一版问世之后不到三年,两卷《归纳科学的哲学》(*Philosophy of the Inductive Sciences*)便出版了,最终又是1387页的煌煌巨著,旨在"为叙事提供教益"。②

休厄尔深知这一事业的新颖性。正如他在《归纳科学的哲学》

① 我使用的是休厄尔著作的以下版本:G. Buchdahl and L. L. Laudan (eds.), *The Historical and Philosophical Works of William Whewell*, 10 vols. (London: Frank Cass,1967)。该版本的第二卷至第六卷是对 W. Whewell, *History of the Inductive Sciences, from the Earliest to the Present Time*, 3rd ed. 3 vols. (London: Parker,1857) 和 *The Philosophy of the Inductive Sciences, Founded upon Their History*, 2nd ed. 2 vols. (London: Parker,1847) 的照相制版复制。

关于休厄尔有大量文献,大都集中于他的哲学观点,只有很少一部分关注它们的历史基础或这两个领域如何能在休厄尔的工作中结合起来。一个例外是一篇富有启发性的文章:Yehuda Elkana,"William Whewell, Historian"。这篇文章的大部分内容被 Elkana 用于他编的 *William Whewell: Selected Writings on the History of Science* 的编者导言中。这里我们可以看到关于休厄尔的进一步参考文献。另一个例外是 G. N. Cantor,"Between Rationalism and Romanticism: Whewell's Historiography of the Inductive Sciences"。它详细讨论了休厄尔努力的背景(例如,休厄尔以惊人的速度掌握了一门他在19世纪30年代以前几乎完全忽略的学科)。Cantor 的这篇文章收在 M. Fisch and S. Schaffer (ed.), *William Whewell: A Composite Portrait* 中。Fisch 还出版了 *William Whewell Philosopher of Science*。虽然 Fisch 这里关注的是对休厄尔哲学的重建,但他也就休厄尔的《归纳科学的历史》与《归纳科学的哲学》的关系提出了有趣见解。

I. B. Cohen, *Revolution in Science*, pp. 528-532 列出了休厄尔对"革命"一词的精确使用。关于同一主题的更广泛研究——尽管仅限于哲学分析——是 F. Schipper, "William Whewell's Conception of Scientific Revolutions"。

② W. Whewell, *Philosophy* I, p. iii of the second edition.

的导言中所解释的，其主要动机是，他发现（我们今天所谓的）“案例分析”方法并不足以构成一种真正令人满意的科学哲学：

> 本书所给出的关于知识和发现的结论得自于**对整个物理科学及其历史所做的一种连贯而系统的考察**；然而到目前为止，哲学家们依然满足于从一两个科学门类中引证科学理论的零星例子。只要我们以这种任意和有限的方式来选择例子，我们就失去了哲学教导最好的部分，而当我们把各门科学都当作一个系列的成员来考虑，认为它们受制于相同的规则时，科学是能够为我们提供这种哲学教导的。……当我们把结论作得极具广泛性，以至于能够适用于范围如此广大的众多学科时，我们也许会升起信心，相信它们代表着真正的普遍永恒真理。①

休厄尔详细考察科学史的另一个动机是他对历史上的一些大 28
思想家怀有深切的感激之情，正是这些大思想家使我们现代人能够爬上这样一座科学成就的高山。从这里，我们不仅应当前瞻有待于我们自己和后人攀爬的更高斜坡，而且也应当回望，这既是为了承认我们从过去的思想中受益良多，也是为了了解科学是如何做的。这并不是说，休厄尔认为研究科学的过去能够为我们揭示“发现的技艺”，他坚信科学发现过程中存在着理性无法解释的一些要素。

---

① W. Whewell, *Philosophy* I, pp. 8 – 9.

但我们依然可以从科学史那里学到东西。在休厄尔看来，成功的科学尤其具有两种特征。如果它们出现，科学就会繁荣，如果不出现，科学就会陷入贫瘠的不育期。休厄尔把这两种规定性特征称为“概念解释”(the Explication of Conceptions)和“事实综合”(the Colligation of Facts)。这两种心理操作使科学家能够把两种基本要素——概念和事实——转变为科学知识。

在理解休厄尔的整个工作时，必须注意，他并非是把这两种规定性特征当作一张“普罗克汝斯忒斯之床”(Procrustean bed)[①]来裁决科学的过去，使之符合他的先入之见，也不是当作对整个历史事先作一种哲学上中立的概观而导出的不带偏见的纯粹概括，而是认为，它们提供了组织其历史研究的关键要素。正是这种组织方式赋予了他的五大卷著作以强大的内在统一性。在《归纳科学的历史》中，休厄尔对科学的一般看法被用作展开科学史叙事的主导思想；在《归纳科学的哲学》中，他一次次地回到历史，为的是以一种更加明确的方式从中汲取一般性的教益。这种做法，加之他那种令人惊叹的博学和真正的历史感，以及非教条地谨慎处理他对科学过程的看法，[②]使这五卷著作成为一种典范，今天有历史头脑的少数几位科学哲学家正在以此为榜样力图达到这样一种结

① 希腊神话中普罗克汝斯忒斯(Procrustes)是阿提卡巨人，羁留旅客，缚之床榻，体长者截其下肢，体短者拔之使与床齐长。——译者

② 对休厄尔历史感的一种相当不同的评价可见于 Henry Guerlac, “A Backward View,” reprinted in his *Essays and Papers*, pp. 54 – 65 的 p. 56。除了本节正文所说的所有那些内容，休厄尔作为历史学家的敏感性的一个例子是，在整个《归纳科学的哲学》中，我们看到有大量说法表明，休厄尔深知(时至今日仍然被大多数科学史家忽视的)音乐科学是科学史家和科学哲学家的正当研究对象。

果:哲学让历史服务于另一种也许更加宏大的目的,而不仅仅是为了过去而重建过去;历史则丰富了哲学,使之与实际的科学实践始终保持接触。

那么,休厄尔对科学持有哪些主要观念并以此来卓有成效地组织他对科学史的解释呢?我们不要被著作标题中的"归纳"一词引入歧途,尽管这个词似乎起到了这样一种纲领性的功用。虽然休厄尔经常用著名的归纳主义意象来断言,科学的进展在于由不
断增长的事实进行归纳推理,从而达到越来越广泛的概括,但他对 29
科学发展的实际看法要比这一术语所暗示的内容丰富得多。休厄尔确信,发现总是包含着大胆思辨和往往无法用理性解释的正当猜测:

> 如果事先没有某种大胆的练习,不允许猜测,那么知识的进展通常是不可能的。要想发现新的真理,无疑需要心灵富有成效地认真考察事物,但也同样需要富有成效地迅速提出事物。除了把许多可能性迅速展现在我们面前,并且选出一种恰当的可能性,发明还能是什么呢?诚然,当我们拒斥了所有无法接受的假定之后,它们很快就被大多数人忘记了,很少有人认为有必要老是想着那些被抛弃的假说以及抛弃它们的过程,就像开普勒所做的那样。然而,任何发现真理的人必定要犯许多错误才能获得每一个真理;任何被接受的理论也必定是从许多候选者中挑选出来的。……发现绝不是一个不能作这些猜测的"谨慎的"或"严格的"过程。但不同情况有很大差异,比如猜测是否容易被证明错误,以及错误和证明后来在

多大程度上仍然受到关注。

[简而言之,]一般来说,正是本着这种精神才能成功地追求知识:但凡获得真理的人都热切致力于将他们知识中距离很远的点连接起来,而不是谨慎地停留在任何一点上,直到被某种东西逼迫才去超越各点。[1]

因此,我们不应认为休厄尔的"概念解释"和"事实综合"是肤浅的归纳主义的。在接下来对这两个概念的简要分析中,我很不情愿地只讨论了对于理解休厄尔的现代早期科学起源观必不可少的内容——他那五卷著作的内容实在太过丰富,要想避免持续不断地引述和讨论这位杰出的科学史专家就科学的一般本性所提出的许多洞见,还真得忍受住极大的诱惑。

## 休厄尔关于科学发展的关键原则

休厄尔的"概念解释"可以归结为揭示某些对于科学发现十分基本的概念。在这些概念中,时间、数量和空间是最基本的,尽管远不是唯一的(还有原因和相似性)。在更详细地进行揭示时,这些概念又会引出更为具体的概念或观念,如比例、压力、引力等。一般说来,当第一次用这些关键概念将某些观察事实联系在一起时,这些概念会显得有些含糊不清——对其进行严格定义和公理化是事后的行为。

因此,"事实综合"过程与"概念解释"其实是同一枚硬币的两

① W. Whewell, *History* I, pp. 318, 326.

面：只有用这些“清晰而恰当的概念”把观察事实联系在一起，观察 30
事实才能变成科学知识。要想在某种特定情况下准确地确定什么概念是恰当的，并无机械的程序或常规可循。个人的睿智甚至天才正可在这里大显身手：阿基米德“求助于压力概念来获得杠杆的平衡条件，而亚里士多德则认为杠杆的平衡条件仅仅源于圆的奇特属性”，[①]这些并无固定的规则可循。然而，声称科学包含这两种基本的思维过程，这样说并非空洞或没有意义。一个原因是，休厄尔的确更为具体地谈论了它们的运作。他通常会说，科学包含三个步骤：思想选择、概念构造和确定大小。特别是前两个步骤，可以说只有通过尝试才能完成。

虽然这些总体看法并没有教给我们今后如何在某种科学事业中取得成功，但它们的确大大有助于解释科学史上屡见不鲜的诸多错误、死胡同以及整体上徒劳无果的时期。（在第 4.2.1 节和 4.3 节中，我将讨论休厄尔关于希腊和中世纪科学整体停滞的相关论述。）

尽管如此，科学发展的整体图像仍然是一般性（generality）的不断增加。在每一个新的转折处，都会有更多的事实被综合起来。与之前的概念解释成功联系起来的事实相比，只要用一种新的概念，或者重新用一种较早的概念将更多的事实（也包括早先范围较小的理论，由于发现它们代表着真理，所以现在也获得了事实地位）综合在一起，科学就会发展。然而，由此产生的理论建构要想成为一种新科学，必须经得起最严格的实验检验。

---

① W. Whewell, *Philosophy* II, p. 40.

休厄尔详细说明的正是科学归纳的整个过程。万有引力概念就是一个典型的例子，牛顿借此把伽利略定律和开普勒定律的事实综合在一起，成为“形成一种完美的归纳科学的第一个例子”。[①] 因此，虽然科学会在越来越高的一般性层次上进行级别逐渐升高的归纳，在这个意义上，科学显示出从初级到高级的直线发展，但我们在科学发展的整体线索中也可以看出某些成功的事实综合过程在持续不断地进行。休厄尔认为，这些综合过程是革命性的。

> 科学史上发生的重大变化，思想世界发生的革命，都是一般化(generalization)的各个步骤，这是它们通常具有的一个主要特征。…… [在相继进行的一般化步骤中，]我们发现某
> 31 些步骤极为重要，具有决定性的意义，它们特别影响了物理哲学的命运，我们可以认为其余步骤都要从属和附属于它们。[②]

既然科学中的这些革命最终都依赖于个别天才的表现，我们可以在科学史中区分出某些归纳时期，它们与个人在科学发现方面的突出成就紧密相关，比如希帕克斯(Hipparchus)、牛顿或菲涅尔(Augustin-Jean Fresnel)[③]的归纳时期。

休厄尔对这些时期的革命性的看法并不完全一致。热情洋

① W. Whewell, *History* II, p. 99.

② W. Whewell, *History* I, p. 9.

③ 菲涅尔(1788—1827)：法国物理学家。——译者

溢、激动不已时，他往往会注意是什么使这些时期如此具有开创性，并与之前的观点本质上断裂。关于牛顿的万有引力归纳，休厄尔这样写道：

> 在我们把这一学说分成的五个步骤当中，每一个都会被视为重要进展。……这五个步骤共同构成的不是跳跃，而是飞跃——不仅是改进，而且是变形——不是另一个重要时期，而是终结。[①]

但休厄尔也认为，前一个时期的某些成果对于后一个时期可能仍然具有价值和确实有效，从而可以本质上不受损害地留存下来。在总结对于此事的总体看法时，他这样谈论科学革命中连续与断裂的平衡：

> 构成科学先前胜利的各种原则也许看上去遭到了后来发现的颠覆和驱逐，但事实上，它们（就其是正确的而言）被吸收和包括在了后来的学说之中。它们仍然是科学的重要组成部分。较早的真理不是被驱逐，而是被吸收，不是被反驳，而是被拓展；实际上，每一门科学的历史都是一系列发展，从而显得像是一系列革命。[②]

① W. Whewell, *History* II, p. 137.
② W. Whewell, *History* I, p. 8.

## 休厄尔《归纳科学的历史》的组织

我们方才概述的对科学发展的一般看法决定了休厄尔对其五卷著作的组织。通过了解这种组织情况，我们将会看到，为什么休厄尔清楚地知道科学在 17 世纪发生了某种前所未有的变化，却没有在作品中明确而详细地讨论现代早期科学的产生。之所以要详细讨论这种明显的缺位，在我看来，一个充分的理由是，休厄尔在很长一段时间里远比其他科学史家更有资格阐述对于现代早期科学起源的看法。倘若这五卷著作的安排没有阻挡道路，科学革命
32 的编史学也许会走上一条完全不同的道路，更具体地说，在休厄尔生前已经开始的实证主义对科学革命编史学的危害就可能远不那么严重。现在我就来讨论这种假想的历史。

《归纳科学的历史》总体上是根据主题来组织的。它按照时间顺序讨论了每一门科学。只要觉得可能，休厄尔就会把归纳时期变成相关科学史讨论的焦点，每一个时期都分成三个阶段：一是序幕，这是该时期的准备阶段；然后是该时期本身；最后是结局，在此期间，该时期的成果得到系统化和完善。

尽管有这一总体安排，但它并未失去所有统一性。通过把希腊科学限定于天文学和物理学，而且几乎否认有任何中世纪科学存在，休厄尔设法就这些时期给出了某种统一说明。但就在科学革命（休厄尔从未使用过这个术语）开始时，各门科学开始扩大范围，于是不可避免地，他没有讨论对我们目前的研究来说最让人感兴趣的那个时期。

## 休厄尔对科学革命的看法

休厄尔很清楚，在哥白尼与牛顿之间的这一时期，科学显示出

了独特性和革命性。例如,他把哥白尼称为"事实上促成了科学以及科学哲学革命的实际发现者"[①]之一。这句话源自《归纳科学的哲学》的第12部分,休厄尔在其中系统论述了前人关于科学知识和方法的构想。虽然这一卷并不是对构成现代早期科学起源的那些科学事件的系统概述,但它的确使休厄尔有机会表达他对此过程中的关键人物及其做法的看法。

休厄尔颇具独创性地认为,培根是其中最重要的人物。诚然,16世纪的一些富有远见的思想家曾经宣称,有必要摆脱亚里士多德学说的束缚,科学的整体革新已经准备就绪。另一些人则更加实际地着手实现这样一种革新。梦想家的例子有伯纳迪诺·特雷西奥(Bernardino Telesio)[②]、乔尔达诺·布鲁诺(Giordano Bruno)、彼得·拉穆斯(Petrus Ramus)[③];实际创新者的例子有达·芬奇、乔万尼·巴蒂斯塔·贝内代蒂(Giovanni Battista Benedetti)[④]、哥白尼、伽利略和开普勒。然后,休厄尔将培根与那些梦想家进行了比较:

> 培根站得远远高于那些散漫而不切实际的思辨者,这些人在差不多这个时候以及之前曾经谈到要建立新的哲学。如果我们必须选择一位哲学家作为科学方法革命的英雄,那么毫无疑问,能有此荣耀地位的必定是培根。[⑤]

① W. Whewell, *Philosophy* II, p. 208.

② 特雷西奥(1509—1588),意大利自然哲学家。——译者

③ 拉穆斯(1515—1572):法国人文主义者、逻辑学家、教育改革家。——译者

④ 贝内代蒂(1530—1590):意大利数学家、自然哲学家。——译者

⑤ W. Whewell, *Philosophy* II, p. 230.

33 培根之所以配得上这个地位，是因为“他充满信心并且强有力地宣布了科学发展中的一个新纪元”，[1]而且他还深刻地——虽然不够完美或完备——洞察到了科学方法的本质：一般归纳。

在《归纳科学的历史》后来的版本中，休厄尔承认，16 世纪和 17 世纪初的那些“实际发现者”已经凭借自身的力量取得了诸多成就，把培根和笛卡儿视为亚里士多德主义唯一的甚至是最早的伟大对手将会引起误导。尽管如此，为我们提供这样一种关于未来哲学的“令人敬畏的形象”仍然是培根的卓越功绩，“因此，他把反叛变成了一场革命。”[2]在休厄尔看来，培根的工作正是以这种方式继续传递着他所预示的科学革命的精髓：

> 迅速而有力地承认观察作为信念的理由具有至高无上的权威性；大胆断定传统知识可能毫无价值；坦率断言基于经验的理论的真实性。[3]

以上大致就是休厄尔针对现代早期科学起源的“什么”和“如何”所论述的内容，散见于他的五卷著作各处。一方面，休厄尔感到了这一事件的独特性。另一方面，他也相信存在着一种统一的

---

[1] W. Whewell, *Philosophy* II, p. 230.

[2] W. Whewell, *History* II, p. 41. F. Schipper, “William Whewell’s Conception of Scientific Revolutions,” pp. 44 - 45 发现，当同时也谈到科学哲学中的革命时，休厄尔极为频繁地使用了科学中的“革命”这一术语，因此“该术语大都被用来刻画文艺复兴时期和之后做科学的新方式的发展”。这印证了我的想法，即我们现在所谓的科学革命被休厄尔视为科学史上的一个别具革命性的时期。

[3] W. Whewell, *Philosophy* II, p. 208.

科学发展模式，加之他以此观点对整个研究进行组织，这一切都使他无法对新科学的本质特征做出更加深入的分析。在这方面，我们只能由休厄尔的讨论不太令人满意地推断，哥白尼、开普勒、伽利略和牛顿的归纳时期都是成功的事实综合的例子。对于归纳时期的这种密集相续，除了推翻亚里士多德主义，把理论重新建立在经验基础之上，我们不知道是否还能做出其他什么一般化表述。

因此，如果我们希望确定休厄尔对17世纪新科学本性的看法，就需要考察他对一般科学本质的看法。在讨论概念解释时，休厄尔明确否认这些概念仅限于数、空间和时间概念。他坦承，由于其独特的精确性，这些概念是能够产生科学知识的最明显的概念。然而，在整个科学史中，要想把某些事实结合在一起，在量上不那么精确的概念一直发挥着重要作用。这类例子有相似性概念和自然分类概念，它们一经揭示，就会产生亲和性、极性、属等等极为相关的科学概念。正因如此，休厄尔才会明确拒斥那种以"数学推理是[其]最重要的部分"[①]为定义的科学观。在本书的稍后部分我们将会看到，休厄尔这里所持的看法正是20世纪二三十年代现代科学 34
编史学的滥觞。我们还将有机会看到，现代科学史家也以类似的方式为之做出了辩护，他们就像休厄尔在《归纳科学的历史》中所做的那样，在概述17世纪科学时，为化学和生命科学赋予了重要位置。

## 休厄尔论连续性与非连续性

让我们总结一下，到目前为止，休厄尔相比于前人对科学发展

① W. Whewell, *Philosophy* I, pp. 162－163.

有哪些看法。我们拟从科学发展的连续性与非连续性这一角度进行探讨。我们发现，休厄尔既接受诸科学革命概念，又接受科学革命概念，这些都是启蒙运动遗产的重要组成部分。不过，他第一次大规模运用了这些概念，并把它们变得远比以前复杂。

关于科学在各个时代的整体推进，我们发现进步这一启蒙观念无处不在，它完全贯穿于休厄尔的直线发展观之中，而他本人精致的归纳主义版本又使这种直线发展观变得更加明确。非连续的革命性要素可见于整个科学史之中的各个归纳时期，但同时又因为休厄尔的一种认识而有所缓和，即内在于科学发现中的真理成分往往会继续存在于继承的理论中，从而为科学的整体推进提供了一种关键的连续性要素。休厄尔在《论科学史上假说的转变》(1851 年)一文中阐述了后一洞见，该文已被当之无愧地称为“休厄尔最好的历史-哲学分析”和“一份文学珍品”。[①] 总而言之，在休厄尔看来，虽然归纳时期本身是革命性的，但它们在时间中的相继连接却导向了一种总体的连续性，这种连续性体现在以一般归纳为标志的科学的直线进步。

如果我们现在由此追问，如何能将 17 世纪科学纳入方才概述的这一整体构架，我们就会发现，对连续性和非连续性的这样一种混合根本无法为休厄尔力图理解的那个宏大而独特的科学革命事件留出一个系统性的位置。在休厄尔的工作中，我们发现了还会再次遇到的一个特征的第一个实例：诸科学革命的概念最终被允许推翻 17 世纪科学革命的概念。

---

① Y. Elkana, Editor's Introduction, p. xxvi. 休厄尔的文章复制于前面提到的 Elkana编的 *Selected Writings* 的 pp. 385 - 392。

最后我们发现，关于 17 世纪科学的本质，关于它如何区别于之前的自然哲学（主要是亚里士多德的自然哲学），休厄尔的看法有些模糊。在这方面，康德的思想要具体得多。在康德看来，现代 35
科学的一个本质特征就是由主动的实验、而非散漫的被动观察来引导。休厄尔当然知道这种区别，但他并未在其科学观中为其指定一个突出的位置。他特别为新科学指出的特征也仅仅是理论建立在经验的基础之上。正如我们所看到的，这部分是因为他的概念解释和事实综合等重要观念有某种固有的含糊之处。但同样重要的原因是，在研究包括地质学和生命科学在内的所有自然科学的历史时，其种类繁多给休厄尔留下了极为深刻的印象，他不能只把现代早期科学的一两项突出特征提升为从根本上区别于之前科学做法的**关键**。特别是，休厄尔预先拒绝了伯特、戴克斯特豪斯、柯瓦雷在 20 世纪二三十年代为现代早期科学确定的独特的本质特征——自然的数学化。休厄尔当然也知道这个过程的要点，但他坚决拒绝把 17 世纪科学的某种非此即彼的要素当作独特的区别性要素。

## 休厄尔与孔德

休厄尔对他之前的科学方法论作了一般性考察，在这项考察的最后，他详细讨论了其同时代人对科学整体进展的论述，从形式上看，这种论述与《归纳科学的历史》和《归纳科学的哲学》所体现的休厄尔本人的努力惊人地相似。这一竞争性的论述便是奥古斯特·孔德（Auguste Comte）的《实证哲学教程》（*Cours de philosophie positive*，作于 1830—1842 年）。休厄尔讨论了《实证哲学教程》，并以其独有的方式，安静、文明、面无表情地将它的前两卷抨击得体无完肤。

孔德认为，每一门科学的历史都可以分成三个相继的阶段：神学的、形而上学的和实证的。前两个阶段与最后一个阶段的区别在于，前者丝毫没有价值。也就是说，在整个发展过程中，神学阶段和形而上学阶段都有自己的功能，但这种功能几乎只是为了开创实证阶段。任何科学都应当追求这种实证阶段，该阶段的标志是一些完全确定的规律，它们以定量的方式将事实结合在一起。而像原因、假说这样一些东西只是形而上学的要素，因此，它们在实证科学中没有位置。

在孔德看来，经验自然科学已经达到了实证阶段，因此要想完成整个过程，只需社会科学中发生一场类似的革命。开创这场革命是孔德本人的最终目标：

> 今天，人类心灵的这场普遍革命几乎已经彻底完成。正如我所说，我们需要做的不是别的，而是完成实证哲学，把对社会现象的研究包括其中，随后把它总结成一个同质的学说。
> 36 一旦这两种努力有足够的进展，实证哲学就会自动取得最终的胜利，社会秩序将因此而被恢复。①

① A. Comte, *Philosophie première: Cours de philosophie positive, Leçons 1 à 45*, ed. M. Serres, F. Dagognet, and A. Sinaceur. 引自 p. 39："Cette révolution générale de l'esprit humain est aujourd'hui presque entièrement accomplie: il ne reste plus, comme je l'ai expliqué, qu'à compléter la philosophie positive en y comprenant l'étude des phénomènes sociaux, et ensuite à la résumer en un seul corps de doctrine homogène. Quand ce double travail sera suffisamment avancé, le triomphe définitif de la philosophie positive aura lieu spontaément, et rétablira l'ordre dans la société."

经验自然科学是何时发生其实证革命的？虽然天文学、物理学、化学以及其他自然科学达到实证阶段并非完全同时，但孔德把17世纪定为“这场革命”发生的时期：

> 我将讨论人类心灵在两个世纪前发生这场伟大运动的时期，它由培根的训令、笛卡儿的观念和伽利略的发现联手打造，在这一时期，实证哲学的精神开始在世界上发出自己的声音，明显与神学和形而上学的精神相对立。正是在这个时候，实证观念被从迷信和混杂的经院思想中明确而有效地解放出来，后者多多少少掩盖了以往所有努力的真正特征。自那个令人难忘的时期之后，实证哲学运动的不断上升以及神学和形而上学哲学运动的不断衰落就极为清晰地显示出来了。[①]

---

① A. Comte, *Philosophie première: Cours de philosophie positive, Leçons 1 à 45*, ed. M. Serres, F. Dagognet, and A. Sinaceur. 引自 p. 27: “Il est impossible d'assigner l'origine précise de cette révolution; car on n'en peut dire avec exactitude, comme de tous les autres grands événements humains, qu'elle s'est accomplie constamment et de plus en plus. . . . Cependant, vu qu'il convient de fixer une époque pour empêcher la divagation des idées, j'indiquerai celle du grand mouvement imprimè à l'esprit humain, il y a deux siècles, par l'action combiné des préceptes de Bacon, des conceptions de Descartes, et des découvertes de Galilée, comme le moment où l'esprit de la philosophie positive a commencé à se prononcer dans le monde en opposition évidente avec l'esprit théologique et métaphysique. C'est alors, en effet, que les conceptions positives se sont dégagées nettement de l'alliage superstitieux et scolastique qui déguisait plus ou moins le véritable caractère de tous les travaux antérieurs. Depuis cette mémorable époque, le mouvement d'ascension de la philosophie positive, et le mouvement de décadence de la philosophie théologique et métaphysique, ont été extrêmement marqués.”

孔德认为17世纪科学革命标志着科学的第三个阶段即实证阶段的开始，而在神学阶段和形而上学阶段，原因和假说等这样一些东西仍然在困扰着科学。我们很容易想见，这些看法在休厄尔看来是多么令人厌恶，他觉得这些观点与他本人关于科学史和科学哲学的构想根本无法调和。的确，他最后毫不含糊地得出结论说："因此，孔德先生对科学发展的安排，即先是形而上学的，然后是实证的，这在事实上有违历史，在原则上有违明智的哲学。"[①]

在哲学上，休厄尔轻而易举地表明，如果从科学中排除假说和原因，那么永远也不会有任何有意义的科学进展："排除这些探索，无异于为免遭错误的毒害而避开真理的盛宴。"[②]就历史而言，休厄尔毫无困难地指出，孔德的科学观不可避免会导致严重歪曲，在孔德本人的著作中，只要他胆敢讨论过去，这种歪曲就会出现。正如休厄尔所坚持的："无论在伽利略、开普勒、伽桑狄等机械论哲学的奠基人那里，还是在他们的对手那里，都存在着同样多的形而上学。主要区别是，这是一种更好的形而上学，它更符合形而上学真理。"[③]在另一处，休厄尔略有缓和但更为明确地指出：

> 物理发现者之所以有别于徒劳的思辨者，不在于其头脑中没有形而上学，而在于他们拥有**好的**形而上学，而其对手拥

① W. Whewell, *Philosophy* II, p. 329.

② Ibidem.

③ Ibidem, p. 379

> 有坏的形而上学；他们把形而上学与物理学相结合，而不是使 37
> 二者分开。[①]

孔德对科学史的解释不仅错误，而且还包含着一个更加灾难性的后果：

> 在任何科学的发展中，形而上学讨论都是至关重要的步骤。如果我们把科学史的所有这些部分随意斥之为毫无用处和价值，认为它们仅属于获得知识的最初的粗陋尝试，那么我们不仅会扭曲事情的历史进展，而且会歪曲最明显的事实。[②]

接着，休厄尔用实例说明了这一点。关于开普勒是如何导出面积定律的，孔德认为这源于他对外力引起的加速度的考虑。休厄尔把这种解释抨击得体无完肤。这位忠实的历史学家尽职尽责地指出，为什么从开普勒实际的动力学观点来看，这样一种程序是不可思议的。他用枯燥但却中肯的话说："我确信，无论是在开普勒发现这一定律的《论火星》(*De stella Martis*)中，还是在他的任何其他著作中，都没有上述命题一丝一毫的踪迹。"[③]

对于科学编史学中的这个有趣但却看似无害的事件，我们需

---

① W. Whewell, *Philosophy* I, p. x (preface to the second edition).

② W. Whewell, *Philosophy* II, p. 324.

③ Ibidem, p. 325. 休厄尔对孔德关于开普勒讨论的处理既正确又公平。休厄尔提到的是孔德《实证哲学教程》的 Tome I, p. 705。

要指出一个关键点。那就是很长时间以来,孔德以及后来无数实证主义者的严重歪曲成了科学史写作的主要特征。休厄尔是我们所能想象的当时最为谨慎和有责任心的历史学家之一。在撰写任何一门科学的历史时,他都会一丝不苟地参考他所能找到的材料,与实证主义倾向不同,他也并非专注于过去的成就,而忽视充斥于科学史的诸多错误、死胡同和失败。《归纳科学的历史》中的一句妙语甚至可以被视为一份反实证主义宣言:“各种发现事后看来似乎显而易见,这是我们对许多最重要的原理容易产生的一种错觉。”①

**休厄尔作为科学史家的局限性**

对休厄尔历史敏感性的尊重并不妨碍我们看到其操作模式中有一些固有的局限性。从本质上讲,其局限性有两种:一是源于他更多是哲学家而不是历史学家,二是源于他写作时所能获得的材料有限。《归纳科学的历史》的一个明显局限是,休厄尔几乎完全依赖于他那些科学家生前或在那以后不久发表的材料。虽然无论在范围上还是深度上,他对所有这些材料——由科学家本人撰写并发表的著作和文章——的驾驭都令人惊叹,但他从未想到通过研究仍然深藏于欧洲各地档案馆中的大量手稿(除了少数例外),我们可以从过去的科学发现中了解更多东西。

38 其他更为深层的局限是哲学性的。我是在两种不同意义上这样说的。一是和他的几乎所有同时代人一样,进步观念支配着休

① W. Whewell, *History* I, p. 323.

厄尔的思想。他不可避免地把整个科学及其逐步推进变成了广为传颂的成功故事，我们这些20世纪的持怀疑态度的人并不完全认可这些故事。此外，休厄尔的历史书写模式带有当时科学编史学的一个共同特征，直到20世纪二三十年代，科学史家们才开始极不情愿地转变历史意识。这种转变经常被指出（尽管它还有待历史研究），我们后面还会涉及。我指的是，休厄尔的历史几乎从来不是语境式的，他没有将过去某位科学家的思想作为统一的整体来研究。例如，休厄尔是通过逐步追溯牛顿运动定律来讨论伽利略的动力学贡献的。一般来说，休厄尔对他所掌握材料的处理是足够公正的，但我们最终看到的只是一些不连贯的表述，其内容涉及伽利略作为16、17世纪科学家的一个成员在多大程度上参与发现了(1)惯性原理，(2)力使运动加速而不是导致运动，等等。我们的鉴赏力受到了另一种模式的历史理解的滋养，事后看来，我们倾向于认为，休厄尔的讨论中缺失的是对科学家的思想本身作一种整体考察，而不论这种思想可能被置于从谬误到真理的某条演进线索之中的何种位置。

休厄尔编史学的一个更深刻的局限性同样内在于他的哲学。无论休厄尔在把哲学运用于历史时是多么非教条，对他来说，归根结底**哲学**才是真正重要的。他始终怀有一种未经质疑的信念，即可以从历史中提取出一种科学进步的模式。正如我们所看到的，休厄尔对现代早期科学起源的处理便例证了，具有历史独特性的东西往往从他的工作中消失了，他最终会让这些内容服从于他所怀有的那些更为宏大的目的。

**后续行动并未出现**

我们的结论是，一方面，休厄尔式的哲学远比以往任何哲学更能使真正的编史学切实可行，但我们也必须知道，他的做法具有不可避免的局限性。为了变得真正有历史性，科学编史学必须把自己从其养父——科学哲学那里解放出来。可以想象，这项工作也许会由休厄尔之后的那代人来完成。毕竟，当时欧洲各地的历史学家，尤其是那些关注政治史的历史学家，都开始以精致的文献批判方法发展自己的技艺，为的是“如实地”(wie es eigentlich
39 gewesen，利奥波德·冯·兰克[Leopold von Ranke][①]语)书写历史。在对可能发生的情况作这种幻想时，我们很容易想象休厄尔之后那代人也许会发现，像中世纪科学这样一种东西其实是存在的，并且为 17 世纪科学革命发挥了自己的作用。以休厄尔的五卷先驱性著作为出发点，我们很容易想见科学编史学会沿着这种路线逐步前进。

但事实并非如此。休厄尔具有历史导向的哲学没有被继承，取而代之的不是一种更具历史导向的科学史观，而是(至少从历史的角度来看)一种非常粗陋的哲学。具有讽刺意味的是，在同孔德较量时，休厄尔本人已经揭示了这种哲学的所有缺陷，而这种哲学将在半个多世纪里主导科学编史学。当然，我这里所指的哲学是实证主义。

在下一节我们将会看到，科学编史学因为实证主义的肆虐而

① 兰克(1795—1886)：德国历史学家。——译者

变得非常原始。[①] 它几乎将休厄尔本人的工作从科学编史学家的集体记忆中完全消除。在 20 世纪的前 20 年,当人们最终发现存在着一种繁荣的、在一定程度上原创性的中世纪科学时,对中世纪科学重要性的评估不是要在休厄尔的工作所提供的复杂语境中进行,而是要对抗那些价值逊色得多的反对者们所提供的背景,在这些人当中,奥地利物理学家和哲学家恩斯特·马赫(Ernst Mach,1838—1916)居于首要地位。我们将在下一节讨论马赫对 17 世纪科学编史学的贡献,作为运用实证主义的一个例子。

### 2.2.3　关于现代早期科学起源的实证主义图像:恩斯特·马赫

对科学史感兴趣的科学家之所以对实证主义如此着迷,是因为实证主义学说非常符合从事实际工作的科学家对于前人成就近乎与生俱来的偏见。成功的科学家几乎不可避免会倾向于认为,他们业已发现的真理是必然真理。事后看来,前几代人取得的成就似乎是不言自明的,要设身处地为"真理"尚未对其显现的那些人着想并不容易。

---

① H. 格拉克在"Some Historical Assumptions of the History of Science"(reproduced in his *Essays and Papers*)一文中把孔德视为"第一次设想科学革命并为其施洗的人"(p. 33)。但是就科学革命的概念形成而言,孔德和康德所做都不多:他划分了错误的科学与正确的科学,并把这种划分追溯到 17 世纪。格拉克虽然承认"[孔德的]思想狭窄而僵化"(p. 32),但很欣赏孔德意识到"科学背后的统一性"并因此认为科学的历史很重要(例如参见 1975 年版的 pp. 52 - 53 和 pp. 463 - 464)。在"A Backward View"中,格拉克实际上表明,在 19 世纪,有一条细线经由巴黎大学的一个席位将孔德所倡导的"科学的一般历史"与保罗·塔内里(Paul Tannery)在世纪之交的科学编史学先驱性工作连接在一起。

数十年来，这一特殊教训为科学史课程的开场白提供了素材。我们必须学着消除内心中的实证主义倾向，才能成为称职的科学史家。显然，为了达到这样一个目标，实证主义本身并不值得效
40 法，在19世纪这个进步时代的实证主义就更不足取。19世纪的实证主义既符合科学家对于科学史的自然偏见，又符合在当时看来很自然的单向进步观，因此能在科学编史学中大行其道。唯一有可能阻止这种情况发生（或至少阻止它完全主导该领域）的专业人士就是历史学家自己，但他们还有其他忧虑。除了少数例外，"一般历史学家"从不认为科学史是正当的历史研究领域，其原因我这里不再多谈，否则会离题太远。

这便是留给马赫这类人处理的科学史领域的状况。让我们看看他做了些什么。[①]

## 马赫的科学哲学

我们在上一节讨论休厄尔作为历史学家的局限性时发现，他往往会把历史写成按照各个主题追溯已知定律（在他看来实际是归纳）的起源，而不是就相关科学家的著作本身进行讨论。当我们

---

① 本节所要讨论的著作是 E. Mach, *Die Mechanik in ihrer Entwickelung historisch-kritisch dargestellt* (Leipzig: Brockhaus, 1883)。T. J. McCormack 的英译本名为 *The Science of Mechanics: A Critical and Historical Account of Its Development* (Chicago: Open Court, 1893)。该译本再版了两次，以跟上德文再版所做的更新。McCormack 的翻译总体上很出色，而且经过了授权，但我偶尔会改变其中的一些措辞。在以下注释中，我的页码指的是1960年的英文第六版，它包括了马赫在1912年以前所做的所有改动。注释中引用的德文原文出自1901年出版的第四版。我列的并非页码，而是节号。

打开马赫的《力学史评》时也会看到同样的特征，唯一的区别我们已经提到，那就是马赫对材料的处理远比休厄尔粗糙。那么，这位物理学家研究科学史的目的何在呢？

说清楚这一点并不那么容易。马赫的哲学观点相当复杂，历史学家们对其实际内容和含义远未达成一致意见。[①] 就我们当前的目的而言，我们没有必要非常深入地考察这些意见。在休厄尔那里，科学史和科学哲学以一种富有成效的方式相互影响，而马赫则主要是用科学史来说明和运用一种既定的哲学立场。根据我的理解，马赫的目标是通过表明科学的基础最终可以追溯到科学家的某些基本概念，从而从科学中根除形而上学。这些基本概念有以下两个特征：(1)这些概念代表一种“思维经济”，因为它们是能够设想的最为简单和自明的概念；(2)其简单性源于不带偏见地甚至是“本能地”看待我们周围的世界，源于区分自然基本**事实**的一种直觉能力。因此，马赫的科学观代表一种相当极端的经验论。他在《力学史评》中强加于力学史的正是这种经验论。

前面提到的“思维经济”原则是使马赫转向历史的首要原因。
他对力学的根本兴趣在于它的公理论：粗略地讲，公理越简单越 41
好。历史正可在这里派上用场：它能为我们提供不同的公理化。举一个关于此过程的例子。在马赫时代，人们围绕惯性原理能否充当力学公理或至少是因果律的一个必然推论进行了争论。马赫

① E. N. Hiebert, s. v. “Ernst Mach,” *Dictionary of Scientific Biography*, vol. 8, pp. 595－607；特别参见 pp. 600－603。

的回答是否定的,其中一个理由是,“这条原理被普遍认可的时间这么短,不能把它视为先验自明的”。① 马赫试图在力学史中寻找的正是这种性质的启示,他坦承自己对历史本身并非很有兴趣。

**以伽利略为中心**

从1883年至1912年出版的马赫著作各个版本的主要效果是把伽利略确立为现代物理学产生过程中的核心人物。在某种意义上,这当然已是老生常谈,许多传记和通俗叙述都给出了这样的赞誉。但马赫著作的新鲜之处在于,它声称从历史角度讨论整个力学科学(这不等同于提供一部力学史,这并非马赫的目标)。传记就其本质而言,几乎完全集中于传主的生活和工作。而伽利略现在则以一种似乎有据可查的方式成为新物理学第一阶段的中心焦点。与此同时,马赫奇特的科学观为此焦点赋予了一种相当独特的色彩,时至今日,这种科学观仍然很符合许多未经哲学和历史训练的科学家对其本行性质的偏见。前一段时间,达德利·夏皮尔(Dudley Shapere)②收集了当今的物理学课本对伽利略五花八门的“历史”介绍。他的调查中引人注目的一点是,几乎所有这些草率的说法都可以追溯到马赫在《力学史评》中关于伽利略的说法。③

---

① E. Mach, *Science of Mechanics*, p. 330:“Für von vornherein einleuchtend kann man gewiss einen Satz nicht halten, welcher erst seit so kurzer Zeit allgemein anerkannt ist” (II, 10. 3).

② 夏皮尔(1928—2016):美国科学哲学家。——译者

③ D. Shapere, *Galileo: A Philosophical Study*, pp. 3 – 8. 这几页为我考察马赫关于现代早期科学产生的观点做了出色的介绍。

在简要考察马赫对伽利略成就的解释时，首先应当注意，在连续性与非连续性的标度上，休厄尔持一种复杂的中间立场，马赫则似乎主张一种彻底的非连续性。马赫声称，动力学

> 完全是一门现代科学。……动力学是由伽利略创立的。我们只需对伽利略时代的亚里士多德主义者所主张的少数几个命题稍作考虑，就很容易认识到这一论断是正确的。①

同样，关于发现自由落体的时间与距离的关系，

> 我们必须首先指出，我们今天非常熟悉的任何知识和概念在伽利略时代都还不存在，伽利略必须为我们发展出这些知识和概念。②

再有：

> 伽利略被引向的一个全新概念是加速度的概念。③

---

① E. Mach, *Science of Mechanics*, p. 151.（"动力学是由伽利略创立的"这句话不再见于英文第三版。在第二版中见于 p. 128。）"Wir gehen nun an die Besprechung der Grundlagen der Dynamik. Dieselbe ist eine ganz moderne Wissenschaft. ... Gegründet wurde die Dynamik erst durch Galilei. Dass diese Behauptung richtig sei, erkennen wir leicht, wenn wir nur einige Sätze der Aristoteliker der Galilei'schen Zeit betrachten" (II, 1. 1).

② Ibidem, p. 159: "Wir müssen zuvor bemerken, dass damals alle die Kenntnisse und Begriffe, die uns jetzt geläufig sind, nicht vorhanden waren, sondern dass Galilei dieselben erst für uns entwickeln musste" (II, 1. 4).

③ Ibidem, p. 174: "Ein ganz neuer Begriff, auf den Galilei geführt wurde, war der Begriff *Beschleunigung*" (II, 1. 13).

42 伽利略何以能够上演这样一出独角戏？显然是因为他对真正科学方法的敏锐运用。但是对于这样一个主题，马赫有自己的看法：

> 因此我们看到，……伽利略并没有为我们提供一种关于物体下落的理论，而是完全不带偏见地研究和确定了下落的实际事实。①

关于伽利略的方法，可以说

> 没有什么更确定的程序方法能使我们对所有自然现象做出耗费最少的感觉和理智便可获得的最简单的理解。②

在下面这段论述方法的话中，马赫和伽利略几乎已经合二为一：

> 要想充分理解伽利略的思路，就必须牢记，他在诉诸实验之前就已经拥有本能的经验，……但为了科学的目的，我们必

① E. Mach, *Science of Mechanics*, p. 167: "Wir sehen nun ..., dass Galilei nicht etwa eine *Theorie* der Fallbewegung gegeben, sondern vielmehr das *Thatsächliche* der Fallbewegung vorurtheilslos untersucht und constatirt hat" (II, 1. 8).

② Ibidem, p. 168: "Es gibt kein Verfahren, welches sicherer zur *einfachsten*, mit dem geringsten Gemüths- und Verstandesaufwand zu erzielenden Auffassung aller Naturvorgänge führen würde" (II, 1. 8).

> 须在概念上形成感觉体验的思想表象。只有这样，才能经由抽象的数学规则用它们来发现未知属性，这些属性被认为依赖于某些具有可指定的明确算术值的初始属性；或者用它们来补充只是部分给定的东西。要想形成这种东西，就需要通过抽象和理想化，孤立和强调那些被认为重要的东西，忽视次要的东西。实验决定了所选择的表述是否适合事实。如果没有一些先入为主的看法，实验是不可能的，因为实验的形式需要由这种看法来确定。如果事先没有一种猜想，我们如何实验以及实验什么呢？①

由这种方法声明并不容易精确地推断出粗糙的观察、概念化、实验检验、数学处理或理论构造在科学发现中一般各自起什么作用。不过，由此似乎可以得出两个有趣的推论：一是在马赫看来，数学仿佛只有通过科学发现的后门才能进来，它只是做出发现之

① E. Mach, *Science of Mechanics*, p. 141: "Wollen wir Galilei's Gedankengang ganz verstehen, so müssen wir bedenken, dass er schon im Besitz von instinktiven Erfahrungen ist, bevor er an das Experiment geht.... Für den wissenschaftlichen Gebrauch muss aber die gedankliche Nachbildung der sinnlichen Erlebnisse noch *begrifflich* geformt werden. Nur so können sie benutzt werden, um zu einer durch eine begriffliche *Maassreaction* charakterisirten Eigenschaft durch eine begriffliche *Rechnungsconstruktion* die davon *abhängige* Eigenschaft der Thatsache zu finden, die theilweise gegebene zu ergänzen. Dieses Formen geschieht durch Herausheben des für wichtig Gehaltenen, durch Absehen von Nebensächlichem, durch *Abstraction*, *Idealisirung*. Das Experiment entscheidet, ob die Formung genügt. Ohne irgend eine vorgefasste Ansicht ist ein Experiment überhaupt unmöglich, indem letzteres durch erstere seine Form erhält. Denn wie und was sollte man versuchen, wenn man nicht schon eine Vermuthung hätte?" (II, 1.4).

后形式化过程的一部分；二是马赫习惯于全盘接受伽利略本人对自己如何得到结果的生动记述，的确，他在《力学史评》中数次引用这些记述时，都没有质疑其可靠性。

在总结伽利略的动力学成就时，马赫的话注定会成为一句名言：

> 43 在这里，伽利略所显示的现代精神从一开始就表现为一个事实，即他不问重物为什么下落，而是问自己这样一个问题：重物如何下落？自由落体根据什么定律运动？①

对于这种带有浓厚马赫色彩的关于伽利略科学方法的说明，我们不应太过轻易地不予理会，而是应该记住，在允许自己的方法论观点卷入对伽利略科学方法的论述时，马赫设定的模式至今仍然伴随着我们。如果一个人认为伽利略在某种程度上是17世纪科学革命的核心，而且也在酝酿自己关于科学方法本质的看法，那么把这些观念投射于他对伽利略成就的历史重建就几乎不可避免。这之所以会成为现代编史学的一个突出特征，恰恰是因为伽利略本人的著作、笔记和书信对于自己的方法表达得太过含糊。在这种情况下，由于每个人对科学的真正本性都有自己的认识（无

---

① E. Mach, *Science of Mechanics*, 第二版 p. 130："Der moderne Geist, den Galilei bekundet, aussert sich gleich darin, dass er nicht fragt: *warum* fallen die schweren Körper, sonder dass er sich die Frage stellt, *wie* fallen die schweren Korper, nach welchem *Gesetze* bewegt sich ein frei fallender Körper?"（II, 1. 2）. 引人注目的是，在第三版（p. 155）中，这句话变成了："在居住在帕多瓦的更加成熟和更富有成果的时期里，伽利略放弃了'为何'的问题，转而研究许多可观察运动的'如何'。"本节最后将会解释马赫为什么改变了最初的表述。

论这种认识是否清楚)，研究伽利略乃至科学革命的学者们不可避免会陷入困境。[1]

## 马赫与历史学家的技艺

马赫论述伽利略开创性的动力学工作时所援引的历史材料表面上都取自伽利略本人的作品，尤其是《关于两大世界体系的对话》和《关于两门新科学的谈话》。马赫的某些看法的确显示出对这些作品的敏锐研究和理解。比如他坚持认为，伽利略发现自由落体作匀加速运动，这并不是伽利略考虑恒力的作用而得出的推论：

> 如果像有时所做的那样，由重力的恒常作用推出落体作匀加速运动，那将是时代误置，完全不合乎历史。“重力是一种恒力；因此它在相等时间内产生相等的速度增量；于是，所产生的运动是匀加速运动。”任何诸如此类的阐述都是非历史的，都会使我们错误地理解整个发现，因为我们今天所持有的力的概念是由伽利略第一次创造的。[2]

---

① D. Shapere, *Galileo: A Philosophical Study*, passim.

② E. Mach, *Science of Mechanics*, p. 170: “Es wäre ein Anachronismus und gänzlich unhistorisch, wollte man die gleichförmig beschleunigte Fallbewegung, wie dies mitunter geschieht, aus der constanten Wirkung der Schwerkraft ableiten. 'Die Schwere ist eine constante Kraft, *folglich* erzeugt sie in jedem gleichen Zeitelement den gleichen Geschwindigkeitszuwachs, und die Bewegung wird eine gleichformig beschleunigte.' Eine solche Darstellung wäre deshalb unhistorisch, und würde die ganze Entdeckung in ein falsches Licht stellen, weil durch Galilei erst der heutige Kraftbegriff geschaffen worden ist” (II, 1. 9).

除了最后一句话所犯的事实性错误,这段话相当有说服力地驳斥了一个由牛顿所创造的持久的历史神话。

然而,后来的科学史家指出,马赫对原始材料的处理并非总是如此恰当。马赫论述了伽利略如何沿着一条在伽利略本人的著作中无迹可寻的论证线索推导出了惯性定律,这一论述很好地证实了休厄尔的预料,即实证主义容易“歪曲最明显的事实”。此推导简单而巧妙,但正如戴克斯特豪斯在1924年冷冷地指出的:“这一
44 发现唯一值得感谢的人就是马赫自己。”[①]另一个例子是据说伽利略发现了力的平行四边形法则,或者马赫那种毫无根据的说法,即伽利略发现平抛物体沿抛物线轨迹运动之后,对他来说“斜抛将不再构成任何本质性的困难”。[②] 我们可以提到的最后一点是,只要适合表明自己的看法,马赫就会随意引入数学公式,从而彻底破坏了伽利略那个时代的记号习惯,严重扭曲了它们的一些概念后果。事实证明,马赫这种令人厌恶的习惯影响了不止一位科学史家。

## 后来对连续性的一些让步

于是,在马赫的《力学史评》所创造的整体图像中,基本的动力学科学是一种与过去的完全断裂:这种断裂由伽利略一手造就,他之所以能够这样做,是因为他率先运用了科学发现的正确的经验主义方法。这种方法在很大程度上依赖于不带偏见的观察,依赖

---

① E. J. Dijksterhuis, *Val en worp*, p. 271; E. Mach, *Science of Mechanics*, pp. 168 – 169.

② E. Mach, *Science of Mechanics*, p. 182: “Auch der schiefe Wurf konnte ihm keine wesentlichen Schwierigkeiten mehr bereiten” (II, 1. 17).

于能够辨别出自然事实的本质要素，依赖于实验检验，也在某种程度上依赖于数学的运用。然而，在其著作的七个版本所跨越的1883年到1912年中，马赫并未被给予严格坚持这种图像的条件。在此期间，越来越多的力学史实被发现，它们似乎与马赫描绘的这种简单但却极具说服力的非连续性图像相冲突。

这些新事实的一个主要来源是，19世纪的最后几十年在出版科学家的笔记、未发表作品和书信等方面有了重大进展。其中一例是从1881年开始出版的达·芬奇的科学笔记。这些笔记中似乎包含着此前被完全归功于伽利略的许多想法。马赫仍然无视其历史关联，因为这些笔记直到1881年才出版，不可能影响科学的进程。但是随着伽利略著作、笔记和书信的"国家版"（Edizione Nazionale）出版，以及学界越来越关注像贝内代蒂这样的"先驱"，马赫对于某些见解不再能够完全忽视。于是，在《力学史评》后来的版本中，马赫试图与一种观点达成妥协，这种观点特别是由研究伽利略的德国历史学家埃米尔·沃尔威尔（Emil Wohlwill）[①]提出的，即伽利略有许多杰出的先驱者，特别是达·芬奇和贝内代蒂，而且更根本地，

> 伽利略的先驱者和同时代人，甚至是伽利略自己，都是**非常逐渐地**抛弃亚里士多德的观念而接受惯性定律的。[②]

① 沃尔威尔（1835—1912）：德国电化学工程师、科学史家。——译者

② E. Mach, *Science of Mechanics*, p. 169："dass die Vorgänger und Zeitgenossen Galilei's, ja Galilei selbst nur *sehr allmählich*, von den aristotelischen Vorstellungen sich befreiend, zur Erkenntniss des Beharrungsgesetzes gelangt sind" (II, 1. 8).

45 对于这种观点，马赫兴高采烈地附和道：

> 我们应当对沃尔威尔的研究心怀感激，它表明伽利略本人的开创性观念并未达到完美的清晰性，往往容易回到旧观点，正如我们所预料的那样。①

就这样，马赫心满意足地成功调和了即将引出 17 世纪科学革命迥异图景的一些看法，仿佛这些看法仅仅是对他原先非连续性观点的热情支持，他在《力学史评》的主体中继续坚持这种观点。事实上，当马赫 1916 年去世时，这种原始观点——一种质朴的、经验主义的关于现代早期科学起源的非连续性观念——已经遭到决定性的打击。其肇事者是另一位物理学家、哲学家和科学史家，不过这次是法国人。他非但没有因为达·芬奇的笔记未产生影响而不予理睬，反而由此获得启发，开始对达·芬奇的来源和追随者进行系统考察。在这一过程中，皮埃尔·迪昂几乎把科学编史学的核心议题变得面目全非。

### 2.2.4 迪昂论题

1913 年，皮埃尔·迪昂将其历史论题呈现于世人，对此论题最简洁的概括莫过于他本人的说法：

---

① E. Mach, *Science of Mechanics*: "Wohlwill's Untersuchung ist sehr *dankenswerth* und zeigt, dass Galilei in seinen eigenen bahnbrechenden Gedanken schwer die volle Klarheit erreichte und häufigen Rückfallen in ältere Anschauungen ausgesetzt war, was von vornherein sehr wahrscheinlich ist" (II, 1.8).

当我们看到伽利略的科学战胜了克雷莫尼尼(Cremonini)[伽利略在帕多瓦的对手之一]的亚里士多德主义时，由于对人类思想史的无知，我们相信年轻的现代科学战胜了中世纪哲学及其顽固的鹦鹉学舌。但实际上我们所看到的这场胜利，是诞生于14世纪巴黎的科学经过长期准备战胜了亚里士多德和阿威罗伊(Averroes)①的学说，其名誉被意大利文艺复兴所恢复。②

换句话说，迪昂大致是这样来描述现代早期科学的兴起的。当我们阅读伽利略的著作以及他当时的对手对自己观点的辩护时，我们得到的印象是，伽利略正在与某种形式的亚里士多德主义作斗争，自从13世纪被欧洲接受，亚里士多德主义就一直统治着

---

① 阿威罗伊(1126—1198)：阿拉伯语作伊本・鲁世德(Ibn Rushd)，西班牙阿拉伯裔哲学家。——译者

② "Lorsque nous voyons la science d'un Galilée triompher du Péripatétisme buté d'un Cremonini, nous croyons, mal informés de l'histoire de la pensée humaine, que nous assistons à la victoire de la jeune Science moderne sur la Philosophie médiévale, obstinée dans son psittacisme; en vérité, nous contemplons le triomphe, longuement préparé, de la science qui est née à Paris au XIV^e siècle sur les doctrines d'Aristote et d'Averroès, remises en honneur par la Renaissance italienne" (P. Duhem, *Études sur Léonard de Vinci: Ceux qu'il a lus et ceux qui l'ont lu*, vol. III, *Les précurseurs parisiens de Galilée*, p. vi). 我使用了第二版——Paris: De Nobele, 1955 (first edition—Paris: Hermann, 1906, 1909, and 1913, respectively)。在第4.3节，我讨论了迪昂十卷《宇宙体系》(*Le système du monde: Histoire des doctrines cosmologiques de Platon à Copernic*)的某些特征。

有一部迪昂的传记：S. L. Jaki, *Uneasy Genius: The Life and Work of Pierre Duhem*。虽然这本书收集了丰富的材料，但其浓重的党派偏见使之相当不可靠。关于本节讨论的主题有一篇文章：R. N. D. Martin, "The Genesis of a Mediaeval Historian: Pierre Duhem and the Origins of Statics."

46 欧洲。(事实上,正如我们看到的,这正是阅读马赫的《力学史评》所得到的图像;休厄尔的观点虽然更为精深微妙,但与之并无根本不同。)然而,如果接受这样一种关于现代早期科学起源的总体观念,我们就会完全忽视,在伽利略开始其著名的猛攻之前,亚里士多德就已经遭到了打击。14 世纪巴黎大学的一些自然哲学家为现代早期科学奠定了基础。他们的学说在意大利逐渐被接受,在 16 世纪的意大利,这些学说遭到了带有强烈阿威罗伊色彩的正统亚里士多德主义者的攻击。伽利略所抗击的正是这种增强版的亚里士多德主义。在这场战斗中,他只不过恢复了在两个半世纪之前的巴黎创造出来的科学,并且后来作了详细阐述。

我们甚至可以把科学革命实际上发生于 14 世纪而非 17 世纪的观点归之于迪昂:

> 因此,从奥卡姆的威廉(William of Ockham,1285—1347/1349)到多明戈·德·索托(Dominicus de Soto,1494—1560),我们看到巴黎学派的物理学家为伽利略、其同时代人以及他的追随者们所发展的力学奠定了所有基础。①

而在讨论这种新科学的主要提出者之一让·布里丹(Jean Buridan,1300—1358)的一个特殊想法时,迪昂甚至声称:

---

① P. Duhem, *Études* III, p. xi:"Ainsi, de Guillaume d'Ockam à Dominique Soto, voyons-nous les physiciens de l'École parisienne poser tous les fondements de la Mécanique que développeront Galilée, ses contemporains et ses disciples."

> 如果我们想用一条精确的线把古代科学与现代科学的统治时期分开，那么我们只能把这条线画在让·布里丹构想出这一理论的时刻；此时天体不再被视为由神圣的东西来推动，天界的运动和月下的运动被认为依赖于同一种力学。[1]

这些说法至少是令人惊讶的。那么，迪昂是如何得出这些结论的呢？

### 迪昂早期的达·芬奇研究

皮埃尔·迪昂生于1861年，与马赫同于1916年去世。和马赫一样，迪昂不仅是重要的物理学家，而且也是相当具有独创性和影响力的科学哲学家。同样和马赫一样，迪昂对科学的一般看法与他的历史兴趣有关，这种关联并不容易界定。然而，迪昂的哲学和历史似乎有一个重要的共同来源，那就是信仰。作为一名科学哲学家，迪昂主要因为倡导绝不能声称科学理论代表实在而著称。科学的理想是古代所谓的"拯救现象"，即找到能够解释现象的最经济的模型。至少在迪昂那里，隐藏在这种科学观背后的基本观点是，我们只有通过信仰才能认识真理。

对迪昂来说，信仰意味着带有一种极端法国民族主义的特别正统的天主教。我们将会看到，这些强烈的情绪必定驱使着迪昂

---

① P. Duhem, *Études* III, pp. ix–x: "Si l'on voulait, par une ligne précise, séparer le règne de la Science antique du règne de la Science moderne, il la faudrait tracer, croyons-nous, a l'instant où Jean Buridan a conçu cette théorie, a l'instant où l'on a cessé de regarder les astres comme mus par des êtres divins, où l'on a admis que les mouvements célestes et les mouvements sublunaires dépendaient d'une même Mécanique."

从事历史研究。这种研究源于他兴奋地发现,达·芬奇的笔记曾数次提到以前巴黎大学的学者(迪昂本人就是巴黎大学的校
47 友)。① 迪昂在巴黎国家图书馆中保存的大量经院哲学手稿中按图索骥,把这些想法继续往前追溯,最终发现了一个由巴黎经院学者组成的内容全面的学派,他们取得了两项最引人注目的功绩:一是摧毁了亚里士多德主义的支柱,二是由此奠定了现代早期力学和天文学的基础。迪昂代表他们所做的以下断言最为重要:

——让·布里丹反对亚里士多德关于抛射体运动由周围空气维持的想法,把以前的反驳加工成一种成熟的冲力理论,认为有一种内在的驱动力维持着运动。这种冲力与物体的质量和速度成正比,从而预示了现代早期的动量概念。此外,冲力因其不灭性(indestructibility)而充当了伽利略惯性原理的前身。最后,运用于行星运动时,冲力提供了地界动力学与天界动力学之间的一个关键环节,从而把布里丹变成了哥白尼和伽利略的先驱。

——尼古拉·奥雷姆(Nicole Oresme,1323—1382)在对某些算术值作一种几何表示的过程中,先于笛卡儿创造了解析几何,先于伽利略从图中导出了基本的落体定律,尽管他没有把这些定律运用于实际的下落过程。(但正如多

① R. N. D. Martin 在"The Genesis of a Mediaeval Historian"中发现,迪昂之所以对追溯达·芬奇思想的起源感兴趣,是因为他在 1903 年秋天(那时《静力学的起源》[*Les origines de la statique*]的部分内容已经付印)惊奇地发现了约达努斯(Jordanus Nemorarius)学派的手稿。Martin 据此认为,迪昂论题并非因为他那些科学以外的信念。我同意,但正如我后面所要表明的,那些信念的确导致迪昂夸大了他的观点。

明戈·索托的著作所表明的,16世纪的巴黎经院哲学家弥补了这一缺点。)

——最后,奥雷姆先于哥白尼赞成地讨论了地球绕轴周日自转的可能性,并用一种言之成理的动力学来支持这一假说,在一定程度上甚至胜过了哥白尼。

迪昂在他的三卷《达·芬奇研究》中陆续报导了这些发现,跟随他深入考察这些著作是一件迷人而非常有益的事情。前两卷分别出版于1906年和1909年,仍然以达·芬奇为重点,因为每一篇文章都试图把达·芬奇笔记中的思想与一两位较早或较晚的思想家联系起来。这两卷被恰当地命名为《列奥纳多·达·芬奇研究:他读过的人和读过他的人》(*Études sur Léonard de Vinci*:*Ceux qu'il a lus et ceux qui l'ont lu*)[①]。但在1913年出版的最后的第三卷中,达·芬奇逐渐淡出,所谓的巴黎唯名论者(Paris Terminists)[②]开始成为关注焦点,迪昂在第三卷副标题"伽利略的巴黎先驱"(*Les précurseurs parisiens de Galilée*)中恰当地宣布了这一点。[③]

## 科学史的连续性

迪昂的思想中渗透着大量"先驱者"的观念。他在第一卷序言的开头便雄辩地宣称,连续性信念是科学进步的本质: 48

① 后简称《达·芬奇研究》。——译者

② 按字面应译为"巴黎词项论者"。——译者

③ 在《达·芬奇研究》第三卷中,达·芬奇仍然被视为伽利略的一位"巴黎"先驱(见 p. xiii)。

科学的历史因两种偏见而遭到歪曲，它们是如此相像，以致可以将其混为一谈。人们通常认为，科学进步是通过一系列突然而意外的发现而取得的，于是相信，科学进步是全无先驱者的天才所为。指出这些想法错在哪里，科学发展的历史在哪里受制于连续律，是一种值得坚持的有益努力。伟大的发现几乎总是源于数个世纪以来缓慢而复杂的准备工作。最伟大的思想家所提出的学说源于一群名不见经传的人所积累起来的大量努力。通常所谓的创造者——那些伽利略们、笛卡儿们、牛顿们——所提出的任何一个学说都是经由无数环节与前人的教导联系在一起。过分简单化的历史会使我们惊叹于他们是自发产生的巨人，其孤绝超凡极其不可思议。材料更为丰富的历史将为我们追溯其漫长起源。①

① P. Duhem, *Études* I, pp. 1 – 2: "L'histoire des sciences est faussée par deux préjugés, si semblables qu'on pourrait les confondre en un seul; on pense couramment que le progrès scientifique se fait par une suite de découvertes soudaines et imprévues; il est, croît-on, l'oeuvre d'hommes de génie qui n'ont point de précurseurs.

"C'est faire utile besogne que de marquer avec insistance à quel point ces idées sont erronées, à quel point l'histoire du développement scientifique est soumise à la loi de continuité. Les grandes découvertes sont presque toujours le fruit d'une préparation, lente et compliquée. poursuivie au cours des siècles. Les doctrines professées par les plus puissants penseurs résultent d'une multitude d'efforts, accumulés par une foule de travailleurs obscurs. Ceux-là même qu'il est de mode d'appeler créateurs, les Galilée, les Descartes, les Newton, n'ont formulé aucune doctrine qui ne se rattache par des liens innombrables aux enseignements de ceux qui les ont précédés. Une histoire trop simpliste nous fait admirer en eux des colosses nés d'une génération spontanée, incomprehensibles et monstrueux dans leur isolement; une histoire mieux informée nous retrace la longue filiation dont ils sont issus."

毫无疑问，迪昂的确是“材料更为丰富”。他单枪匹马地重新发现了非常有价值的 14 世纪经院哲学手稿，这使他在科学编史学中获得了持久的声名，这些文本自 16 世纪以来几乎完全被湮没。此外，迪昂第一次把他发现非常值得重视的那些巴黎学者的观念经由后续经院哲者的不间断努力与 17 世纪联系起来，从而证实了他的强烈信念，即“科学和自然一样不会突然跳跃”。[①]

### 迪昂论题的关键问题

然而，迪昂作为中世纪科学史——它最终变成了科学编史学的一个专业领域——创始人的地位应当与一个更大的问题相区别，即他那些更广泛的主张到底在多大程度上得到了其所使用的那些原始材料的证明。毕竟，这些主张含有某种内在的荒谬之处。从形式上看，巴黎学派的论著与传统上对亚里士多德著作的评注并无不同。除了奥雷姆关于“形式幅度”(*latitudines formarum*)的论著，像抛射体运动的冲力理论这样的议题都是以关于亚里士多德《物理学》的疑问(*Quaestiones*)形式提出来的。至少从表面上看，很难一般地说巴黎思想家除了质疑亚里士多德学说中某些单独的说法还做了更多的工作，也很难说他们不再囿于整个亚里士多德主义框架。在整个三卷《达・芬奇研究》中，迪昂继续用伽利略、笛 49
卡儿、开普勒、牛顿等人的成就来衡量其巴黎英雄们的表现。[②] 那

① P. Duhem, *Études* I, p. 156: “Non plus que la Nature, la Science ne fait point de saut brusque.”

② 例如 P. Duhem, *Études* I, pp. 127 – 128, and III, pp. 33 – 34(其中迪昂把开普勒及其同时代人称为“现代科学的创始人”), 51, 54, 258 – 259, 263 – 264。

么，让现代早期科学的起源停留在17世纪（正如人们一直以为的那样），仅仅指出三个世纪以前由于种种原因而失败的一些有趣预示，难道不是更合理吗？

阅读迪昂实在令人着迷，原因之一是他本人在某种程度上也体会到了这些困境——有一种内在张力使我们感到这些困境渗透于整个著作。一方面，迪昂会尽可能夸张地做出断言，我们马上就来讨论他这样做的动机。但在另一种不大意识得到的层面上，他很清楚巴黎的革命——如果确实是一场革命的话——在某种意义上已经失败。迪昂甚至知道为什么：因为巴黎人的著作写得太早，尚不能从印刷术的发明中受益。[①]

从一开始就出现在迪昂论题之中的这种尚未解决的张力很快就在关于科学革命实质的一场全新的大争论中得到了释放，这场争论主导了接下来的数十年。我们今天关于这一主题的思想大都是由这场争论形成的。虽然几乎从未有人原封不动地全盘接受迪昂论题，[②]但是对其相对程度的有效性，人们的意见却有很大分歧，从略作修改便接受连续性观念，一直到试图利用迪昂的发现来重申严格的非连续性。本章以下各节都将讨论这场争论。不过，我们先要返回迪昂思想的某些特征，这些特征使他能够提出一个表面上似乎如此悖谬以至于不可能合理的论题。

在我看来，这些特征中有三个特别相关：迪昂对其发现的自豪感，他对数学在科学中作用的看法，以及他带有民族主义色彩

---

① P. Duhem, *Études* III, p. xiii.

② 唯一的例外是雅基。

的天主教。

### 论题的背景：迪昂作为自豪的发现者

无论是《达·芬奇研究》还是与之伴随的《宇宙体系：从柏拉图到哥白尼的宇宙论学说史》(*Système du monde: histoire des doctrines cosmologiques de Platon à Copernic*；十卷)，都不是以有效论证的形式写成的。其时间跨度达数个世纪，而且反反复复回到过去的思想家那里，都是为了展示迪昂在法国国家图书馆陆续发现的经院学说。迪昂正是以这种方式让读者们分享着他因为源源不断的新发现而产生的兴奋之情。其字斟句酌的令人振奋的文风起了很大效果。的确，如果一篇沉闷的学术论文是在谨慎地权衡某些一直受到忽视的经院思想的原创性程度，那么谁能被它吸引呢？对于像巴黎唯名论学派的发现这样的情形而言(我们将 50
会看到，耶茨把赫尔墨斯主义传统从历史的故纸堆中翻拣出来是类似的情形)，要想受到关注，言过其实是必不可少的。对原始论题的认真权衡和降低调门可以留给后人，从而保证了与其说是历史不如说是科学编史学中一定程度的连续性。

### 论题的背景：迪昂的科学观

除了在修辞上言过其实，迪昂的科学观也对夸大其论断起了很大作用。精确指明这种观念并不容易，因为在整个《达·芬奇研究》中，我们找不到有什么明确说法表明在迪昂看来，是什么特别的特征构成了现代早期科学的产生。如果从字面上接受他的说法，那么先于哥白尼论证地球的周日旋转，先于伽利略提出某种意义上的惯性原理和两条非常基本的自由落体定律，先于笛卡儿发明解析几何和动量概念，以及最后，先于牛顿同等地处理行星和抛射体所受的驱动力，所有这些合在一起足以构成现代早期科学的产生。即使我们不考虑那个根本问题（我们将在后续章节中详细讨论），即这些论断在事实上是否可靠，亦即它们作为证据解释是否站得住脚，我们仍然要问，即便为了论证起见而承认它们大体是正确的，这些是否足以被称为现代早期科学的产生。毕竟，在这幅图景中还根本没有地球绕太阳的周年运转，没有行星的椭圆轨道，没有抛射体的抛物线轨道，没有物质的微粒理论，没有科学仪器的使用，等等。这里显然还有某种缺口要填补。

这并不是说迪昂非常坦率地说明了情况。但他的确以各种方式来填补缺口。一方面，与原始语境相比，巴黎学者的发现几乎无一例外被他吹嘘得过了头。例如，布里丹所构想的抛射体运动的冲力理论（即使不考虑迪昂的解释方式是否能被接受）其实仅仅是一种高明的想法，用以取代亚里士多德的一个特定观念并被用于其他两种情形。对迪昂来说，这足以让他不断提及布里丹的“冲力动力学”，就好像“动力学”一词不代表某种远为复杂、精致和有结构的东西似的，以至于布里丹或其他任何人的含混说法都可以表示它。

另一个例子是迪昂把预示着“一种真正的科学精神”的地位赋予了某些非亚里士多德主义或反亚里士多德主义的说法，[①]而丝毫没有费力去确定这种精神应当作何理解。是仅仅反对亚里士多

① P. Duhem, *Études* I, p. 162: “un esprit vraiment scientifique.”

德吗？是做实验吗？是把数学应用于自然哲学吗？

当然还不止于此。《达·芬奇研究》中关于“真正的科学精神” 51
的少量内容只给数学留了很少的地方。我们一再看到，在迪昂看来，伽利略及其同时代人的主要科学贡献是以更精确的方式阐述了此前以纯粹定性的方式获得的见解。因此迪昂可以说，在两个半世纪的时间里，布里丹的冲力理论并没有增加什么实质性的东西，此后该理论“失去了纯粹定性的形式，现在被赋予了一种更加精确的定量形式”。[①] 还有一处很能说明问题的文字也充分显示了前面提到的那种张力。在被意大利的阿威罗伊主义者糟糕地接受之后，布里丹的“力学”

> 在那里有了一批拥护者[特别是达·芬奇和贝内代蒂]，他们通过阅读古人的著作，对于微妙的几何学程序已经训练有素。他们把[布里丹的力学]翻译成数学语言，从而揭示出它潜在包含的真理，并且在这一过程中引导它产生了现代科学。[②]

① P. Duhem, *Études* III, p. 55：冲力理论史“nous la montrerait ensuite se dépouillant de sa forme purement qualitative pour revêtir une forme quantitative plus précise.”

② p. 56：“désormais, elle y trouvera des adeptes que la lecture des anciens a formés aux habiles procédés de la Géométrie, qui la traduiront en langage mathématique, qui expliciteront ainsi les vérités qu'elle contenait en puissance et la détermineront à produire la Science moderne.” 这段话之后是：“Dans les écrits de Léonard de Vinci, nous saisissons cette science parisienne au moment même où elle passe de l'esprit médiéval à l'esprit moderne.” 注意这毕竟是两种截然不同的“精神”！

这里作两点评论。首先,迪昂不断把现代早期科学移到最适合他的位置。先是布里丹创立了它;然后它是在17世纪获得的;然后它的起源又被归于达·芬奇和贝内代蒂。[①] 所有这些都表明,迪昂很清楚自己是在严重夸大案例。

第二点评论与数学在科学中的作用有关。对迪昂来说,数学的角色是二阶的。数学是在基本发现做出之后才开始发挥作用的;它有助于使发现变得更加精确,阐明其含义,把潜在的东西揭示出来;但发现的核心在于定性表述本身。仔细阅读《达·芬奇研究》可以看出,在迪昂看来,科学发现表现为一系列单独的表述,包含着松散的、一般来说没有关联的见解。把它们结合起来,使之相互连贯和一致,对其进行量化和公理化,所有这些操作——尽管当然与科学相关——归根结底都是次要的。[②]

正是这种含蓄的科学发现观使迪昂为他最喜欢的经院表述加上了沉重的负担。正因如此,他才会从17世纪思想家与14世纪思想家的著作之中某些基本表述的相似性推出后者本质上的原创性和现代性。从部分意义上讲,迪昂历史思维模式的这一基本特征可以归因于科学编史学这门技艺的状态。"语境"方法尚未发展出来——在处理迪昂思想遗产的过程中,接下来的一代将在未来20年里创造这一方法。但我们也应认识到,迪昂和他心爱的巴黎
52 学者们一样,都有某种强烈的经院哲学倾向:他们都认为,科学和

① P. Duhem, *Études* III, p. 227.

② 在*Études* III, pp. 258-259,迪昂对伽利略的"几何学天才"持一种更赞同的看法。Ibidem, p. 227.

学术的内容是一个个断言。重要的是看法，而不是由理论和观念组成的融贯整体。

于是，这很自然把我们引向了迪昂编史学习惯的第三种决定性特征。

**论题的背景：迪昂的沙文主义天主教**

迪昂之所以会言过其实，另一个强大的促进因素隐藏在科学以外的信念中。迪昂显然感觉与法国经院哲学亲近。他很讨厌非基督教哲学家亚里士多德和阿威罗伊（尤其是后者），这并不是偶然的。在那个时代，迪昂拥护复仇主义（*revanchisme*）和反德雷福斯主义（*anti-Dreyfusisme*）所代表的一切。他反启蒙、反德、（似乎）反犹；硬币的另一面则是他强烈的民族主义和极端正统的天主教。[①]《达·芬奇研究》的字里行间都显示出，他急于表明法国天主教为科学进步提供了特别肥沃的土壤。这方面最引人注目的成就是他对巴黎主教艾蒂安·唐皮耶（Étienne Tempier）1277 年颁布的著名法令的解释。这项法令并非迪昂最先发现，研究中世纪的学者早就知道它，但迪昂却利用它来支持自己关于巴黎学者的断言。迪昂对该法令的解释是，唐皮耶通过禁止一系列限制上帝全能的表述，为处理亚里士多德和自然开辟了一条新的道路。例

---

① D. G. Miller, "Duhem, Pierre-Maurice-Marie," *Dictionary of Scientific Biography*, vol. 4, pp. 225 – 233；对迪昂在宗教和政治上的极端主义的讨论见于 p. 232。S. L. Jaki 在 *The Origin of Science*, p. 138, note 10 中否认了 Miller 的指控，但所给出的理由仅仅是，Miller 这样写是出于"恶意或误解"。

如，通过禁止"第一因无法创造出多重世界"这一命题，[1]唐皮耶似乎为学者们持有多重世界的观念创造了余地。迪昂赶紧补充说，他们实际上并非说干就干——关键在于如果乐意，他们现在可以自由地这样做。

巴黎主教创造的这种对科学而言不可或缺的新自由给迪昂留下了极深的印象，以至于在《达·芬奇研究》第二卷的结尾，他把现代早期科学的诞生定为这一事件：

> 如果我们必须为现代科学的诞生指定一个日期，那么毫无疑问，我们将选择1277年，因为就在这一年，巴黎主教唐皮耶庄严宣布，有可能存在着若干个世界，所有天球可能被沿直线推动而不产生任何矛盾。[2]

这里涉及的并不只是迪昂难以遏制的习惯性热情。请看他在讨论达·芬奇和贝内代蒂成就时所做的典型评论：

> 在意大利，为了与亚里士多德和阿威罗伊[两人都是异教徒]的过时教导做斗争，现代科学的创始人从巴黎人的逻辑学和物理学那里借了一臂之力。那些奋力摆脱专制枷锁的人注

① P. Duhem, *Études* II, p. 412 引用了这一命题："Quod prima causa non posset plures mundos facere."

② Ibidem："S'il nous fallait assigner une date à la naissance de la Science moderne, nous choisirions sans doute cette année 1277 où l'Évêque de Paris proclama solennellement qu'il pouvait exister plusieurs Mondes, et que l'ensemble des sphères célestes pouvait, sans contradiction, être animé d'un mouvement rectiligne."

视着巴黎及其已有数个世纪思想自由的唯名论经院哲学。[①]

在传教热情和发现热情如此强烈的情况下，历史的精确性和内在一致性轻易就会丧失。正是本着上述精神，在总结了其基本论题的《达·芬奇研究》第三卷序言的最后，迪昂发出了心醉神迷的感叹：

> 现代物理学取代亚里士多德的物理学源于漫长的艰苦努力。
>
> 这种努力从最古老、最辉煌的中世纪大学——巴黎大学那里获得了支持。一个巴黎人怎么可能不为此而感到骄傲呢？
>
> 其最杰出的促进者是来自皮卡第的让·布里丹和来自诺曼底的尼古拉·奥雷姆。一个法国人怎么可能不为此而感到自豪呢？
>
> 它源于巴黎大学——当时是天主教正统的真正守护者——针对亚里士多德主义和新柏拉图主义异教所做的顽强

① P. Duhem, *Études* III, p. 227: "C'est à la Logique, à la Physique des Parisiens qu'en Italie, les initiateurs de la Science moderne empruntent des armes pour combattre les enseignements surannés du Philosophe et du Commentateur; ceux qui s'efforcent de secouer le joug de la tyrannique routine ont les yeux fixés sur Paris, dont la Scolastique nominaliste est, depuis des siècles, en possession de la liberté intellectuelle." 另一则同样效果的陈述可见于 P. Duhem, *Système du monde*, vol. 4, p. 320: "Voilà pourquoi nous ne comprendrions rien à l'avènement des idées qui devaient placer la Terre au rang des planètes si nous ignorions comment l'Église catholique a lutté contre les Métaphysiques et les Théologies léguées à l'Islam par l'Antiquité hellénique."

斗争。一个基督徒怎么可能不因此而对上帝充满感激呢?①

## 结论

以上这些引文首先并不是为了使迪昂显得荒谬。认识到迪昂论题(以及它对我们今天的科学革命观和科学编史学的革命性后果)最初在怎样的精神氛围中得到表述,这是很重要的。由于迪昂受到极为个人的甚至是独特的动机的不断驱使,他自然也会吸引不同意其世界观的读者们把其要旨从更为古怪的装饰中剥离出来,更加清醒地审视他那些影响深远的断言在多大程度上拥有一个能被所有人接受的合理内核。这便是皮埃尔·迪昂留给下一代科学史学者的挑战。

# 2.3 塑造科学革命概念

现在让我们看看科学革命这一概念如何从一场争论中产生出来,这场争论源于由迪昂提上日程的议题。这里我们必须区分两种类型:一是迪昂工作中蕴含的科学编史学的一般变革,二是他关

① P. Duhem, *Études* III, pp. xiii – xiv: "Cette substitution de la Physique moderne à la Physique d'Aristote a résulté d'un effort de longue durée et d'extra-ordinaire puissance.

"Cet effort, il a pris appui sur la plus ancienne et la plus resplendissante des Universités médiévales, sur l'Université de Paris. Comment un parisien n'en serait-il pas fier?

"Ses promoteurs les plus éminents ont été le picard Jean Buridan et le normand Nicole Oresme. Comment un français n'en éprouverait-il pas un légitime orgueil?

"Il a résulté de la lutte opiniâtre que l'Université de Paris, véritable gardienne, en ce temps-là, de l'orthodoxie catholique, mena contre le paganisme péripatéticien et néoplatonicien. Comment un Chrétien n'en rendrait-il pas grâce à Dieu?"

于现代早期科学如何产生的特殊论题。这两种议题是以何种样式展现在迪昂继承者面前的呢？

**从哲学到历史：持久的前进步伐** 54

在通向成熟科学编史学的道路上，迪昂当然迈出了重要一步。诚然，他并不关注就某一位科学家的思想提出一幅连贯的图像。这个对于今天的科学史家来说不可或缺的目标直到迪昂之后那代人才完成。和休厄尔一样，迪昂也是通过追溯数个世纪以来科学家工作中的不同表述来撰写历史的。但在这样做的时候——这是我们现在的观点——他已经受到了一种对《达·芬奇研究》中所谓"科学传统之链"的敏锐感觉的引导。①

在康德、孔德和马赫关于现代早期科学产生的构想中，我们没有看到这种意识的痕迹。对于这些哲学家来说，17 世纪只是标志着错误科学与正确科学之间的划分，视每种情形所接受的"错误"和"正确"的版本而定：在康德看来是经验的与实验的，在孔德看来是形而上学的与实证的，在马赫看来是有偏见的与无偏见的。在每一种情形中，过渡都显示为突然完成，没有任何准备或中间阶段。对于哲学家来说，这样一种观点并没有什么内在不合理之处，而对于历史学家来说却不是这样。在迪昂之前，只有休厄尔能够克服它，但实证主义浪潮已经压倒性地盖过了他那精致的处理方法，而且大大增强了哲学家们处理科学史时的自然倾向。半个世纪以后，迪昂的工作标志着科学哲学家朝着这样一种历史观取得了决定性突破：这种历史观的标志是连续性，而不是与过去的一次

---

① P. Duhem, *Études* I, p. 123: "la chaîne de la tradition scientifique."

或多次突然的、毫无准备的断裂。我们或许可以说，迪昂的工作标志着从此以后，那种关于现代早期科学产生的**绝对非连续性**的非历史观点或多或少被永远超越了。迪昂取而代之的观点或可称为**绝对连续性**——这种激进的信念认为，“科学传统之链”根本没有断裂。我们将会看到，还可能有其他已被接受的历史发展观，这些观念恢复了在传统内部假定较为彻底的断裂所需的空间。然而，关于现代早期科学起源史的这些“非连续性”解释从未回到康德、孔德或马赫的非历史的绝对非连续性。自从历史学在19世纪成熟之后，把历史事件理解为在**相对连续**和**相对非连续**之间取得恰当平衡一直是历史学家的任务。迪昂的工作使我们可以用类似的术语来构想科学史家的任务。关于现代早期科学产生的所有后续讨论都不能再次失去迪昂这里所获得的基础。特别是，迪昂关于达·芬奇雄辩的说法已经以更一般的方式成为后世科学史家隐含的指导线索，更不用说是司空见惯的出发点了：

> 55 因此在我们看来，[他]不再是一个与过去或未来都没有关联的孤零零的天才，既没有思想上的先驱，也没有科学上的后代。我们看到他的思想如何受到之前几个世纪科学汁液的滋养，又转而孕育了未来的科学。[因此，]他在科学传统之链中重新充当着卓越的、实实在在的一环。①

---

① P. Duhem, *Études* I, p. 123: “Léonard ne nous apparaît donc plus comme un génie isolé dans le temps, sans lien avec le passé comme avec l'avenir, sans ancêtres intellectuels comme sans postérité scientifique; nous voyons sa pensée se nourrir des sues de la science des siècles précédents pour féconder à son tour la science des siècles futurs; maillon admirablement solide et brilliant, il reprend sa place dans la chaîne de la tradition scientifique.”

**新问题**

简单地说，随后关于迪昂论题的争论的一个主要议题是评价迪昂对材料的利用。无论在《达·芬奇研究》中还是在《宇宙体系》中，迪昂总是习惯于给出相关的拉丁文原文片段的法语翻译（只有奥雷姆的一些论著是用法语写的）。那么，迪昂实事求是地给出了事实吗？抑或因为太过热情而控制不住自己？此外，他是否把自己心爱的巴黎学者从其经院背景中过分剥离出来，以致严重歪曲了他们的含义和重要性？

显然，这些都是切中迪昂论题要害的新问题。此前没有人曾就科学史的写作问过这样的问题。引出这些问题的首先正是迪昂论题的独特性。

在以下各节中，我将讨论迪昂后一代的三位科学史家的相关工作，对于现代早期科学的起源问题，他们最富成效地利用了迪昂论题所提出的挑战。这三位科学史家是安内莉泽·迈尔（Anneliese Maier）[①]、戴克斯特豪斯和亚历山大·柯瓦雷。他们工作的时间段大致是20世纪的20年代到60年代。

戴克斯特豪斯出版的第一部相关著作可以追溯到1924年，但由于是用荷兰语写的，所以影响很小（柯瓦雷援引了几次，但很可能没有实际读过）。迈尔1939年开始用德语发表自己的发现（直到1982年，她才有一小部分论文被译成英文）。柯瓦雷划时代的《伽利略研究》（*Études Galiléennes*）也是1939年出版的，它几乎立即产生了影响。迪昂论题是他们三位共同的灵感来源，他们就

① 迈尔（1905—1971）：德国科学史家。——译者

迪昂论题引出的问题发表了相关作品，也对彼此的相关作品作过一些有意思的评论。

戴克斯特豪斯为这场争论所做贡献的要点是，自然的数学化过程是现代早期科学的关键，这一过程是渐进的和持续的，迪昂的巴黎学者为此做出了重要贡献。柯瓦雷所做贡献的要点是，自然的数学化过程是现代早期科学的关键，标志着人类思想的一种前所未有的新的革命性嬗变（mutation），它在很大程度上是通过克
56 服巴黎学者改进的亚里士多德主义而取得的。迈尔所做贡献的要点是，通过对晚期经院哲学手稿作一种比迪昂在学术上更加负责的研究，她表明，迪昂的巴黎学者以及 14 世纪其他经院学者的世界观代表着克服亚里士多德主义的重要一步，但并非决定性的一步。她的研究使中世纪科学成为一个独立的专业学术领域。我们先来讨论迈尔的看法。

### 2.3.1 重新考察原始材料：安内莉泽 · 迈尔

#### 冲力与惯性

在迪昂代表巴黎学者所做的所有断言中，最具爆炸性的莫过于将布里丹的冲力理论与惯性原理直接联系起来。毕竟，惯性原理似乎处于伽利略力学的核心，它是伽利略捍卫哥白尼体系物理合理性的主要武器。此外，惯性原理是笛卡儿微粒世界观的基石，而且引人注目地表现为牛顿第一运动定律。因此，如果能够表明冲力理论不仅是通向伽利略本人发现这一原理的重要一步，而且事实上已经体现了惯性原理，那么将现代早期科学的诞生

从 17 世纪移到 14 世纪就有了一个强有力的、尽管还不是决定性的论证。

这里需要仔细区分两个问题。毫无疑问，在比萨时代的早期笔记《论运动》(*De motu*)中，伽利略使用了"印入的力"(vis impressa)的概念，它在许多方面都类似于中世纪的冲力概念。较为狭窄的问题是：这个概念在伽利略的后续思想中发挥了什么作用？更为宽泛的问题是(这也是迪昂提出的问题)：冲力本身是一种惯性吗？迈尔在 1940 年以后发表的一系列论文中详细考察的正是这个更宽泛的问题。[①]

迈尔的所有这些论文以及更多的论文都基于对梵蒂冈图书馆收藏的大量手稿的认真研究，迈尔在那里几乎度过了她的整个学术生命。迈尔生于 1905 年，1933 年离开德国，"当时那里开始变得无

---

① 她在 1967 年提出了那个狭窄的问题("Galilei und die scholastische Impetustheorie," in *Ausgehendes Mittelalter*, vol. II, pp. 465–490)。迈尔的论文收在七卷著作中，她去世后又增加了一卷。这八卷著作都是由罗马的 Edizioni di "Storia e Letteratura"出版的。前五卷有一个共同的副标题："晚期经院自然哲学研究"(*Studien zur Naturphilosophie der Spätscholastik*)。其主标题分别为：vol. I, *Die Vorläufer Galileis im 14. Jahrhundert* (1949); vol. II, *Zwei Grundprobleme der scholastischen Naturphilosophie* (1951); vol. III, *An der Grenze von Scholastik und Naturwissenschaft* (1952; revised version of an earlier edition of 1943); vol. IV, *Metaphysische Hintergrunde der spätscholastischen Naturphilosophie* (1955); vol. V, *Zwischen Philosophie und Mechanik* (1958)。后来的三卷的共同标题为《行将结束的中世纪：14 世纪思想史文集》(*Ausgehendes Mittelalter: Gesammelte Aufsätze zur Geistesgeschichte des 14. Jahrhunderts*)，分别于 1964 年、1967 年和 1977 年(第三卷由 A. Paravicini Bagliani 编辑)出版。1982 年，S. D. Sargent 编译了迈尔的文集，题为《在精确科学的开端处：安内莉泽・迈尔论中世纪晚期自然哲学文选》(*On the Threshold of Exact Science: Selected Writings of Anneliese Maier on Late Medieval Natural Philosophy*)。

法忍受。”[①]她早年受的是哲学家和手稿专家的教育，但也上过普朗克的一些物理学课程——虽然这根本不足以证明她有物理学家的资格，但正如她 1948 年在给戴克斯特豪斯的信中所说，她能够回忆起其中大部分内容，足以满足其中世纪晚期经院哲学研究之所需。[②] 从 1949 年到 1977 年，她总共出版了八卷关于晚期经院思想的论文（最后一卷是她 1971 年去世后出版的）。有四篇论文专门讨论冲力/惯性问题，其中最简洁的是《冲力理论
57 和惯性原理》一文。值得注意的是，收录该文的选集名为《伽利略在 14 世纪的先驱：晚期经院自然哲学研究》（*Die Vorläufer Galileis im 14. Jahrhundert: Studien zur Naturphilosophie der Spätscholastik*）。[③]

在这里以及相关论文中，迈尔表明，冲力和惯性是对亚里士多德最初提出问题的两种根本不同的回答，这个问题是，抛射体在离开发动它的东西之后，是什么在维持它的运动？这是亚里士多德自然哲学中的一个问题，因为“凡运动者必为某种东西所推动”。那么，在抛射体运动的情况下，这个“某种东西”是什么呢？亚里士多德赋予了周围的空气一种推动力，这种推动力是由发动者例如抛石头的手传递给空气的。布里丹把空气的这种外在推动力换成了一种内在推动力，它最初是由同一个发动者传递给物体的。然

① Maier to Dijksterhuis, 28 June 1948: “als es anfing unerträglich zu werden” (Dijksterhuis Archival Collection, no. 4).

② Ibidem. 其他传记细节和参考书目参见 Sargent 编译的迈尔文集导言。

③ 这些文章中的论证几乎可以归结为同一结论；她也以类似的要旨讨论了迪昂的工作所引出的其他各种主题。

而，从现代早期科学的观点来看，抛射体运动的过程并不需要特别的解释，因为除非有外力介入，物体倾向于作匀速直线运动。因此，这两种概念在本体论上完全不同：某种东西，一个认为需要解释，另一个认为不需要解释。在物理上，它们也相差很远。只有布里丹和他的弟子萨克森的阿尔伯特（Albert of Saxony）曾把冲力视为一种自我维持的力量，也就是说，它不会自行耗尽。但这并不意味着冲力不能被破坏。即使不考虑重力、空气摩擦力等起反作用的力量，冲力也仍然会被破坏。在月下区域始终存在着对进一步运动的阻碍：

> 对于最初发动物体不可或缺的那些阻力逐渐破坏了冲力。……在惯性运动中，有一个要素绝不能被抽象掉，那就是运动质点的惯性。我们可以忽略外部的阻碍和力量，但却不能忽略抛射体的质量。经院力学与经典力学之间的差异恰恰在于，后者认为这种惯性是维持运动的实际因素，前者则认为它是对这种运动以及产生这种运动的冲力的阻碍。[①]

---

① A. Maier, *Vorläufer*, p. 148: "der impetus wird durch dieselben Widerstände, die zum Zustandekommen einer Bewegung unerlässlich sind, allmählich zerstört. . . . Es gibt in der Inertialbewegung ein Moment, von dem man schlechterdings nicht abstrahieren kann, und das ist die Trägheit des bewegten Massenpunktes. Man kann von äusseren Hindernissen und Kräften absehen, aber nicht von der Masse des proiectum. Und der Unterschied zwischen scholastischer und klassischer Mechanik ist eben der, dass diese Trägheit von der letzteren als der eigentliche bewegungserhaltende Faktor aufgefasst wird, von der ersteren dagegen als Widerstand gegen diese Bewegung und den sie verursachenden Impetus."

正因如此，布里丹才会把他关于一种不受阻碍的永恒冲力的假说明智地局限于天界——“他没有想到也不可能想到要把它类似地用于地界力学”。①

于是，伽利略放弃冲力理论的原因必须到别处去寻找。就像布里丹认为亚里士多德的解释不足以拯救现象一样，伽利略也关注冲力解释所无法拯救的某些现象。具有讽刺意味的是，相关现象很可能曾是经院哲学家理论反思的主题，那就是球体沿着一个
58 几乎没有摩擦的水平面的滚动。因此迈尔认为，在尝试解释这种持久的运动时，伽利略逐渐被引向他的惯性原理，虽然在这种情况下，该原理只对水平运动（即伽利略认为的圆周运动）有效。

通过分析，迈尔得出的结论如下：

> 从冲力理论到惯性运动原理的过渡丝毫不涉及整个世界图景的任何改变，仅仅是一种物理学理论被另一种与待解释现象符合得更好的物理学理论所取代。这种过渡与 14 世纪的相应过渡很类似：无论是哪种情况，人们的目的首先都是坚持传统解释，只想做一些细节上的修改来拯救现象。但是后来，这些细节似乎有了根本性的意义，致使整个旧建筑轰然倒塌。在 14 世纪，这些修正涉及推动力的“基体”(subiectum)，而在 17 世纪则涉及惯性力（vis inertiae）的作用。无论是哪种情况，这些看似不起眼的修改都引出了物理学思想史上的

① A. Maier, *Vorläufer*, p. 149: “Eine analoge Anwendung auf die irdische Mechanik zu machen ist ihm nicht eingefallen und konnte ihm nicht einfallen.”

一个新时代。[1]

## 两次科学革命，而不是一次

由迈尔的冲力和惯性论文的上述引文显然可以看出，她的分析背后隐藏着一种科学革命观，这种观念与占统治地位（尽管并非毫无保留）的迪昂论题差别很大。在1949年出版的《伽利略在14世纪的先驱》导言中，迈尔明确阐述了自己关于两次科学革命的看法。

她认为，在一个基本的方面，迪昂是正确的。的确，“14世纪的自然观[可以被视为]经典物理学的一个预备阶段和准备”。[2]迪昂在这方面的主要错误是“往往对经院学说的细节做出过于现代的解释，在其中读出了过多的内容”。[3]（一个较为次要的错误是，除了巴黎学者，14世纪还有其他经院哲学家，比如牛津学派，

---

① A. Maier, *Vorläufer*, p. 154: "Darum noch einmal: der Uebergang von der Impetustheorie zum Prinzip der Inertialbewegung hat nichts zu tun mit irgendwelchen weltanschaulichen Wandlungen, es wird einfach eine physikalische Theorie durch eine andere ersetzt, die den zu erklärenden Phänomenen besser gerecht wird. Und dieser Uebergang vollzieht sich in ganz analoger Weise wie der entsprechende im 14. Jahrhundert: hier und dort hat man zunächst durchaus die Absicht, bei der traditionellen Erklärung zu bleiben und will diese nur in Einzelheiten modifizieren, um gewisse apparentia zu retten. Aber diese Einzelheiten, so stellt sich nachträglich heraus, sind von so fundamentaler Bedeutung, dass sie das ganze alte Gebäude zum Einsturz bringen. Im 14. Jahrhundert bezog sich die Korrektur auf das 'subiectum' der bewegenden Kraft, im 17. auf die Rolle der vis inertiae—und in beiden Fällen wurde mit diesen anscheinend geringfügigen Modifikationen eine neue Epoche in der Geschichte des physikalischen Denkens eingeleitet."

② Ibidem, p. 1: "Grundsätzlich hat Duhem sicher recht, wenn er in der Naturauffassung des 14. Jahrhunderts eine Vorstufe und Vorbereitung der klassischen Physik sehen will."

③ Ibidem: "nur hat er im einzelnen die scholastischen Lehren oft in zu modernem Sinn interpretiert und zu viel aus ihnen herausgelesen."

为正在进行的革新做出了贡献。)迪昂的许多批评者和追随者都认同这些缺点,要想克服它们,我们必须尝试像迈尔那样,“尽可能客观和精确地描绘14世纪的物理理论及其所属世界观的图像”。①

迈尔极力主张,在做这件事情的过程中,关键要知道寻找什么。我们不应被17世纪和14世纪解释相同物理现象的努力之间表面的相似性所欺骗。我们的目标是找出概念、原理和理论是否相符以及在何种程度上相符:“自迪昂以来,这一直是争论中的问题。”②

迈尔断言,以这些原则为指导的研究最终会引出这样的整体
59 结论:从13世纪到18世纪,基督教世界的整个科学史应被视为

> 逐渐克服亚里士多德主义的历史。这种克服并不像很长时间以来认为的那样,是在一次大革命中完成的,但也不是在数个世纪中均匀进行的一种稳定持续的解放过程,而是以两大阶段完成的发展,其中第一阶段在14世纪达到顶峰,第二阶段在17世纪达到顶峰。③

---

① A. Maier, *Vorläufer*, p. 6:“wir müssen versuchen, uns von den physikalischen Theorien des 14. Jahrhunderts und dem weltanschaulichen Rahmen, in den sie hineingehören, ein objektives und möglichst exaktes Bild zu machen, müssen feststellen ‘wie es eigentlich gewesen ist.’”

② Ibidem:“Das ist seit Duhem die strittige Frage.”

③ Ibidem, pp. 1 - 2:“Im Ganzen genommen ist die Geschichte der exakten Naturwissenschaft im christlichen Abendland, von ihren Anfängen im 13. Jahrhundert bis in das 18. hinein, eine Geschichte der allmählichen Ueberwindung des Aristotelismus. Diese Ueberwindung ist nicht in einer einzigen grossen Revolution erfolgt, wie man es lange Zeit angesehen hat, und andererseits auch nicht in einem stetig verlaufenden Emanzipations prozess, der sich gleichmässig über die Jahrhunderte erstreckt, sondern in einer Entwicklung, die sich in zwei grossen Phasen vollzieht, von denen die erste ihren Kulminationspunkt im 14., die zweite im 17. Jahrhundert hat.”

然而，这两个阶段并不具有同等的重要性。迈尔承认，如果视为一个整体，当然可以把晚期经院哲学所体现的新自然观视为现代早期物理学的一个先导，“即一个宏伟发展过程的第一阶段，而该过程的第二个决定性阶段在17世纪。”①

这篇六页的导言是迈尔唯一一次就自己关于科学革命实质的一般看法进行概述。因此，虽然将她称为中世纪科学编史学之母当之无愧，但其“中间道路”的看法在很大程度上遭到了忽视。②这不仅是因为这种看法一直隐藏在德语中，也许更重要的是，与迪昂不同，迈尔并没有把这种看法用作她所有论文的指导原则，也没有使之成为一种按照时间顺序排列的历史概述的顶点，这种概述能使最终得到的结论在一直追随其历史论证思路的读者那里获得某种必然性。有两位科学史大师把这种技巧变得极具说服力，那就是戴克斯特豪斯和柯瓦雷。我们先来讨论戴克斯特豪斯。

### 2.3.2 戴克斯特豪斯与自然的数学化

爱德华·扬·戴克斯特豪斯一生中大部分时间都在担任一所高中的数学和物理老师。（直到1953年，他才担任了乌得勒支大学新设立的一个科学史教席。）③从受到的训练来讲，他是一个数

---

① A. Maier, *Vorläufer*, p. 5:“eben im Sinn einer ersten Phase in einem grossen Entwicklungsprozess, dessen zweite und entscheidende Phase ins 17. Jahrhundert fällt.”

② Edward Grant 是一个例外（见第4.3节）。

③ 除了以下注释中提到的戴克斯特豪斯的著作和论文，我也查阅了保存在荷兰莱顿布尔哈夫博物馆的“戴克斯特豪斯档案资料”(Dijksterhuis Archival Collection)，编号为“Arch471”。D. J. Struik曾在1986年（由Princeton University Press）再版的

学家。其第一本著作是《下落与抛射》(*Val en worp*,1924),该书一直没有被翻译,[①]共466页,其中许多内容都证明了迪昂的《达·芬奇研究》对戴克斯特豪斯的深刻影响。在本节稍后的部分,我们将尝试探讨戴克斯特豪斯本人对科学连续性的强烈信念是否受到了迪昂的持续影响,或者说,他对迪昂著作的阅读是否加强了他对科学发展的已有看法。无论如何,戴克斯特豪斯始终认为科学的
60 发展是渐进式的,尽管我们会注意到,这越来越与他关于科学革命(他坚持不使用"科学革命"这种说法)本性的成熟观点相冲突。

这些观点在他1950年出版的著作中得到了表达,其英译本以《世界图景的机械化》(*The Mechanization of the World Picture*)为题于1961年出版,它最终使戴克斯特豪斯被誉为20世纪最重要的科学史家之一。然而,非荷兰语读者如果知道,这些成熟观点中有许多曾经出现在他早年的杰作《下落与抛射》中,可能会有些惊讶。一个主要区别是,《下落与抛射》虽然本身是一部独立研究,但同时也是对迪昂论题的持续比较和对照,而这一特征在《世界图景的机械化》中则远没有那么明显。不过总体上的确可以说,《世界图景的机械化》的许多重要主题在《下落与抛射》(其副标题为

---

(接上页)*The Mechanization of the World Picture* 的新前言中写了一篇关于戴克斯特豪斯的简短概述。K. van Berkel 正在(用荷兰语)写一部关于戴克斯特豪斯的生平和著作的专著。[该专著已出版,即 K. van Berkel, *Dijksterhuis: Een Biografie*, Bert Bakker,1996。——译者]

① 在1955年10月13日的一封信中,I. B. 科恩希望《下落与抛射》连同《世界图景的机械化》和《西蒙·斯台文》(*Simon Stevin*,1943)能被译成英语。戴克斯特豪斯于10月21日回复说,翻译《下落与抛射》"需要为新版而彻底改变,但我无暇忙于这件事情"(Dijksterhuis Archival Collection, no. 2)。最终《世界图景的机械化》的德文版和英文版出版,简缩版《西蒙·斯台文》的英文版也于戴克斯特豪斯去世后出版。

"从亚里士多德到牛顿的力学史")中已经出现了。其序言说,《下落与抛射》

> 有助于我们认识诸如牛顿运动定律所表述的现代物理思想的基础是如何产生的。它源于一种信念:要想清晰地理解这些基础的含义和意义,就必须尽可能精确地追溯它们是如何逐步发展出来的。①

这些介绍性的话指向了科学史写作的过去而不是未来,事实上,《下落与抛射》在不止一个意义上正处于科学史写作的十字路口。如果只看这些话,读者也许会误以为这本书只不过是把马赫所关注的力学基础与少许迪昂式的连续性混合了起来。然而,有三个独特的新特征使《下落与抛射》远不只是这样一种无趣的混合。

## 新的特征

序言中宣布了一个新的特征:决心从方法上信守原始材料,以及不信任原始材料的翻译。显然,第一点是针对马赫,第二点则针对迪昂。的确,我们在《下落与抛射》中经常能够看到,主要是经由过分自由的翻译,迪昂扭曲了用以支持他那些重要断言的文本含义。

当我们阅读序言以后的内容时,戴克斯特豪斯历史写作模式的另外两个甚至更为重要的特征将会浮现出来。一个特点与该书

---

① E. J. Dijksterhuis, *Val en worp: Een bijdrage tot de geschiedenis der mechanica van Aristoteles tot Newton*, p. v.

的整体结构有关。《下落与抛射》并非试图追溯牛顿运动定律的起源，而是尝试记录力学史上最终被纳入牛顿力学的那些特殊观念的历史发展。换句话说，我们在这里看到的并非在历史中追溯个
61 别陈述的"原始"形式，而是真正语境式地系统讨论一门科学的历史。《下落与抛射》旨在对自由落体运动和抛射体运动理论作一概述，从它们最初作为亚里士多德自然哲学的恰当要素（尽管有些不合规则），到变成越来越不正统的自然思想的引起高度争议的焦点，直至最后被纳入牛顿定律。戴克斯特豪斯之所以会集中于自由落体运动和抛射体运动，是因为他认为从亚里士多德自然哲学到现代早期力学的过渡正是围绕着这两种主要现象发生的。他的论述是**历史的**，因为他致力于在当时的思想背景中理解相关理论，绝不允许用哲学上的先入之见来主宰历史论述。

这并不是说戴克斯特豪斯没有这些哲学上的先入之见。他当然有一些，而且影响了他的工作，事实也只能是如此。我们现在就来讨论它们。不过在此之前，首先应当明确，那种将科学史从科学哲学中解放出来的决定性过程在《下落与抛射》中已经开始，并将延续下去。历史不再屈从于忠实重建历史领域这一理想之外的某个目标。这种重建需要某些指导原则，这些原则当然可能是哲学的，就像科学编史学中经常发生的那样。但关键是，它们不再被用来**证明**某种东西。科学史领域终于开始了"如实地"（戴克斯特豪斯很赞成这一理想）探索。[①] 所运用的方法是耐心细致地重建过

① E. J. Dijksterhuis, "Doel en methode van de geschiedenis der exacte wetenschappen," pp. 10 sqq. 迈尔也同意这一理想：*Vorläufer*, p. 6.

去那些科学家的思想，他们的著作和有据可查的其他想法与正在讨论的历史话题有关。事实上，《下落与抛射》连同伯特的《近代物理科学的形而上学基础》（*The Metaphysical Foundations of Modern Physical Science*，将在第2.3.4节讨论）似乎是最早的现代早期科学编史学著作。我们在阅读《下落与抛射》时不仅可以视之为一份历史文献，而且作者仿佛就在身边，我们始终可以就其结论是否站得住脚与之进行热烈讨论。

## 科学中的数学

戴克斯特豪斯对科学方法的看法是假说-演绎式的，尽管最初是用归纳主义的语言表达的（他30年代熟悉了波普尔的早期工作之后便不再这样做）。这些看法虽然出现很早，但本身并不特别让人兴奋。它们之所以能够决定性地贯穿于戴克斯特豪斯的所有历史写作之中，是因为他为其赋予了一种**数学**特色。在戴克斯特豪斯看来，只有对未知事物之间定量关系的认识才是真正的科学知 62
识。我们往往无法觉察到事物的本质，我们所能追求的至多是用数学语言尽可能准确地确定事物之间的函数关系。对于戴克斯特豪斯来说，科学方法

> 要求对自然现象做出精确的描述，而这只能使用数学语言，因为数学语言极为微妙和精细，足以使这种精确成为可能。直到我们由此确立了对事实的认识，方法才试图做出解释。诚然，这种解释本身同样是一种描述，只不过现在是从一种更广泛的观点做出的——它并非像非科学思想往往认为的那样，

领悟到了事物的本质。但这丝毫无损于该方法的价值和理由。尽管我们不得不承认本质难以理解，但我们感受到了这种更广泛观点的解释效力。这种解释能够（就其字面含义而言）让现象变得更加清晰——它的确有助于启发我们对自然的思考。[①]

在《下落与抛射》的大约三分之一处，戴克斯特豪斯在讨论达·芬奇时（由于达·芬奇那种非数学的含糊性，戴克斯特豪斯对他的评价并没有迪昂那么高），第一次通过其历史解释让这种关于科学知识和方法的特殊看法大放异彩。这里戴克斯特豪斯再次以其精雕细琢（但并不容易翻译）的独特文风写道：

认为现代科学的根源总是存在于这样一些地方，与经院哲学相比，自然现象在这些地方得到了更明显的关注，经验在更大程度上被视为知识的来源，这种普遍看法一般来说是错误的。力学领域是现代物理学的基础，正是在这一领域，上述看法失去了效力。我们已经看到，从最抽象的经院辩证法深处如何获得了第一批运动学成果，最重要的动力学概念的轮廓如何得到了勾勒。随着研究的继续，我们将会一再看到，在那里起作用的同样影响不断产生着力学中的每一项重要进展——对自然之中使理想现象模糊不清的那些干扰做出抽象；深化和凝练起初源于经验的那些直觉的模糊观念；简而言

① E. J. Dijksterhuis, *Val en worp*, pp. 302 - 303.

之，把自然科学引入数学领域。[①]

在《下落与抛射》中，戴克斯特豪斯把自然的数学化视为现代早期科学的决定性特征的观点从这里开始贯穿于他的整个历史叙述之中。这段引文本身已经表明，戴克斯特豪斯关于巴黎学者对现代早期科学产生的贡献的看法与迪昂相当不同。迪昂一直在寻找 17 世纪观点的预示，而戴克斯特豪斯则注重数学化的内核。就
中世纪科学产生了这些内核而言，中世纪科学是力学史的积极方 63
面。戴克斯特豪斯从未动摇过一个信念，即在一定程度上，中世纪科学是他正在撰写的不间断的历史长链的重要一环。

然而事实证明，戴克斯特豪斯不可能坚持说，数学化的动力能像其连续性观点所要求的那样被逐步感受到。就在上述引文之后，他表明，巴黎人的动力在 16 世纪自然发展，结果“力学陷入了”亚里士多德正统的泥淖——“需要有一种强大的动力使之继续前进。”[②]这种新的动力就是一些希腊数学家的著作在 16 世纪得以出版，尤其是“整个希腊数学史中最不可思议的天才……阿基米德”的著作：

> 力学的重生可以追溯到他的工作开始渗透的那一刻，自然科学的数学化对欧洲人心灵产生的不可估量的冲击主要可以追溯到他的影响，这是一个出发点。[③]

---

① E. J. Dijksterhuis, *Val en worp*, p. 167.

② Ibidem, p. 170.

③ Ibidem.

戴克斯特豪斯一贯反对把“革命”一词用在科学史上，我们将会更深入地探讨他这种禁用的动机。但他显然愿意把阿基米德当作例外，因为他在上述引文之后接着说：“阿基米德的著作所引发的革命出现在两个不同地方。”[①]首先，阿基米德的流体静力学理论摧毁了亚里士多德关于轻与重的基本区分。这样一来，亚里士多德体系的基石之一和内在的一致性便遭到了严重破坏。“其次，[阿基米德]在工作中使用的几何方法——无论怎么赞赏都不为过——证明，有可能用一种比最琐碎的经院逻辑还要精细和纯粹得多的工具来研究自然。”[②]这段话最后指出，阿基米德的影响直到伽利略才充分显示出来。

以上这些并不是要指责戴克斯特豪斯无意中使用了一个他原则上不愿使用的术语，而是想通过强调他在“革命”概念是否适用于现代早期科学起源这个问题上的不一致，提醒人们注意戴克斯特豪斯的思想中有一种深刻的模糊性，这几乎是他一生中就该主题所写的所有东西的标记，而且也有助于解释《世界图景的机械化》所提出论点的一些主要特征。

### 科学史的连续性

戴克斯特豪斯与早期力学史家（尤其是马赫）之间的一个重要联系环节是他非常重视牛顿的前两条运动定律，即惯性原理以及
64 恒定的力产生匀加速运动而不是运动本身这一观念。在他看来，

① E. J. Dijksterhuis, *Val en worp*, pp. 170 – 171.

② Ibidem, p. 171.

可以认为当后一见解被视为自明时，现代早期力学就产生了。在《下落与抛射》中，他用很大篇幅表明，在这个意义上，伽利略从未迈出跨界限的最后一步，尽管他的圆周惯性原理已经与此相当接近。戴克斯特豪斯坚称，历史学家不可能为这一关键过渡进行精确地定位。伽利略坚持亚里士多德的力的观念，尽管这在他的作品中为一个事实所掩盖，即他只在“亚里士多德的”力与（时代误置地说）“牛顿的”力产生相同结果，即施加力的时间相等时才会使用动力学论证。[①] 又过了一代人，在惠更斯的《摆钟论》（*Horologium oscillatorium*）中，这一过渡已在预料之中。戴克斯特豪斯接着指出，对于17世纪下半叶的力学来说，“恒定的力产生匀加速运动”这一命题能够被证明。

> 这里我们看到了一个奇怪的现象。有一种观念，它在亚里士多德对事物的构想中是荒谬的，甚至在那些在物理问题上反对亚里士多德的思想家看来也是荒谬的。而现在，这种观念——即恒定的力产生加速运动——在17世纪末（那时它才刚刚诞生）已经被认为可以用一个非常简单的论证来证明。这种现象是否意味着通过摆脱亚里士多德主义的桎梏，一束新的光芒突然在人的心灵中闪现，它使得若干个世纪的谜题一经通过极大努力得到解决，便突然显得根本不是谜题，而是可以通过相当初等的明显论证而加以解决？抑或意味着，就

① E. J. Dijksterhuis, *Val en worp*, pp. 234, 264; cf. E. J. Dijksterhuis, *The Mechanization of the World Picture*, IV: 92 - 97（对这本书的引用将使用节号而不是页码）。

像科学史中经常发生的那样，年轻的一代在这里没有参与使之结出硕果的艰苦历程，因此往往会低估达到一种看似自明的洞见所需要的努力？换句话说，使这种洞见显得像是我们思想的一种必然（从而使我们惊奇于前人为何没有得出这种洞见）的逻辑简单性是否仅仅是一种错觉？[1]

读者很容易猜到，戴克斯特豪斯在他自称的两难困境中做出了何种选择：

> 我们对自由落体理论的历史回顾已经清楚地说明，第一种猜测完全不能接受。在每一个知识分支的整个发展中，我们总能发现相当大的连续性，以至于当我们事后速览[从亚里士多德开始，经由巴黎学者、伽利略和他的弟子，一直到惠更
> 65 斯的]整个发展过程时，根本不可能指出在哪个地方突然创造了全新的观念，彻底开辟了全新的前景。[2]

对于像戴克斯特豪斯这样谨慎的平衡者而言，这些坚定的说法是很强的。但其坦率使我们能够看出他对科学发展的连续性怀有始终不渝的信念。对于戴克斯特豪斯来说，连续性意味着：科学发现并非从天而降，以横空出世的眼光来考察科学的过去是一种有违历史本意的罪过。

---

① E. J. Dijksterhuis, *Val en worp*, p. 433.

② Ibidem, pp. 433 - 434.

在我看来，这里显示了马赫实证主义工作的持久影响力。在戴克斯特豪斯看来，马赫的非连续性看法和他对历史记录的实证主义扭曲显然是同一棵树上结的果实。在上述引文中，戴克斯特豪斯似乎是说，要想真正历史地看待事物，就必须拒斥非连续性。历史教导我们，一般来说，叔本华的那句名言在科学中完全适用："只有在被斥为悖谬和被视为平凡之间，真理才能获得短暂的胜利。"这正是我们事后容易歪曲真实历史图像的原因。要想避免这种歪曲，我们只有一次次地显示出科学真实发展的整体连续性。

我确信，戴克斯特豪斯一直在有意混淆两个不同的问题。这种混淆是因为他出于一种真正的历史感，迫切需要找到对抗马赫的武器，戴克斯特豪斯年轻时，马赫仍然是科学史领域最重要的权威。[①] 这里我们看到，我们先前所说的实证主义的致命影响得到了证实：在遭到攻击时，它仍然能把对手逼入一种实际上与其真实看法相左的立场。诚然，完全有可能坚持说，在一代人看来反常的东西在下一代人看来是自明的，但这并不必然排除科学发展过程中会出现突然的中断——新的定向是如此激进，以至于"断裂"和"革命"的确是唯一合适的标签，如果这些语词真有某种意义的话。很奇怪，正如我们已经指出的，戴克斯特豪斯在某种意义上会非常同意这种观点。他这样来总结伽利略的成就：

> 事实上，《关于两门新科学的谈话》的第三天作为一项完全原创的工作开辟了科学史中的新时期：几何力学的经典时

① E. J. Dijksterhuis, *Val en worp*, p. 285, note 4.

> 期。……在伽利略这里,人类自然思想史上一个新的时期开始了。[①]

关于这个悖论我们已经说得够多了。我们也许可以把它总结如下:在反对马赫等实证主义者的过程中,戴克斯特豪斯感到历史学家有责任把科学的发展视为本质上连续的,然而他也同样坚信,对自然现象的数学处理构成了科学方法的本质,这几乎迫使他把
66 现代早期科学的起源设想成与过去的决定性断裂。在戴克斯特豪斯开拓性的《下落与抛射》中,此困境所导致的内心张力渗透于字里行间。而在他 25 年后撰写的权威性的《世界图景的机械化》中,这种张力丝毫没有减弱,只不过隐藏得更深罢了。

**戴克斯特豪斯后来关于现代早期科学实质的看法**

1950 年,《世界图景的机械化》以荷兰文出版,它并不是第一部关于科学革命的全面历史。一个次要原因是,巴特菲尔德的《现代科学的起源》(更多内容见第 2.4.3 节)已于一年前问世。但更重要的原因是,《世界图景的机械化》实际上并不是为这样一种历史而写的。该书是为了回答(当然这种回答是以历史的形式给出的)一个与术语含义有关的问题,这个术语就是标题中出现的“机械化”(mechanization)一词。在导言中,戴克斯特豪斯提醒人们注意“通常所谓机械(mechanical)世界观或机械论(mechanistic)

---

① E. J. Dijksterhuis, *Val en worp*, pp. 261, 284.

世界观的出现和发展”[①]不仅极大地影响了科学本身的方法，而且极大地影响了技术和工业化、关于人在宇宙中的位置的哲学观点，以及最初与自然科学相距甚远的许多学术分支。这就是为什么科学史是文化史的重要组成部分的原因，无论对机械化更广的文化后果作何种价值判断。戴克斯特豪斯接着说，“机械化”到底指什么并非一目了然：

> 从某种角度来说，我们整本书都在试图回答这样一个问题，即在什么意义上可以谈及一种机械论的世界图景。在这样说的时候，我们想到的是希腊词 *mechane* 所暗示的“机械”或“机器”的含义（即把世界[无论是否包含人的心灵]看成一台机器）吗？抑或是指，自然事件可以借助于力学（mechanics）这门科学分支的概念和方法进行描述和处理（这时这个词在一种非常不同的含义上被使用，意指运动科学）？这个问题我们目前只能暂时搁置起来。[②]

接着，戴克斯特豪斯主张，只有回到“世界图景的机械化”这一术语的历史根源，才能找到这个问题的答案。他坚持认为，之所以如此，是因为有一条渐进的、不间断的线索把牛顿《自然哲学的数

---

① E. J. Dijksterhuis, *Mechanization*, 1:1. 根据留下来的与译者 C. Dikshoorn 的通信，她在整个过程中似乎与戴克斯特豪斯频繁交换意见，因此《世界图景的机械化》的英译本也许可以被视为权威译本（Dijksterhuis Archival Collection, nos. 37, 38, 174）。尽管如此，该译本读起来有些别扭，而且并不总是非常准确。因此，我在认为合适时会改变译本的措辞。

② Ibidem, 1:2.

学原理》中对它的决定性表述与古代联系了起来：

> 经典物理科学由古代科学逐渐发展起来，而且自然思想的演进多次表明，它并不需要拒绝或忽视前一时期所取得的结果，而是可以在适当改造后接受它们，沿着古人业已开辟的道路继续前进。如果我们想了解它的起源，就必须由果溯因，
> 67 厘清师承关系。就这样，我们最终无可避免地来到了古希腊。在许多领域，那里都是孕育欧洲文化的真正摇篮。[①]

就这样，戴克斯特豪斯开始了长达 485 页的论述，循序渐进地讨论了从古希腊到牛顿的物理科学史（涵盖了除生命科学以外的所有科学），表面上是为了找出“机械化”的含义。

对于那些已经熟悉了《下落与抛射》的读者来说，戴克斯特豪斯在结语部分最终给出的回答并不令人惊讶。在扎扎实实的七页内容中，他依次讨论了关于这一术语的若干种可能含义（我们很快还会回到这里），为的是最后把“机械化”等同于一种特殊的数学意义上的力学学科：

> 只有在把力学定义为运动科学时也把数学处理这一特征包括进去，这种刻画才能完整，经典科学与中世纪科学之间的真正对比才能完全明确。这种表述仍需进一步明确：经典力学之所以是数学的，不仅是因为它为了方便，利用数学工具简

---

① E. J. Dijksterhuis, *Mechanization*, 1:2.

化了必要时也可以用日常语言来表达的论证，而且是因为在更严格的意义上，力学的基本概念是数学概念，力学本身就是一门数学。事实上，只有这样才能揭示出经典力学与中世纪物理学的根本区别；正如我们所看到的，中世纪物理学在某个发展阶段也喜欢使用数学方法，但只有它的少数代表人物（尤其是奥雷姆）作为伽利略后来表述的原则的先驱者，试图把数学用作物理学的语言。①

接着，戴克斯特豪斯又说："直到17世纪，这一原则的内容和范围才逐渐被认识到。"②他通过回顾之前论述的例子来说明这一点。于是我们发现，"机械化"其实就是刚才定义的数学化。在这个意义上，从普朗克、爱因斯坦和玻尔开始的现代科学应当被视为现代早期科学（戴克斯特豪斯称之为"经典科学"）的延续：

因此，经典科学与现代科学之间的关系迥异于古代科学与经典科学之间的关系。经典科学必须在重要问题上否定古代科学，并且经常需要努力摆脱它；而经典科学在现代科学中却是一级近似，在大部分情况下甚至是足够精确的近似。③

---

① E. J. Dijksterhuis, *Mechanization*, V:7. 在英文版中，这段话与荷兰文原文有很大出入而又没有明显许可，因此我重新翻译了整段话。

② Ibidem, V:8.

③ Ibidem, V:9.

68 于是，真正“巨大的鸿沟”[1]不在于19、20世纪之交发生的过渡，而在于1600年左右更早的过渡：

> 那时必须达成一种对待自然的全新观点：探究事物真正本性的“实体性”(substantial)思维，不得不替换成试图确定事物行为相互依赖性的“函数性”(functional)思维；对自然现象的语词处理必须被抛弃，取而代之的则是对其经验关系的数学表述。在20世纪，函数性思维连同其本质上数学的表述形式不仅得到维持，甚至完全主宰了科学。[2]

结语部分很容易给读者留下这样一种印象，即从亚里士多德科学到现代早期科学的过渡构成了科学史上仅有的一次根本断裂。我们再次看到，戴克斯特豪斯关于自然的数学化是“世界图景的机械化”真正核心的信念如何轻易压倒了他在本书开头希望读者接受的总体连续性。较早的迹象可见于《世界图景的机械化》的各个地方：每当讨论伽利略、开普勒等人的成就时，戴克斯特豪斯就会指出他们的方法和成果在许多(当然不是所有)方面与前人有根本不同。诚然，戴克斯特豪斯展示了与过去的许多关联(对伽利略的处理尤其值得赞赏)，而且总想在他们著作的新与旧之间小心翼翼地达成平衡，但读者们获得的整体印象显然有助于为接受该书的最后结论做准备。

---

① E. J. Dijksterhuis, *Mechanization*, V:9.

② Ibidem.

## 确定科学革命的时间

在戴克斯特豪斯看来，真正的断裂具体发生在什么时间呢？答案很清楚：关键年份是 1543 年，即哥白尼《天球运行论》（*De revolutionibus orbium coelestium*）出版的那一年。早在 1924 年的《下落与抛射》中，戴克斯特豪斯就已经从迪昂论题的极端形式中解放出来——可以说中世纪科学在某种程度上为新的力学和天文学做了准备，但不能说开创了后者。“新时代”始于哥白尼。[1] 为什么是哥白尼呢？戴克斯特豪斯并没有明确回答这个问题，他只是把这一点强加于读者。事实上，他所做的强调似乎有助于我们质疑其选择。作者着力表明了哥白尼本人的工作中有许多方面仍然属于希腊数理天文学传统，仍然坚持虚构的均轮和本轮及其“拯救现象”的理想，而不考虑天上的真实事态如何，这**有别于哥白尼工作的持久影响**。与对哥白尼的处理相对照，戴克斯特豪斯在讨论伽利略和开普勒时毫不吝惜地列举了种种新特征，特别注重他们 69
不依赖权威和对自然现象的数学处理。[2] 简而言之，尽管作者严肃地表明了连续性的态度，并且在书中让现代早期科学始于哥白尼，但细心的读者读完此书的印象却是，我们在科学的历史中发现了一次独一无二的断裂，它主要是由阿基米德主义者伽利略以及柏拉图主义者和毕达哥拉斯主义者开普勒这两位真正致力于自然数学化的科学家所引起的。[3]

---

① E. J. Dijksterhuis, *Mechanization*, IV：2.

② 关于开普勒，参见 ibidem, IV：56；关于伽利略，参见 IV：77－78，83，103。

③ 戴克斯特豪斯的讲演“Ad quanta intelligenda condita，” pp. 118－122 大大加强了这种印象。

## 数学化与机械化

现在我们要问，戴克斯特豪斯将机械化等同于数学化，这一点是如何与关于“机械化”“机械的”“机械论”的其他观念调和起来的。首先，我们迅速浏览一下戴克斯特豪斯在结语部分明确拒绝的这些术语的各种可能含义。接下来，我们将戴克斯特豪斯对这些术语的用法与“机械论”在贝克曼、伽桑狄、笛卡儿、波义耳等人设计的微粒世界观中的含义作一比较。

被赋予“机械论”的第一种可能含义是著名的“机器”类比，它可以追溯到希腊词 *mechane*[机械]。戴克斯特豪斯拒绝接受这种解释，因为把宇宙描绘成一台巨大的机器预设了它的制造者和目的，这些性质并不属于现代早期科学本身，尽管 17 世纪的科学家偶尔会用作为钟表匠的神的意象来使其观点更合基督徒(以及他们自己)的心意。“机械化”也不是在“可描绘的、类似于机器的、凭借图示的——某种可以直观想象的东西”的同源含义上使用的。这种“可描绘性”正是惠更斯和莱布尼茨等当时的机械论者所赞扬的主要性质，这恰恰是戴克斯特豪斯拒绝接受它的原因：如果这两位科学家都把牛顿的力斥为非机械的(他们也的确是这样认为的)，而且如果牛顿定律体现了我们在谈论“世界图景的机械化”时所指的本质含义，那么以可描绘性作为标准就是错误的。毕竟，即使是最熟练的仪器制造者也无法构造出能够展示物体之间相互引力所引起的物体运动的机器，但一般认为，引力对于机械论是本质性的。

“机械论”的最后一种可能含义很快就被排除了，即把“机械论”理解成与“万物有灵论”或“有机论”相对立。这种含义强调的是机器的无生命一面。戴克斯特豪斯认为，这种观点的推论是，在现代早期科学中，所有变化都必须通过外在影响来解释，而亚里士多德物理学则通过某种内在本原来解释变化。但事实上，这一标准并不管用。例如，我们可以很容易地把惯性解释为一种内在的运动本原。此外，“把机械论界定为非万物有灵论，所包含的内容过于贫乏，不足以描述经典科学的显著特征”。[①] 在这样一一排除之后，道路终于被扫清，现在可以给出“机械论”这个多功用语词真正的数学含义了。 70

不幸的是，整个结语部分旨在彻底根除的混淆现在反倒可能加剧。[②] 坚称自然的数学化是现代早期科学区别于之前自然哲学的关键特征是一回事，继而告诉世人“机械化”的真正内容其实是“数学化”则是另一回事。保留“机械化”一词在当时的主要用法，仅仅强调这并非所要寻找的科学革命的实质，难道不是更好吗？这正是其他科学史家所走的道路。特别是在第 2.4.5 节，当我们开始讨论韦斯特福尔的科学革命观时，我们将会看到，这是一条更富有成效的道路，因为通过表明“机械论哲学”意义上的机械论在牛顿那里发生了剧烈转变，从而用一场关于事物意义的争论取代一场关于语词含义的争论，沿着这条道路我们能够回应戴克斯特豪斯的主要反对意见。

当然，戴克斯特豪斯并没有忽视 17 世纪科学见证了某种被称

① E. J. Dijksterhuis, *Mechanization*, V：5.

② K. van Berkel 告诉我，戴克斯特豪斯坚持“机械化”一词的主要原因与这个术语在科学史语境中的优点无甚关系。（它其实存在于戴克斯特豪斯当时卷入的关于荷兰中学制度改革的争论。）

为"机械论哲学"的东西,在他看来,笛卡儿是其主要创始人,波义耳是其重要贡献者,惠更斯则是其顶峰。要想理解戴克斯特豪斯为什么认为与自然的数学化相比,对事物的微粒看法只是现代早期科学的一个次要特征,我们就必须回顾他对科学知识的本质和限度的看法。他在《下落与抛射》中表达的那种观点也见于《世界图景的机械化》。但《下落与抛射》含有《世界图景的机械化》所没有的某种东西,那就是通过戴克斯特豪斯的数学认识论来评价微粒世界观。在《下落与抛射》中,戴克斯特豪斯把伽利略在自由落体运动和抛射体运动领域的成就与笛卡儿对其结果众所周知的蔑视进行比较,因为毕竟,伽利略的"构造没有基础"。[①] 戴克斯特豪斯说,这里我们看到了

> 历史上经常反复的斗争的一个阶段:这场斗争的一方是谦逊的数学物理方法,它希望经过认真研究,通过精确的数学语言来描述自然现象;另一方则是傲慢的哲学思想,它希望凭借天才的一跃包揽整个世界,一举洞悉事物的本质,确信这是获得关于现象的宝贵知识的唯一道路。我们可以确信前一种方法
> 71 的优越性,而不致被一位笛卡儿或一位叔本华运用后者产生的魅力所迷惑。[②]

① Descartes to Mersenne, 11 October 1638: "il a basti sans fondement" (*Oeuvres de Descartes*, 12 vols., ed. Adam and Tannery [Paris: Vrin, 1897—1913], 2:380). (Edition consulted—2nd impression of 2nd ed., in 11 vols., 1971-74.)

② E. J. Dijksterhuis, *Val en worp*, p. 343.

这就是为什么“机械因果性”[1](这是戴克斯特豪斯在《下落与抛射》的另一处给出的称谓)从属于自然的数学研究方法的原因。它还解释了为什么在一般情况下,戴克斯特豪斯几乎不把笛卡儿看成17世纪科学剧变的代表人物。虽然笛卡儿拒绝接受亚里士多德主义的内容,但他和亚里士多德一样是一个体系构造者。就笛卡儿致力于体系构造而言,他注定要落在其同时代人和直接继承者所发动的实际科学革新的主流之外。戴克斯特豪斯坚称,笛卡儿体系远不及亚里士多德体系具有经验性,该事实更是加强了这个特征。这并不是说戴克斯特豪斯认为对自然的经验观察是科学最重要的东西,本节前面的内容已经指出,他做出了相反的断言。但在戴克斯特豪斯看来,它的确意味着笛卡儿没有建立实验这扇门让自然“事实”进入。

### 实验在科学史中的地位

实验的作用也无可避免地遵循着戴克斯特豪斯对科学的看法——其数学版本的假说—演绎主义(hypothetico-deductivism)。[2]他虽然不像笛卡儿那样相信彻底的演绎主义,但他为实验指定的探索性(heuristic)价值依然很低。诚然,科学史表明实验——也就是以真正的康德方式积极讯问自然——可以作为科学知识的一个直接来源,但远为重要的是最初产生这种积极讯问的观念。这里我们再次碰到了我们的老朋友“作为描述方式的数学表述”,它

① E. J. Dijksterhuis, *Val en worp*, p. 353.

② 关于戴克斯特豪斯数学的假说—演绎主义的详细解释,见他的“Ad quanta,” passim。

现在也可以产生“数学演绎，作为指导原则来寻找通过实验进行检验的新现象”。[①] 因此，实验的主要功能是检验数学演绎所预言的那些现象是否的确按照预言发生了。

这种观点的一个推论是，就伽利略把实验说成是探索性的而言，戴克斯特豪斯绝不愿意接受伽利略对其实验的字面解释——这是戴克斯特豪斯区别于马赫式的经验主义的另一个方面。在戴克斯特豪斯看来，伽利略伟大之处的一个关键要素恰恰在于，

> 他做实验不是为了找到自然定律，而是为了后天地验证他已经通过数学推理由似乎自明的假定推导出来的关系。[②]

72 戴克斯特豪斯把对伽利略的欣赏与自己关于科学的看法如此紧密地联系在一起显然是有风险的，因为文献证据或实验证据将在某一时刻表明，伽利略作为一个做探索性实验的人可能远远超出了戴克斯特豪斯愿意允许的程度。我们将联系柯瓦雷科学革命观的命运更深地探讨这个问题，在这方面，柯瓦雷与戴克斯特豪斯的科学革命观几乎无法区分。

### 化学与生命科学

《下落与抛射》只涉及力学，而《世界图景的机械化》则旨在包含宽泛意义上的一切物理科学。加入天文学当然很好，尤其是因

---

① E. J. Dijksterhuis, *Mechanization*, 1:1.

② Ibidem, IV:98.

为开普勒和牛顿在《自然哲学的数学原理》第三卷中的贡献对于戴克斯特豪斯的数学来说颇为有利。但化学却是另外一回事。戴克斯特豪斯把化学家对17世纪科学革新的贡献部分归功于波义耳的微粒理论,其余则主要局限于物质结构理论,尤其是“元素”在何种程度上继续存在于复合物之中这一问题。换言之,在戴克斯特豪斯的讨论中,“哲学的”化学远远优先于实用化学。我们也没有看到关于电学、磁学等非数学的物理学分支的很多内容。整个叙事是围绕天文学、力学和光学等学科展开的。那些对自然的数学化没有直接贡献的科学没有起有益作用。它们的确存在着,对其发展当然能作同情式的描述,但它们并未起主要作用。当初休厄尔并不认为数学化对于产生新科学起了关键作用,如今戴克斯特豪斯也相对忽视了不符合其整体构想的那些科学分支。这肯定不是戴克斯特豪斯必须独自面对的困境。一个人越是希望公正地对待17世纪的所有科学,就越容易看不清楚现代早期科学与之前科学的区别。这一困境以略为不同的形式继续困扰着当今的科学史家。

### 结论

关于结论,我们前面差不多已经说完了,不过也许可以作两个提醒。在强调戴克斯特豪斯历史写作模式的某些明显特征时,我并非认为这位已故的同胞是其唯一发明者。就这些关键议题可见于《下落与抛射》而言,确实可以把戴克斯特豪斯连同伯特(尽管完全独立于伯特)视为其创始人。这里我特别想到了戴克斯特豪斯对原始文献的方法论批评,他的语境方法,奇特的“连续论”,把自

73 然的数学化提升为现代早期科学的唯一关键，以及把阿基米德著作的传播等同于现代早期力学起源的主要新要素。[①] 但是对于不少科学史家来说，戴克斯特豪斯在构建《世界图景的机械化》的宏伟大厦时所要努力解决的问题依然是问题，特别是如何处理化学和生命科学，笛卡儿在整个叙事中的恰当位置，以及如何为科学革命指定合适的起始时间等棘手问题。

前面我曾多次提到迪昂和戴克斯特豪斯著作中的某些内在张力，这主要表现在他们各自对于科学发展连续性的看法。我在讨论后世的某些科学史家时仍将指出这些张力。这里我想再次声明，我这样说完全没有贬义。我并不认为作者应当以不一致性为目标，也不认为完美的一致性应当是作者的最高理想——恰恰相反，完全一致的书籍鲜有不枯燥乏味的。在我看来，使一本书真正生动起来的关键因素恰恰来自于一个美妙而崇高的主要论题的内在张力，对于这个论题，作者从来没有毫无保留地完全信服。

### 2.3.3　"从'大约的'世界到精确的宇宙"：柯瓦雷的科学革命观

上一节题为"戴克斯特豪斯与自然的数学化"，本节也可以称为"柯瓦雷与自然的数学化"，因为科学编史学中的这两位孪生兄弟的看法惊人地相似。然而，为了让人注意他们是并不相同的双

---

① 亦参见 E. J. Dijksterhuis，"Ad quanta，" pp. 119 - 120。关于阿基米德工作的重见天日在现代早期科学产生过程中的作用，迪昂《达·芬奇研究》(III，p. v)中的一段不寻常的话暗示了类似的看法。

胞胎，我选择了一个也可以显示其区别的标题。(事实上，下一节讨论与他们有亲缘关系的孪生兄弟，也可以称为“伯特与自然的数学化”。)

戴克斯特豪斯与柯瓦雷的一个相似之处是，他们是距离很近的同时代人。他们都出生在1892年，去世也只相差一年(柯瓦雷是在1964年，戴克斯特豪斯是在1965年)。一个主要区别是，荷兰人戴克斯特豪斯一生中的活跃期主要是在地方中学平静地度过，他最愉快的时光就是在自己的书房里伏案工作；而出生在俄国的柯瓦雷则过着一个真正世界主义者的生活，他曾自愿服役于两次世界大战，在德国学习，在法国定居，在中东度过了几年，二战后 74
往来于法美之间开展教学，同时学着用英语写作，因为他感到这将是学者未来的语言。简而言之，柯瓦雷才华横溢，光彩照人，外向而好交际；戴克斯特豪斯同样才华横溢，但却性格内向，喜爱孤独。[①]

另一个相似性是两人余生都致力于研究现代早期科学的起源，他们在最早出版的著作中阐述了自己的看法。另一个区别是，随着时间的发展，柯瓦雷表现得较为灵活，允许对原先的看法稍作

① 关于柯瓦雷，有两部有意思的文集。一部是P. Redondi编的A. Koyré, *De la mystique à la science: Cours, conférences et documents*, 1922—1962。另一部则是Redondi编的专刊*History and Technology* 4, 1-4, 1987，标题为“Science: The Renaissance of a History. Proceedings of the International Conference ‘Alexandre Koyre,’ Paris, College de France, 10-14 June 1986”。关于本文中所提到的传记材料，参见C. C. Gillispie, s. v. “Koyré,” *Dictionary of Scientific Biography*, vol. 7, pp. 482-490；Redondi的文集以及I. B. 科恩的文章“Alexandre Koyré in America: Some Personal Reminiscences”。

改变，并且作一些实质性的扩展。再有一个相似性是，两人都受过数学家教育（此外，柯瓦雷所受的训练主要是为了让他成为一名哲学家），他们在很大程度上（虽然不是完全）持有相同的科学方法论。再有一个区别是，戴克斯特豪斯习惯于以书的形式来表达自己的看法，而柯瓦雷则倾向于以论文的形式来表达——如果这些论文显示出足够的连贯性和协调性，他会把它们集合成书；如果没有，其遗著的编者会这样做。①

最后一个相似性是，两人都深信自然的数学化是现代早期科学的关键。最后一个区别是，戴克斯特豪斯自认为可以把这一观点与他对科学发展连续性的同样强烈的信念结合在一起，而柯瓦雷从一开始就宣布了现代早期科学的革命性，这始于1940年柯瓦雷的三篇论文以《伽利略研究》为题出版。

### 革命与诸革命

“科学革命”一词目前的含义在很大程度上源于柯瓦雷的工作。柯瓦雷在其著作中不断区分科学中的若干次革命：希腊人创造了宇宙的观念；伽利略和笛卡儿的革命，随着研究的进行，他越来越倾向于把这场革命扩展到牛顿，并把牛顿的成就包括进来；19世纪的未特别指明的“革命”；以及最后，爱因斯坦和玻尔在20世纪的革命。因此有些悖论的是，我们发现维护整体连续性的戴克

① 在这方面，柯瓦雷的《从封闭世界到无限宇宙》是一个例外；《哲学思想史研究》(*Études d'histoire de la pensée philosophique*)也是如此，这是柯瓦雷在去世前三年编的由12篇文章组成的选集。

斯特豪斯实际上只突出了科学史中的一次明显断裂，即主要由伽利略和开普勒实现的断裂，而强调非连续性是科学发展特征的柯瓦雷却认为，17世纪的事件只构成了科学史中的一个革命性阶段，此外至少还有三个类似的阶段。然而，由于作为科学史家的柯瓦雷是专门研究16、17世纪科学的，所以在他一生的工作中，科学史中这一特定时期的独特性非常突出。

于是，柯瓦雷相信科学中发生过若干次革命。他对此的主要论证可见于他的一句简要的话："一场精心准备的革命仍然是革命。"[①]鉴于柯瓦雷是一个真正注重语境的科学史家，这种说法可 75
能意味着：诚然，历史学家有义务找出某位大科学家从某些先驱者那里获得了哪些东西，从而在当时的思想背景下尽可能忠实地重建科学家本人的思想；把错误、死胡同等等看成与主要功绩至少同样有启发性；换句话说就是克服对待历史的实证主义方法；然而，这份关于合理方法的规定清单并未把一幅科学渐进发展的图像强加给我们。柯瓦雷对非连续性的强烈感受并非是从字里行间隐约显露出来，就像戴克斯特豪斯实际所做的那样，而是用上面那句话快刀斩乱麻地解决了令其孪生兄弟奉献了整个学术生命的难题。

### "思想嬗变"

柯瓦雷认为科学在1600年左右发生的事情确实构成了一场革命，坚持这种看法对他而言为何如此重要？原因是，在他看来，这一过渡标志着世界观本身的决定性转变，"现代物理科学……既

① A. Koyré, "Galileo and Plato," in idem, *Metaphysics and Measurement*, p. 22.

是其表现又是其成果。"[1]较早的概念和理论失去了意义，因为它们在新世界观的背景之下不再有意义；出于同样的理由，新的概念和理论立刻开始显得自明起来。

于是，现代早期科学的产生并不只是出现了一些关于自然的新陈述，甚至像惯性定律或牛顿第二定律这样的基本命题也并非这种转变的标志。对它们的发现和随后的接受只有在一个更大的转变框架内才能解释，柯瓦雷将它描述成一种全新的运动观念。而这种转变只能在新宇宙观的更大框架内才能发生。运动不再被视为我们异质的有限宇宙中一种导向目标的过程；主要是通过伽利略和笛卡儿的工作，运动自那以后开始被视为物体在通过欧几里得的、几何化的同质无限空间时的一种价值中立的状态。这句话概括了柯瓦雷观点的核心；正因如此，他才认为现代早期科学的起源不啻为一种"思想嬗变"(intellectual mutation)，他的所有其他观点——自然的数学化、冲力理论的重要性、实验在伽利略工作中的作用、哲学与科学史的相关性、对其他科学史家的看法等等——最终都从属于这种基本观念。从某种意义上来说，如果读者完全熟悉了这个核心句子，并且像柯瓦雷在其著作中那样频繁地重复它(我数了一下，它几乎不变地出现了十几次)，我便可以结束本节对柯瓦雷的讨论，而让读者自行思考柯瓦雷对所有这些以

① A. Koyré, *Études Galiléennes*, 2nd ed. (Paris: Hermann, 1966) (the first edition, dated 1939, came out in 1940). J. Mepham 出版了英译本 *Galileo Studies* (Atlantic Highlands, N. J. : Humanities Press, 1978)。关于文中引用的段落，我一般会用自己的翻译。所引原文如下(*Études Galiléennes*, p. 12)："profonde transformation intellectuelle dont la physique moderne, ou plus exactement classique, fut à la fois l'expression et le fruit" (*Galileo Studies*, p. 1)。

及大量相关棘手问题（比如我们在讨论戴克斯特豪斯的贡献时看 76
到的那些）的回答。

不过，我不会让读者失望。接下来我先描述柯瓦雷在《伽利略研究》中是如何提出自己的核心观念的。然后我将讨论，随着柯瓦雷出于论战和考察其他相关历史现象的目的而对这一取之不尽的源泉加以利用，他后来以何种方式对其核心观点的后果进行了重复、详述、修改和扩展。

**“伽利略研究”**

《伽利略研究》中的第一篇文章是最初发表于1935/1936年的《经典科学的黎明》（À l'aube de la science classique）。其主要目的是证明两个历史命题：（1）中世纪和文艺复兴科学的历史可分为三个阶段，分别对应于三种不同的思维模式，即使它们并不总是遵循严格的时间顺序。这些阶段分别由亚里士多德的、冲力的和阿基米德的思维模式所构成。（2）伽利略在其物理思想发展成熟之前以适当的顺序经历了浓缩形式的这三个阶段。

对我们的目的而言，这种分类和分期有两个重要后果。我们首先注意到，柯瓦雷从一开始就把他关于17世纪科学剧变的看法与其主要提出者之一伽利略联系在一起。虽然一条不可逾越的鸿沟把柯瓦雷与马赫的科学观分离开来，但柯瓦雷——当然是在一种更复杂的为历史负责的层次上——不仅同意马赫的非连续性看法，而且也像马赫一样把伽利略当作核心人物来聚焦。然而，马赫的非连续性看法是“绝对的”，而柯瓦雷充分意识到科学革命是“有准备的”，因而持一种“相对非连续性”的看法。

其次，在柯瓦雷看来，冲力物理学与科学发展的关联主要表现在它**没能**引发革命。《论运动》(*De motu*)中体现的伽利略早期思想表明，按照阿基米德的方式来处理冲力物理学最终是徒劳的——一种真正的自然的数学化要变得可行，必须首先放弃冲力物理学。而这种数学化过程恰恰处于整个科学剧变的核心。它为真空中的自由落体、完全光滑的平面、完全无摩擦的运动的理想抽象世界提供了框架，伽利略在《论运动》中已经开始对这个世界进行探索，这个世界始终是其余生的标记。

> 我们感觉到：运动开始解放自身；宇宙正在瓦解；空间正在被几何化。①

77 在《伽利略研究》的另外两篇文章中，柯瓦雷把这一过程在其成熟阶段的进一步展开追溯到伽利略和笛卡儿的工作。在《落体定律：笛卡儿和伽利略》(La loi de la chute des corps：Descartes et Galilée)中，柯瓦雷的出发点是，这两个人在最初尝试寻求自由落体的速度、时间和距离的关系时都犯了错误。这种错误特别具有启发性，因为两人在彼此不知情的情况下犯了完全相同的错误，从而突出了这样一个事实：自由落体的速度与时间的比例并不像它事后看起来那样不言自明。之所以如此，是因为该定律内置于一个关于空间、运动和物体作用的本性的预设体系，这些预设以相当

① A. Koyré, *Études Galiléennes*, p. 74："Nous voyons bien：le mouvement s'émancipe；le Cosmos se disloque；l'éspace se géométrise" (*Galileo Studies*, p. 35).

复杂的方式相互依存。将其逐步理顺源于追问一种新的问题：

> 自然只对用数学语言提出的问题做出回应，因为自然是测量和秩序的领域。①

这乃是由数学引导的经验洞悉自然本质的唯一方式。

第三篇也是最后一篇论文《伽利略与惯性定律》(Galilée et la loi d'inertie)表达了柯瓦雷思想中的某些重点。惯性原理是他所描述的革命的核心事件，因为它代表和体现了革命的核心——空间的几何化。之所以如此，有两个不同但却相互关联的理由。一方面，惯性原理是伽利略在《关于两大世界体系的对话》中捍卫哥白尼主义的主要武器，也就是说，在破坏希腊宇宙方面，惯性原理比其他任何学说贡献更大。另一方面，惯性原理在表述直线运动在空无所有的空间中持续进行时，断言了在实际现实中并不存在的某种东西：它通过不存在且不可能存在的东西解释了存在的东西。② 要想实现惯性原理的这一成就，只有把经验世界转变成数学世界，然而与此同时，这种转变不可能是完全的，因为否则就不会存在与现实的联系，从而无法解释任何东西。

这种转变涉及把目的从运动世界中驱逐出去，将空间同质化，以及作这样一种抽象，即物体在无限的欧几里得几何空间中作惯

---

① A. Koyré, *Études Galiléennes*, p. 156: "La nature ne répond qu'aux questions posées en langage mathématique, parce que la nature est le règne de la mesure et de l'ordre" (*Galileo Studies*, p. 108).

② Ibidem, pp. 206 - 207; *Galileo Studies*, p. 155.

性运动。伽利略为这种转变做了相当程度的准备，但并没有实际完成它。他的弟子托里拆利等人完整地表述了惯性原理，但没有真正看到其更大意涵。完成整个转变的是笛卡儿，他第一次以系统而彻底的方式构想出这样一个世界，构成它的仅仅是按照惯性原理在无限空间中运动的物体。就这样，伽利略和笛卡儿这两个
78 人共同完成了17世纪的科学革命。诚然，伽利略没有把路走到底。由于他从来没有彻底完成从有限的有序宇宙到无限的同质宇宙的过渡，所以他从未把惯性原理表述得使物体适合追求无限。然而，把伽利略视为现代早期科学之父的传统观点是正确的，因为他第一次实现了一种数学化的物理学的观念。在这样做的过程中，他受柏拉图思想的影响很大，《关于两大世界体系的对话》中的柏拉图主义倾向便是主要证明。关于数学在物理学中所起的作用，伽利略赞同柏拉图的"数学主义"，反对亚里士多德的经验主义及其声称的"实际物体没有几何形式"。然而，伽利略对这一本身很有道理的传统反驳的回应是全新的，因为与柏拉图不同，伽利略并不认为数学形式只有在理念中才能得到表达。相反，伽利略否认这两位希腊哲学家的共同前提；[①]用柯瓦雷的话说：

> 几何形式可以通过质料获得实现。不仅如此：几何形式总是通过质料来实现的。……几何形式与质料是同质的，因

① 夏皮尔在其 *Galileo: A Philosophical Study* 第五章中提出的有趣论证错过的正是这一点，该论证试图表明，柯瓦雷忽视了柏拉图与亚里士多德在这方面的根本一致(特别见 p. 138)。柯瓦雷本人后来在《伽利略与柏拉图》一文中的修辞的确很大程度上模糊了这一点。

此之故，几何定律才拥有实际意义并支配着物理学。[①]

正是这一点使伽利略在自然的真正数学化方面能够比柏拉图走得更远。然而，柯瓦雷坚持认为，对于伽利略而言，仅仅这样说是不够的。伽利略最大的优点是他能够按照自己的洞见行事，即要想证明物理学能以一种数学方式来处理，就必须继续前进，实际去做。然后柯瓦雷得出了以下结论：

> 运动服从数学定律。时间和空间通过数的定律联系在一起。伽利略的发现将柏拉图主义的失败变成了胜利。他的科学是柏拉图的一次报复。[②]

柯瓦雷最后指出，这种报复仍然是不完整的：得出最终结论的将是笛卡儿。虽然与伽利略不同，笛卡儿并未自视为一个柏拉图主义者，但两人都持有把物理学还原为数学的相同科学观念。不过这种新的柏拉图主义与原初的相去甚远，因为现在空间已经失去了它在柏拉图那里所拥有的宇宙价值。科学取得了胜利。“但

① A. Koyré, *Études Galiléennes*, pp. 282－283："Et l'objection galiléenne implique, bien au contraire, que le réel et le géométrique ne sont nullement hétérogènes et que la forme géométrique peut être réalisée par la matière. Bien plus: qu'elle Test toujours.... La forme géométrique est homogène à la matière: voilà pourquoi les lois géométriques ont une valeur réelle, et dominent la physique" (*Galileo Studies*, p. 204).

② Ibidem, p. 290："Le mouvement obéit à une loi mathématique. Le temps et l'espace sont liés par la loi du nombre. La découverte galiléenne transforme l'échec du platonisme en victoire. Sa science est une revanche de Platon" (*Galileo Studies*, p. 208).

从未有一次胜利付出了如此高昂的代价”①。

## 临时评价

这便是柯瓦雷对他所谓的“17 世纪科学革命”的构想。请注意，柯瓦雷这里使用的这个术语仅限于伽利略和笛卡儿的活动。还要注意，它与戴克斯特豪斯 15 年前在《下落与抛射》中提出的解
79 释有许多相似之处，也有许多区别。我这里不准备作详细说明，而是想提醒读者注意在我看来这两位真正注重语境的早期科学史家最深刻的区别性特征——他们的异同都可以从这种背后的区别推出来。戴克斯特豪斯认为，数学是一种用来描述实在的语言，而没有真正深入到实在的本质；而在柯瓦雷看来，物理学其实是数学的化身(incarnation)，这就是为什么数学语言确实表达了实在之本质的原因。

另一个显著特征是论证的无情的内在逻辑，这在戴克斯特豪斯和柯瓦雷那里都显示出数学家的心灵在起作用。将思路如此强制地贯彻下去既有其不利，也有其优点。主要的不利之处在他们去世之后便很快暴露了出来：其思想建构的内在一致性使之成为一个具有很大抵抗力的坚固堡垒，然而一旦有对手成功翻转了一块石头，无论有多么小，那种内在一致性就很可能使整个建筑物轰然倒塌。但从短期看，该论证堡垒般的结构不啻为优点。无论如何，在柯瓦雷看来，这成了一个理想的出发点来宣传他的要旨，对其进行详述和扩展，将它与 17 世纪科学的其他方面联系起来，并

---

① A. Koyré, *Études Galiléennes*, p. 291："Mais jamais victoire n'a été plus chèrement payée" (*Galileo Studies*, p. 209).

把它当作大本营来击败对手。我们现在就来大致追溯一下柯瓦雷是如何以不同方式利用其堡垒的。

## 重复

不要产生误会：柯瓦雷持一种非常强有力的观点。它具有单一论述的所有长处，通过核心观念的磁作用，此前毫无关联的大量历史事实现在就像铁屑一样沿着干净的磁力线排列整齐。（我认为，这也许是历史分析所能获得的终极的东西。）

但柯瓦雷也知道如何推销他的观点。这更加令人钦佩，因为他的《伽利略研究》虽然注明的日期为1939年，其实到1940年才问世——那一年纳粹德国入侵法国，大多数人，包括柯瓦雷本人，关注的都不是如何对某些早已故去的科学家的思想进行阐释。柯瓦雷这本书是在开罗写的（他抵达开罗时没有忘记带着他那20卷国家版伽利略著作全集接受海关检查）。战争爆发后他立刻回到巴黎，却发现没有什么有用的事情可做，于是只好返回开罗。到开罗之后，他与法国抵抗运动的核心人物——戴高乐将军取得了联系。戴高乐将军认为，如果把一位有识之士派遣到美国，也许有利于提振其未来盟友对他的信心。无论柯瓦雷到美国是否有助于使罗斯福总统钟爱“自由法国”事业，可以肯定的是，这大大有益于科学编史学事业。人们往往正确地说，科学编史学*作为一种职业*产 80
生于（尤其是比利时流亡者萨顿所营造的）美国机会与柯瓦雷思想在40年代初的联姻。关于这一点我们后面还会详细讨论。这里我想说的是，一到美国，柯瓦雷就力图让人了解《伽利略研究》的要旨。他的基本技巧是简缩、翻译和重复。《伽利略研究》的实质性内容作为论文刊登于英文期刊上，其中最著名的是《伽利略与柏拉图》和《伽利略与17世纪科学革命》，前者发表于1943年的《观念史杂志》(*Journal of the History of Ideas*)上，概括了第一部分的内容；后者发表于同年的《哲学评论》(*Philosophical Review*)上，实际上只是《伽利略研究》第三部分内容的简缩翻译。然而，柯瓦雷在他的许多文章以及后来著作的开头不厌其烦地重新强调其核心观点。成熟的表述可见于他的最后一部著作《牛顿研究》(*Newtonian Studies*, 1965)：

> 因此，我将用两个密切相关甚至是互补的特征来刻画这场革命：(1)和谐有序宇宙(cosmos)的瓦解，以及基于这个概念的所有考虑——即使事实上并不总是，至少也是原则上——都随之从科学中消失；(2)空间的几何化，也就是用同质的、抽象的——无论我们现在认为它是多么真实——由欧几里得几何刻画的度量空间，来取代前伽利略物理学和天文学具体的、处处有别的处所连续体。
>
> 事实上，这种刻画近乎等同于自然的数学化(几何化)，因而也近乎等同于科学的数学化(几何化)。
>
> 和谐有序宇宙的消失——或瓦解——意味着，科学世界或真实世界不再被视为或设想为一个有限的、秩序井然的、从而在质上和本体上处处有别的整体，而是被视为一个开放的、无定限的甚至是无限的宇宙，它不是因其固有结构，而是因其基本内容与定律相一致而被统一起来；传统观念认为有两个世界，即流变(becoming)的世界和存在(being)的世界，或是

天界和地界，它们相互分离，彼此完全不同。现在的宇宙则与此相反，它的所有组分似乎都处于同一本体论层次上，天界物理学（*physica coelestis*）和地界物理学（*physica terrestris*）是相同的和统一的。在这个宇宙中，天文学和物理学因为都服从于几何学而变得相互依赖和统一。

这又转而意味着，所有基于价值、完满、和谐、意义和目的的考虑都要从科学思想中消失，或者说被强行驱逐出去，因为从现在起，这些概念都只是些主观的东西，它们在新的本体论中不可能有位置。①

## 详述

如果我们认真考察这一大段引文就会发现，过了 25 年，柯瓦雷已经给原初的要旨增添了某些内容。这主要是因为，该要旨不 81
仅是为了在异教徒（指实证主义科学史家）之间传播，而且也是作者的研究纲领。隐含在《伽利略研究》要旨之中的是对“宇宙瓦解”实际过程的深入研究。柯瓦雷在他的两部著作《天文学革命》（*La révolution astronomique*）（主要是讨论哥白尼、开普勒和博雷利的动力学观点）和《从封闭世界到无限宇宙》（*From the Closed World to the Infinite Universe*）中完成了这些研究。隐含在此纲领中的还有对牛顿的研究，牛顿的工作标志着天界物理学与地界物理学的最终统一；柯瓦雷晚年主要致力于这项工作。由此产生的一个后果是，其“科学革命”概念的范围越来越大。1940 年，这

① A. Koyré, *Newtonian Studies*, pp. 6 - 7.

一概念只包含伽利略和笛卡儿在自然几何化方面的表现。渐渐地，它开始把哥白尼的工作包括进来，根据柯瓦雷后来的观点，或许可以认为科学革命始于哥白尼的《天球运行论》。[①] 接着，他在1950年开始了牛顿研究，我们发现这一概念的时间范围又得到了扩展，它现已包括后来历史学家（除了柯瓦雷本人，还因为巴特菲尔德和霍尔）习惯上所谓的"17世纪科学革命"的所有内容：

> ……牛顿主义或者毋宁说整个17世纪科学革命（牛顿是其继承者和最高表现）最深层的意义和目标……[②]

对《伽利略研究》中业已存在的思想的另一种详述涉及实验在伽利略工作中的作用。由柯瓦雷对自然科学的数学看法可以直接推出，这里几乎没有为经验的进入留下余地。首先，实在本身是数学的。这并不是说，实在与数学演绎之间不需要有其他联系；因此柯瓦雷乐于承认，笛卡儿把他的数学演绎主义变成了一种"彻底几何化"（géométrisation à outrance）。在这种情况下，几何化"将实在消解为几何的东西"，"实在进行了报复"。[③] 因此，数学抽象与

① A. Koyré, *La révolution astronomique: Copernic—Kepler—Borelli*, pp. 15 – 17.

② A. Koyré, *Newtonian Studies*, p. 5. 在《从封闭世界到无限宇宙》的序言中，柯瓦雷把科学革命的时间段定为哥白尼《天球运行论》出版与牛顿《自然哲学的数学原理》出版之间的140年，在此期间走完了从封闭世界到无限宇宙的道路全程。因此柯瓦雷现在说，与此相比，《伽利略研究》中讨论的主题仅仅构成了那场"伟大革命"的"前史"。

③ A. Koyré, *Études Galiléennes*, p. 131: "La géométrisation à outrance—ce pêché originel de la pensée cartésienne—aboutit à l'intemporel: elle garde l'espace, elle élimine le temps. Elle dissout l'être réel dans le géométrique. Mais le réel se venge" (*Galileo Studies*, pp. 91 – 92).

经验世界之间确有必要达成某种平衡，而伽利略找到了这种平衡。

然而，这并不能通过引入经验本身来实现。柯瓦雷不厌其烦地强调，亚里士多德式的幼稚的日常经验无法导出新的精确宇宙中严格的科学知识。在将理想与实在联系起来的过程中，最重要的是沿着之前数学演绎所提供的指导线索积极讯问自然。[①] 只有通过实验检验，才能对实在进行确证。实验也没有探索性价值——“好的物理学是先验完成的！”[②]接着柯瓦雷表明，伽利略本 82
人在《关于两大世界体系的对话》和《关于两门新科学的谈话》中就这一主题所说的内容符合这种观点。所有这些并不意味着柯瓦雷对 17 世纪的实验不感兴趣——恰恰相反，他有一些引人入胜的论文详细分析了某些著名案例。但他这样做总是为了强调 17 世纪科学家不得不使用的可怜的实际手段与他们极为微妙、优雅、精致的抽象数学工具之间的对比。因此很自然，他们往往不得不把经验的引入局限于一种特殊类型的实验，即想象的实验或思想实验。[③] 伽利略是第一个擅长做思想实验的人。

### 扩展

我们已经指出，柯瓦雷作为研究纲领的核心观念指向了三个相互关联的不同方向。一个是地界物理学，他在《伽利略研究》中作了讨论；另一个是天文学，这门科学构成了希腊宇宙向无限膨胀

---

① A. Koyré, *Études Galiléennes*, p. 13 (*Galileo Studies*, p. 2).

② Ibidem, p. 227: “la bonne physique se fait a priori” (*Galileo Studies*, p. 166).

③ Ibidem, p. 79 (*Galileo Studies*, p. 37).

的永恒背景；第三个则是将这两个领域——伽利略已经通过惯性原理将其联系起来——最终综合成一种统一的动力学。我们还指出，对 17 世纪科学这后两个领域的更复杂的研究迫使柯瓦雷对其科学革命观作了某些调整。他现在不得不面对的另一个问题是开普勒在这场革命中的地位。伽利略和笛卡儿已是柯瓦雷 1940 年著作中的主要角色，那么该如何处理开普勒呢？

开普勒的问题是，尽管他在现代早期科学的产生方面有令人惊叹的表现，但以柯瓦雷的所有核心观念（除其中未言明的一条以外）为标准，他的得分都不佳。开普勒认为宇宙是有限的。作为一个熟悉视差问题的哥白尼主义者，开普勒不得不为宇宙指定一个巨大的尺寸，但他极力强调自己不会走得更远。开普勒的动力学也从来都是亚里士多德主义的变种。虽然开普勒是“惯性”这一表述的真正作者，但对开普勒而言，这意味着物体倾向于回到静止，除非有一个力使之继续运动下去。由此导致的后果是，开普勒统一天界物理学和地界物理学的最初尝试虽然有助于确立其三定律，最终却无法使他接近预想的目标。

因此，虽然柯瓦雷对开普勒的成就特别是数学自然观十分欣赏，但开普勒对柯瓦雷的整体框架几乎没有什么用处，其理由非常不同于当时柯瓦雷的那些专业同行，后者往往称赞开普勒的三定律，但谴责他的“神秘”倾向——毕竟，同样“神秘”的乔尔达诺·布鲁诺在柯瓦雷的处理中得到了好得多的待遇，因为布鲁诺的确宣称宇宙是无限的：

83 > 布鲁诺思想的大胆和激进使我们惊讶。他使关于世界和宇宙实在的传统图景发生了一种转变,一种真正的革命。①

然而,开普勒那里却没有这样一种革命。柯瓦雷的编史学习惯是,一旦为科学家指定从核心观念中导出的合适位置,他便愿意据此来详细解释材料。比如以开普勒那件著名轶事为例,即他因为预测值与第谷的实际观测值之间有8弧分偏差而没有接受自己的"替代假说"(*hypothesis vicaria*),开普勒说,这使他最终得以建立一门新天文学。大多数科学史家,比如戴克斯特豪斯,都认为这是一个转折点,标志着现代早期科学的开端。而柯瓦雷却不这样看。他冷静地指出,对于开普勒而言,比起拥有第谷的观测数据,远为重要的是他早在获得这些数据之前若干年就已经下决心把天文学视为基于原因(*aitiologetos*),换句话说,将其当作天界物理学来处理。柯瓦雷似乎不愿认为,要不是耐心的经验论者第谷积累了那些无关宏旨的硬事实,开普勒构造这样一种天界物理学就会一直陷于美妙但却终究徒劳的思辨之中。②

柯瓦雷的核心观念只涉及物理学和天文学。化学和生命科学在其中没有位置。当戴克斯特豪斯在《世界图景的机械化》中不得不处理这个问题时,他没有考虑生命科学,并使化学悬而未决。柯瓦雷从未以类似于《世界图景的机械化》所涉及的范围写过概述,

① A. Koyré, *Études Galiléennes*, p. 181: "On reste confondu devant la hardiesse, et le radicalisme, de la pensée de Bruno, qui opère une transformation—révolution véritable—de l'image traditionelle du monde et de la réalité physique" (*Galileo Studies*, p. 141).

② A. Koyré, *Révolution astronomique*, pp. 9 - 10 (cf. p. 221).

他以一种更加简易的方式解决了这个问题。他径直将生命科学排除在他所设想的科学革命之外，因为生命科学概念本质上是定性的，注定仍然是那些非数学的亚里士多德逻辑概念。他虽然承认化学是一门可以量化的科学，但并未就此发表其他什么意见。①

## 改变

在柯瓦雷的科学史著作中，早期核心观点的重大修改只有一次。即使在这里，我们说它是一种扩展而不是实际修改也许更合适。参加 1955 年纪念伽桑狄逝世三百周年会议使柯瓦雷有机会承认，如果科学革命果真构成了“柏拉图的报复”，那么柏拉图有一个盟友来战胜亚里士多德的经验论——诚然，这是一个相当不自然的盟友，但仍然是一个盟友，即德谟克利特。通过引入德谟克利特的原子论作为新科学恰当的本体论，伽桑狄在打破亚里士多德的实体与属性的本体论方面超出了其他任何人。②

84 在一篇较早的文章中（后来重印于《牛顿研究》），柯瓦雷沿着另一种大有前途的方向提出了这些思想。他写道，现代早期科学的物理-数学潮流无疑是其最具原创性和重要性的组成部分，但除此之外，还存在着一种与之并行的潮流。该潮流更具经验性和

---

① A. Koyré, "An Experiment in Measurement," in idem, *Metaphysics and Measurement*, p. 91.

② A. Koyré, "Gassendi et son temps," in idem, *Études d'histoire de la pensée scientifique*. 这篇文章最早发表于 *Tricentenaire de Pierre Gassendi, 1655—1955, Actes du Congrès* (Paris: Presses Universitaires de France, 1957)。它源于 1953 年另一场合的谈话。

实验性；它的范围比它所不信任的数学概括小得多；它满足于发现新的事实，并且构造不完整的理论以解释这些事实；启发它的并非柏拉图关于实在的数学结构的思想，而是德谟克利特关于实在的原子结构的构想。这一潮流的主要成员是伽桑狄、波义耳（其中最杰出者）和胡克。这些人一般来说更倾向于一种谨慎而稳妥的微粒哲学，而不是伽利略和笛卡儿的泛数学主义。将这两种潮流结合起来的人是牛顿。当然，牛顿在地界物理学与天界物理学之间建立了一种综合，但在此过程中，他还综合了科学革命的这两大潮流。柯瓦雷用一则引人注目的比喻说道，对牛顿而言，自然之书是用微粒符号写成的，然而，把这些符号结合在一起并赋予其意义的句法却是数学的。①

我们发现，这里分配给笛卡儿的是17世纪科学中的数学传统而非微粒传统，这表明了笛卡儿在科学革命中的位置所可能引出的解释性争论。在本章，我们还会一次次地回到这一主题。现在我想提请大家注意柯瓦雷讨论的另一个重要方面，即这里提出的关于科学革命的两种潮流的解释。诚然，这种特殊解释至今还只局限于讨论牛顿的一篇文章的一页引言，但这为柯瓦雷的两个最杰出的弟子——托马斯·库恩和理查德·韦斯特福尔——后来提出关于科学革命的两种极富成效的重新解释提供了现成的灵感来源。

① A. Koyré, *Newtonian Studies*, p. 12; cf. idem, *Metaphysics and Measurement*, p. 130.

## 哲学在科学史中的作用

在开拓性的《伽利略研究》出版之后，柯瓦雷又写了大量著作和文章，在所有这些文献中，他都用《伽利略研究》中提出的核心观念来考察相关问题。这些问题可以归入两个标题：对科学革命的解释以及哲学对科学史的意义这个一般问题。

我们到本书合适的地方（第 5.2.1 节）再讨论柯瓦雷对科学革命原因的看法，从而在字面上符合柯瓦雷的这样一种信念，即分析科学革命的实际构成应当先于解释尝试，因为只有前者能够告诉我们需要解释的是什么。[①]

85 柯瓦雷关于哲学在科学史中的作用的思想散见于他的六篇文章和书中。其中一部分是重新肯定他自己的哲学立场，他曾经非常恰当地称其为“数学实在论”。[②] 另一部分则可以归结为坚持不懈地对抗两种竞争性的看法——实证主义和那种与之相关的观点，即科学要想产生，就必须先从哲学中解放出来。

对于实证主义，柯瓦雷绝对持鄙夷态度。在他看来，很难有什么东西比实证主义对科学史或科学编史学的影响更有害的了。实证主义科学编史学会使这位通常彬彬有礼的辩论家言辞激烈：

---

① A. Koyré, *Newtonian Studies*, p. 6.

② A. Koyré, “De l’influence des conceptions philosophiques sur l’ évolution des théories scientifiques,” in idem, *Études d’histoire de la pensée philosophique*, pp. 253 - 269. 这是对一篇最初用英语写成的美国科学促进会演讲稿的扩充版。1955 年 2 月，它以“Influence of Philosophic Trends on the Formulation of Scientific Theories”为题发表于 *The Scientific Monthly*, pp. 107 - 111；这里的“数学实在论”见于 p. 111（在法文版中见于 p. 267）。这篇文章还收在 P. G. Frank (ed.), *The Validation of Scientific Theories* (Boston, 1956)之中。

> ……一种受经验主义和实证主义认识论病毒感染的编史学在科学思想史家当中造成了严重破坏。①

实证主义不仅系统地歪曲了科学思想史的重建，而且充当了科学进步本身的制动器。实证主义科学编史学往往把17世纪科学中律则的、唯象的、简而言之“实证的”一面与古代和中世纪实在论的演绎主义(realist deductivism)相对立。但这种对立犯了双重错误。它不仅没有看到，在建立数学关系的过程中，科学联系的并非现象，而是抽象的概念，而且也没有看到实证主义态度可以追溯到古代，实证主义态度本身标志着过早放弃对真实世界的处理，获得关于它的有效见解。“拯救现象”态度中固有的方法论限制(迪昂把这种态度追溯到希帕克斯的天文学及之前)的确使它有可能做出预测而不做解释。但这种态度实际上是一种放弃和绝望，是倒退的和失败主义的(defeatist)。(19世纪的实证主义用“自夸”取代了“放弃”。)②只有克服实证主义态度，才可能有真正的科学：

---

① A. Koyré, “Du monde de l' ‘à-peu-près’ à l'univers de la précision,” in idem, *Études d'histoire de la pensée philosophique*, p. 359: “une historiographie infecté par le virus dc l'épistémologie empiriciste et positiviste qui a fait, et qui fait encore, tant de ravages parmi les historiens de la pensée scientifique.”(这篇文章最初发表于*Critique* 28, 1948。)

② A. Koyré, “Les origines de la science moderne,” in idem, *Études d'histoire de la pensée scientifique*, pp. 48–72. 这篇文章最早发表于*Diogène* 16, 1956, pp. 14–42；英文版发表于*Diogenes* 16, Winter 1956, pp. 1–22。引用的这个短语见于*Diogenes*的p. 18；在法语文集中见于p. 67。(Margaret Osler认为[私下交流]，柯瓦雷这里是在合并关于科学的工具主义观念和实证主义观念。)

> 正是在反抗这种传统的失败主义过程中,从哥白尼……一直到伽利略和牛顿的现代科学才完成了反对亚里士多德主义者浅薄经验论的革命,这场革命基于一种深刻的信念,即数学远不只是用来整理数据的形式工具,它其实是认识自然的关键所在。
>
> ……科学要想沿着无尽的真理之路向前迈进,不是通过宣布放弃"认识实在"这个看似不可能实现的目标,而恰恰要大胆追求它。①

面对这一挑战,每每会有科学家认输,但也总有科学家会重新采用那种"据称无益或不可能的、已被宣布没有意义的问题解决方案"。②

86 因此,哲学在整个科学史中具有极端重要性,科学史家最好承认这一点。然而,正如柯瓦雷在 1954 年指出的,很少有科学史家这样做。大多数人仍然坚持那种粗糙的完全错误的图像,即 17 世纪科学意味着从形而上学的桎梏中解放出来,虽然在笛卡儿和牛顿的作品中仍然能够找到一些令人遗憾的形而上学遗迹,但令人欣喜的是,它们在 19 世纪已然被消除。柯瓦雷在这篇针对其同行

---

① A. Koyré,"Les origines de la science moderne," in idem, *Études d'histoire de la pensée scientifique*, pp. 18 and 22 of the English version, from which the translation is taken; pp. 67 – 68 and 72 in the French collection.

② A. Koyré,"De l'influence des conceptions philosophiques."我合并了法文版 p. 267 的内容("la solution improfitable, ou impossible, de problèmes déclarés dénués de sens")及其英文版 p. 111 的对应(似乎被曲解为"据称无益的、不可能的或没有意义的任务")。

的指责性发言中继续指出，形而上学观点对于实现科学革命绝对不可或缺，事实上除了他自己，他只知道一位历史学家确实由此得出了一些推论。这位历史学家就是美国哲学家埃德温·阿瑟·伯特。我们将在下一节讨论他的《近代物理科学的形而上学基础》一书。不过在结束本节之前，我先对柯瓦雷本人的成就做出最后的总结。

**柯瓦雷本人的总结**

1948年，柯瓦雷用法语写了一篇文章，据称仅仅是关于五本技术史著作的书评，但实际上却解释了他的核心观念所展示的一些更广泛的前景。其标题是一个短语，从此以后，该短语将一直保存在他的工作中。它非常美妙地总结了柯瓦雷的核心观念："从'大约的'世界到精确的宇宙"。

这便是对西方文明在大约16、17世纪之交发生的基本断裂的简要表述。希腊人的确寻求精确性，但他们只在抽象的几何学和天界之中找到了精确性："[希腊思想]绝不承认这个世界是精确的。"①根据柏拉图主义甚至是阿基米德赞同的这种观点，我们这个世界是一个"大约的世界"。诚然，毕达哥拉斯的数的形而上学以及宣称神根据数、重量和度量创造了世界的《圣经》经文都指向了这样一种精确性，但直到伽利略，这些训谕才得到了认真对待。例如，一直到伽利略的时代，关于精巧的技术仪器的描述都具有明显的"近似性"。② 的确，一直都有人做很多计算，但"从未有人试

① A. Koyré, "Monde de l' 'à-peu-près,'" p. 343: "jamais elle n'a voulu admettre que l'exactitude puisse être de ce monde."

② Ibidem, p. 347: "caractère approximatif."

图超出不精确的日常生活中实际运用的数、重量和度量——数月份和牲畜，丈量距离和土地，称量黄金和谷物——以把这种运用变成精确知识的要素”。[①]

其原因既不是缺乏适当的工具，也不是没有语言来表达结果。这些东西一般来说固然不足，但不足的真正原因是背后的一种非常典型的心态——“‘大约的’世界的一般结构”。[②] 最好的证据莫
87 过于炼金术的情况。数百年来，炼金术是唯一一门成功获得一套术语、符号和仪器的关于世间物质的科学，它历经数个世纪，最终进入了化学。它积累了宝贵的观察结果，做出了重要的发现，也进行了实验。然而，对炼金术操作的描述却如同家庭食谱：这里盛行的仍然是“加一点这个，放一匙那个”的风格。炼金术从未成功完成一项精确实验，原因很简单，它从未尝试这样做——肯定不是因为缺乏任何精密仪器，因为当时珠宝商有相当精确的天平。[③] 温度测量法也是如此：“缺乏的不是温度计，而是热可以精确测量这种观念。”[④]同样的情形也见于光学的早期历史。眼镜在 13 世纪发明出来之后，整整四个世纪，没有人想到要磨制尺寸略小、曲率略高的镜片，从而发明显微镜。时间测量也是一样，只要它仍然属

① A. Koyré, “Monde de l' ‘à-peu-près’, ’”, p. 349: “personne n'a jamais cherché à dépasser l'usage pratique du nombre, du poids, de la mesure dans l'imprécision de la vie quotidienne—compter les mois et les bêtes, mesurer les distances et les champs, peser l'or et le blé—pour en faire un élement du savoir précis.”

② Ibidem, p. 350: “la structure générale du ‘monde de l'à-peu-près.’”

③ 韦斯特福尔在其 *Never at Rest: A Biography of Isaac Newton* 中指出，牛顿是把精确性和严格性带到这一领域的炼金术士。亦参见 idem, “Making a World of Precision: Newton and the Construction of a Quantitative Physics”。

④ A. Koyré, “Monde de l'à-peu-près,’” p. 350: “Ce n'est pas le thermomètre qui lui manque, c'est l'idée que la chaleur soit susceptible d'une mesure exacte.”

于工匠的领域，就注定不会太精确（一般来说，在惠更斯发明摆钟之前，机械钟仍然要根据日晷或沙漏定期核对）。

柯瓦雷坚持认为，这才是真正的要害。只要这些东西仍然属于工匠、技师、对理论不熟悉的人的领域，它们就注定要分享“大约的世界”的属性。17 世纪科学在这类领域的应用立即把它们引入了新的精确宇宙。这便是基本的转变。完成这种转变的只有这样一些人，他们知道或发现了如何把体现精确性的数学运用于我们的物理世界，从而把我们的世界变成新的精确宇宙的一小部分。从此以后，这个宇宙将会把越来越宽广的人类生活和思想领域并入它的范围。

柯瓦雷有一些论述表明，他对显示于精确宇宙之中的生活和思想并不完全赞赏。《伽利略研究》结尾的说法（“但从未有一次胜利付出了如此高昂的代价”）便表明了这一点。柯瓦雷对其相关看法最精致的表述可见于他 1950 年的文章《牛顿综合的意义》结尾：

> 现代科学打破了天与地的界限，……它把一个我们生活、相爱并且消亡于其中的质的可感世界，替换成了一个量的世界、几何学在其中具体化的世界，在这个世界里，任何一样事物都有自己的位置，唯独人失去了位置。于是科学的世界——真实的世界——变得与生活世界疏离了，最终则与之完全分开，88
> 那个世界是科学所无法解释的——甚至称之为“主观”也无法将其解释过去。……这就是现代心灵的悲剧所在，它“解决了宇宙之谜”，却只是代之以另一个谜：现代心灵本身之谜。[①]

① A. Koyré, *Newtonian Studies*, pp. 24 – 25.

柯瓦雷为这段简短的反思附上了一个脚注，其中提到了伯特，这是非常恰当的，因为伯特在 25 年前不仅把这种思想发展成一种广泛而彻底的哲学批判，而且对科学革命本身的关键要素尤其是这个极其重要的方面作了真正历史性的系统讨论。

### 2.3.4 伯特与自然的数学化

对于自然的数学化来说，1892 年是伟大的一年——这年出生的不仅有爱德华·扬·戴克斯特豪斯和亚历山大·柯瓦雷，而且还有大西洋彼岸的埃德温·阿瑟·伯特。伯特接受的是神学和哲学教育，他在科学史领域只写了一部著作，即 1925 年的哥伦比亚大学博士论文《艾萨克·牛顿爵士的形而上学》（*The Metaphysics of Sir Isaac Newton*），1924 年 4 月以作者最终选定的标题《近代物理科学的形而上学基础》（*The Metaphysical Foundations of Modern Physical Science：A Historical and Critical Essay*）出版。[①] 1932

① E. A. Burtt, *The Metaphysical Foundations of Modern Physical Science：A Historical and Critical Essay* (London：Kegan Paul，Trench，Trubner，1924)．1925 年，纽约出版社 Harcourt，Brace 在美国销售这本书。其中部分出版物的封面上印着："*The Metaphysics of Sir Isaac Newton：An Essay on The Metaphysical Foundations of Modern Science*，by Edwin Arthur Burtt，AB，STM，Assistant Professor of Philosophy in the University of Chicago. Submitted in partial fulfillment of the requirements for the degree of Doctor of Philosophy，in the Faculty of Philosophy，Columbia University"。这一标题显然仅仅用于博士论文版本。1932 年，Routledge & Kegan Paul 出版了修订版，此后不断重印而未作进一步改动（但有些重印本的标题中不幸地漏掉了"物理"一词，从而导致了书目中的某种混乱）。我用的是 1972 年重印本，以下页码均指这一版本。

最近有两篇论文详细讨论了《近代物理科学的形而上学基础》：Lorraine Daston，"History of Science in an Elegiac Mode：E. A. Burtt's Metaphysical Foundations of Modern Physical Science Revisited"和 Gary Hatfield，"Metaphysics and the New Science"。

年出了修订版，此后作者就没有再理会这本书。目前流行的 17 世纪科学史概述在结尾的参考书目中经常会提到这部著作，把它当作另一篇类似的概述。但实际上它远不止于此，而是某种相当不同的东西。这本书始于而且通篇都渗透着伯特本人提出的一个特殊哲学论题，它涉及心灵和精神在现代思想中的地位。作者之所以转向历史，并不是为了用一些符合预定模式的历史事例来说明一个现成的论题，而是因为这一论题的性质本身迫使作者到历史中寻求澄清。全书把该论题当作一条指导线索，有助于选择和组织材料，但并未把自己强加于这些材料。伯特的著作与同样出版于 1924 年的戴克斯特豪斯的《下落与抛射》一起，第一次对现代早期科学起源的关键方面作了真正语境式的历史讨论。但与戴克斯特豪斯的著作截然不同，伯特的著作并没有把迪昂论题当作出发点。虽然《达·芬奇研究》和《宇宙体系》在伯特的参考书目中有所提及，但显然没有受到特别重视。伯特认为中世纪提供了一种关于人与自然的统一观念，迪昂的发现所可能引发的怀疑并没有使这种处理受到影响。

总体说来，《近代物理科学的形而上学基础》的命运有些奇特。它并非源于任何主流，也没有亲自创造一个主流，或者力图融入其他主流。它处于哲学或历史的潮流或时尚之外，因而恰恰代表了 89
一种无价的东西：一位独立思想家的独立思考。[①] 尽管此书还不

① 这种说法当然并不意味着《近代物理科学的形而上学基础》缺乏思想先驱。对 17 世纪科学的数学解释当时很盛行，伯特提到怀特海、卡西尔、布罗德也在做同一方向的工作(p. 15)。关键是，在所有这些思想家中，只有伯特、戴克斯特豪斯和柯瓦雷将这些观点详细阐述为对现代早期科学之产生的细致考察。

会被遗忘,因为直到今天它仍被不断重印和阅读,但我认为这部著作的重要性尚未得到广泛认识。[①] 我们后面会看到,孤独的伯特的论述在某种意义上仍然与当今科学革命的讨论方向密切相关。更重要的是,柯瓦雷的科学革命概念可能正是源于伯特的这部著作。

**伯特的关键问题**

《近代物理科学的形而上学基础》既对作为一种前所未有的思想历险的17世纪科学的成就表示了由衷的赞赏,又强烈表达了这样一种信念:从逻辑分析和哲学分析的角度来看,它所导致的整体世界观极其片面,令人沮丧,明显站不住脚,从根本上讲是不负责任的,而且已经渗透到我们一切现代思想之中。伯特的观点可以总结为一个悖论:自主的心灵遭到了贬低,并从据说真实的原子宇宙中流放了出去,构成宇宙的原子则按照数学定律在几何空间中运动。此悖论与人类心灵的最高成就之一同时出现,而且是其直接后果。

伯特发现,现代早期科学出现之前,整个希腊和中世纪时期的西方文明关于人在自然中位置的主导观念与后来有根本不同:

> 这一时期盛行的世界观持有一种深刻而持久的信念,即

① 两个例子是 A. R. Hall, *The Revolution in Science, 1500—1750* 和 E. L. Eisenstein, *The Printing Press as an Agent of Change* 关于伯特的说法。而对韦斯特福尔来说,伯特的著作一直是灵感来源(私下交流)。

> 拥有希望和理想的人是宇宙中至关重要乃至起支配作用的事实。……整个自然界被认为不仅为人而存在，而且也直接呈现于人的心灵，并且能为人的心灵完全理解。因此，用来解释自然界的范畴不是时间、空间、质量、能量等等，而是实体、本质、质料、形式、质、量——这些范畴是在尝试为人对世界的独立感觉经验以及对世界的主要利用过程中觉察到的事实和关系赋予科学形式时发展起来的。……
>
> ……正如在中世纪的思想家看来，认为自然从属于人的认识、目的和命运是完全自然的；现在，人们也自然而然地把自然看成独立自足地存在和运作，而且就人与自然的基本关系是完全清楚的而言，人们也自然而然地认为，人的认识和目的是由自然以某种方式造就的，人的命运完全取决于自然。[1]

在伯特看来，哲学的首要任务是让"具有崇高精神权利的人"[2]恢复到一个更恰当的位置，而不仅仅是一种可以还原为现 90
代科学原子范畴的东西。他当然并非建议回到中世纪或诸如此类的东西，相反，新哲学应当建立在科学成就的基础之上，需要拒绝的只是它的形而上学基础。为此，伯特坚信必须转向历史。不过不是转向哲学史。原因在于，自牛顿以来，哲学家们曾经力图恢复这种位置，但大都徒劳无功。他们的失败表明，现代早期科学的形而上学基础从那时起就一直牢牢控制着理智思想。它使

---

① E. A. Burtt, *Metaphysical Foundations*, pp. 4－5 and 10－11.

② Ibidem, p. 11.

得哲学家“无法经由这些变化了的术语来重新思考一种正确的人的哲学”。[①] 因此,要想扫清道路到达某个出发点,使我们有可能获得一种新的、完全现代的、更加令人满意的关于人与自然的哲学,就需要从历史上考察这个形而上学基础及其对我们思维习惯的控制一开始是如何产生的。于是问题是:

> 人们到底是如何开始通过时空中的物质原子,而不是按照经院哲学范畴来思考宇宙的呢?……从1500年至1700年间到底发生了什么从而完成了这场革命?在这场转变的过程中,又有哪些基本的形而上学含义被转移到了一般哲学之中?……
>
> 我们所提议的……是一种颇受忽视的历史研究,亦即对现代早期科学的哲学尤其是艾萨克·牛顿爵士的形而上学进行分析。……我们必须把握住整个现代世界观与之前世界观的本质差异,并把这种清晰设想的差异用作指导线索,以根据其历史发展挑选出每一个重要的现代预设进行批判和评价。……要想对我们的问题给出总的回答,就必须转向现代科学的创造性时期,特别是17世纪。[②]

伯特深知,要想转向牛顿的形而上学,他这代人比之前任何时代的人都更有优势,因为这代人目睹了牛顿在科学领域几乎不受

---

① E. A. Burtt, *Metaphysical Foundations*, pp. 13 – 14.

② Ibidem, pp. 15 – 17.

限制的权威性第一次被成功颠覆。因此伯特强调，牛顿作为科学家要比作为哲学家伟大得多。牛顿基本上不加批判地接受了由开普勒、伽利略、笛卡儿、波义耳等前几代人所创造的新世界观的大部分内容，只是加入了他认为现成的实证主义倾向。由此产生的空间、时间、因果性、“人与其认识对象的关系”①等形而上学观念连同其科学成就被欧洲思想界不加批判地继承和采用：

> 然而，在这些敏锐的批判性思想家当中，没有一位把自己的批判武器对准那位处于整个重要转变中心的人物的工作（对于20世纪哲学家来说，这是一项有益的重要教训）。在学 91
> 术界，还没有谁既能在物理运动领域保全辉煌的数学胜利，同时又能揭示新的因果性学说所涉及的重大问题，揭示那种尝试性的、折衷的、无法作理性解释的笛卡儿二元论的内在模糊性，在这场运动的过程中，这种形式的二元论就像一个部落神祇那样如影随形。这是因为，以牛顿名义进行的绝对而无法反驳的证明已经横扫全欧洲，几乎每一个人都臣服于它的权威统治。只要在某个地方万有引力定律被当作真理传授，那里就会悄然潜入一种信念作为它的光环，即人只不过是一部无限的自动机器的可怜而局域的旁观者以及它的毫不相干的产物，这部自动机器在人之前永恒地存在着，在人之后也将永恒存在，它把严格的数学关系奉为神圣，而把一切不切实际的想象视为无能；这部机器是由在无法觉察的时空中漫无目的

① E. A. Burtt, *Metaphysical Foundations*, p. 21.

地游荡的原始物质所构成的,一般来说,除了能满足数学物理学家的核心目标,它没有任何性质能够满足人性的主要兴趣。实际上,如果对这种目标本身进行明确的认识论分析,它就会显得不一致和毫无希望。

然而,倘若真的沿着他的方向作了理性批判,他们能够得出哪些激进结论呢?[①]

伯特激进的历史批判给人留下的最深刻印象也许是,这种批判是以一种尚未存在的哲学的名义做的,他坦承,除最简单的提纲以外(该书的"结论"部分对此作了尝试性的描绘),他对这种哲学一无所知。他的书旨在为理想中的读者扫清道路,他们将在现代科学成就和与之相伴随的形而上学废墟基础上比作者本人更好地建立一幢新的哲学大厦,它能更好地满足人的精神需求,也更加符合我们对人的精神在宇宙中独特地位的敏锐体验。到目前为止,这种理想的读者似乎还没有出现。

显然,上述立场未必具有宗教性,[②]但可能容易引出一种宗教结果。伯特后来致力于"构建一种令人信服的、鼓舞人心的人的哲学"[③]表明,这的确是他所走的道路。这可能是伯特从 1932 年直到 1989 年去世不再费心去详细阐述或更新他在《近代物理科学的

① E. A. Burtt, *Metaphysical Foundations*, pp. 298 – 299. 注意伯特似乎并不知道歌德或之前的赫尔墨斯主义思想所代表的这些极为不同的思潮。

② 参见著作的结尾几页,伯特在谈到"精神"时补充说:"也许我们必须等到神学迷信完全灭绝之后才能不带误解地谈论这些东西。"

③ E. A. Burtt, *Metaphysical Foundations*, p. 22.

形而上学基础》中提出的历史哲学观点的最有可能的原因。1987年，我曾有幸与95岁的伯特交谈了几分钟，他告诉我，他的朋友和同事经常劝他继续从事科学史研究，但无论如何，他的思想关切已经无可挽回地改变了。但我相信，在《近代物理科学的形而上 92
学基础》与他后来的《寻求哲学理解》(*In Search of Philosophic Understanding*，1965)和《人的旅程》(*The Human Journey*，1981)等著作具有一种潜在的统一性，我希望有朝一日能够进行更深入的研究，以重建伯特整个历史、哲学和宗教思想的这种统一性。

伯特在《近代物理科学的形而上学基础》中认为，宗教主要表现在17世纪的科学家和哲学家为摆脱他们自己创造的形而上学困境找到了一条太过容易的出路：诉诸上帝，让上帝为他们新的科学世界观所无法解释的一切负责。那么，伯特所理解的这种新世界观的本质特征是什么呢？

**数学世界观**

首先要明确一点，伯特并不像后来戴克斯特豪斯、巴特菲尔德、霍尔等人那样打算写一部关于17世纪科学革命时期科学观念的历史概述，而是希望关注这些科学观念的哲学基础和内涵。对于那些否认开普勒、伽利略、牛顿等人既是科学家也是哲学家的人来说，伯特的书必定毫不重要。事实上，斯特朗(E. W. Strong)在1936年就曾指出，16、17世纪的科学家们关于整个世界结构的说法即使不是完全破坏了他们正面的科学成就，也与它们毫不相关。

然而，《近代物理科学的形而上学基础》之所以是对科学革命编史学的一项重要贡献，恰恰在于伯特把伽利略、开普勒等人的实际工作与其科学成就的形而上学基础和内涵谨慎地联系在一起。这本书建立在那些科学家业已出版的著作的坚实基础之上。伯特发现,这些人作为科学家一般来说要比作为哲学家优秀得多,但关键在于,在新科学光环的笼罩之下,他们的大量思想遗产进入了现代思想的主流。通过从一种新的视角深入研究历史文献,这位非同寻常的科学史家大大促进了我们对现代早期科学起源的理解。

其历史考察的出发点是这样一个问题:面对着如此众多看似合理的相反的经验证据,哥白尼和开普勒为什么会接受日心说的宇宙观念?回答是,两人都认为这种观念比地心说更令人满意,因为它“使天文学事实有了一种更简单、更和谐的数学秩序”。[①] 接着伯特指出,16 世纪更大的思想框架的某些特征为这种对经验事物的新的数学处理提供了肥沃土壤(在这些思潮中他简要提到了
93 新柏拉图主义),并进而表明这种新的数学研究方法在 17 世纪是如何逐渐扩大领地的。

在哥白尼的工作中我们只能看到最初的迹象。倘若不是同时出现了一种他样的世界观,天文学不可能迈出这新的一步。开普勒又把它实质性地向前推进了一步,他认为:

> 隐藏在观测事实背后的数学和谐是这些事实的原因,或如他通常所说,是这些事实何以如此的原因。这种因果性观念实质上是用精确的数学重新解释的亚里士多德的形式因。[②]

---

① E. A. Burtt, *Metaphysical Foundations*, p. 26.

② Ibidem, p. 53.

开普勒对科学假说的看法把数学原因与经验联系在了一起：

> 正确的假说总是一种更具包容性的观念，它能够把迄今为止被认为迥异的事实结合在一起，能够在此前尚未得到解释的杂多之处揭示出数学的秩序与和谐。……这种更具包容性的数学秩序是在事实本身之中发现的。[①]

这种看法促使开普勒对两种不同层次的实在性做出了基本区分：

> 真实的世界是可在事物中发现的数学和谐。不符合这种基本和谐的那些易变的表面性质在实在性上层次较低，存在得并不非常真实。[②]

伽利略进一步拓展了这种总体上几何的实在性观念。这种观念把他的方法、成果和背后的世界观结合在了一起。世界的数学结构意味着"感官的世界并不能说明它自身"。[③] 感官向我们提供了一个需要解释的世界，但却没有提供使世界起初就能得到解释的理性秩序。由此便得出了伽利略那独特的实验方法：

> 从整体上看，伽利略的方法可以分为三步：直观或分解、

① E. A. Burtt, *Metaphysical Foundations*, pp. 54 – 55.

② Ibidem, pp. 57 – 58.

③ Ibidem, p. 68.

> 证明和实验，每一种情形都使用了他最爱用的术语。面对着这个感觉经验的世界，我们把某种典型的现象孤立出来并尽可能做出完整考察，这首先是为了直观到那些简单而绝对的要素，由此可以把该现象最为容易和完整地表达为数学形式；换句话说，这等于把感觉事实分解为这些定量组合的要素。一旦恰当地完成这一步，我们就不再需要感觉事实；由此得到的要素便是感觉事实的实际组成部分，由这些要素通过纯粹数学所做的演绎证明（第二步）对于该现象的类似情形必定总
> 94 是为真，即使有时不可能从经验上确证这些情形。这解释了伽利略那些更具先验色彩的说法为何如此大胆。然而，为了得到更加确定的结果，特别是用感觉实例来说服那些不太相信数学具有普遍适用性的人，如有可能，不妨给出一些证明，其结论能够用实验加以检验。然后，借助于由此获得的原理和真理，我们可以继续研究更为复杂的相关现象，发现其中还蕴含着哪些数学规律。①

在基本的数学世界观的影响下，伽利略和开普勒一样（但以一种坦率得多的方式）截然区分了后来所谓的“第一”性质和“第二”性质：“一种是绝对的、客观的、不变的和数学的东西；另一种则是相对的、主观的、变动的和可感的东西。”②

伯特的核心哲学关切正是这个历史进程：

---

① E. A. Burtt, *Metaphysical Foundations*, pp. 70 – 71.

② Ibidem, p. 73.

> 现在，通过把这种第一性与第二性的区分表达为可以对自然做出新的数学解释的术语，我们就迈出了把人从真实的首要领域流放出去的第一步。[①]

正因为对人的生活至关重要的东西无法用定量方式来处理，因此唯一真实存在的领域必定是外在于人的世界："人与这个真实世界之间的唯一共同之处就是人有能力发现它。"[②]这也第一次提出了一个棘手的问题：人的心灵如何能够认识一个甚至不包含它的世界？

至此，笛卡儿二元论的舞台已经完全搭好：

> 在思想史上，人第一次开始显现为作为实在之本质的伟大数学体系的一个毫不相干的旁观者和无关紧要的结果。[③]

从这里开始，伯特的著作转而详细论述了新的世界观后来如何被扩展、系统化和修正。伯特还从反面表明，新世界观立即获得了广泛的影响力，甚至连新世界观的批判者（比如剑桥柏拉图主义者）也不得不接受它（尽管作了限定）。这些人无法抵挡潮流的力量，未能真正独立于新科学世界观的创始人为其制定的框架而提出自己的想法。

---

① E. A. Burtt, *Metaphysical Foundations*, p. 79.

② Ibidem.

③ Ibidem, p. 80.

伯特从这个角度深入讨论了笛卡儿、霍布斯、摩尔、巴罗、吉尔伯特和波义耳关于空间、时间、感知觉、心-身问题等等的看法，直
95 至整个运动最终沿着牛顿所指明的方向圆满完成。虽然诱惑很大（因为现在已经很明显，伯特是一位极具启发性的作者），但如果继续深入讨论将会过分偏离我们自己的目标。我们已经很清楚伯特所认为的现代早期科学起源的关键特征是什么。

## 现代早期科学的显著特征

关于伯特对现代早期科学显著特征的看法，决定性的一点在于，所有这些特征都紧密联系在一起。伯特指出，一旦提出实在本质上是数学的，就必定会产生地界和天界物理学的数学化、时间与空间的几何化、第一性质与第二性质的区分、把物质分解成物质微粒、实验的作用、新的因果性观念、心灵理解世界而又不参与世界这一认识论悖论等 17 世纪科学的所有这些特征。

在这场科学与形而上学的剧变中，伯特区分了两种主要潮流。占主导地位的潮流几乎完全是数学的。这里，数学世界观需要确立各种运动所遵循的精确的定量定律。然而，

> 让我们回到开普勒和伽利略的时代。他们的成就强有力地推动了科学中的精确数学运动，这场运动似乎正在酝酿着它所蕴含的那场非凡的形而上学革命。除此之外，还有另一种科学潮流正在进行，它虽然流速较慢且更具试探性，但在趣味和成效上仍然是科学的。而其方法则完全是经验的和实验的，而不是数学的。正是主要与这种潮流相关联，要想赋予科

> 学一种正确的形而上学基础，才会非常明确和肯定地诉诸这种“自然精气”(spirit of nature)，或者更多时候诉诸所谓的“以太精气”(ethereal spirit)。①

根据伯特的说法，这种精气实现了各种不同功能。对于像剑桥柏拉图主义者摩尔这样新形而上学的批判者来说，这种精气能够为人的心灵提供自己的处所，而不仅仅是笛卡儿二元论所赋予它的那个大脑内部的“可怜”位置。② 对于吉尔伯特和波义耳等科学家来说，“精气”充当了一种媒介，能够说明所有那些因为不容易作数学处理而无法得到解释的物质过程，如磁作用和电作用。

然而，这种“数学处理”的观念并不完全明确。就其一般意义而言，它可以归结为接受这样一种总体的世界图景，它源于我们世界背后的实在是数学的这一信念。但只有这场思想革命的少数几 96
位主要贡献者才“完全领会了伽利略的思想，即运动需要用精确的数学术语来表达”。③

显然，牛顿是其中一位。但他的工作也包含了科学思想的另一种潮流：

> 在牛顿看来，数学必须不断仿效经验。……牛顿同时继承了之前科学发展中的两种重要而富有成效的潮流，一种是演绎

① E. A. Burtt, *Metaphysical Foundations*, p. 156.

② Ibidem, p. 114.

③ Ibidem, p. 168.

> 的和数学的，另一种则是经验的和实验的。他既是哥白尼、开普勒、伽利略和笛卡儿的真正继承者，也是培根、吉尔伯特、哈维和波义耳的追随者；如果其方法的这两个方面能够完全分开，那么就不得不说，牛顿的最终标准更多是经验的而不是数学的。尽管他那部伟大著作的标题是“自然哲学的数学原理”，但在把演绎推理应用于物理问题时，他比一般现代科学家更缺乏自信。他总是要求实验证实，甚至在解决那些答案似乎就包含在其术语含义之中的问题……时也是如此。……认为数学对牛顿而言只是解决由感觉经验所提出问题的一种方法，这样说并不为过。①

正是以这种方式，伯特把“17世纪思想革命”这一本质上整体的观念与他对科学革命两种潮流的同样具有开创性的说明成功地结合在一起。

## 结论

在讨论产生现代早期科学的转变是连续还是断裂的谱系中，伯特应当处于支持“相对非连续”这一边。他很可能是最早持这种立场的人。由于没有关注迪昂关于中世纪科学的思想（这也许是幸事），他无需考虑自己对中世纪关于人与自然的思想的整体说明是否仍然站得住脚。鉴于他首先采用的区分断裂性的标准，对他来说，即使更深入地了解迪昂论题也未必有多少不同。这些标准深深地植

① E. A. Burtt, *Metaphysical Foundations*, pp. 209－210.

根于世界根本的数学性对于我们的世界观所造成的后果，正是这种数学性使得“现代科学这一有史以来最成功的思想运动”成为可能。①

伯特认为，这种数学世界观的根本问题在于它到处蔓延。无论他所期盼的新哲学是什么样子，它都应当把数学限定于其固有领域。应当把第一性质的领域限制于的确适合作数学处理的那些性质，而不是把“第二”性质还原为数学的“第一”性质的显现。只有这样，人的心灵才能恢复其固有的尊严，也只有这样，我们才能 97
开始理解心灵如何能够获得对我们世界的认识，倘若认知的心灵甚至不是世界的一部分，那么世界必定是无法理解的。②

于是我们发现，柯瓦雷仅在结尾用寥寥数语加以说明的科学革命的某些令人悲叹的后果，在伯特这里却成了其研究的中心议题。在这方面（很大程度上没有被人们意识到），伯特同样处于一连串科学革命史家的最前列，这些科学史家在 20 世纪 60 年代开始认为，欧洲思想史上的这一显著事件不仅使我们获得了丰富的认识，而且也带来了极为重大的损失。

## 2.4　概念的拓宽

### 2.4.1　四位伟人(The Great Four)：观点的比较与交流

让我们看看自迪昂 1913 年提出他的惊人论题之后取得了哪

① E. A. Burtt, *Metaphysical Foundations*, p. 203.

② 在著作的结论部分，伯特就这些议题简要提出了一些观点。

些成果。

伯特、戴克斯特豪斯、柯瓦雷和(在较小程度上)迈尔这四个人创造了一幅科学革命图像,它显示出我们至今仍然熟悉的几乎所有核心特征。自那以后,重点有过转移;关注焦点有过摇摆;大量新的原始材料得到了重新解释;新领域得到了探索——所有这些都是事实,我们马上就来描绘这些新方向。但是就我们正在谈论对科学观念的分析而言,主要主题都可见于(无论是否明确)迪昂之后的这四位第一代学者在20年代至60年代初所描绘的清晰图像。

这并非他们所取得的全部成果。在此之前,科学史写作大体上要么意味着用过去的例子来说明先入为主的哲学观点,要么意味着追溯数个世纪以来业已接受的科学观点。四位伟人,当然也包括他们的一些同时代人,[①]将科学史写作变成了对科学家的整体思想进行分析和理解的技艺。也就是说,在他们手中,科学史家的工作首先变成了在科学家本人的工作及其同时代人和先驱者的思想背景之下对科学家的某种思想进行解释的技艺。哲学观念可以继续作为指导原则,但从此以后,主要目的是忠实地重建"到底是如何发生的"。不论此后发生过什么改变,这种操作模式一直是衡量对科学编史学的新贡献的首要标准。

这种新方法的效果很明显。以前被认为理所当然的重要立场现在被一劳永逸地撇开。对绝对意义上的连续性和非连续性的思

① 霍伊卡、梅斯热(Metzger)、奥尔什基、帕格尔(Pagel)、萨顿、辛格、桑代克等人的著作不同程度上提供了例子。关于奥尔什基和霍伊卡,参见本书第五章。

考，让位于在编史学上更富有成果地思考在多大程度上能在历史 98
的长河中辨别出一次或多次革命性剧变。因此，连续抑或断裂的问题和以前一样保持着活力，但从此以后，马赫赋予它的那种粗糙的经验主义外观注定被排斥在了负责任的科学编史学领域之外。那种认为科学革命实际上始于 14 世纪激进的反论题也遭到了否认，尽管关于 14 世纪的经院哲学对现代早期科学的兴起做出了多大程度的贡献，人们的看法依然迥异。

四位伟人也提出了一些关于科学革命的新解释。其中最重要的是，现代早期科学的产生现在第一次被当作一个独立的编史学问题来处理，而且在此过程中还得到了一个恰当的称号。就柯瓦雷给这个概念最初赋予的含义而言，“科学革命”指的是伽利略和笛卡儿对我们世界观的转变。后来柯瓦雷及时拓宽了他的概念，使之涵盖了从哥白尼到牛顿这一时期，结果导致新概念与伯特所谓的“17 世纪思想革命”的含义大体相符。这意味着，除其他事项外，伯特、柯瓦雷以及戴克斯特豪斯都认为，科学革命始于哥白尼的《天球运行论》，尽管哥白尼与过去的联系被大大强调。

此外，认为牛顿在《自然哲学的数学原理》中对以前迥异的描述自然的要素进行了综合，这种一般看法现在变得更加精确，因为伯特和柯瓦雷各自提出了关于科学革命的两种部分重叠的潮流的解释。如何才能将两种潮流具体区分开来，这是一个悬而未决的问题——该主题仍然只是一个次要问题，尽管未来的分析可能很有前途。

再有，笛卡儿在现代早期科学的兴起过程中所占据位置的模糊性已经非常突出。我们应当按照伯特的主张，认为笛卡儿的贡献首先是把心灵从物质中彻底根除，而伽利略为此做了准备？还是按照柯瓦雷的类似看法，认为笛卡儿完成了伽利略已经开始的事业——空间的几何化？还是应当遵循戴克斯特豪斯的强烈暗示，认为笛卡儿野心勃勃地提出一个完整的新自然体系以取代之前的亚里士多德体系是一种倒退，从根本上与新科学的真正精神相左？

自启蒙运动以来，人们普遍认为，新科学首先是在反对亚里士多德主义自然哲学的过程中形成的。四位伟人毫无保留地接受了这一观点。不过与之前相比，新科学的本质现在得到了更加精确
99 的定义。对伯特和戴克斯特豪斯以及柯瓦雷而言，新科学核心的显著特征显然是自然的数学化。他们的分歧在于自然的数学化到底是什么意思，以及这个过程进行得有多深，但他们都认为，这是使新科学本质上区别于之前自然观的真正关键。他们采纳了康德关于主动对自然进行实验研究与早期的松散观察之间的区分标准，但却使实验研究过程跟随在数学理论化之后，在他们看来，实验研究是从属于数学理论化的。特别是柯瓦雷和戴克斯特豪斯，在此过程中把实验的作用仅限于对演绎确立的数学定律作后天的验证。为了给这种关于实验的作用的观点寻找关键证据，两人都转向了伽利略的作品。两位作者的一些说法甚至暗示，他们关于现代早期科学之产生的整个构想（事实上其意涵已经远远超出了实验在其中的作用）在很大程度上取决于他们对伽利略的带有强烈反经验论色彩的解释是否有效。

最后，对现代早期科学起源的数学看法不可避免会给天文学和力学指定最重要的地位，这引出了非数学的物理学、化学和生命

科学在现代早期科学的产生中起什么作用的问题。戴克斯特豪斯实际上避开了这个问题。柯瓦雷也是如此。诚然,柯瓦雷最初的科学革命概念并没有为这些科学留下余地,但我们并不清楚,其概念一旦拓宽,他是否仍然有理由对这个问题保持沉默。相比之下,伯特已经认识到非数学的物理科学领域特别能够显示出第二性质的数学化所固有的主要缺点。在他的论述中,17 世纪科学的这些被忽视的领域为我们指明了那些缺点。

这便是四位伟人所取得成就中的一些关键要素。但他们的做法中最引人注目的是讨论现代早期科学产生时那种纯粹的兴奋感。伯特带着强烈的热情谈到"人类最惊人的成就"。[①] 柯瓦雷畅谈"人类思想发生的真正'嬗变'……——即便不是希腊思想发明和谐有序宇宙(Cosmos)以来发生的最重要的嬗变,也至少是最重要的嬗变之一"。[②] 戴克斯特豪斯也用同样迷人的说法表达了自己的看法。这三个人都很擅长向读者传达他们的思想热情。现在我们看看四位伟人的思想陷入一场最初由他们引起的编史学争论时遇到了什么情况。我先简要谈谈在这些作者的创造性时期(部分程度上也是因为他们)产生的体制框架,然后讨论四位伟人彼此之间富有启发性的评论。之后,我将概述四位伟人因去世(柯瓦 100
雷、戴克斯特豪斯)或主要兴趣转移(迈尔和伯特)而终止贡献之后,在过去 25 年里所显示出的一些新发展。

---

① E. A. Burtt, *Metaphysical Foundations*, p. 203.

② A. Koyré, *Études Galiléennes*, p. 11: "une véritable 'mutation' de l'intellect humain"; p. 12: "Une telle mutation—une des plus importantes, si ce n'est pas la plus importante depuis l'invention du Cosmos par la pensée grecque" (*Galileo Studies*, p. 1).

## 科学史的职业化

正如讨论柯瓦雷的一节所指出的，围绕着他的科学革命论述，作为学术领域的科学史的职业化变得在思想上明确起来。这种情况主要发生在美国，在较小的程度上也发生在英国。在第二次世界大战之前，虽然在不少科学院系也有人把科学史当作次要议题来讲授，但只有英国的查尔斯·辛格(Charles Singer)[①]和美国的林恩·桑代克(Lynn Thorndike，八卷本《魔法与实验科学史》[*History of Magic and Experimental Science*]的作者)[②]、伯特、乔治·萨顿(George Sarton)[③]等少数孤独的学者以真正创造性的方式对科学史进行了研究。之所以挑选出萨顿，是因为他决心为作为独立专业的科学史创造一种体制框架，除了院系和教席，还要为其配备学会、期刊、书目、该领域的导论等工具。所有这一切都围绕着萨顿的核心设想被建立起来，即科学史是人类走向一种“新人文主义”的最为可行的工具，这种“新人文主义”将会体现我们文化遗产中几乎一切有价值的东西。萨顿的设想基本上已经一去不复返了，但是后来，他在二战之前数十年间悉心奠定的体制基础开始结出硕果。[④]

---

① 辛格(1876—1960)：英国科技史家。——译者

② 桑代克(1882—1965)：美国科学史家。——译者

③ 萨顿(1884—1956)：美国科学史家。——译者

④ G. Sarton, *The History of Science and the New Humanism* (New York: Holt, 1931), passim. 另见 R. K. Merton and A. Thackray, s. v. “George Sarton,” *Dictionary of Scientific Biography*, vol. 12, pp. 107 - 114；以及主要讨论萨顿的 *Isis* 1984 年 5 月专号(vol. 75, no. 276)。L. Pyenson, “What Is the Good of History of Science?” 是对萨顿的有趣讨论，虽然我并不总是赞同其中的观点。

不难理解，为什么与萨顿的虽然起激励作用、但却带有强烈百科全书式分类倾向的工作相比，柯瓦雷专一的犀利著作要更有利于为这种体制框架填补思想内容。不大容易解释的是，为什么不是伯特著作中对17世纪自然数学化的本土讨论，而是柯瓦雷这个法国人对同一过程的处理被挑出来充当了美国的一个思想结晶点。无论如何，发现柯瓦雷的工作所带来的那种兴奋之情显见于新职业运动的参与者之一查尔斯·吉利斯皮(Charles C. Gillispie)[①]的下面这段话：

> 那时恰逢最早以一种完全职业化的方式来设想这门学科的新一代科学史家在日益扩展的美国大学体系中刚刚找到机会，无论这门学科在学术精湛程度和哲学深度方面有何种缺憾，它对于科学的热忱和灵活性也足以进行弥补。正当科学史家们在文献中苦苦寻找材料时，他们就像发现了某种启示一样发现了《伽利略研究》，因为这部著作揭示了他们新创立的学科可能具有怎样激动人心的思想意义。此外，这部著作既不是关于各种发现和过时术语的枯燥堆砌，也不是对科学精神所创造的各种奇迹的煽情吹捧，更不是用来掩饰某种哲学体系(尽管作者本人支持柏拉图主义)，就像实证主义谈及科学和马克思主义谈及历史时所做的那样。 101
>
> 相反，他们在《伽利略研究》中发现了一段细致入微但仍然极为激动人心的思想战斗史。[②]

---

① 吉利斯皮(1918—2015)：美国科学史家。——译者

② C. C. Gillispie, s. v. "Koyré," *Dictionary of Scientific Biography*, vol. 7, p. 486.

这新的一代不仅仅是对柯瓦雷的宝藏抱有极大兴趣。随着时间的推移，他们把这份宝藏当成了重新解释科学革命的一个出发点。在讨论这些内容之前，我们先要结束对开拓者那代主要成员的成就所做的广泛讨论，为此，我们拟对这些成员彼此之间的交流作一考察。这里不妨把柯瓦雷当作核心人物来聚焦。

**柯瓦雷和伯特**

在出版的著作中，柯瓦雷对伯特的书所谈极少。从他讨论《近代物理科学的形而上学基础》的三四个略有些贬低伯特的脚注和不甚切题的评论中，我们难以推断柯瓦雷是否真的对这本书不太在乎，抑或实际上掩盖了自己从它那里受益甚多。然而，亨利·格拉克报告说："在与这位作者的个人谈话中，他曾经说过，他对伯特的非凡著作《近代物理科学的形而上学基础》的阅读……起了至关重要的作用。……正如伯特在余下的职业生涯中放弃了科学史而去讲授宗教哲学……，柯瓦雷也朝着相反的方向走去。"①

假如这是事实，那么柯瓦雷的评论肯定显得有些古怪。诚然，柯瓦雷称赞伯特用一种非常罕见的非实证主义方法来研究科学史，但进而责怪伯特没能区分新柏拉图主义的两种形式：一种是体现在科学革命中的富有成效的新柏拉图主义，它有助于造就"柏拉图的报复"；另一种则是无益的柏拉图主义，只会导致对于数的无

① H. Guerlac, "A Backward View" (ch. 5 of his *Essays and Papers*), p. 63. (I. B. 科恩告诉我说，这也许是因为格拉克的"康奈尔主义"而做的夸张。

谓思辨。[①] 与此同时，他的主要批评针对的是伯特著作的核心。诚然，伯特和柯瓦雷都知道科学革命构成了人类思想的一种断裂，这种断裂的性质远比从某些科学命题到另一些科学命题的单纯过渡更深刻。但柯瓦雷写道，伯特认为这种更深的形而上学层次是科学家们在获得了对他们来说真正重要的东西——他们的科学洞见——之后可以随意丢弃的东西，是大厦建成之后可以移除的脚手架。[②]

这种批评非常古怪。这一观点不仅并未见诸《近代物理科学的形而上学基础》，而且恰恰违背了伯特竭力让人理解的观点。伯特根本没有说过或暗示过，一旦真正的正面工作已经完成，脚手架就变得毫无用处，反倒是说，三个世纪以后，现在需要用一种更恰当的形而上学来取代长期被视为理所当然的科学的形而上学基础。

尽管有这种几乎无法解释的误解，[③]但柯瓦雷的确为斯特朗在 102
1936 年的著作《程序与形而上学》(*Procedures and Metaphysics*)中对伯特的攻击作了简要的辩护。这本书讨论的是以伽利略为顶峰的意大利文艺复兴时期的科学，旨在对《近代物理科学的形而上学基础》进行持久批判。斯特朗的著作比伯特的著作更属于名声不好的"序言史"(preface-history)类型，是带着一种很强的实证主义倾向写成的。它竭力强调"科学在操作上的自主性和形而上学

① A. Koyré, *Études Galiléennes*, p. 213.

② A. Koyré, "De l'influence des conceptions philosophiques," p. 255.

③ 柯瓦雷在《牛顿综合的意义》结尾(*Newtonian Studies*, p. 24)对伯特的提及显示出对伯特意图的更多理解。

传统的无关性”,而且直言不讳地断言,“力学知识的进展依靠的是方法,而不是形而上学”。[①] 毕竟,我们已经获悉了柯瓦雷的观点,也许不需要清楚地说明他具体用何种措辞表达了自己强烈的不同意见。[②]

## 柯瓦雷、迈尔和戴克斯特豪斯

柯瓦雷把科学革命解释为世界观转变的结果,并为之做了辩护,这对于他的重要性也可见于他在 1951 年为迈尔讨论晚期经院哲学的第一部著作——我们在第 2.3.1 节讨论的《伽利略在 14 世纪的先驱》——所写的一篇书评。迈尔对 14 世纪经院哲学思想的细致研究倾向于否定与 17 世纪科学直接连续的假说,于是自然为柯瓦雷提供了有利的东西。因此,在讨论冲力/惯性问题时,柯瓦雷开始拿起武器捍卫迈尔,反对戴克斯特豪斯,因为戴克斯特豪斯曾在之前就同一本书所写的书评中试图表明,牛顿的“惯性力”概念几乎等同于中世纪的冲力概念。

随之而起的小争论概括地显示出三位参与者之间的相似和差异。柯瓦雷和戴克斯特豪斯都对迈尔的潜心研究非常钦佩。戴克斯特豪斯甚至说她有“一种罕见的能力,能把心灵置于她所研究的那一时期,仿佛亲自参与了经院学者的推理”[③]。戴克斯特豪斯基本上接受了迈尔对迪昂关于晚期经院哲学文本的解释所做的纠正——由于看不到大多数原始手稿,戴克斯特豪斯在《下落与抛

① E. W. Strong, *Procedures and Metaphysics*, pp. 10 and 8.

② A. Koyré, “De l'influence des conceptions philosophiques,” pp. 254 - 255.

③ E. J. Dijksterhuis, review of Maier's *Vorläufer Galileis*, p. 208.

射》中不得以采用了迪昂的解释。此外，相比于《下落与抛射》，戴克斯特豪斯在《世界图景的机械化》中已经放低了连续性的调门，这首先也是因为迈尔的影响。然而，戴克斯特豪斯总觉得迈尔走得太远，以至于否认了某些概念的连续性，特别是冲力概念。迈尔与戴克斯特豪斯之间的争论部分发生于公开场合（相互评论以及在《世界图景的机械化》中），部分发生在互致的几封表示高度尊重的信中。这两位感人至深的、有些超脱尘世的老人从未谋面，尽管都迫切希望能够见到对方。迈尔在1960年写信给戴克斯特豪斯："一个无法改变的事实是，我们在一些根本点上有不同看法，而且这种分歧可能会永远持续下去。"①

---

① 以下是我根据Dijksterhuis Archival Collection，no. 4中的戴克斯特豪斯(D)—迈尔(M)通信选做的一些笔记：

D to M，24 February 1948（备忘）：在《下落与抛射》中，D基本上采用了迪昂的观点，因为几乎没有机会进行独立核对（只有布里丹的疑问12除外）。从M的著作中他现在得到一种印象，即迪昂的许多看法需要纠正。他需要把这种纠正用于他正在写的一本新书。[当然，这就是《世界图景的机械化》。]

M to D，30 June 1949：感谢D在*Isis*上的书评。提到了"...den naturphilosophischen Problemen ..., die doch eigentlich das interessanteste Gebiet der Scholastik darstellen. [...] Und irnmer wieder findet man etwas, das man nicht erwartet hat und das in irgend einer Form in der neuzeitlichen Naturwissenschaft weiterlebt."

M to D，14 November 1950：强调她既不是物理学家，也不是科学史家，而是哲学家。

M to D，17 March 1956："... da ich Kongresse hasse ..."

M to D，11 February 1960："Dass wir in einigen grundsätzlichen Punkten verschiedener Ansicht sind und wohl immer bleiben werden, lässt sich nun einmal nicht ändern.... Wenn Sie mir vorhalten, ich selber hätte mehrmals 'Vorwegnahmen' von künftigen Erkenntnissen konstatiert, so haben Sie zweifellos recht; oft habe ich es immerhin nicht getan—und jedesmal sehr ungern. Aber als ich anfing, mich mit diesen Problemen zu beschäftigen, war diese Art der Fragestellung seit einem Menschenalter üblich, und da bleibt dem Einzelnen ja schliesslich nicht viel anderes übrig, als sich—wenn auch unter gelegentlichem Protest—zu fügen."

一直到60年代初几乎不再能写作，戴克斯特豪斯始终坚持牛
103 顿的惯性力与布里丹的冲力之间存在着连续性。[①] 这是他为迈尔的《伽利略在14世纪的先驱》所写书评的关键主旨。针对这一点，柯瓦雷在其本人的书评中向迈尔伸出了援手，他指出牛顿在第一定律中所使用的语言，即物体保持一种运动状态，从经院哲学的角度来看是不可设想的，因为经院哲学认为运动是一个过程。

柯瓦雷本人与迈尔就惯性问题的争论在于另一点。在迈尔看来，伽利略发现惯性或多或少是偶然的，因为伽利略发现，滚落球体的经验无法通过冲力概念来解释，因此这个发现与世界观的基本转变无关，世界观的转变反倒是源于这个偶然的发现。柯瓦雷在书评中表达了他对迈尔因此而忽视了她本人研究中最有价值的成果的"强烈惊讶"。[②] 没有实验能够建立甚至导向惯性原理。恰恰相反，惯性原理标志着世界观的彻底转变。我们已经看到，柯瓦雷往往用"空间的几何化"和"和谐有序宇宙(Cosmos)的瓦解"来表达这种转变，这两个紧密联系的思想过程蕴含着所有这一切。因此，柯瓦雷不大喜欢迈尔就现代早期科学的起源所提出的"两次革命"的观念。

有趣的是，在以后的几年里，迈尔的看法确实沿着她所谓的法

---

① 在 *Zwischen Philosophie und Mechanik*, p. 382, note 60 中，迈尔再次回到了这个议题(1958)。现在，戴克斯特豪斯终于承认失败：在其论文"Over een recente bijdrage tot de laat-scholastieke natuurfilosofie" (in *Dancwerc*: *Opstellen aangeboden aan D. Th. Enklaar* [Groningen: Noordhoff, 1959], pp. 222 – 234) 的最后一句话中，他承认迈尔反驳他所主张的经院冲力与牛顿惯性力之间的关联是正当的(p. 234)。

② A. Koyré, review of Maier's *Vorläufer Galileis*, p. 781: "j'ai été vivement étonné."

国骑士(*chevalier*)向其礼貌推荐的方向发生了转变。她与戴克斯特豪斯的通信中有两段话以一种奇特的方式标示了这种转变。1949年,迈尔在感谢戴克斯特豪斯为其《伽利略在14世纪的先驱》撰写书评时,谈到他们共同感兴趣的"这些实际上构成了最有趣的经院哲学领域的自然哲学问题。我们一再发现有某种意想不到的东西继续以某种形式活在现代早期科学之中"。11年后,他们继续针对把现代性归功于某些特定的经院哲学观念有多大价值进行争论,戴克斯特豪斯要迈尔正视她曾经愿意作这样的归功。但是现在,她的回应完全不同:

> 您向我表明,我本人曾经多次宣称[经院哲学领域中存在着]对未来认识的"预示",此时您无疑是正确的;但我并不经常这样做,而且即使这样做也很勉强。然而,当我开始研究这些问题时,这种提问题的方式已经流行了一代人,因此我个人只能就范,尽管偶尔会提出抗议。①

研究他人过去思想的优秀历史学家为何会变成这种蹩脚地记录自己思想的人,这个有趣的问题我们姑且不谈,我们显然要问,在此期间发生了哪些改变。迈尔后来的文章显得对于晚期经院哲学思想的形而上学层面有了越来越大的兴趣。然而,伴随着对更 104
易触及的具体问题的远离,她越来越厌恶学术界一直热衷于探讨

① A. Koyré, review of Maier's *Vorläufer Galileis*, p. 781:"j'ai été vivement étonné."

她的研究到底在何种程度上确证或质疑了迪昂论题或它的一部分。1960年,迈尔在去世前11年发表了一篇文章《晚期经院自然哲学的"成就"》,这是她最后一次直面这个问题。这篇文章的基调清楚地表明,她已经厌倦了把晚期经院哲学思想处理成仿佛没有独立的价值,而只能用来解决一个本性上与之异质的问题——现代早期科学的起源。① 不过,她的文章仍然围绕着一个的确与这个争论不休的问题非常相关的明确断言而展开,那就是,有一些为数不多但却非常重要的亚里士多德主义原理在17世纪之前从未受到过挑战,从而有效杜绝了能够满足现代早期科学思想的并非偶然的结果的产生。她在该文中举的一个例子使其立场明显接近于柯瓦雷:

> 经院哲学家不仅未作任何实际测量,没有建立任何测量理论,而且还宣称,真正精确的测量原则上是不可能的。这一结论的根据归根结底是世界观上的事情。……对上帝而言,整个世界在每一个细节上都进行了计数和测量,但对于人而言却并非如此:他绝无可能精确地认识事物的度量或者说对

① 参见 A. Maier, *Zwischen Philosophic und Mechanik*, pp. 373 – 375:"Immer wieder kehrt die Diskussion mit einer seltsamen Hartnäckigkeit zu der Frage zurück, ob man sagen könne, dass die scholastische Naturphilosophie gewisse Erkenntnisse der späteren exakten Naturwissenschaft schon 'vorweggenommen' hat. . . . In alien diesen Fällen handelt es sich ja nicht um wirkliche Abhängigkeitsbeziehungen und um greifbare historische Kontinuitäten, sondern um ungefähre Entsprechungen, die sich lediglich einem abstrakten, von alien geschichtlichen Realitäten bsehenden Vergleich erschliessen."

其进行验证。[①]

也许同样出乎意料，迈尔并没有在这一语境或其他任何语境下提到柯瓦雷的名字。[②]

## 戴克斯特豪斯和柯瓦雷

不仅是迈尔，连戴克斯特豪斯也会偶尔不指名道姓地批评柯瓦雷。1957 年，在中世纪科学史家马歇尔·克拉盖特（Marshall Clagett）[③]的倡议下，威斯康星大学举办了长达 11 天的国际科学史大会。戴克斯特豪斯为这次会议提交了一篇论文，题为《经典力学的起源：从亚里士多德到牛顿》。在为当时尚未译出的《世界图景的机械化》写的这份 21 页的纲要中，他同柯瓦雷的得意观念作了两次较量，读者不会感到惊奇，争论的焦点是连续性问题。戴克斯特豪斯在一处抱怨说，科学史家们往往会轻率地对待伽利略的某些发现，因为我们现已知道，奥雷姆等经院学者已经做出了这些

---

① A. Maier, *Ausgehendes Mittelalter* I, pp. 456 - 457："die scholastischen Philosophen haben nicht nur praktisch keine Messungen durchgeführt und keine Theorie des Messens aufgestellt, sie haben darüber hinaus aus prinzipiellen Ueberlegungen ein wirklich exactes Messen für unmöglich erklärt. Der Grund für diese Entscheidung ist in letzter Analyse weltanschaulicher Natur... für Gott ist die ganze Welt in alien ihren Einzelheiten gezählt und gemessen, aber nicht für den Menschen: ihm ist nicht die Möglichkeit gegeben, diese Masse exact zu erkennen und sozusagen nachzuprüfen."（这篇文章的英译文见于 Sargent 所编选集的 pp. 143 - 170，所引这段话见 p. 169；我倾向于用自己的翻译。）

② 迈尔的八卷著作没有在索引中列出非中世纪学者，因此我为了找到柯瓦雷的名字而又细查了一遍。我没有找到，不过也许有人能比我幸运。

③ 克拉盖特（1916—2005）：美国科学史家。——译者

发现，而“仅仅在几十年”之前，这些发现

> 还被认为是伽利略杰出的原创性贡献。……毕竟，如果不得不把一项真正重要的发现的日期提前大约300年，这将是一件具有重大历史意义的事情，我们不明白为什么对这一发现
> 105 的赏识现在会变小。难道说，这源于19世纪所秉持的那种信念，即中世纪对于科学的演进毫无意义？①

这种把柯瓦雷与某种马赫式的非连续主义联系起来的尝试很有趣，在此之前，戴克斯特豪斯曾对柯瓦雷的一种核心观点作了更根本的攻击。他再次不点名地提到了一种“同样会遇到的看法”，即认定把冲力概念与现代早期力学的任何其他概念联系在一起的努力从一开始就注定要失败，因为两种迥异的运动观念之间存在着根本差异：一个是亚里士多德主义科学中的“过程”，另一个则是现代早期科学中的“状态”。这里戴克斯特豪斯确实提出了一个重要观点，以挽救坚持从中世纪的冲力到牛顿力学动量概念的连续性的权利。他的观点是，

> 只有在考虑匀速直线运动时，这两种运动观念之间的对立才存在；在经典力学中，所有其他运动也都是过程，也就是说，它们同样需要外力的持续作用，即使对其效果的评价方式

① E. J. Dijksterhuis, “The Origins of Classical Mechanics from Aristotle to Newton,” p. 176.

迥异于古代。[①]

至于其他，戴克斯特豪斯断言，这种区别是否如此根本，取决于我们希望采用什么哲学观点（因此，他在这里似乎暗示这些观点很随意）。他没有进一步详细阐述这一点，但我们似乎有理由认为，它旨在攻击柯瓦雷著名核心观念的要害，因为它暗示，在柯瓦雷看来如此基本的转变虽然的确很重要，但远非他所认为的那样具有决定性，或者说与一种新的世界观密切相关。我们不由得好奇，柯瓦雷如果出席这场会议将会如何回应这一挑战。然而，除了在 1951 年代表迈尔扮演第三方，我不知道柯瓦雷还在什么场合表达过对戴克斯特豪斯成就的看法，即使他们二人对于现代早期科学的起源拥有太多共同的基本洞见。

**柯瓦雷、迪昂和克隆比**

柯瓦雷更希望同连续性观点的另一位支持者较量一番。1953 年，澳大利亚/英国科学史家阿利斯泰尔·克隆比（Alistair C. Crombie）[②]提出了一个新论题。它虽然在内容上与迪昂论题相当不同，却同样能把现代早期科学的重要部分和（根据作者的说法）本质部分追溯到中世纪。克隆比的著作名为《罗伯特·格罗斯泰斯特与实验科学的起源：1100—1700》（*Robert Grosseteste and the Origins of Experimental Science, 1100—1700*）。这本书集中于

① E. J. Dijksterhuis, "The Origins of Classical Mechanics from Aristotle to Newton," p. 175.

② 克隆比（1915—1996）：澳大利亚/英国科学史家。——译者

罗伯特·格罗斯泰斯特(Robert Grosseteste,1168—1253)和罗吉尔·培根作品中的方法论讨论。和迪昂不同,克隆比并未宣称当
106 时的这些中世纪讨论已经取得了后来的主要科学突破。但他坚持认为,格罗斯泰斯特和罗吉尔·培根第一次阐述了一门真正的实验和数学科学能够取得什么成就,从而成为在整个 17 世纪继续进行的方法论争论的关键环节。毕竟,科学革命的许多主要人物都对这些问题有过大量著述,而且风格与格罗斯泰斯特和罗吉尔·培根相类似,这一点绝非偶然;只要看看弗朗西斯·培根的著作、笛卡儿的《方法谈》、伽利略和牛顿关于方法的宏论便可知晓。克隆比声称,通过开创这一传统,这两个 13 世纪的英国人实际上为科学革命做了重要准备。[①]

柯瓦雷对克隆比论题的批判出现在 1956 年发表的一篇长篇评论中。它展现了卓越的技巧,既开诚布公地倾听对方的意见,又以富有成效的方式重申和详述了柯瓦雷自己的观点。这篇文章也体现了柯瓦雷最喜欢的辩论风格,即先以同情的态度描述对方的观点,只要有可能便故意表示赞同,然后表明为什么其对手所援引的材料实际指向了相反的结论——正确结论实际上属于柯瓦雷自己关于现代早期科学起源的核心观念。

在这篇评论的开头,柯瓦雷先是礼貌地表示,连续性观念如今已在克隆比那里找到了最有力的捍卫者。把这一开场白看成悄悄挖苦迪昂也许并无不当。虽然如果没有迪昂先前的发现,柯瓦雷

---

① 关于对克隆比论题的概述,参见他的"The Significance of Medieval Discussions of Scientific Method for the Scientific Revolution"一文。

工作中的许多关键思想——无论它们与迪昂论题有多么背道而驰——都是不可想象的，但是从柯瓦雷的著作和文章中关于迪昂的零星表述可以看出，他并未特别尊敬迪昂。在一篇讨论14世纪无限和真空思想的文章中，柯瓦雷嘲弄了迪昂对唐皮耶主教1277年大谴责的处理——迪昂“把巴黎主教宣布的两个谬论置于现代科学的起源处”。[①] 不过，克隆比的书中并未出现这类缺乏哲学睿智的情况。但柯瓦雷写道，克隆比的论题严重高估了方法论讨论的重要性。这些讨论本身，亦即确定理论与假说、分析与综合、“分解与合成”、经验与实验在科学发现中的真正作用的所有那些尝试，其实只不过是亚里士多德主题的变种罢了，没有什么固有的意义，除非能与实际科学发现直接联系起来。而正如克隆比自己所承认的，这种联系直到17世纪才变得显著起来。因此，格罗斯泰斯特和罗吉尔·培根等热忱的认识论者的著作中缺乏实际科学成就，恰恰表明需要别的东西来发动科学革命。总之，柯瓦雷认为，克隆比对格罗斯泰斯特和罗吉尔·培根的分析恰恰证明，纯粹的方法论讨论对于科学没有多少意义：“方法论的位置不在科学发展的开端，但我们可以说，在它的中间。”[②]

克隆比的论题赢得了相当的尊重而非接受。它成了克隆比的

---

① A. Koyré, *Études d'histoire de la pensée philosophique*, p. 37："Assertion curieuse, qui met à l'origine de la science moderne la proclamation par l'évêque de Paris de deux absurdités." M. Clavelin："Le débat Koyré-Duhem, hier et aujourd'hui"是讨论该主题的一篇有意思的文章。

② A. Koyré, "Origines," p. 63；该引文出自英文版的 *Diogenes* 16, Winter 1956, p. 15。

历史研究《从奥古斯丁到伽利略》(*Augustine to Galileo*)的核心,但其论题并没有被吸收到后来对科学革命的解释中。柯瓦雷对克隆比论题的抨击反映了一种历史研究方法,它使柯瓦雷区别于其他许多科学史家。更常见的做法是,选取17世纪科学中被认为重要的某些要素,然后,当发现这类要素在较早的时候已经存在时,便声称由此建立了与现代早期科学的某种连续性。而柯瓦雷却往往能够从之前的要素中看出许多理由,表明为什么现代早期科学没有在更早的时候产生:单凭这些要素的存在并不足以产生现代早期科学。在第二部分,我们开始讨论历史学家对现代早期科学产生原因的解释时,将再次讨论这种区别。

### 2.4.2 新问题与新一代

关于把现代早期科学的兴起问题置于近乎全新的基础之上的这代人,我们的讨论就要告一段落了。我们所关注的这代人的四名成员不仅就现代早期科学的起源极为坦率地提出了一套构想,而且把这套构想变成了他们的工作所引发争论的核心议题。例如以《科学史中的关键问题》(*Critical Problems in the History of Science*,这是克拉盖特编的1957年威斯康星大学会议论文集)的前几百页为例,从中我们可以看到,源于二三十年代的所有这些东西仍然在相当程度上构成了这次会议的讨论框架,但讨论中也有一些陈旧乏味的东西。其争论充满了哲学观念和"中世纪精神";它往往集中于惯性原理,几乎排除了科学革命的所有其他要素;很少关注除天文学和数学物理学以外的现代早期科学领域;最重要的是,当我们浏览这部论文集时,它似乎迫切需要新一代的科学史家带来一些新鲜空气——这些科学史家是在教育和专业上最先受益于二战之后体制化浪潮的人。

新鲜空气将来自几个方面，有一些空气从50年代初开始就已经在制造了。以下是一些关键要素，分列为五个标题：中世纪研究者的离队，伽利略争论，哲学不再时兴，赫尔墨斯主义的挑战，以及最后但并非最不重要的：着手处理非数学科学。

**中世纪研究者的离队** 107

迪昂论题大大激励了对之前被认为几乎并不存在的中世纪科学的研究。（正如1974年林恩·怀特[Lynn White][①]总结的那样："50年前，我在本科阶段了解到关于中世纪科学的两个确定事实：(1)不存在任何中世纪科学；(2)罗吉尔·培根因为从事科学而遭到教会迫害。"）[②]几十年来，这类研究大都围绕着中世纪思想中的一些要素而展开，它们被说成建立了与17世纪科学"先驱者"的联系。尤其是克拉盖特在《中世纪的力学科学》(*The Science of Mechanics in the Middle Ages*，1959)中用文献证明其连续性观念的方式给人留下了深刻印象。但我们已经看到，这些研究最权威的开拓者迈尔（其早期研究正是在迪昂论题的护佑之下进行的）在50年代后期变得越来越就这一时期本身进行研究，希望能将这种研究从最初的动机中解放出来。迈尔之所以会采取这种态度，首

① 怀特(1907—1987)：美国中世纪史家、技术史家。——译者

② L. White, Jr., *Medieval Religion and Technology*, pp. xi - xii.（N. M. 斯维尔德洛曾在"The History of the Exact Sciences"中表明，在数学科学的早期编史学中，中世纪并没有被完全忽视。）

先是因为她拒绝接受迪昂论题。科学革命并非来源于晚期经院哲学思想，这一结论一经得出，她便越来越有兴趣就这一时期本身进行研究。

在科学编史学大举进行体制化扩张期间，迈尔后来对中世纪研究者任务的看法也被迅速增加的中世纪科学史家所接受，他们同样迅速地把这一领域变成了一个独立的专业化领域。在 50 年代，像克拉盖特和欧内斯特·穆迪（Ernest Moody）[①]等一些中世纪研究者还偶尔尝试在中世纪科学与现代早期科学之间建立新的联系，但自那以后，这种关联几乎已经断绝。

既然在迈尔、柯瓦雷等人的努力下，迪昂论题已被发现是站不住脚的，那么我们可以问一个新的问题，或者重新问一个老问题，那就是，是什么阻碍了中世纪科学引发科学革命。由于前面提到的那种专业化，只有极少数中世纪研究者感到有必要发表自己对这个问题的看法，迈尔本人是一位，爱德华·格兰特（Edward Grant）[②]是另一位。我们将在第 4.3 节中讨论他们对这件事情的看法，涉及的问题是：为什么科学革命既没有出现在古希腊，也没有出现在中世纪的西欧。

### 伽利略争论

1961 年，托马斯·塞特尔（Thomas B. Settle）[③]（当时还是研

---

① 穆迪（1903—1975）：美国哲学史家、科学史家。——译者

② 格兰特（1926—2020）：美国科学史家。——译者

③ 塞特尔：美国科学史家。——译者

究生)按照伽利略在《关于两门新科学的谈话》中给出的精确说明让一个重建的球滚下重建的斜面,获得的结果与伽利略所说的非常接近,由此引发了一场关于实验在伽利略工作中的真正作用的至今仍在进行的争论,与之相联系的只有一件事情,那就是柯瓦雷错了。继塞特尔的"科学史上的实验"之后,人们对伽利略的故纸堆产生了新的兴趣,以寻求证据来支持或反驳一个结论,即他至少通过实际实验而不是思想实验(即探索性地做实验,而不只是作验证之用)发现了一些定量定律。在随后的争论中,斯蒂尔曼·德雷 109
克(Stillman Drake)[①]成了中心人物,[②]随着时间的推移,这场争论变得越来越技术化,局外人已经很难理解,他们无法立刻回忆起狂热爱好者所钟爱的"116页左页"(folio 116 verso)这类细目。本书不可能也不需要讨论这场争论。对于我们的目的来说,只要指出这场争论的四个显著特征就足够了。

首先,这场争论的技术性往往使它所针对的问题失去了从马赫一直到柯瓦雷和戴克斯特豪斯的科学史家不加批判地为其指定的那种核心意义。不知怎地,受到柯瓦雷(和戴克斯特豪斯)本人措辞的强烈支持,现代早期科学的本性问题已经变得与伽利略是否实际做了他的实验、以及如果做了是出于什么目的等问题紧密联系在一起。但是,即使我们完全承认伽利略在科学革命(无论怎样定义)中占据着核心位置,这也是把超出其承受能力的重量加在

① 德雷克(1910—1993):加拿大科学史家。——译者

② 德雷克把他关于该主题的研究收入了 *Galileo: Pioneer Scientist* (Toronto: University of Toronto Press,1990)一书,这本书和他那些致力于重建的研究论文同样富有争议。

了这个更狭窄的问题上。[①] 如果移去这个沉重的负荷，那么就可以在一种不那么超载的、或许更健康的气氛中继续进行关于科学革命实质的更广泛争论。

然而，第二点是，当这两个问题真的（而不是存心地）被撇清关系时，常常把它们实际等同起来的柯瓦雷便面临着重大打击。柯瓦雷似乎被驳倒了。虽然在我看来，他的科学革命观中有很多东西丝毫没有失去原有的活力和分析能力，但对于今天的科学革命思考而言，他的科学革命观已经边缘化了，这与其自身的价值远远不符，至少在我看来是这样。本书通篇都会表明，柯瓦雷有许多关键思想的生命力并未衰减。

研究伽利略的新方法的另一个后果是，我们至今尚未提到的一个特殊的子争论也失去了其原有的大部分意义。那就是伽利略本人是否熟悉晚期经院哲学著作。根据迪昂以及后来的连续论者的说法，这些著作已经预示了或预先做出了伽利略的重要发现。在《达·芬奇研究》的最后，迪昂自信地确立了这样一种直接关联，但他那种特定说法因为伽利略的《青年时期著作集》（*Iuvenilia*）而迅速遭到了否证（尽管事后看来，这种否证过于轻率）。伽利略对于他最直接和最明显的"先驱者"贝内代蒂显然不够熟悉，从而使这个问题更加激化。直到80年代初，威廉·华莱士（William A. Wallace）[②]（与阿德里亚诺·卡鲁戈[Adriano Carugo][③]和克隆比

① 夏皮尔的 *Galileo: A Philosophical Study* 提供了一个明显例子，表明当时如何把两个议题的等同视为理所当然。参见 pp. 86,129 - 130 等等。

② 华莱士（1918—）：美国科学史家。——译者

③ 卡鲁戈（1936—2020）：意大利科学史家，克隆比的学生。——译者

大约同时)通过耶稣会的罗马学院(Collegio Romano)在伽利略与 110
之前的自然思想之间建立了一种直接关联,这个谜才在部分程度上被最终揭开。这仍然是一条有趣的研究线索,对于科学革命的**解释**依然重要,因此我们将在第二部分(第 4.3.3 节)对它作应有的讨论。然而,由于前面简要概述的编史学发展,这个问题已经不再具有迪昂及其追随者曾经为其指定的那种对于理解现代早期科学实质的特殊意义。

最后,自 60 年代以来,伽利略争论已经变得如此技术化,它也在很大程度上失去了自然的数学化的最初支持者为其披上的极富哲学意味的外衣(许多粗陋的经验主义观念立刻得以再次悄悄混入)。这是当代科学编史学中一个更大进程的一部分,因此我们在下一个标题中单独讨论它。

**哲学不再时兴**

在开拓者那代人手中,科学编史学仍然带有哲学观念的浓厚味道。诚然,历史写作不再屈从于最终的哲学目的,整个 19 世纪已经基本上是这种情况。但是,从哲学中进一步解放出来似乎是有可能的,这也的确是柯瓦雷之后那代人所做的事情。在英国的发展尤其如此。这里克隆比关于现代早期科学起源的看法处于两可之间,但我们可以有把握地说,从 40 年代末到 80 年代初,由巴特菲尔德、霍尔、玛丽·博厄斯(Marie Boas,后来的博厄斯-霍尔)[1]以及再一次的霍尔相继给出的历史解释,都强烈倾向于给出

① 博厄斯(1919—2009):英国科学史家,鲁珀特·霍尔的夫人。——译者

事实并以历史的眼光看待它们，而不太关心它们可能具有的更广泛的哲学后果。结果，柯瓦雷、戴克斯特豪斯和伯特描绘的那些清晰但却片面的图像，让位于以一种更加狭隘的历史态度给出的更具包容性、但并不十分清晰的论述。我们将在下一节以“巴特菲尔德与霍尔夫妇:英国的看法”为题追溯这一新的发展。

**赫尔墨斯主义挑战**

看待科学革命的一个全新视角同样发源于英国，它在 60 年代开始显露，在接下来的十年间风靡学术界。它也使关于冲力和惯性原理以及类似问题的正在进行的争论在极短时间内变得过时。这个新视角是，科学革命与文艺复兴时期的一种大体上新柏拉图主义的魔法思想之间存在着一直遭到忽视和误解的密切关联，这种思想在 15 世纪因赫尔墨斯著作被发现而开始盛行。魔法与科学现在似乎被联系起来，而不是(就像人们一直认为理所当然的那样)对立的两极。虽然人们对这种联系的性质有相当不同的描述，但其存在似乎是不可否认的。

111 在 60 年代末和 70 年代，关于 17 世纪科学与 16、17 世纪赫尔墨斯主义思想之间精确关联的争论在相当程度上承袭了曾经为从亚里士多德主义到现代早期科学的过渡细节所指定的重要焦点。除了内容上的明显差异，这两种争论还有一个重要的分析上的差异。后一争论决定了我们今天如何界定科学革命的科学成就，而前一争论则把这些成就视为理所当然，它所关注的是现代早期科学更广泛的思想背景，以及赫尔墨斯主义思想是否以及在何种程度上有助于引发科学革命。对于本书的组织来说，这意味着赫尔墨斯主义这一主题应当分属于讨论科学革命更广泛后果的下一章以及讨论其原因的第二部分。

## 着手处理其他科学

二三十年代的开拓者几乎把全部注意力都集中在了自然的数学化上面,现在这种关注之所以有所降低,一个主要原因是人们觉得有必要重新纳入除天文学和数学物理学以外的其他科学。这种感觉的主要动力特别来自于瓦尔特·帕格尔(Walter Pagel)[①]、艾伦·狄博斯(Allen G. Debus)[②]和赖耶·霍伊卡等有化学背景的科学史家。帕格尔和狄博斯表明,在帕拉塞尔苏斯的激励下,16世纪末出现了一种类似于“化学论世界观”的东西,它在17世纪初与自然运作的机械论解释模式相互竞争。[③] 霍伊卡则强调16、17世纪的化学家在重新结合思想与动手方面做出了贡献。所有这些科学史家都强调化学对于科学革命的重要性,但他们都没有主要从化学而非天文学和数学物理学的角度写出一部全面的科学革命史。

是否能够做到这一点,仍然是一个悬而未决的问题。科学史家们已经把化学还有实验光学、电学、磁学和生命科学纳入了科学革命叙事。在英国,这种做法比较刻板,也就是将它们直接插入叙事当中。相比之下,美国有一些学者尝试制定新的组织框架,在保

① 帕格尔(1898—1983):德国病理学家、医学史家。——译者

② 狄博斯(1926—2009):美国科学史家。——译者

③ A. G. Debus,“The Chemical Philosophy and the Scientific Revolution”是最近对这条研究线索的一篇综述。

留上一代人主要洞见的同时,也准备把非数学的物理科学以及化学和生命科学同样包括进来,并把所有这些内容纳入一幅更加广泛但同样融贯的图像。这方面的主要努力是库恩和韦斯特福尔做的,两人都把伯特和柯瓦雷的建议详细阐述为关于科学革命两种
112 潮流的成熟解释。在讨论这些之前,我们先来看看英国发生的事情。那是 1948 年,剑桥大学历史学家赫伯特·巴特菲尔德应邀作了一个系列讲演,讲的是他在阅读并且有些误读了柯瓦雷之后,在一个重要时刻决定把科学革命称为什么。

### 2.4.3 巴特菲尔德与霍尔夫妇:英国的看法

这些讲演在 1949 年以《现代科学的起源,1300—1800》(*The Origins of Modern Science, 1300—1800*)为题出版。赫伯特·巴特菲尔德是一位"一般"历史学家,而不是科学史家,这本书是他在这一领域唯一的贡献。他从未声称这是科学史领域的原创性研究,或者该书还基于二手材料以外的其他什么材料。主要由于这个原因,伯特的《近代物理科学的形而上学基础》的一位仰慕者常常把《现代科学的起源》称为"较廉价的伯特"(poor man's Burtt)。[①] 不过,巴特菲尔德出色地选择了二手材料,并为其补充了他本人所独有的一些值得注意的特征,从而使该书成为科学革命编史学的一个里程碑。其主要成就有三个方面。

首先,巴特菲尔德在其历史研究中把"科学革命"一词用作核

① 这位仰慕者是 Joseph Agassi(源自我与他以前的学生 N. J. Nersessian 的个人交流)。

心概念，从而使“这个名称”第一次广泛“流行开来”，虽然他很清楚自己并非最早使用它的人。用 I. B. 科恩的话说：“科学革命之所以能够变成所有读者头脑中的一个核心议题，这主要应归功于巴特菲尔德。”[①]他赋予这个概念以一种历史紧迫感，因为作为“一般”历史学家，他能够令人信服地阐明这样一种观念，即科学革命使西方文明走上了一条令人兴奋的全新道路。

那么，巴特菲尔德所说的“科学革命”是什么意思呢？表面看来，它的意思非常清楚，即科学在 1300 年至 1800 年之间发生的剧变。相比于柯瓦雷最初为其指定的数十年，或者伯特、戴克斯特豪斯和晚年的柯瓦雷所谈论的 140 年，这段时间相当之长！[②] 之所以从这么早开始，巴特菲尔德的主要理由是，他以纯正的迪昂方式声称，冲力理论及其广泛应用“代表着科学革命史的第一阶段”。[③]接着，叙事集中于 16、17 世纪的天文学和力学成就，“它在整个运动中占据着关键位置”。[④] 解剖学和生理学专设一章，与讨论哥白尼的一章并列，主要讨论安德烈亚斯·维萨留斯（Andreas Vesalius）[⑤]和威廉·哈维（William Harvey）[⑥]，之后便不再理会这些学科。其他生命科学被处理成（主要由波义耳代表的）微粒世界观应用于自然现象的一个例子。化学也是如此，但化学是该书截止于 113

① I. B. Cohen, *Revolution in Science*, p. 390.

② Cf. ibidem, p. 398. 科恩在第二十六章讨论了对该术语的早期使用。

③ H. Butterfield, *The Origins of Modern Science, 1300—1800* (London: Bell, 1949). 1957 年出了新版，我用的是它的 1968 年重印本。引文出自 p. 8。

④ Ibidem, p. 1.

⑤ 维萨留斯（1514—1564）：比利时医生和解剖学家。——译者

⑥ 哈维（1578—1657）：英国医生和解剖学家。——译者

1800年的原因之一。在讨论了牛顿综合，表明科学革命的结果和新思维习惯开创了启蒙时代之后，巴特菲尔德提出拉瓦锡（Antoine Laurent Lavoisier）开创了"化学中延迟的科学革命"——这场革命似乎本应在17世纪发生，但由于某种原因没有发生。[①]

尽管为科学革命指定了这么长的持续时间，但这项历史研究的内容大都集中在从哥白尼到牛顿这一时期。这是巴特菲尔德使用科学革命概念的另一种含义。他似乎还隐含地持有一种"内部的"科学革命观念，这种科学革命处于长达五百年的更大的科学革命内部。的确，读完《现代科学的起源》，读者几乎肯定会产生一种强烈的"革命中的革命"（借用60年代的一位被遗忘的政治理论家里吉斯·德布雷［Régis Debray］[②]曾经的一句名言）的印象。巴特菲尔德在书中各处使用的术语都透露出他对这一概念的双重用法。例如，在讨论文艺复兴时期航海大发现所产生的影响时，他指出：

> 新世界的发现以及开始与热带各国密切交往，使大量新数据和描述性文献得以发表，这本身就具有激励作用。**各门科学的本质结构并未改变**——**科学革命依然是遥远的事**——但文艺复兴……[③]

这里显然有意使"科学革命"的时间跨度窄得多。但这种不一致并未被摆上台面，也没有成为进一步历史分析的主题。这种不

① 这一表述使人大为惊异，也导致了许多混乱，I. B. Cohen在*Revolution in Science*，pp. 390－391中做了讨论。

② 德布雷（1940—）：法国学者、政府官员。——译者

③ H. Butterfield，*Origins*，p. 37（第三章第1页）。

一致的背后隐藏着一种张力，它同样存在于晚得多的科学革命著作中，因为似乎很难在两方面之间做出调和：一方面是至少从16世纪以来欧洲科学中出现的一系列令人兴奋的新事物（帕拉塞尔苏斯的思想反叛，维萨留斯的观察和第谷的观测，吉尔伯特和哈维的发现，波义耳的持怀疑态度的化学，列文虎克的发现等等），另一方面则是由伽利略、开普勒和笛卡儿在1600年左右的几十年间引发的以及后来由牛顿完成的"各门科学本质结构"的剧变。这两种不同含义的科学革命是如何结合在一起的呢？如何把它们和谐地结合成一幅具有内在一致结构的图像，我认为是未来研究科学革命成就的历史学家所要面临的一项重要挑战。

巴特菲尔德不仅使科学革命的概念（无论如何定义它）在学术界广泛流行，为其赋予了一种思想紧迫感，而且也就这场转变的本 114
性发表了有影响力的看法。他在该书开篇便指出了革命期间科学变化的本质特征：

> 我们将会发现，无论在天界物理学中，还是在地界物理学中（两者在整场运动中具有重要地位），变化首先都不是由新的观察或额外的证据引起的，而是由科学家本人心灵中发生的转换带来的。……在所有形式的心理活动中，最难产生的……就是如何处理和以前一样的一堆材料，但却通过赋予它们一个不同的框架而把它们置于一个新的关系体系之中。所有这些实际上意味着不同类型的思考状态（thinking-cap）。[①]

① H. Butterfield, *Origins*, p. 1.

在整本书中,巴特菲尔德不时会提到这种"心理转换"。在他看来,这乃是一般历史转变的核心:

> 在讨论历史转变时,我们很难感到(即使这并非不可能)已经理解了一件事情的根本或者在最大限度上提供了解释。对事物看法的最根本变化,思维方式潮流的最显著转变,也许最终都可以归因于人们对事物感觉的变化。这种变化既非常微妙又普遍渗透,以至于不能把它归因于某些特定作者或某种学术思想的影响。……这些微妙变化并非源于某一部著作,而是源于人类经验在新时代的新结构。它们可以从科学革命背后看出来,一些人正是试图通过人们对物质本身的感受变化来解释这场革命的。
>
> 16 世纪已经比较清楚,17 世纪则十分确定,由于语词使用习惯的变化,亚里士多德自然哲学中一些内容的含义变得更为粗糙,或者实际上遭到了误解。要想说清楚为什么会发生这样的事情可能并不容易,但人们无意中流露出一个事实:亚里士多德主义的某个论断对于他们来说已经不再有任何意义。[1]

关于科学革命基本含义的这种观念的两个不同方面将为后来的相关思想打上自己的印记。举例来说,这种新的"思考状态"的观念将会对美国物理学家托马斯·库恩的思想产生影响,他在转

---

[1] H. Butterfield, *Origins*, p. 118.(第七章第 2 页)

向历史并且撰写了一部研究哥白尼革命的著作之后，开始集中反思科学转变的本性。这段话也显示出对于科学革命这种量级的历史转变过程中仍然难以捉摸的东西的敏锐感受，这种感受将继续存在于巴特菲尔德的学生鲁珀特·霍尔关于科学革命的历史研究中。我们现在就来讨论霍尔。

**不确定性作为一个标志**

虽然我没有对霍尔陆续出版的科学革命史著作中的单词数作过统计，但我确信，“复杂性”是其中最引人注目的词汇之一。鲁珀 115
特·霍尔在其整个职业生涯中一直强烈反对单一的因果解释（monocausal explanation）和片面的解释。在他看来，历史的乐趣在于其千变万化和与之相伴随的无尽复杂性。他认为值得考虑的是独特的事件，如果他贸然给出某种一般层次的陈述，那么我们几乎可以肯定，他将在下一句话中对其进行限定。我们同样可以合理地预期，如果他又往下说了一句话，那么这个限定条件又会接着被限定。

也许从一开始就应当说明，这并非我本人最喜欢的历史写作风格，但我很愿意承认，对于那些过于雄心勃勃的尝试，即试图对历史事实作天马行空的构想，或是对于那些过于顽固不化的模式或理论，它可被用作一种解毒剂。在本书第二部分，我们将会看到一些典型的霍尔解毒剂完全生效。

与巴特菲尔德不同，霍尔是一个专业科学史家，他承认自己最初主要是被（除了巴特菲尔德）李约瑟和亚历山大·柯瓦雷引上了科学史道路。《现代科学的起源》是一个相当简短的介绍性文本，无需任何专业科学知识，而五年后（1954 年）出版的霍尔的《科学革命，1500—1800：现代科学态度的形成》（*The Scientific Revolution, 1500—1800: The Formation of the Modern Scientific Attitude*）则更是一部历史概述，虽然简明，但更具技术性。它曾被用作一代英语学生学习科学革命的标准教科书。

我们不仅会讨论霍尔的这本书，还会讨论霍尔和他后来的妻子玛丽·博厄斯（Marie Boas）写的一系列续篇。在此之前我们有必要指出，这些研究是在学术界几乎完全致力于理解科学革命的过程中撰写的，在讨论它们时，应考虑到一直有更为专业和详细的研究陆陆续续问世。关注霍尔夫妇写出的这些续篇的完整学术基础的读者可以参考它们。这里我们仅限于从中汲取各位作者关于科学革命的主导思想。

霍尔研究科学史特别是科学革命史的核心方法可见于他就这一主题所写的第一本书的开头：

> 不能把科学的累积性发展归于任何单一主题。它源于研究方法和推理方法的运用，其成果和对批评的破坏作用的抵抗力已经证明这些方法是合理的。我们说不出……为什么有些人能够察觉到真理或技术诀窍，而另一些人就不能。从社会、经济、心理等方面的各种混乱经验中只能提取出对科学发
> 116 展有影响的少数几个因素。至少在目前，**我们只能在想去理解的地方进行描述并开始分析**。困难其实还要更大，因为科学史不是也不可能是一个严密的统一体。不同科学分支在复杂程度、技巧和哲学上各不相同。它们并非在同一时间受到了

> 相同历史因素（无论是内部的还是外部的）的相同影响。我们甚至无法追溯某种科学方法的发展，也就是被认为适用于任何科学研究的操作原理和规则的某种表述，因为这样一种东西根本就不存在。[1]

这种否定性的声明为整个叙述定下了基调。霍尔之所以把科学革命的起始时间定为1500年左右，是因为在他看来，欧洲科学这时第一次开始摆脱希腊遗产。他承认，冲力理论本身是一种重要的运动解释，但由于它是在亚里士多德主义的总体框架内发展出来的，所以只能把它看成科学革命的一个先兆。[2]

在这一叙事中，我们没有看到任何有关断裂本性或革命本性的内容，不同的革新进度是整个这一时期的特征。然而到了最后，我们的确发现有某种根本的东西已经改变。欧洲科学现在已经发展出了自己的某些独特特征。诚然，所有文明社会都不得不回应“自然无处不在的挑战，但是[在欧洲之外]对于科学的有组织的、自觉的理性回应并不那么重要”。[3] 1500年至1800年在西欧发展出来的科学之所以如此独特，正是由于这种总体的理性特征。这条线索贯穿于霍尔的整个论述，并使之结合在一起：科学革命是理性的，现代早期科学战胜了各种神秘主义、魔法、迷信等等，并逐步壮大起来。在霍尔看来，这是唯一真正的区分标准。因此，对于

---

① A. R. Hall, *The Scientific Revolution, 1500—1800*, p. xiv.

② Ibidem, pp. 6, 20 - 21.

③ Ibidem, p. 365.

16、17世纪的诸多科学家，我们发现霍尔仔细权衡着他们的工作是否可以被称为主要是理性的，或者是否因为非理性而应被视为有害于渐进的科学革命，或者最多是与之不相干。霍尔关于炼金术的说法似乎很好地总结了他对于整个科学革命的态度：他寻求的是“隐藏在大量神秘难解的谷物之中……少量真正的知识谷粒”。[①]

做了这个根本区分之后，霍尔并没有显示出在较窄意义上定义新科学的兴趣。数学、实验和“机械论”都起了自己的作用，但“我们不能只是诉诸实验、观察、测量或者对复杂科学过程的任何其他过分简化”。[②]

117 然而，有一个特征似乎要比其他特征略为清晰一些，那便是霍尔所谓的“机械论”。他并没有严格定义这个术语，但该术语渐渐开始代表“运动中的物质”，这是科学革命过程中处理自然现象所凭借的一套基本概念。但这种描述同样更适合物理科学而非生命科学，因此使用它需要有适当的限制条件。总之，霍尔把整个科学革命时期各门科学的命运当作一块松散面料中的不同丝线做了本质上相同的处理。特别是，无论霍尔在解释伽利略时多么紧密地追随柯瓦雷，但在其整体讨论中，柯瓦雷当初描述伽利略时所凭借的核心观念丝毫没有保留下来。

我们已经看到，为了启蒙运动和化学革命，巴特菲尔德概述的科学革命包括了18世纪。霍尔也是如此，但理由不大相同。其策

① A. R. Hall, *The Scientific Revolution, 1500—1800*, p. 307.

② Ibidem, p. 366.

略上的理由是，除了化学，他觉得有必要把早期的电学史和磁学史也包括进来，但这样一来就不能只停留在17世纪，因为那时这些研究领域几乎还没有获得独立学科的地位。这一步骤的理论根据可见于他所说的，自1800年以来，“虽然科学思想发生了深刻变化……，理论和实验的复杂性急剧增加，但现代科学演进的过程、策略和形式并没有改变”[①]。自那以来，科学中的变化更多是内容上的而不是整体结构上的。但由于霍尔对这种结构原则上应当如何理解说得非常含糊，所以他并未讲清楚为什么三个世纪的“准备”与随后若干年的“成就”之间的分界线应当定于1800年。

## 第一部续篇

霍尔打算把他的著作写成一部对科学革命的“特征研究”，而不是对科学革命的“传记性概述”。[②] 八年后，他写的书更具这样一种传记性。以《现代科学的兴起》(*The Rise of Modern Science*)为总标题的两卷著作分别于1962年和1963年问世，它们共同涵盖了整个事件。第一卷由玛丽·博厄斯执笔，题为《科学的文艺复兴，1450—1630》(*The Scientific Renaissance, 1450—1630*)；其续篇由霍尔执笔，题为《从伽利略到牛顿，1630—1720》(*From Galileo to Newton, 1630—1720*)。在大多数方面，这两卷著作在组织、重点和基调上都与《科学革命，1500—1800》相当类似，但也有一些显著差异。现在认为，西欧的学术复兴从15世纪中叶就已经开

① A. R. Hall, *The Scientific Revolution, 1500—1800*, p. xiii.

② Ibidem, p. xi.

始,1630年左右则是科学革命的早期酝酿阶段与“核心的决定性
118 阶段”[①]的分界线。因此这里我们再次看到了巴特菲尔德的那种隐含区分,即一个核心的科学革命内在于一个更大的科学革命之中。随着牛顿授权出版《自然哲学的数学原理》的第三版也是最后一版,整个叙事结束了,此时结束日期不再是1800年。不过,这些重点转移对于整体安排并不重要。我们再次看到了讲故事,而不是历史论证;同样,科学革命唯一重要的区别性特征似乎是它的理性特征。博厄斯的著作非常注重15、16世纪自然哲学的魔法方面,以下引文很好地表达了它的基调:

> 在16世纪,魔法依然可以而且的确被应用于诸多领域。看到有充分科学根据的问题逐渐从16世纪混乱的神秘主义思想与做法中筛选出来,只留下迷信的干燥谷壳,这真是令人着迷。[②]

根据这种观点,现代早期科学的出现可以归结为一般的净化过程。通过被科学逐步淘汰,“魔法、神秘主义和迷信”这三种并非截然不同的东西以本质上负面的方式为此做出了贡献:

> [大约1630年,]科学的彻底胜利和理性主义的稳步推进

① 出自两卷著作的总导言。

② M. Boas, *The Scientific Renaissance, 1450—1630*(我用的是1970年的Fontana平装本)。引文出自p. 156。

> 总体上意味着魔法传统的终结。数学家不再意味着占星学家;化学作为一门新生的科学取代了炼金术;开普勒所钟爱的数秘主义(number mysticism)让位于数论……;自然魔法即将被实验科学和机械论哲学所取代。科学和理性主义将变为同义词,被笛卡儿的《方法谈》(1637)牢牢结合在一起。[①]

霍尔的续篇也渗透着把科学革命视为理性主义的展开这一观点。存在着一种"理性科学发展的主流",[②]在 17 世纪下半叶开始盛行,"17 世纪的前 30 年已经动摇了事物的旧秩序,但尚未瓦解它"。[③]

现代早期科学的另一个不断变化的特征是实验的作用。霍尔指出:"事实证明,甚至迟至 1630 年,系统观察在科学中一直是一种远比实验更有助益的方法。"使解剖学发生革命的人体观察、第谷的观测、使植物学和动物学"显得有组织"的新材料都是如此。[④]霍尔甚至声称,

> 观察已经使宇宙论陷入了危机。无论新科学的建立在多大程度上归功于后来的实验研究,……单单是观察一直发生

---

① M. Boas, *The Scientific Renaissance, 1450—1630*(我用的是 1970 年的 Fontana 平装本)。引文出自 p. 323。

② A. R. Hall, *From Galileo to Newton, 1630—1720*(我用的是 1981 年 Dover 版)。引文出自 p. 30。

③ Ibidem, p. 18.

④ Ibidem, p. 34.

> 的事情就几乎足以摧毁形式僵化的旧事物。只要运用眼睛——如果知道如何引导的话——便可看到亚里士多德或托
> 119 勒密的描述是错误的，并且找到支持新自然观念的理由。科学革命的爆炸力正在于这种想法。①

这似乎明确表明了一种被马赫以降的前卫历史学家抛弃的对科学革命实质的看法。但70页之后，我们发现这种看法得到了恰当的限定：

> 科学革命并非由经验方法所引起，也不是通过运用任何一种新科学方法而引起，而是用一种思想体系替换另一种思想体系，这个过程在培根、笛卡儿甚至伽利略之前很久就已经开始了。17世纪科学的关键特征在于信奉新的观念或复兴的观念——宇宙是无限的，太阳同其他无数星体一样仅仅是其中的一颗；生命也许到处都有；原子论；自然过程的数学化和机械化；定律和规律性的想法——这些观念无法从实验上证明，只不过偶尔同经验论的兴起有关。②

于是毕竟，我们发现科学革命有一些显著特征再次得到了同等处理。其中一个特征——机械化过程——将在该书后面一章得

---

① A. R. Hall, *From Galileo to Newton, 1630—1720*（我用的是1981年Dover版）。引文出自p. 34。

② Ibidem, p. 104.

到进一步澄清。我们已经看到,科学革命史家对这个术语的用法千差万别。霍尔在早期著作中曾把“机械论”定义为通过物质和运动这两个概念来处理自然现象;而现在,他干脆把“机械论哲学”等同于微粒自然观,也就是说,等同于那种更加具体的观念,即可以把自然现象还原为大小、形状和空间分布各不相同的不可见的小物质微粒的运动。[①] 但霍尔在前面已经更加概括性地指出,

> 如果自然现象产生于微粒的运动,那么运动科学便为理解物理学乃至化学和生理学提供了最重要的东西,因为这些科学依赖于物质的物理性质。因此,对事物的机械论解释可以作为一个无尽的链条发展起来,从运动定律开始,越来越延伸至一个个更复杂的科学分支;但我们总能在必然为真的运动定律中追溯到其牢固根基。至少潜在地讲,一切科学知识都建立在这一不可动摇的基础之上。[②]

最终的结论是,虽然与早期著作相比,霍尔在一些地方更具体地讨论了科学革命的规定性特征,但最终只是表达了他和博厄斯原有的想法,即理性是科学革命最重要的特征。霍尔在写作时还不可能预见到,25 年后,当他利用自己和其他学者在此期间所做的所有详细研究对《科学中的革命,1500—1800》进行修订时,他不

---

① A. R. Hall, *From Galileo to Newton, 1630—1720*(我用的是 1981 年 Dover 版)。引文出自 pp. 216 - 221。

② Ibidem, p. 38.

得不为夫妇二人的这种核心观点进行辩护，以抵御一种观点的攻
120 击，即“魔法、神秘主义和迷信”在一种更富有成效的意义上为现代早期科学革命的出现做出了贡献。

## 更新科学革命

修订是彻底的，霍尔给这本几乎完全重写的著作起了一个新标题：《科学革命，1500—1750》。它出版于1983年，是目前考察科学革命的最新研究著作。这种更新可见于对伽利略的新处理，其中考虑了德雷克等人关于伽利略实验工作的所有那些发现。霍尔坦承自己和其他许多人以前对伽利略思想的解释是“错误的”，因为它过于“观念论”。[1] 对开普勒的处理也作了很大改动。开普勒的“神秘主义”一面在以前的著作中遭到了过于严厉的处理，现在则被认为不仅仅是“糟粕”。[2] 总之，区分16、17世纪“理性主义”与“非理性主义”思想的那种冲动，以及关于科学革命逐渐战胜非理性主义思想的看法，在新版本中的调门明显降低。诚然，霍尔在导言中有一段刺耳的话仍然为自己有权集中于“战斗的胜利者一方”[3]作辩护，但在实际叙事中，这种二分几乎不再能够充当主要指导线索。

并没有其他组织观念或原则来取代它。与之前的著作相比，霍尔对科学革命的规定性特征和结构性要素的看法更要从偶尔给

① A. R. Hall, *The Revolution in Science, 1500—1750*, p. 115 (note 13).

② Ibidem, p. 144.

③ Ibidem, p. 2.

出的零星说法中概括出来。科学革命的开端之所以被定为1500年，是因为当时发生了“文化基础的转变”。① 它包括“解释形式从语词解释转向数学解释”，②以及欧洲人第一次把自己看成“伟大的实际发明者，常识、手工劳作和自然知识的结合为其带来了力量和财富”。③ 科学革命现在被认为结束于大约1750年而不是1800年，因为“牛顿去世时，科学革命的伟大创造阶段已经完成，虽然对它的接受和吸收仍然是不完整的”。④ 与物理科学一样，化学、地质学和生命科学在科学革命中同样有正当位置，虽然它们之间的确存在着很大的“历史不对称”⑤——“总体对比”是，后者的改变主要发生于现象层面，而前者的改变则标志着“形而上学观点的转变”。⑥ 在生物科学中，革命情况即使同样存在，“也很少被成功利用”。⑦ 因此，虽然“生物研究的确参与了科学革命，但[科学革命的]典型核心肯定是数学科学”。⑧

因此霍尔在一处明确指出，科学革命大致可以分为两个阶段。121
第一阶段是“混乱的世纪”，⑨此时一切都在酝酿和变化，但并没有产生明确的研究纲领。“然而，如果我们向后跨越一个世纪，来到

① A. R. Hall, *The Revolution in Science, 1500—1750*, p. 9.
② Ibidem, p. 12.
③ Ibidem, p. 13.
④ Ibidem, p. vii.
⑤ Ibidem, p. 149.
⑥ Ibidem, p. 45.
⑦ Ibidem, p. 148.
⑧ Ibidem, p. 344.
⑨ Ibidem, p. 73.

大约 1640 年，那么就会看到一种更为正面的情况，未来几代人——最佳科学革命（Scientific Revolution *par excellence*）的时期——的努力几乎按照逻辑的顺序接续下来。”[①]我们再次看到，一个更大的科学革命内部有一个核心的科学革命。这个新阶段据说是在伽利略去世和牛顿诞生的 1642 年取代了“混乱的世纪”。接下来那个“实现的世纪”的“规定性特征”分别是“质疑绝对权威，接受哥白尼主义和机械论，相信经验的-理性的论证尤其是数学”。[②] 于是，“最佳科学革命”似乎特别与数学科学密切相关。我们不禁再次好奇，显示出柯瓦雷原始观念之残余的这场内部科学革命到底是如何与外部科学革命相联系的。而巴特菲尔德和霍尔之所以要引入外部科学革命，是为了把当时欧洲各门科学中所有新科学思想都考虑进去。

## 结论

我们也许可以区分关于科学革命的两种截然不同的观念。在一个极端，科学革命可以归结为宇宙论和力学的一种根本剧变——这种剧变不可避免会影响其他自然研究领域，并且会大大加速它们的变化速度，但其自身却不受它们影响。这种极端立场几乎被我们 20 年代的先驱者们毫无保留地接受了。在这一总体框架内部，仍然可以对这场剧变的本质作各种不同定义。

在另一个极端，可以把科学革命看成推翻了之前的自然思维

① A. R. Hall, *The Revolution in Science, 1500—1750*, p. 73.

② Ibidem, pp. 73 - 74.

模式，这种模式本质上影响了所有科学。当时所有学科都陷入了一个加速变化和发展的过程，只是变化速度因研究领域的不同而有所不同。巴特菲尔德特别是霍尔夫妇都体现了这种观点，在这种观点看来，现代早期科学与其亚里士多德主义和魔法前身最明显的区分标准就是它新获得的理性主义。这种对本质区别的描述是否令人满意姑且不论，突出的一点是，在这一极端，宇宙论和正在形成的力学科学中的独特事件只有在整个叙事过程中额外进行强调才能显现，这是否足以公平地对待它们，这个问题依然存在。

最后，问题归结为把"科学革命"看成整个16、17世纪科学的缩写标签，还是看成一个分析性的概念，代表着在更大的17世纪 122
科学领域内部，将它的重要部分与之前的自然观清晰区分开来的无论什么东西。在休厄尔、巴特菲尔德、霍尔等英国学者看来，前一立场更具吸引力，甚至可能是唯一自然的看法。欧洲大陆学者以及我们在休厄尔与巴特菲尔德之间概述的美国学者伯特则暗中承诺了后一种分析性的科学革命观。[①] 本章最后两节将讨论两位美国学者，他们在追随柯瓦雷采取了一种类似的分析性科学革命观的同时，又试图挽救比其大陆先驱者（特别是柯瓦雷）原本以为

---

① 在我看来，巴特菲尔德和霍尔都没有完全领会柯瓦雷对其科学革命概念的分析用法。特别是霍尔，往往把他自己对科学革命的宽泛用法投射于柯瓦雷的核心观念。我认为霍尔对柯瓦雷处理科学革命的几乎所有反驳（见于他1987年的文章"Alexandre Koyré and the Scientific Revolution"）都可以追溯到这种误解。其顶点是第490页的以下这句话："我提出这一论点是基于以下假设（我相信柯瓦雷是赞同这一假设的）：存在着一种被我们称为科学革命的历史现象，它比从伽利略到牛顿及以后的经典力学发展更大，范围更广。"诚然，柯瓦雷本人因为在时间上拓展了其原始的科学革命概念而引起了这种误解，这正是库恩和韦斯特福尔随后所做的工作（另见本书第7.2节）。

的更多的周围科学。

### 2.4.4 库恩与科学革命

本节标题并不像它看起来的那样显而易见。与托马斯·库恩的名字相联系的主要是"诸科学革命"(scientific revolutions),他在1962年出版的名著中研究了诸科学革命的结构。他那部著作变得十分流行,以至于科学史学科以外的许多学者几乎下意识地认为,一般的诸科学革命概念与特定的科学革命(the Scientific Revolution)概念完全是一回事。具有讽刺意味的是,15年前,科学革命概念刚刚从那种已经存在了数个世纪的、一般的诸科学革命概念中解放出来。更加讽刺的是,这种副作用乃是无意中产生于柯瓦雷和巴特菲尔德这两位科学史家的一个弟子的著作,而"科学革命"这一术语和概念以及今天对它的大部分用法正是由柯瓦雷和巴特菲尔德创造的。

在库恩本人看来,独特的科学革命和一般的诸科学革命是两个完全不同的概念,它们一向相去甚远。虽然库恩就这两个主题写过很多东西,但据我所知,他从未考察过它们在概念或历史上有什么关联。这样一种考察很有必要,因为他对这两个概念的看法似乎很难调和。虽然进行这一考察并非本节的任务,但我们会碰到这个问题的一些重要方面。我们先来考察《[诸]科学革命的结构》(*The Structure of Scientific Revolutions*)中对科学革命的讨论,然后讨论库恩1972年为解决科学革命编史学中几乎所有棘手问题而写的一篇引人入胜的文章,最后指出库恩关于科学革命和诸科学革命的不尽相容的看法可能源于何处。

## 《科学革命的结构》的历史起源 123

值得注意的是,迄今为止本章讨论的关于现代早期科学起源的许多观念都可以在《科学革命的结构》的某些关键思想中找到踪迹。① 这并不是说该书缺乏原创性——恰恰相反,其原创性在于库恩在书中把以前相去甚远的关于科学历史发展的各种观念集合在一起,使之彼此融合并与他本人创造的一些要素相融合,从而产生出一种关于科学之革命性的引人入胜的论述。I. B. 科恩关于18世纪如何运用科学的革命性发展这一观念的研究已经充分表明了库恩如何受益于"诸科学革命"概念的早期发展。不过,库恩也同样受益于前辈们关于"科学革命"的论述。从达朗贝尔到霍尔夫妇,这些前辈们用来对科学革命进行历史再现的大量零碎的概念工具同样进入了《科学革命的结构》。库恩本人在该书第1页已经提醒读者注意这个事实。

库恩直接提到了科学编史学走向成熟的20世纪20年代到40年代。② 他特别提到了柯瓦雷的名字,然后继续说,

> 从源自[柯瓦雷所体现的新科学编史学]的著作来看,……科学似乎根本不是旧编史学传统的作者们所讨论的那种事业。

---

① 关于库恩的文献几乎是无穷无尽的。但我并不知道有对本节提出的主题的讨论。《科学革命的结构》1962年在芝加哥大学出版社出版。我使用的是1970年的第二版。"Mathematical versus Experimental Traditions in the Development of Physical Science"最初发表于 *Journal of Interdisciplinary History* 7, 1976, pp. 1–31。我使用的是《必要的张力》第三章对它的重印, *Essential Tension*, pp. 31–65。

② 在 *Essential Tension*, p. 108 中,库恩认为戴克斯特豪斯、迈尔和柯瓦雷是促使这门学科成熟的历史学家。

> 这些历史研究至少已经暗示可能有一种新的科学形象。本文旨在阐明新编史学的某些内涵，以勾画出这种形象的轮廓。①

换句话说，我们可以把《科学革命的结构》理解成关于隐含在二三十年代以来新科学革命编史学背后的教益的概括论述。

通过追踪库恩本人对柯瓦雷和巴特菲尔德的频繁援引，也许很容易确定这些教益是什么。1947 年，当 25 岁的物理学研究生库恩——已经对科学的本性有了极大兴趣——决定转向科学史时，他很快便把亚历山大·柯瓦雷看成了自己真正的"导师"(maître)。② 我们可以认为，柯瓦雷关于现代早期科学起源之革命性的核心信念给他这位学生留下了难以磨灭的印象。毕竟，老师和弟子著作的核心处都有这样一种思想，即科学的发展并不是循序渐进的，而是包含着人类自然思想的真正剧变。

库恩在巴特菲尔德的《现代科学的起源》中看到了一种关于科
124 学转变具体如何发生的关键想法：即心理转换，"新的思考状态"，看待一套已知自然现象的新方式，而现行的标准解释对于这些自然现象似乎不再能够讲得通。库恩进而发现，心理学家以一种更加复杂的方式在"格式塔转换"(gestalt-switch)的理论框架中表达了这一不太正式的概念，这种框架后来在库恩关于科学革命性的整体图示中发挥了非常重要的作用。总体说来，主导这种图示的是对科学发展的非连续性看法，库恩发现这种看法已经存在于柯

① T. S. Kuhn, *Structure*, p. 3. (p. 2 提到了柯瓦雷)

② T. S. Kuhn, *Essential Tension*, p. 21.

瓦雷关于科学革命的核心观念之中。

然而，根据《科学革命的结构》所概述的结构，革命并非科学演进的全部。虽然革命是真正富有创造性的概念发展和理论发展的主要推动者，但它们是例外。“常规”科学是通常状况，它可以归结为，革命建立一个新“范式”——即围绕该范式所组成的科学家共同体暂时认为有效的原则和操作方式——之后平静地持续解决余下的难题。（如果这听上去有些循环，我也爱莫能助：这个多功能的美妙概念——库恩的“范式”——的定义中一直都有这种循环色彩。）当前范式中的危机先是由个别天才察觉出来，然后被整个同业者察觉，最后经由格式塔转换机制导致该范式被革命性地推翻，建立起一个新的范式，此后便进入新的一轮，即先是常规科学的平静酝酿，之后可能重新觉察到危机，然后再次建立起一个新的范式。

库恩坚持说，这样一种图示并非适用于所有学术分支。它只对那些已经找到了一个共同的思维框架或“范式”的学科来说才是真实的。自然科学大体上已是如此，但是到目前为止，大多数或所有社会科学都明显缺乏共同范式的特征。只要在某个学术分支中，关于基本问题的冗长而悬而未决的争论仍然是常态，那么这便是一种明确的信号，表明该领域仍然处于前范式状态。正是由于各种自然科学能够陆陆续续达到范式状态，才使得这些研究领域迥异于其他领域。一旦达到范式状态，专业化便开始了。所使用的语言变得只有专业人士才能理解，相关领域变得具有累积性，因为在处理某个难题时，从事它的人可以把背后的概念、理论、定理和定律等概念结构看成理所当然的——除非导致难题的反常情况

125 在既定框架内完全得不到解决，从而可能导致对危机的觉察，酿成一场新的革命。

库恩关于前范式科学与范式科学的基本区分显示出与康德思想的一种引人注目的结构性类比。从某种意义上说，库恩的书只不过是对康德观点的详细阐述，即经过或长或短的“来回摸索”期，到了一定的发展阶段，某个学科将会走上“科学的可靠道路”。这是康德关于现代早期科学起源的论述，我们现在要看看它在库恩的书中是否也是对的。换句话说，库恩是否认为自然科学达到范式状态与科学革命同时，甚至定义了科学革命。

对于这个问题，由库恩的工作可以得出两种不同回答。如果我们只读《科学革命的结构》，那么回答是否定的。但库恩后来的一篇文章提供了另一种印象——它给出了一种“既肯定又否定”的回答，有助于我们更好地洞悉科学革命的实质。下面我们依次讨论这两种不同回答。

### 科学革命的消解

我们对库恩科学发展理论主要结构要素的概述可能已经使读者想到了威廉·休厄尔在一个多世纪前不无类似的努力。虽然两位作者采取的操作机制非常不同，但由此产生的图像却并非不同。在这两种情况下，我们都看到了线性的进步，它由包含着强烈连续性要素的革命周期所组成（虽然库恩更怀疑这是否的确构成了获得真理意义上的“进步”）。有趣的是，我们发现在这两种情况下，他们共同主张的这种科学一般发展的总体结构恰恰包含着关于科学革命（the Scientific Revolution）的同样推论：科学革命完全消解了，因为这种一般图像没有为独特事件留下余地。

我们知道这种情况在休厄尔那里是如何出现的。如果细读《科学革命的结构》的相关章节，我们很快就会发现，库恩完全没有把科学革命当作该书讨论的诸科学革命的一个关键例子来处理。相反，库恩将科学革命中的至少四个不同部分作为革命性范式转换的独立案例加以处理：开普勒关于行星轨道的工作，伽利略对摆的运动的新看法，机械论哲学，17 世纪光学。我曾在别的地方指出，未把或拒绝把科学革命本身视为构成一个“范式转换”使库恩关于一般理论替换的论述引出了不幸的后果。[①] 这里我想只作为 126
一个研究编史学的历史学家指出一种奇特的讽刺，即在这本引发了无数争议的伟大著作最后，最初促成了《科学革命的结构》写作的那个概念似乎消解了。

### 科学革命的恢复

当我们在库恩其他工作中考察自然科学到达范式状态是否定义了科学革命这个问题时，就会看到一个比《科学革命的结构》中隐含的——虽然很少得到阐述——否定回答细致得多的回答。这种回答可见于库恩的《物理科学发展中的数学传统与实验传统》一文，这篇文章最初是他 1972 年的一次讲演，1976 年发表于一份杂志，一年后被收入库恩的论文集《必要的张力》(*The Essential Tension*)。为方便起见，我用《传统》来指代这一重要文章。

该文先是做了富有启发性的编史学介绍。库恩以科学是一还

① H. F. Cohen, "Music as a Test-Case," in particular pp. 372 sqq.

是多这个问题为出发点，区分了科学编史学中的两种潮流。把科学看成多的编史学潮流往往会在某个既定学科，亦即在当前划定的学术领域中追溯科学观念的肇端。把科学看成一的另一种潮流则必然会把自己限定于科学之外的环境，而忽视其不断演进的实质性内容。从一种真正的历史眼光来看，这两种选项实际上都不能接受，因此，

> 希望阐明实际科学发展的历史学家需要在两种传统之间采取一种艰难的中间立场。他们不能设想科学仅仅是一，因为它显然不是如此。然而他们也不能把现行科学教科书或大学系科中的那种学科划分视为理所当然。[①]

作为克服这种困境的一个例子，库恩提供了一种安排过去学科的"图示"，[②]旨在公正对待历史上的学科划分，同时又保留它们的共同之处和相互影响。为此，库恩在两类科学之间作了一个基本区分："古典物理科学"和"培根科学"。

库恩把古典物理科学定义为"在古代就是专家们持续活动的中心"的那些领域。[③] 库恩列出的"极短清单"包括五个领域——天文学、几何光学、静力学(包括流体静力学)、数学和"和音学"(harmonics)。在古希腊发展起来的这些学科的共同点是，它们都

① T. S. Kuhn, *Essential Tension*, p. 34.

② Ibidem, p. 35.

③ Ibidem, pp. 35 - 36.

是外行所无法理解的专业技术领域，都“积累那些具体而似乎永恒的问题解决方案”，[①]它们形成了一个组，因为对其中一个领域有贡献的科学家也很可能对其他领域有贡献（比如欧几里得、阿基米德和托勒密）。有趣的是，库恩本可以用但并没有用《科学革命的结构》中的一个关键概念来取代这一整套特征，即说它们是唯一达到范式状态的古代科学。 127

这组数学科学的另一个基本共同点是，

> 它们在古代的重大发展都很少要求精密的观察，更少要求实验。当时的人学习在自然中发现几何学，只要做少数较为简易的基本上定性的观察，……就足以提供为确立重大理论所必需的经验基础。[②]

这就是为什么从事古典物理科学的人能够取得迅速进步，而像电学、磁学等等研究者却无法取得这种进步的原因。从古希腊到文艺复兴时期的欧洲，古典科学在这漫长的时间里一直在相当专业的技术水平上发展，来自其他文明的贡献为其补充了一些新特征。不过最显著的贡献来自于中世纪的西欧。虽然这组数学科学最初“从属于一种主要是哲学-神学的传统”，但第六个主题逐步加入进来，

> 部分是由于14世纪的经院哲学分析，位置运动从研究一

① T. S. Kuhn, *Essential Tension*, p. 36.

② Ibidem, p. 38.

般质的变化的传统哲学问题中分离开来，成为一个独立的研究主题。[①]

由于这个新的领域——对运动的研究——分享了那个共同特征，即只需少量观察数据便可用大体上数学的方式表述出来，所以它很容易融入这组密切相关的学科。

这样便构成了——库恩继续他的图示说明——这一组的所有科学，除了一个例外，它们都在16、17世纪发生了剧烈转变。在库恩看来，这个例外是“和音学”。所有其他科学都得到了根本重建：数学、天文学和对运动的研究的转变是显然的，这里无需赘述；托里拆利、帕斯卡和波义耳对流体静力学做了扩展，把气体力学包括进来；光学中“建立了一种新的视觉理论，提出了关于古典折射问题的第一个可以接受的解答，颜色理论也发生了彻底改变”。[②]

在讨论了构成我们固有主题的彻底的科学剧变之后，库恩概
128 述了它的一些主要特征。首先，这些科学是在16、17世纪发生这种转变的仅有的物理科学，以下重要段落详细阐述了这个结论：

> 古典科学的这些概念性转变使物理科学参与了西方思想的一种更一般的革命。因此，如果我们把科学革命看成观念的革命，就必须试图理解这些准数学的传统领域中发生的转变。[③]

① T. S. Kuhn, *Essential Tension*, p. 39.

② Ibidem, p. 41.

③ Ibidem.

关于古典科学就说了这么多。这时,库恩引入了17世纪初出现的另一组他所谓的培根科学。这些科学的实验基础,在某种意义上与古典科学中常见的经验基础有根本不同:

> 新实验运动(其主要宣传者通常称之为培根运动)的参与者并非仅仅把古典物理科学传统中的经验要素加以扩展和阐述,而是创造了一种不同类型的经验科学。在一段时期内,这种新的经验科学与其前身同时并存,而不是取代后者。[1]

因此,这两组科学之间的一个关键区别与实验的本性有关。古典科学中的实验主要是为了确证,而培根传统中的实验主要是探索性的(heuristic):

> 吉尔伯特、波义耳和胡克等人……希望看到,在以前未被观察到且往往不存在的情况下,大自然是如何运作的。[由此产生的各种数据也许看上去往往杂乱无章,缺乏条理,但经过更细心的考察,这些数据]往往被证明在实验的选择和安排上并不像实验者所设想的那样随意。至迟从1650年开始,实验者通常遵循着某种形式的原子哲学或微粒哲学。因此,他们偏爱有可能揭示出微粒的形状、排列和运动的实验。[2]

---

① T. S. Kuhn, *Essential Tension*, p. 42.

② Ibidem, p. 43.

但在很长一段时间里，这里仍将有一个鸿沟，因为微粒世界观不会直接要求作实验检验。

培根科学内部新实验主义的另一个特征是，做实验以强迫自然“在没有人的有力干预便不会碰到的条件下显示自己”，[①]而不是把自然及其现象当作理所当然。就这样，培根科学为科学增添了一个前所未有的特征：发明和运用大量科学仪器，以使自然展示出否则便观察不到的现象。此外，在培根传统中，实验报告是认真细致的，而在古典科学中，实验报告在基本要素方面是松散的、“理想化的”和含糊不清的，特别是在伽利略那里，帕斯卡的情况也是一样。

129 在刻画了培根科学之后，库恩追问它们对古典科学的发展产生了什么影响。其基本观点是，“培根主义对于古典科学的概念性转变贡献甚微”。[②] 为了说明这一点，库恩简要论述了实验对这些转变的意义相当有限。那些在这些转变中发挥了显著作用的仪器，大致可以追溯到古典科学传统本身。而且“这些实验之所以特别有效，往往是因为它们接近于古典科学中不断发展的理论，正是这些理论促成了它们”。[③]

库恩由上述论证得出了两个主要结论。首先，他说柯瓦雷和巴特菲尔德提出的科学革命观虽然需要作某种限定，但基本上是正确的：

---

① T. S. Kuhn, *Essential Tension*, p. 44.

② Ibidem, p. 45.

③ Ibidem, pp. 45 - 46.

> 古典科学在科学革命时期的转变，更多地归因于以新的眼光看待旧现象，而不是一系列未曾预见到的实验发现。[①]

但这并不是说，实验发现对于整个过程是微不足道的：

> 培根主义对古典科学的发展也许贡献甚少，但它的确开拓了许多新的科学领域，它们往往植根于以前的技艺。[②]

这些新领域的例子有电学、磁学和热学研究；在某种意义上，化学在科学革命之前很久就已经存在了，通过修改其实验方法而成为培根科学的成员，化学从一种技艺被提升为一门正当科学。

希望这些"17 世纪科学活动的新焦点"[③]立即显示出古典科学的累积性也许期望过高：

> 如果说，拥有一种能够做出精确预言的一致理论是某个科学领域成熟的标志，那么培根科学在整个 17 世纪以及 18 世纪上半叶都还一直处于不成熟状态。它们的研究文献和发展模式都不很像当时的古典科学，倒是与今天一些社会科学的情况有些类似。[④]

---

① T. S. Kuhn, *Essential Tension*, p. 46.

② Ibidem.

③ Ibidem, p. 47.

④ Ibidem.

如果翻译成库恩在该文中刻意避开的另一套术语，那么这就意味着，培根科学直到18世纪中叶才达到范式状态。事实上，库
130 恩继续说道，它们直到19世纪才与古典传统相融合，那时数学方法与实验方法之间的壁垒最终开始消解。

这些壁垒在17世纪可谓森严。古典科学的传统数学方法对培根科学几乎没有任何影响，而培根科学的出现造成了"古典科学本性的逐步改进而非实质性改变"（其转变还有其他来源），培根科学与古典科学之间的"思想鸿沟"依然存在。[①]

对于由此产生的科学革命图像，库恩预计到两种可能的反对意见，那就是，无论是伽利略还是牛顿似乎都不符合它。库恩认为，伽利略虽然的确参与了一种工程仪器传统，但"对科学这一方面的主要态度仍然是古典式的。……他能够而且的确对古典科学做出过划时代的贡献，但对于培根科学，他除了进行过仪器设计以外并无重大贡献。[②]

然而，牛顿却充分参与了这两种传统。但"除了他在欧洲大陆的同时代人惠更斯和埃德姆·马里奥特(Edme Mariotte)[③]等少数几个例外，牛顿是绝无仅有的"。[④]《自然哲学的数学原理》完全属于数学传统，但《光学》却同时继承了两种传统，因为《光学》将几何光学的转变与古典传统无法处理的关于光的新实验数据（干涉、衍射、偏振）融合了起来。此外，《光学》结尾"疑问"中的思辨全都

---

① T. S. Kuhn, *Essential Tension*, p. 49.

② Ibidem.

③ 马里奥特（约1620—1684）：法国物理学家。——译者

④ T. S. Kuhn, *Essential Tension*, p. 50.

源自培根传统。

## 该图示的吸引力

库恩的观点就说这么多。接着，库恩本人沿三条道路走了下去，我们不再继续追踪。我们首先要问，他对构成科学革命的诸事件的整体图示在何种意义上有助于我们更好地理解科学革命？

我们的部分回答需要到本书第二部分才能给出。库恩在《传统》一文中支持其创造性的主要说法之一是，它有助于解决关于科学革命*原因*的一些长期存在的争论，特别是关于默顿论题的争论。我们暂时只讨论这样一个问题，即库恩的论述是否有助于澄清我们在本章已经讨论的那些问题。回答肯定是混合的。我先来列举我所认为的这种科学革命图示的主要长处。

读者直觉上对该文的显著认同感也许源于它最初产生的那种奇特的吸引力。它的一个主要长处是，我们在这里看到了一幅关于科学革命的融贯图像，它在聚焦于革命的数学方面时，也为非数 131
学的物理学和化学提供了适当的位置，同时也在一定程度上考虑了微粒世界观。此前，这幅图像在伯特和柯瓦雷几乎完全数学化的论述中仅有简要暗示，库恩的图示则将他们的暗示详细阐述为关于科学革命的两种潮流的成熟解释，试图公正对待参与这一过程的所有科学。库恩的例证甚至比他本人意识到的还要强。回想一下，在他关于16、17世纪古典科学转变的论述中，他把“和音学”当成了一个例外，因为这门学科未能发生转变。在库恩看来，除了一些声学部分在17世纪末开始在声音领域与培根传统相融合，“和音学”逐渐脱离了数学传统。部分受到库恩这一简短言论的启发，自那以后我继续推进,发现音乐理论史家们(丹尼尔·皮克林·沃克[Daniel Pickering Walker][①]、克劳德·维克多·帕利斯卡[Claude Victor Palisca][②]、杰米·克罗伊·卡斯勒[Jamie Croy Kassler])[③]已经知道,自毕达哥拉斯以来存在着一种以和音问题为核心的活跃的科学活动。更重要的是,我发现音乐科学同样符合库恩的图示,因为这一最古老的科学学科在同一时期也发生了根本转变。在开普勒、伽利略、贝克曼、梅森(Marin Mersenne)、笛卡儿等人手中,关于音程比率的毕达哥拉斯式的比例计算很快就被一种关于某些音程何时以及为何会和谐的数学—物理解释所取代。因此,这一被忽视的领域中发生的事情似乎与库恩认为其他古典物理科学中发生的事情极为类似。[④]

再就是库恩把科学仪器引入了关于科学革命实质的争论。到目前为止,科学仪器要么被斥之为过于粗糙而不被看重(柯瓦雷),要么被看成 17 世纪科学中的另一件事情,而不让它在其中起结构性作用。

库恩的两种潮流图像的另一个长处似乎是,它为那个富有争议的"巴黎人"问题提供了一种干脆利索的解决方案。14 世纪的经院运动理论现在获得了自己的相对独立性,而不必在这个过程

① 沃克(1914—1985):英国历史学家。——译者

② 帕利斯卡(1921—2001):美国音乐学家。——译者

③ 卡斯勒:澳大利亚科学史家、音乐学家。——译者

④ H. F. Cohen, *Quantifying Music*, passim. P. Gozza (ed.), *La Musica nella Rivoluzione Scientifica del Seicento* (Bologna:Il Mulino,1989) 是一部优秀的最新研究和文选。在 18、19 世纪,这一主题尚未淡出科学史写作,特别是蒙蒂克拉和休厄尔的广泛研究,两人都极为关注音乐科学的历史发展。

中承担以某种方式预示伽利略革命性成果的压力。

最后,库恩把培根科学处理成一组相对独立的科学。特别是,如果依照科学革命的两种大体上独立的潮流而分开,那么探索性实验与旨在验证数学预测结果的实验之间的区分就会变得容易理解。当我们现在转而讨论库恩解释性图示的一些缺点时,必须记住它的这些长处和要点。

**该图示的问题**

这些缺点可被归入四个标题:生命科学;力学中的革命;科学革命主要人物的角色;一些持续性的反常,尤其是关于光学和微粒 132
世界观。

首先,库恩完全没有讨论生命科学。他说自己是有意这样做的,为的是避免“过于复杂”和“因自己能力所限”,[①]但他认为,区分医学科学与非医学的生命科学或许能够同样富有成效地说明它们在16、17世纪的各自发展,特别是解释为什么只有解剖学和生理学——古典生命科学——在这个关键时期发生了类似于古典物理科学的转变。但由于作者没有对给出这些粗略说法的三个脚注详加阐述,我们只能得出结论,作者在这方面对该图示的论述是不完整的。

其次,我们可以质疑某些议题在事实和解释方面是否准确。我只谈其中最重要的案例:库恩的第六种古典科学——位置运动——的转变。即便我们承认库恩对这个领域的特殊处理提供了

① T. S. Kuhn, *Essential Tension*, p. 37, note 5.

一种非常精致的中间立场，但还是可以问一些问题。首先，说冲力理论和与之相伴随的、对亚里士多德关于某些位置运动情形的论述的改变是足够“数学的”，以表明把它们从概念上纳入“经典科学”的范围是合理的，这正确吗？其次，我们真能把这些非亚里士多德理论从整体的亚里士多德主义框架中如此彻底地区分出来，以赋予它们足够的自主性，从而被算作一门单独的科学吗？最后，暗示伽利略改变了一门现有的科学，而不是创造了一门全新的科学，这对于伽利略的创造性天才足够公正吗？这些是疑问，而不是断言。即使我本人倾向于均给出否定的回答，但我的观点是，这些都是极富争议的问题——事实上，正如我们所看到的，这些话题已经争论了近一个世纪。因此，即使库恩在此只是在对科学革命做一种扼要概述，他本还应该为力学科学的起源等极富争议的问题的特定解释提供更多事实基础，鉴于其起源毕竟如此接近于科学革命的核心。

第三，我们必须提出科学革命的主要人物这一议题。这里同样有各种问题。首先，如果考虑到后来的伽利略研究，那么库恩说伽利略几乎完全属于数学传统，这是否仍然站得住脚是大可怀疑的，因为后来的研究表明，伽利略要比四位伟人及其追随者所一般认为的更具经验头脑。也许更重要的是，先是宣布古典科学与培
133 根科学之间有一种“分裂”，然后声称牛顿同时属于两者，进而宣称牛顿本人的工作中有一种相应的分裂，最后让这种分裂与《光学》不期而遇，我们不知道这样做是否真的有启发性。当库恩把马里奥特特别是惠更斯那样的人仅仅视为其他例外时，所有这些就更糟了。他并没有尝试以一种更具建设性的方式来确定“数学传统”

和“培根传统”在惠更斯工作中的混合。[①] 惠更斯为科学革命做出了诸多重要贡献,但是关于科学革命的大多数其他解释都没有考虑惠更斯在科学革命中的具体位置。更糟的是,很难看出笛卡儿如何可能符合库恩的图示,我们强调过笛卡儿在科学革命中的位置很成问题。库恩曾经联系古典传统提到过笛卡儿一次。但如果我们还记得笛卡儿也是机械论哲学的主要创始人之一,那么按照库恩自己的论证逻辑,由于他把机械论哲学看成培根传统背后的微粒形而上学,这将迫使库恩把笛卡儿也归入培根传统——对笛卡儿来说,这真是一个奇怪的位置！正是在这一点上,我们开始怀疑原先的区分是否会招致比它所能解决的更多的困难。

第四,如果我们快速浏览一下其他例外和反常(其中有些是库恩本人承认的),那么这种怀疑感还会加剧。比如静力学,它实际上是希腊人已经大体上完成的一个科学分支(除了纯粹几何学,这是希腊人取得这么大成就的唯一学科)。无论我们倾向于把斯台文(Stevin)在这个领域的工作视为一种转变还是详述,完全忽略斯台文的贡献,然后把托里拆利、帕斯卡和波义耳关于真空的革命性工作处理成所谓“静力学和流体静力学”这一并不存在的子分支(虽然这两者通过流体静力学平衡与杠杆定律的类比而有所关联,

① J. G. Yoder 最近的研究 *Unrolling Time: Christiaan Huygens and the Mathematization of Nature* 强烈暗示,数学要素完全占统治地位。

我同意霍尔在“Koyré and the Scientific Revolution”一文中的看法:“柯瓦雷-库恩的区分似乎强行进入了对不同科学家甚至是某一位科学家的研究中”(p. 494);也同意他的结论:“无论定义和表达这种转变有多么困难,我们都应努力认为它拥有历史一致性和同质性,而不是造成我们对象的精神分裂”(p. 495)。

但其主题仍然是截然不同的)的 17 世纪转变,都是说不过去的。其次,科学仪器对于古典科学"转变"的意义似乎如此之大,我并不认为仅把它当成培根科学对古典科学的次要贡献能够特别令人信服。再者,惠更斯一生的工作似乎已经能够证明这样一种构建是错误的。还有光学问题,库恩也让它集两组科学于一身,从而有助于进一步破坏两组科学的区分。研究科学家关于光的本性的看法的历史学家卡斯帕·哈克富特(Casper Hakfoort)[①]认为,只有一种三重区分才能公正地对待 17 世纪科学的整个发展特别是光学史,除了库恩区分的两种传统,"自然哲学"传统也应在其中获得一种独立地位。[②] 最后,我们也许会怀疑,如果微粒世界观只获得了培根科学的底层结构这样一个地位,它是否得到了足够公正的对待——且不说在笛卡儿以及库恩丝毫没有提及的贝克曼和伽桑狄那里,这样一种构建必定会导致奇怪的结果。不过,这里或许也存
134 在着进行有益修正的线索。认真研究库恩的图示便可发现,直到 1650 年以后,培根科学才与微粒论相联系。因此,微粒世界观的大陆创始人在库恩的图示中一直悬而未决。这难道不是强烈地暗示,当微粒论越过英吉利海峡,与英国发展起来的培根科学混合成一种新的东西时,科学革命便达到了一个新阶段吗?这种混合物的实验倾向使它变得远比笛卡儿、伽桑狄和贝克曼此前发展出来的纯粹的微粒论更富有成效。我们将在下一节进一步研究这种建

---

① 哈克富特(1955—1999):荷兰科学史家。——译者

② C. Hakfoort, *Optica in de eeuw van Euler* (Amsterdam: Rodopi, 1986) 的最后一章更详细地讨论了这一点(英文版为 *Optics in the Age of Euler*, Cambridge University Press)。

议，更详细地讨论微粒世界观对于科学革命展开的意义。不过我们先来结束讨论库恩的这一节。

**《科学革命的结构》与《传统》：库恩的双重使命**

为了总结库恩在诸科学革命中对科学革命的处理，让我们更明确地提出一个以前问过的问题：为什么科学革命在《科学革命的结构》中消解了，而在《传统》中又充当了一个关键概念？解决这个问题有两种不同思路。回答部分与库恩著名的“范式”概念有关，另一部分则与库恩对不同学科的研究传统的一般看法和经验有关。

如果按照柯瓦雷的构想，科学革命在《科学革命的结构》中被处理为科学中的革命的一个案例（也许是最重要的案例），那么根据库恩的科学革命图示，它将不得不代表两个事件之一。科学革命要么标志着自然科学集体进入范式状态（在这种情况下，库恩的论述将与康德在这方面的论述相一致），要么代表着这些科学的集体范式转换，在库恩看来，后者构成了科学革命。然而，根据《科学革命的结构》的观点，各门自然科学——或其中的某些问题领域——在不同时间进入了范式状态，也在不同时间发生了范式转换。[①] 但在《传统》中，库恩的看法有所不同。这里科学革命被刻画为六种经典科学同时发生的范式转换，以及与之相伴随地出现了一组新科学，它们直到大约 18 世纪中叶才进入范式状态。显 135
然，这两种看法虽然在概念上相关，但却不相容。这种明显的不相

① 特别参见库恩《科学革命的结构》的第二章。

容性怎么可能出现在同一个库恩的公开出版物中呢?

在其整个学术生涯中,库恩一直几近痴迷地致力于不同学术领域中的不同问题和不同研究方法。他的一些最优秀的作品均源于这种投入。库恩非常敏锐地看到了学术专业化的后果。[①] 他本人的工作表明,他在竭力克服在这些既定研究传统中工作的内在局限性。然而在我看来,库恩归根结底高估了既定学术领域之间壁垒的高度。正如他的《科学史与科学哲学的关系》一文[②]所特别显示的,库恩现在从事科学哲学(如他在《科学革命的结构》中所做的)时和接着从事科学史(如他在《传统》中所做的)时,有不尽相同的"思考状态"。他坚信这两门学科的不同性质,以至于似乎从一开始就认为,两者不大可能就同一个主题得出单一的结果。他对这两门学科中盛行的不同方法的论述是如此吸引人,在一定程度上也如此有说服力,以至于我们几乎忘记了,这些差异在相当程度上也是可以克服的。

让我总结一下。读者在读完以上关于库恩相关工作的论述后不应留下这样一种印象,好像我根本不喜欢它似的——恰恰相反,我真的很喜欢。事实上,我的确认为库恩在《科学革命的结构》和许多编史学论文以及大量过于扼要的论述中,提出了许多卓有成效的问题,也创造出了一些真正有用的概念,这些问题和概念多多少少都与科学革命有密切关联。但我不太确定,他在《传统》中提出的科学革命整体图示是否也是如此,那里似乎存在着太多例外

① 例子见《必要的张力》的第一、五、六章。

② 写于1968年,修订于1976年;*Essential Tension*, pp. 3-20.

和反常。但能否做到这一点还有待实践的检验。要想表明该图示的品质，唯一途径就是依照它写出一部科学革命史。只有到那时，才能看出库恩充满想象力的图示能否对科学革命提供一种解释，这种解释能够满足已逾半个世纪的编史学工作所产生的日益复杂的要求。到目前为止，这项任务还尚未完成。但在过去 20 年里已经产生了对科学革命结构性要素的一些有竞争力的重新安排，事实上，其中最重要的安排在一部全面的历史研究著作的开头已经写明了。其作者是韦斯特福尔，在本章的最后，我将讨论他的论述。

### 2.4.5　科学革命作为一个过程：韦斯特福尔关于现代早期科学起源的构想 136

美国科学史家理查德·韦斯特福尔（Richard S. Westfall，1924—1996）的大部分学术生涯都在研究艾萨克·牛顿的科学和生活。1980 年，他的《永不止息：牛顿传》（*Never at Rest：A Biography of Isaac Newton*）出版了，这是他多年来努力的结晶。此前 10 年，韦斯特福尔中断了其牛顿研究，以便为本科生撰写一部关于科学革命的 165 页的研究著作，即 1971 年出版的《现代科学的建构：机械论与力学》（*The Construction of Modern Science：Mechanisms and Mechanics*）。除了服务于学生的需要，书中明确“希望提出一种具有长久价值的关于科学革命的融贯解释”。[①]

① R. S. Westfall，*The Construction of Modern Science：Mechanisms and Mechanics*，2nd ed.（Cambridge：Cambridge University Press，1977）. 第一版出版于 1971 年（New York：Wiley）；此后多次重印而未作改动。文中引用的话出自 p. ix。

它把以前编史学的各种要素顺利地结合成一幅融贯的图像(这幅图像在很大程度上是韦斯特福尔本人的),从而实现了这个目标。《现代科学的建构》提出的这种解释自然会显示出他当时专注于牛顿一生工作的影响。在某种意义上,《现代科学的建构》可以理解为韦斯特福尔在《牛顿物理学中的力:17 世纪的动力学科学》(*Force in Newtons Physics: The Science of Dynamics in the Seventeenth Century*)[①]中运用的基本组织主题扩展到了动力学科学之外。与此同时,《现代科学的建构》也代表着用一本书来详细阐述柯瓦雷的一种特定观念:把柯瓦雷所说的柏拉图主义潮流与德谟克利特主义潮流并列起来作为科学革命的主要构成要素。总之,韦斯特福尔对我们理解科学革命的贡献可以概括为,他把一种粗略的并列详细阐述为关于两种潮流动态互动过程的一种成熟论述。

**相互冲突的两种潮流**

要想了解韦斯特福尔对科学革命的解释,最简明的方法就是几乎全文引用他本人为《现代科学的建构》写的导言。

> 两大主题主导着 17 世纪的科学革命——柏拉图主义-毕达哥拉斯主义传统和机械论哲学。柏拉图主义-毕达哥拉斯主义传统以几何术语来看待自然,确信宇宙是按照数学秩

① R. S. Westfall, *Force in Newton's Physics: The Science of Dynamics in the Seventeenth Century*.

> 序原理建构的；机械论哲学则设想自然是一部巨大的机器，并试图解释现象后面隐藏的机制。本书探讨在这两种主导倾向共同影响下现代科学的建立。这两种倾向并非总能协调相配。毕达哥拉斯主义传统通过秩序来处理现象，满足于发现精确的数学描述，并把这种描述理解为对宇宙终极结构的表
> 达。而机械论哲学关心的则是个别现象的因果关系。笛卡儿 137
> 主义者至少坚信对人的理智来说，自然界是透明的，机械论哲学家一般来说力图从自然哲学中消除一切晦暗不明的痕迹，表明自然现象是由不可见的机制引起的，这种机制完全类似于人们日常生活中所熟知的那些机制。**这两种思想运动追求不同的目标，往往相互冲突**，而且受到影响的并不只是明显的数学科学。由于它们提出了冲突的科学理想和不同的程序方法，像化学和生命科学这样远离毕达哥拉斯主义几何化传统的科学都受到了这种冲突的影响。对机械因果关系的解释往往与精确描述之路相反，**科学革命的充分实现要求解决这两种主导倾向之间的张力**。①

由此做出的区分似乎针对两个不同的目标。一方面，它可以作为一条线索，为在宇宙论和数学物理学（它们无疑一直是科学革命叙事的组成部分）之外，再把非数学的物理学、化学和生命科学纳入该叙事扫清道路。在这个意义上，韦斯特福尔的安排与库恩一年后的概述虽然在一个重要方面有所不同，但却服务于本质上相同的目

① R. S. Westfall, *Construction of Modern Science*, p. 1.

标。通过简要考察构成《现代科学的建构》的八章，我们现在要探究它在多大程度上实现了这一目标，并就此把它与库恩的成果相比较。

韦斯特福尔著作开头所做的区分也服务于另外一个目标。这两种潮流不仅共存，而且相互作用，这种相互作用为17世纪科学思想的发展提供了动力，通过这种思想，韦斯特福尔增加了此前的科学革命论述一直缺乏的一个新维度。简要说来（我还会回到这一点），韦斯特福尔第一次把科学革命设想成一个有结构的过程，而不是一种无结构的发展或静态结构。在讨论本书以下各章时，我希望能够澄清我的意思。

## 科学革命中的冲突与和谐

与我们讨论的其他20世纪科学革命史家不同，韦斯特福尔从1600年左右开始讨论。这在很大程度上是因为，《现代科学的建构》是一套科学史丛书中的一本，其他世纪有别的作者去讨论。此外，第一章非常清楚地说明，在韦斯特福尔看来，伽利略和开普勒的天文学和数学物理学工作是科学革命的重要里程碑。因此，16世纪的发展，包括哥白尼的工作，虽然为科学革命做了重要准备，但被认为不属于科学革命过程本身；事实上，直到伽利略和开普勒
138 出现，哥白尼所提议的天文学改革是否引发了一场科学中的革命，仍然是一个悬而未决的问题。[1] 关于14世纪到16世纪的冲力理

① R. S. Westfall, *Construction of Modern Science*, p. 3:“这本书[天球运行论]是否发动了一场革命还有待确定。”但韦斯特福尔仍然认为科学革命始于哥白尼（个人交流）。

论，韦斯特福尔以一种真正柯瓦雷的方式指出，它为伽利略的思想提供了一个自然的出发点，但是，除非放弃自己思想中的冲力理论，伽利略就无法解决因为把哥白尼主义视为对世界的真实表示而引出的那些运动问题。在解决那些问题的过程中，伽利略和开普勒开创了自然的数学化，这是两人所处的“柏拉图主义-毕达哥拉斯主义”传统的典型特征。

第二章先是解释了吉尔伯特论磁的工作，把它作为文艺复兴时期自然理论经验方面的一个例子，然后介绍了“机械论哲学”。这个术语代表微粒世界观，即这样一种信念：对人的思想来说，自然是完全透明的，自然现象最终可以还原为不同形状和大小的微粒的运动。

> 机械论哲学在伽利略和开普勒那里已经有所暗示，在梅森、伽桑狄和霍布斯等人的著作中则充斥于各处。……然而，笛卡儿对机械论自然哲学的影响比其他任何人都大，虽然他走得过了头，但为之赋予了一定程度的哲学严格性，这是它迫切需要而且在其他地方得不到的。……笛卡儿二元论的后果是以外科手术般的精确性从物质自然中消除了精神的任何踪迹，使之成为一个没有生命的领域，其中只有惰性物体的野蛮撞击。这种自然观惊人地单调乏味——但却是为现代科学绝妙设计的。[1]

虽然并非只有笛卡儿对机械论哲学中包含的世界解释有所贡

① R. S. Westfall, *Construction of Modern Science*, p. 31.

献，或者构想出其难以置信的细节，但笛卡儿的确占据着中心位置，这使他“符合科学革命的工作”。[①] 韦斯特福尔承认，“机械论哲学”一词并非来自笛卡儿，而是来自波义耳，波义耳用物质和运动这“两种普遍本原”定义了它。[②] 第二章结尾概述了机械论哲学对于17世纪科学思想的极端重要性：

> 在17世纪，机械论哲学规定了几乎所有创造性科学工作的框架。问题是用机械论哲学的语言表述的，回答亦是以机械论哲学的语言给出的。由于17世纪思想的机制相对粗糙，不适合这些机制的科学领域，在机械论哲学的影响下可能更多受到的是阻碍而不是激励。对终极机制的寻求或者对它们的肆意想象，使人们的注意力不断偏离潜在富有成效的研究，也阻碍了对不止一项发现的接受。尤其是，对机械论解释的要求阻碍了17世纪科学的另一种重要潮流——毕达哥拉斯
> 139 主义信念，后者相信自然界能够用精确的数学术语来描述。虽然抛弃了定性的自然哲学，但最初形式的机械论哲学对自然的彻底数学化是一个障碍。在牛顿的工作之前，17世纪科学的这两大主题之间的不相容一直未能得到解决。[③]

上述引文中加着重号的部分包含着《现代科学的建构》所有其

① R. S. Westfall, *Construction of Modern Science*, p. 38.
② Ibidem, p. 41.
③ Ibidem, pp. 41 - 42.

余章节的纲领,只有讨论科学方法和组织的第六章是我们这里不关心的。题为“机械论科学”的第三章讨论了托里拆利、帕斯卡和波义耳关于真空和大气压的理论和实验,然后讨论了开普勒、笛卡儿、牛顿和惠更斯关于光和颜色的新解释,所有这些都“归因于机械论哲学和机械论解释模式的兴起”。[①] 韦斯特福尔解释了17世纪中叶关于气压计的典型争论,因为

> 气压计给机械论哲学带来了宝贵的契机。一种带有定量因素的简单现象为机械论哲学抨击万物有灵论观念提供了最有利的基础。不仅如此,定量因素使问题非常适合于实验研究。[②]

于是,我们这里看到了与库恩的两种潮流解释截然相反的东西:实验在这里被视为机械论哲学的结果,实验是以机械论哲学的名义完成的,而不是相反。关于17世纪的光学成就,韦斯特福尔同样声称,它们“深受机械论哲学的影响”。[③] 至少,这种哲学“促进了光的机械论观念的产生,也许能够解释已知现象”,虽然它没有导致任何发现,“甚至可能妨碍了对一些发现的理解”,但肯定“提供了17世纪讨论光学的习惯用语”。[④] 尽管如此,

> 到了17世纪末,机械论哲学……已经成为它进一步发展

① R. S. Westfall, *Construction of Modern Science*, p. 43.

② Ibidem, p. 45.

③ Ibidem, p. 50.

④ Ibidem.

> 的障碍。实验发现有三种属性或现象用当时任何一种机械论模型都无法理解。[①]

不过，像第三章所说的这种让实验屈从于机械论哲学并非绝对。一方面，韦斯特福尔明确否认应把开普勒的光学贡献视为机械论哲学传统。更麻烦的也许是这一章的另一个特征：在讨论托里拆利和帕斯卡的大气压实验时，“机械论”（mechanical）一词所
140 代表的显然并不是“属于微粒世界观”，后者是该书其他地方对机械论哲学的定义。在指出这些实验表明了“机械论[解释]的优势”时，韦斯特福尔的意思与其说是通过物质微粒的运动进行解释，不如说是通过初等力学来解释——这里是指“杠杆与平衡的基本关系”。[②] 换言之，至少在这一章，科学史家们已在许多不同意义上使用的“机械论”一词再次获得了双重含义。另一个麻烦之处在于，韦斯特福尔没有说明**在既定语境下**，“定量因素”如何可能获得这样一种极端重要性。

在试图以另一种方式非常直接和明确地指出这些奇怪之处的共同来源之前，我先来探讨韦斯特福尔的论证在牛顿综合那里达到的顶点。由第二章结尾明确阐述的纲领也许可以预见到，第四章和第五章分别致力于探讨“机械论化学”和“生物学与机械论哲学”。在这两章中，“机械论”一词几乎一直都在微粒论的意义上使用，而且论证模式也是一样的：据说机械论哲学为表达这些领域的

① R. S. Westfall, *Construction of Modern Science*, p. 64.

② Ibidem, pp. 50 and 49 – 50.

发现提供了语言。就化学而言，17世纪经由实验获得的大量事实并未使理论取得实质性进展，其主要原因是，

> 由于没有标准来判定一种想象的机制优越于另一种想象的机制，所以机械论哲学本身也发生了分化，可以说有多少化学家，就有多少机械论哲学的版本。①

机械论哲学对化学的主要益处是，它帮助把化学领域变成了科学事业受人尊重的、相对自主的一部分。

生命科学也有类似之处。韦斯特福尔在这里重申："科学革命概念不仅对无机科学有效，对有机科学也有效。"②在描述了显微镜发现和热带动植物的引入使事实知识急剧增长之后，韦斯特福尔讨论了"随着机械论哲学的影响扩展到亚里士多德主义的最后据点，人们对生命的本质作了重新思考"。③ 然而，要不是哈维发现了血液循环，机械论思维模式已经没有明显的正面效果，因为在这种框架下设想的机制过于粗糙，不足以描述"生物过程的精妙之处"。④

到目前为止，我们已经看到韦斯特福尔的两种潮流的解释如何充当了讨论17世纪科学思想重大发展的框架。在最后两章，它还获得了另一种功能。韦斯特福尔从这里开始聚焦于"力学科学"

---

① R. S. Westfall, *Construction of Modern Science*, p. 81.

② Ibidem, p. 82.

③ Ibidem, p. 86.

④ Ibidem, p. 104.

(第七章的标题),他进而表明,这两种主导潮流变得越来越彼此冲
141 突,这乃是源于机械论哲学中对力的概念的处理方式。在机械论哲学中,力是运动的结果,而不是运动的原因。因此,

> 除了"运动物体的力",机械论哲学家无法考虑任何力的观念,这成了发展一种数学动力学的障碍,而且往往把力学局限于运动学问题,因为这时对运动的描述并不涉及引起运动的力。①

由此导致的冲突在一些案例中得到了说明。首先,事实证明,笛卡儿的微粒论无法找到一种机制,使自由落体不仅能够得到解释(笛卡儿和惠更斯都令自己满意地成功做到了这一点),而且还能由这种解释导出伽利略关于落体的匀加速定律。开普勒定律也是类似:虽然的确能够操纵笛卡儿的涡旋,使行星沿着闭合曲线围绕太阳旋转,但通过任何可以设想的方式都无法由微粒论机制推导出行星轨道的椭圆形,也无法由涡旋机制推导出开普勒的另外两条定律。

韦斯特福尔进而表明,身为"伽利略的继承人"并且"在许多方面……一直是笛卡儿弟子"的惠更斯,继续坚持笛卡儿机械论的力的概念。② 然而,惠更斯在数学方面的弟子莱布尼茨不仅知道数学传统与机械论传统不够相容,而且开始看到,要想成功解决这种冲

---

① R. S. Westfall, *Construction of Modern Science*, p. 123.

② Ibidem, pp. 132 and 134.

突，就必须变革力的概念。莱布尼茨表明，可以用数学证明，笛卡儿形式的力会导致与伽利略的定量运动学不可调和的结果。因此，

> 在莱布尼茨那里，这两种[潮流]之间的冲突开始通过对机械论哲学的修改而自我消解。……17 世纪的机械论哲学禁止发展出一种对进一步确立数学力学有重大贡献的力的观念：力是对物体的作用，它使物体的运动状态发生改变。……直到牛顿才重新拾起这种观念，并用它扩展了力学和修改了机械论哲学。[①]

在该书的最后一章“牛顿动力学”中，韦斯特福尔表明牛顿认识到了这种冲突，并通过在一种主动本原(active principle)的意义上重新定义力的概念(从外部作用于物体使之改变运动)而化解了它。从牛顿投身于这场科学剧变之始，他显示出强烈兴趣的便是机械论哲学最难处理的那些自然现象。机械论哲学不仅未能提供 142
一种解释框架，使伽利略和开普勒的定律能够从中导出，而且对于像磁性、化学反应产生的热量、物体的内聚力这样的现象，构成机械论哲学标准储备的那些通常不可见的机制也根本无能为力。要想把一种精确数学科学的理想与机械论哲学调和起来，关键是通过一种新的力的概念来改造机械论哲学：

> 牛顿承认物质微粒之间的作用力，这是与流行的机械论

① R. S. Westfall, *Construction of Modern Science*, p. 138.

> 自然哲学的重要决裂。……牛顿本人并不把微粒之间的力看成对机械论哲学的否定，而是看成完善机械论哲学所必需的观念。通过为物质和运动补充第三个范畴——力，他试图把数学力学与机械论哲学调和起来。在他看来，力从来不是一种含混的定性作用[就像文艺复兴时期所认为的那样]。他把力置于一种精确的力学语境当中，力通过它所产生的运动的量而加以度量。①

牛顿一生的工作必定被认为是不完整的，因为他一直没能对大部分力进行实际测量。他只在统一天界运动和地界运动方面取得了成功——不过这种统一是如此令人瞩目，以至于不仅可以把《自然哲学的数学原理》看成这两个以前截然不同的科学研究领域之间的综合，而且也可以看成体现了

> 伽利略所代表的数学描述传统与笛卡儿所代表的机械论哲学传统的和解。通过统一这两种传统，牛顿使17世纪的科学工作成就斐然，以至于历史学家称之为一场科学革命。②

**对韦斯特福尔两种潮流解释的评价**

在评价韦斯特福尔科学革命解释的主要新特征时，我们需要提及两个截然不同的主题。一是把科学革命描述为一个过程，此

---

① R. S. Westfall, *Construction of Modern Science*, pp. 142 - 143.

② Ibidem, p. 159.

过程经历了构成它的两大潮流之间的冲突与和解的诸阶段。另一个主题则是我们首先要讨论的，即韦斯特福尔的两种潮流解释在解释他所谓的“科学革命工作”时的表现。

先来看看术语。在科学革命的织体中，数学潮流的标签是清楚明确的，尽管这可能并非完全是好事。正如艾瑞克·艾顿(Eric Aiton)[①]所建议的，“阿基米德主义”潮流也许是更好的术语。(关于这种改变，我个人的理由是，毕达哥拉斯主义带有过强的数字命理学色彩，不符合17世纪科学中的伽利略传统。)[②]不过，与“机械论”(mechanical)一词在书中各处的各种用法相比，这是相当次要的问题。诚然，把机械论哲学宽泛地用作17世纪大量革命性科学 143
的一种整体框架，这在一定程度上颇有成效。此前尚未发现有更自然的方式能够使化学和生命科学积极参与科学革命的形成和发展。此外，由于韦斯特福尔把牛顿新的力的观念的最初灵感特别追溯到牛顿本人的炼金术和化学工作，因此把这些领域纳入科学革命论述变得比以往任何时候都更迫切。[③]

然而，正如我在总结时所提到的，麻烦就出现在论述“机械论科学”的第三章。当然这种麻烦并不新鲜，因为我们在戴克斯特豪斯和霍尔这两位最关心希腊词 *mechane* 的派生词如“mechanical”

---

① 艾顿(1920—1991)：英国科学史家。——译者

② E. J. Aiton, “The Concept of Force” (essay review of Westfall's *Force in Newton's Physics*), *History of Science* 10, 1971, pp. 88 - 102；见 p. 94。

③ 在这方面，《现代科学的建构》并未提及牛顿的炼金术工作；1971年以后不久，韦斯特福尔和多布斯(B. J. T. Dobbs)讨论了这一主题。这方面更多的内容参见第3.3.2—3节。

"mechanistic"等等应当如何定义的科学革命史家的著作中已经看到了这种混乱在蔓延。

在韦斯特福尔著作的第三章,"mechanical"被相当随意地用来指"属于(数学的)力学领域"和"与机械论哲学有关"。于是,帕斯卡的气压计实验是在机械论哲学的框架中得到解释的,即使它们的机械论要素源于力学科学,而且根据韦斯特福尔本人的论证逻辑,被他强调为至关重要的精确性要素只能归于数学潮流,而不是机械论潮流。事实上,倘若柏拉图主义-毕达哥拉斯主义传统与机械论传统没有一些非常重要的共同特征(其实正是由于这些特征,伯特才从前者中导出了后者),这个问题就不会产生。我们从韦斯特福尔的开场白中得知了他对这种关联的定义:机械论哲学家试图表明"自然现象是由不可见的机制引起的,这种机制完全类似于人们日常生活中所熟知的那些机制"。但这些机制并不是力学机制,或至少远不只是力学机制。《永不止息》的导论一章考察的是年轻的牛顿意识到科学革命之前的科学革命状况,在这一章中,韦斯特福尔以略为不同的方式阐述了这两种潮流之间的联系和区别:

> 机械论哲学的诸方面显示出与我所概述的天文学、力学和光学[注意在《现代科学的建构》中,光学曾被归入机械论哲学!]的发展有一种内在和谐。"机械论"(mechanical)一词似乎包含了力学科学;机械论哲学的纲领,也就是把所有现象都追溯到微粒的运动,似乎要求同样的东西。断言只有量是真实的,质只不过是一些感觉,让我们想起了用数学表述的物理学

> 定律。然而,这种和谐可能更多是表面的而非真实的。…… 144
> “定量”和“机械论”这两个词不应误导我们把 17 世纪科学中的两种主导倾向看成同一纲领的不同方面。①

机械论哲学就这样与数学思维模式联系了起来(如同伯特和戴克斯特豪斯所特别显示的),因为被赋予物质微粒的“第一[或首要]”性质是大小、形状、位置等几何性质。

之所以强调韦斯特福尔第三章中的不一致之处,一个原因是,我认为该章内容实际指向的结论与他本人的论证逻辑所指向的结论不尽相同。在我看来,科学革命的大部分早期历史,至少截至 1655 年前后,也许都可以富有成效地描述为,构成科学革命的各种潮流较为和谐地一齐流动。甚至可以说,它们在一定程度上彼此得到了加强,因为其灵感的结合促成了一些发现(惠更斯的碰撞定律便是两种潮流之间和谐的一个例子)。只有到了后来阶段,冲突的潜在来源才变得明显起来,这种冲突直到最后阶段才在牛顿综合中得到解决。

然而,对韦斯特福尔组织原则的这样一种修改只能部分消解第三章结构上的含糊性。大多数麻烦都源自他对“mechanical”一词至少三种不同含义的用法。首先,如上所述,“mechanical”同时意味着机械论哲学和“力学”,从而继续导致用语混乱,戴克斯特豪斯曾试图用同样引起混淆的把“机械化”等同于“力学学科意义上

① R. S. Westfall, *Never at Rest: A Biography of Isaac Newton*. 我使用的是 1983 年平装本。这段话出自 pp. 16 - 17。

的数学化"来根除这种混乱，但徒劳无功。此外，机械论哲学还代表两种并不完全相同的东西：一种是微粒世界观，另一种则是更一般的观念，即自然现象需要通过波义耳的两种"普遍本原"——物质和运动——来解释。这绝非仅仅是语词上的吹毛求疵，我们可以以梅森为例来说明。虽然梅森决定用物质和运动这两种本原来解释自然现象，特别是与音乐和声音有关的那些现象，但他并不赞同他的朋友笛卡儿、伽桑狄和贝克曼等站在机械论哲学起源处的人所提出的微粒解释。[①] 过了一代人，帕斯卡虽然肯定希望通过定量应用的物质和运动这两个范畴来解释事物，但也同样肯定地把微粒机制斥之为一个过分富于想象的人（即笛卡儿）无法证明的构造。[②] 因此，韦斯特福尔所说的"17世纪下半叶欧洲科学的所有
145 重要人物都处于机械论自然哲学的范围之内"[③]更多地依赖于"下半叶"这一限定词，而不是源自《现代科学的建构》提出的整体图像；只有把"机械论哲学"定义成那种较为宽泛的含义，而不是严格的微粒论含义，它才适用于较早的时期。当然问题是，微粒论的确

① 关于梅森"机械论"的本质，见J. A. Schuster未发表的博士论文"Descartes and the Scientific Revolution, 1618—1634," pp. 419-422。在P. Dear的*Mersenne and the Learning of the Schools*（Ithaca, N. Y.: Cornell University Press, 1988）问世之前，只有R. Lenoble曾就这位重要的17世纪科学家写过一部严肃的专著，题为*Mersenne ou la naissance du mécanisme*（Mersenne or the Birth of Mechanicism）。这个不幸的标题引起了许多混淆。另见我的*Quantifying Music*, pp. 99-115 and 198-199。

② 帕斯卡在*Pensées*（fragment 79 in Brunschvicg's numbering）中说："*Descartes.* — Il faut dire en gros: 'Cela se fait par figure et mouvement'; car cela est vrai. Mais de dire quels, et composer la machine, cela est ridicule; car cela est inutile et incertain et pénible." 关于对这些问题的广泛讨论，参见R. Hooykaas, "Pascal: His Science and His Religion," esp. p. 127。

③ R. S. Westfall, *Never at Rest*, p. 17.

是科学革命的一个普遍(虽然不是无孔不入的)特征,一如韦斯特福尔本人最清楚地表明的那样。

要想切入所有这些困境的核心,最好的办法也许是追问韦斯特福尔是如何论述实验的。在这方面,库恩的《传统》一文似有较为可靠的基础。毕竟,库恩把培根科学视为一组独立的科学,这引出了一些很有用的进一步区分——特别是关于实验在古典传统和培根传统中发挥的不同作用——它们在韦斯特福尔的论述中显得更加模糊。[①] 我再次建议,或许关键事件发生于17世纪中叶,即微粒世界观越过英吉利海峡,重新处于一种新的培根主义环境中,这种环境赋予了微粒世界观一种实验倾向(这种倾向未被用于或远远未被用于微粒世界观在欧洲大陆的遗产)。如果放任不管,那么培根主义纲领和微粒论都很有可能毫无成果,在它们彼此隔绝地继续发展的地方很快就会看到这一点。但两者的混合却产生了一种有些混乱但却卓有成效的混合物,这种混合物又转而能与数学传统和谐地结合在一起,无论是笛卡儿的机械论还是培根主义的实验,两者的任一方都很难单独实现与数学传统的这种和谐的结合。[②]

我这里概述的仅仅是一种建议(本书最后一章将会加以阐述)。用一幅清晰的图像把握所有这一切并不容易,这里很可能会遇到这样那样的困难。人们已经沿着不止一个方向寻求走出这些

① 多年来,我在课堂上一直使用《现代科学的建构》,并取得了令人满意的效果,但在根据这一章解释实验的角色时,我总会遇到麻烦。

② 一个相关的想法是 J. Schuster 在其“The Scientific Revolution”, pp. 238 – 241 中区分的“实验导向的微粒论—机械论自然哲学”。

困境的道路。例如,克拉斯·凡·贝克尔(Klaas van Berkel)[①]指出,虽然区分两种潮流的确有意义,但应当按照当时主要人物自身的动机来重新定义它们。在凡·贝克尔看来,“数学化”这一范畴是历史学家们强加于这一时期的,而不是从实际激励与自然哲学中的亚里士多德主义和各种新柏拉图主义的活力论纲领作斗争的因素中导出的。有些人,比如伽利略和梅森,把自然哲学无所不包的断言与纲领性地限制于实证的不完全见解(通常但并不必然是数学性的)相对立。另一些人,比如贝克曼和笛卡儿,则把一种微粒论的自然哲学(提供一种可具体描绘的世界观)与亚里士多德主义者和新柏拉图主义活力论者所说的含混的本质和力量相对立。
146 新科学的两种潮流——“实证的”和机械论的——都偏爱出自力学领域的论证,这说明它们一般能够和谐地运作,直至牛顿对机械论的变革摧毁了这种暂时的联系。[②]

还有人提议进一步扩展这两种潮流。哈克富特建议为库恩区分的数学传统和培根传统补充第三个范畴,即自然哲学。在《量化音乐》中,我试图把我的那些主角分配给数学进路、实验进路和机械论进路,其中机械论只被理解成严格意义上的微粒论。[③] 所有

---

① 凡·贝克尔(1953—):荷兰科学史家。——译者

② K. van Berkel, *Isaac Beeckman (1588—1637) en de mechanisering van het wereldbeeld* (Isaac Beeckman and the Mechanization of the World Picture), ch. 8.

③ 在《量化音乐》中,我面临一种挑战,即对待一门以前未被处理为科学革命一部分的科学。我关于数学进路、实验进路和机械论进路的划分帮我找到了不同理论之间的重要关联。无论是开普勒、斯台文和年轻的笛卡儿的音乐理论所属的数学传统,还是贝克曼和成熟的笛卡儿所属的机械论即微粒论传统,这种划分都很好用。把梅森归入“实验”传统也很好用,因为它显示了梅森与贝克曼在处理音乐科学中的一些问题时

这些建议在一定程度上都可能管用,或已经起作用,但迄今为止,它们还都没有证明自己经久耐用。

## 教益

我们所有批评和犹豫的教益似乎是,未来对科学革命的实质性内容进行组织的最成功尝试可能会沿着以下两个基本方向。一种可能是,挽救韦斯特福尔和库恩的分类所获得的见解,要么通过重新定义它们,要么通过引入第三种相对独立的潮流。如果是这样,那么仍然不清楚应当按照什么方式来定义除几乎没有争议的数学潮流以外的其他潮流。另一种可能则是回到伯特采取的激进立场,即让实验做法和微粒世界观都从开普勒、伽利略和笛卡儿的新数学形而上学中得出。然而在这一过程中,我们几乎不可避免会失去非数学的物理学、化学和生命科学,而库恩和韦斯特福尔关于科学革命的两种潮流解释的最大优点恰恰是把这些学科融入叙事。或者我们是否应当回到柯瓦雷的观念,即科学革命完全是宇宙论和力学中的一个事件,因此应把 17 世纪自然(以及人性)思想中发生的其他一切事情视为,所有其他科学、技术以及人类心灵的其他种种表现和产物全都被纳入这个新的精确宇宙?

---

(接上页)各自进路的差异。然而,我一直认为这种归类本身非常人为。虽然对于我的论述中的另一位实验主义者伽利略来说,它的确用得不错,但对于把他放到那里、与非常符合这一称号的他的父亲再度团聚,我一直感到不安。我的尝试的另一个局限性是,我只讨论了仅在科学革命的第一阶段对这门科学做出重大贡献的那些一流科学家,而没有试图找到一种组织原则,能够公正地对待整个时期所有重要的科学家。

### 科学革命的动态研究方法

最后一种思考与韦斯特福尔所开创的动态研究方法有关。他为科学革命研究补充了一个新的维度,因为科学革命随时间的前进现在变得成问题了。这是前所未有的事情;我们似乎一直认为,一旦沿着新科学的方向迈出最初的决定性步骤,科学革命就会自行向前推进,并且在牛顿综合中实现其宿命。库恩的两种潮流解释本质上也是静态的,因为当时的所有科学成就都按照他的两种类别进行了整齐的归类和划分。而在韦斯特福尔的论述中,他的两种潮流却获得了自己的生命。无论哪一种潮流都不可能完成
147 "科学革命工作",但两者合在一起,通过一种和谐与冲突、变革与和解的复杂模式却能够做到。

我已经指出为什么我不认为由此获得的科学革命图像是完全令人满意的,尽管它能给人以各种启发。对韦斯特福尔论证本身的内在分析已经显示出了不一致之处,今后还会遇到其他因素促使我们作进一步修改。但我的确认为,把科学革命构想成一个动态过程很有创造性,不过尚未得到充分利用。至少,这种观念可以充当一种有用的工具,以摆脱我们的科学革命观至今仍然面临的各种困境。除了霍尔 1983 年对其原先的《科学革命,1500—1800》的修订,韦斯特福尔的《现代科学的建构》仍然是尝试理解科学革命的最新著作,我们有充分的理由认为,他的研究是迄今为止解决那些复杂问题的最精致的尝试,那些问题是大传统所带来的惊人收获的一个副产品。我们现在应对大传统带来的成果进行总结了。在简短的结论部分,我们将重申其成就,以显示关于现代早期科学产生之本性的核心争论。也就是说,我们要去总结,自从那些

18 世纪末的思想家们(现在看来正是他们发动了大传统)表述出了一次与过去的绝对断裂,该断裂的含义在过去两个多世纪里发生了怎样的变化。

## 2.5　结论:连续与断裂的权衡

历史中没有绝对的非连续性。没有任何东西会完全突然地发生。任何事件,无论多么出人意料,都不会没有事先的准备。对我们来说,这些说法想必是老生常谈。但对于前人来说却并非如此。这些说法的真理性是"一般"历史学家在 19 世纪认识到的或者毋宁说是教给自己的一个教训。可以说,对于所有事件在时间上有所关联的这种特殊洞察,连同检查其来源真实性的冲动,标志着历史学作为一门学术学科的诞生。

科学史暂时忽视了这个教训。19 世纪的历史学家最初致力于研究国家及其外交关系的历史,然后带着某种迟疑来研究社会和经济的历史;然而,无论历史学家又认真考察了生活和思想的哪些方面,科学史都不在其中,"时至今日依然如此"。科学思想史即使有人发展,也几乎完全是哲学家的领域。但对于哲学家来说,用绝对的非连续性来思考乃是司空见惯之事。因此,"一般"历史学 148
家在 19 世纪认识到的教训,那些对科学史有兴趣的哲学家必须在后来以不同方式来学习。

皮埃尔·迪昂的不朽功绩在于,他毫不留情地向自己及其哲学家同仁清楚地说明了这个教训。诚然,我们也许会猜测,倘若不是一个意大利天主教徒[指伽利略]和一个德国新教徒[指开普勒],而是像布里丹和奥雷姆这样的正统法国天主教徒在16、17世纪之交开创了现代科学,迪昂可能就不会那么渴望坚持科学的连续性了。但无论其动机是什么,他的确打破了一种似乎永远阻碍用符合新编史学标准的方式来考察科学史的思维习惯。

虽然迪昂创造的自由空间几乎立即遭到封闭,因为在摧毁了绝对的非连续性之后,迪昂转而宣称科学思想的发展有一种几乎绝对的连续性,但并非所有后来者都愿意受新教条的束缚。戴克斯特豪斯是一个愿意接受新教条的突出例子。在他那里,没有绝对的开端与科学有整体连续性划了等号,以至于没有为他那种同样生动的认识留出余地,即现代早期科学带来了全新的东西。由此导致的一个后果是,戴克斯特豪斯坚定地拒斥科学革命概念。在《文艺复兴与科学》(1956)这一讲演中,戴克斯特豪斯批评"发展""遗产""繁荣"等描述科学进展的图像缺乏精确性,然后说:

> 然而,这样的图像目前要优于使用英国作者所钟爱的"复兴""重生"或"革命"等术语,这些术语已在科学史进程中辨别出了相当数量的革命。原因是,这些表述所暗示的图像毕竟与科学的历史过程之本质相冲突,科学的一个本质特征是其发展的连续性。[①]

另一位直言不讳的连续论者霍尔在这方面不太一致,因为他在使用"科学革命"一词的同时,总是首先希望表明这场革命是如

① E. J. Dijksterhuis, "Renaissance en natuurwetenschap," p. 194.

何地不革命。事实上,这种用法符合"革命"一词在我们这个时代在远离科学史的领域中经历的逐步贬值。①

在我看来,更富有成效的乃是"相对非连续"的立场,伯特最先采用了这种立场,柯瓦雷则做了更加直言不讳的表述。它认识到,我们可以清楚地了解参与塑造某位科学家思想的所有情况,同时又承认他的成就构成了与所有之前事物的一场革命或一种断裂。从使用的术语和整体安排来看,库恩和韦斯特福尔都同意柯瓦雷在此问题上的判断。与此同时,赫伯特·巴特菲尔德简洁地表达了"相对非连续"立场背后的一般历史观: 149

> 存在着不曾断裂的历史之网,代代重叠渗透,不停前行,甚至科学史也成了人类连续历史的一部分。……虽然一切事物都源于前因和中介——只要思想一刻不停,这些前因和中介就可以一直向前追溯下去——但如果秘密运动公开进行,新的事物孕育而生,地球面貌正在发生改变,这时我们仍然可以谈及某些重要转折时期。②

这种看法非常均衡,远离了绝对用语,用那些用语表述的关于17世纪科学与之前时代是否连续的争论已经持续太久。一个人既可以更偏爱这里所谓的"相对非连续",也可以更偏爱"相对连

① 在《科学中的革命》中,I. B. 科恩对20世纪赋予"革命"一词越来越长的时间跨度作了一些有趣的评论。

② H. Butterfield, *Origins*, p. 180.

续”——我所要强调的是，我们应当只用这种相对术语进行争论。我们既可以坚持17世纪科学的革命性，而不必因为相信绝对的开端而受到指责，也可以否认17世纪科学的革命性，同时不承认科学总是一点点前进的。

这绝不意味着关于17世纪科学的革命性的所有讨论必然是一种纯粹术语上的争论。支持或反对科学革命真正革命性的观点所代表的可能远不只是随意捍卫任何立场，恰恰相反，这些观点处于我们关于现代早期科学之产生的历史理解的核心。我们应当寻求良好的历史标准来帮助我们确定，在某种情况下是谈论断裂更富有成效，还是谈论连续更富有成效。这些历史标准的问题是，很容易让它们发挥一种已经事先确定的作用。据我所知，能让我们合理地谈论思想史中的某种革命的最好标准只有戴克斯特豪斯使用过，他在《下落与抛射》中总结了伽利略在自由落体和抛射体运动问题领域的成就。在这里，戴克斯特豪斯只是比较了伽利略出场前后的问题状态（*status questionis*）。[①] 在戴克斯特豪斯看来，
150 当时的变化是似乎如此深刻和激进，以至于连戴克斯特豪斯也不由得把这种成就称为革命性的。在我看来，他的结论带有一般性：“如果科学革命不是现在讨论的相对意义上的革命，那么我们可以有把握地断言，整个历史上从未发生过革命。”

---

① E. J. Dijksterhuis, *Val en worp*, p. 302.

# 第三章　更大背景下的新科学 151

在历史学家努力定义科学革命实质的过程中，仅有一个成熟的、不间断的传统被确立起来，即上一章分析的大传统。在这一传统中，数代人都在思考一套核心议题，其成员就整个事件的实质有基本一致的看法（尽管每个成员都认为有必要做出种种修改和扩展）。然而在讨论这套核心议题时，他们并没有穷尽科学革命的所有方面。很少有人愿意详细讨论现代早期科学的出现可能是由什么**造成**的。此外，如果考察更广泛的科学革命文献，我们会看到这个事件有一些重要特征超出了大传统的首要关切。举一个绝非独特的例子——韦斯特福尔的《现代科学的建构》。在构成这本书的八章中，有七章都直接属于这套核心议题。但第六章“科学事业的组织”却偏离了主要论点，因为作者依次粗略讨论了以下主题：大学在科学革命中的地位；社团和科学院作为交流和激励新科学的活动中心；科学仪器的兴起；实验方法；对科学权威的态度转变；培根思想，即新科学不仅可以更好地认识自然，而且可以用来开发自然，服务于人的需求。

这些主题可谓五花八门，而它们又可以追溯到五花八门的文献。这些文献总体上处于那个大传统之外。它们部分源于与柯瓦雷等人同时代的科学史家，这些人并不符合当时流行的兴趣，比如会强调培根主义理想对于科学革命至关重要。然而,在寻求方法和手段以把新科学置于更大背景的过程中,大多数作者都提出了在过去25年左右发展出来的科学革命编史学中的某些新思潮。我察觉出三种这样的主要潮流:一是表明构成科学革命的事件和发现的偶然性,同时拒绝在成功者与失败者之间做出截然区分;二
152 是把科学看成社会力量的产物,而不是永恒真理的化身;三是(主要通过暗示)把科学革命等同于17世纪英格兰发生的事件。我们目前只能继续满足于为这些较新的研究方向粘上标签。我们将会看到,它们在本章关于一系列主题的整个讨论中一直起着作用。本章结尾将以概括的方式对其进行批判性的讨论。

以上解释了为什么上一章大致以时间顺序进行的论述对于我们目前的科学革命编史学考察将不再有意义。从现在开始,我们的讨论将转到下一主题,为韦斯特福尔第六章中的清单补充下列议题(其中大都源自时间较近的文献):新科学的累积性及其新的时间指向;对"女性"自然的征服;最近所谓的"实验生活";新的科学规范;赞助;现代早期科学的"玫瑰十字会"观念;新科学在欧洲历史中的位置。我们先来讨论17世纪的新科学在何种程度上可以被刻画为一种新方法。

## 3.1 新科学及其新方法

17世纪新科学是一种新方法的产物么?

在18、19世纪,对这个问题的回答无疑是一个几乎不作限定的"是"。再后来对这个问题的回答的历史可以概括为,人们为那

个原本单纯的回答“是”增加了越来越多的限定，从而使这一主题变得极为复杂，以至于无人敢进而给出一种全面的“科学革命方法史”。由于缺乏这类研究，这里我只能对解决这个难题的主要线索略作勾勒，并展示学者们理清这些线索的各种尝试。至于这个难题是否真是一个“戈耳狄之结”(Gordian knot)[①]，只有一个未来的亚历山大才能确定。

### 3.1.1　科学方法史中的陷阱

回想上一章的内容，在马赫的《力学史评》之前，培根和(或)笛卡儿被不证自明地当成了 17 世纪科学革命的首要人物。这两个人都被认为制定了全新的方法，使人类从此以后能够以正确的方式做科学。在这种观点看来，像伽利略和牛顿这样的“实际发现 153
者”的功劳虽然很大，但归根结底是次要的，他们只不过实际运用了这种方法，其收获的成果全都来源于那两位大方法学家当时播下的种子。

其余的争论涉及方法首先是演绎的(如笛卡儿等大陆哲学家所认为的)还是归纳的(特别是盎格鲁-撒克逊世界的培根主义者所主张的)。争论双方都确信，科学革命的关键乃是科学方法的革命。

当科学革命概念在 20 世纪 30 年代形成之后，这种信念没有

① “戈耳狄之结”：希腊神话中弗利基亚国王戈耳狄打的难解的结。按神谕，能入住亚洲者才能解开，后马其顿国王亚历山大挥利剑将它斩开。亦指难办的事，复杂问题。——译者

幸存下来。(只有某些专业领域的科学方法史家才往往坚持这种旧信念。)[①]无论历史学家认为科学革命标志着一种新的世界观,亦或只是大量全新的理论和(或)观察,不管怎样,他们的关注焦点已经从形式方法转向了实际发现。在这方面,柯瓦雷对克隆比的反驳很好地表达了后来大多数科学革命史家暗自采用的立场:"我们可以说,方法论的位置不在科学发展的开端,而在它的中间。"

那么,方法论在科学革命的什么位置?讨论这个问题的人会面临不少陷阱。[②]一方面,评论者们发现很难抗拒一种诱惑,要把他们自己所偏爱的科学方法归于科学革命的主要人物。例如马赫首先关心的是,伽利略如何通过熟练细致地运用马赫所倡导的经验方法而取得了巨大成功。

此外,17世纪所使用的传统术语往往极具误导性。科学家们很可能会谈论归纳和演绎,同时又赋予这些术语以本质上不同于培根和笛卡儿所赋予它们的含义(也不同于我们今天赋予它们的含义)。许多科学家乐于高喊当前流行的一些关于归纳推理或演绎推理、经验与理性相结合等口号,但不难看出,真正的问题恰恰

① 例子有克隆比(在第2.4.1节讨论)、兰德尔和华莱士(在第4.4.3节讨论),也许还包括麦克马林(McMullin,在下一节讨论)——看看他的(在我看来有些误解的)开场白:"那些主张1600年左右科学中有一场'革命'的人几乎总是把他们的论证基于据称当时科学方法的改变。"(E. McMullin,"Empiricism and the Scientific Revolution",p. 331)

② 麦克马林讨论了一些这样的陷阱。例如下面这段话:"在牛顿的工作中,明确的与含蓄的方法论之间的分离,言明的方法与实际运用的方法之间的分离要比在几乎所有其他科学家的工作中更令人烦恼。"(ibidem,p. 358)"[牛顿]希望强调其所作所为的经验特征,却只能用传统的演绎和归纳语言来描述这一点。"(ibidem,p. 362)

始于这些口号终止之处：我们究竟如何通过归纳概括来找到自然定律？经验推理在演绎推理的哪一步开始进来？经验究竟应当以何种方式与理性结合起来？

有时也会出现旧瓶装新酒的情况，因为全新的科学观念可能实际隐藏在亚里士多德《后分析篇》语言的外衣之下，伽利略就是一个明显的例子。[①] 历史学家们越来越认识到，17 世纪的科学家拥护当时的哪位方法学家，他们声称自己的方法是什么，以及做出发现时实际做了什么，这是三个截然不同的问题，回答根本不一定相同。因此，要想进行正确的重构，关键是要把科学家**说**自己做了 154
什么与他们实际做了什么小心翼翼地区分开来。伯特也许最早注意到，17 世纪的科学家通常并不擅于阐述自己的做法：

> ［17 世纪科学革命］这场宏伟运动最奇特和最令人气恼的特征之一就是，其伟大的代表人物似乎都没有足够清楚地认识到自己正在做什么和怎样做。[②]

如果考虑产生知识的方法与验证知识的方法之间的区分，即“发现的语境”与“辩护的语境”之间的著名对立，那么还会出现更进一步的困难。科学哲学家往往对前者根本不感兴趣，而历史学家则必须两者都关注，在考察验证问题时必须小心翼翼地避免科

① 在我看来，对这种事态的忽视是某些连续论主张的核心误解（在本书第 4.4.3 节讨论），这些连续论主张基于亚里士多德和伽利略关于科学知识的声明之间的家族相似。

② E. A. Burtt, *Metaphysical Foundations*, p. 203.

学哲学设置的另一个陷阱，即利用据说永恒不变的标准来判断科学知识断言的有效性。

如果历史学家有意讨论科学方法的问题，那么的确很难一直将这些问题与两个起决定作用的问题隔离起来。一个问题是因果性的本质——新科学的诞生能否被部分刻画为从目的因占优势过渡到寻求动力因？另一个问题对于运用某种方法是预备性的，即某位科学家在多大程度上相信自己能够获得自然知识。我们最终能否认识整个自然？我们在多大程度上能够肯定自己对自然的认识？

研究科学革命时期科学方法的学者需要面对的正是这样一些陷阱和难题。什么准则可能有助于他们避开这些东西？一条基本准则肯定是，虽然科学方法史家们只能放弃自己在这一领域的偏好去处理当时的方法论情形，但要想告诉我们科学革命伴随着什么新方法，他们不能依赖培根和(或)笛卡儿的论述，也不能依赖科学家本人当时说的话。唯一可行的办法似乎是，带着最少的方法论成见去研究 17 世纪科学家的著作，同时既要考察每一位科学家的方法声明，又要将这些声明与他和同时代人的实际科学成就联系起来。虽然在过去几十年里的确已经有人以这种方式对某些个别科学家做了研究，[①]但迄今为止，尚无关于 17 世纪科学方法的全面讨论能使我们足够自信地回答科学革命是否伴随着新科学方法这一问题。不过据我所知，埃尔南·麦克马林(Ernan

① 一个例子是 M. A. Finocchiaro 的 *Galileo and the Art of Reasoning*。

McMullin)[1]有一篇文章要比关于该主题的任何其他讨论都更接近于这种综合的讨论。这篇文章发表于1967年,题为《经验论与科学革命》。下一节便是对麦克马林主要结论的讨论。 155

### 3.1.2　从证明性(demonstrative)科学到试探性(tentative)科学

麦克马林的整个论点都依赖于科学知识的“概念论”与“经验论”观念之间的区分。在这种二分中:

> 概念论者认为能够直接把握到自然对象的本质或结构。……在这种观点看来,科学论断的理由就是该陈述的自明性本身。……以这种方式得到的科学将是确定的和最终的。[2]

麦克马林警告说,概念论立场绝不排除使用经验数据;不过,正如亚里士多德的例子所充分表明的,经验在这里的作用是提供概念,只有概念才能使科学牢固可靠。反过来,经验论立场绝不意味着可以完全没有概念(在经验论者看来,概念起着工具的作用),只有被称为实证主义的极端形式的经验论才能得出这种推论,正如只有被称为理性主义的极端形式的概念论才能完全抛弃经验。[3] 这里定义的经验论的关键立场毋宁说是:

---

① 麦克马林(1924—2011):美国科学哲学家、科学史家。——译者

② E. McMullin,“Empiricism,” p. 333.

③ Ibidem, p. 334.

> 经验论者……认为，科学陈述的证据不可能在该陈述使用的概念中找到，而只能在该陈述所基于的观察中找到。[1]

无论经验论者对经验证据是直接使用(通过归纳概括)还是间接使用(通过假说—演绎验证[hypothetico-deductive validation])，

> 通过这两种方式得到的科学都将是试探性的、近似的、渐进的。……经验论者声称，感觉世界过于模糊不清，人类无法以概念论者所设想的方式直接洞悉它。……对于概念论者来说，原理(或理论)是优先的，即使在证据次序中也是如此；而对于经验论者来说，观察(“事实”)才是最基本的。
>
> 于是，论据之箭指向何方就成了一个问题。[2]

麦克马林似乎已经搭好舞台，以便直截了当地指出，科学革命标志着从概念论立场到经验论立场的单向过渡。从本质上讲，这便是他所给出的论点，不过他在两种重要意义上对其作了限定。首先，17 世纪科学的早期阶段仍然显示出了概念论的关
156 键特征；其次，18 世纪将会有些意外地返回到一种概念论的科学知识观。结果，17 世纪下半叶似乎是经验论的高潮——完全不去讨论梅森、帕斯卡等坦率的早期经验论者会使这种看法更容易得到辩护。不过，我们对麦克马林文章的兴趣主要并不在

① E. McMullin, “Empiricism,” p. 333.

② Ibidem.

于他对亚里士多德、中世纪经院学者、哥白尼、伽利略、开普勒、笛卡儿、波义耳和牛顿的科学方法的富有思想的讨论，无论他把这些人的方法论述与其实际成就联系起来时是多么小心翼翼。①对我们来说最重要的是，他这篇文章对标志着科学革命的主要方法论转变作了一些富有启发的定义。在这方面，开普勒是主要过渡人物，牛顿则是最重要的（尽管不是非常可靠的）见证者。我不再试图进一步浓缩麦克马林的简明表述，而是原封不动地给出他的说法：

> 伽利略时代之前的科学方法论在很大程度上是通过先验的一般知识理论或一种形而上学来定义的。人们之所以会接受在自然科学中采用的那些验证与证明的程序，并非因为它们在该领域中已被证明是成功的，而是因为似乎可由人的本性（或认识的本性、存在的本性）推出这样一种研究应当遵循什么程序。到了17世纪，人们最终远离了这种“认识论的”方法论，越来越倾向于寻求一些方法，它们足以通过某种较为实用的恰当性观念来解决有限的明确问题。②

接着，麦克马林集中于牛顿的程序，更详细地阐述了这种实用

① 我认为，就哥白尼而言，麦克马林并非十分谨慎。他把天文学家工作的一种“实在论”观念归于哥白尼，这种观念远远超出了《天球运行论》第二卷至第六卷的保证。见麦克马林文章的第四节；参见 E. J. Dijksterhuis, *Mechanization*, sections IV: 8－16。

② E. McMullin, “Empiricism,” p. 357.

恰当性(pragmatic adequacy)的本质：

> 在牛顿本人及其许多同时代人的工作中，一种新的验证方法正在形成。因为实际表述的假说既不是简单的归纳概括，也不是由数据进行演绎，而是更高层次的解释模型。接下来便是对借助于它所做的预测进行持续的实验检验，以“验证”这个模型。[①]

简而言之，

> 牛顿强调了其具体力学定律的观察起源，……这是伽利略所没有做过的；同时也强调了经验的定量结构的重要性，这是培根所没有做过的。**这种结合相当于提供了一种新的科学研究方法**：基于足够精确的经验数据来表述假说，以使假说能够得到严格检验。这样，除了亚里士多德所列举的演绎和归纳这些古老的“证明”类型以外，现在又加入了第三种证明类
> 157 型，即假说-演绎验证。许多作者都预示过它……，但**直到牛顿，实现它所需的数据才足够精确，使之可以得到成功运用。正是这种“方法”为自然科学提供了一种新的经验基础，从而最终使自然科学脱离了其哲学母体。**[②]

---

① E. McMullin,“Empiricism,” p. 363.

② Ibidem, pp. 366 - 367.

在最近的一篇文章里，麦克马林进一步阐述了这第三种证明类型（他现在仿效皮尔士[Charles Sanders Peirce]称之为“溯因推理”[retroduction]）如何产生于科学上反复摸索的一个世纪。[①]这里麦克马林尤其希望表明，笛卡儿式概念论（如惠更斯的概念论）的个人起点与培根式经验论（如牛顿的经验论）的出发点为什么能够产生几乎相同的结果——惠更斯和牛顿事实上都提倡“溯因推理”，即使语言不够明确。不过我们不再跟随麦克马林继续沿这条线索走下去。

最后，我想特别提醒读者注意上述引文中用楷体标明的三句重要的话。其中两句唤起了我们所熟悉的主题。第一句话是关于科学革命的两种潮流解释的成果，它表明，新科学方法的成功来源于伽利略力学观念与培根科学观念富有成效的结合。用楷体标明的第二句话有助于再次强调，与之前自然理解模式的关键区别与其说是科学革命过程中对新方法的表述，不如说是应用了一种新方法，这种方法之所以为新，主要是因为它已经永远进入了具有定量精确性的宇宙中。用楷体标明的最后一句话暗示，我们这里目睹的不仅有方法上的转变，而且有一个范围更广的过程在起作用：科学脱离了“其哲学母体”。科学从哲学中解放出来是本书研究的整个转变的一个极为重要的方面。接下来几节将讨论它的一些主要后果。

① E. McMullin, “Conceptions of Science in the Scientific Revolution.”

# 3.2 新科学及其新时间框架

大知入焉而不知其所穷。

——庄子，公元前4世纪[①]

## 3.2.1 权威在科学中的作用逐渐消失

另一幅简单的科学革命图像是：在伽利略之前，要想获得对自然的认识，最好是遵循这些事情上的唯一权威——亚里士多德。然后伽利略出现了，他一劳永逸地教导我们要自己思考，从而开创了现代早期科学，并为其将来的改进扫清了道路。

本节的中心问题并不在于这幅图像是否仍然站得住脚（它之
158 所以站不住脚，是因为过于幼稚和过时），而在于经过各种恰当的修正、限定和完善之后，我们能否仍然认为这幅图像的核心表达了科学革命的一些关键特征。

首先要作的修正涉及谁的权威在17世纪受到攻击这一问题。虽然自13世纪以降，亚里士多德被尊为"那位哲学家""一切有识之士的老师"（但丁），[②]自然哲学在很大程度上是通过为其著作写评注（一个个"疑问"）而得到发展的，但文艺复兴时期却出现了一大批古代权威。人们急切地考察着原子论、新柏拉图主义、怀疑论

---

① 出自 Burton Watson (trans.), *The Complete Works of Chuang Tzu* (New York: Columbia University Press, 1968), ch. 22 ("Knowledge Wandered North"), p. 241。

② Dante Alighieri, *Divina Commedia*, Inferno IV, 131: "il maestro di color che sanno."

等诸多哲学，从而可以自由选择自己的权威，这肯定意味着对原初立场的削弱。（在某些情况下我们甚至很难分清楚，到底是因为来源于公认的权威而采取某种立场，还是为了使自己的独立立场合法化而选择权威。[①]）尽管如此，在17世纪的"古今之争"（Quarrel of the Ancients and the Moderns）中，"现代"观点的支持者仍然把其对手的权威崇拜与亚里士多德而不是与其他任何古代思想家的名字联系在一起。

理查德·福斯特·琼斯（Richard Foster Jones）[②]1936年出版的著作《古代人与现代人：17世纪英格兰科学运动兴起之研究》（*Ancients and Moderns*：*A Study of the Rise of the Scientific Movement in Seventeenth Century England*）是研究这场争论的经典文献。这部著作讨论了从培根和吉尔伯特到早期皇家学会的大量论著，争论的许多参与者都持两种相反的观点。琼斯对议题做了如下总结（此处是以现代人的观点进行概述）：

> 对古代人的厌恶有许多原因。旧的解释没能满足文艺复兴时期诞生的探究精神。传统哲学似乎如此远离现实，以致

① 霍伊卡在其 *G. J. Rheticus' Treatise on Holy Scripture and the Motion of the Earth*，p. 142 中美妙地概括了内在于诸多文艺复兴思想中的张力："他［雷蒂库斯］那绚丽多彩的梦仿佛使他忘乎所以，在阴沉的白天觉醒了。的确，在我们所谓的文艺复兴这一剧变时期，近乎绝对的确定与完全的怀疑在学者那里经常交替出现。旧的确定性遭到破坏；经院哲学受到来自四面八方的攻击，其他体系——柏拉图主义、赫尔墨斯主义等等——得到推荐。但"真"体系是如此之多，谁能毫无疑问地确定哪个是正确的呢？文艺复兴时期的许多学者大声表达自己的怀疑，然后突然认识到，他们追求充分了解的渴望无法得到满足。"

② 琼斯（1886—1965）：美国英语文学家、科学史家。——译者

> 完全变成了语词的迷雾，而且这两个世纪的发现已经表明，许多传统观念是错误的。……受到最近一些发现的启发，新思想家们坚信进步的可能性，急于拓宽知识的边界。他们意识到，对古代的迷信崇拜（体现在令人沮丧地相信不可能发现什么新的东西）大大阻碍了学术进展，这就促使他们发起对古代人的强烈攻击，并且一再高喊，对于现代思想来说，并不存在赫拉克勒斯之柱（Pillars of Hercules）①及其最远点。②

正是本着这种精神，伦敦皇家学会把“勿以人言为据”（*Nullius in verba*）当成了自己的座右铭（影射贺拉斯［Horace］③的“凭师言发誓”［*iurare in verba magistri*］）。

在琼斯看来，整个争论宛如“心灵解放史”中的一幕。④ 不仅
159 如此，“两股力量的冲突实际上发生在……保守主义与自由主义之间，进步与传统之间。……这两股力量之间的持久冲突显示于新科学的兴起，亦可见于现时代所有的思想社会剧变。⑤

琼斯著作的内容几乎仅限于英格兰。然而，将17世纪的新科学刻画为力争从古代思想的权威之中解放出来，这种印象很容易因为欧洲大陆的一些著名例子而得到加强。特别是，伽利略的《关

---

① 赫拉克勒斯之柱：直布罗陀海峡东端两岸的两块很高的巨石。根据希腊神话，这两块巨石是大力士赫拉克勒斯所立，象征着已知世界的边界。——译者

② R. F. Jones, *Ancients and Moderns*, pp. 145 - 146.

③ 贺拉斯（前65—前8）：原名昆图斯·霍拉提乌斯·弗拉库斯（Quintus Horatius Flaccus），拉丁抒情诗人和讽刺作家。——译者

④ R. F. Jones, *Ancients and Moderns*, p. 268.

⑤ Ibidem, pp. 146 - 147.

于两大世界体系的对话》中充满了对可怜的辛普里丘的告诫，要他放弃对亚里士多德及其评注家著作的盲目崇拜，而要从自然之书中寻求灵感。帕斯卡对受笛卡儿影响的亚里士多德主义者诺埃尔神父（Père Nöel）的批评堪称典范，在批评过程中，他对整个辩论的点睛之笔是：

> 对于［物理学领域］中的主题，我们绝不依赖权威——引用作者时，我们引用他们的论证，而不是他们的名字。[①]

换句话说，我们不应盲目崇拜过去的思想家：我们应当认真权衡对其论证的赞成和反对意见，但在科学问题上必须形成我们自己的独立判断。

同时代人的大量同类陈述的真实性自然无可争议——这就是新科学的支持者对问题的看法。然而可能有争议的是，这些陈述是否完全反映了当时的情形。琼斯在不同地方谈到了这些人“对新科学的宣传”。[②] 但由于站在了他所认为的进步力量与保守主义力量之间持久斗争的胜利者一边，他没有看到通常在宣传战中碰到的那些歪曲要素。最近科学史家开始认识到，新科学的拥护

① “Réponse de Blaise Pascal au très bon Révérend Père Nöel”（29 October 1647）：“Je sais que vous pouvez dire que vous n'avez pas fait tout seul cette matière，et que quantité de physiciens y avaient déjà travaillé；mais sur les sujets de cette matière，nous ne faisons aucun fondement sur les autorités：quand nous citons les auteurs，nous citons leur démonstrations，et non pas leurs noms”（p. 374 in Chevalier's Pléiade edition）.

② R. F. Jones，*Ancients and Moderns*，pp. 221，222.

者们仍然要把对反对者的讽刺用作一种值得信赖的武器，为他们那种闻所未闻且具有潜在危险的事业争取发言权。在许多方面，辛普里丘都是亚里士多德主义的一幅讽刺画。就像在所有优秀的讽刺画中一样，这里存在着一种与被讽刺对象的惊人相似，但亚里士多德主义者并不像伽利略有意描绘的那样愚蠢或完全没有能力提出自己的思想。另一方面，对这一点的强调也很容易言过其实，如果一幅科学革命图像暗示着亚里士多德主义思想为之贡献了重大概念突破，那么它将是一幅比伽利略的设计更加糟糕的讽刺画，而且也完全失去了幽默性。

在哪里才能取得恰当的平衡呢？迄今为止，尚未有文献尝试给出一个“修订的琼斯”，因此这里只能提一些印象。最近，彼得·迪尔（Peter Dear）[1]提出了一种一般观点，他注意到，“促使 17 世纪的人对盲目信奉古代权威进行指控的与其说是真正不加批判地
160 普遍接受亚里士多德主义文本……”，不如说是亚里士多德主义者“未对经验陈述进行深入研究，就让它们从属于论证结构”。[2] 对原初观点的其他限定只能给出一些例子。一方面，在琼斯发现的 1645 年的一个小册子中，一流的亚里士多德主义者亚历山大·罗斯（Alexander Ross）[3]说：“我遵循着大多数最智慧的哲学家们的做法，所以……我并不孤单；宁愿随最好的人迷失方向，也不随最坏的人迷失方向，宁愿随波逐流，也不孤芳自赏。”[4]韦斯特福尔为

① 迪尔（1955—）：美国科学史家。——译者

② P. Dear, “Totius in Verba,” p. 149.

③ 罗斯（约 1590—1654）：苏格兰作家。——译者

④ 引自 R. F. Jones, *Ancients and Moderns*, p. 122（我没有机会核对原文）。

这份自白补充了中肯的评价:"这些话……表明,伽利略并非在与稻草人作战。"[①]另一方面,认为17世纪科学家成功地将自己从权威的枷锁中一举解放出来也是错误的。例如,戴克斯特豪斯等人已经确定地表明,伽利略的思想一直在相当程度上受到从亚里士多德那里无意识接受的假定的支配,虽然他自认为已经完全摆脱了亚里士多德的影响。

同样的说法也完全适用于笛卡儿。在《方法谈》中,他不仅宣称自己通过拒斥此前哲学家所说的一切而开始了独立思想者的生涯,而且还宣称要重新思考整个世界。这里同样已经表明笛卡儿在多大程度上经常歪曲古代观点,以及他本人的思想在多大程度上仍然受到他表面拒斥的东西的无意识影响。到这里为止,上述说法中并没有什么新鲜的东西。然而在权威问题上,笛卡儿的腔调却与科学革命的其他主要人物有所不同。他之所以抨击亚里士多德的权威性,与其说是因为他希望在一般意义上反对崇拜科学权威,不如说是为了自立为新的权威以取代亚里士多德。正是笛卡儿的这种典型特征使得他在科学革命中的地位很难界定。虽然他参与了对于占主导地位的自然哲学的反叛,而且在相当程度上为其打上了自己的印记,但其总体思想框架完全不符合伽利略、帕斯卡等富有创新精神的同时代人对科学家任务的构想。笛卡儿认为自己成功地完成了以前的思想家未能完成的任务——建立最终有效的自然体系。而伽利略等人对于自己的思想如何有助于科学的最终完成则有非常不同的看法。我现在就来概述与该主题有关

---

① R. S. Westfall, *Construction of Modern Science*, p. 116.

的重要议题。

### 3.2.2　科学朝着未知的未来重新定向

伽利略迫使其同时代人承认，科学真理并非人类所拥有的东西，而是其遥远的目标。他不是自鸣得意地相信我们的
161
自然认识已经完备，而是令人振奋地把真理视为时间、怀疑、进步和一个无限遥远的未来的产物。他没有提出整个自然体系，而只是推动了它的形成，并且提供了各种各样的问题和谜团留待后人解决。

——列奥纳多·奥尔什基，1927年[①]

关于科学的完成，情况又如何呢？它是否作为一种曾经拥有但已失去的知识财富而属于过去？亦或是我们有生之年可以设想的东西？亦或是未来的事情——一个可能很遥远、甚或无限遥远乃至永远无法达到的未来？

关于科学革命，值得注意的是，关于科学在时间中的位置的所有这三种观念均可见于17世纪科学家的声明。要想重建人们如

① L. Olschki, *Geschichte der neusprachlichen wissenschaftlichen Literatur*, vol. III, pp. 121 – 122: "Galilei zwang seine Zeitgenossen zur Erkenntnis, dass die wissenschaftliche Wahrheit kein Besitz der Menschheit, sodern ihr fernes Ziel war; er vertauschte die beruhigende Ueberzeugung eines bereits abgeschlossenen Wissens über die Natur mit der aufregenden Vorstellung einer Wahrheit, die das Ergebnis der Zeit, des Zweifels, des Fortschritts, einer unabsehbar fernen Zukunft sein sollte. Er bot an Stelle einer Totalität des Natursystems blosse Ansätze, um es zu formen und eine unübersehbare Fülle von Problemen und Rätseln, deren Lösung er der Zukunft überliess."

何看待自己在时间中的位置非常困难，这些看法属于一个时期未经言明的共同信念，而不是当时热烈争论的一个话题。也许正是由于这个原因，据我所知，尚无一篇文献研究过 17 世纪科学家把自己所从事的职业置于何种时间框架之中。[①] 不过，我们在文献中的确可以看到一些不乏睿智的评论，我已经在本节开头给出了我所看到的最具洞察力的评论。这里，我只能组织一下我的论点，并且再引用几条我在文献中看到的看法。

最普遍的看法是，无论在中世纪还是在文艺复兴时期，自然哲学家的主要任务都是恢复而不是发现，或者即使做出了某项发现，它也会被表现为恢复，当事人的感觉往往也是如此。然而，这两个时期之间存在着差异。在中世纪占主导地位的看法似乎是，亚里士多德原则上已经解释了一切。他创造了一个体系，在其中所有自然现象都有自己的合适位置。某些现象固然与这一体系符合得不是特别好，比如抛射体运动，但在这种情况下，只需依照亚里士多德的原理提出更好的符合方案。虽然偶尔也能观察到新的现象，但是同样，由于科学根本上已经完成，需要做的也只是将这些现象纳入这一图景。尽管中世纪做了一些光学和磁学发现，但自然哲学从根本上是向后看的。

虽然在文艺复兴时期还没有出现与这种模式的根本决裂，但

① G. J. Whitrow 的 *Time in History* 对“历史中的时间”标题下出现的所有议题作了详尽的概述，从制定历法和时间测量到历史的观念。更加意味深长的是，第八章“Time and History in the Renaissance and the Scientific Revolution”完全没有讨论我们本节所提出的主题。

往往可以看到一种典型转向。以下是弗朗西斯·耶茨(Frances Yates)①用激动人心的笔调叙述的她所谓的这些"老生常谈":

162 文艺复兴向前迈进的所有活力和情感冲动全都来源于向后看。把时间看成从原本纯真的黄金时代到青铜时代再到黑铁时代的永恒运动,这种循环时间观仍然起着支配作用。因此,寻求真理必然是寻求古代最初的黄金,后来的贱金属都是由它的堕落变质而产生的。……过去总是比现在更好,进步乃是古代的恢复、重生和复兴。古典人文主义者重新获得了古典时代的文献和历史遗迹,试图回到一种比他们自己的文明更好和更高的纯金文明。②

现在试把这样一种态度与科学革命主要人物的工作中渗透的观念,以及他们中一些人就此话题偶然所做的评论中所显示的观念相比较。一般来说,对他们而言,发现取代了恢复,科学的完成(如果有这回事的话)成了未来的事情,而不是过去的事情。仅举一个著名的例子,伽利略在《关于两门新科学的谈话》第三天的开头宣称,"作者"要证明关于自由落体与抛射体运动的一些定理:

我将会证明这些事实以及其他值得认识的大量事实,而

① 耶茨(1899—1981):英国历史学家。——译者

② F. A. Yates, *Giordano Bruno and the Hermetic Tradition*, p. 1.

且我认为更重要的是，我们应当为一门极为广阔和卓越的科学铺平道路，扫清障碍，我这些工作仅仅是开始，它那些更加隐蔽的角落还要留待比我更富有远见的头脑去探究。①

换句话说，伽利略自信地将新运动学的后续发展留给了后人，他们可以在前人成就的基础上继续前进。

其他同时代著作的纲领性文字（例如培根的《新工具》、帕斯卡致诺埃尔的信、牛顿《自然哲学的数学原理》第一版序言）也表达了类似的情绪。我现在将以三种方式对其普遍有效性加以限定：一是引用一个明显的反例，二是指出当时旧观点的残余，三是对预期未来科学完成的时间跨度再做一点考察。

我所做的第一个限定再次与笛卡儿有关。在笛卡儿看来，科学的完成既不在过去（他自信已经完全摆脱了过去），也不在未来（他那些更加谦逊的同时代人已经把进一步的新发现交给了未来）。笛卡儿认为，完成科学这一任务已经指定给了现在，也就是说，交给了他这一代人，或者更精确地说，交给了那位热衷于获得上帝允许人拥有的几乎一切知识的思想家——笛卡儿本人。其工作中有大量证据表明这便是他的观点（他对科学权威的态度也很 163

① Edizione Nazionale of Galileo's works, vol. 8, p. 190（第三天开头）："Haec ita esse, et alia non pauca nee minus scitu digna, a me demonstrabuntur, et, quod pluris faciendum censeo, aditus et accessus ad amplissimam praestantissimamque scientiam, cuius hi nostri labores erunt elementa, recludetur, in qua ingenia meo perspicaciora abditiores recessus penetrabunt."

相近)。[1] 笛卡儿在科学革命过程中的位置再次显得异乎寻常。

然而,如果认为使17世纪科学家得以把科学设想成一种向前看的事业的新思想框架本身是完全清楚的,那就走得太过了。事实上,人类不可能一下子切断与过去的紧密联系,丝毫不依赖前人而面对未知世界。于是,需要做的是勇敢地面对未来,自行做出独立的发现,随后声称这些发现在遥远的过去便已为人所知,只不过隐藏在时间深处,被写成了无法破译的密码罢了。在过去几十年里,科学史家们已经开始理解这些看似古怪的说法背后的东西。例如斯台文对"圣贤时代"的祈求似乎是17世纪广为流传的传统主题(*topos*)的一个例子,虽然在戴克斯特豪斯看来,这只不过代表着一个清醒而实际的心灵出现了一种无法解释的失常。[2] 牛顿相信毕达哥拉斯对万有引力定律进行了编码(这是麦圭尔[J. E. McGuire]和拉坦西[P. M. Rattansi]在牛顿笔记本中发现的),[3]如果把它解释成关于科学完成的早期态度的一种残余,似乎也可被看做该传统主题的另一个例子——这种态度不再有助于科学工作本身,而是人们面对着太过危险的未知未来的一种重要心理保证。

① 正如他在《方法谈》中所解释的,在以数学确定性导出自然原理之后,需要做的只是填补细节。虽然这些原理是无可置疑的,但上帝可能以某种方式确立二阶现象,经验正是在这里进入以确定上帝事实上是如何确立这些现象的。戴克斯特豪斯(*Mechanization*,IV:201)指出:"可以把他的方法看成对分解法与合成法的出色运用;但其分析部分已经被缩减到难以察觉的程度,因为它已经不再要求有意的观察;自然经验已经足以为综合提供所需的公理。"亦参见第3.1.1-2节中讨论的麦克马林的文章论述笛卡儿的段落。

② E. J. Dijksterhuis, *Simon Stevin: Science in the Netherlands around 1600*, pp. 128-129.

③ J. E. McGuire and P. M. Rattansi, "Newton and the Pipes of Pan."

17 世纪另一个传统主题每每见于科学家的通信，它体现为一系列评论，比如贝克曼在 1629 年 10 月 1 日写给梅森的信中所做的评论。贝克曼看了梅森即将出版的《普遍和谐》(*Harmonie universelle*)的初步大纲之后，以一种非常典型的恭维方式表达了对此书的高度期待：

> 您在那些论述音乐的著作中所做的许诺必定是伟大而辉煌的，事实上也是真正哲学的。一旦您适时地完成它们，您肯定会剥夺我们所有人进一步思考哲学问题的任何机会。[①]

“在一门科学中再无更多东西可做”这样的话在整个 17 世纪不绝于耳。这表明，科学革命的许多主要人物都设想，至少有相当一部分科学将在至多几代人内完成。[②]

---

① Isaac Beeckman to Marin Mersenne，1 October 1629. 在贝克曼日记的 Waard 版中，这段引文出自 vol. 4，p. 163：“Magna certe et magnificia，imo vere philosophica sunt，quae in illis libris *de Musica* promittis，quos si quidem，ut decet，absolvas，nae tu nobis omnibus de rebus philosophicis posthac meditandi omnem ansam praeripueris.”

② 霍尔曾在其《科学中的革命：1500—1750》的 p. 74 就这一主题作了一个评论：“我们随处可以看到对过去成就的信心以及对未来理智成就的乐观期待。……有些人设想，如果富有热情，那么人类对最终的数学真理和自然真理的认识也许可以在两三代人内完成。”R. F. Jones 在 *Ancients and Moderns* 中对于新科学的未来导向性有几条更为简洁的评论。如 pp. 119，146。

另一个例子可见于列文虎克给皇家学会的一封信(*Phil. Trans.* 1703，vol. 23，no. 287，p. 1473)：“在著名的惠更斯病逝前不久，他在书房告诉我，我们在天体观测方面已经获得了最大限度的知识，因此关于天体已经没有什么可以看到或谈论的：我也可以类似地说，我们已经深刻揭示了动植物谱系的伟大秘密，我们似乎正在结束我们的发现；不过，我的这些观点也许不正确。”这段话的荷兰文原文可见于 K. van Berkel，*In het voetspoor van Stevin*，p. 68。

这个结论立刻引出了一个更广泛的问题:17 世纪科学家认为未来延伸到多远?未来是否足以完成科学?这个问题与当时的人对于末日审判和可能在它之前的那个至福千年的期待密切相关。这里有一幅很大的拼图,到目前为止,科学革命史家们只是接触到了一些孤立碎片。[①](把所有这一切与开普勒和牛顿等

164 人的兴趣按照年表联系起来肯定也与这个话题有关。)这个拼图中有一小片是开普勒所做的一个有趣评论,他在《新天文学》(*Astronomia nova*)中把关于岁差变化的某些技术细节留给后人解决:"但愿上帝能给地球上的人类拨出足够时间去了解这些残余的东西。"[②]

无论 17 世纪科学家就这里讨论的议题所发表的看法有什么含义,有一点是清楚的,即他们设想的科学在时间中的位置与几十年前的习惯性态度已经有了根本不同。这一设想与新出现的科学观有很大关系,即把科学看成一种集体的努力,把未来的科学家当成共同体的一部分——换句话说,把科学构想为一种**累积性**的事业。

① Paolo Rossi 的 *The Dark Abyss of Time* 在不尽相同的语境中讨论了其中一些主题。

② O. Gingerich 在 *Dictionary of Scientific Biography*, vol. 7, p. 304 的开普勒词条中引用了这段话,指的是 Kepler's *Gesammelte Werke* 3, p. 408。其拉丁文是:"siquidem Deo placuerit justum humano generi spacium temporis in hoc mundo indulgere, ad residua ista perdiscenda."

### 3.2.3　科学何时变成了累积性的？

科学家提出一个新问题时，可以利用前人所汇集的所有资源来处理它。

——孔多塞，约 1782 年①

托马斯·库恩尤为详细地解释了自然科学与人文社会科学之间的一个重大结构性差异。在人文社会科学中，如果理论形成是学科的一个重要目标，那么就基本问题进行争论似乎是不可避免的；理论家们能够达成一致的一点是，该学科并不存在共同基础；许多相互竞争的"学派"往往会躲入彼此谨慎隔绝的理论位置中；"先哲们"不仅被尊崇，而且还要持续阅读以获取灵感；往往必须广泛搜寻过去几十年的文献，以收集所有必需的资料和观点；教科书给出的或者是当时的一种主流观点，或者是大量不加鉴别的理论观点；简而言之，任何人只要有足够的勇气，都能从零开始，而不必因此而受人嘲笑。而在自然科学中，"科学家提出一个新的问题时，可以利用前人所汇集的所有资源来处理它"；对于该领域当前有哪些问题，人们有广泛的共识；过去的"大科学家"在受到尊敬的

① 我在 Maurice Daumas, *Les instruments scientifiques aux XVIIe et XVIIIe siècles*, p. 159 (p. 119 of the English version)中找到了这段话："Si un savant se propose une question nouvelle, il l'attaque avec les forces réunies de tous ceux qui l'ont précédé." 它是孔多塞在法国科学院为沃康松（Vaucanson，1782 年去世）致的悼词的一部分，但没有附脚注。

同时也遭到忽视，或者至少被看作与解决当前的问题不相干；新的期刊文章提供了文献所需；教科书所追求的只是教导的清晰。这样一些两极对立当然只是理想中的类型，而非真实图景；人们固然会提及边缘的模糊、重叠和例外情况，但从事自然科学和人文社会
165 科学的人大都会承认，自然科学会沿着刚才勾勒的线索大体上以累积性的方式发展，而人文社会科学则不会。[①]

在库恩的描述中，累积性与他的科学革命理论密切相关。首先，他坚持认为，科学只有在范式的语境中才是累积性的。也就是说，科学革命正是累积性中止时，发生于某一门科学历史中的那些情节；革命一旦结束，累积性的研究再次开始。这些循环也仅仅刻画了已经走上(用康德的话来说)"科学的可靠道路"的那些学科的特征——这里我们再次看到了科学与刚才概述的其他学科之间的那种对立。[②]

还有其他一些看法。很少有科学史家会像萨顿那样如此确信累积性是科学最典型的特征。对于像萨顿这样的实证主义历史学

---

① T. S. Kuhn, *Structure*, especially chs. 2 and 11；另见 *The Essential Tension* 中的几段话，特别是 pp. 228 sqq.。值得注意的是，在库恩的《科学革命的结构》出名之后，社会科学家们开始自豪地把他们的学科称为"多范式的"(polyparadigmatic)，从而从库恩的被认可的术语中借得了威望，同时完全破坏了他的一个基本论点。

② 正如我们在第 2.4.4 中看到的，对库恩而言，不同学科将在不同时间获得范式地位。这并不是说，正如我们已经看到的那样，关于这些转变何时发生，甚至是受到影响的有哪些科学单元(问题领域、学科、学科组)，他有完全一致的看法。但可以肯定的是，无论是从他的《科学革命的结构》中，还是从《传统》中，读者可能都会产生一种印象，即在某一确定的时间点上，自然科学本身会变成累积性的。事实上，库恩的总体科学观从一开始就排除了这样一种可能性：即使他的"常规科学"的确是累积性的，革命也恰恰打破了这一点，构成革命的格式塔转换使得累积性不可能成为任何科学在历史发展过程中的恒定特征。

家来说，科学天生就是一种累积性的事业。在他看来，累积性始于科学本身（即始于希腊人），科学从未失去这个独特的显著特征。不过也有人提出（用亨利·格拉克的话说），“从大约1600年以后，科学呈现出一种稳定进步的和‘累积的’特征”。[①] 在这种观点看来，科学直到科学革命才变成累积性的，萨顿的观念被——含蓄地——揭露为把科学直到17世纪才获得的一种特征投射给了早期希腊人。

关于科学革命如何可能为科学何时具有了累积性这个新特征提供恰当的日期，看看孔多塞（在为雅克·德·沃康松[Jacques de Vaucanson][②]所写的悼词中）对累积性含义的绝妙总结，或许能使我们获得一种直观的感受。请特别注意这大约发生在1782年，而且他是在一个仅仅为了复述显然之事的旁白中宣布它的。我们可能想象这种陈述会在（比如说）16世纪中叶由一个亚里士多德主义者或新柏拉图主义者（无论他是哥白尼还是维萨留斯）做出吗？或者在此之前，除了屈指可数的那几门“古典数学科学”，这种陈述可能被用来如实地言说古希腊发展起来的其他任何科学吗？

认为科学在科学革命过程中并且因为科学革命而变成了累积性的，这种看法很少在考察现代早期科学起源的文献中得到详细阐述。但它隐含在许多文献中。尤其是当我们自负而又有些肤浅地看待事物时，认为（举一个明显的例子）牛顿基于伽利略和开普勒的发现，在《自然哲学的数学原理》中对其进行综合，从而显示出

---

① H. Guerlac, *Essays and Papers*, p. 43.

② 沃康松（1709—1782）：法国工程师、发明家。——译者

科学的累积性，这一切会显得多么自然。这样一种整体观点似乎并不错，这里肯定有某些全新的东西在以前所未见的方式发生着。但整体图像同样需要作认真限定。

首先，过去半个世纪对于科学革命片段的细致的历史分析往
166 往表明，累积性的科学进步在17世纪是极不均衡的，而且主要发现很容易遭到忽视、误解、歪曲、误用或者被试图作进一步阐述的人断章取义。[①] 科学革命再次呈现出过渡性——从之前科学总体上缺乏累积性，过渡到我们今天认为理所当然的成熟产物。不过我认为，关键的一步——值得被称为主要断裂——是在科学革命中并且通过科学革命实现的。

17世纪科学累积性发展的含糊性的另一个迹象可见于当时讨论这一主题的主要纲领性陈述。这一陈述同样出现在《方法谈》中。在第六部分，笛卡儿清晰明确地定义了这种观念，并且暗示他把自己的工作当成了由此锻造的链条中与未来相连的一环。又过了几页，他实际上摧毁了刚刚提出的不断累积的图像，此时他关于自己在科学史中的位置的真实想法也浮现出来：毕竟，他已经为后人制定了必不可少的第一原理，此后只需填补一些经验细节，因为他已经通过可靠的演绎打好了基础。[②] 我们第三次发现笛卡儿与整个科学革命的一个重要的新特征相违背，从而有助于使那种新颖性变得更加突出。现在我们就来确认那种背后的转变，我们将会看到，这

① 比如落体定律在伽利略之后的命运（R. S. Westfall, *Force in Newton's Physics* 中作了细致研究），以及在开普勒去世后的一代人中，大多数数理天文学家仍然会在"拯救现象"的框架内把开普勒定律还原为陈述。

② 在 Adam and Tannery 版的 *Oeuvres de Descartes* 中，《方法谈》是第六卷。这段话见于其中的 pp. 62－63 和 68－74。

里讨论的新发展以及笛卡儿在其中的特殊地位都可以从中得出。

### 3.2.4　从自然哲学到科学

在17世纪，权威对于科学家开始失去力量，但许多科学家不愿承认自己从古代权威那里受益甚多，笛卡儿甚至试图把自己确立为新的权威。在17世纪，科学开始指向未来而非过去，笛卡儿则集中于现在。把发现当作恢复，这一模糊的残余看法继续满足着一些人的需要。在17世纪，科学变成了一种累积性的事业，所涉及领域要比以前广阔得多，但这并非一蹴而就，笛卡儿刚刚表述完这种观念便拒斥了它。17世纪这些较新的科学心态背后潜藏着一个关键转变，在我看来，那就是科学从自然哲学（在这个术语的一种特殊含义上使用，并不能完全涵盖其当代用法）中解放出来。也就是说，在1600年左右发生了从自然哲学到新科学的转变。旨在至少从原则上包含整个自然和世界的各种体系让位于一种狭窄得多的科学知识观。

科学与哲学是否有分离？如果有的话，它们是在何时以及如 167
何分离的？关于这些问题，人们的看法大相径庭。例如，德里克·耶尔森（Derek Gjertsen）在《科学与哲学：过去和现在》（*Science and Philosophy: Past and Present*）一书中质疑了艾耶尔（Ayer）和罗蒂（Rorty）关于分离发生在19世纪的看法，他建议把苏格拉底登上希腊舞台当作这一事件更恰当的时间。[①] 在研究他们各自

① D. Gjertsen, *Science and Philosophy: Past and Present*, ch. 1, "When Did Philosophy and Science Diverge?"

论证的过程中，我们很容易发现，人们对哲学的实质有相当不同的看法。例如在耶尔森那里，区别性特征似乎是，哲学据说讨论的是人，而科学则讨论自然。在关于哲学与科学之间关系的其他观念，即我们在前一章已经详细讨论的伯特和柯瓦雷的观念中，这种分离从未发生过，因为科学知识与哲学观念在任何情况下都必定联系在一起。

我们可以很容易地承认后一观点，同时也认为科学与哲学的关系在科学革命过程中发生了一种非常重要的转变，或者说得更强一些，科学从包含其他一切的所谓“自然哲学”中解放出来是科学革命的一个本质特征。关键是，在更早的时候，人们认为自然认识只有在一种关于世界和人及其相互关联的无所不包的思想框架中才是有意义的。例如，在亚里士多德哲学中，物体的下落并不是一种具有独立研究价值的自然现象，而是对运动类型的多层次细分中的一个范例，这种卑微的、从属的现象本身最终与地界的本质关联起来。而新科学，尤其是其第一位直言不讳的先驱伽利略所例证的新科学，却能使我们在事先不了解事物整体的情况下研究现象。

新科学声称提供了一种对实在的认识，其根据并不在于它是否符合一种对世界秩序的整体理解，而仅仅在于它在何种程度上满足了一种内在的方法性标准：定量精确性，尤其是能在细节层次上接受经验检验。这里可以回顾一下我们在关于方法的章节中讨论的麦克马林观点。他声称（见第 3.1.2 节），在科学革命之前，科学程序源于“以前的一般理论知识或形而上学。……到了 17 世纪，人们最终远离了这种‘知识论的’方法论，越来越倾向于寻求这样一些方法，它们足以通过某种较为实用的恰当性观念来解决有限的明确问题”。

不再是可以获得的知识整体，而仅仅是在回应“有限的明确问题”过程中获得的不完整见解的似乎随意的堆积——要知道，当时并非每一位思想家都人云亦云。笛卡儿以其惯常的敏锐，在指责伽利略的运动学“没有基础”时，指出了科学具体从哪一 168
点开始不再寻求事物整体。如果事先不了解重力是什么，我们如何能够谈论重力的结果？如果事先不了解第一原理，我们又如何能够知道重力是什么？[1] 对于笛卡儿和对于亚里士多德一样，寻求知识整体的传统理想仍然是活生生的，笛卡儿与亚里士多德以及自然哲学对手们的主要争论是，他们碰巧以错误的方式表达了知识整体，而（正如让-弗朗索瓦·雷韦尔[Jean-Francis Revel][2]的《西方哲学史》[*Histoire de la philosophie occidentale*]中特别强调的）笛卡儿却知道如何把旧工作做得更好。然而，对揭示自然奥秘有兴趣的其大多数同时代人所反抗的都是旧工作仍然值得做这一观念。[3]

随着科学家对自己所从事活动的价值越来越有信心，这里概

---

① Descartes to Mersenne, 11 October 1638: "que [Galilée] ne les [i. e., his topics] a point examinées par ordre, et que, sans avoir considéré les premières causes de la nature, il a seulement cherché les raisons de quelques effets particuliers, et ainsi qu'il a bâti sans fondement."

② 雷韦尔(1924—2006)：法国哲学家。——译者

③ J.-F. Revel, *Histoire de la philosophie occidentals*. 我得益于它的第二卷第六章甚多，它永远影响了我对笛卡儿的看法，尽管我现在认为雷韦尔对笛卡儿的处理太过了，就好像他出场时新科学已经完全存在了似的。

述的对立已经以新的样貌持续了数个世纪。如何获得更加可靠的自然知识:是通过系统构建,还是以“实用的恰当性观念”作为首要指导原则,通过不懈地构造不完整的理论和概念并进行实验检验?在这场不断进行的论战中有两个重要的17世纪片断:其一发生在帕斯卡与笛卡儿主义者之间,其二发生在波义耳与霍布斯之间。在1985年出版的发人深省的著作《利维坦与空气泵》(*Leviathan and the Air-Pump*)(我很快还会回到它)中,史蒂文·夏平(Steven Shapin)[①]和西蒙·谢弗(Simon Schaffer)[②]从各种角度分析了后一争论。这里我们关注的是霍布斯拒绝接受不能从先验的自然哲学中导出的所有说法。霍布斯用前卫的机械论思想要素构造了一个完整的体系,而波义耳则声称有权用实验来获得不完全的知识,并且制定了伴随这一过程的规则。[③]

从17世纪起,科学与哲学开始分道而行。在很长一段时间里,哲学家们继续构造总体系,一切事物在其中都有自己合适的位置。数个世纪以来,随着科学家们变得越来越有勇气,有些人甚至对自己的科学发现自视过高,以至于把它们变成了关于世界和人的(据称)完备的看法,这些科学主义构造的历史仍然有待书写。[④]

这也适用于科学从哲学中相对解放出来,我们现在把它的起

① 夏平(1943—):美国科学史家。——译者

② 谢弗(1954—):英国科学史家。——译者

③ S. Shapin and S. Schaffer, *Leviathan and the Air-Pump: Hobbes, Boyle, and the Experimental Life*, esp. ch. 4. 一个特别有说服力的表述见于 p. 115:“根据霍布斯的说法,‘如果不熟悉理解空气的本性’,就不可能理解空气泵实验。”

④ C. 哈克富特目前正在研究奥斯特瓦尔德(Wilhelm Ostwald)的思想,把他当作未来科学主义史的一个样本。

源归于科学革命的开始。这个解放进程同样期待着它的历史学家来书写。诚然，在讨论科学革命的文献中存在着关于这种分离的无数暗示，但几乎没有一篇文献能够沿着夏平和谢弗就一个特殊片断所初步勾勒的那些线索进行综合性的讨论。

不过近几十年来，17 世纪的这场运动有一个方面引起了科学史家的注意。自从分离发生，哲学家和科学家已经花了很多精力，试图根据新的科学成果来重建从自然哲学中抢救出来的东西。[①] 169
毕竟，这种分离无异于放弃知识的统一性理想，支持专业化过程的不断推进。早在 17 世纪就已经有人意识到新科学代表着“未来潮流”，与这种似乎不可阻挡的潮流相伴随的是统一性的丧失，他们不禁为此深感遗憾，因此着手在更高层次上恢复统一性。20 世纪 60 年代，这样一种努力开始引起很大的编史学关注，我们现在就来讨论围绕这些议题的争论。

## 3.3　新科学与旧魔法

有几本部分或通篇讨论科学革命的著作均以“从……到……”的形式为题，例如霍尔的《从伽利略到牛顿》以及克隆比的《从奥古斯丁到伽利略》。于是，当查尔斯·韦伯斯特（Charles Webster）的《从帕拉塞尔苏斯到牛顿》（*From Paracelsus to Newton*）1982

① 这个历史研究领域是特温特大学历史学系诸多关注的中心。做这些工作的不仅有哈克富特（见前一注释），而且还有 J. C. Boudri，他正在研究 18 世纪力的概念中物理学与形而上学的关系；P. F. H. Lauxtermann，他正在叔本华哲学工作的语境中研究叔本华的颜色理论；P. Várdy，他正在研究数个世纪以来物理科学的基本原理。

年出版时，读者可能不经意间会认为这本小书属于对科学的简单概述，讨论的时间段则由标题中的两个人名来界定。不过读者如果还记得，霍尔夫妇是如何把帕拉塞尔苏斯这位 16 世纪初的炼金术士当作他们所谓“神秘难解的谷物”(见第 2.4.3 节)的非理性传播者而彻底排除于现代早期科学之外，那么这个名字或许还能引发几分兴趣。我们这位假想的顾客翻阅目录时，会从略感惊奇变为惊诧，因为在一段导言之后，帕拉塞尔苏斯与牛顿之间的这段时期被分成了以下三个标题来讨论：预言、精神魔法(Spiritual Magic)和恶魔魔法(Demonic Magic)。这些主题与**科学**史之间到底有什么关系？只有看到了它的副标题：“魔法与现代科学的形成”，这位读者的困惑才得到了解决，但它在揭示秘密的同时也加深了秘密。

虽然韦伯斯特的著作有助于我们理解 16、17 世纪科学家所处的整个观念世界，但它本身并非标志着科学革命编史学的重大突破，而只是为科学革命编史学的较新趋势增加了又一股潮流，大致可以称为“科学革命的赫尔墨斯主义研究方法”。可以说，这种研究方法始于 1964 年弗朗西斯·耶茨的《布鲁诺与赫尔墨斯主义传统》(*Giordano Bruno and the Hermetic Tradition*)的出版。宽泛地说，这种新潮流关注了科学革命中神秘主义的和魔法的思维模式，以往这些思维模式要么在很大程度上遭到忽视，要么被丢进了非理性的垃圾箱。

诚然，魔法与科学曾经在一种并非截然对立的、更加同情的意
170 义上被联系起来。这里的先驱者是美国科学史家林恩·桑代克，他的八卷本巨著《魔法与实验科学史》(1923—1958)的纲领性标题

已经表明，魔法的思想和实践与现代早期科学的实验方面非常相似。但桑代克的工作更多是在同情地追溯和领悟观念史中的一个特定传统，而不是一个明确清晰的历史论题。直到弗朗西斯·耶茨以言之成理的方式令人振奋地提出这一论题，并将其公诸于世，桑代克以及后来研究文艺复兴时期思维模式的其他一些学者（保罗·奥斯卡·克里斯泰勒［Paul Oskar Kristeller］[①]、欧金尼奥·加林［Eugenio Garin］[②]、保罗·罗西［Paolo Rossi］[③]、帕格尔、沃克等）此前所做的工作才得到重新审视。这些工作的作用不再是填补一些与16、17世纪时的科学思想主流不甚相关的细节，而是被用来界定现代早期科学复兴的核心要素。

耶茨论题主要是在这部关于布鲁诺的著作中提出的，其最初的主要考虑是，把科学革命与她所谓的16世纪新柏拉图主义的赫尔墨斯主义内核中包含的魔法哲学联系起来以**解释**科学革命。（第4.4.4节将会讨论这种赫尔墨斯主义科学编史学的解释观点。）但是在20世纪60年代末和70年代，这种新的研究方法越来越渗透到17世纪科学史的研究中，从而给我们关于现代早期科学的构想带来了明确的新变化。它最先出现在耶茨本人的著作中，那时她的学术兴趣逐渐从16世纪转向17世纪。它也成了其他几位科学史家（如罗西、狄博斯和韦伯斯特）工作的显著标志，虽然这些人并非全都愿意像耶茨那样满腔热情、不遗余力地试图做出彻

① 克里斯泰勒（1905—1999）：德裔美籍哲学家、历史学家，主要研究文艺复兴时期的人文主义。——译者

② 加林（1909—2004）：意大利哲学家、文艺复兴文化史家。——译者

③ 罗西（1923—2012）：意大利哲学家、科学史家。——译者

底的重新解释。最后，这种研究方法引出了一种改变更大的观念，它使科学革命与其说是理性自然思考的有益胜利，不如说要为那些毁灭自然的做法负主要责任，我们在20世纪末面对的正是它的后果。我们现在就来概述耶茨的相关思想，从而开始叙述科学革命编史学中的这一重大调整。

### 3.3.1 现代早期科学的"玫瑰十字会"观念

耶茨的历史书写方式有一个富有魅力但也非常微妙的突出特点，即她习惯于在一种主导性的思想框架中将各种要素联系
171 起来，来自科学史、一般意义上的思想史、艺术史、宗教史、政治史的要素以及其他种种碎片汇成了一幅巨大的拼图。在她的处理中，这些历史拼图被用于重构"注定要失败的行动"，也就是说，她所重构的是那些短暂的历史事件，它们虽然在当时可能被寄予厚望，但最终彻底失败，随后被胜利者们从我们的集体记忆中抹去——因为这些胜利者可以随心所欲地将他们的宣传重新写入官方历史。然而，耶茨的独特之处恰恰在于对历史中这些被忽视的片断做了认真细致的研究。她对于各个历史学科都极为博学，并能顺利施展这些学识，这在很大程度上也得益于她在将近40岁时开始任教于伦敦大学瓦尔堡研究所(Warburg Institute)。

弗朗西斯·阿米莉亚·耶茨(Frances Amelia Yates)生于1899年，卒于1981年。虽然从30岁起就在历史学上著述颇丰，但她年近70岁才获得世界声誉，她被公认为研究文艺复兴时期思想和事件的一位虽然可能过于思辨、但肯定极具创造性和想象力

的历史学家。[①] 我们事后注意到，她所说的许多内容以前都有更专门的学者说过，当然她从未忘记对他们致以最诚挚的感谢。然而，耶茨那种特殊的表述方式具有一种独特的启发性，这大大有助于使她而不是其他任何人的工作成为催化剂，引发了自伯特、戴克斯特豪斯和柯瓦雷以来我们关于现代早期科学之产生的观念的最大剧变。

耶茨所显著改变的并非这种观念的核心本身，和以前一样，它仍然集中于数学化、实验、机械化等概念以及它们如何结合在一起。关于科学革命这些潮流的相对重要性的讨论在很大程度上独立于"赫尔墨斯主义"议题而进行着，"赫尔墨斯主义"历史学家从未试图介入这场特殊争论。毋宁说，我们对科学革命主要人物所处的观念世界的整个看法都发生了一种相当彻底的调整，争论主要集中在，这种调整对于我们如何看待作为历史现象的科学革命意味着什么。

## 《玫瑰十字会的启蒙》

1964 年，在那本讨论布鲁诺的著作中，耶茨将 1614 年视为

---

① 我在这里和第四章使用的耶茨著作主要是：*Giordano Bruno and the Hermetic Tradition* (Chicago: University of Chicago Press, 1964); *The Rosicrucian Enlightenment* (London: Routledge & Kegan Paul, 1972) (consulted in the Paladin paperback version of 1975); and "The Hermetic Tradition in Renaissance Science," in Ch. S. Singleton (ed.), *Art, Science, and History in the Renaissance* (Baltimore: Johns Hopkins University Press, 1967), pp. 255 - 274 (consulted in the reprinted version on pp. 227 - 246 of the third and final volume of Yates' *Collected Essays* [London: Routledge & Kegan Paul, 1982 - 84]；该卷包含了一部简要的自传和完整的参考书目)。

赫尔墨斯主义思想的分水岭。1614年,伊萨克·卡索邦(Isaac Casaubon)①证明赫尔墨斯著作并非源于摩西时代,从而对基督教的重要真理有所预示,它其实是公元2世纪信仰融合的产物,无权受到特殊崇拜。耶茨认为,由此便出现了魔法世界观在1614年之后的迅速衰落,这种魔法世界观体现于一批有影响的文艺复兴哲学家对于赫尔墨斯著作的信奉。② 然而在后来的《玫瑰十字会的启蒙》(*The Rosicrucian Enlightenment*,1972)一书中,耶茨发现,经由约翰·迪伊(John Dee,耶茨越来越将其视为文艺复兴时期魔
172 法师的唯一原型)③的中介,以及1614—1615年出版的玫瑰十字会宣言,原初的赫尔墨斯主义思维模式已经得到了保存,并且对正在兴起的新科学一直产生着相当大的影响。这种"影响"是极为模糊的。在耶茨的论述中,玫瑰十字运动宣告了新知识降临于整个欧洲,从而使欧洲人对科学革命有了准备,同时又与新科学的核心研究方法相冲突。在以下引文中,耶茨暗示了"魔法、卡巴拉(Cabala)和炼金术"的玫瑰十字运动对新科学可能产生的影响:

> 玫瑰十字运动知道,新知识的巨大发现就在眼前,人类即将到达一个远甚以往的新的演进阶段。这种对新知识的企盼是玫瑰十字会的典型态度。玫瑰十字会员们知道自己掌握着伟大进展的潜能,意欲将其纳入一种宗教哲学。因此,玫瑰十

---

① 卡索邦(1559—1614):法国古典学者、语文学家。——译者

② F. A. Yates, *Giordano Bruno*, ch. 21.

③ 迪伊(1527—1608):英国数学家、天文学家、占星学家。——译者

字会的炼金术一方面表现出探索新世界的科学态度，另一方面也表现出探察宗教体验之新领域的虔诚期待。……正是这种避免教义分歧、转而以宗教精神探索自然的努力构成了使科学得以前进的氛围……

罗伯特·弗拉德（Robert Fludd）①、米沙埃尔·迈尔（Michael Maier）②、奥斯瓦尔德·克罗尔（Oswald Croll）③等帕拉塞尔苏斯主义医师代表了这场运动的思想。但是在迪伊的《象形单子》（*Monas Hieroglyphica*）以及迈尔的炼金术表述和卡巴拉表述中存在着另一个很难理解的方面，它可能代表着一种新的自然研究方法，炼金术表述和卡巴拉表述在其中与数学结合在一起，形成了某种新的东西。也许正是玫瑰十字会思想中的这一萌芽使科学革命史中的一些伟大人物与之联系在一起。④

在这些伟大人物中，耶茨提及并且较为详细地讨论了开普勒、笛卡儿、培根、牛顿以及日后并入皇家学会的各种团体。在每一种情况下，她都会追溯这些科学家与玫瑰十字运动的特定关联，无论这种关联是宗教的、政治的还是炼金术领域的。例如开普勒沉浸在鲁道夫二世布拉格宫廷的赫尔墨斯主义氛围之中，笛卡儿满怀

① 弗拉德（1574—1637）：英国帕拉塞尔苏斯主义医师、占星学家、数学家。——译者

② 迈尔（1568—1622）：德国医师、炼金术士。——译者

③ 克罗尔（约1563—1609）：德国炼金术士、医学家。——译者

④ F. A. Yates, *Rosicrucian Enlightenment*, pp. 270, 271, 266.

忧虑地公然拒绝在巴黎与“无形的”(invisible)玫瑰十字会员交往,牛顿在炼金术方面做了很多努力等等。以波西米亚和普法尔茨为中心的“玫瑰十字”文化在三十年战争之初已被无可挽回地摧毁了,在对其进行历史恢复的以政治为主导的总体框架中,所有这些内容当然引人入胜。但它们与现代早期科学的基本特征到底有何关系呢?

173 **极端立场**

当然,自那以后不得不持续追问这个问题。

20 世纪 60 年代末和 70 年代,随着整个学术界对于科学的有益作用产生了越来越多的怀疑,科学史家们也开始从不同视角来审视今天的科学在 17 世纪的根源。在此过程中,他们把“赫尔墨斯主义”(Hermeticist)议题当成了一个合适的争论焦点。

在重新解释时,一些历史学家走得太远了。例如,韦伯斯特的《从帕拉塞尔苏斯到牛顿》几乎全都集中于他那些主要人物的“魔法”观念,几乎没有考虑其科学事业,像伽利略这样的人甚至一次都没有提及。

霍尔夫妇则处于另一个极端。他们在 50 年代和 60 年代初实际上很关注 16 世纪科学的某些神秘潜流,但只是把它们当成了现代早期科学必须摆脱以确立自己身份的东西。霍尔夫妇依然坚持自己原先的态度,继续明确区分理性的科学和非理性的迷信;在后来关于科学革命的论述中,他们为科学革命主要人物思想中的“非理性”因素留下了些许空间,但这些“非理性”因素仅仅是指那些过时思维模式的残余。霍尔 1983 年明确说明了这一点:

> 如果一个人对创造性有兴趣，那么他应当主要追随胜利者而非失败者。必须承认有返祖现象发生，但不能认为它们比创造性更为有趣和重要，正是创造性引领我们抛弃了传统观念。①

韦斯特福尔则表现出一种更加灵活和中庸的态度。在五六十年代关于科学革命的论述中，引入机械论哲学往往是为了让它与亚里士多德主义观念相对抗，但韦斯特福尔在1971年的《现代科学的建构》中认为，机械论世界观过于激烈地革除了文艺复兴时期自然主义的一种泛心论(panpsychism)特征及其把人的灵魂投射到宇宙这一倾向。这样一来，赫尔墨斯主义思想实际上进入了科学革命的叙事，即使它主要处于相反的立场上。通过研究牛顿的炼金术工作，韦斯特福尔还把科学革命过程中的一个更富有成果的角色归于赫尔墨斯主义思想。在这方面，韦斯特福尔(连同另外两位研究牛顿炼金术的学者多布斯[Dobbs]和卡林·菲加拉[Karin Figala])实现了一项壮举，他不再像关于科学革命时期神秘思潮意义的大部分争论那样，只是一味进行口号式的表达。因为公平地说，我们必须指出，由于耶茨越来越习惯于主要通 174
过收集有启发性的拼图碎片，而不是通过构建决定性的历史论证来接近历史，因此围绕着她提醒历史学界关注的那些话题的许多交流已经变得有些徒劳。

在以下几节，我将集中讨论那些更富有成效的重新解释，最后

① A. R. Hall, *Revolution in Science*, p. 2.

再回到耶茨所提出的最深刻的议题:考虑 17 世纪赫尔墨斯主义思维模式是否表明了某种关于科学本性的具有深刻意义的东西。

### 3.3.2　17 世纪科学中的玫瑰十字会员、化学家和炼金术士

关于对科学革命的赫尔墨斯主义重新解释,存在着某种难以描述的东西。例如,与迪昂论题不同,它不能被简单地总结成诸如“科学革命实际上始于 14 世纪”那样的清晰表述。也许最好的总结方式是:这种重新解释不断表明,今天被认为不科学的一些神秘观念一直持续到 17 世纪末,而不是像以前认为的那么短。于是,化学史家狄博斯在大量著作和文章中特别关注化学争论在 17 世纪引起的巨大兴趣,尤其是涉及帕拉塞尔苏斯主义和范·赫尔蒙特(van Helmont)批判帕拉塞尔苏斯的那些争论——这些主题以前曾经写过,但只有现在似乎才找到了赫尔墨斯主义或玫瑰十字会的合适框架,从而开始得到正确理解。类似地,韦伯斯特着力表明,确定千禧年和末日审判的日期、彗星的不祥意义、推测自然中的生命本原及其与自然魔法的关系、巫术信仰等一些议题一直占据着开普勒、培根、波义耳和牛顿的头脑,韦伯斯特同样把这种精神追溯到了帕拉塞尔苏斯的著作。无论是《玫瑰十字会的启蒙》还是韦伯斯特的《从帕拉塞尔苏斯到牛顿》都没有恰当地提到像伽利略和惠更斯这样远离神秘思维模式的人,这一点并非偶然。然而,如何将这些人表现出来的“不容许胡说”(no-nonsense)的态度与从上述著作中逐渐形成的更具包容性的新科学革命图像调和起来,就不大可能被这场争论的参与者处理了。

另一个同样难解的问题是，20 世纪历史学家所体验到的“硬科学”(hard-core science)与神秘兴趣之间的分裂是否也类似地存在于科学革命主要人物的心灵中。或者更具体地问，同一位思想家的硬科学思想与神秘思想之间存在着何种联系（如果存在的话）？显然，倘若这些事实联系可以被决定性地展示出来，那么赫尔墨斯主义思想对于科学革命实质之争所做的贡献将会变得重要 175
得多。如果做不到，我们仍然可以更清楚地洞悉科学革命主要人物的完整世界观，了解到它们有别于单纯的科学世界观；如果做得到，现代早期科学的形成显然就会很成问题。

但在这里，作为一门崭露头角的学科，牛顿之前的化学似乎并不能提供太多东西。我们也许可以像狄博斯所断言的那样，一般地指出“文艺复兴时期的魔法科学”激励了“一种研究自然的新观察方法”。[①] 但这只能使我们想起以前关于现代早期科学之为新是否在于其“观察方法”的争论，从而遗漏了数学化过程和对自然的实验操纵。据我所知，只有在一个案例中（虽然它也是所有案例中最令人困惑的），“神秘”思想与“硬科学”思想确有实际联系，且有大量事实证据作为支持。这就是牛顿的炼金术之谜。耶茨表明，玫瑰十字会对赫尔墨斯主义传统所做的主要贡献是重新恢复了对炼金术的兴趣。她尝试把这一点与 17 世纪的科学思想史联系起来，但研究牛顿炼金术手稿的一位开拓者贝蒂·约·蒂特·多布斯(Betty Jo Teeter Dobbs)[②]很快便指出，耶茨所推测的这种

① A. Debus, review of Yates, *Giordano Bruno*, in *Isis* 55, 1964, pp. 389 - 391；引文见 p. 391。

② 多布斯(1930—1994)：美国科学史家。——译者

联系是表面的。以多布斯和韦斯特福尔为代表的学者提出了全然不同的观点:为了克服在机械论哲学中觉察到的基本缺陷,牛顿需要一种力的概念,而这种概念很可能来自于他的炼金术研究。[①]因此多布斯和韦斯特福尔认为,炼金术研究可能是牛顿世界观的一个灵感来源,牛顿的世界中充斥着在不同距离作用于不同物体的吸引力和排斥力。但对牛顿而言,这种世界观之所以有别于文艺复兴时期隐秘的力的作用,是因为这些力原则上可以被测量,而且对它们的科学处理完全取决于在多大程度上对其进行了实际测量。然而,牛顿仅仅成功地量化了构成《自然哲学的数学原理》基本主题的那些力。从这种观点来看牛顿的成就,《自然哲学的数学原理》既是科学革命的顶点(这是历史学家的通常看法),又是宏大得多的牛顿未竟之毕生工作的一个片段。

以上讨论并不意味着,必须等到对科学革命的赫尔墨斯主义重新解释出现,才能对牛顿的公认形象做出这种重大修改。不过,相比于“令人遗憾的残余物”的旧传统,在现代早期科学编史学的赫尔墨斯主义潮流所提供的更广泛的新视角中,这样一幅修改的图像显得合理得多。

176

### 3.3.3 难以把捉的争论核心

时至今日,这场赫尔墨斯主义争论已经持续了四分之一个世

① B. J. Teeter Dobbs, *The Foundations of Newton's Alchemy, or "The Hunting of the Greene Lyon"*. 关于她对耶茨看法的反驳,见 p. 19;关于她的论点,即牛顿的力的概念源于炼金术,见 pp. 210 - 213。韦斯特福尔发表过几篇关于牛顿炼金术的论文,他就这一主题的最终看法见于他 1980 年出版的《永不止息》。

纪。最初的激情大都已经消散，但似乎仍有许多问题没有解决。这场争论大都结成了相关的论文集（通常附有论战性或纲领性的前言）以及针对这些论文集的评论。[①] 这一争论被恰当地称为：

> 思想的雷区，布满了像“耶茨论题”“理性”与“非理性”这样的危险爆炸物，甚至是……“魔法”“隐秘”“科学”之类的词语本身。[②]

科学究竟是什么？它是否意味着人类从迷信中解放出来？这些深刻议题显然正处于紧要关头，但它们很少被完全直截了当地提出来。两种完全不同的科学观似乎发生了冲突。在争论的参与者当中，有些人希望秉持这样一个核心信条，那就是，现代早期科学第一次揭示了人类关于自然界的许多传统观念都是迷信的。正是由于现代早期科学及其后来发展成为今天这样的极为复杂的科学，现代以前的社会所特有的那种对自然的恐惧才能消退，而我们今天才能确定地认识和预测自然的行为。只要教导每一个公民认识到科学的实质，就不会有任何理由畏惧自然。

从本质上说，这就是启蒙运动的科学观——虽然由于 20 世纪

---

① 主要文集是 M. L. Righini Bonelli and WR. Shea (eds.), *Reason, Experiment, and Mysticism in the Scientific Revolution* 和 B. Vickers (ed.), *Occult and Scientific Mentalities in the Renaissance*。P. Curry 在关于后一本书的书评“Revisions of Science and Magic”中对这场争论做了概述。最近的考察见 B. P. Copenhaver, “Natural Magic, Hermetism, and Occultism in Early Modern Science”。

② P. Curry, “Revisions of Science and Magic,” p. 300.

认识到科学进步有其弊端,更加细致和专业的科学史家对这种观念作了调整,但它并未从根本上受到损害。它暗示,自科学革命以来,科学一直拥有某些永恒的东西:科学的理性和作为解放力量的潜能。对于许多科学史家而言,主要正是这样一种观点促使他们转向了科学史领域,而不是在其最初受教育的那个学科分支进行研究。毫不奇怪,当一种新的编史学潮流突然出现,并且断然否认他们科学观的基本信条时,许多科学史家都感觉受到了挑战(如果不是直接受到威胁的话),尤其是该潮流本身一直对这种研究现代早期科学起源的新方法的背景中可能潜藏着什么替代性观念含糊其辞。总体上我们似乎可以说,探索赫尔墨斯主义研究方法的历史学家们一般只是责备其对手采取了一种本质上非历史的立场,坚持科学拥有一种据说不随时间变化的永恒特征。
177 当然有时他们也承认,这种新的研究方法与反对作赫尔墨斯主义重新解释的人的研究方法同样片面。耶茨相当虚心地承认了这一点:

> 因此我要强调,对于这一时期的科学史而言,不仅应当正向阅读,寻找未来事件之先兆,还应当反向阅读,寻找它与过去事件之联系。通过这些努力而得到的科学史也许会被夸大,在一定程度上并不正确。但是,仅仅通过正向考察而得到的科学史同样被夸大了,在一定程度上也是错误的,因为它曲解了过去的思想家,只从他们的整个思想背景中挑选出了那些似乎指向现代发展的内容。也许只有在遥远的未来,这两种不可或缺的研究才会达成恰当的平衡,为一种新的评价贡

献各自的力量。[①]

这似乎是(在许多方面也的确是)一种值得赞扬的宽容和解，争论双方也许乐见其成，但它仍然回避了一个基本问题：从[赫尔墨斯主义的]努力中**到底**是否会出现一种科学史。我将从这一基本问题的意涵所导致的混乱中辟出两条道路。第一条涉及把科学视为一种解放力量，第二条涉及把科学视为理性的化身。

### 3.3.4　科学革命与世界的祛魅

在一般意义上，似乎显然可以把科学革命视为欧洲启蒙运动的直接雏形，也就是说，把现代早期科学的兴起归因于一种新的、普遍的欢欣之情，认为自然界终于可以被人完全理解，旧时的迷信现在第一次可以安息了。

不过，我已经出于充分的理由为前面这句话添加了两个限定。在科学史家看来，这种关联的确很明显，但仅仅是在一**般**意义上。只有在极少数情况下，他们才会详细研究现代早期科学对于魔法实践、神秘主义思想、当时和后来对巫术的指控、欧洲的巫术狂热等等到底有何影响。现代早期科学一劳永逸地根除了这些东西吗？或者根本没有？抑或是在一个缓慢过程中根除的？或者只是根除了其中某些东西？是否把它们赶到了暗处？或者丝毫未触及它们？抑或只有在思想精英或社会精英的层面上才能接触到它们？简而言之，在科学革命与德国社会学家马克斯·韦伯所谓的

① F. A. Yates, "Hermetic Tradition," p. 242.

“世界的祛魅”(die Entzauberung der Welt)[①]之间是否存在着一种确定的而不是似是而非的联系?

我所做的另一个限定是,这样一种联系“仅仅看起来是显然
178 的”。在已经着手研究欧洲世界之祛魅的这些历史过程细节的许多历史学家看来,与科学革命之间的这种关联似乎并不存在。

这里马克斯·韦伯本人提供了一个相当有趣的例证。在其作品(在第 3.6.3 节我还会回到它)中有迹象表明,他知道欧洲世界的祛魅在很大程度上是在现代早期科学的庇护下发生的。例如,韦伯在《以学术为业》(1919)一文中给出的定义如下:

> 理智化和理性化的增进并不意味着人对生存条件的一般知识也随之增加;它意味着另一些东西,即这样的知识或信念:只要人们想知道,他任何时候都能知道;从原则上说,这里再也没有什么神秘莫测、无法计算的力量在起作用,人们可以通过计算掌握一切。而这就意味着世界的祛魅。[②]

---

① 这个短语当然是对 Balthasar Bekker 的 *Betooverde Wereld*(1691;祛魅的世界)的改写。在几十年前,用“disenchantment”(祛魅)来翻译 *Entzauberung* 就成了(也许是不幸的)标准用法。

② M. Weber,“Wissenschaft als Beruf,” p. 536:“Die zunehmende Intellektualisierung und Rationalisierung bedeutet also nicht eine zunehmende allgemeine Kenntnis der Lebensbedingungen, unter denen man steht. Sondern sie bedeutet etwas anderes: das Wissen daran, oder den Glauben daran: dass man, wenn man nur wollte, es jederzeit erfahren könnte, dass es also prinzipiell keine geheimnisvollen unberechenbaren Mächte gebe, die da hineinspielen, dass man vielmehr alle Dinge—im Prinzip—durch Berechnen beherrschen könne. Das aber bedeutet: die Entzauberung der Welt.”

韦伯进而指出，西方文明中的祛魅过程已经持续了上千年，他又补充了一个从句："科学[自然科学以及其他学术努力]既隶属于它[这一过程]，又是其动力。"[①]

然而，他在这里就此罢休。考察韦伯一生的工作，我们会发现，他广泛研究了这一过程在中世纪城市、早期资本主义、加尔文主义的经济伦理、法律的世俗化等事物中的根源，但几乎没有在现代早期科学的出现中去寻找。无论这种忽视的原因是什么，它对于整个学术领域的负面影响是巨大的。韦伯在各个学术领域都有大量细致的研究，在此基础上拥有超强的概括能力，假如他真到现代早期科学的出现中去寻找西欧文明理性化的根源，那么科学编史学是否从一开始就可以在一种更广泛的研究纲领中（这种纲领体现在西欧如何以及为何会从传统社会道路中解放出来这一议题）找到大量卓有成效的支持呢？对世界的整个祛魅过程——它具体由什么构成，限度是什么，影响了什么社会阶层，何时发生，有多深——的讨论难道不是从一开始就会着眼于祛魅的那个伟大动因——现代早期科学——的命运和结果吗？通过审视现代早期科学到底如何影响了巫术、巫婆信仰、魔法、占星学以及今天被归于 179
"神秘"(occult)的一切事物，我们可以引入今天的"心态史"研究仍然很缺少的一种观点。

诚然，这一领域的研究者会面临各种陷阱。毕竟，要想同情式

---

① M. Weber, "Wissenschaft als Beruf," p. 536: "dieser in der okzidentalen Kultur durch Jahrtausende fortgesetzte Entzauberungsprozess und überhaupt: dieser Tortschritt', dem die Wissenschaft als Glied und Triebkraft mit angehört."

地(虽然未必不加批判)理解相信巫术、占星学或者实施魔法所带来的身临其境的感受,需要极大耐心。如果完全采用现代科学的视角,那么就很容易只对现代科学表示认同,并且宣布魔法思想和实践自现代早期科学诞生那一刻起就已经过时了。[①] 此外,科学与神秘事物能否截然二分,就像在赫尔墨斯主义争论过程中常做的那样?如果这个问题意味着能否给出一个定义以一劳永逸地确定两者的界限,那么这些自尊的历史学家们似乎只能给出否定的回答。[②] 但如果我们把这个问题的意思理解为,科学自诞生之日起就与神秘事物存在着一种区分,但这种区分随时间不断变化,那么也许就会创造出足够的空间来研究科学与神秘事物之间的历史关系,而不必先验地确定这一区分或者将其完全抹杀。我认为,科学革命对于世界的祛魅做出了什么贡献,这个一般问题可以为这种急需的研究提供很好的保障。[③]

### 3.3.5 关于现代早期科学理性的争论

1974年,在卡普里岛(Capri)召开了一次会议。一年之后,会议

---

① 这里最明显的例子是 K. Thomas 的 *Religion and the Decline of Magic* (London: Weidenfeld & Nicolson, 1971) (reprinted since as a Penguin book)。

② Brian Vickers (introduction to *Occult and Scientific Mentalities*) 和 Patrick Curry ("Revisions of Science and Magic") 激烈争辩了这个问题。

③ 一个例子是 Patrick Curry 的 *Prophecy and Power: Astrology in Early Modern England* (London: Polity Press, 1989)。一些学者也联系科学革命讨论了巫术: H. R. Trevor-Roper, *The European Witch-Craze of the 16th and 17th Centuries* (Pelican Books, 1969); C. Webster, chapter on "Demonic Magic" in *From Paracelsus to Newton*; Brian Easlea, Witch Hunting, *Magic and the New Philosophy: An Introduction to Debates of the Scientific Revolution, 1450—1750* (Sussex: Harvester Press, 1980)。

论文以《科学革命中的理性、实验和神秘主义》(*Reason, Experiment, and Mysticism in the Scientific Revolution*)为题出版。在这次会议上,意大利哲学家和科学史家保罗·罗西和他的评论人鲁珀特·霍尔非常中肯地讨论了处于赫尔墨斯主义争论核心的理性问题。

霍尔不吝风险地做出了以下断言:

> 罗西相当朴素地提出了这个议题——他这样做是对的:如果科学史关注人与人之间的理性讨论,那么研究其他讨论模式确实只应出于辅助兴趣;但如果不关注这一内容(比如因为"伪科学"与人类心灵最深层次之间存在着某种特殊联系),那么不仅过去三百年来所理解的科学历史是一种巨大的欺骗,而且科学本身也是如此。①

对于霍尔这样一位历史学家来说,这似乎是相当强硬的说法,因为他曾在17年前断言:"我不喜欢二分;在两个命题中,a或b单凭自身往往不可能完全正确。"②

罗西曾经写过一本关于弗朗西斯·培根的著作,旨在揭示培根的许多关键思想都有文艺复兴时期的魔法背景,从而预示了赫尔墨斯主义潮流,也为这一潮流做出了贡献。③ 这大大增加了其会议论文的重要性。罗西认为,关于科学革命的赫尔墨斯主义重 180

① A. R. Hall, "Magic, Metaphysics and Mysticism in the Scientific Revolution," p. 277.

② A. R. Hall, "The Scholar and the Craftsman in the Scientific Revolution," p. 21.

③ 将在本书第4.4.4节中简要讨论。

新解释走得过了头，难怪他在这一场合声明不赞成它时，那些从不喜欢赫尔墨斯主义潮流的人都很高兴。罗西为自己选择了要求研究自由的中间立场，它实际上意味着

> 认识到现代科学起源处的浑水，认识到科学知识的诞生并不像启蒙运动和实证主义者幼稚认为的那样洁净无瑕。[①]

但罗西坚称，这种认识

> 既不意味着否认科学知识的存在，也不意味着屈服于原始主义和魔法崇拜。[②]

一方面要承认，

> 研究赫尔墨斯主义与现代科学之间的内在关联极大地拓宽了我们的历史视域。[然而，]认识到现代科学的赫尔墨斯主义传统中有"隐秘的存在"，并不意味着我们有权把现代科学归结为赫尔墨斯主义，并且忘记在科学史中——它至少始于伽利略的时代，而且相当不同于魔法世界中发生的事情——我们可以合理地谈及某些理论，它们或多或少是严格的，具有或多或少的解释力和/或预见力，或多或少可以得到

① P. Rossi, "Hermeticism, Rationality and the Scientific Revolution," p. 272.
② Ibidem.

证实。[1]

简而言之，罗西不愿把科学仅仅视为许多可能的信念体系中的一个，其中每一个体系都有自己的理性标准或者缺乏理性标准。

那么，罗西认为谁在支持这样一种即使不是完全非理性、也至少相当武断和缺乏恰当标准的科学观呢？他在论文中鉴别——并且反对——了三种关于科学的非理性潮流，分别见于当代科学哲学(库恩、费耶阿本德)，60年代末和70年代的反文化潮流(主要是西奥多·罗萨克[Theodore Roszak][2])以及赫尔墨斯主义科学史家(特别是耶茨和拉坦西)。这样一个大杂烩虽然看起来区别很明显，却被罗西处理成一个相当同质的群体。罗西的论文受到了科学史家的广泛赞扬，说这样一位曾对赫尔墨斯潮流有过重要贡献的人已经承认"耶茨走得太远"。[3] 我们现在不妨来看看，耶茨的科学观是否真如罗西所说应被归入流行的反科学主义，还是掩藏着某种关于现代早期科学本性的根本性的东西。 181

## 耶茨所认为的科学的意义

据我所知，耶茨从来没有清晰说明过对她而言科学意味着什么。不过在《布鲁诺与赫尔墨斯主义传统》和《玫瑰十字会的启蒙》

---

① P. Rossi, "Hermeticism, Rationality and the Scientific Revolution," pp. 271 and 270.

② 罗萨克(1933—2011)：美国历史学家。——译者

③ 一个有代表性的例子见 J. L. Heilbron, *Electricity in the 17th and 18th Centuries: A Study of Early Modern Physics* (Berkeley: University of California Press, 1979), p. 30, note 51。

的最后，我们可以寻到她的某些相关看法的蛛丝马迹。在这方面，也许最具启发性的是《布鲁诺与赫尔墨斯主义传统》末尾的一个修辞性问题：

> 所有科学难道不都是一种灵知（gnosis），一种对万物本性的洞见，通过连续不断的启示而进行吗？①

在《玫瑰十字会的启蒙》的最后两页我们看到：

> 玫瑰十字运动最突出的方面就是……它对一场正在到来的启蒙运动的强调。临近终点的世界将会沐浴新的光芒，文艺复兴时期所取得的知识进展将会得到极大扩展。新的发现即将到来，新的时代已然乍现。这种光芒内外兼备；它是一种内在的精神光芒，向人类昭示了其自身新的可能性，教导人认识自身的尊严和价值以及在神的计划中所要扮演的角色。
>
> ……**玫瑰十字会的思想家们很清楚新科学的危险，知道科学兼有魔鬼和天使两方面，他们明白，新科学的到来必将伴随着整个世界的全面改变。**②

我们看到这里表达了这样一种思想，即科学革命不仅意味着人类知识和能力的极大增长，而且也意味着在这一过程中会丧失

① F. A. Yates, *Giordano Bruno*, p. 452.

② F. A. Yates, *Rosicrucian Enlightenment*, pp. 277 - 278.

某种至关重要的东西。这里的"某种东西"涉及洞察人的灵魂;在意识和潜意识层次洞察灵魂的复杂层面;洞察灵魂行善作恶的能力;洞察灵魂创造力的秘密,这种秘密既被现代早期科学的出现所揭示,也被它所掩盖或彻底忽视。[①]

早在《近代物理科学的形而上学基础》中伯特就已经认识到,科学革命不仅带来了新科学的惊人成就,而且也使另一个层次的精髓不断丧失。我们回顾一下第2.3.4节的论述,伯特观点的这个复杂方面——17世纪自然数学化的巨大进展带来了另一层次的哲学损失,即人类心灵的尊严和自主性的丧失——一直受到科学史家的严重忽视,而耶茨却对此心领神会。她在《布鲁诺与赫尔 182
墨斯主义传统》的最后几页援引了伯特,这一点绝非偶然,耶茨说伯特敏锐地察觉到了与现代早期科学的出现相伴随的数学还原论问题。正是在这一点上,耶茨试图确定科学与赫尔墨斯主义思想之间最深刻的关联:

> 魔法师对世界的态度与科学家对世界的态度之间的根本区别在于,前者想把世界引入自身,而科学家正相反,他沿着

① 耶茨并没有给出缺乏这种洞见对于人类真正认识自然的可能后果。帕斯卡在《思想录》(*Pensées*, fragment 72 in Brunschvicg's numbering)中表达了人只有认识了自己才能认识自然的观点:"je souhaite, avant que d'entrer dans de plus grandes recherches de la nature, qu'il [l'homme] la considère une fois sérieusement et à loisir, qu'il se regarde aussi soi-même, et connaissant quelle proportion il a ..." 以及(same fragment):"Manque d'avoir contemplé ces infinis, les hommes se sont portés témérairement à la recherche de la nature, comme s'ils avaient quelque proportion avec elle." 亦参见 R. Hooykaas, "Pascal," in particular p. 131。

> 与赫尔墨斯著作(其整个重点恰恰在于让世界映现于心灵之中)的描述完全相反的方向行使意志,使世界外在化和去人格化。……因此,从心灵问题的历史以及为什么心灵在现代之初因为被忽视而成了问题来看,“三重伟大的赫尔墨斯”(Hermes Trismegistus)及其历史很重要。……在“三重伟大的赫尔墨斯”的陪伴之下,我们跨越了魔法与宗教、魔法与科学、魔法与艺术诗歌或音乐的边界。文艺复兴时期的人正是居于那些难以捉摸的领域,而17世纪失去了与那个大谜(*magnum miraculum*)的联系。[①]

简而言之,这里提出,赫尔墨斯思维模式贯穿于整个17世纪的大部分科学研究之中,这表明许多科学革命先驱都认识到,他们的新科学虽然有强大的理智推动力,却导致人类失去了对极为复杂的人性的洞察——这对人类未来对自然的操控不无影响。在整个文艺复兴时期,这种洞察大体上是用一种符号语言表达的,在17世纪,其中许多内容都以变化的形式在新的背景中持续着。将这些赫尔墨斯主义遗存仅仅称为返祖现象,是没有看到这些人试图用一种我们相当陌生的语言来表达真实的事物。这种语言是“智慧文学”(wisdom literature)的常见表达方式,世界各个哲学和宗教中都有这样一种伟大潮流,试图用语言来表达人在宇宙中的位置以及如何与这种位置达成妥协——从这种角度来看,所有这些都是人力图完全理解自然环境的准备。

---

① F. A. Yates, *Giordano Bruno*, pp. 454 - 455.

整个西欧文化史一直贯穿着对待科学的双重态度：一方面是热情地拥抱科学，认为它体现了我们对自然的胜利，另一方面则是与之伴随的对科学非人性的还原论的强烈谴责。后来这些逆流的高潮有：歌德反对实验科学，认为它破坏了自然实在，以及我们今天关于科学的承诺和威胁的争论等等。现在我们可以看到，这种 183
双重态度的开端也许可以追溯到科学革命本身的开端及其持久的赫尔墨斯主义潜流。

## 3.4　新科学与“人造自然”的产生

技艺与自然的关系是一个被 17 世纪的科学家反复讨论的主题。到目前为止，这些讨论几乎未被历史学家密切追踪，但有一点很清楚，那就是：亚里士多德关于“人工操作从根本上无法模仿（更不要说超越）自然现象”的立场不再支配他们在这个问题上的看法。无论最终接受何种观念，这里都有一个重大变化正在发生，这一变化与历史学家认为构成科学革命的若干主题之间有某种关联。我们将在以下几节讨论这些主题。

总的来说，科学革命之前的自然哲学关注的是那些能够直接感知的自然现象（比如树木燃烧，星星发光，被投掷的石头），而科学革命的典型特征则是**探究**并且**扩展**进入先前不为感官所察觉的新的现象领域（比如纤毛虫类、木星的卫星、竖直插入水银槽的玻璃管中的水银柱上方似乎有一段真空）。如何刻画这一显著转变呢？法国工程师和社会哲学家乔治·索雷尔（Georges Sorel）[①]在

① 索雷尔（1847—1922）：法国社会哲学家。——译者

1905 年提出，应当区分现代早期科学出现之前的唯一研究对象“自然的自然”(natural nature)与他所谓的“人工自然”(artificial nature)。① 在这种新模式下，自然被迫显示出的特征远远超出了其天然状态下的特征。自然现象不是自发产生，而是在一种人工环境下强制产生，并/或通过人造器械使之可以被人的感官所察觉。简而言之，自然正在受制于人工处理。

索雷尔提出有两种截然不同的自然，而不是用多多少少根本不同的两种模式来理解同一个自然，虽然这样说有些夸张，但它的确促使我们对 17 世纪最杰出的科学家所关心的某些棘手问题进行分类。17 世纪的“人造自然”(artificial produced nature)(从现在开始我们这样来称呼它)转向必定引出了一些深刻问题，它们涉及科学仪器以及仪器帮助实现的科学实验的地位。最终，这些问题似乎可以归结为一个基本问题，即在科学革命过程中第一次得到探究的“人造自然”与“自然的自然”有何关联。正是在这个潜在
184 问题的背景之下，我们将在接下来几节研究如何对实验在现代早期科学中的作用以及科学仪器的出现进行历史编写。

实验凭借科学仪器对自然的征服带来了一种相应的观念：人能够利用自然。“人造自然”适合于满足人类的需要：(男性的)人不仅可以沉思自然，还可以进而把自己变成自然的“主人”。历史

① G. Sorel, *Les préoccupations métaphysiques des physiciens modernes*, esp. pp. 58 - 59: “Le but de la science expérimentale est donc de construire une *nature artificielle* (si on peut employer ce terme) à la place de la *nature naturelle*.”(德卡特的研究 *Georges Sorel: Het einde van een mythe* [Amsterdam: Contact, 1938]使我注意到了索雷尔。)

学家关于这种新观念及其后来实现的论述都将在这种语境下进行讨论。

### 3.4.1　现代早期实验的本性

在刚刚界定的领域中，一个优先的问题是，经验在科学中起了什么作用。在18、19世纪，人们往往将新科学的"经验主义"与被视为之前自然哲学尤其是亚里士多德哲学之典型特征的"徒劳的"先验推理相对立。例如，休厄尔和马赫都是这样看待这个问题的，无论他们的历史研究方法有多么不同。但是在19、20世纪之交，提出这个问题所使用的术语大大改变了。据发现，经验事实不仅深刻参与了现代早期科学的形成，而且造就了似乎与之对立的亚里士多德主义。只有在一种较为狭窄的意义上定义实验科学的关键特征，才能确定两者在这方面的决定性差异。与康德关于不受控制的观察与积极讯问自然（见第2.2.1节）的区分相一致，迪昂和同时代的保罗·塔内里（Paul Tannery）[①]都表明了基于日常经验的亚里士多德主义自然观与17世纪的新科学特意让自然服从"实验"探究之间的区别。[②]

对于后来的编史学来说，这一直是一种基本区分。当现代早期科学被刻画为"经验的"时，其潜台词通常是，这里意指积极讯问，而不是"幼稚的"、不太受控制的观察。因此，认为科学革命的

---

① 塔内里（1843—1904）：法国科学史家。——译者

② 在"Galileo and Plato"的开头，柯瓦雷提到了P. Duhem，*Système du monde* I，pp. 194 sqq. 以及P. Tannery，*Mémoires scientifiques* VI，p. 399。

一个主要新特征是实验(它此时被认为有别于原始状态的经验),这种看法本身几乎不再有争议。然而,实验对于科学革命的产生以及后来的命运有怎样的推动作用,在哪些方面又没有起到促进作用,这仍然是有争议的。

185 **关于实验对现代早期科学的形成所起作用的两种看法**

到目前为止,我们主要是在“数学的”科学革命观这一框架下遇到“实验”的,柯瓦雷和戴克斯特豪斯都否认实验在其中有任何独立的本质性作用。在他们看来,实验的作用几乎只是把抽象的理想化数学理论领域与能被感官把握的经验领域联系起来。直到在某个主题上,数学的理论化已经发展到足以做出经验上可验证的预言,才会用实验来确定这种抽象的理论处理的是否的确是真实世界。因此,实验的任务仅仅是做出后天的检验,这也包括思想实验,因为在许多情况下往往没有合适的仪器来实际完成它们。

因此,在20年代到60年代创造出科学革命概念并且在自然的数学化中寻找其关键的那些历史学家几乎完全否认实验有探索作用。然而,具有化学背景而不是数学或数学物理学背景的一些当代科学史家对于把实验的作用仅限于作后天的检验感到不安。在这些探索新领域的历史学家当中,尤其应当提到帕格尔和霍伊卡。他们提出并且发展了一种观念,即科学革命应当主要被刻画为从有机论世界观到机械论世界观的转变,这里“机械论”一词意为“类似于机器的”。在古代人看来,自然是一个有机体,技艺无法模仿(更不要说改进)自然结果——通过实验来解剖自然不会教给我们什么,因为在解剖刀下,所要揭示的自然性质将会变得面目全非。而 17 世纪的科学家却主要将自然看成一部机器，当时普遍存在着自然的“钟表”隐喻便是证明。有机论世界观意味着将自然视为活的和有生命的，而不是像机器那样；导向更高的目标，而不是受物质微粒偶然运动的支配；是生成的，而不是制造的。在这样一种对科学革命典型特征的总体构想中，做实验可能的确会启发我们认识事物的真实本性，就像把机器拆开会有助于我们理解它的运行一样。不仅如此，我们应当把做实验这个新习惯看成科学革命所造成的本质性变化的首要表现。[①]

在根据这些线索概括性地重新定义科学革命时，“化学论者”沿着两个方向对其不同立场做了详细阐述。帕格尔及其学生狄博斯认为 16 世纪末有一场“化学革命”，它植根于帕拉塞尔苏斯的魔 186
法思想和实践。这条思路最终并入了前面（特别是第 3.3.2 节）讨论的炼金术潮流。霍伊卡则强调与有机论世界观相对立的机械论世界观的兴起与文艺复兴时期产生的一种对于体力劳动的新评价之间的关联。直到人类学会“动手思考”，“从自己的经验中”真切地认识到“自然反复无常的把戏”，[②]现代早期科学才是可能的。就这样，霍伊卡提出了关于现代早期科学起源的一连串解释，我们将在第二部分（第 5.1.1 和 5.2.8 节）作进一步讨论。

现在我们来讨论这种他样的科学革命观认为实验在科学革命

① R. Hooykaas, “Das Verhältnis von Physik und Mechanik in historischer Hinsicht” and “La Nature et l’Art,” 两者都收在他的 *Selected Studies in History of Science* 中。Allen G. Debus, “The Chemical Philosophy and the Scientific Revolution” 对帕格尔和狄博斯的研究思路作了方便的总结。

② R. Hooykaas, “The Rise of Modern Science: When and Why?” p. 470.

中起什么作用。正是托马斯·库恩吸收了“数学论者”和“化学论者”似乎相反的观点，试图把它们纳入一种融贯的科学革命图像，从而在它们之间做出调和。

### “数学的”实验和“培根式的”实验

我们已经知道那个图像，它就是库恩1972年提出的关于科学革命两种潮流的观念（见第2.4.4节）。库恩在这里（除许多其他内容以外）表明，关于实验在科学革命中所起作用的争论方式——是独立产生了重大影响还是附属的——往往使这种争论徒劳无功。必须区分两种类型的实验，它们分别属于两组相对独立的科学学科，即古典科学和培根科学。虽然实验在古典科学传统中的附属地位几乎无法否认，但构成科学革命的另一潮流即培根传统却以一种新型实验的兴起为标志，这种实验是探索性的，而不是为了确证。因此库恩注意到，这两种实验传统之间的一个显著差别体现在当时对实验的报告方式上：“数学家”（如伽利略和帕斯卡）是漫不经心地、“理想化地”做报告，而“培根主义者”（波义耳等皇家学会周围的人）则是认真详细地做报告。

库恩这几句短暂评论一直未得到充分发掘。[①] 据我所知，迄今为止，只有这些说法试图以一种不同于非此即彼的立场对实验在科学革命中的作用进行分析。我们已经看到，这其中隐藏着攻击柯瓦雷等人所体现的大传统的主要观点，这是前一章所得出的

① P. Dear，“Miracles，Experiments，and the Ordinary Course of Nature”最近研究了这一主题。

一个重要结论。同样，在实验的作用这个领域中也隐藏着对韦斯特福尔两种潮流解释的主要障碍，在韦斯特福尔的解释中，实验或多或少落入了数学潮流与"机械论"潮流之间的混乱地带，而没有得到重视。夏平与谢弗 1985 年出版的著作《利维坦与空气泵》是 187
迄今为止探讨 17 世纪科学中实验本性的最英勇的努力，但在这本书中，这个问题也没有得到令人满意的解决。

**实验与自然实在**

夏平和谢弗在《利维坦与空气泵》中处理这个问题时，分析了波义耳等英国实验家如何在一场与霍布斯的争论中制定了那些远非自明的实验方法规则，这场争论所涉及的远不只是纯粹的科学问题，社会秩序的获得和维持才是争论的焦点。作者的出发点是近年来"科学学"(science studies)传统中社会建构论的一种观念，即确定什么可以算作科学事实，与其说是源于研究者对自然给定之物的观察，不如说是源于科学家之间协商的结果。诉诸自然是一种后天的社会行为，为的是胜利者们在赢得斗争之后确定他们的观点，但这场斗争本身涉及非常不同的问题，科学以外的各种利益、争论等等在其中起了关键作用。因此，在与霍布斯就空气泵结果的地位进行争论时，波义耳声称他的实验向所有人公开，每个人都可以重复，不必寻求原因等等，此时他只不过是以一种符合王政复辟时期的秩序的方式制定了实验方法的规则，皇家学会意识形态的领导者希望实验科学能在这种秩序下发挥作用。霍布斯不厌其烦且毫不留情地指出，波义耳声称的实验科学的所有这些性质都是为了掩盖他没能使结果真正令人信服这一事实。

我们不禁好奇，夏平和谢弗的论证——这里只给出了某些概要——与整个科学革命有什么关系。一方面，书中没有出现"科学革命"这一表述，作者将该书定义为"对17世纪中叶英格兰生产自然知识的不同策略……的研究"；[①]另一方面，波义耳干脆被当成了现代早期科学的创始人。[②] 因此，虽然该书——当然技艺很高超——讨论的是科学史中的一个情节，但它的范围其实要广得多，这至少在部分程度上解释了为什么该书从问世起就主导了历史学家对科学革命的思考——围绕着它出现了各种口头的和书面的讨论，几乎不亚于柯瓦雷的工作在四五十年代和耶茨的工作在六七十年代所产生的影响。

然而，该书也因此对编史学状况造成了某种非常不幸的后果。在书中，我们发现有一个主张并没有真正得到论证。在某种程度上，历史写作也只能是这个样子。例如，柯瓦雷谈论了伽利略，意
188 指科学革命。（诚然，起初柯瓦雷将科学革命定义为伽利略从事的新的活动，但他的概念很快便超出了那个特定的界限。）关于像科学革命这类事件的一般观念不可避免要基于不完整的研究，它总有可能被质疑为缺乏代表性或不完整。但这与提出一个论点而不做论证并不是一回事。这里有一种需要重视的微妙平衡，这种平衡并不总能得到维持。在我看来，科学史家基于很小范围的经验研究来论证一个很大的断言，同时用虚夸的言辞、意识形态的谈话或沉默来弥补两者间的差距，这种做法已经越来越流行。在《利维

① S. Shapin and S. Schaffer, *Leviathan and the Air-Pump*, p. 131.

② Ibidem, pp. 3 – 5 in particular; also p. 341.

坦与空气泵》中，三种补缺都用得很机智，也正因如此，其正式主题之外的研究才引起了这么大兴趣。然而，很难看出这种论述对于欧洲大陆的科学有什么意义，那里不需要攻击或捍卫王政复辟时期的秩序，也很难看出这种论述对于数学传统（而不是培根传统）中的实验有什么意义。正如库恩所说，数学传统中盛行的规则极为不同，无论如何，那里的实验研究并不等同于一种"非因果的"(acausal)做科学的模式。[①]

夏平和谢弗已经表明，不可能做出真正决定性的实验，因为我们总能构造一个同样符合结果的不同的理论框架。就此而言，他们当然是有道理的——虽然他们自己也承认，这种观点几乎算不上原创。[②] 然而，这背后似乎隐藏着一个更大的主题。说到底，这里的问题在于实验所揭示的自然中的人工性要素。例如，为什么伽利略在公开发表的著作中说得就好像他通过实验获得的结果与理论预测的结果精确符合？这并非因为他[对两种自然]缺乏理解，也不是因为他没有费心做实验（就像我们现在知道的那样），而是因为他认识到，对于那些完全不了解"自然的"自然与"人造的"自然之间鸿沟的读者而言，任何反映出这种鸿沟的结果都可能被视为对理论的拒斥而不是确证。

① 在讨论帕斯卡和波义耳的研究和段落中，霍伊卡反复强调与波义耳不同，帕斯卡丝毫不反对诉诸原因。因此，把实验科学等同于非因果科学似乎是没有根据的。

② S. Shapin and S. Schaffer, *Leviathan and the Air-Pump*, pp. 112, 163 - 164, 186，针对的是哲学家关于判决性实验可能性的争论。历史学家关于这个问题的讨论的一个例子可参见 Dijksterhuis, *Mechanization*, IV: 275 - 276，讨论了帕斯卡和佩里耶(Périer)在多姆山(Puy de Dôme)所做的关于真空的所谓判决性实验。

17世纪每一位感兴趣的思想者都不得不尽力解决"自然的"自然与"人造的"自然之间的区分以及两者之间的关联这个基本问题。夏平和谢弗已经绝妙地表明,霍布斯是怎样出于自己的目的而用高超的论辩技巧利用了科学实验的相对人工性这一特征。[①]他们忘记指出的是,所有这些仅仅构成了17世纪不断寻求解决相关问题的一个情节,这些问题从伽利略已经开始,在帕斯卡和惠更斯那里达到了新的高潮,这两个人都指责一种亚里士多德主义/笛卡儿主义的混合观点,这种混合观点对人工实验可以帮助我们理解自然做出了类似的反驳。[②] 对17世纪这场争论的更加全面的研究仍然有待书写。我们的确可以要求这一研究不先验地站在胜利者一边,所谓胜利者是指17世纪的那些先驱者们,他们制定的
189 实验方法规则直到今天仍被认为大体上有效。但我们同样可以要求这一研究不去先验地判定,自然设置的那些限制与它毫不相关。一旦拥有这一研究,我们将会更好地理解"数学的"和"培根式的"实验在我们所谓的科学革命这场整个西欧的运动中所起的作用。

### 3.4.2 科学仪器的兴起

17世纪初发现的"人造自然"领域背后的关键想法是,自然能

---

① S. Shapin and S. Schaffer, *Leviathan and the Air-Pump*, pp. 77–79, 114, 128.

② 关于帕斯卡:R. Hooykaas,"Pascal"。关于惠更斯:C. Burch 未发表的博士论文"Christiaan Huygens: The Development of a Scientific Research Program in the Foundation of Mechanics," 2 vols. (University of Pittsburgh, 1981), pp. 170–181,讨论的是在碰撞现象的理想化方面惠更斯与笛卡儿的对比,特别是相应注释中惠更斯的文本。关于一般问题:A. Van Helden,"The Birth of the Modern Scientific Instrument, 1550—1700",特别是 p. 62。

够展示出不同于感官向我们直接揭示的其他许多可观察现象。总体上说，这个基本事实的发现可以归功于科学革命。和往常一样，这里也有边界事例，而且它们都倾向于强调而不是质疑革命的事实。这些边界事例中一个富有启发性的例子是和音。希腊音乐理论并不知道和音的存在，只有亚里士多德注意到，任何音都以某种方式包含着其更高的八度和音。一方面，大量和音能够不借助于任何特殊仪器而被听到。作为它们的发现者，梅森在1636/1637年坚称，只需安静和集中精力便可以发觉，人声或乐器所产生的任何音实际上都是由一个基音与若干(在梅森看来有五个)更高但更弱的泛音混合而成。另一方面，要不是先验地预期自然中存在着比日常经验所揭示的更多的东西，当初就没有理由去尝试和倾听了。在从亚里士多德到梅森的1800年里，没有人曾经费心去查明是否有这回事。[①] 理解科学革命新颖性的一条途径是注意到突然出现了这样一种怀疑，即在日常观察的实在之外，还有另一套自然现象有待发现。

## 科学仪器的各种角色

人类当然主要是藉着科学仪器才发现和描绘了那个无边无际的人造自然的新世界。认为不使用仪器就无法在这个新领域中发现任何东西，这种看法有些夸张(参见和音)，因此，科学仪器的目的并不只是探索人造自然领域。17世纪之前的仪器能够帮助第

① 这个例子源自我的著作 *Quantifying Music*, p. 102，关于 M. Mersenne, *Harmonie universelle*, livre quatriesme des instrumens, prop. 9, coroll. 1。

谷·布拉赫及其同时代人用肉眼观察天界，其他仪器也曾为了再现（星盘、行星仪）或辅助计算而被设计出来。但总体上可以说，17世纪初对人造自然的发现的确与望远镜、显微镜、气压计、空气泵
190 等众多科学仪器的发明及其随后发展密切相关。诚然，望远镜和显微镜扩展了我们对于“自然的自然”的认识，而不是在人造自然之中创造了一个领域，但对它们的使用最终推动人类文明远离了那个仅由我们的感官所揭示的世界。

虽然有许多关于特定科学仪器历史的文献，但只有很少一部分讨论仪器本身在一般科学史尤其是科学革命中的地位。对于少数一般观点，我们仍要回到莫里斯·多马（Maurice Daumas）[1] 1953年的权威著作，它原为法文，英译本标题是《17、18世纪的科学仪器》（*Scientific Instruments of the Seventeenth and Eighteenth Centuries*）。它把科学革命视为科学仪器史上一次突然断裂的动因。阿尔伯特·范·赫尔登（Albert Van Helden）[2]曾在一篇开拓性的论文中指出，无论出现得多么新奇和突然，科学仪器直到17世纪才逐渐获得了我们今天认为理所当然的在科学中的显著地位。

**科学仪器与现代早期科学的兴起**

在多马看来，科学革命引起了科学仪器制造史上的一次重大断裂。直到16世纪末，在少数专业作坊里逐渐发展起来的科学仪

① 多马（1910—1984）：法国化学家、科技史家。——译者
② 赫尔登（1940—）：美国科学史家，生于荷兰。——译者

器一直源于"对传统知识的经验利用"。① "心灵手巧、技艺精湛的工匠们致力于改进仪器,有些仪器的基本原理已被知晓了上千年。"这种逐渐改进的缓慢节奏突然被新科学所打断,导致了"一种不再基于演化、而是基于发明的扩展"。在一定程度上,仪器制造方面的突破决定了科学上的突破,反之亦然。一方面,在16世纪末,"技术进步已经达到了这样一种水平,使人们可以通过最近的发明来解决新的制造问题"。另一方面,新科学创造出了必要的需求,能够"激励制造者解决这些问题"。一个结果是,作坊迅速专业化,在传统手工业行会的框架内运作更加自由。然而,在整个17世纪,他们不得不与这个世纪的许多大科学家竞争:和这个行业中任何一位有天赋的工匠一样,伽利略、惠更斯、牛顿以及其他许多人在工艺技术方面同样有天赋(至少自认为如此)。②

范·赫尔登在进一步研究科学与仪器的相互影响时指出:"[科学仪器]在数学科学和实验科学中不可或缺的地位……在1600年左右并没有完全形成,而是在17世纪发展起来的。"③例

① M. Daumas, *Les instruments scientifiques aux XVIIe et XVIIIE siècles* (translated as *Scientific Instruments of the Seventeenth and Eighteenth Centuries*), pp. 40-41 (27-28):"L'ingéniosité et l'habileté des artisans n'avaient d'autre objet que de perfectionner des modèles d'instruments dont le principe était, pour certains, connu depuis une dizaine de siècles." "... un épanouissement basé non plus sur l'évolution, mais sur l'invention." "Le milieu technique avait atteint un niveau de qualité suffisant pour que les problèmes nouveaux de fabrication, posés par les récentes découvertes, puissant recevoir une solution; mais encore fallait-il qu'une demande se manifestât pour que les ateliers cherchent à résoudre ces problèmes."

② Ibidem, p. 2.

③ A. Van Helden, "The Birth of the Modern Scientific Instrument," p. 57. 关于显微镜学,这幅图像在 M. Fournier, *The Fabric of Life: The Rise and Decline of Seventeenth-Century Microscopy* 中得到了确证。

如，直到17世纪末，科学家或仪器制造者才渐渐开始把追求最大
191 的精确性当作目标。起初，作为闯入理论思考领域的外来者，仪器需要一定时间才能在其周围创造出一种研究环境（这尤其适用于望远镜天文学和显微镜研究领域），才能让人理所当然地接受它的结果和读数，简而言之，变成我们今天所认为的科学的一种不可或缺的工具。科学革命结束时，所有这些均已实现。

我们注意到，在多马和范·赫尔登看来，经验科学和它的主要工具科学仪器在1600年左右崭露头角并非偶然，从而又提供了一个强有力的理由，说明科学革命为什么始于那时而不是1543年的哥白尼。至于其他方面，我们仍然需要对这两位作者所指出的许多新特征进行深入考察，这种考察非常令人振奋。到目前为止，很少有人尝试从经济史的角度去研究仪器贸易的供求结构及其在17世纪的许多根本转变。[①] 关于17世纪理论家的那些明显的新习惯，比如亲自动手和制造仪器，有时甚至会出售一些自己的仪器等等，我们也只有一些偶然的研究。[②] 多马和范·赫尔登所提到的一个非常关键的问题至今也没有被系统探究过。这个问题就是，科学革命时期的科学研究在多大程度上被"技术前沿"——技术上可行的东西在某一时刻设置的限制——所激励，或者反过来，被它扼杀在萌芽状态。简而言之，虽然在文献中有许多中肯的好问题已经被或多或少地附带问及，但科学仪器在科学革命中所起

① 这一领域的一个开拓者是P. de Clerq，他就这一主题给*Annals of Science*，*Tractrix*写了一些论文（主要是关于18世纪仪器贸易的），还有一些会议报告。

② 这方面的一篇开创性研究是J. H. Leopold，"Christiaan Huygens and His Instrument Makers"。

的作用仍然有待于深入研究。

### 3.4.3　科学的应用:观念与实在

科学革命论述大都为弗朗西斯·培根关于自然研究双重目标的激动人心的口号保留了一席之地。在培根看来,从思想上控制自然这一传统目标仅仅是为自然研究的最终目标做准备。培根主张,重新从根本上改进对自然法则的认识更是为了使人类有效地控制自然,为了人类的利益去开发自然的资源,“实现一切可能之事”。稍后,笛卡儿在《方法谈》的第六卷中也含蓄地表达了非常类似的观点,他自信地宣称我们有能力“把自己变成自然的主人和拥有者”。[①]

显然,只有在“人造自然”的背景之下,培根和笛卡儿热情宣扬的应者云集的新理想才有意义。亚里士多德主义自然哲学尤其喜欢把自然解释成一种不能被人类改变的既定的东西。它有意把自 192
己限制在容易观察的事实领域,因而不可能认为自然既可以理解,又可以开发。

科学可以应用,这个观念无疑是科学革命所产生的新事物之一。(尽管最近发现,在培根本人的著作中,新的理想是在炼金术和自然魔法的语境下出现的,事实上应把它看成那种行动主义的魔法传统的经过转变的后代)。[②] 培根用科学为人类造福的号召

---

① “et ainsi nous rendre comme maîtres et possesseurs de la nature.”

② P. Rossi, *Francis Bacon: From Magic to Science* 是一篇强调培根的文艺复兴时期自然主义背景的早期研究。(关于这一点,更多的内容见第 4.4.4 节)

响彻 17 世纪。但这些号召到底想要表达什么实际事情呢？

## 基于科学的技术的今与昔

科学与技术的紧密相关是现代生活最突出的特征之一。但是关于这两者到底如何关联在一起，却可能听到完全相反的观点。在一个极端，科学被认为仅仅是一般化的技术；在另一个极端，技术被认为仅仅是应用科学。更加现实的评价肯定处于这两个极端之间的某一点。然而，这两个极端之间的所有可能观点都预设了，科学与技术之间存在着非常密切的关联。对于我们这个时代而言，这当然是很自然的：一种大体上基于科学的技术（science-based technology）决定了我们日常生活的方方面面。因此我们不禁会认为，科学与技术在过去也是密切相关的。但如果我们认为科学与技术的关系必定给（比如说）1800 年之前的观察者留下了深刻印象，那么是否可以说，他们看到的同样是一种基于科学的技术呢？

许多科学史家都或多或少理所当然地认为这的确是事实，因为基于科学的技术必须被视为 17 世纪的产物。他们的理由在很大程度上依赖于皇家学会大体上功利主义的氛围，或者依赖于皇家学会在（特别是）清教徒中的直接先驱者。①

① Charles Webster，特别是在其著作 *The Great Instauration: Science, Medicine and Reform, 1626—1660* (New York: Holmes & Meier, 1976)中为这样一种观念作了辩护，即在王政复辟时期之前的几十年，有一门应用科学被清教徒所从事。我参考了 Harold J. Cook 在 I. B. Cohen (ed.), *Puritanism and the Rise of Modern Science: The Merton Thesis*, pp. 265 - 300 中对 Webster 观点的简要概括。

## 17 世纪科学的应用：言与行

毫无疑问，17 世纪的科学家很可能会通过指出实用利益来证明他们的活动是正当的。急于证明科学事业的柏拉图主义纯洁性的柯瓦雷曾经略带嘲讽地指出，17 世纪科学家之所以会不断援引应用科学的用途，完全是因为他们很早就感觉到需要把“他们的科学‘兜售’给富裕而无知的赞助人”。[①] 社会学家默顿则把这个问题提升到了更高的一般性层次，他指出，科学在享有现代社会中那种理所当然的合法性之前必须先获得这种合法性，17 世纪科学家 193
为其新事业寻求的合法性自然会在新科学的诸多用途中找到。以下是默顿考察 17 世纪的英格兰做科学的理由时收集的一些用途：

> 为了回答当时的怀疑论者所提出的那个时而含蓄时而明确的问题——为什么要从事和赞助科学？自然哲学家、教士、商人、矿主、士兵和官员们给出了科学的各种“用途”：
>
> ——宗教用途，可以彰显神的作品的智慧；
>
> ——经济和技术用途，可以在更深的地方开采矿山；
>
> ——经济和技术用途，可以帮助水手安全航行到更远的地方探险和贸易；
>
> ——军事用途，可以提供更为有效和廉价的杀敌方式；
>
> ——自我发展的用途，可以提供一种训练心智的形式……；以及
>
> ——民族主义用途，可以在英国人宣称拥有发现和发明

① A. Koyré, *Newtonian Studies*, pp. 5–6（脚注）.

的优先权时扩大和加深他们的集体自尊。[1]

这张引人注目的清单有效地提醒我们，除了我们今天在“为了科学本身”和“为了名利”之间所做的二分，17世纪还认识到了科学的其他有效目标。然而，在默顿列出的这六条里面，显然只有三条能够支持17世纪出现一种基于科学的技术。对于这三条的反驳都能在文献中找到。无论是哪种情况，论证的主旨都是，虽然当时说得情绪激昂，实际行动却很缺乏。的确，几乎在整个17世纪，科学都被——非常正确地——认为能够解决确定海上的地理经度这个难题。然而众所周知，科学家们一直没能找到解决方案。最终解决这个问题的是18世纪的工匠约翰·哈里森(John Harrison)[2]，他了解相关科学背景，但本人并没有从事科学。同样，至少从奥托·冯·盖里克(Otto von Guericke)[3]实验之后，人们认识到，可以用大气压和真空来控制自然力，而更早的自然哲学家甚至连自然力是否存在都不知道。然而，在理论上已经得到很好理解的东西，其实现却要再次等待18世纪的工匠托马斯·纽可门(Thomas Newcomen)[4]的不可或缺的发明，他也了解相关的科学背景，但本人并没有从事科学。[5] 最后，科学能够提高当时枪炮

① R. K. Merton, *Science, Technology and Society in Seventeenth-Century England*, 1970 preface, pp. xx - xxi.

② 哈里森(1693—1776)：英国钟表匠。——译者

③ 盖里克(1602—1686)：德国科学家、发明家。——译者

④ 纽可门(1664—1729)：英国发明家。——译者

⑤ D. S. L. Cardwell, *Turning Points in Western Technology*, chs. 2 and 3.

的实际效力这个例子也被霍尔沿着类似的思路宣告无效。[①]

事实证明,在每一种情况下,理论上可行与实际上可行的解决 194
方案之间的鸿沟远远超出了当时所能克服的程度。1954 年,约翰·德斯蒙德·贝尔纳(John Desmond Bernal)[②]得出了一个似乎顺理成章的一般结论。虽然贝尔纳承认,“新科学最典型的统一原则就在于它关注当时的主要技术问题”,[③]但他指出了这一尚不能弥合的鸿沟的本质:“木匠或铸造粗糙金属的人是不可能利用新的数学和动力学所提供的精妙思想的。”[④]

虽然主要由于一些意识形态上的原因,贝尔纳对自己的观点做了限定,指出航海是唯一例外的领域,早在科学革命时期,科学就被证明在航海中是有用的,但自那以后,他的一般结论得到了其他人的支持。韦斯特福尔 1983 年发表的《罗伯特·胡克、机械技术和科学研究》一文对这一观点作了肯定和改进。他的基本观点是,17 世纪科学尚不具备充分的基础,能够以此建立一种合乎科学的技术:谈论基于科学的技术的可能性是一回事,实现它则是另一回事。韦斯特福尔对其论点的经验支持是,假如这一时期存在着基于科学的技术,那么我们一定能在胡克的工作中发现它。但在这里,正如他所表明的那样,特别是由于牛顿之前动力学观点的阻碍,胡克没能成功地解决他向自己提出并且自信能用科学解决

① 这是霍尔博士论文的主题。简要的概括见 A. R. Hall,“Gunnery, Science, and the Royal Society”。

② 贝尔纳(1901—1971):英国科学家、科学史家。——译者

③ J. D. Bernal, *Science in History*, p. 491.

④ Ibidem. 本书第 3.6.2 节讨论了贝尔纳指出的航海例外。

的那些实际问题(例如,如何让油灯稳定燃烧,如何最好地调整船帆,等等)。恰恰因为胡克天才般地发明了众多实际装置,而且他的科学知识并不逊色于除牛顿以外的任何同时代人,他本应是实现基于科学的技术范例的最佳候选人。由于这些范例并未实现,韦斯特福尔基于其他理由试探性地推出了上述结论:科学革命的主要人物热忱提出的承诺要等到科学革命之后才能实现。

如果接受这个结论,那么我们仍然要问为什么是这样——为什么新科学无法一举克服它与同时代技术之间的鸿沟。前面给出了两种回答。一种回答在于逐渐**认识**到,对于科学提出的实际问题的理论解答与真正可行的解决方案之间存在着巨大的鸿沟,它既不能被科学家弥合,也不能被传统工匠弥合,而只能由一种新型的(纽可门/哈里森类型的)工程师学着用独创性的技能来处理。另一种回答是,牛顿之前的动力学过于混乱,以致无法用于实践。历史学家一旦开始更详细地讨论为何 17 世纪没有出现一种基于科学的技术,势必还会给出一些理由。或者用一种更加正面的方
195 式重新表述,我们需要从整体上深入研究 17 世纪那个引人入胜的历史过程,即为了实现培根的承诺,科学家和工匠是如何在增进互动的过程中开始发现、探索和尝试缩小他们各自事业的鸿沟的。

尽管说了这么多,韦斯特福尔的文章还是认识到了一个边界领域,使 17 世纪的科学和技术能够富有成效地结合起来。这就是科学仪器领域。无论多么重要,我们必须把它与培根的说法明确区分开来:

> 在我们无法否认其科学性的技术当中,摆钟也许是典型。

然而，这种技术并不符合培根的功利主义期待。它内转到科学事业本身，推进了对自然的研究，但丝毫没有增加生活的舒适和便利。①

## 结尾的提醒

前面得出的结论绝不是想暗示 17 世纪没有技术，或者 17 世纪的科学根本无法应用(尽管它具有培根式的野心)。17 世纪的技术当然是生气勃勃的，②只不过，就像“作为制造者的人”(man the maker)的整个既往历史那样，技术仍然从科学发现中受益甚少(科学仪器是唯一的例外)。直到 19 世纪中叶，当人们为了工业革命的机器制造出来的大量纺织品而大规模生产化学染料时，一种完全成熟的基于科学的技术才盛行起来。③

培根已经有了正确的直觉：新科学能够加以应用。只不过要等到逾一个半世纪以后，17 世纪关于控制自然力和测定经度的似乎最有希望的断言才能最终实现。直到工业革命出现，培根的应用科学理想才第一次初步实现。

因此，本节中的所有说法都不应被理解成对于培根观念本身的轻视。假使我们忘记了对科学的应用已经大大改变并会继续改变我们的日常生活(虽然不像培根那样乐观地相信只有好处，但也

---

① R. S. Westfall, “Robert Hooke, Mechanical Technology, and Scientific Investigation,” p. 107.

② C. A. Davids, “Technological Change in Early Modern Europe (1500—1780)” 对 17 世纪的技术作了有用的概述。

③ D. S. Landes, *Unbound Prometheus*, pp. 108 - 114.

不是只有坏处),我们只需看看窗外,便足以相信这一点。培根的说法表达了在17世纪诞生的这种新科学的一个新的重要性质,因而的确为此前在科学名义下进行的一切事情增加了一个新的维度。

### 3.4.4 对女性自然的征服

我们的下一个主题是开发自然所带来的较为阴暗的一面,这是弗朗西斯·培根没有预见到的。我们将讨论这样一个论题,它
196 把征服自然和随后的摧毁自然视为科学革命所导致的一个关键后果。为了从编史学角度定位这一主题,让我们回想一下前面章节中提到的两种思潮。一种是把现代早期科学的出现主要刻画为从有机论自然观到类似于机器意义上的机械论自然观的转变(第3.4.1节)。另一种则是六七十年代围绕赫尔墨斯主义议题出现的一种趋向,它为16、17世纪的思维模式和感觉模式赋予了独立的价值,这些模式或多或少被获胜的新科学所征服(第3.3节)。卡洛琳·麦茜特(Carolyn Merchant)[①]在她1980年的著作《自然之死:女性、生态与科学革命》(*The Death of Nature: Women, Ecology, and the Scientific Revolution*)中不仅把这两种思路结合在一起,而且从一种女性主义的观点对其作了拓展。

麦茜特这部著作的核心论点也许可以概括为两个相互关联的断言:一是科学革命意味着自然之死;二是有一种自然形象凸显出来,在这种形象中,自然是一个有待征服的被动的女性,而不是应

① 麦茜特(1936—):美国生态女性主义者、科学史家。——译者

当受到敬畏的养育万物的母亲。这种形象的兴起消除了 17 世纪之前限制对自然进行无情开发的一个关键因素，而这种开发不可避免地导致了我们今天的环境问题。

麦茜特意识到自己的研究有一个局限，那就是 17 世纪科学的内容大都不在她的论述之中。她希望考察的是，"与自然和女性形象相联系的价值观念与我们现代世界的形成有何关系以及对于我们今天生活的意义"。[1] 她的做法主要是在每一章的前一两页给出一个一般陈述，然后列举当时的观念、文学形象以及主要从英格兰的思想史和社会史中挑选出来的活动。因此，我们这里讨论的并不是一个持久不变的历史论点，而是一组副论题(subtheses)，它们把来自各个领域的大量事实松散地联系在一起，比如对女性的看法、自然的形象、机器技术、物质与精神的关系、17 世纪末英格兰的森林砍伐和污染等等。

麦茜特核心主张的出发点是，自然总是被隐喻性地比做一个女性。她断言，这种发端于希腊和基督教思想的形象从一开始就不仅带有"被统治"的含义，而且带有"养育"的含义。在漫长的岁月里，人们对"养育"含义的体验要远为生动和自然，"养育"隐喻的流行有力地限制了对自然的开发，无论在观念上还是行动上。在把自然比做一位养育万物的母亲的隐喻中，像采矿这样的活动无异于在攫取她的肉，因此在伦理上非常可疑。由于得不到认可，这类活动不可能成为人类对待自然的模式。然而，商业资本主义的

---

[1] C. Merchant, *The Death of Nature: Women, Ecology, and the Scientific Revolution*, p. xvii.

197 出现越来越需要这种"反自然"活动的产品,因此鼓励消除流行的自然形象所提供的伦理限制:

> 由于整个社会的需求和目的正随着商业革命而改变,与有机论自然观相联系的那些价值观念不再适用;此后这个概念框架本身的合理性正慢慢地、持续不断地受到威胁。①

那么,如何才能认可对自然的开发呢?科学革命使有机论自然观过渡到了机械论自然观,从而提供了所需的认可。这种认可表现为一种自然隐喻,它一直存在,只不过现在才流行起来,那就是把自然看成一位有待征服的女性。

麦茜特的证人是弗朗西斯·培根,他见证了"被统治"形象的提升,也见证了这种形象与一种对待自然的行动主义新方式之间的密切关联。培根倡导实验方法时常常会求助于受征服的女性自然的形象。(例如培根在《男性时代的诞生》[*The Masculine Birth of Time*]中说:"事实上,我正把自然和她的所有孩子带到你面前,让她为你服务,成为你的奴隶",还说,"你只需跟随,对自然紧追不舍,便能把她再次引领和驱赶到同一个地方"。)②培根每每使

① C. Merchant, *The Death of Nature: Women, Ecology, and the Scientific Revolution*, p. 5.

② 这些话分别引自 ibidem, pp. 170 和 168。它们出自 Francis Bacon, *The Masculine Birth of Time*, translated in B. Farrington, *The Philosophy of Francis Bacon* (Liverpool: University of Liverpool Press, 1964), p. 62; 和 *De dignitate et augmentis scientiarum*, in *Works* (ed. Spedding, Ellis, and Heath), vol. 4, p. 296。

用受审自然的形象，还把自然说成女性的，这些都“强烈暗示了对女巫的审讯和用机械装置来拷问女巫”。[①] 这样一来，对培根而言，像采矿这样的活动就可能成为人类对待自然的典型模式，而并非侵犯了为人类对待自然所设的限制。于是麦茜特得出结论说：

> 这里，现代实验方法的关键特征包含在大胆的性意象中。……在自然为她端庄的长袍被撕碎而感到的悲哀中，对强行侵入自然的限制变成了语言上的赞许，为人类的利益而开发和“强奸”自然变得合法化。……
>
> 审讯女巫作为审讯自然的象征，法庭作为此种审讯的样板，借助机械装置的拷问作为征服无序的工具，这一切对于作为力量的科学方法都是非常基本的。[②]

从这里开始，麦茜特主要致力于表明，机械论哲学用构成笛卡儿广延物的惯性运动微粒取代了有机自然的生命力而导致了“自然之死”。她从未对“自然之死”做出定义，不过我们可以理解成把自然还原为一种无生命物理学的被动对象，其不可避免的后果就是无情地摧毁了她。麦茜特在该书结尾讨论了 17 世纪下半叶为了至少部分挽救先前的有机思维模式而做出的一些努力，安妮· 198

① C. Merchant, *The Death of Nature*, p. 168.

② Ibidem, pp. 171, 172.（麦茜特的书贯穿着一种倾向，要把美国印第安人所持的那类自然观与一种非开发的姿态联系起来。Kent H. Redford, “The Ecologically Noble Savage,” *Cultural Survival Quarterly* 15, 1, 1991, pp. 46 - 48 对这一在生态运动中流传甚广的“神话”作了有趣的拒斥。）

康韦(Anne Conway)[①]和莱布尼茨的哲学就是其中两个例子(麦茜特认为在这方面,莱布尼茨的哲学在很大程度上是派生的)。麦茜特最后指出,人类要想生存和避免最终的环境灾难,必须努力把机械论思维模式与有机论思维模式融合起来。[②]

历史学家关于17世纪发现"人造自然"领域的研究已经取得了很大进展,从将它描述为唯一可能的、现在看来理所当然的通向世界真理的道路,再到将它谴责为"自然的自然"的死亡和毁灭(被受奴役的女性自然的形象所批准)的主要承担者。该谱系的一端是科学作为永恒真理的化身这一古老而可敬的形象,另一端则是更为晚近时将科学构想为一系列极具毁灭性的观念,反映的主要是社会价值观念的改变。

这种编史学进程蕴含着三重问题。我们应当把现代早期科学的诞生看成社会力量的产物吗?如果是,那么在多大程度上可以这样看?如何来看?我们现在需要明确地讨论这些问题,弄清楚解决它们的努力在多大程度上有助于加深我们对科学革命的理解。

---

① 康韦(1631—1679):英国哲学家,剑桥柏拉图主义者,对莱布尼茨有影响。——译者

② C. Merchant, *The Death of Nature*, pp. 288 - 289 和尾声。Evelyn Fox Keller 在其著作 *Reflections on Gender and Science* 的第二章和第三章中,大体上构建了现代早期科学的产生与不断变动的女性自然形象之间的同样关联。她所强调的不是随之而来的"自然之死",而是17世纪"男性"力量型科学的胜利的偶然性,讨论了炼金术及其阴阳本原协同合作的形象指向了科学的另一条可能路线,炼金术之所以失败,乃是因为男人/女人关系和更大的经济当时发生了转变。Londa Schiebinger 在 *The Mind Has No Sex ?Women in the Origins of Modern Science* 中的大部分丰富材料都是源自18世纪。也是出于其他理由,我赞同 Anita Guerrini 在 *Isis* 82,1,311,1991, pp. 133 - 134 上一篇书评结尾的判断:"女性在现代科学起源处的故事仍然有待撰写。"

## 3.5 社会背景中的新科学

科学革命史在很大程度上是一种观念史，而观念史在很大程度上是个人观念的历史。到目前为止，我们讨论的几乎只是历史学家在尝试寻求历史上个人观念的一般模式。虽然观念随时间的发展呈现出自身的某种逻辑或内在自主性，但这种自主性并不是绝对的。观念还在一种更大的背景中发展(或者不发展)，这个背景将观念的自主性变成了一种相对的自主性。至于这种自主性能够延伸多远，换句话说，外部环境在多大程度上影响了它，这个问题并不能通过抽象的讨论来先验地决定。一般说来，对“问题——发现——新的问题——新的发现”这一令人兴奋的序列有亲身体验的科学家倾向于将其视为科学发展的全部内容，而那些因为职业或意识形态而倾向于研究观念的社会史的人，则倾向于让观念的发展部分或全部依赖于外部环境(比如资金问题、体制背景等)，偏爱一种完全相对主义的立场，认为“科学事实”的确立仅仅是科学家之间“协商”的结果，这其中反映出来的更多是权威、权力和地位，而不是自然的限制。

随之而来的关于科学史研究的“内部”方法抑或“外部”方法的 199
争论已经持续了数十年。现如今，这场争论至少在理论上似乎已经得到解决，即某种程度上，这两种研究方法我们都需要。[1] 我完

① 在我看来，科学哲学家之间的类似争论使这场争论变得极为混乱，他们希望做的恰恰是我在文中断言做不到的事情：抽象地解决问题，就好像科学是一种无时间性的东西似的。

全赞同这一令人愉快的结果，但想把它说得更明确一些。

首先，在我看来，科学家在实际工作中感受到的那种观念的自主性应当得到最严肃的对待。否则，像若埃拉·约德(Joella G. Yoder)1988年出版的著作《展开时间》(*Unrolling Time*)中详细分析的那种发现序列就会显得神秘而难以理解——在这里我们看到，克里斯蒂安·惠更斯从继承下来的一个有限问题走向第一个发现，它引出了一个出人意料的更广的新问题，然后通过下一个发现解决了这个问题，而它又……。没有任何社会史能够将这样一个序列还原为惠更斯社会环境中的任何东西。

但这并不是说，把惠更斯从确定引力常数的问题引到发现渐曲线理论的紧密相连的观念序列是在与他的思想、政治和社会经济环境完全隔离的情况下发生的。首先，我们不应理所当然地认为这些序列就是所有科学发现的全部，更不要说是一切时代的所有科学。"大科学"与"小科学"在资金、合作、出版等方面设置的限制是不同的。托马斯·库恩也一再强调，在那些(用他的术语来说)已经获得了范式地位的科学中，可以看到高度的内在自主性。他坚持认为，共享的范式尤其适合于这个"问题—发现—问题"的序列。但范式的存在预先设定了一个遵守范式的科学家共同体。因此我们也许会问——暂时还用惠更斯的例子——他最初是如何注意到寻找引力常数这个问题的。显然，要想回答这样一个问题，就必须研究科学的传播和体制化问题，而这些问题完全属于科学观念的社会史领域。

我们也许还会追问，在更大的社会中，科学何以能够成为惠更斯的终身志业，要知道，他的兄弟、父亲、祖父都是外交官，他不需要任何人的薪水过活，而且很想成为上流社会中受人尊重的人物。要想回答这样一个问题，我们不仅要研究科学革命的先驱者们是如何得到酬劳的，而且要研究科学家作为一个被社会认可的职业，这种角色是如何形成的。

此外，我们也许会注意到惠更斯因其发现而卷入的许多优先权之争，然后追问一些关于确立优先权的有效途径的问题——这在很大程度上又是一个体制问题——或者从更深层次追问，优先权问题当初是因为哪些背后的价值观念才成了17世纪科学的一个显著特征。

许多文献都关注了像体制化问题、价值问题、资金问题等等这样一些话题，其中大部分文献比较晚近，也有一些要早得多。我们 200
距离一部成熟的"科学革命的社会史"还有很长一段路要走。接下来我将讨论几个话题，作为这样一部有待撰写的社会史的片段。在我看来，我所关注的那些论述都将科学观念的相对自主性与其更大的社会背景富有成效地结合在一起。因为我在这个问题上的看法是，一般来说，有助于理解科学革命的那种科学"外"史均以当时科学观念的发展所派生的问题为出发点。

因此，我不能同意有时为了轻易摆脱争论而抛出的那种说法，即"内外"之争围绕的是一个伪问题。这种区分本身已经足够真实。然而，这样说并不必然包含一种价值判断。没有理由认为科学观念的内史要比外部研究方法更少价值或更多价值。但两者之间的关系也并不很对称。如果需要，17世纪科学的内部编史学在很大程度上能够独立进行，而外部研究方法则不能。外部研究方法要想真正有助于我们理解科学史，就必须从内史中获取主要问题，并从这些问题所给出的视角来研究更大的科学背景。如果我们把科学先验地看成仅仅是更大社会进程中的一种附带现象，那么我们从一开始就忽略了科学何以能够成为这样一种独特的社会现象。

### 3.5.1 新的科学规范

美国社会学家罗伯特·金·默顿（Robert K. Merton，1910—2003）是科学社会学的主要开拓者。其1935年的博士论文《17世纪英格兰的科学、技术与社会》（*Science, Technology and Society in Seventeenth-Century England*）的主题为他日后关于科学事业社会学方面的多项研究提供了强大的历史支撑。

默顿后来的研究中贯穿着这样一个主题，即引导科学家对待同行及科学门外汉的规范和价值观念的体制背景。虽然他对这个主题的论述旨在运用于我们今天所理解的科学，但他的著作中隐含着这样一种观念，即这些规范背后的科学精神特质（ethos）是近现代科学所特有的。换句话说，默顿的工作中隐含着这样一种思想，即我们今天所熟悉的科学精神特质的本质特征是科学革命过程中确立的。[①] 正是由于这种隐含的思想，默顿关于科学精神特质（这里我们将它与著名的“默顿论题”相区别，“默顿论题”可以追

① 默顿的博士论文归根结底是一篇历史研究（尽管是以问题为引导，并且运用了社会学家的常用工具），与此不同，后来的研究通常不受时间影响，因为它们声称揭示了他认为科学本身所特有的某些体制特征。历史要素加入进来主要是为了用许多历史例子来强化某项研究的主要论点。这些历史例子几乎无一例外不会追溯得比1600年更远。

溯到他的博士论文,我们将在第二部分详细讨论)的工作对于这里 201
概述的对科学革命更大的社会思想背景的历史解释有重要意义。

**默顿的四条规范**

在两篇科学社会学的经典文章中,默顿区分了约束职业科学家行为的四条规范。在我使用的1973年出版的文集中,这两篇文章的年份分别为1938年和1942年,题为"科学与社会秩序"和"科学的规范结构"。[①] 这两个题目都反映了当初的写作年代。当时,科学的政治化在纳粹德国和苏联表现得很明显,这促使默顿反思了在极权主义社会中遭到系统攻击的价值观念或规范,并且重新肯定了它们的民主性。默顿写道,在极权主义攻击科学之前,科学家似乎认为他们事业的正直性是毋庸置疑的。但最近这些攻击又把科学带回了它曾经的一种情形:

> 三个世纪之前,科学体制几乎还提不出要求社会支持的任何独立理由,这时自然哲学家同样需要证明,可以把科学当作一种正当的手段来实现文化上合法的经济用途以及颂扬上帝。对科学的追求在那时并无自明的价值。然而,随着成就的不断涌现,工具变成了目标,手段变成了目的。在这样增强

① 默顿编选文集时,往往会改变文章标题而不改变内容。比如后一篇文章原名"民主秩序中的科学与技术"(Science and Technology in a Democratic Order),曾有一半时间题为"科学与民主社会结构"(Science and Democratic Social Structure)。我使用的版本见 R. K. Merton, *The Sociology of Science: Theoretical and Empirical Investigations*。

> 勇气之后，科学家开始认为自己独立于社会，并认为科学是一种自身有效的事业，它存在于社会之中但并不是社会的一部分。需要给科学的自主性以当头一击，以使这种乐观的孤立主义态度转变为现实地参与革命性的文化冲突。这个问题的加入引向了对现代科学精神特质的澄清和重新确认。[1]

202 默顿把科学的精神特质定义为“约束科学家的有情感色彩的价值规范综合体”。[2] 虽然此前没有成文，但是通过观察科学家的实际行为可以将它推出来。在此过程中，从看得见的规则性当中除去那些个人化和偶然性的东西，将其一般化为对行为进行约束的规范。这些规范能够对科学的目标和方法起作用，它们有助于实现对经验证据的客观承认，这是现代科学的方法论特征。

> 科学的惯例具有一种方法论根据，但它们之所以具有约束力，不仅因为它们在程序上是有效的，还因为它们被认为是正确的和有益的。它们既是专业上的规定，也是道德上的规定。

体制上必须服从的四种规范——普遍主义、公有性、无私利性和有组织的怀疑态度——被认为构成了现代科学的精神特质。[3]

---

① R. K. Merton, *The Sociology of Science*, p. 268.

② Ibidem, pp. 268－269.

③ Ibidem, p. 270.

默顿所谓的“普遍主义”是指，决定一项科学发现是否在经验上有效的标准是客观的；也就是说，运用这些标准时无需考虑做出这项发现的科学家的个性、信条、种族、国籍或者社会地位。这并不是说，科学家在实践中总是坚持这种客观性，而是说，当违规行为发生时，大多数科学家都会感觉到这一点——对规则的违反。普遍主义规范要求科学职业应向一切有才能的人开放，而不去考虑从业者在社会中的地位。平民和贵族一样受到欢迎，只要他能为不断发展的科学事业贡献一些实质性的东西。（值得注意的是，这里默顿忽视了一个重要例外，数个世纪以来，它根本没有被当成普遍主义规则的例外，因为这条规则被理所当然地认为适用于一个仅仅由人组成的宇宙。）

第二条规范被默顿称为“公有性”（选择这个术语非常不幸），“在财产共有制的意义上”[①]使用。其要旨是，科学的精神特质要求把科学发现公开出来，它一旦进入公共领域，就成了整个科学共同体的公共财产。科学家对自己知识产权的唯一合法要求就是让其同行大致按照这种产权的内在重要性给它以相应的认可和尊重。因此，是谁最先做出了某项发现就成了一个极为重要的问题，从而导致了“对科学优先权的关注”以及随之而来的“争论……，它们点缀着现代科学史，都是因为对原创性的体制性强调而引起的”。[②] 另一个结果是，科学家应当与同行交流自己的发现。“公有性”还包含着一种认识，即科学家的贡献得益于以前的科学家

① R. K. Merton, *The Sociology of Science*, p. 273.

② Ibidem.

集体及其对有效证据的积累："科学的进展包含着过去和现代的合作。"①

第三条规范是无私利性，意指科学家在科学发现中不应有个人的利害关系。他在科学发现中的个人利益从属于客观地确立发现，后者需要经过同行的严格审查。默顿称，这一规范的最好证明就是"科学编年史中欺骗行为很罕见"。②

最后，科学的精神特质是一种"有组织的怀疑态度"，也就是说，在方法论上用一种不变的客观性标准来研究现象，无论这些现象对整个社会而言是否具有一种神圣性或一种充满强烈感情的特征。"科学研究者既不会把事物划分为神圣与世俗，也不会把它们划分为需要不加批判地尊崇和可以作客观分析。"③正是这一点使科学成为一种非常独特的社会现象："大多数体制都要求无条件的
203 忠诚，而科学体制却把怀疑态度当作一种美德。"④特别是由于这个特征，再加上普遍主义规范，才使科学(在默顿写作之时)受到了极权主义力量的侵扰和威胁。默顿断言，极权主义力量本质上无法容忍科学相对的社会自主性，这种自主性体现在那四条规范之中，它们在民主社会中会有更自然的(虽然肯定不是排他的)位置。

### 四条规范与科学革命

默顿建立这四条规范的两篇文章都非常简短，写它们是为了

① R. K. Merton, *The Sociology of Science*, p. 275.

② Ibidem, p. 276.

③ Ibidem, pp. 278 - 279.

④ Ibidem, p. 265.

在面对极权主义的威胁时，重申科学的相对社会自主性，而且用来阐明整体论点的例子大都来自于同时代的科学。尽管如此，这其中仍然存在着与科学革命的重要关联。在其整个分析背后隐含着一种观念，它把17世纪看成这样一个时期：当时的科学家通过发表自己的工作、批判他人的工作、参与优先权之争等实际行为，实际上建立起一些准则，它们后来变成了科学家共同体所秉持的规范。例如，16世纪就曾有过孤立的优先权之争（比如我们马上会想到卡尔达诺[Cardano]与塔尔塔利亚[Tartaglia]之争，第谷与乌尔苏斯[Ursus]之争）。但这种现象普遍存在于17世纪。总之，也许可以把科学革命描述为一个实验室，供当时的科学家制定规则来处理他们之间以及与整个社会的争端。

到目前为止，关于默顿的四种规范在科学家实际行为中的有效性，并没有多少历史研究作过确证或质疑。我们也尚未全面地研究整个欧洲各个科学革命中心的科学家们是如何制定行为准则的。这里的主要例外是夏平和谢弗的《利维坦与空气泵》。[①] 该书的目标之一是尝试表明波义耳是如何界定在他看来与发展实验科学相伴随的惯例的。夏平与谢弗似乎在一个重要方面偏离了默顿的规范。他们的一个主要论证旨在表明，默顿所谓的“公有性”实际上受到了严格的限制：至少在皇家学会中，大体上只有愿意承认实验方法是一种有效的发现模式的人才能做实验。更一般地说，像霍布斯那样拒绝接受新科学基础的人会认为，正在确立的规范

① S. Shapin and S. Schaffer, *Leviathan and the Air-Pump*，特别是第二章和第四章。两位作者多次承认受到了默顿科学史研究方法的激励。

就像专横的手段，旨在避免对科学事业进行根本性的批判。这种解释与其说使默顿的四条规范变得无效，不如说表明它们在科学革命进程中的确立带有历史偶然性。

204　此外还要对以下观念做出修正，即17世纪的科学家开始认可并例证了那种共享的、易得的公开知识的价值观念。这与科学革命的许多主要人物的发表习惯有关。在某种程度上，我们往往理所当然地认为，我们今天的科学发表模式——一旦认为自己做出了某种发现，甚至是在做出发现以前，就匆忙付印——也同样适用于17世纪。我们知道这条规则的许多例外情况，但我们往往针对每一个例外寻求个别解释，而不是质疑当初是否存在这样一条规则。很奇怪，20世纪的科学史家对于科学革命的了解远远超出了科学革命主要人物的认识，这恰恰是由于后者没有出版自己的许多开拓性论著，以致直到我们这个世纪才重见天日。当时只有很少几位科学家会习惯于一认为自己做出了重大发现就坚持发表：开普勒和梅森是两个例子。但推迟数十年发表（伽利略、惠更斯、牛顿）或者没能发表自己的部分发现或全部发现（贝克曼、托马斯·哈利奥特[Thomas Harriot]①）的案例实在太多，以至于我们不免会怀疑：在这个领域，新科学运动并非依赖于我们所习惯的那些惯例。②

---

① 哈利奥特（约1560—1621）：英国天文学家、数学家、人种志学者。——译者

② 这段论述实际公开交流科学发现的话并不是要批评，而是要补充William Eamon在“From the Secrets of Nature to Public Knowledge”一文中（p. 333）所谓的“科学中的公开性意识形态”，他根据默顿关于“公有性”规范的观点把这种意识形态归于科学革命的开始。

伊丽莎白·爱森斯坦(Elizabeth L. Eisenstein)富有洞见地使我们注意到,中间人频繁介入了主要科学工作的出版,例如格奥尔格·约阿希姆·雷蒂库斯(Georg Joachim Rheticus)①之于《天球运行论》,埃利亚·狄奥达蒂(Elia Diodati)②之于《关于两门新科学的谈话》,哈雷之于《自然哲学的数学原理》。③ 这使这个谜显得更加突出,但并没有解决它。对于科学革命进程中科学家如何制定自己的行为习惯和规则,科学史家们在讨论这个问题时仍然面临一项艰巨的任务。

### 3.5.2 社团和大学

我们今天会把科学发现与大学的体制背景联系起来,如果把它投射到历史中,那么似乎可以很自然地认为,大学为 17 世纪的新科学提供了场所。推翻这种方便看法的经典著作写于 1913 年,它是奥地利数学家玛尔塔·奥恩施坦(Martha Ornstein,1879—1915)的博士论文,那时她刚刚移民到美国。奥恩施坦 1879 年出生,1915 年因车祸丧生。这本名为《科学社团在 17 世纪的角色》(*The Role of Scientific Societies in the Seventeenth Century*)的著作直到 1928 年才出版。其最终结论是:

---

① 雷蒂库斯(1514—1574):奥地利数学家、天文学家。——译者

② 狄奥达蒂(1576—1661):瑞士律师和法学家,伽利略的朋友,为伽利略的思想在法国的传播起了帮助作用。——译者

③ E. L. Eisenstein, *The Printing Press as an Agent of Change*, pp. 634, 644-645.(更详细的讨论参见本书第 5.2.9 节。)

> 为了渗透到人们的思想生活中，科学需要的有组织的支持并非来自大学，而是来自它为自己创造的那些合作活动形
205 式——科学社团。①

奥恩施坦（在马赫的间接影响下）认为，她所谓的“1600 年至 1650 年的科学革命”的关键在于实验。② 她断言，17 世纪上半叶是新科学形成的时期，它

> 看起来更像是一场“嬗变”，而不是先前时期的正常渐进。通过少数人的工作，它在建立思维习惯和研究习惯方面完成了一次革命，与此相比，历史上有据可查的大多数革命似乎都无足轻重。③

与新科学的经院先驱和人文主义先驱不同，它全新的实验倾向当然使之适合于“知识的普及化和民主化”。④ 整个欧洲的国王和贵族们都对新的实验科学感兴趣，而且提供了仪器和实验室使实验能够实际完成。奥恩施坦给出了一些对新科学感兴趣的业余爱好者的例子，然后过渡到了科学社团的起源：

---

① M. Ornstein，*The Role of Scientific Societies in the Seventeenth Century*.（书上给出的作者名是 Martha Ornstein [Bronfenbrenner]，后者是她丈夫的名字，他们 1914 年结婚。）引文出自 p. 261。

② Ibidem，p. 39.

③ Ibidem，p. 21.

④ Ibidem，p. 54.

> 对于实验的热情以及它所引起的广泛兴趣明显使那些致力于科学的人加入了比较正式的组织。贵族出身的富有的业余爱好者拿出一些财富把一批人聚在自己身边，这些人可以合作进行实验并且从中受益。职业科学家会成为受指导者的核心，他也需要这些人的协助。有时即使没有这样的外部激励，实验者们也会联合在一起。……

正是科学的实验特征造就了社团，这件事情怎么强调都不为过。数学家也许可以独自解决自己的问题；实验者需要实验室，在通常情况下，这不可能由个人提供，而只能依靠社团。①

最终结果是，这些"科学工作者的联盟……成为17世纪下半叶科学工作的主要特征"。② 虽然开拓者之后的那些大科学家并未严格依赖于新社团，但为了使人认为自己的工作符合这些社团所提供的体制框架，他们与社团的关系仍然非常紧密。

在这篇博士论文的其余部分也是最长的部分，奥恩施坦描述了她认为最重要的四个社团的起源和活动：意大利的西芒托学院，猞猁学院是其前身；伦敦皇家学会；法国皇家科学院；柏林科学院。在这方面最重要的是，由这些社团产生了科学期刊，取代了17世 206
纪上半叶围绕梅森、下半叶之初围绕亨利·奥尔登堡（Henry Oldenburg）③发展起来的非正式的通信网络。

① M. Ornstein, *The Role of Scientific Societies in the Seventeenth Century*, pp. 67-68.

② Ibidem, p. 68.

③ 奥尔登堡（约1619—1677）：德国自然哲学家，皇家学会第一任秘书。——译者

奥恩施坦在最后一章得出结论之前追问，大学对17世纪的科学发展有何贡献。奥恩施坦的结论是“几乎没有什么作用”。为了做出这个结论，她概述了欧洲各所大学的法规条例，考察了同时代人对教学方法的抱怨和改革建议，还介绍了当时主要科学家的传略，表明在大学形成时期，尤其是在大学形成以后，他们从大学中受益甚少。奥恩施坦列举了大学本应实施的12项变革，以成为新科学切实可行的载体，但她发现，这些改革要到18世纪中后期才最终实现，而不是17世纪。在更早的时期，“培养实验科学事业”的机构是科学社团而不是大学。①

考虑到奥恩施坦的研究所基于的科学革命整体图像已经过时，引人注目的是，她关于17世纪科学体制框架的构想本质上依然成立——通行的科学革命史仍然持这种观点。自那以后补充的主要是关于个别社团及其为新科学所做贡献的大量研究，主要关注焦点是皇家学会。奥恩施坦所描绘的一般图像并没有受到这些研究的根本影响。然而，奥恩施坦图像的反面对应物不再是正确的：她把大学看成受宗教利益驱动的保守的亚里士多德主义堡垒，本质上无法为新科学运动提供所需的支持。

### 大学的贡献：最近的重新评价

近年来，关于大学在科学革命中的作用的业已接受的黯淡观点已经遭到了一些学者的挑战。莫迪凯·法因戈尔德（Mordechai

---

① M. Ornstein, *The Role of Scientific Societies in the Seventeenth Century*, p. 259.

Feingold)1984 年出版的《数学家的学徒期:1560 年至 1640 年英格兰的科学、大学与社会》(*The Mathematicians' Apprenticeship: Science, Universities and Society in England, 1560—1640*)一书为大学对于科学革命的重要性作了公开辩护。从导论章节开始,该书就对"大学处于引发科学革命的运动之外"的观点做了一般性的抨击。然而事实上,它所提出的主张似乎更为狭窄,即牛津大学和剑桥大学在数学科学方面提供了最新的教育,从而为 17 世纪下半叶英格兰科学的突飞猛进作了一般准备。凡·贝克尔针对荷兰大学
(让我们注意像"新的旧哲学"[*philosophia novantiqua*]这类折中 207
方案的练习)[1]以及约翰·海尔布伦(John L. Heilbron)[2]针对耶稣会士(无论在大学体系内还是体系外)对 17 世纪科学的贡献也提出了类似的思考。[3]

这类研究当然服务于一个非常有用的目的,即为了表明,16 世纪末和 17 世纪在欧洲大学中继续占统治地位的经院哲学并不像当时科学革命的主要人物所刻画的那样教条和刻板。但如果要评价这对于我们的科学革命图像有何影响,我们并不总是很清楚这类研究所给出的证据能够延伸多远。主张大学阻碍了科学革命甚至是与之对抗,抑或与科学革命无关,抑或没能吸收科学革命,抑或没能传播科学革命的成果,抑或没能引发科学革命,这些毕竟是不同的。针对一个很强的论点("大学对科学革命做出了重要贡

① K. van Berkel, "Universiteit en natuurwetenschap in de 17e eeuw, in het bijzonder in de Republiek."

② 海尔布伦(1934—):美国科学史家。——译者

③ J. L. Heilbron, *Electricity in the 17th and 18th Centuries*, esp. pp. 98 - 106.

献”)所给出的证据往往只能支持一个弱得多的论点(“某些大学能够吸收比我们迄今所认为的更多的新科学成果”)。[①] 此外,奥恩施坦的研究的一个优点始终是(无论她的原始材料多么有限),她考察的是整个欧洲的大学状态,而不只是在一个国家。牛津和剑桥所提供的科学教育很可能要比欧洲大陆的大学更先进,以至于法因戈尔德也许会总体上认为,英国的大学体系要比我们之前认为的更有利于吸收至少是新科学的一些最新成就。这是一个重要的结论,但它与导言章节中的主张非常不同,后者提出,大学在某种程度上参与了对科学革命的积极贡献。诚然,科学革命的几乎所有主要人物都根源于他们那个时代大体上是大学课程的科学,但同样正确的是,这些人之所以能够脱颖而出,恰恰是因为他们在相当程度上设法超越了这些根源。

即使在这个问题上继续收集新的证据,似乎最多也只能承认,17 世纪的大学所具有的灵活性要比我们之前认为的更大。[②] 它也只能是这个样子。毕竟,教授们在许多传统著作中挑出一些先进书籍指定给学生,或者谨慎地探索由大学和宗教权威为课程中的“现代化”倾向严格设置的宽容限度,这些做法完全不同于坚持不懈地追求一种新的真理,后者为科学革命那场独特运动提供了强大的基本动力。

---

① 我在“Comment on ‘The Universities and the Scientific Revolution: The Case of England’ by Mordechai Feingold”一文中更详细地讨论了这一点。

② 文中表达的预期似乎被 John Gascoigne 在本节写完之后撰写的“A Reappraisal of the Role of the Universities in the Scientific Revolution”一文所证实。尽管他不辞劳苦地包含了整个欧洲的大学,而不仅仅是牛津和剑桥,但“灵活性要比我们之前认为的更大”这一典型结果几乎是我能从他的证据中得出的全部结论。

### 3.5.3　赞助 208

为了增进我们对科学革命的社会背景的了解，更有希望的途径来自法因戈尔德原创性研究的一个副产品。其著作的最后一章力图揭示一个全面的赞助体系，该体系深刻影响了科学职业的走向。

在关于科学革命的历史讨论中，对17世纪科学家谋生手段的记述几乎只限于轶事和传记的层次。我们知道，科学革命的某些主要人物能够一边从事思想活动，一边依靠独立的方式生存（如笛卡儿、惠更斯、波义耳），或者通过与宫廷的密切联系（开普勒、伽利略、斯台文等），或者通过与教会和修道院的密切联系（梅森、伽桑狄等）而生存。迄今为止，关于或可称为“科学革命的赞助”的系统研究还没有问世。目前，韦斯特福尔正在科学革命社会史的一种传记文集（prosopography）研究的框架中考察这个问题。[①] 这里他提出了一个附属问题，即哥白尼与牛顿之间的630位科学家是如何谋生的。他对这个问题的考察与他本人（除法因戈尔德外）首次涉足的一个广阔的研究领域紧密相关：即17世纪的科学家（以及艺术家等名人）作为富有赞助人的主顾。赞助在17世纪的社会中无处不在，赞助和主顾的概念很可能大大有助于为科学革命在这个重要方面的统一论述提供合适框架。法因戈尔德的上述章节以

① 韦斯特福尔在提交给1990年7月17—20日在牛津举行的“科学革命”会议的论文“Science and Technology during the Scientific Revolution: An Empirical Approach”中宣布了他正在进行的研究的某些临时结论。

及韦斯特福尔关于伽利略与美第奇宫廷的关系对其科学工作的影响的一些初步研究已经开始表明这一点。[①]

在这方面出现的问题有：是什么促使赞助人去赞助科学家？科学家需要履行什么义务才能让赞助者满意？主顾之间不可避免的竞争如何影响了科学家的研究主题与发现？赞助者去世时，主顾的职位是否还有保证？如此等等。最近，罗吉尔·哈恩（Roger Hahn）[②]为我们展现了更广的视野，他提出，路易十四的宫廷全盘改变了传统赞助形式，以一种此前意想不到的规模进行赞助，实际上开创了一种“有计划的研究”的观念，它“往往会雇用一批拿薪水的科学家从事有任务导向的项目”。[③]

总之，阐明科学革命背后的主顾体系，这一纲领虽然仍处于起步阶段，但很可能提供一种整体观点，使未来能够写出一部成熟的《科学革命的社会史》。

209

## 3.6 欧洲历史中的新科学

让我们把视野放得更广一些。17 世纪不仅有新科学所处的和为自己创造的社会形式（我们已经在前面几节讨论了这些话

① 一篇为 R. S. Westfall，“Science and Patronage：Galileo and the Telescope”，另一篇为他的“Patronage and the Publication of Galileo's *Dialogue*”。

② 哈恩（1932—2011）：美国科学史家，出生于巴黎。——译者

③ R. Hahn，“Changing Patterns for the Support of Scientists from Louis XIV to Napoleon，” p. 407.（本节没有考虑与科学赞助这一主题相关的两本最近的书。一本是 H. Dorn，*The Geography of Science*，另一本我还没有见到，是 B. Moran [ed.]，*Patronage and Institutions：Science，Technology，and Medicine at the European Court，1500—1750* [Rochester，N. Y.：Boy dell，1991]。在过去几年里，整个主题已经成为现代早期科学编史学的一个潮流。）

题),而且科学革命本身是更广的历史背景下发生的。我们先来看看 17 世纪本身。历史学家至少为这个不幸的世纪指出了三场"危机",科学革命与每一场危机都有关联。但我们也可以从比这个世纪更大的背景来思考科学革命。马克思主义者在研究科学革命时,认为它仅仅显示了封建制度的解体及其被商业资本主义所取代——西欧历史中的这一重大事件也同样表现于文艺复兴和宗教改革等相关的划时代事件。最后,我们可以把整个西方文明进程作为参考框架,尝试为科学革命指定恰当的位置。虽然我曾在导论中指出这正是我们所要完成的任务,但这里可以作些评论,不仅针对业已做出的为数不多的努力,而且也针对没有抓住机会对"科学革命在西方文明史中的地位"的各个分支进行考察这一引人注目的事实。这些内容正是本节所要讨论的主题。

### 3.6.1 科学革命与 17 世纪的危机

不久前,"一般"历史学家还认为 17 世纪较为沉闷乏味。显然,全欧洲发生的事件足以填满大部头著作,但这个世纪似乎漫无目的地徘徊于更易作统一处理的两个时段之间:16 世纪是宗教战争和"新君主制"的创造,18 世纪则是以法国大革命而告终的启蒙运动。简而言之,17 世纪似乎缺少自己的特征(考虑到"世纪"作为历史范畴纯属人为,这并不令人吃惊)。很难想到有什么明显的标签。[1] 例如,我们细读乔治·诺曼·克拉克(George Norman

---

[1] 以上总结了 T. K. Rabb, *The Struggle for Stability in Early Modern Europe*, pp. 7–11 中的观点。

Clark)[①]在1929年的研究《17世纪》(*The Seventeenth Century*)就会发现,作者虽然研究了这个时代的各个方面,并且竭力把它们联系起来,但最终未能发现一种组织原则能够将这个世纪整合在一起。

自那以后,情况已经有了很大变化。至少有三场危机被归于17世纪的欧洲,对我们重要的是,据说新科学在所有这些危机中都起了作用。

210 **拉布与欧洲17世纪的权威危机**

在历史写作的新潮流和科学革命史家对其主题做出统一处理的双重激励下,[②]"一般"历史学家在五六十年代开始鉴别出一场"17世纪的危机",并就其确切性质展开争论。在1975年出版的《现代早期欧洲对稳定性的争取》(*The Struggle for Stability in Early Modern Europe*)一书中,美国历史学家西奥多·拉布(Theodore K. Rabb)总结了相关争论,并且概述了自己的解释,特别把科学革命作为这场危机及其解决的重要参与者包括进来。

拉布认为这是一场权威危机。16世纪初,暴风骤雨般的事件使欧洲摆脱了那种似乎永远安全稳定的状态,比如中央集权政府的迅速发展,国际外交的建立,宗教改革,"人口、贸易和价格的急剧上升",[③]实用主义和怀疑论思想的试验,以前独立自足的乡村

① 克拉克(1890—1979):英国历史学家。——译者

② T. K. Rabb, *The Struggle for Stability in Early Modern Europe*, pp. 13 - 14也给出了这种有些令人奇怪的观点。

③ Ibidem, p. 36.

和地区的瓦解等等。“数百年来，从未有一系列事件能对安全舒适的信念造成如此破坏。随着期望不再可信，一种动荡不安的气氛降临了。”[①]最终迎来的是一段动荡不定、探寻出路的时期，无休无止的战争导致了肆意破坏。这一时期直到17世纪的第3个25年才结束（至少有些人这样认为）。从那以后，稳定再次居于主导，直到法国大革命爆发才被类似程度的动荡打断。

这一论点最突出的特征是，拉布在当时人类活动的各个领域寻找它的证据，并且成功地找到了证据。这些领域既包括国内政治、国际关系、经济和人口趋势（由于区域差异，他在这方面找到的证据最不令人信服），也包括文学、艺术（他的使用技巧十分高超）和科学。[②] 下面是一段引文，也许可以帮助读者体会拉布所谓“作为我们关注核心的非连续性”的宽广范围。

> 从宗教改革时代到启蒙时代的过渡……，从加尔文去世到伏尔泰出生这段时期的同质性和独特性应该很明显。回到本文开头所提出的对比，我们可以认识到，在分界线的这一边，在所有标准和体制都成了问题并且被彻底检查的背景中，鲁本斯、弥尔顿、查理一世、17世纪40年代的孔代（Condé）、华伦斯坦（Albrecht von Wallenstein）、伽利略、笛卡儿、霍布斯、古斯塔夫·阿道弗斯（Gustavus Adolphus）、保罗五世和

---

① T. K. Rabb, *The Struggle for Stability in Early Modern Europe*, p. 37.

② 只有音乐除外；Alexander Silbiger 曾试图在“Music and the Crisis of Seventeenth-Century Europe,” in V. Coelho (ed.), *Music and Science in the Age of Galileo* (Dordrecht; Kluwer Academic Publishers, 1992), pp. 35 – 44 中纠正这一缺陷。

一个女巫横行的社会，都以相应的雄心致力于战胜感觉，改变政治的形式，寻求新秩序，控制或规避无法解决的怀疑。在分界线的另一边，人们要么确立了不再受到激烈争论的结构，要么在此结构内工作。对他们而言，不确定性本质上已经解决，
211 可能性被加以限制，和缓的氛围更容易获得：克劳德·洛兰(Claude Lorrain)、德莱顿、查理二世、17 世纪 80 年代的孔代亲王、欧根亲王(Eugène de Savoie)、牛顿、洛克、卡尔十二世、英诺森十一世和一个没有女巫的社会(至少不太受影响)。大约发生在 17 世纪第三个 25 年的失衡与平衡的重要分界线也许是巨大错觉所致，但它的确是真实的。由问题的解决我们可以推断出，欧洲渡过了一场"危机"：这场"危机"是如此普遍，以至于影响到了从外交到戏剧的各种形式的人类活动，波及了从俄国到葡萄牙的所有国家；这场"危机"首先是知觉上的，尽管有其物质成分。如果要给如此众多的不同表现贴一个标签，可以称之为一场权威"危机"。①

拉布最后指出，从 17 世纪六七十年代开始回归稳定，这主要源于一个半世纪的激烈冲突所导致的疲惫感，三十年战争引起并加剧了这种冲突，造成了史无前例的破坏。1648 年的《威斯特伐利亚和约》并非像长期以来惯常地那样暂时解决局部争端，而是有意识地用一揽子协议来永远结束有可能使整个欧洲四分五裂的各

① T. K. Rabb, *The Struggle for Stability in Early Modern Europe*, pp. 116 – 117.

种瓦解与破坏。从那时起,一种最终回归稳定的感觉开始出现。之后骚动本身也减弱了,仿佛大地震后的余震。而在几十年前,类似的骚动一定会带来新一轮的战争。

拉布是如何考虑科学在其中的作用呢?双重作用。在危机阶段,时代的不稳定性在科学领域表现得最为尖锐。不仅可以通过研究人和自然来逃避时代动荡,[1]而且更重要地是,当时人们对新的权威和确定性的追求在科学中有最直接的表现。[2] 科学革命的主要人物推翻了曾经天经地义的整个思想体系,但他们提供的各种新的研究方法和观点更增加了混乱。

然而,拉布认为新科学还起了另一种作用,那就是在加剧混乱和分裂之后,新科学又提供了所需的解药。甚至在牛顿完成科学革命之前,各种相互竞争的新研究方法的本质统一性已经变得很明显。"精英文化"立即利用了这一点,"……因为在科学领域,彻底怀疑的原则得到了奇迹般的应用,它由祸成福。依赖传统作为知识根基这一陈旧而不可靠的做法已经代之以对抽象推理和感觉经验的强调。"[3]从此以后,安全有了新的源泉,这在很大程度上解 212
释了一种否则便难以理解的现象。毕竟,拉布注意到:"这几位科学家迅速取得的决定性胜利是欧洲历史上最令人惊异的事件之一。"[4]毫无疑问,牛顿的非凡才华部分解释了为什么非科学的权

① T. K. Rabb, *The Struggle for Stability in Early Modern Europe*, pp. 39, 49 – 52.

② 关于科学作用的观点的其余部分,见 T. K. Rabb, *The Struggle for Stability in Early Modern Europe*, pp. 107 – 115。

③ T. K. Rabb, *The Struggle for Stability in Early Modern Europe*, p. 111.

④ Ibidem, p. 112.

威们会愿意接受牛顿主义，但他们出于别的理由而寻求的新稳定性在新科学的成就和进一步许诺中找到了思想上的对应，从而有助于新科学顺利得到支持。“这个时代希望听到的是，世界是和谐的、合理的”，[①]而新科学可以告诉世人的恰恰是这一点。这样一来，“科学的胜利既是17世纪末的和解浪潮的原因，也是它的征兆”。[②] 科学曾经参与破坏的稳定性如今又在一种科学的帮助下重新恢复。在此期间，这种科学在内部稳定下来，在最需要时又从外部被召了进来。

对于这样一个范围广泛的大胆论证，从细节上批评似乎并不困难。例如，由拉布所说的新科学容易被接受可以推出，在就奥兰治王室的执政地位展开了数十年的激烈斗争之后，荷兰共和国的贵族们应当和其他国家的精英分子一样热切地拥护新科学，但事实上，他们对科学显然无动于衷。[③]

然而，这类反驳即使再多，也无损于拉布论点的实质。他的努力或可称为一种对感情的世俗转移的研究，其价值极大地取决于这一时代图像能否成功地激起读者的想象，让他们相信此前不同领域毫无关联的事实现在开始相互印证。当然，这里不必进一步讨论该研究在唤起人们对那个时代的记忆方面的诸多优点，但我

---

① T. K. Rabb, *The Struggle for Stability in Early Modern Europe*, p. 114.

② Ibidem.

③ 至于为什么17世纪末的荷兰贵族（其中包括惠更斯、于德[Johann van Waveren Hudde]、休雷特[Hendrik van Heuraet]、德威特[Johan de Witt]等一些杰出科学家）没有给予科学任何支持，K. van Berkel, *In het voetspoor van Stevin* 以及我给这本书写的书评“‘Open and Wide, yet without Height or Depth’”对此作了讨论。

的确认为，拉布关于科学革命对17世纪末饱受战争蹂躏的欧洲的稳定方面所起作用的论述相当有价值，因为它综合地包含了两个密切相关的话题，虽然其他文献也会讨论这两个话题，但处理更为狭窄。一方面，拉布有意识地扩展了保罗·阿扎尔(Paul Hazard)[①]1935年提出的“欧洲心灵的危机”论点。阿扎尔认为这场危机发生在1680年到1715年，并且仅限于思想领域。另一方面，拉布似乎预示了后来十分流行的一种论证思路，这种思路主要源于夏平和谢弗的那本涉及甚广的著作《利维坦与空气泵》，那本仅限于英格兰的著作把王政复辟时期前后的英国政治动荡与同时代的科学发展联系起来。接下来，我们倒过来分别讨论他们各自的想法。[②]

**夏平和谢弗论17世纪末英格兰的秩序问题**

夏平和谢弗在《利维坦与空气泵》中着力表明，波义耳和霍布斯理解自然的各自途径与复辟体制的当权者感到有必要维持社会 213
秩序之间存在一种相似性。其相似性如下。

---

① 阿扎尔(1878—1944)：法国历史学家。——译者

② James R. Jacob 和 Margaret C. Jacob 同样试图把17世纪下半叶的英格兰科学与当时的政治联系起来。两人在“The Anglican Origins of Modern Science：The Metaphysical Foundations of the Whig Constitution”中以及 Margaret C. Jacob 在 *The Cultural Meaning of the Scientific Revolution* 中指出，波义耳和牛顿的工作中对关键想法的设计都是为了符合当时的政治潮流。与夏平和谢弗不同，由于这两位作者几乎并未试图考察科学著作内容的相关部分，所以我在本书中并没有讨论他们的论题。而且，在关于“现代早期科学的起源”的各种论题中，他们的看法非常狭窄地局限于17世纪末英格兰的科学(参见第3.7节，讨论了最近把科学革命局限于英格兰贡献的倾向)。

在科学方面，他们用充分的理由表明，波义耳倡导的实验方法和霍布斯捍卫的证明方法所包含的远不只是如何获得对自然的最佳理解，而是涉及不同的“生活方式”。波义耳声称，实验科学家群体提供了一个社会空间，在其中可以进行没有破坏性的争论。他认为实验结果最终可以解决争论。一旦用实验手段确定客观事实，争论自然就会化解。因此，波义耳通过启发式的虚夸言辞不停地劝说读者相信，实验所提供的结论乃是大自然本身的话语。[①] 接着，夏平和谢弗开始详细论证其他学者在不同语境下提出的一种观点（特别是本-戴维；见第 5.3 节）。这种观点是，皇家学会的创始人认为自己的自然研究方法有助于整个共同体的和平，因为它没有意识形态的主张，而且提供了一个可以和平解决争端的中立平台。用夏平和谢弗的话来说：

> 波义耳希望找到一个空间，特定的异议可在其中得到完全稳妥的处理，从而达成和平，终止自然哲学中的丑闻。在实验的生活方式中，哲学家对自然结果的原因持不同看法是正当合法的：对原因的认识已经从确定性乃至道德确定性的领域中移除。
>
> ……在实验空间之内，争议是可能的，甚至是必需的。实验哲学家的声明和信念的多样性是种美德，但这个空间之外的多样性却是灾难。斯普拉特［皇家学会的第一位“传记作

① S. Shapin and S. Schaffer, *Leviathan and the Air-Pump*, ch. 2 以及对波义耳“三种技术”的讨论；总结在 pp. 77－79。

者",1667 年]声称,在这范围内,与内战完全相当的情况可能上演,但就如同在剧场之内,不会导致有害的后果。臣民若不知如何安全地进行辩论,就应该去看看实验者怎么做:"于此得见英格兰国之罕见情形,党派、生活方式互异之人忘却仇恨,聚集一方,齐心成就事业。"[①]

霍布斯的哲学体现的是非常不同的"生活方式":

在霍布斯看来,内战源于未能确保具有绝对强制力的纲领。格雷欣派[实验主义者]以为谨慎而开明的排除策略,霍布斯看来却是让大门洞开,望见门外人人彼此争斗。任何对于知识问题的有效解决方案都是对于秩序问题的解决。这种解决方案必须是绝对的。[②]

只有基础绝对可靠的自然哲学,比如霍布斯本人提出的机械 214
论自然哲学,才能确保社会秩序。"对原因的探究是可以完结的;它不会导致异议,反而可以最稳妥地解决异议。"[③]从霍布斯绝对可靠的第一原理中导出的信条之一就是真空不可能存在。因此,在与波义耳就空气泵进行的争论中,夏平和谢弗把霍布斯的立场

① S. Shapin and S. Schaffer, *Leviathan and the Air-Pump*, ch. 2, pp. 107, 306.(斯普拉特的引文出自 *The History of the Royal-Society*, p. 427。)

② Ibidem, p. 152.

③ Ibidem, p. 141.

简洁地表述为:“在霍布斯看来,消除真空有利于避免内战。”[①]

到目前为止一切顺利,或者毋宁说,从两位作者对史料富有想象的与众不同的解读来说,一切理所当然。现在让我们看看另一方,即国家的情况。在“自然哲学与王政复辟:利益之争”这一“社会政治的”章节中,两位作者声称要考察这些相互竞争的“生活方式”及其对自然思想者共同体内部的秩序问题的不同解决方案如何影响了整个国家。尽管存在着相反的声明,[②]他们这里的目标是,通过表明实验主义者的纲领更加符合查理二世任内的期望,即永远结束使英格兰分裂了数十年的社会冲突,来解释实验主义纲领战胜了霍布斯的纲领。

然而在我看来,做出这一论断需要两条论证思路,该书均未提及。首先,波义耳和霍布斯对秩序问题的解决方案与国家寻求这样一种解决方案之间的相似性应当从有趣的巧合变为实质性的关联。要想实现这一点,作者们本应暂时从思想史转移到真正的社会史,至少要对王政复辟时期英格兰的社会政治史加以简要概述。然而,我们只看到了一堆用虚夸言辞整合起来的不合年代顺序的碎片。例如作者说,“实验共同体的规则为自由和强制这个根本的政治问题提供了解决方案”,[③]但并没有提出证据表明这种方案的确被接受或者如何被接受。另一条缺少的论

① S. Shapin and S. Schaffer, *Leviathan and the Air-Pump*, ch. 2, p. 108.

② Ibidem, p. 341:“我们并没有把‘波义耳为什么胜利’当作我们的问题”。然而,这两位作者接下来立刻回答了这个问题。如果第七章不是为其回答提供材料,我看不出写作第七章是为了什么。

③ Ibidem, p. 304.

证思路是国家极度渴望秩序。我们反而发现查理二世非报复式的宽松统治会被描述为几近极权统治，迫使臣民保持沉默。① 除此之外还有霍布斯式的修辞："复辟体制的危机使得提出确保同意的手段变得极为迫切。……内战和共和时期的经验表明，有争议的知识导致了社会冲突。"②

不过在我看来，虽然所有这些看上去有些夸张且论证不足，但只要在拉布关于17世纪对稳定性的争取这一更大框架下来考虑，论证的很大部分就能得到实质性的加强。③ 这样看来，霍布斯就像是六七十年代分界线之前疯狂寻求绝对确定性的人，而波义耳 215
及其同伙则代表愿意满足于一种和缓的、尝试性的、"去形而上学化的"确定性，这种确定性有助于最终解决17世纪的稳定性危机。在欧洲的这种一般背景下，夏平和谢弗的断言开始变得比单独看起来更有意义。其本质差别在于，在拉布的论证中，欧洲的政治文化精英之所以能够迅速接受新科学，不仅因为新科学有能力获得普遍认同，还因为其理智上的优势；而夏平和谢弗在结尾等处则以典型的非此即彼的方式描述这个问题："我们认识的根本在于我们自身，而不是实在。知识和国家一样，是人类行动的产物。霍布斯是对的。"④在本章结尾（第3.7节），我们还会回到这里涉及的一般议题。

---

① 这些努力的高潮可见于 ibidem，p. 293。

② Ibidem，p. 283. 请注意这里完全采用了霍布斯关于内战起因的独特看法。

③ 夏平和谢弗曾在 p. 284 使用过同一术语："1660年的事件使恢复的政权开始了对稳定性的漫长寻求。"

④ S. Shapin and S. Schaffer，*Leviathan and the Air-Pump*，p. 343.

## 保罗·阿扎尔的"欧洲心灵的危机"

1935年,法国文学史家保罗·阿扎尔(1878—1944)出版了《欧洲意识的危机(1680—1715)》[*La crise de la conscience Européenne (1680—1715)*]一书。1963年英译本出版,题为《欧洲心灵,1680—1715》(*The European Mind, 1680—1715*)。在最终是观念改变世界这一信念的驱动下,阿扎尔提出了一种挑战性的论点:从启蒙时代到法国大革命的所有基本观念都已经在1680年至1715年间酝酿成形。他主张,在17世纪中叶,欧洲无论在思想上还是习惯上似乎都暂时处于那种宁静、均衡和庄严的古典主义风格中。但没过多久,永不停歇的欧洲心灵又开始了另一段求索旅程,它在堪称第二次文艺复兴的前行过程中开创了一个由理性与情感统治一切的时代。

根据今天思想史家的说法,阿扎尔的论点基本经受住了时间的考验。他的热情、博学和综合天赋,关注整个欧洲而不仅仅是法国,该书有力而优雅的风格,所有这些都有助于该论点被普遍接受。对我们来说重要的是,他的论述赋予了新科学什么作用。共有四个方面。

其中最重要的是,在"危机"时期,笛卡儿的方法(不同于他的结果)被用来攻击曾被认为值得敬重的不可撼动的东西。纯理性分析的闸门已经永远打开,无论是宗教、政治权威、神圣律法的观念,还是对奇迹、巫术的信念,都不能置身于理性分析之外。其次,丰特奈勒(Bernard le Bovier de Fontenelle)[①]的优雅演说被当作

① 丰特奈勒(1657—1757):法国作家。——译者

新科学能够普及和传播到专家领域之外的典范。牛顿的《自然哲学的数学原理》则被视为几何和实验这两种研究自然的新方法能 216
够融合的最佳例证。最后，洛克的哲学被视为整个欧洲心灵危机的缩影，因为他把形而上学这一导致持续争论的根源从人类能够确定认识的领域中消除了。之所以能够迈出这一步，是因为洛克暗中相信，在对传统思维模式作了这种激进的手术之后，依然会留下某种确切而可靠的东西：科学。

阿扎尔在结论部分针对他所描述的整个思想解放运动进行追问："是谁培养了这种批判性的思维模式？它从何处获得了力量和勇气？它最终源于何处？"[①]虽然赋予了科学如此突出的地位，此时他却毫不犹豫地回答说：来自文艺复兴。值得注意的是，他只是根据"危机"的主角们感觉与之前的文艺复兴有相似性来支持这一论点。虽然科学在他的最终考虑中并未出现，但是根据他在书中对科学的处理，难道不能推出，科学中包含有阿扎尔所谓原启蒙运动(proto-Enlightenment)的驱动力的实质部分吗？

在前面的章节中(第3.3.4节)，我结合迄今为止基本上无人探索的一个议题列举了若干问题，这个议题就是，科学革命到底如何为启蒙运动思维模式的出现做出了贡献。阿扎尔的著作出版五年之后，科学革命这一概念才被创造出来，因此他为科学最终赋予了相对从属的地位很可以理解。尽管如此，阿扎尔的杰作仍然提

① P. Hazard, *La crise de la conscience Européenne* (1680—1715), vol. 2, p. 289: "Mais cette pensée critique, qui l'a nourrie? où a-t-elle pris sa force et ses audaces? Et d'où vient-elle enfin?"

供了一个出色的框架，可供我们继续探索他本人的工作所暗示的更加尖锐的问题。

### 3.6.2 科学革命与封建制度的解体

爱尔兰裔英国物理学家贝尔纳(J. D. Bernal，1901—1971)把科学革命视为封建制度解体和资本主义兴起的一个表现。从30年代一直到人生最后一刻，贝尔纳都是苏联的坚定支持者。他四卷本的《历史上的科学》(*Science in History*，1954年首版，次年他荣获斯大林和平奖)通篇带有他独特的正统马克思主义的印记。[①]

由于我们将要讨论的一些对科学革命的分析中渗透着精细程度不等的马克思主义思想，因此我们不妨先对一般的马克思主义科学编史学作一注解，再来介绍贝尔纳关于现代早期科学产生的构想。今天，共产主义世界已经解体，这样一种努力似乎是徒劳的。而在1987年，我最初写出以下这则注解时肯定不是如此。马克思主义作为一种理论立场曾经被错误地宣布死亡。虽然我承认，它现在也许正在经历最后的抽搐，但是在我看来，考虑到图书馆中有一大批文献会继续伴随我们，简短地讨论它仍然是有价值的。此外，无论受马克思主义启发的论述在该学说的鼎盛时期得
217 到了多么过分的赞美，但如果让其随着目前的总体衰落一起淡出

① 本节所要讨论的这本书是 J. D. Bernal, *Science in History* (London: Watts, 1954)。我使用的是1969年的四卷本插图版，其文本是在1965年的第三版确定的。关于贝尔纳的生平和著作，我参考了 Gary Werskey, *The Visible College*。关于苏联马克思主义对一群剑桥科学家(贝尔纳1931年成为其中一员)的影响，参见本书第5.2.2节对赫森论题的讨论。(这群人是 Werskey[带有护教色彩的]专著的研究主题)

视线，我们将会损失一批真正有价值的贡献。

### 关于马克思主义科学编史学的一则注解

马克思主义并非建立了人类思想与人类经济活动之间的偶然联系。[①] 至少原初意义上的马克思主义先验地确信，人类思想最终由人类的经济活动所决定。因此，要想论证马克思主义历史解释的合理性，不能仅仅指出历史上的某些特定案例，表明某种人类思想或一整套思想明显受到了某种经济活动的影响甚至是被它所决定，而是必须表明情况总是如此，换句话说，人类的思维并无自身的自主性，而是“归根结底”由社会的物质基础所主导。

单纯举例子是无法建立一般规则的，但除此之外我们如何才能证明这一点呢？先把这个棘手的问题放到一边，我们也许注意到，上一段话中的陈述反过来也是正确的。在特定的历史环境下，某种人类思想被某种经济活动所决定，这一断言本身并不足以保证做出这种断言的人是马克思主义者。[②] 声称（比如）科学思想与

---

① 以下许多内容都源自我在60年代中期对《资本论》(*Das Kapital*)、《共产党宣言》(*Manifest der kommunistischen Partei*)、马克思—恩格斯通信集、《反杜林论》(*Herrn Eugen Dührings Umwälzung der Wissenschaft*)以及《路易·波拿巴的雾月十八日》(*Der Achtzehnte Brumaire des Louis Bonaparte*，在J. de Kadt的激励下，我认为这是马克思最出色的工作，甚至可能是曾经写过的“历史唯物主义”的最佳著作）等马克思主义经典著作的批判性阅读。在论述马克思和马克思主义的各种著作中，我仍然认为Joseph Schumpeter在其*Capitalism*，*Socialism and Democracy* (New York：Harper，1942；此后多次再版）的第一部分“The Marxian Doctrine”中的讨论本着一种批判性的同情精神，充分利用了马克思思想中值得保存的东西。

② Henry Guerlac在其*Essays and Papers*中给出了一个奇特的例子：他曾经把“化学在18世纪的兴起与法国工业进步的某些方面”联系起来，他的一位同事觉得这很有趣，“但有点马克思主义”。（顺便说一句，我怀疑这位同事是否就是柯瓦雷。）

经济活动之间存在着某些关联，要想成为明确的马克思主义陈述，必须满足两个条件：第一，马克思主义者认为这些关联始终存在。第二，这种关联的性质是“决定”的关系，也就是说，人类思想随时间变化的方式被经济活动所“决定”，而不是松散地“影响”。

这种关联如下。历史上真正起决定作用的动因是生产力的逐渐转变。这些生产力（工具、机器等）决定了生产关系（反映社会阶级划分的劳动关系、谁获得什么商品等），生产关系又决定了人类思想（政治思想、法律思想、社会思想等）。在这个意义上，一切人类思想都以意识形态为基础；也就是说，它并未反映现实的客观状态，而是反映了这样思考的人的阶级利益。世界史上的唯一例外是无产阶级思想，它并不反映阶级利益，因为无产阶级的利益与全人类的真正利益相一致，因此无产阶级思想（特别是其自封的代表们的思想）能够直接反映现实。①

218 对于把这样一种对世界历史变迁的解释视为理所当然或已经得到证明的人而言，无需通过给出思想与经济活动之间关联的具体案例来指出这种关联到底是什么性质的，因为马克思的经典著作已经一劳永逸地说明了这一点。因此，马克思主义者和非马克思主义者对思想与社会结构要素之间关联的分析的真正差异在于，在非马克思主义者看来，这种关联的有效性完全依赖于能否在具体案例中论证这种关联。他不能理所当然地认为，（随意举个例子）从马克思 1859 年写的《政治经济学批判》（*Kritik der politis-*

① 一度有成千上万的知识分子愿意相信这种东西。请注意像“因为”“因此”这类有说服力的词如何提出了一个空洞的论证。

*chen Oekonomie*)序言的两页里面(马克思仅仅在这里前后一致地表述了他那囊括世界的整个理论,而不是零散的片段)提出的一般观点,就能自动把开普勒的面积定律归因于17世纪初奥地利的生产力和生产关系的改变。①

之所以不能理所当然地认为人类思想时时处处依赖于生产力和生产关系的改变,一个很好的理由是,在马克思本人的思想框架中,这种关联的性质并不十分清晰。这种"决定"到底是如何起作用的?是动机问题,即人们之所以这样想而不作他想是因为这些思想促进了他们的经济利益吗?抑或是体制约束问题,即生产关系的改变不知不觉地驱动我们的思想沿着某个特定方向发展?像这样一些问题还可以提出很多。② 其中有一个问题特别适合由科学史家来问。

这个问题与整个体系的所谓"原动力"有关:生产力的改变,通过一种"下层建筑"(Unterbau),据说会带动整个双层的上层建筑(Ueberbau)。我们不仅可以在一般意义上追问这种最根本的改变来自何方(对这个问题的常见回答是,生产力的改变源自其"内在发展"),③而且更具体地说,科技史家容易注意到,在马克思的思想框架中,某个社会在技术层面的改变其实位于所有社会思想变迁的底部。换言之,技术并不属于上层建筑,而是属于下层建

① 我把这种洞见归功于 Leopold Schwarzschild 那部非常有启发性的马克思传记 *The Red Prussian*(原名为 *Der rote Preusse*)(New York:Scribner's,1947);在我使用的 Grosset & Dunlap 版本中,这段话出自 pp. 130 - 131(in ch. 7,"Our Theory")。

② 它们获得的回答基本上只是重申原初的陈述。

③ 我把最后这一点特别归功于一部关于马列主义学说的精彩研究:K. van het Reve,*Het geloofder kameraden*(The Comrades' Creed)(Amsterdam:van Oorschot,c. 1972)。

筑。由于自19世纪中叶以来，生产力水平的提高在很大程度上来自于不断发展的基于科学的技术，这意味着至少从马克思的写作时代起，科学不仅属于上层建筑，同时也属于下层建筑。

这种奇特的悖论可以沿两个方向解决。我们或者断定，在这一点上——科学的双重性质——马克思关于人类历史的图示是站
219 不住脚的；或者宣称，自科学革命以来，科学就不再属于“意识形态”的思想领域，并把科学视为(1)客观真理和(2)引擎，而不是社会进步中的一个“被驱动者”。采取后一路线并且将其当作正统马克思主义来宣传的人正是贝尔纳，他是我们这个时代最早让人注意到科学能够改变社会的人之一。他的这种做法贯穿于许多著作之中，我们现在主要来关注其中那部厚达1325页的非常有影响的研究——《历史上的科学》。

**贝尔纳和资本主义与现代早期科学的同时诞生**

贝尔纳久负盛名的原因是，他从30年代起就不断指出科学作为生产力的这种新功能，用非马克思主义的话来说就是，我们能用科学深刻地改变广义的环境，而在当时，几乎还没有科学家意识到自己在现代社会的持续转变中发挥着重要作用，政治家也几乎没有意识到科学的力量。他在1939年出版的《科学的社会功能》(*The Social Function of Science*)一书中强调了这种观点，并且表达了他的一种基本信念：现代科学虽然产生于资本主义的早期上升阶段，但只有在社会主义社会才能完全显示其潜能。为了进一步阐述这种观点，贝尔纳转向了历史。他在由此产生的《历史上的科学》一书中写道：

[在科学影响下的当今社会的]这样的转变需要经由最好的途径来完成，在转变中的每一阶段更需很明智地运用科学，这就是为什么要研究过去科学与社会关系的最有力的理由，因为只有通过这样的研究才能得到充分的理解。[①]

贝尔纳不畏这项宏大的任务，开始从科学的整个历程来研究科学与社会的相互作用(也没有遗漏社会科学)，并且在六年内完成了这部著作。出于本书的目的，我主要关注贝尔纳关于科学革命的说法，这在他的整个叙述中占据着关键位置。

贝尔纳对科学革命思想内容的论述十分传统：从他关于主要人物成就的说法中，我们得不到什么没有被伯特、柯瓦雷、巴特菲尔德等先前的历史学家注意到的见解。由于贝尔纳希望《历史上的科学》能够成为一部打破旧习之作，[②]这也许显得有些奇怪。其实并非如此，为了解释个中原因，我们直接来看贝尔纳研究的核心特质。首先，人们常常注意到，马克思主义历史学家大都习惯于全盘接受其"资产阶级"同行的事实论述，再补充以自己的经济解释。很少有马克思主义历史学家会对事实材料有新的认识，贝尔纳的 220
论述也不例外。

更重要的是，对贝尔纳而言，科学并没有什么"意识形态的"东西——至少是今天被认为仍然基本有效的那些科学发现。因此，我们并未发现诸如将开普勒的面积定律归因于某种生产力或生产

---

① J. D. Bernal, *Science in History*, p. 30.

② 例如参见贝尔纳与其他科学史家的争论：ibidem, pp. 45－46, 55, 376。

方式那样的尝试；贝尔纳认为科学思想本身是完全自主的。事实上，他和"资产阶级阵营"中的任何一位科学思想史家一样是"唯心主义者"（而且，就其把科学发展看成朝着现在的胜利前进而言，他更带有一种实证主义倾向）。因此，当贝尔纳在序言中追问："社会转变具体是如何影响科学的？"时，他为这个"核心问题"给出的第一个具体说明是："什么赋予了古代雅典、文艺复兴时期的佛罗伦萨[等等]的科学以特殊的驱动力和新颖性？"[1]在贝尔纳看来，由社会决定的只是科学的驱动力和新颖性，而不是科学的内容。

那么，什么驱动力赋予了科学革命以特殊的新颖性？那就是封建制度的解体和商业资本主义的诞生。或者毋宁说，现代早期科学和资本主义在一场伟大的历史运动中一同出现。现代早期科学的出现例证了一条普遍真理："我们发现，[科学的]繁荣时期与经济活动和技术进步是一致的。科学的轨迹——从埃及到……工业革命时期的英格兰——与贸易和产业的轨迹是一样的。"[2]

贝尔纳认为封建制度是5至17世纪欧洲占统治地位的经济秩序。然而只有从11世纪到14世纪，它才具有完全成熟的形态。根据马克思主义关于社会相继变化的图示，贝尔纳声称"封建制度……含有其自身变化的种子"。毕竟，

> 无论中世纪的思想体系如何倾向于静止，中世纪的经济是不可能停滞不动的。……

---

① J. D. Bernal, *Science in History*, p. 5.

② Ibidem, p. 47.

> 贸易增加了，运输和制造的技术改进了，这就无情地驱向于一种商品与货币经济，以取代以指定的服务为基础的经济。这场经济革命的技术方面将成为创造一种进步的新实验科学的决定性因素，以取代中世纪静态的理性科学。它将带给文艺复兴时期的人们一些问题和情况，用旧知识是不足以应对的。①

因此，

> 见证了资本主义发展为主导生产方法的同一时期——1450—1690年——也见证了实验和计算都发展为自然科学的新方法。这种转变是复杂的：技术上的变化引起了科学，而 221
> 科学又转而引起一些更快的新的技术变化。这样在技术、经济和科学三方面联合起来的革命是一种独特的社会现象。②

由此定义的革命的集合性促使贝尔纳将科学革命分为三个相继的阶段，即文艺复兴阶段、宗教战争阶段和王政复辟阶段，它们“不是三个对立的时期，而是从封建主义经济到资本主义经济的转变过程的三个阶段”。③ 对于每一个阶段，贝尔纳都根据科学或社会政治经济领域的事件加以适当的标记。第一阶段（1440—1540）

① J. D. Bernal, *Science in History*, p. 309.

② Ibidem, p. 373.

③ Ibidem, p. 377.

是文艺复兴、航海大发现、宗教改革以及使西班牙成为世界强国的战争。在科学方面,这是一个“描述和批判而不是建设性[哥白尼除外]思想”的时期。[①] 在第二阶段(1540—1650),新兴资产阶级在英格兰和荷兰成为主导,“在科学上,这一时期包含了新的观察实验方法的初期伟大胜利”。[②] 最后,在第三阶段(1650—1690),资产阶级与统治力量达成妥协。这一时期,新科学得以确立,并且首次被转化为生产力(这时只是将科学用于航海)。

到目前为止,我们看到的断言仅仅涉及中世纪晚期和现代早期欧洲的科学发展与社会经济政治发展之间的某些**平行**。有时,贝尔纳试图使这种关联更加具体,例如他试图把吉尔伯特等科学家的成就与同时代工匠的经验联系起来。[③] 但有时他又毫无顾忌地提到一些使他的平行论变得一文不值的事态,例如他注意到,“虽然在政治和经济上已经衰退,但意大利在思想上的优越地位仍然保持了一段时间;这是因为西欧国家中第一个摆脱封建主义传统的意大利,在久已失去政治和经济重要地位之后,仍为欧洲的文化中心”。[④] 诚然,作者通过断言“这种转变过程自然是缓慢和不均衡的”,[⑤]已经为他的联合转变规则的这样一个例外留有充分余地,但这等于说,即使事件不符合他的图示,它们也仍然符合。贝

① J. D. Bernal, *Science in History*, p. 389.

② Ibidem, p. 410.

③ Ibidem, p. 435;我在论述齐尔塞尔的第 5.2.4 节对此话题有更多讨论。

④ Ibidem, p. 418. 另一个例子是对荷兰的处理,贝尔纳始终把它(和英格兰)说成世界上经济最发达的地区,而在 p. 448 他却毫无掩饰地正确指出,荷兰并未创造自己的科学中心。

⑤ Ibidem, p. 373.

尔纳自始至终都有一个修辞上的特长，那就是板着面孔将完全不符合其总体断言的诸项事实处理成仿佛完全符合一样。

正如在马克思主义思想中常见的那样，我们只需剥去对正统学说的刺耳表述这一表层——作者用难听的斯大林主义谩骂有力地加强了它——便能发现背后有其他力量在起作用。[①] 有一段旨在总结整个科学革命的话提供了富有启发性的一瞥："科学的诞生 222
紧随资本主义的诞生之后。同样的精神打破了封建制度和教会的固定形式……。"[②]显然，即使是最唯物主义的科学家也难以摆脱疑惑，会怀疑人类的思想和行动中终究可能有某种精神性的成分。

因此，要想就贝尔纳对科学革命的处理给出一个但愿公允的结论，我们必须回答一个由两部分组成的问题：贝尔纳自觉的马克思主义和无意识的唯心主义分别在何种程度上有助于我们深刻认识科学革命？

## 历史上的科学革命

我们先来看看贝尔纳关于科学在科学革命的最后阶段转变为生产因素的想法。虽然和其他马克思主义历史学家一样，[③]贝尔

① 也许可以认为《历史上的科学》人为地集合了贝尔纳思想中的至少四种驱动力：(1)原初的马克思主义（比如 p. 48 对历史中社会变迁的解释，这是对马克思"序言"的释义）；(2)对它的斯大林主义歪曲（尤其是转向唯意志论，相当于《历史上的科学》第四卷中出现的对事物的阴谋观）；(3)贝尔纳大体上原创的发现，即认为科学是一种同时代的生产力；(4)科学家确信，科学是客观真理的最好体现。贝尔纳书中的许多不一致性都可以通过他同时坚持这四种往往相矛盾的信念来解释。

② J. D. Bernal, *Science in History*, p. 490.

③ 一个例子是 Benjamin Farrington，他认为弗朗西斯·培根是"工业科学"的创始人。

纳在意识形态上几乎注定会把科学和技术归在一起，把科学革命当成基于科学的技术的诞生时间，但他本人所经历的科学与技术的复杂关系使他沿着非常复杂的历史维度讨论了这一话题。正如第 3.4.3 节所指出的，他是最早使人关注 17 世纪科学的实用承诺与实际成就之间鸿沟的人之一，虽然为了让科学的社会功能始于科学革命，他坚持有一种否则便难以解释的例外，即确定地理经度的问题。尽管如此，《历史上的科学》对这一话题的讨论是他对科学革命的整个讨论中最为精致和博学的内容之一。[1]

对贝尔纳而言，历史上科学对社会的影响是其最重要的研究主题。[2] 的确，他关于社会如何反过来影响科学的研究在精致程度上总体要略逊一筹。我们注意到，他自始至终宣称的科学转变与封建主义秩序转变之间的平行论有四个严重缺陷：

第一个缺陷是，显然不符合其一般规则的例外情况要么完全被忽视，要么被欣然处理为仿佛为此规则提供了进一步证据。

第二个缺陷是，贝尔纳并未给出他真正需要并且偶尔许诺的东西——由完整讨论而产生的可靠关联——而只是把相关内容宣言式地并列在一起。

第三个缺陷是，他通过纯粹重复而使这些并列看起来像是定论。在一般性的导言中宣布后，在引入该书后续部分的导言中又更详细地加以重复，然后随着故事的展开再次重复，最后又在相关部分的结语以及全书的结语部分几乎逐字逐句地重申。在遵循这样

① 特别是 J. D. Bernal, *Science in History*, pp. 3, 42, 455, 491 - 493。

② Ibidem, pp. 1, 27, 55.

一种程序时，贝尔纳也许不应因为在他的讨论中科学发展与社会发展之间仍然存在着鸿沟而受到谴责，因为这几乎是最难处理的历史问 223 题，我们应当责备的是，他那教条式的自信阻碍了他直面这一鸿沟。

第四个缺陷是，贝尔纳处理主题所运用的分析工具很粗糙。像封建主义、资本主义、文艺复兴这类口号式的、具体化的概念取代了严肃的社会历史分析，他本应运用能使事实得到理解的有价值的工具而将未加工的历史事实结合在一起。书中只有一段话显示出他面对其主题的谦逊，在这段话中，贝尔纳承认自己并不熟悉历史学家运用的分析方式。① 责备一位从事研究的科学家不是通才（*uomo universale*）当然是不公平的。但我们不得不说，他所运用的现成图示还远不足以完成此项工作。

那么，在将科学革命置于中世纪晚期和现代早期的欧洲历史背景之中时，贝尔纳有哪些正面成就呢？首先要指出，贝尔纳很早就非同寻常地意识到，这里有一项工作需要完成。他成功地使人注意到科学革命对现代世界的形成所做的贡献（当然是以马克思主义社会分析的贫乏语言做的）。什么样的社会能够产生现代早期科学这一独特现象，并且允许被它如此迅速地彻底转变？贝尔纳不仅以最严肃的态度对待这一重要的历史问题，而且我们在他的相关讨论中看到了一些孤立的段落，只要进一步详细阐述便可暗示出深刻的理解，远远超出了他所运用的图示所能达到的层次。一个例子是，贝尔纳提醒我们注意中世纪城市在促进新的科学观念方面所起的作用。② 另一个例子是他敏锐地注意到，

① J. D. Bernal, *Science in History*, p. 2.（以及 p. 6 类似的一段话。）

② Ibidem, p. 321.

> 无论在物质上还是思想上,中世纪晚期的欧洲文化并不比亚洲的诸帝国水平更高。它之所以更有希望,只能源于它在社会经济形式上相对缺少固定和一致。[①]

无论这种评论本身有多么模糊,它的确指向了一种历史分析方式,使我们能够运用在一个丰富得多的武器库中制造的精良武器来处理贝尔纳已经意识到核心重要性的任务。适合用这样一个武器库来完成这项任务,其迹象可见于马克斯·韦伯的历史社会学工作,这是贝尔纳情愿完全忽视的一位学者。我们现在就来讨论韦伯的工作。

### 3.6.3 "科学革命在西方文明史中的地位"

在未完成的系列论文《世界宗教的经济伦理》的前言中,德国社会科学家马克斯·韦伯(1864—1920)列举了西方区别于世界史
224 上所有其他文明的一系列特征。[②] 与讨论人类努力的许多其他领

① J. D. Bernal, *Science in History*, p. 335.

② 韦伯的学术工作本质上是不完整的,部分程度上是一个拼图游戏。玛丽安·韦伯(Marianne Weber)为其已故丈夫所写的动人传记为韦伯的工作提供了有用的指南和几乎完整的参考书目。我对韦伯整个工作的把握并不像我希望的那样可靠,我在文中的简要讨论在很大程度上源于我的一种印象,即在社会科学家讨论韦伯的大量文献中,几乎没有任何文献讨论韦伯关于自然科学的说法。我所知道的一个例外是科学史家 L. Pyenson 写的"What Is the Good of History of Science?"一文,其中韦伯是三位主角之一。

韦伯著作的英译历史是乱糟糟的一团(Reinhard Bendix, *Max Weber: An Intellectual Portrait* [Garden City, N. Y.: Doubleday, 1960], pp. xi - xiv 提供了指南)。零星的翻译过程更加不利于人们识别原本已经很难辨识的韦伯工作背后的统一性。(最近的一些德文研究有助于使那种统一性变得更加清晰。)我参考的是韦伯著作的德文原文,文中引用的是我本人的翻译。

域一样，他这样做并不是为了主张西方曾经造就了其他地方所没有的一系列文化产物，比如科学、历史与法律学说、复调音乐、尖拱建筑、活字印刷、大学、官僚阶层、政党、国家、资本主义货币兑换模式等等。毕竟，多声部音乐、官僚国家等在亚洲或多或少也是普遍存在的。韦伯坚持认为，西方的独特性并不能到所有这些现象中去寻找，而是指出，

> 恰恰在西方，而且只有在西方出现了一种文化现象——(至少我们愿意认为)它朝着一种具有**普遍**意义和**普遍**有效性的方向发展。①

我们将会看到，韦伯这里所说的"普遍"指的是一种特定意义上的"理性"：在西方，这些现象已经获得了自己的合理性。他由此"不可避免地和正当地"提出了一个问题，简单地说就是：哪些相互关联的情形导致了西方的这种独特性？

韦伯晚年提出的这个问题是激励他 1903 年以后整个学术工作的两三个基本问题之一，尽管对它的各种阐述似乎与其原初灵感有所偏离。让我们看看在这方面韦伯对自然科学说了些什么。

---

① M. Weber, *Gesammelte Aufsätze zur Religionssoziologie*, vol. 1, "Vorbemerkung," p. 1: "Universalgeschichtliche Probleme wird der Sohn der modernen europäischen Kulturwelt unvermeidlicher- und berechtigterweise unter der Fragestellung behandeln: welche Verkettung von Umständen hat dazu geführt, dass gerade auf dem Boden des Okzidents, und nur hier, Kulturerscheinungen auftraten, welche doch—wie wenigstens wir uns gern vorstellen—in einer Entwicklungsrichtung von *universeller* Bedeutung und Gültigkeit lagen?"

## 韦伯与西方科学的独特性

韦伯在前言中承认，就自然研究而言，许多东方文明都显示出了广泛的经验知识和往往很崇高的深刻哲学思想。但除了在欧洲，所有地方的科学都缺乏一种理性基础，这种理性基础表现于希腊人发现的数学和文艺复兴时期发现的实验。同样，我们在其他文明中也能发现高度发达的医学，但除了西方，所有文明地区的医学都没有从科学也就是一种“理性化学”[①]中获得坚实基础。

韦伯所列举的所有其他领域也都是如此。资本主义——韦伯这里最关注的领域——在西方的发展方式从根本上并非“冒险家型的、商人型的或以从战争、政治、管理中获取利润为导向的资本主义”。[②] 西方特有的资本主义的典型之处在于“产生了资产阶级的企业资本主义及其对自由劳动的合理组织”。我们要问的关键问题同样是，它何以成为可能。

韦伯坚持认为，由此定义的现代资本主义中至关重要的是，它
225 能够对成本和资产进行精确的理性计算，否则就不可能达到标志着现代资本主义的长期成本效益目标。科学在这里再次出场。现

---

① M. Weber, *Gesammelte Aufsätze zur Religionssoziologie*, vol. 1, "Vorbemerkung," pp. 1–2: "Eine rationale Chemie fehlt alien Kulturgebieten ausser dem Okzident."

② Ibidem, p. 10: "In einer Universalgeschichte der Kultur ist also, für uns, rein wirtschaftlich, das zentrale Problem letztlich *nicht* die überall nur in der Form wechselnde Entfaltung kapitalistischer Betätigung als solcher: des Abenteurertypus oder des händlerischen oder des an Krieg, Politik, Verwaltung und ihren Gewinnchancen orientierten Kapitalismus. Sondern vielmehr die Entstehung des *bürgerlichen Betriebs*kapitalismus mit seiner rationalen Organisation der *freien Arbeit*."

在我完整地引用韦伯关于资本主义的出现与现代早期科学之间关系的论述：

> 如今[现代资本主义]的合理性在本质上取决于其技术决定因素的**可计算性**——这些因素是精确计算的基础。但这实际上是说，它受制于西方科学的独特性，尤其是在数学和实验上有精确理性基础的自然科学。现在，这些科学和基于这些科学的技术的发展又转而受到资本主义机会的激励，这些机会与其作为回报的经济价值相关联。当然，西方科学的产生并非由这些机会所决定。印度人也做计算，他们发明了位值制，但西方却把位值制用于发展资本主义，而在印度却没有创造出现代计算或记账制度。数学和力学亦非取决于资本主义利益。然而，科学知识的**技术**应用——这对于我们大众的生活秩序有决定性的影响——的确受到了经济回报的激励，只有在西方才是如此。但这些回报源自西方**社会**秩序的独特性质。因此我们要问：源自这种独特性质的**哪些**成分？因为无疑并非所有成分都同样重要。①

① M. Weber, *Gesammelte Aufsätze zur Religionssoziologie*, vol. 1, "Vorbemerkung," pp. 10 – 11: "Der spezifisch moderne okzidentale Kapitalismus nun ist zunächst offenkundig in starkem Masse durch Entwicklungen von *technischen* Möglichkeiten mitbestimmt. Seine Rationalität ist heute wesenhaft bedingt durch *Berechenbarkeit* der technisch entscheidenden Faktoren: der Unterlagen exakter Kalkulation. Das heisst aber in Wahrheit: durch die Eigenart der abendländischen Wissenschaft, insbesondere der mathematisch und experimentell exakt und rational fundamentierten

这样我们便引出了西方的社会秩序有何独特之处这个问题。韦伯先是提出，现代资本主义需要一种稳定的可预见的法治管理，然后追溯到“西方文化的一种特殊类型的‘理性主义’”。① 他进而指出，接下来的研究目标是弄清楚这种西方所独有的理性主义是什么，并且解释它的独特性。在这一点上，其论证出现了明显转向。根据韦伯方才所说，我们也许会料想接下来他会连同其他独特的西方产物，把现代早期科学的出现当作一个重要议题来研究。然而西方资本主义的独特性完全占据了主导地位，因为韦伯进而概述了社会中经济关系的相互依赖性以及他所谓的主要宗教的“经济伦理”。他先是把他的著名论文《清教伦理与资本主义精神》置于这个总标题之下，然后用长达一卷的篇幅概述了儒教、道教、印度教、佛教和犹太教（这份未完成的研究基本不包含伊斯兰教和

---

（接上页）Naturwissenschaften. Die Entwicklung dieser Wissenschaften und der auf ihnen beruhenden Technik erhielt und erhält nun andererseits ihrerseits Impulse von den kapitalistischen Chancen, die sich an ihre wirtschaftliche Verwertbarkeit als Prämien knüpfen. Zwar nicht die Entstehung der abendländischen Wissenschaft ist durch solche Chancen bestimmt worden. Gerechnet, mit Stellenzahlen gerechnet, Algebra getrieben haben auch die Inder, die Erfinder des Positionszahlensystems, welches erst in den *Dienst* des sich entwickelnden Kapitalismus im Abendland trat, in Indien aber keine moderne Kalkulation und Bilanzierung schuf. Auch die Entstehung der Mathematik und Mechanik war nicht durch kapitalistische Interessen bedingt. Wohl aber wurde die *technische* Verwendung wissenschaftlicher Erkenntnisse: dies für die Lebensordung unsrer Massen Entscheidende, durch ökonomische Prämien bedingt, welche im Okzident gerade darauf gesetzt waren. Diese Prämien aber flossen aus der Eigenart der *Sozial*ordung des Okzidents. Es wird also gefragt werden müssen: aus *welchen* Bestandteilen dieser Eigenart, da zweifellos nicht alle gleich wichtig gewesen sein werden."

① Ibidem, p. 11: "Denn es handelt sich ja in all den angeführten Fällen von Eigenart offenbar um einen spezifisch gearteten 'Rationalismus' der okzidentalen Kultur."

基督教的对应内容)如何影响了人们的生活方式。这里详细讨论 226
了宗教世界图景的形成如何使大部分人走向了一种在西方达到顶峰的“世界的祛魅”及其特殊类型的合理性,但从未回到现代早期科学之路。[①]

在韦伯关于西方发展的独特性这一基本问题的其他研究中也没有讨论科学。在他同样未完成的《经济与社会》(*Wirtschaft und Gesellschaft*)中,有许多章节讨论了宗教、音乐、法律、官僚制度、韦伯所谓的“法律权威”、中世纪城市等等的社会学,所有这些都是为了指出它们各自对于西方独特发展的贡献。特别是在中世纪城市及其相对自主性和自由氛围那里,韦伯看到了一个使西方与众不同的非常重要的因素。但正如我们已经指出的,这里同样没有提到科学。在韦伯致力于深入研究西方文明独特方式的毕生工作中,从未出现过开普勒和牛顿的名字,伽利略的名字只出现过一次;对哥白尼的宗教身份有过一次随便的评论;曾把扬·斯瓦默丹(Jan Swammerdam)[②]当作一个范例,表明17世纪的学者希望把科学当成一种揭示上帝的手段;针对现代早期科学并非起源于培

① 一个不经意的暗示见 M. Weber, *Wirtschaftsgeschichte: Abriss der universalen Sozial- und Wirtschaftsgeschichte* (Munich: Duncker & Humblot, 1924), pp. 308–309:“Die Magie zu brechen und Rationalisierung der Lebensführung durchzusetzen, hat es zu alien Zeiten nur ein Mittel gegeben: grosse *rationale Prophetien*. Nicht jede Prophetie allerdings zerstört ihre Macht; aber es ist möglich, dass ein Prophet, der sich durch Wunder und andere Mittel legitimiert, die überkommenen heiligen Ordnungen durchbricht. Prophetien haben die *Entzauberung der Welt* herbeigeführt und damit auch die Grundlage für unsere moderne Wissenschaft, die Technik und den Kapitalismus geschaffen.”

② 斯瓦默丹(1637—1680):荷兰科学家。——译者

根的功利主义有过一次提醒；针对实验科学起源于采矿以及文艺复兴时期的艺术（特别是音乐）有过一个评论；还在一个注脚中暗示过17世纪科学与清教的可能关联：这便是韦伯关于科学及其在西方文明中的地位所说的一切。①

这里有一个我不知如何来解释的谜。在前引段落中主张了现代早期科学的兴起相对独立于它的经济环境之后，韦伯本可以顺理成章地连同他所研究的其他事件对这一重要事件进行分析，从而在西方文明史中为我们现在所说的科学革命指定其恰当位置。② 这里我可以肯定的一点是，他没有这样做并非是因为他对自然科学缺乏兴趣或者不够了解；我们只要看看他写于1909年的对威廉·奥斯特瓦尔德（Wilhelm Ostwald）③"唯能论"（energeticism）的非常博学的批判便可知晓。④ 我猜想解决这个谜的一个关键是考察科学在"德国社会政策协会"（German Verein für Sozialpolitik）的争论中所处的位置，韦伯连同维尔纳·桑巴特

---

① 各自的出处如下。关于哥白尼（以及其他地方的更多一些材料）：*Wirtschaftsgeschichte*，in the 3rd edition（1958），相关说法在倒数第二页，p. 314. 关于斯瓦默丹和实验在艺术中的起源（以及提到伽利略名字的一处）：*Gesammelte Aufsätze zur Wissenschaftslehre*（Tübingen：Mohr，1922），pp. 538－539。关于培根的功利主义和现代早期科学的兴起：ibidem，p. 399。关于17世纪的科学与宗教：*Gesammelte Aufsätze zur Religionssoziologie*，vol. 1，p.188（脚注2）。（默顿的博士论文[见第5.1.2节]正是源于这里。）不过，关于科学的偶然评论散见于韦伯的整个工作中。

② 据我说知，D. S. Landes 在 *Unbound Prometheus* 的第一章中多多少少以一种韦伯的方式最接近于这样一种处理，尽管他的主题是为什么工业革命没有出现在除西方以外的任何文明中。

③ 奥斯特瓦尔德（1853—1932）：德国化学家。——译者

④ M. Weber，"'Energetische' Kulturtheorien，" in *Gesammelte Aufsätze zur Wissenschaftslehre*，pp. 376－402.

(Werner Sombart)[①]、格奥尔格·西美尔(Georg Simmel)[②]等许多著名的德国经济学家都是其重要成员。我希望有朝一日能够开展这种研究，把韦伯的整个学术工作放在背景之下进行考察。现在我要回到韦伯的实际成就，设法确定他的思想遗产对我们仍然具有什么潜在的价值。一个很好的做法是把韦伯与贝尔纳的方法进行对比。

## 韦伯与贝尔纳：两个相反的镜像 227

韦伯(通过自己的努力)拥有贝尔纳所缺乏的东西：有一套极为精良的工具来分析产生了现代早期科学的社会。与贝尔纳不同，韦伯并非教条主义者。韦伯过于谨慎，不可能用非此即彼的方式来表述因果关系。他在经过精确严格界定的既定情况中，而不是在模糊的整个历史哲学中寻求因果联系。他非常擅于把两方面结合起来，一方面是对现象无限复杂性的认识(他不断做出限定，使句子变得非常复杂，难以理解)，另一方面则是关于现象被什么逻辑关联在一起的犀利见解。韦伯为此选择的手段是他所谓的“理想类型”(ideal-types)——从历史中抽象出概念，再把这些概念重新运用于历史，从而在去历史化(dehistoricized)的社会学与无概念的(conceptless)社会史之间建立一种历史社会学。韦伯去世后，主流社会学已经在很大程度上变成了非历史的，但今天的社会学家似乎越来越认识到，重新回到韦伯也许能够恢复社会学严重缺失的一个维度。这并非是指盲目重复韦伯的特定观点，时隔近一个世纪，他的一些观点已经不可避免地变得过时，而是指运用

① 桑巴特(1863—1941)：德国经济学家、社会学家。——译者

② 西美尔(1858—1918)：德国社会学家、哲学家。——译者

他的整体研究方法，他对这种方法的倡导和展示继续启发着熟悉它的几乎每一个人。

而贝尔纳（同样是通过自己的努力）所拥有的东西韦伯虽然并不缺乏，但不知何故几乎总是忽略，那就是对科学力量的敏锐意识。贝尔纳一刻也没有忘记科学在历史中的重要性，韦伯知道这一点，但还是继续遗忘。我认为未来如果能将贝尔纳关于科学的固定想法与韦伯处理欧洲历史的总体方法结合起来，将会提供迄今为止最有希望的方案，以实现那个遥远的目标，即宏观地赋予科学革命在西方文明进程中的恰当位置。

我们还是把这样一种努力留给未来。现在我们讨论巴特菲尔德在这方面于较小尺度上所取得的成果。

### 巴特菲尔德的一章

在巴特菲尔德 1949 年的著作《现代科学的起源》（见第 2.4.3 节）中，有一章是“科学革命在西方文明史中的地位”。这一章仅有 15 页，经过了精心设计，主要是为了讲清楚两种想法：一是科学革命作为世界历史上重大事件的独特性，二是现代早期科学一经诞生便立刻开始转变人类生活中一直不大随时代变化的思维模式和行动模式。较之作者为了传达给读者总体思路而选择的那些（不
228 可避免地）处理得相当笼统的主题，这一章的基调——既富有思想又能引起共鸣——能够更有效地引出这些观点。[①]

① I. B. Cohen, *Revolution in Science*, pp. 390 - 391, 398 - 399 对巴特菲尔德著作的这一章的风格有一些值得注意的观察。他还在 pp. 395 - 396 提醒我们注意，巴特菲尔德之前有两位“一般”历史学家 Preserved Smith 和 J. H. Robinson 把对现代早期科学的产生的讨论纳入了他们的通史中。

其中一些主题我们已经很熟悉。例如，为了详细阐述阿扎尔的论题，巴特菲尔德简要而均衡地讨论了现代早期科学如何能够立即开始加强欧洲从其他独立来源正在逐步进行的世俗化。他还注意到了新科学关于改良日常生活的重要承诺，同时警告不要假装先验地知道如何理顺“在 17 世纪末正在显著改变地球面貌的……普遍运动”[①]中汇合的各种力量（科学是其中最具威力的力量）。

在这一点上得出的一般结论是，科学革命

> 不仅是在这个时候引入历史的诸多新因素之一，而且事实证明，这个因素非常容易发展，而且有多方面的作用，以至于它从一开始就自觉地承担了引导作用，或者说，开始控制其他因素，就像中世纪的基督教渗透到了生活和思想的每一个角落，开始支配其他一切事物一样。[②]

然而，巴特菲尔德这著名一章中最具创新性且仍然无可匹敌的是这样一些段落，他在其中认为科学革命是西方文明世俗地远离其传统中心的最佳界标。巴特菲尔德指出：“直到……16、17 世纪，整个地球上的文明千百年来一直集中在地中海世界，在基督教时代基本上由希腊-罗马和古代希伯来人的文明所构成。”[③]巴特菲尔德把这个本身并不新鲜的见解当作出发点，提出了两个简明

① H. Butterfleld, *The Origins of Modern Science*, p. 186.

② Ibidem, p. 179.

③ Ibidem, p. 175.

主题。在一个主题中,巴特菲尔德详述了欧洲人与亚洲人为了统治地中海世界这个特殊的文明中心而进行的跌宕起伏的持续斗争,那时欧洲西北部还仅仅是附属物。另一个主题是为了表明科学革命为何是文明中心从地中海世界转移到大西洋沿岸的重要组成部分。[①] 这种转移虽然并非由科学革命所引起,但却从当时创造的新科学的动因那里获得了未来发展的极大动力。西方文明已经走上了一条前所未有的新路,其同时代人尚不能清晰地觉察到这场世俗化运动,但我们在西方可以感受到它的决定性意义,就像我们在20世纪生活的这个世界仍然在相当程度上以大西洋为中心,它被赋予的优越性主要是以新科学及其进一步自
229 然发展为基础的。或如巴特菲尔德在本章结束时所说的令人振奋的话:

> 我们现在知道,17世纪末出现的或许是一种令人振奋的新文明,但却像尼尼微和巴比伦一样前所未见。这就是为什么自基督教兴起以来,历史上没有一个里程碑能够与之相比的原因。[②]

---

① 16/17世纪欧洲贸易和政治中心的转移在历史文献中已有许多讨论,比如Braudel和Wallerstein的研究。联系科学革命的地理学运动对这一转移的暗示可见于Hil和Rabb在C. Webster (ed.), *The Intellectual Revolution of the Seventeenth Century*, pp. 243－244 and 276中以及Hall在*Dictionary of the History of Science*, s. v. "Scientific Revolution"中所做的评论。(注意,H. Dorn终于在他1991年的同名著作中讨论了科学的地理学这一主题。)

② H. Butterfield, *The Origins of Modern Science*, p. 190.

# 3.7　结论:从“自明的光环”转向“杂乱的偶然性”

> 我们的目标是打破笼罩在生产知识的实验方式周围的那种自明的光环(aura of self-evidence)。……科学史的“毛奇元帅们”(von Moltkes)偏爱理想化和简单化,而非杂乱的偶然性(messy contingencies)。
>
> ——夏平和谢弗,1985年①

柯瓦雷和戴克斯特豪斯等大传统的开拓者们所取得的最大功绩就是将以前由哲学家探讨的现代早期科学的起源这一主题历史化。自那以后,科学革命的编史学已经发生了很大变化。针对他们的各种不满或可归结为,他们历史化的努力还走得不够远。

这样一种限定必须区分两个方面。开拓者们不再像习惯上那样把历史上的科学工作处理成相互孤立的陈述的集合,而是把当时的知识状态背景作为恰当的研究语境来介绍科学家的整个工作。这被称为“语境”研究方法。在过去30年左右的时间里,又有学者探索了我们现在所谓的“新语境主义”。在本章,我们已经看到了这种研究的一些成果。这里的想法是把科学家的工作当作其社会、经济和政治背景的一个不可分割的部分。我已经在第3.5节中提出了关于科学革命“外部”编史学的一些想法,现在我将回

① S. Shapin and S. Schaffer, *Leviathan and the Air-Pump*, pp. 13, 16–17.

到这一主题。不过我想先来论述一下,可以从另一种相关的意义上认为开拓者一代对科学革命的历史化是不完整的。

在柯瓦雷和戴克斯特豪斯的工作背后隐藏着一个总体观念(他们那代科学史家也大都这样看),那就是科学革命主要人物的根本成就在于清除了长期以来存在的主要障碍。随着这些障碍被一劳永逸地清除,科学此后就可以沿着预先注定的路线,仅仅依靠自身的内在逻辑,凭借自身的力量前进。虽然必定会发生与正确路线的偏离,对它进行研究可以带来很大收获,但科学真理终将
230 获胜。新科学的主要人物们不得不取得胜利,因为他们比其他竞争者更接近于自然真理,也正是由于这个原因,竞争者必然是失败者。

结果,科学革命史家在很长时间里没有去追问"一般"历史学家(比如对于政治革命)觉得很自然要问的一个问题:一旦革命开始进行,它靠什么来持续下去?在政治革命中,不到最后一刻很难保证成功。但对于科学革命,历史学家却默认其成功的结果已经预先注定。

接下来那代科学革命史家以各种不同方式对这个新问题的方方面面作了探讨。他们最优秀的工作大都是不断努力把**显然的必然性变成偶然性**。这也许是历史学家的日常工作,但科学史家最难做到这一点,因为正如我所说,人们会非常自然地认为,一旦通向科学成功的道路被清扫干净,便没有什么东西能够阻止科学的继续前进。

数十年来,人们一直在探寻各种方式和手段,以使科学革命史变成一种更具偶然性的事情,但却从未将其提升为一种纲领。

1985年，它变成了一种纲领。

## 科学偶然进程的宣言

夏平和谢弗的《利维坦与空气泵》第一章是主张科学进程具有偶然性的一份宣言。它的做法非常独特。夏平和谢弗受到布鲁诺·拉图尔(Bruno Latour)[①]和史蒂夫·伍尔加(Steve Woolgar)[②]研究今天实验室生活的“人种志学”(ethnographic)方法的启发，决定从“局外人的视角”来审视他们希望考察的那段情节，即波义耳和霍布斯在17世纪60年代针对空气泵展开的争论，以实现自己的目标。他们故意把自己当成旁观者，试图了解当时发生的情况，而不是从一开始就持有后来获胜的实验主义者的思维模式。为了采取这样一种局外人立场，他们对于自然、实在和真理持有一种完全相对主义的态度，这正是“社会建构论”学派的科学社会学所主张的。

夏平和谢弗的整个论述之所以具有美妙的融贯性，是因为他们带着纲领式的同情来描述的失败者——霍布斯——碰巧持社会建构论的立场。在作者的解释之下，霍布斯从不放过任何机会要把其对手的思想归因于据称社会对他们的影响（大多数情况下是
内战），并认为关于自然现象的争论只能由一种未分割的世俗权力 231
来裁决，“因为自然并未授权一种正确的理性”。[③]

① 拉图尔(1947—)：法国科学社会学家。——译者

② 伍尔加(1950—)：英国社会学家。——译者

③ S. Shapin and S. Schaffer, p. 323.（引文出自 *Leviathan*, p. 31 in vol. 3 of the Molesworth ed.）

由此,夏平和谢弗在一种偶然模式的编史学的目标与提供恰当工具的社会建构论之间建立了一种关联。关于这种关联,我想谈两点。首先,他们的著作之所以会引起很大兴趣,在很大程度上正是由于这种结合。它坚持要从"自明的光环"的沉重束缚中解放出来,同时又提供了一种新"语境主义"作为实现解放的手段。一个梦寐以求的目标似乎已经触手可及:把过去的科学系统地置于语境之中。

我想谈的第二点是,与作者所暗示的观点相反,目标与手段之间根本不存在客观关联。考察"杂乱的偶然性"而得到的真正自由并不需要通过把灵魂出卖给相对主义来获得。一种更具偶然性的编史学的理想(这是我所赞同的)不必通过对自然和实在采取一种完全相对主义的立场(这是我所厌恶的)来换取。我之所以这样看是因为:(1)作者从来没有从正面论证过那种不大可能的论断,即自然仅仅是胜利者为其"协商的"实验结果后天地指定的名称;(2)虽然在"通过人的操作来实现"的意义上,"人造自然"的确是人造的,但它总会以非常激烈的方式在现实中显示自己(正如一位科学史家所说,"如果夏平和谢弗是对的,那么我将不能理解博帕尔[Bhopal][①]的毒气泄漏事件如何可能发生");[②](3)科学之所以是人类业已发现的理解自然的最佳方式,一个主要原因在于实验提供了现实反馈的不竭之源,并且时刻提醒我们不要退回到意识形

① 博帕尔:印度中央邦城市、首府。1984年曾发生一次历史上最严重的工业意外事件:当时从联合碳化钙厂的一家杀虫剂制造工厂中外泄了几十吨有毒气体,在人口稠密地区散布开来,估计有3800多人死亡。——译者

② 韦斯特福尔曾在与我的一次交谈中提出了这一观点。

态思想；(4)社会建构论立场虽然在一定程度上很有启发性，而且富有成果，但通常是用非此即彼的术语提出的。①

从编史学的角度来看，我所指出的最后一点是最重要的。倘若必须事先承认或拒绝自然现实只不过是一种社会建构，历史学家也许会忽视那个更富有成果的问题，即在某一时期，社会习俗和社会境况在多大程度上影响了自然事实的确立，或者影响了 17 世纪科学家在宣传自身努力、希望获得整个社会认可的同时，也试图理解自己的所作所为。例如，我们已经在第 3.6.1 节看到，拉布非常谨慎地用“不仅……而且”的术语讨论了这个问题；在承认新科学具有理智优越性的同时，他也指出，全欧洲的精英们非常愿意接受新科学是一个有待解释的惊人的社会历史事实。新科学的“成 232
功”部分在于对自然前所未有的理解，部分是因为“外部”情况，历史学家的技艺无非是在每一个具体实例中取得恰当的平衡。

## 教益之我见

由这些思考我得出了两个教益。首先，把科学置于社会背景之下可以收获许多东西，只要不把它当作唯一的救赎之路。但我并不认为社会建构论(即使仅仅作为一种启发手段)为实现这一目标提供了一条特别可行的道路。在我看来，关于被视为一种社会现象的 17 世纪的新科学，最有前途的问题来自科学史与一般社会史的结合，巴特菲尔德和拉布的例子以及韦伯的研究方法所显示的希望都表明了这一点。

① 感谢 Rob Wentholt 一直劝导决不要忘记这些基本的东西。

我得出的第二个教益是这样的。让我们继续尽可能地去揭示偶然性。① 这不必局限于科学的“外部”发展，对“内部”发展的分析也可以揭示出一定程度的历史偶然性。然而，我们刚开始研究时不要在否定“自明性”的同时也否定了自然现实。（我们也许应当牢记伍迪·艾伦[Woody Allen]②故事中一位主角的不朽名言，他“憎恶现实，但意识到这里仍然是唯一可以得到好牛排的地方”。）③

事实上，我们可以利用自己历史学家的身份而采取一种“局外人的视角”，没有义务要通过援引外在于编史学的理论来选择这一视角或为之作辩护，历史书写既要揭示历史上发生了什么，也要揭示可能会发生什么；揭示出有哪些从未实现的可能性隐藏着；是什么实际力量阻止了这些可能性的出现。④ 我的观点是，这也正是科学革命编史学已经进行了一段时间的工作。结果——其中一些仍然处于起步阶段——似乎正在朝着一个暂时的结论汇合，由本章前面的内容我们可以推出这个结论。

---

① 在最近的“The Scientific Revolution”一文中，J. Schuster 反复强调（通过一种纲领式的观点而不是通过证明）不把科学革命的发展进程的各个方面当成预先注定是多么重要。

② 艾伦（1935—）：美国演员、编剧、导演、制片人。——译者

③ Woody Allen, *Side Effects* (New York: Random House, 1975), p. 13.

④ 为了避免可能的误解，我要指出：我绝不是要倡导一种对待历史技艺的偏狭态度。并非偶然，在我作为历史学家的整个职业生涯中，我周围几乎都是非历史学家（科学家、哲学家、社会学家），我从他们各自的研究方法中受益甚多。然而，也许正是由于这种经历，我越来越认为，虽然历史研究可以从其他研究领域的研究方法中得益许多，但也存在着历史思想的一种完整性不应因此而被破坏。面对着社会建构论学说，我想坚持的正是这种完整性。

## 科学革命——彻底断裂的逐步实现

认为科学革命构成了与先前自然思想的一种彻底断裂，这种观点丝毫不违背其主要人物需要花费很多时间和精力来逐步实现其全部后果，整个过程的发生方式并未预先注定。因此在我看来，由前面各节的论述似乎可以得出一个重要结论。用库恩颇具洞察力但略显夸张的表述来说：

> 和“新哲学”显示出来的许多新态度一样，对待测量的[这种]新态度的显著效果在17世纪几乎完全没有显示出来。①

于是，我们看到了17世纪如何被描述成一个过渡时期，此时科学革命的主要人物才刚刚开始认识到自己方法的性质。他们将这些方法逐渐从亚里士多德的认识论语言中解放出来，为新科学 233
勾勒了一种试探性而非证明性的方法论的最初轮廓。他们认为自己已经从亚里士多德的权威中一举解放出来，但许多人仍然受到亚里士多德思想的重要方面的无意识影响，这种影响的深刻程度远非他们就这一主题所宣称的那样。随着恢复的理想被发现的理想所取代，伴随着过去的遗存，人们开始以未来为新的导向。研究成果开始累积，但仍然很不均衡。许多人敏锐地感觉到自然的统一性丧失了，这既表现为基于新科学的原理来构建总体系，也表现在努力保存或恢复赫尔墨斯主义思维模式。新科学的主要人物绝非一劳永逸地获得了认可，而是发起了激烈的宣传战，其对手实际

① T. S. Kuhn, *Essential Tension*, p. 224.

上并不像通常描绘的那样僵化。整个欧洲迫切希望和平与社会秩序，这大大有助于这种认可的获得。在逐步体制化的过程中，新科学的拥护者开始创造规范，制定与之相伴的规则，旨在规范他们自己以及科学领域以外那些人的行为。实验的性质，或者更确切地说，实验如何作为人与自然之间的中介，这个问题在17世纪逐渐得到澄清。虽然17世纪初引入了科学仪器作为实验的主要辅助，但需要再等几十年才能在它周围形成一种“研究背景”。虽然由于对人和社会有潜在利益，新科学几乎立刻得到了支持，但在这方面，它尚未实现最初的诺言。最后，科学革命原本形成于两种不同的思想潮流，即数学潮流和机械论潮流，它们彼此间的张力必须在牛顿综合中得到解决，才能说完全成功。这是取材于前一章讨论的一个重要的偶然性要素。

简而言之，由这些讨论所产生的科学革命整体图像表明，使科学革命先驱者们的最初见解得以实现并且开始在整个社会中起作用的诸多方式都有偶然性。我们没有发现笔直的道路，只是看到一堆犹豫的试验、混合形式和中间立场。这种混乱固然显示出一种整体进步，但这种进步是以曲折的偶然模式进行的，无论如何都带有人类生活的明显印记。

## 英格兰与欧洲大陆

与过去几十年里编史学出人意料的变化所给出的保证相比，我们的总结暗示本章得出的结论要具有更大的同质性。虽然名义上无一例外都导向“科学革命”，但一些论述似乎实质上（即使并非
234 总是有意）局限于英格兰发生的事件，而或多或少完全忽视了欧洲

大陆。有时这种曲解可能会变得非常极端，比如詹姆斯·雅各布(James R. Jacob)和玛格丽特·雅各布(Margaret C. Jacob)尝试把他们所谓的“辉格党宪政”(Whig Constitution)与17世纪末的英格兰科学联系起来。通过讨论特意创造的“从波义耳到牛顿的科学革命”，他们声称提出了一个关于“现代科学的英国国教起源”的论题。

至于这种全新的编史学习惯的原因，我们无需在这里深入探讨。我们很容易想到语言上的障碍；想到伊恩·哈金(Ian Hacking)[①]所说的“科学革命[②]的权杖之岛(sceptred-isle)[③]版本”；想到对于像科学革命这样一个纷繁复杂的事件，很难做出一般陈述；想到一个具有历史偶然性的事实，即英格兰即便肯定不是新科学的发源地，无疑也是科学革命达到高潮的国家。我把诊断和治疗分开，这里只是指出，除非在完整的地理和时间背景中进行考察，否则根据最近的编史学趋势对于科学革命诸方面的大有前途的研究无法取得丰硕成果。

这样我们就结束了关于最近科学革命编史学中新趋势的讨论，特别强调了发掘偶然性要素的种种努力。在本章的最后，我想提醒读者注意一切偶然性中最大的偶然性，即这样一个令人震惊的事实：科学革命当初竟然发生了。

---

① 哈金(1936—)：英国科学哲学家、语言哲学家。——译者

② I. Hacking, essay review of S. Shapin and S. Schaffer, *Leviathan and the Air-Pump*, in *British Journal of the History of Science* 24, 2, 1991, pp. 235 - 241；引文见 p. 239。(非常感谢 Joella Yoder 使我注意到了这个短语。)

③ 语出莎士比亚的戏剧《理查二世》，指英格兰。——译者

## 爱因斯坦的著名信件及其含义

大多数科学史家迟早会碰到这样一段话，它是爱因斯坦就某位斯威策(J. E. Switzer)先生向他提出的一个疑问所给出的简洁回复：

> 亲爱的先生，西方科学的发展基于两项伟大的成就：希腊哲学家发明了形式逻辑体系(在欧几里得几何学中)，以及(在文艺复兴时期)发现可以通过系统实验找出因果关系。在我看来，中国的贤哲没有走出这两步，那是用不着惊奇的。令人惊奇的倒是，这些发现竟然被做出来了。
>
> 您真诚的，阿尔伯特·爱因斯坦[①]

我相信，科学史家习惯于把这段生动的评论当成关于科学史的某种深刻真理的提醒，我们在日常生活中常常会忘记它，但也没有更多内容可说或需要说。据我所知，爱因斯坦的观点立刻引出的一个问题似乎还没有任何书面讨论：人类的思想行为中到底是
235 什么东西使现代早期科学的诞生成为这样一个惊人的事件，而不是迟早必然要发生？

不过，至少有一篇未发表的文章，其中一章的核心问题是

> 历史上的“科学奇迹”是如何可能违背通常的所有社会可

① 这封信的日期为1953年4月23日；引自D. de Solla Price, *Science since Babylon* (New Haven: Yale University Press, 1963), p. 15, note 10.（李约瑟也用了这封信，引用时对爱因斯坦的英文作了改进。）

> 能性而产生的？……鉴于反对它的社会力量，考虑到人类心灵有可能通过合理地说明明显存在的矛盾来解决客观见解与主观合意性之间的矛盾，科学作为公认的对客观知识的系统追求，其出现确实像是一个奇迹。[①]

这篇文章题为《克服人文科学中的偏见》，是荷兰社会心理学家罗布·文特霍尔特(Rob Wentholt，1924—2010)1976 年写的，在我看来仍然很值得发表。他提出了这样一个问题：为什么“人文科学”到目前为止还没有取得自然科学自 17 世纪以现代形态出现以来所取得的那种成功——共享的高度统一的知识。文特霍尔特是这样来描述自然科学与人文科学之间的区别的，我们之前看到库恩也分析了这种区别(第 3.2.3 节)：

> 自然科学与人文科学之间最明显的区别就是，对知识的独立追求(不管其他因素)已经在自然科学中获得了极大成功，但在人文科学中还没有。在寻求理解人类活动的过程中，最重要的莫过于发现了支配自然界现象的规律。存在着丰富的经验事实，但没有各方同意的一般原则来整理事实以供科学使用；存在着很多理论，但并无一种关于人文科学的全面的科学理论。人们尚未发现有什么基本规律可以作为重要的解释原则，对于这些原则是否可以发现也没有一致意见。存在

① R. Wentholt, “The Conquest of Bias in the Human Sciences” (unpublished typescript, 1976), pp. 44 - 45.

> 着大量见解和知识，但是就所有这些见解和知识的累积效应而言，情况与[现代早期]科学兴起之前并无根本不同。[①]

它提醒我们，目前人文科学的整体状态与自然科学在科学革命之前的状态基本相同。文特霍尔特随后的论证主要是想表明，“人文科学”主题包含着一些在自然科学中完全不会或基本不会碰到的困难。但也有一些困难对于两者都相同，所以自然科学用这么长时间才达到现在令人文科学羡慕的状态，这绝不是偶然的。或者毋宁说，它们遇到的共同障碍极为强大，自然科学竟然能够克服这些障碍，这真是一个奇迹。

236 在这些共同障碍中，文特霍尔特详细分析了人类心灵容易因为物质利益、自我中心的非物质利益、群体压力以及向其屈服会带来回报等等而歪曲对现实的思考。在他的分析中，这些心理偏见并非源于日常用语，而是从一种精致的人类动机理论中产生的概念，这些概念是从人类心灵的心理学和群体行为的社会学的相关文献中发展出来的。这里没有必要进一步讨论文特霍尔特的思想，因为我已经给出了自己的观点：我们可以像处理任何历史“奇迹”那样，运用我们所能获得的所有相关概念工具来处理“现代早期科学的诞生这一奇迹”，而且最后承认，在到达更深的认识层面之后，这个奇迹已经变得愈加神奇。一旦我们开始理解人类心灵的何种倾向阻碍了那种大体上客观的获取知识的模式，即我们所

① R. Wentholt, “The Conquest of Bias in the Human Sciences” (unpublished typescript, 1976), p. 63.

谓的科学，我们就会对爱因斯坦表达的智慧变得更加警觉："令人惊奇的倒是，这些发现竟然被做出来了。"

这不可避免地引出了如何对科学革命这个奇迹般的事件进行解释的问题。许多科学史家都力图解释它。我们已经给他们的发言准备好了机会，在接下来的第二部分我们就来这样做。

# 第二部分　寻找科学革命的原因

# 第四章　现代早期科学从先前的西方自然思想中产生

## 4.1　第二部分导言

什么才能算作对科学革命的一种“解释”？说历史事件P或历史事态Q或这些P与这些Q的某种结合“导致”了现代早期科学的诞生，这样说是什么意思呢？

假如我们的工作仅仅是以恰当的顺序来总结一些学者出于解释的目的而给出的科学革命论述，那么寻求这个问题的答案就是完全多余的。然而，一旦要对这些所谓的解释进行批判和比较性的评价，我们就不可避免会面临这样一些问题：理论A究竟解释了什么？在何种程度上能够认为因果关系B不只是把一些历史事实联系在一起？在考察了解释C之后，我们现在知道科学革命到底是如何产生的了吗？抑或这对于某种特定的历史解释来说要求过高？如果是这样，我们对于一种历史解释能够合理地期待什么？还是说，这里应当区分不同类型的历史因果关系？

从原则上讲，解决这些问题有两条道路。一是在对解释科学革命的种种努力进行概述之前，先用一篇简短的理论论文对元历史(metahistorical)争论进行精挑细选，以找到被历史哲学家算作历史解释的最好的(至少是最新的)说明,然后用由此得到的结果作为标准来衡量随后要讨论的各种解释。然而,由于当前的元历史争论对于基本原则总是达不成一致,又常常受到一时的风尚的影响,而且完全没有考虑科学史的特殊要求,因此由一种更具归纳性的程序得出的结果也许更符合我们想要的解释。①

首先,接下来的解释全景可能使读者产生一种直觉感受,即对
240 科学革命解释能够做到什么有一个合理的预期。随着讨论的进行,我将视情况需要而阐明这些直觉。最后,并非所有解释科学革命的作者都没有停下来追问这样一件事的内在范围和界限何在。我们将在适当的时候看到这些为数不多的历史学家在设计自己解释的过程中提出的元理论观念。再加上从元历史文献中获得的少数观念,元历史见解的这三种来源将会有助于我们做出最后评价。

## 对各种解释进行编排

由于覆盖范围很广,以恰当的标题对各种科学革命解释进行编排的任何尝试都可能因为某种程度的任意性而遭到质疑。大多数解释是完全独立的,而少数解释则是连同科学革命实质的定义一并提出的,因此有时很难将它们与那些定义有效地区分开来。一些解释把持续研究科学革命实质的最新成果当作出发点,而另一些解释则忽略了科学史家关于此话题的已有讨论,径直从他们

① 关于历史哲学的这一笼统陈述源于我对 F. R. Ankersmit、W. J. van der Dussen 和 C. Lorenz 等学者最近写的几本荷兰语著作的阅读。他们的著作广泛考察了该领域目前的国际争论。它们本身很有意思,但也使我这样一位正在寻求理论指导的历史学家感到失望。

自己关于科学革命实质的未经反思的想法开始，或者从早已被负责任的科学史家抛弃的想法开始。一些解释有意持单一原因的看法，让某一个历史事件完全为现代早期科学的产生负责，另一些解释则更为谨慎地列举了各种情况，它们合在一起才使科学革命成为可能。一些解释实际上仅限于17世纪科学的某一个中心地域，另一些解释则试图覆盖科学革命的全部地理范围。大多数解释都旨在直接表明现代早期科学为何产生于17世纪的西欧，另一些解释则还要考察是什么因素阻碍了这种科学出现在其他地方和/或其他时期。一些解释似乎仅限于或主要局限于自然思想史中的要素，另一些解释则在宗教、政治、经济、技术、技艺等领域或整个社会中寻找科学革命的原因。

只有当这些解释的提出者之间进行过活跃的争论，也就是相继建立在对前人结果批判性评价的基础之上时，以年代顺序来编排所有这些解释才有意义。但是，正如我们在导论章节中所指出的，大多数自称的解释都有“自说自话”的显著特征。争论实际上 241
并未发生过，而是消解成一系列单独进行的独白（当然，其中一些解释自身还配备有非常有限的子争论）。

鉴于编史学的这种特殊状况，我们最好以三个标题列出这些解释性的努力。我们陆续讨论这些解释，旨在表明现代早期科学的出现与以下三个方面紧密相关：(1)西方文明从开端到17世纪所发展出的科学思想要素；(2)17世纪以前西方历史上的事件和/或事态；(3)通过指出其他文明（实际上是东方文明）中的思维模式和生活方式阻碍了现代早期科学在西欧以外产生，以阐明现代早期科学在西方的产生。换句话说，我们的解释可以分为“内部的”

(本章)和“外部的”,再根据采取“西方的”(第五章)还是“东方的”(第六章)进路对大部分“外部”解释作进一步细分。虽然不可避免仍然会有少数边界案例和混杂的情况,但是沿着这一路线可以使我们看到用其他方式看不到的某些编史学模式。[①]

## 本章的主题

因此,本章致力于讨论西方文明中以前自然思维模式的特征,以解释现代早期科学的起源。在这一标题之下所做的分析表现为两种样式。有些分析旨在解释为什么科学革命未能发生于西方思想的更早阶段,另一些分析则试图表明,现代早期科学的出现或多或少是此前自然思维模式的逻辑结果,也就是说,仅仅是科学思想持续发展的下一个明显阶段。在关于古希腊和某些中世纪科学的论述中,前一种分析自然占上风。后一种分析则试图把科学革命解释为15、16世纪古代学术复兴的结果——哥白尼主义的兴起、希腊数学文本的重新发现、亚里士多德主义的变革、赫尔墨斯主义思维模式的出现、怀疑论的复兴等等分别被当作可能的原因。我们先来讨论为什么最终陷入停滞的希腊科学没能开创科学革命。

---

① 因此我完全没有讨论一种特殊的研究进路,虽然由它所得出的少数成果本身很有意思而且充满希望,但在我看来目前还太不成熟。这便是试图通过人类认知的特性来阐明科学史中的事件。不过我相信认知科学能为科学革命为什么在这个时候发生提供重要启发。对“认知科学史”目前发展水平的最早考察是 N. J. Nersessian, “Opening the Black Box:Cognitive Science and History of Science,” CSL Report 53 of the Cognitive Science Laboratory of Princeton University, January 1993。(这篇论文的一个缩写版本见 *Osiris* 10:*Critical Problems and Research Frontiers in History of Science*, ed. A. Thackray, 1994。)(感谢 Marius Engelbrecht 与我富于启发地讨论了皮亚杰研究科学史的进路。)

# 4.2 为什么科学革命没有发生在古希腊?

一方面,希腊人对科学知识有极大兴趣,在征服和理解人与世界方面取得了惊人的进展;另一方面,他们因为许多深刻 242
的见解而在自己的道路上止步不前,仿佛撞上了一堵无形的玻璃墙,似乎有某种神秘的禁忌阻碍他们继续前进。

——沃尔夫冈·沙德瓦尔特

(Wolfgang Schadewaldt)①,1957年②

为什么古希腊文明未能产生科学革命?

如此追问,这个问题似乎很不公平。希腊科学在许多方面都从零开始,仅仅几代人时间就取得了不可思议的成就,事后还要让它做出更多成就似乎相当不合情理。希腊人有公理化的几何学,有一套复杂的、极为成功的、预测性的数理天文学,有各种物质理论,在许多科学主题上都有大量极富创造性的想法,为什么除此之

---

① 沙德瓦尔特(1900—1974):德国语文学家、翻译家。——译者

② W. Schadewaldt, *Hellas und Hesperien: Gesammelte Schriften zur antiken und zur neueren Literatur*, 2nd ed. (Zurich: Artemis, 1970), p. 601:"wieso die Griechen einerseits in der Eroberung und Erweiterung ihres Wissens von der Welt und von dem Menschen mit einem grossartigen Forscherdrang vorgestossen seien, und andererseits dann wieder vor manchen, auf ihrem eigenen Wege liegenden Erkenntnissen haltgemacht hätten, so als ob sie an irgendeine unsichtbare Glaswand stiessen, als ob irgendein geheimnisvolles Tabu ihnen den weiteren Schritt verwehrte."(我找到这段话要归功于 J. H. J. van der Pot, *Die Bewertung des technischen Fortschritts* [Assen: Van Gorcum, 1985], p. 44。)

外,希腊人还应迈出看似顺理成章的下一步,郑重提出以牛顿综合而告终的经过实验确证的数学自然定律呢?另一方面,尽管这个问题对于希腊人取得的成就显得很不领情,但事后看来,正是由于希腊人已经如此接近,这个问题才成其为问题,希腊人为什么没能实现科学革命这个问题才有助于澄清我们这里关注的科学革命的原因问题。换句话说,是什么东西对于现代早期科学的产生不可或缺,而希腊科学又恰恰阙如呢?我们骨子里感到希腊人在许多方面"走的是正轨",那么他们缺少的到底是什么呢?

对这个问题的回答无一例外是以章节或章节部分的形式而不是以整本书来讨论的。包含这些讨论的书籍要么是讨论整个科学史(休厄尔、戴克斯特豪斯、霍伊卡),要么是讨论整个科学史的某一个方面(本-戴维),要么是对古代科学作专业概述(本杰明·法林顿[Benjamin Farrington]①、克拉盖特、塞缪尔·桑博尔斯基[Samuel Sambursky]②、杰弗里·劳埃德[Geoffrey Lloyd]③)。④这些讨论可以分成两个标题。一些历史学家虽然的确承认整个希腊成就的辉煌,但却集中于希腊科学的"缺陷":那里存在着许多必要成分,但却没有加以恰当结合或安排。另一些历史学家虽然在某种程度上承认这些缺陷,但却强调某些非凡的希腊思想家已经非常接近于我们往往认为的"正确道路"。对于前一组历史学家来

① 法林顿(1891—1974):以色列古典学家。——译者

② 桑博尔斯基(1900—1990):以色列科学史家、科学家。——译者

③ 劳埃德(1933—):英国科学史家。——译者

④ 不幸的是,D. C. Lindberg 的 *The Beginnings of Western Science* (Chicago: University of Chicago Press,1992) 问世太晚,这里没有来得及考虑。

说，问题在于确定需要何种思想变化才能使各种科学成分达成正确的平衡或者提供所需的安排；对于后一组历史学家来说，问题在于弄清楚后来科学的思想环境和社会环境发生了哪些变化，能够有效地移除本节开头沙德瓦尔特那段引文中所指出的“无形的玻璃墙”。

第一组历史学家是休厄尔、戴克斯特豪斯、霍伊卡和桑博尔斯 243
基；第二组历史学家是法林顿和克拉盖特(以及柯瓦雷的一个注释)。我们将在接下来两节中分别概述他们的观点。做出这些概述之后，我们将讨论另外两条更为晚近的进路：一条是劳埃德的进路，他比前人更为严格地确定了希腊科学衰落的精确时间；另一条则是本-戴维的进路，他推翻了所有其他学者共同秉持的一个基本假定。

## 4.2.1　希腊科学的一些主要缺陷

### 休厄尔与希腊人没能恰当结合概念与事实

威廉·休厄尔会以如下方式提出问题：对自然的理解解释怀有独特兴趣的希腊人所从事的科学事业为何会以亚里士多德完全错误的自然哲学而告终呢？毫不奇怪，其回答直接源于他本人关于如何以一种多产的、累积性的、富有成果的方式来发展科学的想法。回想第2.2.2节可知，休厄尔认为必须把概念与事实恰当结合起来，恰当地进行“概念解释”并通过这些概念进行“事实综合”。在他看来，这正是希腊人基本未能做到的。休厄尔以希罗多德对尼罗河季节性泛滥的解释为例，表明希腊人一般会满足于用非常抽象的概念来解释，即便这些概念没有得到充分说明，以致根本不可能将相关事实结合起来。反过来，希腊人极少有足够的耐心去弄清楚所有相关事实。希腊的“思辨者们”一旦

> 在其哲学中引入任何抽象的一般概念，就仅仅凭借内在的心灵之光对它们进行细察，而不再向外打量感觉世界。……他们本应通过观察来改造和确定通常的概念，却只是通过反思来分析和扩展概念；他们本应通过反复试验在出现于心灵的概念中找出能够精确运用于事实的概念，却武断从而错误地选取了对事实进行组织和安排的概念；他们本应通过思想的归纳行为从自然界中收集清晰的基本概念，却只是由他们所熟悉的某个概念通过演绎导出结果。①

244 这最终说明了为什么

> 我们只能将其视为发现事物原因的努力的彻底失败，其最终结果就是亚里士多德的自然学论著；在到达了这些论著所标示的地点之后，人类心灵在所有这些主题上停滞了至少近两千年。②

休厄尔的诊断隐含着这样一种观念：如果缺少恰当的方法，那

① W. Whewell, *History* I, p. 28.
② Ibidem, p. 20.

么理解自然的努力所能取得的成就会有一个上限；这个上限相当低；只有发现了把概念与事实结合起来的恰当方法，通向真正累积性科学的道路才能打通。这样看来，此后的停滞主要是心灵上的，寻找现代早期科学产生的原因就在于弄清楚在许多世纪里一直起阻碍作用的思维习惯，正是由于这种思维习惯，人类在16—17世纪以前才没能揭示出应当在何种恰当层面将正确的概念与相关事实结合起来。

在此类分析中，定义科学革命的实质和解释它的起源几乎融合为一个统一的论证。科学革命的本质特征是如此这般，因此科学革命的根本原因在于历史上出现如此这般的东西，而现代早期科学之所以未能在更早的时期出现，是因为在更早的时期缺少如此这般的东西。因此，科学革命之前和之后的科学图景变成了彼此的镜像。显然，我们陷入了一个相当狭窄的循环。休厄尔既没有试图拓宽它（比如援引科学思想领域之外的解释因素），也没有努力打破它。通过创造这样一个循环，他制定了一种我们将会不断遇到的解释模式。

在另一个意义上，休厄尔对希腊科学之“失败”的说明也为许多后续讨论定下了基调。值得注意的是，他认为科学革命是一个迟早必然会发生的事件，所以把希腊科学与现代早期科学分开的只不过是有待陆续移除的一系列阻碍因素。我们将会看到，虽然为什么希腊科学没能产生科学革命这个问题并不必然要把科学革命看成希腊科学的必然归宿，但一些历史学家仍然或多或少以这种方式表述了这个问题，尽管至少有一位历史学家相当自觉地没有这样做。虽然休厄尔对于希腊失败的特定解释就像他的总体科学

245 观一样很少得到赞同，但后来不止一位历史学家采取了他的解释的一般化版本，决定为希腊科学诊病。休厄尔认为，希腊科学过于轻率地进行一般化，未能在恰当背景下（无论是实验上还是观察上）认真考察相关事实，戴克斯特豪斯和霍伊卡也给出了这样的裁断。

## 戴克斯特豪斯与霍伊卡论希腊科学

戴克斯特豪斯在《世界图景的机械化》的第一部分对希腊科学做了很好的概述。他并不试图把他所诊断出的各种缺陷归结于同一个根本原因。其中突出的缺陷有：几何学家所颂扬的柏拉图主义的纯洁性阻碍了对应用数学的寻求和变量处理；科学与技术之间缺乏富有成效的互动；还有他最为强调的缺陷：

> 一般希腊思想家都低估了研究自然的困难。无论是否对自然持经验态度，他们**无一例外地**高估了不加约束的思辨在自然科学中的力量；他们丝毫不知道那种往往迷失在琐碎细节中的艰苦费力的工作，而做不到这一点，就不可能获得对自然的任何理解。[①]

戴克斯特豪斯明确拒绝在这张缺陷列表中区分出何为“原因”，何为“结果”，[②]因为这两者密不可分地缠绕在一起——这种

① E. J. Dijksterhuis, *Mechanization*, section 1:92.

② Ibidem, 1:61, 64, 95.｛戴克斯特豪斯在“De grenzen der Grieksche wiskunde”(1934; reprinted in K. van Berkel [ed.], *Clios stiefkind* [Amsterdam: Bakker, 1990])中更深入地讨论了希腊数学的局限性问题。｝

心态也使他在解释现代早期科学的产生方面持不可知论立场。就他的确在寻找原因而言，这些原因当然是与上述缺陷对应的东西。印度的位值制计算、阿拉伯代数以及文艺复兴时期意大利的计算技巧对希腊数学的丰富；文艺复兴时期科学与技术富有成效的互动；逐渐意识到只有把不懈努力与大胆推测结合起来才能揭示自然的奥秘——所有这些合在一起才造就了现代早期科学。戴克斯特豪斯确信，无论怎样列举这些要素，都无法穷尽所有可能的原因。[①]

在这方面，他的同胞霍伊卡的不可知论没有那么深。他发现，除了有诸多令人赞赏的特征，希腊科学还有两个基本缺陷。其中一个同样和缺乏理性与经验的平衡有关。霍伊卡认为这种平衡的缺乏反映了一种理智上的傲慢。当时被认为合理的思想构造很容易被用作对自然本身的限制：自然**必须**如此这般，否则就会违背人对于理性事物的看法。于是，热带地区被认为不适合居住，仅仅是因为亚里士多德和托勒密的理性认为相反情况无法设想。根据霍 246
伊卡的说法，正是这种一般态度使得希腊科学最终停滞不前。[②]由此可以推出，只要希腊科学的继承者们坚持认为他们的理性高于自然事实给我们的教诲，现代早期科学就不可能产生。对于自然告诉我们的东西必须采取一种更加谦卑的态度，霍伊卡为科学

① E. J. Dijksterhuis, *Mechanization*, 1：60, 111：1 – 31. 另见 idem, "Ad quanta intelligenda condita," pp. 118 – 120，我在第 2.3.2 节最后提到的戴克斯特豪斯思想中的张力在这里表现得很清楚。他在这里列举了现代早期科学产生的一些原因，然后立即告诉读者，哥白尼、斯台文和伽利略正是从希腊人止步的地方继续前进。

② 霍伊卡的这种观点在他对科学革命提出解释的各种出版物中都可以见到。关于参考书目，参见第 4.3、5.1.1 和 5.2.8 节的注释。

革命指定的三种不完全的原因——巴黎唯名论、航海大发现以及宗教改革的一些要素——都是欧洲历史上促进这种态度的事件或进展。我们会在适当的时候碰到这些内容，现在我们仅仅回顾一下第3.4.1节中霍伊卡指出的希腊科学的另一种主要缺陷，那就是它反映了一种有机论世界观，而现代早期的实验却要求一种机械论的（“类似于机器”意义上的）世界观。

以色列物理学家兼古代科学史家桑博尔斯基也把希腊科学“失败”的根本原因归于这一点。

**桑博尔斯基与希腊科学思想的有机论背景**

桑博尔斯基的著作《希腊人的物理世界》（*The Physical World of the Greeks*）1954年以希伯来文出版，英译本于1956年问世。[①] 总的说来，作者对希腊科学总体成就的印象并不深刻，尽管这种成就与我们今天所谓的科学有诸多明显相似之处。在他看来（特别是在完全致力于探讨这一问题的最后一章），17世纪初实现的科学的数学化、对自然现象的实验处理、从哲学中解放出来以及把科学用于实用目的，所有这些都具有人工性，它们共同构成了一个连贯的整体。现代早期的研究方法预设了有可能孤立地研究自然的片段而不考虑整体。这种程序蕴含着现代早期科学所特有的一种新自然观，“没有被物理规律排除在外的所有现象都被包含在内”。[②] 在这样一种扩展的自然观中，人工物与自然物能够融合

① S. Sambursky, *The Physical World of the Greeks*. 1956年出版的英文版在1987年重印时只是增加了一篇新的导言。

② Ibidem, p. 235.

得同样好，这与希腊人的世界观是不相容的，后者是有机论的而不是机械论的，因此在地界物理学领域永远排除了数学化和实验化。只要宇宙被当作一个“活的有机体，能在整体上得到理解和领会”，只要存在着“对于人和宇宙统一性的深刻认识”，培根所谓的“对自然的解剖”就不可能。[①] 于是桑博尔斯基断定，关键转变在于这种对有生命宇宙的神秘依附如何能够转变为对待这些事物的现代逻辑态度。

在做出自己的诊断之后，桑博尔斯基给出了一种富有启发但 247
也过于轻率的出路。他认为世界观的转变主要是由于：

> 基督教和有组织的教会的影响。通过使人及其主要兴趣与自然现象相分离，教会助长了这样一种感受，即宇宙是某种陌生的、远离人的东西。正是这种感受为人类心灵的下一个阶段做好了准备，研究者将作为解剖者和征服者面对自然，从而开创了四个世纪之后仍然活力不减的我们这个科学时代。[②]

我们并没有被告知教会是如何实现这一根本转变的，我们只知道这个过程是在包括中世纪和文艺复兴在内的漫长时间里发生的，（桑博尔斯基理所当然地认为）在此期间希腊科学遗产在贫瘠的经院哲学中仍然停滞不前。

---

① S. Sambursky, *The Physical World of the Greeks*, pp. 241, 242.

② Ibidem, p. 243.

### 4.2.2 跨越门槛所需的帮助

现在我们来讨论这样一些历史学家，他们认为希腊科学在发展过程中已经足够先进，以至于事后看来，科学革命似乎近在眼前。特别是，他们并不认为希腊科学中有什么内在因素会阻碍阿基米德以及同时代亚历山大人（历史学家认为这些科学家的方法最接近于现代早期科学的精神）的工作开创科学革命。

一旦希腊科学的问题以这种方式表述出来，事情就变得尤为紧迫，因为大传统把文艺复兴时期出版阿基米德的著作视为自然数学化的强大动力，而自然的数学化被认为是随后发生的科学革命的首要特征。因此，在希腊科学的衰落这一整体议题中有一个特殊的问题，我们可以称之为"阿基米德问题"。它可以表述如下：倘若阿基米德著作在16世纪的出版对于现代早期科学的诞生起了如此重大的作用，那么为什么阿基米德的工作在公元前2世纪的原初影响，连同同时代以及后来的亚历山大科学家们的影响，明显不足以实现所要求的转变？据我所知，只有一位历史学家大致以这种方式提出了这个问题，那就是亚历山大·柯瓦雷。在其直截了当的回答中，他明确做出了关于阿基米德及其同行的断言，"没有什么能够阻碍哥白尼和伽利略直接继承他们"。[①]

这种回答在研究文献中仍然独一无二。其他评论者大都是在古代学术在文艺复兴时期的复兴这一背景之下面对阿基米德问题

① A. Koyré, "Monde de l' 'à-peu-près,'" p. 342: "En soi rien ne s'oppose à ce que Copernic et Galilée leur aient directement succédé."

的，我们将会讨论他们的看法(第 4.4.2 节)。与此同时，我们继续 248
考察两位专业希腊科学史家——法林顿和克拉盖特——援引了哪些外部因素来解释，虽然希腊科学在内容上似乎已经为之做好了准备，但那种转变为何总是没有发生。

**法林顿与科学在奴隶社会中的命运**

本杰明·法林顿是一位持温和马克思主义立场的英国历史学家，曾写过关于古代科学的几部概述，他在其中以言之有据的论证令人信服地表述和回答了古代科学的"失败"问题。在如下论述中，我综合了他在《古代科学》(*Science in Antiquity*，1936)和《希腊科学》(*Greek Science*，1949)两部著作中的思考。[①] 法林顿是这样开始论证的，假如 16 世纪出现的新科学仅仅是希腊遗产的一种延续，那么就会引出一个问题："如果希腊科学仍然具有强大的生命力，以至于能够再生，为何希腊科学会消亡？"[②]在他看来，这种停滞发生得较早，紧接在阿基米德之后。公元 1 世纪，当托勒密和盖仑活跃之时，希腊人和罗马人已经"在现代世界的门槛处徘徊了 400 年"，这一事实"结论性地表明他们没有能力跨越这个门槛"。[③]

一旦我们意识到，斯台文和伽利略等 16 世纪末的科学家在遭遇同一门槛时却能立刻跨越它，就出现了一个古怪的悖论。法林

① 法林顿的两本相关著作是 *Science in Antiquity* (Oxford: Oxford University Press，1969)(这是 1936 年出版的一本书的第二版)和 *Greek Science* (Harmondsworth: Penguin，1953)(最初是两部分，分别出版于 1944 年和 1949 年；我使用的是 1961 年的修订版)。

② B. Farrington，*Greek Science*，p. 153.

③ 这段引文综合了相连的两段话：ibidem，pp. 301，302。

顿断言，只有注意到古希腊科学未能满足现代早期科学所特有的那种社会功能（这是自培根宣称人用科学来主宰自然的理想以后才有的），才能解决这个悖论。希腊科学是在奴隶社会中发挥作用；因此，它变成了热衷于沉思的闲暇阶层的一种消遣，他们对改进技术毫无兴趣，更不用说让科学与受人轻视的技艺和技术进行富有成效的协作了。

因此，古代科学继续前进的根本障碍在于奴隶劳动。在一个所有劳动均由奴隶来完成的社会里，科学是一种纯粹沉思的工作，理论与实践不可能有意义地结合起来。而 16 世纪中叶希腊遗产突然影响西欧时，两种基本要素使情况发生了重要改变。一是中世纪技术的剧变。援引林恩·怀特关于中世纪技术的开拓性研究，法林顿指出，中世纪西欧是历史上第一个“不是基于辛劳的奴隶或苦力而是主要基于非人力的复杂文明”。[①] 这为培根的设想
249 以及把科学应用于紧迫的现实问题做好了准备。有助于改变西欧接受希腊科学遗产之氛围的另一个新要素是《圣经》世界观。它使人们能够更加正面地欣赏劳动、技艺以及普遍改善人类未来命运的可能性。法林顿引用培根的一段话来强调这种态度与希腊精神的强烈对比：

在人工物中，自然听命于人。没有了人，这些东西永远不

① B. Farrington, *Greek Science*, p. 307, quoting Lynn White, Jr, “Technology and Invention in the Middle Ages,” *Speculum* 15, 1940, pp. 141 - 159（后重印于他的 *Medieval Religion and Technology*, pp. 1 - 22，引文出自 p. 22）。

可能被制作出来。通过人这个动因，事物的一个新的方面、一个新的宇宙出现了。①

他进而指出，由上帝告诫亚当让自然服从于人的意志，培根导出了科学的任务和社会功能这一全新的观念。

总之，法林顿的论证由四个步骤组成：(1)仅就内容和方法而言，公元前2世纪以来的希腊科学为科学革命做好了准备。(2)然而，奴隶制的社会背景注定使古代科学随即陷入停滞，因为缺乏实际应用和与当时的技术富有成效的互动。(3)当希腊科学在16世纪中叶的西欧复兴时，它置身于自由劳动的崭新氛围中，中世纪的技术成就以及一种源于《圣经》的乐观积极的世界观赋予了它生命力。(4)在这些新的环境中，古代科学的“种子”最终“长出了健康的庄稼”。②

### 克拉盖特与希腊科学的平稳状态

法林顿认为，从本质上讲，希腊科学已经非常先进，足以顺利过渡到下一阶段——科学革命。这一观点也为美国希腊和中世纪科学史家马歇尔·克拉盖特所认同。他在1955年的著作《古代希

① 引自 B. Farrington, *Science in Antiquity*, p. 143，培根的话出自 *Collected Works* I, p. 395；原文为：“Etenim in artificialibus natura jugum recepit ab imperio hominis; nunquam enim ilia facta fuissent absque homine. At per operam et ministerium hominis conspicitur prorsus nova corporum facies et veluti rerum universitas altera sive theatrum alterum.”

② B. Farrington, *Greek Science*, p. 308.

腊科学》(*Greek Science in Antiquity*)中指出,希腊科学著作不仅是中世纪主要科学进展的起点,而且也是

> 16、17世纪极富成效的科学活动的起点。于是,维萨留斯从盖伦开始,贝内代蒂和伽利略则从阿基米德和阿波罗尼奥斯(Apollonius)开始。①

毕竟,希腊科学为实验活动留出了很大余地,因为

> 至少在光学、静力学和应用力学中存在着一种新生的"数学的-实验的"科学;在天文学中存在着一种"数学的-观测的"科学;在动物学和生理学中存在着一种实验科学。②

因此,似乎显然可以追问,"为什么希腊科学未能达到现代科
250 学"。③ 克拉盖特的回答是,这些学科中运用的技术尚未扩展成所有科学不可或缺的共同财产。在达到这个阶段之前(克拉盖特似乎认为这是内在的逻辑后果),希腊科学与其说开始衰落,不如说开始进入平稳状态。这种平稳状态源于罗马人的统治,基督教的兴起(它吸引了许多具有潜在科学头脑的人的注意)以及"精神力量"的传播。对于后者,克拉盖特提到了一个重要的例子,即赫尔

① M. Clagett,*Greek Science in Antiquity*,p. 182.(J. T. Vallance 写了一篇很有意思的回顾:"Marshall Clagett's Greek Science in Antiquity:Thirtyfive Years Later"。)

② M. Clagett,*Greek Science in Antiquity*,p. 31.

③ Ibidem.

墨斯著作，它依赖于启示而不是对自然的理性考察，而且“诉诸超自然原因以及超自然事物对自然现象持续而直接的影响”。[①] 具有讽刺意味的是，就在克拉盖特的著作出版的十年间，赫尔墨斯著作被欢呼为文艺复兴时期那些新柏拉图主义思想家灵感的首要来源，他们的魔法理论和活动现在被说成有助于开创科学革命（第4.4.4节）。

### 4.2.3　衰落问题

相比于科学革命的发生，希腊科学如果缺少了某种东西，那么究竟是什么呢？回顾历史学家就这个问题的观点，我们发现沿着各种思路产生了各种部分重叠的解释，还有一条明显的分界线：希腊科学在其繁荣时期的最后，是否本质上为科学革命做好了准备？

在那些持否定观点的人看来，还需要对人类的自然思考做一种根本的重新定向。要想实现这种重新定向，要么必须从有机论世界图景转变到机械论世界图景（桑博尔斯基、霍伊卡），要么必须减少抽象思辨，更加尊重经验数据。后一种重新定向要想发生，要么需要一种未经解释的改变（休厄尔），要么需要在无数其他有利变化中逐渐产生一种意识（戴克斯特豪斯），要么需要西欧发展所特有的三种明确动因（霍伊卡）。

那些认为就内容而言希腊科学的确为科学革命做好了准备的人当然也知道，这个结果并没有显示出来。他们要么不认为这有什么原因（柯瓦雷），要么将其归因于政治和精神氛围的变化所导

① M. Clagett, *Greek Science in Antiquity*, p. 120.

致的平稳状态(克拉盖特),要么将其归因于科学在以奴隶制为基础的社会中缺乏某种社会功能(法林顿)。

因此,除柯瓦雷的观点以外,所有观点都认为在新的环境中存在着改进的机会:可以说,希腊科学很可能得益于一种文化移植。

在此后变幻莫测的历史中,希腊科学经历了两次而不是一次移植。值得注意的是,虽然大多数研究古代科学和科学革命的历
251 史学家至少提到了希腊遗产在伊斯兰文明中发生扩展的零星例子,但他们均未抓住机会,结合希腊科学在8到15世纪巴格达、马拉盖(Maragheh)、托莱多等诸多学术中心受到培育时的命运来检查他们关于希腊科学的总体结论。当我们在第6.2节系统讨论为什么伊斯兰科学(即被许多新要素所扩充的希腊科学)没有产生现代早期科学时,我们将发现相反情况也是真的:在提出这个问题的研究伊斯兰科学的少数专家中,没有一位注意到我们这里考察的关于希腊科学的争论。

这着实令人遗憾,因为以这些方式进行的思想孕育或许有助于阐明"玻璃墙"问题,或者说,阐明古希腊科学与现代早期科学之间是否只有一条很细的分界线的问题。斯台文、贝内代蒂和伽利略正是从阿基米德及其同行止步之处继续前进的,这种为柯瓦雷、法林顿和克拉盖特或多或少明确主张的观点正确吗?

到目前为止,"门槛"或"玻璃墙"在文献中都是被假定,而没有得到详细证明。系统比较希腊科学与科学革命爆发时西欧科学的全面状态或许有助于澄清这里的问题。在目前的语境中,我只希望做两件事:首先,除了法林顿和克拉盖特特别用来支持"玻璃墙"这种一般观念的证据之外,非常简要地举出一些新的经验证

据；其次，暗示科学的某些领域存在着一堵“玻璃墙”，但其他领域并没有。

我的证据与音乐科学有关。协和音程精确对应于前几个正整数之比（纯八度由 1∶2 的弦长比产生；纯五度由 2∶3 的弦长比产生，等等），这一发现可以追溯到毕达哥拉斯学派。为什么会有这种对应？从欧几里得到托勒密及以后，人们对这个问题做了大量理论解释。声音是通过类似波浪的模式传播的，这种想法可以追溯到斯多亚派，它提供了关于该现象的两种标准解释之一（另一种是声音微粒的发射理论）。在整个古代，没有人想到要把关于声音的想法应用于和音问题。在没有任何文献准备的情况下（包括文艺复兴时期最优秀的音乐理论家的文献），贝内代蒂在 1563 年前后提出了一种理论，把古代的波浪类比与和音解释以定量的方式联系起来，从而引起了该问题的重要转变（随后又被置于一种新的物理基础，而不是传统的算术基础之上）。[①] 如果我们在托勒密和波埃修（Boethius）等多位古代理论家的著作中找不到这样一种联 252
系，然后发现它在贝内代蒂的一个 40 行的段落中偶然得到了阐述，我们就很难不借助于将希腊科学与科学革命分隔开来的“玻璃墙”来开始思考。

这一历史证据的性质也表明它所具有的有效性并不那么具有一般性。我们这里难道不能再次富有成效地援引库恩关于古典科学与培根科学的区分，提出一个折中方案吗？也就是说，认为阿基米德传统的希腊科学与其看似逻辑的结果之间存在着一条细微但

① H. F. Cohen, *Quantifying Music*, pp. 75 – 78.

却无法跨越的分界线，而希腊科学与几乎一切人工性的、经验的更不必说实验的事物之间则存在着一条深得多的鸿沟。

要想进一步解开这个结，另一种方式是从衰落观念的表层更深地挖掘下去。无论把古代科学的最终结果描述为衰退、停滞还是稳定状态，曾经繁荣的科学活动已然衰落这一事实是无可争议的。所有评论家都承认这一点，每个人都以自己的方式来解释它。于是，希腊科学之所以注定衰落，是因为缺乏理性与经验的平衡，因为它的有机论背景，或者因为它在奴隶社会中起作用，或者随着罗马人和基督教的到来而碰巧衰落，等等。显然，并非所有解释都设定了同样的衰落时间，例如休厄尔、柯瓦雷、法林顿和克拉盖特就把衰落时间定得相当早。

简而言之，几乎所有评论家都为衰落指定了大致时间，这些时间并非在每一种情况下都相同；所有评论家都试图为衰落现象寻找一种特殊的解释。我们到目前为止处理过的休厄尔以后对希腊科学的探讨全都产生于20世纪30至50年代；70年代初问世的两部著作则把衰落问题置于新的基础之上。其中最不具革命性的是英国希腊科学史家劳埃德的著作，他耐心地试图为古希腊科学的衰落指定一个不那么基于印象的时间。

### 劳埃德与希腊科学的衰落时间

与之前探讨希腊科学之衰落的每一位思想家一样，劳埃德也是从头做起，没有与前人进行争论。在他1973年的著作《亚里士多德之后的希腊科学》(*Greek Science after Aristotle*)的最后一章“古代科学的衰落”中，劳埃德指出，整个古代科学时期所涉及的科学家数量少得可怜。一旦我们意识到“只有在公元前3、4世纪，可被称为[为科学思想做出了重要原创性贡献的]科学家才超出了屈指可数的寥寥几位”，[①]衰落问题的相对性便凸显出来。特别是，253
鉴于只有这么少的数目，劳埃德认为不应把衰落时间定于托勒密和盖伦（都是公元1世纪的）这两位著名科学家之前。对于随后的时期，劳埃德认真考察了三组不同科学活动中的事件：自然哲学（包括宇宙论）；数学和天文学；生物学和医学。当然，他也发现有一些情况不太寻常（比如公元6世纪拜占庭的基督教学者约翰·菲洛波诺斯[Johannes Philoponos]是一位非常具有原创性的自然哲学家，那时数学早已不再繁荣）。但一幅“整体图像”还是能够浮现出来：科学活动并非在公元2世纪之后突然中断，而是“原创性不断衰退，即使这种衰退因为某些非凡人物在特定领域的工作而有所抑制，有时甚至发生逆转”。[②]

在劳埃德看来，这样一种整体衰落模式源于越来越倾向于保存现有知识，而不是对其进行持续扩展和更新。这种倾向表现于撰写评注和为教学目的而准备的纲要（出于对前辈的普遍尊重），还表现于一种带有绝望的“对于是否可能发现现象真正原因的怀疑态度”。[③] 简而言之，公元200年以后，大量精力都花在了保存此前所获得的科学研究成果上，同时却丧失了从事新的研究的原创精神（除了3世纪的丢番图[Diophantus]、5世纪的普罗克洛斯

① G. E. R. Lloyd, *Greek Science after Aristotle*, p. 165.（另见 p. 166）

② Ibidem, p. 166.

③ Ibidem, p. 171.

[Proklos]和 6 世纪的菲洛波诺斯等这些仅有的例外)。

劳埃德进而指出,直到希腊科学在 16 世纪的西欧得以恢复,激励着从前苏格拉底哲学家到托勒密和盖伦的少数人的原创精神才得以复原。显然,这并没有回答我们那个熟悉的问题,即为什么这种精神没有立即开创现代早期科学,而是在公元 200 年之后不复存在。除了富于想象地讨论了基督教对启示的强调在很大程度上阻碍了基于观察和推理的知识追求,劳埃德仅用寥寥数语评论了为什么“确保科学持续增长所需的条件在古代世界并不存在,而且从未被创造出来”。[1] 其要点并不在于缺少实验和物理学的数学化观念,因为这两条原则已为人们所熟知;也不在于科学研究总是在一种全面的哲学框架下做出的,因为阿基米德和亚历山大的科学家们似乎已将他们的研究从这些更广的追求中解放出来;也不在于总体上缺乏社会支持,因为亚历山大人在许多个世纪里一直得益于几位托勒密国王的赞助。

但核心缺陷终究要沿着最后一个方向去寻找。在劳埃德简要列举的解释要素中,最重要的是,发展科学是为了纯粹的知识而不
254 是为了实际应用;与之相关的另一点在于,没有努力用可能产生的物质财富来证明考察自然现象的合理性;最后是,“科学或科学家本身在古代思想或古代社会中没有一个得到承认的位置”。[2] 总之,就劳埃德试图解释希腊自然思想未能显示出持续发展而言,他

---

① G. E. R. Lloyd, *Greek Science after Aristotle*, p. 174.

② Ibidem, p. 176.

将其归因于“古代科学薄弱的社会和意识形态基础”。[①]

劳埃德就这样结束了他对亚里士多德之后希腊科学的论述。另一本书的出版比它早两年,其中一章集中考察了希腊科学的同样一些特征,不过是基于一种关于希腊思想的持续和停滞的一般理论。这一理论是科学社会学家本-戴维在他1971年出版的《科学家在社会中的角色》(*The Scientist's Role in Society*)一书中提出来的。

**把问题颠倒过来:本-戴维论题**

约瑟夫·本-戴维(Joseph Ben-David)1920年出生在匈牙利,原名约瑟夫·格罗斯(Jozsef Gross)。他1941年定居于以色列(当时的巴勒斯坦),1986年在以色列去世。[②] 他对科学衰落问题的研究方法与我们此前讨论的所有那些进路有根本不同。他指出,从社会学家而不是从现代科学家的角度来看,科学发展一般来说并非不间断的、大体上累积性的。相反,在整个历史中,我们看到的是一种完全不同的科学活动模式,即缓慢的、不规则的间歇发展,夹杂着大致停滞的时期。在17世纪的西欧产生的科学是历史

① G. E. R. Lloyd, *Greek Science after Aristotle*, p. 178.

② 《科学家在社会中的角色》初版于1971年。重印本(唯一的改动是增加了一篇导言,pp. xi - xxvi)出版于1984。Gad Freudenthal 和 J. L. Heilbron 在 *Isis* 80, 304, December 1989, pp. 659 - 663 发表的悼念文章给出了关于本-戴维生平和工作的基本材料。这篇提供大量信息的文章基本上来源于 Freudenthal 为他编的本-戴维论文集(*Scientific Growth: Essays on the Social Organization and Ethos of Science*)所写的一篇富有洞见的文章“General Introduction: Joseph Ben-David—An Outline of His Life and Work”。这里不仅有本-戴维的传略,对他的学术事业及其内在连贯性的概述,而且有趣地解释了(无论是历史学家还是科学社会学家)对其工作的相对忽视。

上唯一不符合这种规则的情况。

换句话说,当我们寻求科学在特定时间和特定文明中衰落的具体原因时,我们无意中把一种观念投射到了过去,即正常情况下科学必定会显示出持续发展。在历史现实中,我们已经习惯的科学的不间断发展其实是一种例外情况,而这种例外是需要解释的。在社会学家看来,我们所了解的西方科学是一个重要反常。当我们从传统文明(在"前现代"文明的一般意义上)的角度来考虑时,传统文明的科学发展模式,以及它们的自然认识安全地植根于技术活动、医疗活动和对一种令人满意的道德哲学的追求,代表着一种比——从这种角度来看——自科学革命以来西方科学病态地迅速发展更加均衡的社会文化发展。

现在有两个问题。一个问题是:有什么不依赖于特定文明的
255 一般原因能够解释这种总体模式?与这个问题明显对应的是:这种模式在17世纪的西欧为何会被打破?

本-戴维对后一问题的回答(相当于一种关于现代早期科学起源的成熟理论)我们将在第5.3节讨论。现在我们关注他对前一问题的回答在何种程度上有助于阐明希腊人为何没有实现科学革命。

本-戴维在《科学家在社会中的角色》中认为,科学繁荣和衰落的这种间歇性模式的根本原因在于,传统社会中缺少一种由科学家来实现的独立的社会角色。这种观念对于本-戴维的整个论证至关重要。他所说的"科学家的社会角色"是指,追求自然认识作为一种有价值的活动(无论是职业还是爱好)得到了整个社会的认可。他主张,在传统社会中总是缺少这种社会认可。东方文明中

的一般模式是，只要在某个地方发展出对自然的研究，那么这种活动要么服务于被认为有益的实际追求，要么仍然被包裹在更全面的思想体系中，该体系旨在查明"人在宇宙中的位置，人的命运是什么，人应当如何行事才能达到完美状态"。①

的确涌现出了一些孤立的个人，他们拥有一种理解我们自然环境的特殊天赋，就此而言，他们要么被后人奉为不可思议的英雄，要么其兴趣符合现有的传统（无论这种传统是更具实用性的还是更具哲学性的）。举例来说，天文学的发展一直是一件技术性很强的事情，它因具有预测天界事件的实用性而得到社会支持。

在本-戴维看来，"有用性"概念并不完全与物质利益相关，他非常明确地拒绝

> 沿用一般承认的研究方法，认为思想探索的内容和结构必须植根于政治或经济议题，就好像后者是比求知欲更加根本的动机似的。本研究并不认为有任何兴趣比其他兴趣更根本，虽然有些兴趣的确比另一些流传更广。②

总之，虽然总有一些特殊的思想家会对我们的自然界感兴趣，但在传统社会，对这种兴趣的独立追求总是服从于一种更加全面

① J. Ben-David, *The Scientists Role in Society*, p. xvi. 不应认为这两种可能性彼此排斥。强调前者的例子有埃及和巴比伦，强调后者的有中国。

② Ibidem, p. xix.

的思想活动框架,该框架能够满足医疗、预测、建筑或是为整个世界赋予意义等社会需要。

这便是整个人类历史上传统社会中科学活动的一般模式。对于古希腊来说也是如此,但有一个区别。本-戴维继续说,由于在并入亚历山大大帝帝国之前的几个世纪里,早期希腊社会具有相
256 对多元化的性质,因此与一般模式有一些显著偏离。他在第三章“希腊科学的社会学”中讨论了这些内容。

在这里,本-戴维把我们前面经常碰到的一种观念当作出发点,即在16、17世纪科学革命期间产生的现代早期科学仅仅是希腊科学的直接延伸。本-戴维指出,假如真是如此,那么我们就应该到古希腊社会中去寻找决定性的过渡以及科学家社会角色的起源。但希腊人果真把科学本身当成一种独立的活动吗?抑或科学只是一种边缘性的事情?科学的用途是什么?科学知识是如何传播的?最终出现了何种科学发展模式?这些问题引导着随后的研究。

为了回答这些问题,本-戴维将希腊思想史分为三个阶段。第一阶段是前苏格拉底阶段,它符合传统模式,尽管与其他传统社会中常见的其他类型的哲学相比,它更加注重数学和自然。第二阶段的标志是波斯战争所导致的不确定局面。现在希腊人需要一种哲学,它虽然基于对宇宙结构的洞察,但可以指向正确和正义的生活方式。因此,虽然对自然科学主题一直怀有很大兴趣,但这种兴趣一直是派生的。和中国的儒家一样,学园(Academy)和吕克昂(Lyceum)都旨在把所有知识纳入一种政治和伦理哲学的基本框架。当然,儒家与柏拉图主义和亚里士多德主义之间一直

存在着相当大的差异，但要点是，这些“都是同一种社会学角色内部的变种”。[①]

然而，特别是亚里士多德框架以及亚里士多德极力强调经验研究的重要性，使得自主的科学活动有了极大的（虽然不是无限的）自由。接下来一代人在利用这种自由的过程中，开创了希腊科学的第三个（对于传统社会来说）独特阶段：

> 出现了诸如阿里斯塔克（Aristarchus）、埃拉托色尼（Eratosthenes）、希帕克斯、欧几里得、阿基米德和阿波罗尼奥斯那样的善于思考的人，他们的工作可以被视为专业化的专门科学。其他社会中都没有与这种发展类似的情况。因此，它提出了一个至关重要的问题，即这种发展在多大程度上代表着得到社会认可的科学角色的第一次出现。[②]

从这里开始，本-戴维致力于表明，科学在古希腊和 17 世纪欧洲之所以具有不同的命运，必须到希腊历史的这一点去寻找原因。即使承认那种将公元前 2 世纪（衰落开始时）之前的希腊科学家成 257
就进行最大程度“现代化”的解释，我们也发觉没有出现也不可能出现科学家独立的社会角色。特别是，亚里士多德哲学及其目的论解释模型没有为从事数学物理学留下足够空间。因此，只有完全摆脱这一哲学框架，才能培养进一步的科学活动。这正是实际

① J. Ben-David, *The Scientists Role in Society*, p. 38.

② Ibidem, p. 39.

发生的事情。然而，当它在上述那些人那里发生时，

> 这种发展也许看起来像是科学家角色的开端，它具有社会认可的目的和自己的尊严，但事实上，这种发展却是失败的标志。新分化出来的角色被赋予的尊严从来也不能与道德哲学家相比。从哲学中独立出来使科学家的地位非升反降。在柏拉图和亚里士多德试图重建希腊社会的道德宗教基础和希腊思想的理智基础期间，科学被拖入了社会思想关切的中心。……但是从公元前3世纪开始，主要是在亚历山大城有少数几位天文学家、数学家、博物学家和地理学家完全脱离了任何一般的思想运动或教育运动。……[因此]专门科学失去了其道德意义。①

科学所经历的道德意义的丧失很快就被证明是致命的：

> 但是，新的自主性并没有赋予科学家更大的尊严。恰恰相反，它使科学家的关切明显边缘化。结果，从公元前2世纪开始，科学家的角色再没有任何进一步的发展，科学活动也衰落了。②

于是，这里我们有了本-戴维对沙德瓦尔特"玻璃墙"或法林顿

---

① J. Ben-David, *The Scientists Role in Society*, p. 40.

② Ibidem, p. 41.

"门槛"的解释纲要。古希腊科学所显示的模式必须被视为科学在传统社会中发展的一种独特但却典型的情况。与任何其他传统社会中的科学相比,希腊科学要更接近科学革命,但它之所以没有跨越门槛,是因为希腊社会未能赋予科学家以独特的角色。在这一点上有两个问题,本-戴维都做了讨论。我们如何知道在这个最有希望的时刻,希腊科学就其职业而言仍然是非常边缘的?以及,我们如何解释为什么是这样?

关于自主的科学在公元前 2 世纪的希腊社会中仍然处于边缘,本-戴维是这样给出证据的。他指出,

> 倘若专门科学新获得的自主性提升了科学角色的尊严,增加了从事研究工作的动力,那么就有理由期望科学创造性在公元前 2 世纪有一个加速。①

正是在这一点上,分析变得完全循环:本-戴维先是通过缺少科学家的社会角色来解释传统社会中的科学发展为何会具有非连 258
续模式,然后又从希腊科学的早期衰落所明显表现出的非连续性导出了早期希腊化社会中缺少这样一种角色。这种逻辑缺陷有重大影响,但在这一点上对于论证似乎并不致命。这是因为,所需的证据可由一种与之独立的思考得出:在整个这一时期,科学从社会得到的支持微不足道。正如劳埃德所特别指出的,虽然我们对于托勒密王朝在亚历山大城的赞助体系知之甚少,但对于培育科学

① J. Ben-David, *The Scientists Role in Society*, p. 41.

这类自身缺乏独立合法性的活动来说,特别是如果几乎被一个朝代所垄断,赞助显然是一种天生不稳定的、长远看来极不可靠的支持来源。[①]

本-戴维在回答他的第二个问题时,正是引证了这种合法性的缺乏。因为他进而解释了为什么一旦希腊科学家的活动成功脱离了一种全面的哲学,就会被赋予边缘角色。发生这种分离时,没有人尝试

> 创造一种意识形态,声称专门科学能够获得与哲学等同但独立于哲学的尊严。与哲学获取知识的方法相比,应该产生某种意识形态主张科学方法具有特殊性和优越性。这些意识形态的兴起标志着17世纪现代科学的兴起。[②]

因此,我们已经可以满怀信心地预见到论证的趋势,在下一章,本-戴维进而用它解释了科学革命:现代早期科学之所以能够成功,而亚历山大科学未能取得成功,是因为现代早期科学为自己创造了一种意识形态,当这种意识形态被更广的社会所接受时,便为现代早期科学赋予了其生存所需的合法性(另见第5.3节)。历史解释再次采取了一种镜像形式。既用某种因素的缺乏来解释希腊科学的“失败”,又用这种因素来解释现代早期科学在18个世纪

① G. E. R. Lloyd, *Greek Science after Aristotle*, 特别是 p. 170。(H. Dorn, *The Geography of Science* 对亚历山大城的科学赞助有一些有趣的观点。)

② J. Ben-David, *The Scientists Role in Society*, p. 41.

以后的兴起。我们也许会问，由此是否会导致论证的恶性循环。我们在评价八位希腊科学研究者关于科学革命可能原因的论述时会考虑这个问题。

### 思考希腊科学所产生的收获

我们从本-戴维的论题开始，尽管它总体上遭到了科学史家的忽视，但我认为它在多个方面极具启发性。这在部分程度上是因为，通过动态的三阶段论述，他设法为希腊科学思想的否则有些随意的进展赋予了秩序和连贯性。但我的主要理由是，本-戴维强调科学在传统社会中的发展模式是间歇性的，这一点着实令人大开眼界。它凸显了科学革命的独特性和最终的偶然性，暗示与所讨论的社会类型密切相关。当我们讨论为什么科学革命没有在伊斯兰世界和中国发生时，将进一步探究其颇具启发性的品质。这里我们已经看到，一旦运用本-戴维的观点，希腊科学的问题就发生了全新的转变。他既没有把希腊思想家看成我们的直接祖先(这是那些仍然带有一种源于人文主义的古典学[Altertumswissenschaft]气息的学者的共同看法)，也没有把他们视为野蛮部落的成员，认为其心理习惯与我们完全格格不入(这在更为晚近的古代编史学中已经成为一种习惯观念)。相反，他独具匠心地把希腊科学看成"带有差异的传统"(traditional-with-a-difference)，使他能够令人信服地说明希腊科学的独特历史位置：既因为在某种程度上预示了现代早期科学而与我们接近，又因为处于传统社会中而与我们相异。

然而，本-戴维突破性地注意到科学在传统社会中缺乏内在连续性,必须与他为此现象指定的唯一原因——科学家缺少社会角色——分开,因为这很容易导致恶性的逻辑循环。在本-戴维看来,现代早期科学的出现与科学家社会角色的出现显然是融为一体的:这两种现象要么一起存在,要么一起不存在。但在这里,似乎应当注意戴克斯特豪斯明智的警告:同时存在的现象或许看上去有明显关联,但却难以区分何为"原因",何为"结果"。

一旦摆脱了不能完全由自己提供证据支持的因果负担,除了前几节讨论的那些特征,本-戴维确认的希腊科学的致命缺陷也有了自己的位置。我们的八位学者共同概述的三种解释思路——获得某种程度的科学自主性并使之合法化,从而使科学家的社会角色得以兴起;更有技术活力的环境;正面评价体力劳动和一种源于《圣经》世界观的对待自然的更加谦卑的态度——构成了我们将适时(第五章)讨论的几乎所有"外部"解释。

不可避免的是,所有这三种解释思路都包含有我们熟悉的循环,希腊科学所缺少的因素为科学革命的准备时期所造就的对应物提供了镜像。这种特殊的循环论证本身并不必然是错误的,只需在缺失的因素与它对于现代早期科学的不可或缺性之间建立一种合理的联系。在这方面,几乎难以从我们的解释中期待些什么。
260 它们都源于一些思考,希望洞悉希腊科学的某些典型特征以及希腊科学在现代早期的对应物的要求。走到这一步之后,我们将转到后面一个历史时期,集中考虑这样一个问题:在中世纪西欧恢复的那部分希腊科学著作(如果从内部详加阐释)是否足以开创科学革命。

## 4.3 中世纪科学与科学革命

中世纪比科学史上其他任何时期都更受编史学评价巨大转变的影响。关于中世纪科学在多大程度上有助于——或无助于——产生现代早期科学的观点也会相应转变,我们现在就来讨论这些转变。

为方便起见,我们可以把漫长的编史学研究分成在时间上互有交叠的四个阶段。第一阶段(在科学革命时期已经有所预示)一直繁荣到 20 世纪的前十年。除了极少数例外,中世纪科学被等同于通常所谓的"贫瘠的经院哲学"。持这种观点的历史学家代表是休厄尔,他煞费苦心地详细解释了经院学者的思想如何阻碍了所需要的科学革命。在重新发现早已被人遗忘的巴黎唯名论者的手稿过程中,迪昂走向了另一个极端,他宣称科学革命始于 14 世纪,是经院哲学思想自然发展的成果。因此在迪昂看来,解释科学革命的工作可以归结于为这种 14 世纪的发展寻找原因。在第三阶段出现了迪昂论题的温和版本,霍伊卡对迪昂的解释做了彻底修改。迈尔开始了第四阶段,她认识到有少数亚里士多德主义核心信条在整个中世纪一直未曾削弱,它们阻碍了 14 世纪科学开创现代早期科学作为科学的下一步进展。中世纪科学史家爱德华·格兰特又把这种分析模式推进了一步,他实际上重新回到了第一阶段的立场(当然是在一种高得多的复杂层次),指出有一些相当基本的心态从内部阻碍了直接导向现代早期科学。

### 休厄尔对中世纪的反对

从伽利略时代起，新科学的拥护者就瞧不起仍然知之甚少的中世纪科学成就。莱布尼茨的严厉判决“物理上的野蛮”(*barbarismus physicus*)[1]清楚地体现了占主导地位的态度。在试图解释经院科学思想公认的贫瘠时，休厄尔援引了四种具体特征：
261 观念上的模糊不清，评注精神(Commentatorial Spirit)，神秘主义，教条主义。休厄尔非常谨慎，没有直接谴责这些特征绝对不利于富有成效地发展科学(特别是，他承认“神秘主义”也许有助于科学发现者的想象力)，但这四种特征合在一起加重了亚里士多德主义的基本缺陷，休厄尔认为这是中世纪失败的根本原因。

事实上，休厄尔认为，亚里士多德主义的降临把罗吉尔·培根的思想消灭在了萌芽状态，而罗吉尔·培根(连同雷蒙德斯·卢尔[Raimundus Lullus])是在此期间可能得出更好成果的唯一思想家。罗吉尔·培根的工作成功唤起了休厄尔的热情，以至于休厄尔把培根用“实验”方法来研究自然现象的告诫解释成了一种彻底变革科学的迫切纲领。然而，这项变革被拖延了三个世纪，主要是因为亚里士多德哲学的方济各会和多明我会所做的干预。[2]

### 迪昂与1277年禁令

回顾第2.2.4节，从大约1910年到1916年，皮埃尔·迪昂有

---

① 引作“ein berühmtes Wort Leibniz'”，见 A. Maier, *Ausgehendes Mittelalter* I, p. 413；没有给出文献出处。

② W. Whewell, *History* I, Book IV, pp. 181－251 讨论了四个特征，而 *Philosophy* II, ch. 7 讨论的是“中世纪的创新者”。

力地质疑了对中世纪科学的公认看法，并用大量全新文献证据来支持一个论题以取代它，即科学革命在14世纪已经发生。迪昂三卷本的《达·芬奇研究》用文献证明，他在巴黎唯名论者手稿中的持续发现使他就这些久已被遗忘的思想家的功绩提出了越来越强的主张。其顶点在于断言，在系统地推翻亚里士多德主义科学的过程中，布里丹和奥雷姆等巴黎艺学院(Faculty of Arts)成员用一种新科学取而代之，其系统化和完善则留给了16、17世纪思想家。

在《达·芬奇研究》中，迪昂只是略微触及了他们革命的灵感来源问题。实际上，他的简短回答是“唐皮耶主教的1277年禁令”。在几乎同时进行的另一项更为系统的工作中，这一回答被大大扩展，最后甚至变成了它的主要组织原则。这套著作题为《宇宙体系》。如果完成，根据其副标题，它将包括“从柏拉图到哥白尼的宇宙论学说史”，其中“宇宙论”一词应当在一种非常广泛的意义上理解成几乎与“科学”相一致。①

我们先来考虑迪昂在第四卷以其一贯的热情和雄辩所勾勒的宏伟图景。② 论证一开始，他便援引了亚里士多德自然哲学体系 262
非凡的说服力。熟悉它之后，人们怎么可能不“相信人的心灵已经

① 迪昂1916年去世时已经完成了十卷，其中五至十卷于身后问世(直到1954年至1959年才出版)。一卷英译选本于1985年问世，题为*Medieval Cosmology: Theories of Infinity, Place, Time, Void, and the Plurality of Worlds* (ed. and trans. R. Ariew)。

② 一般论题包含在一篇“前言”中，题为“Le péripatétisme, les religions et la science d'observation” (vol. Ⅳ, pp. 309－320)。奇怪的是，这篇文章竟然未被包含在前一注释所引的英译选本中。

获得了不竭的源泉,从此以后可以解心灵之渴;……我们的理智最终拥有了一种热切渴望的理论,一切存在物都可以在其中找到自己的位置,并揭示其原因"呢?[①] 这正是阿威罗伊等许多评注者对亚里士多德遗产的看法。如果这种看法继续盛行,那么科学活动将永远局限于对亚里士多德的著作做评注,阐明其含糊不清的细节,并就余下的不明之处进行辩论。

然而,两种强大的力量把人的心灵从这种令人遗憾的自我限制中解放了出来,"打破了亚里士多德主义的桎梏"。[②] 其中一种力量是迪昂现在所谓的"实验科学""实证科学"或"观测科学"。不论如何称呼,他总是意指当时可能获得的公认的唯一代表——观测天文学。托勒密天文学和亚里士多德宇宙论在若干观点上彼此矛盾,对这一点不断增强的意识促使思想家们开始遵从经验和他们自己的常识,而不是遵循亚里士多德的指令。然而,这种意识最初之所以可能,是因为认识到了许多亚里士多德信条的异端性。迪昂所说的第二种力量阐明了这一点,这种力量简单说来就是"神学"。简要地说,亚里士多德对于神的看法与犹太教、基督教和伊斯兰教的教义是不相容的,后者认为,"神自由地创造了这个世界;他通过全能的神意统治着世界;他使人变得自由……;他赋予了人不朽的灵

① P. Duhem, *Système* Ⅳ, pp. 309 - 310:"ils ont pu croire que l'esprit humain avait atteint l'intarissable source où il lui serait désormais permis d'étancher sa soif; ils ont pu penser que l'intelligence possédait enfin la théorie, si ardemment souhaité, où tout ce qui est trouve sa place et découvre sa raison d'être."

② Ibidem, p. 313:"Deux puissances les déterminèrent à briser le joug du Péripatétism.

魂；人将因这个灵魂在今生的所作所为而在来生受到奖惩”。[①]

接着，这两种力量联合起来以反对亚里士多德的形而上学和物理学。它们是这样合作的：

> 在谴责亚里士多德主义体系的异端论断的过程中，三大一神论宗教的神学在该体系坚固的壁垒上打开了缺口。实验科学从这些缺口中找到了一个通道，并把它拓宽到允许实验科学自由扩展。正因如此，历史学家如果不记得神学对监狱围墙的猛击和重创，就不能完全理解从亚里士多德主义中解放出来的科学在中世纪的突飞猛进。[②]

这些打击是如何以及何时做出的呢？重要事件发生在 1277 年 3 月 7 日，当时巴黎主教艾蒂安·唐皮耶应巴黎艺学院前成员、

① P. Duhem, *Système* Ⅳ, p. 314："En face de cet enseignement [namely, Aristotle's], la Religion juive, la Religion chrétienne, la Religion musulmane, s'accordaient à déclarer aux hommes que Dieu a librement créé le Monde; qu'il le gouverne par une toute puissante providence; qu'il a fait l'homme libre, donc capable de mérite ou de démérite; qu'il lui a conféré une âme personnellement immortelle, et qu'il récompensera ou punira, durant la vie future, les actes que cette âme accomplit en la vie présente."

② Ibidem, p. 315："Lorsqu'elle condamnait les affirmations hérétiques du système péripatéticien, la Théologie des trois religions monothéistes ouvrait des brèches dans la solide muraille de ce système; en ces brèches, la Science expérimentale trouvait un passage qu'elle élargissait au point qu'il permit sa libre expansion; c'est pourquoi l'historien comprendrait imparfaitement l'essor que la Science, libérée de l'Aristotélianisme, a pris au Moyen Age, s'il ne rappelait les coups de bélier dont la Théologie a secoué les murs de la prison."

现在的教皇约翰二十一世1月份发来的紧急命令,在适当商议之
263 后颁布了一项禁令,正式宣布如果宣扬219条指定的"谬误"将会被革除教籍。[①] 将其中许多"谬误"联系起来的主要特征是它们都倾向于对上帝的全能施以限制,这种限制源于亚里士多德的必然论。特别是如果从奥古斯丁神学教义的背景来考虑,这种倾向会被视为不可接受。[②]

在唐皮耶禁止的命题中,迪昂认为有两项对自由意志的束缚特别包含了亚里士多德主义的本质。一个命题是"上帝无法沿直线推动天空,因为这样一来会留下真空";另一个命题是"第一因不可能创造出多重世界"。[③] 迪昂把唐皮耶针对这两个异端命题的禁令夸大成为一个意义深远的论题:

> 艾蒂安·唐皮耶及其委员会在强烈谴责这些命题时宣布,为了服从教会的教导,并且不违反上帝的全能,必须拒斥亚里士多德主义物理学。这样一来,他们暗中要求创造一种能被基督徒的理性所接受的新物理学。我们将会看到,14世纪巴黎大学那些最杰出的人物都在朝着构建这种新物理学而

---

① 在 *Système* Ⅵ, pp. 20 sqq. 中,迪昂详细论述了这一事件,并试图在被宣布为异端的陈述中找到共同点。

② Ibidem, pp. 80-81.

③ 这些陈述是迪昂引用的不太精确的法文译文,出自 ibidem, p. 66。他在 *Études* II, p. 412 中引用了拉丁文原文:"Quod prima causa non posset plures mundos facere." "Quod Deus non possit movere Caelum motu recto. Et ratio est quia tunc relinqueret vacuum."

努力，从而为现代科学奠定了基础。[①]

我们知道，迪昂在为"现代科学"的诞生指定时间方面并不完全一致，在他笔下，这一时间最早始于唐皮耶发布禁令那一天，迟至14世纪的布里丹和奥雷姆等人的工作及以后。[②] 总之，要想最符合迪昂的意图，似乎可以说，唐皮耶的禁令引起了科学革命，因为他的谴责将科学从其异教的亚里士多德主义和阿威罗伊主义的限制中解放了出来，从而开辟了通往现代早期科学的道路。

这件事并非一劳永逸地发生（迪昂在一段有启发性的话中这样提醒我们，这与他那些更激进的言论不尽相符），而是逐渐

> 通过一长串局部转变而发生的，其中每一个转变都旨在仅仅调整或扩展整个建筑的某一块材料，而不改变其他任何东西。但是，当所有这些细节改变完成之后，看到这种旷日持久的努力的最终成果，人类的心灵开始惊讶地意识到，旧宫殿已经荡

---

① P. Duhem, *Système* Ⅵ, p. 66: "Étienne Tempier et son conseil, en frappant ces propositions d'anathème, déclaraient que pour être soumis à Fenseignement de l'Église, pour ne pas imposer d'entraves à la toute puissance de Dieu, il fallait rejecter la Physique péripatéticienne. Par là, ils réclamaient implicitement la création d'une Physique nouvelle que la raison des Chrétiens pût accepter. Cette Physique nouvelle, nous verrons que l'Université de Paris, au ⅩⅣ e siècle, s'est efforcée de la construire et qu'en cette tentative, elle a posé les fondements de la Science moderne; celle-ci naquit, peut-on dire, le 7 mars 1277, du décret porté par Monseigneur Étienne, Évèque de Paris; l'un des principaux objets du présent ouvrage sera de justifier cette assertion."

② 本书第2.2.4节。

然无存,现在有一座新的宫殿在原地竖立起来。①

在《宇宙体系》接下来几卷中,迪昂力图用丰富的历史细节来表明这是如何发生的。他讨论了"无穷小和无穷大""位置""运动和时间"等主题,而且总是把他对相关手稿段落的广泛引用和分析(citation-cum-analysis)分成两部分,第一部分处理1277年以前的
264 观念,第二部分处理那个决定性年份之后发生的讨论。迪昂本人认为特别有代表性的一个例子是位置问题。亚里士多德对位置的看法意味着,天界的任何旋转都要求其中心有一个不动物体,而托勒密的行星理论却不承认这种需要。通过谴责关于上帝不可能移动整个宇宙的断言,唐皮耶对托勒密的否认提供了支持。由此,实证科学和神学便共同为亚里士多德主义的衰落以及后来巴黎大学艺学院那些有学识的博士们逐渐地甚至无意中创造"现代科学"做好了准备。② 这些人注定要完成唐皮耶的禁令所要求的工作,因此唐皮耶的禁令可以被视为科学革命的主要原因。

### 霍伊卡与1277年禁令

当然,通过唐皮耶的禁令来解释巴黎学者的革命是与整个迪

① P. Duhem, *Système* Ⅶ, p. 3: "une longue suite de transformations partielles, dont chacune prétendait seulement retoucher ou agrandir quelque pièce de l'édifice sans rien changer à l'ensemble. Mais lorsque toutes ces modifications de détail eurent été faites, l'esprit humain, embrassant d'un regard le résultat de ce long travail, reconnut avec surprise qu'il ne restait rien de l'ancien palais et qu'un palais neuf se dressait à sa place."

② Ibidem, ch. 3; 特别参见 p. 302, 迪昂在那里总结了整个问题。

昂论题相一致的。随着该论题的各种弱点相继被揭示，对中世纪科学的研究愈发摆脱了关于现代早期科学起源的理论工作的束缚(第2.4.2节)，1277年禁令也是如此。直到今天，它对于中世纪科学的真正意义仍然是一些专业的中世纪史研究者的讨论话题，但它不再被认为对我们理解科学革命有特别重要的意义。

然而，有一位学者主张，在禁令与现代早期科学的兴起之间确实有一种重要的因果联系，不过这种联系与迪昂的解释相当不同。这位学者便是霍伊卡。在1954年的论文《中世纪的科学与神学》中，霍伊卡也同意当时再度出现的共识，即亚里士多德主义的衰落与新科学的兴起并不是14世纪的工作，而是16、17世纪的工作。但这种共识本身并不能事先决定应当赋予巴黎唯名论者的工作什么意义，这些工作无论如何都是引人注目的。我们是否可以至少遵从迪昂的看法，允许布里丹和奥雷姆等人朝着哥白尼、伽利略和开普勒更加激进的革命方向做出重要进展呢？在1959年颇具影响的《中世纪的力学科学》中，马歇尔·克拉盖特正是这样建立联系的，但并没有为书中所主张的宽泛的连续性概念做出因果分析。抑或应当首先认为巴黎学者的成就明显表明亚里士多德的自然观念能够支配当时哪怕最具批判性的头脑？在迪昂论题由此引发的编史学争论中，霍伊卡持前一立场。他也和迪昂一样承认唐皮耶的禁令是引发所谓巴黎唯名论这场思想运动的主要动因。但霍伊卡指出，这项禁令本身并无任何“现代”的东西，它首先是13世纪古代道路(*via antiqua*)的一座里程碑。其哲学背景是这样一个问题：随着唐皮耶因其异端含义而试图遏制不断高涨的亚里士多德主义洪流，应当首选哪种希腊观念。该禁令不经意间和无意中引出了现代道路（*via moderna*），即亚里士多德主义洪流（尽管唐皮耶做了最大的努力，它还是在这一时期流行了起来）内部的唯名论潮流。因此，唐皮耶的禁令与现代道路共同的关键成分是都强调自然的偶然性。在霍伊卡看来，科学朝着科学革命的发展就是科学逐渐从理性主义假定中解放出来，从那种傲慢的想法中解放出来，即人可以为自然规定进程，而不是谦卑地听从自然。朝着这个方向的每一项早期贡献都必须被视为对科学革命的贡献，正因如此，唐皮耶的后果难以预料的禁令连同其他助因才发挥了作用。在坚持上帝的绝对自由意志，反对阿威罗伊主义者的极端理智主义和托马斯主义者的温和理智主义的过程中，巴黎唯名论帮助移除了理性主义哲学对科学的束缚，而不是神学对科学的束缚。在此过程中，这场运动激励了一种对自然事实的健康的尊重，而不是像希腊思想那样对自然事实进行轻率的理性化。霍伊卡进而内行地阐明了中世纪神学中的各种潮流，其复杂的相互作用导致了这样一个意想不到的结果（在这方面，他所确认的一个主要力量就是迪昂只作过简要暗示的奥古斯丁主义）。[①] 我们不再跟随霍伊卡沿着这条道路走下去，而是考虑安内莉泽·迈尔对巴黎学者成就的不同看法为科学革命的原因这一主题所做出的特殊贡献。

---

① 霍伊卡又把这一点与“圣经神学”进一步联系在一起（关于这一主题的更多讨论见第 5.1.1 节）。文中的概要基于 R. Hooykaas，“Science and Theology in the Middle Ages”，特别是 pp. 77 - 82，88 - 91，93 - 95，106 - 108，131 - 137，162。在一篇晚的多的文章“The Rise of Modern Science：When and Why?”中，作者在 pp. 456 - 458 简要重申了他的观点。

**迈尔与中世纪晚期科学的限制**

根据第 2.3.1 和 2.4.1 节的内容，关于 14 世纪经院哲学对开创现代早期科学的意义，迈尔看法的一个恒常要素是，当时产生的“革命”仍然是不完整的。在推翻亚里士多德主义的过程中(这对于现代早期科学的产生是不可或缺的)，14 世纪的经院哲学代表着一个重要但并非决定性的阶段。无论革命是以对 17 世纪科学成果做出了重要预示(她原先是这样热情主张的)为标志，还是晚期经院哲学做出的主要创新贡献不在于科学领域本身，而在于形而上学和科学方法领域(她后来是这样认为的)，无论是哪种情况，她对因果关系问题的看法都不同于迪昂及其追随者(以及霍伊卡) 266
的看法。问题是，是什么阻碍了 14 世纪革命的主要人物完成他们的工作？在通向新科学的道路上，是什么阻止了他们？迈尔认为答案在于亚里士多德主义学说中某些固有的限制，14 世纪的经院学者虽然已经在相当程度上从中解放出来，但还不够彻底。

在其晚年的《晚期经院自然哲学的“成就”》一文中，迈尔既考察了 14 世纪经院哲学思想所取得的主要成果，也考察了它的主要限制。14 世纪经院哲学思想为自己赢得了一种思想自由，即能够“设立一些使直接认识自然成为可能的原理——这种认识是个人的、经验的、独立于一切权威的”。[①] 然而，在为更好地认识自然寻

① A. Maier, *Ausgehendes Mittelalter* I, p. 434:“Ihre ‘Ergebnisse’ ... bestehen weniger in der Umwandlung des überkommenen Naturbildes nach seiner inhaltlichen Seite als vielmehr in der neuen Art und Weise, in der man die Natur zu erfassen und zu ergreifen sucht; kurz gesagt: was sich ändert, ist die *Methode* der Naturerkenntnis. Zum erstenmal wird der Versuch gemacht, Prinzipien herauszustellen, mit denen ein unmittelbares, von aller Autorität unabhängiges, individuell-empirisches Erkennen und Verstehen der Natur möglich ist.”

找新的方向时，这些开创性的思想家继续让自己受制于亚里士多德自然哲学的某些基本原理。其中有两条最为重要，也最具破坏性。一个是认为性质在自然中独立自主地存在着；另一个是处于亚里士多德运动学说核心的同样有害的原理，即任何运动都需要有一个具体的推动力，它与运动物体相临接，引起物体的运动。正是由于未能放弃这两个根深蒂固的思维习惯，14 世纪自然哲学才迟迟未能获得与现代早期科学相关的重要成果。只要科学仍然囿于这些限制的框架内，中世纪思想就必然无法实现科学内容（而非方法）的一般变革。

**格兰特与亚里士多德学说的弹性整体**

为什么中世纪科学在诸多方面偏离了亚里士多德主义，却"未能真正致力于重建或取代亚里士多德主义的世界图景"，迈尔给出了自己的解释。在 1971 年出版的《中世纪的物理科学》（*Physical Science in the Middle Ages*）这本小册子的最后一章，美国中世纪科学史家爱德华·格兰特进一步拓展了迈尔的解释。[①] 在提出上述问题之后，格兰特提供了两种回答。其一是亚里士多德主义思想"高度完整的结构"：

> 拒斥某些关键部分会导致其余大部分的崩溃。当这种情况发生时，人们往往是按照亚里士多德主义原理而做出改变的。新的修改和补充往往要符合亚里士多德的规范，尽管有时不那么协调，但又再次成为亚里士多德体系的一部分。于是，

① E. Grant, *Physical Science in the Middle Ages*, p. 83.

冲力理论用一种无形的力的推动取代了空气的外部接触；……　267

诸如此类的大量补充和修改是迥然不同的，每一处都是为了回答单独的问题和传统而做出的。它们一直是亚里士多德体系互不相关的、有时不和谐的部分，而不是导致其分裂的东西。①

有趣的是，同样是注意到中世纪在不同背景下对亚里士多德体系单独进行的一个个修改，迪昂曾经把它当作 14 世纪科学革命的总体模式，现在格兰特则用它来解释（在我看来合理得多）为什么这些改变的总和永远不等于对整个体系的彻底攻击。

格兰特进而指出，中世纪理论的假说性质大大增强了由此导致的亚里士多德自然哲学体系的弹性。14 世纪对亚里士多德物理解释的信心削弱反映了一种更加基本的情绪：对于自然是否有可能得到解释的某种怀疑论态度。“拯救现象”成了最主要的态度；所要做的只是聪明地“想象”出事物可能如何，而不是着手客观地研究现实。因此格兰特认为，这是 14 世纪的宇宙论思辨没能像两个世纪以后哥白尼的天文学变革那样引起科学革命的主要原因。其关键区别与其说是所用论证的性质（哥白尼在这方面并没有显示出任何优势），不如说是哥白尼的断言具有强烈的实在论含义。哥白尼认为地球的确在绕轴自转和绕太阳公转。因此，这些观点的物理后果（他本人几乎没有看到）有可能摧毁亚里士多德的思想大厦，而这是中世纪的思辨无法做到的。

由格兰特的论述产生的图像是，13 世纪的物理实在论者不可

---

① E. Grant, *Physical Science in the Middle Ages*, pp. 83 - 84.

能引起科学革命，因为他们固守亚里士多德的看法；而巴黎大学艺学院和牛津大学默顿学院（Merton College）的那些"缜密的实证主义者"（sophisticated positivists）[①]之所以没能产生现代早期科学，是因为他们对人类心灵是否有能力洞悉自然缺乏信心；哥白尼之所以成功，是因为他的工作第一次促使

> 挑战传统物理学和宇宙论的新观念能够强有力地联合起来，……相信物理实在是完全可以认识的（即使这种信心会显得幼稚）。[②]

这样，我们就来到了作为引起科学革命关键力量的哥白尼主义。

268

## 4.4　现代早期科学从文艺复兴思想中产生

### 4.4.1　哥白尼主义

在考察本书第一部分的"大传统"时，我们看到哥白尼通常被视为科学革命最早的主要人物。现在，我们要考察有什么可能的

① E. Grant, *Physical Science in the Middle Ages*, p. 86，格兰特在这里把一种"缜密的实证主义态度"归于默顿学者和巴黎学者。

② Ibidem, p. 89.

理由能够不再将哥白尼的学说当作革命的开始，而是当作产生现代早期科学的一种主要力量。换句话说，我们将从学术文献中选取一些思考，它们都倾向于认为，科学革命也许并非始于1543年哥白尼的《天球运行论》，而是始于1600年前后伽利略和开普勒等人的工作，这些人之所以做这些工作，一个关键原因是哥白尼对数理天文学的变革似乎导致了各种意外后果。

通过对哥白尼的工作做这样一种解读，我们要获得什么呢？除了现在要阐述的其内在优点，主要好处是，它能够顺利解决哥白尼的"现代性"这个争论不休的问题。如果把哥白尼当作第一位科学革命者，就很容易把他变成一个超出实际情况的现代人。[①] 毕竟，在《天球运行论》第一卷中，哥白尼为主张被认为物理上为真的日心假说而提出的论证显然意在最大程度地减小对传统世界图景的破坏，这些论证完全只利用古代资料便很能说明问题。同样，第二卷至第六卷所采用的方法，连同其虚构的本轮和偏心圆机制，正是《天文学大成》(*Almagest*)中的方法(唯一的例外是取消了托勒密的偏心匀速点)。所有这一切在文献中被反复提到。戴克斯特豪斯便是一个突出的例子。一方面，他很快意识到"除了三角计算法的应用之外，《天球运行论》中再没有什么内容不能由公元2世纪托勒密的后继者来完成"。而另一方面，他又坚持说"一个新的时代由哥白尼开始"。[②] 这是如何可能的呢？戴克斯特豪斯承认，

---

① 霍伊卡指出了这一点，他在"The Rise of Modern Science: When and Why?", pp. 463 - 467中研究了这一困境。

② E. J. Dijksterhuis, *Mechanization*, IV:2. IV:2 - 19中对哥白尼的简明讨论极为出色。在许多方面都可以认为它预示了库恩《哥白尼革命》的纲要，后者在《世界图景的机械化》荷兰文原版问世之后七年出版。不过，这一讨论已经因为戴克斯特豪斯在现代早期科学诞生的连续性与非连续性方面的不一致而有所扭曲。

这与哥白尼变革的后果密切相关。但如果是这样,为什么不继续推出其明显结论,把那些实际引出后果的人变成“新时代”的真正开创者呢?按照《古代的精确科学》(*The Exact Science in Antiquity*)的作者奥托·诺伊格鲍尔(Otto Neugebauer)[①]的做法,把哥白尼当作最后一位古代天文学家,亦即托勒密最忠实和最伟大的继任者,并从这种观点得出逻辑推论,难道不是合理得多吗?

269 要想确信古代和中世纪天文学的内在一致性,最好的方法莫过于把《天文学大成》、巴塔尼(al-Battani)[10 世纪初]的《天文学著作》(*Opus astronomicum*)和哥白尼的《天球运行论》放在一起,章节对章节、定理对定理、表格对表格地去看,我们将会发现这些著作是完全类似的。直到第谷·布拉赫和开普勒,这一传统魔咒才被打破。[②]

根据诺伊格鲍尔的方法(与戴克斯特豪斯的方法有微妙的重要差异),数理天文学的历史总是从古代思想向后推进,而不是从我们的现代观点向前倒退。如果采取这种方法,我们也许可以把哥白尼视为一个“身不由己的现代人”(modern despite himself),就像托马斯·库恩那样,把哥白尼基于古代日心说观念所提出的行星天文学改革方案看成现代早期科学产生的原因,而不是其第

① 诺伊格鲍尔(1899—1990):奥地利裔美籍数学史家。——译者

② O. Neugebauer, *The Exact Sciences in Antiquity*, 2nd ed. (Providence, R. I.: Brown University Press, 1957), pp. 205 - 206. (我发现这段话是通过 G. E. R. Lloyd, *Greek Science after Aristotle*, pp. 129 - 130.)

一幕。让我们看看库恩是如何做的。

**库恩与哥白尼假说的意外后果**

1957年，库恩的《哥白尼革命》(*The Copernican Revolution*)出版，体现了他在科学编史学方面的努力。这本书把哥白尼描述成一个对传统极为精通的数理天文学家，由于在该领域之外不愿接受新的观念，哥白尼没能看到他对天文学的技术革新所必然导致的对于整个传统世界观的毁灭性后果。

哥白尼的变革受到了哪些思想指引呢？除了拒斥偏心匀速点，《天球运行论》第一卷所表达的最重要的考虑就是，哥白尼确信，历经数个世纪的发展，托勒密的行星理论已经变成了一个“怪物”。库恩详细解释了它的含义：《天文学大成》曾经能够做出极为精确的预测，但是随着时间的推移，它似乎越来越显得不够精确。原先微小的偏差在数个世纪里积累起来，数理天文家只是通过修修补补来做出纠正。这里添加个本轮，那里改变个参数，再把偏心圆移到另一个轨道上，就这样，他们无意中把对宇宙的和谐描述变成了一个“怪物”。库恩指出，哥白尼承担起了恢复失去的和谐的任务。他在古代寻找合适的出发点，提出了日心假说。从传统世界观来看，它明显是荒谬的，对于一位并非完全关注哥白尼专业领域技术细节——正如库恩所说，没有配备足够的“眼罩”——的思想家来说，这种荒谬性也许构成了阻碍。然而，仍然需要以一种比哥白尼本人所做的更令人满意的方式去面对反对意见。

如果对哥白尼理论所蕴含的挑战的反应一直局限于《天球运

行论》二至六卷所属的数理天文学领域，那么日心假说也许会永远
270 囿于数理天文学家已经采用了数个世纪的“拯救现象”的传统态度。但第一卷的实在论会潜在地吸引少数科学家，对于他们而言，那里所描绘的宇宙论和谐已经构成了充分的理由，促使他们将哥白尼体系中许多难以置信的东西变成一种新的非亚里士多德世界图景的恰当成分。这种源于哥白尼挑战的激励可以在不止一个科学研究领域中体会到。首先，它有助于使数理天文学拓宽为在宇宙论上寻求一种数学上恰当的世界图景，而不仅仅是提供一种有用的计算模型。诚然，第谷和开普勒是 16 世纪末、17 世纪初力图挖掘哥白尼的遗产而取得收获的杰出人物（当然是以各自的方式）。但库恩指出，他们

> 并没有回应反对[哥白尼主义]的那些**非天文学**证据。只要它们尚未得到回答，这里的每一种论证，无论是物理学的、宇宙论的还是宗教的，都证明技术天文学的概念与其他学科和哲学中运用的概念有极大差异。对天文学革新提出质疑越困难，在其他思想领域进行调整的需求就越迫切。①

奇怪的是，库恩在这本书中并没有使用“科学革命”这一术语。不过，如果我们把当时所做的所有“调整”都加起来，并将它们与哥白尼变革所引发的天文学革命结合起来思考，我们就掌握了正在发生的科学革命的相当一部分重要内容。在最后一章“新的宇宙”

① T. S. Kuhn, *The Copernican Revolution*, p. 229.（第二版的页码）

中，库恩详细说明了新科学的许多关键成分是如何由哥白尼的变革所引发的。例如，他表明剥夺恒星天球的推动功能如何为宇宙的无限性观念和用微粒充满整个宇宙铺平了道路。同样，哥白尼剥夺了地心在亚里士多德宇宙观中为一切自然运动定向的地位，从而使行星由什么力推动这个问题变得更加迫切，并最终产生了天界动力学。

库恩仅仅讨论了月上区，而没有提到源于哥白尼主义的那个著名的运动学悖论，即在旋转的地球上，竖直的自由下落似乎是不可能的。他也几乎没有提到后来伽利略利用惯性原理对这一悖论的解决，惯性原理是伽利略在处理地界运动的新方法的一般框架下阐述的。伽利略这一重要贡献完全符合科学革命起源的图像。库恩对这一图像的总结如下：

> 行星地球的观念第一次成功打破了古代世界观的构成 271
> 要素。尽管有意将它仅仅看成一场天文学变革，但却具有破坏性的后果，这些后果只有在一种新的思想结构中才能解决。哥白尼本人并没有提供这种结构，他自己的宇宙观更接近于亚里士多德而不是牛顿。但是由他的革新所引出的新的问题和建议，却是革新本身所产生的新宇宙的发展中最显眼的界标。①

正是在这个意义上，我们才有理由将哥白尼对数理天文学的

① T. S. Kuhn, *The Copernican Revolution*, p. 264.

变革看成一个决定性的思想事件，它在天文学和物理学的思想领域发起了一场预备性运动，在16世纪下半叶逐渐扩展开来，到了1600年左右则以前所未有的科学巨变爆发出来，这便是许多人习惯上所说的“科学革命”。

### 4.4.2 人文主义的影响

在把哥白尼主义当作科学革命的一种可能原因来讨论时，我们忽然间进入了一个极富争议的历史时期——文艺复兴。文艺复兴思想史家们已经意识到这一时期非常复杂，而科学革命史家们往往会再加入一些他们自己创造出来的复杂性。鉴于文艺复兴时期至少有一个公认特征是强烈渴望重新获得古代世界的智慧，我们不妨先来简要考察西欧是如何拥有古代科学学术遗存的，由此开始了解这一极为复杂的时期。

一般而言，古代科学向西欧的传播分为三个阶段。第一阶段像是一种直接继承。在罗马帝国动荡期间保存下来的各种学问经由波埃修、马克罗比乌斯(Macrobius)等晚期希腊罗马学者百科全书著作的缓缓渗透，形成了中世纪早期的自由技艺(liberal arts)课程。第二阶段发生在12、13世纪的中世纪盛期，这时大量著作从阿拉伯文(一些直接从希腊文)被译成拉丁文，从而第一次为西方所知，事实证明，其中亚里士多德的著作是最重要的。这大大促进了经院思想的发展，我们在第4.3节已经讨论了经院思想对于现代早期科学的重要性。通过人文主义运动的努力，15、16世纪获得了更为完整的古代文本。人文主义者试图重新以原汁原味的各种古代文学和学术为导向，赋予他们所认为的野蛮文化以生气。在此过程中，人文主义者也为科学的发展做出了贡献，因为他们使西欧获得了亚里士多德和柏拉图的原始希腊文本（在此之前柏拉图主要以《蒂迈欧篇》为人所知），还获得了毕达哥拉斯学派、原子论、怀疑论、斯多亚派、新柏拉图主义等传统的文本（随着时间的推移，其中一些文本被证明是伪作）。同样，欧几里得、阿基米德、托勒密等希腊学者的纯粹数学和应用数学著作要么第一次为欧洲所知，要么第一次以未经曲解和篡改的方式现身于世。 272

这场运动对欧洲科学的影响无疑是巨大的。可以说，正是在人文主义运动的激励下，希腊人留下的工作才得以继续。随着这场运动的发展，原先尝试恢复古代科学文本的努力不知不觉间变成了对文本原始内容较为独立的阐释。因此，哥白尼对古代行星理论的"恢复"在许多方面都代表着文艺复兴时期典型的思维模式。无论是接受托勒密的遗产，还是从毕达哥拉斯主义微弱的日心传统中寻找支持，他的工作都清晰地反映了人文主义背景。[①] 与此同时，在"恢复"希腊天文学遗产的过程中逐渐产生了一些新的见解，今天看来大大有助于现代早期科学的产生。不过，这并不是说人文主义可以被无条件地视为科学革命的一个"原因"。

接下来我们结合几位科学史家来讨论科学革命在何种程度上可由之前的人文主义运动来解释，我们眼下只关注人文主义是如

① P. L. Rose, *The Italian Renaissance of Mathematics* 的第五章"Copernicus in Italy"讨论了人文主义对哥白尼的影响。

何对待希腊精确科学遗产的，[①]后面几节再讨论同样产生于希腊学术复兴的某些哲学思潮对于科学革命的意义。

## 人文主义对现代早期科学的出现有何影响

关于人文主义(不同于那些直接或间接基于人文主义努力的文艺复兴哲学)对于现代早期科学的出现有何意义，戴克斯特豪斯在《世界图景的机械化》中作了简洁而公允的讨论。[②] 他的立场可以归结为以下三个要点。

第一，有一种观点认为，人文主义之所以能够促进科学突破，

---

① 如果不解决几个难题，就不可能讨论文艺复兴时期的科学及其对科学革命的意义。因此，我忽略了那种可以追溯到雅各布·布克哈特的编史学传统对"人文主义"的宽泛用法，对布克哈特而言，"人文主义""文艺复兴思想""世界和人的发现"以及现代意识的诞生或多或少是一回事。在一篇卓越的论文"Renaissance en natuurwetenschap"中，戴克斯特豪斯表明，如果科学史家对"人文主义"持有如此宽泛的看法，将会陷入棘手的困难。我还从 D. Weinstein 的评论文章"In Whose Image and Likeness? Interpretations of Renaissance Humanism"的讨论中得益甚多。这篇文章将布克哈特的进路与一种更为狭窄的人文主义观念相对照，对后者的精确定义主要来自于文艺复兴思想史家克里斯泰勒(P. O. Kristeller)。正如 Weinstein 在 p. 166 指出的，克里斯泰勒并不把人文主义看成一种"协同一致的哲学运动"，而是看成"一种文化教育事业，其主要关注的是修辞、学术和文学"。我在正文中采用的正是这种意义上的"人文主义"。

我在这几节所要解决的另一个难题与时代分期有关。我们从第二章得知，有一些科学革命观念向前追溯到 14—15 世纪；同样，有一些文艺复兴观念向后追溯到 17 世纪(或向前追溯到 12 世纪；还有许多历史学家干脆否认"文艺复兴"概念的有效性。)在我的讨论中，我采用的是科学史家常用的分期，也就是把 15—16 世纪的科学称为"文艺复兴"，16 世纪末和 17 世纪的科学称为"科学革命"，两者的分界线和/或交叠在 16 世纪或 17 世纪初的某一点上。该点的精确定位是几乎所有科学革命文献的一个争端，我们在整个第二章都可以看到。

② 沿着各个面向讨论"人文主义与科学"这一话题有悠久的传统。我始终认为，戴克斯特豪斯在 *Mechanization*，Part III，ch. IA，"Humanism" (sections III:1－4)中的讨论特别公允，而且传递了丰富的信息。

是因为它公开反对那种阻碍科学突破的思维模式——亚里士多德主义经院哲学。这种观点基于若干错误的假设。经院科学并非毫无价值，拥有共同的敌人也并不足以建立联盟：事实上，人文主义 273
者与他们大加谴责的经院学者有许多共同特征，比如“社会等级的傲慢、片面的思想导向（对于他们是语文学，对于经院学者则是形而上学）、轻视体力劳动、缺少数学教育”等等。[①] 此外，亚里士多德的思想始终意识到经验在认识论上的重要性（无论这种意识有多少缺陷，无论后来许多经院哲学家将它变得多么模糊），而这种意识在“人文主义者的圣人”[②]柏拉图那里却完全不存在。而且，人文主义者和经院学者都以过去为导向，这对于寻求发现而非恢复的科学研究来说并非有利。

第二，人文主义者努力恢复的东西好坏参半。希腊遗产中有很大一部分内容，比如非数学的物理学、物理宇宙论、气象学和炼金术，都不适合促进科学上的突破。

第三，关于人文主义对现代早期科学产生的贡献，到目前为止我们只获得了一些负面印象，但还必须考虑它的正面作用。柏拉图的复兴虽然从经验观点看是有害的，但就数学的地位而言却大

（接上页）最近，Anthony Grafton 在 *Defenders of the Text：The Traditions of Scholarship in an Age of Science，1450—1800*（Cambridge，Mass.：Harvard University Press，1991）一书以及与 A. Blair 合写的文章“Reassessing Humanism and Science，” *Journal of the History of Ideas* 53，4，1992，pp. 535－540 中，试图就人文主义与科学的历史关联确定两点：(1)在为新科学而斗争的过程中，培根、笛卡儿等人给出了一幅歪曲的、屈尊俯就的人文主义图像，它一直影响着我们对 15 世纪以来人文主义者对文本批判等关切的文化意义的看法；(2)新科学的出现并没有终结这些人文主义的努力。

① E. J. Dijksterhuis，*Mechanization*，III：2.

② Ibidem，III：3.（这一表述只出现在荷兰文原文中）

有裨益(虽然这种影响在一定程度上又被同样归于柏拉图的数字命理学[numerology]所抵销)。然而,人文主义对于科学的首要贡献是重新获得了古代数学和天文学的大量文本。值得注意的是,戴克斯特豪斯这里并未详细阐述这一点。他只是提到"欧几里得、阿基米德、阿波罗尼乌斯、帕普斯[Pappus]、丢番图和托勒密的著作的确对思想产生了有益的影响",直到《世界图景的机械化》的后续章节讨论现代早期科学的主要人物时,才进一步表明了这种总体"影响"。①

考虑到戴克斯特豪斯25年前在《下落与抛射》一书中提出的观念,这种语焉不详尤其值得注意。《下落与抛射》几乎把熟悉阿基米德的思维模式当作唯一新颖的要素,以解释贝内代蒂特别是伽利略何以在自由落体和抛射体运动等问题上能够超越经院哲学的思想范畴。同样,柯瓦雷显然也把阿基米德视为伽利略的思想走向成熟的最重要原因:从在《论运动》(*De motu*)中被困到利用受阿基米德启发而获得的原理从头开始对自然进行数学化(第2.3.2—3节)。的确,戴克斯特豪斯晚年甘愿承认现代早期科学的产生几乎有无穷多个原因,而柯瓦雷则基本上始终坚持只有一个原因:阿基米德。柯瓦雷不止一次地试图表明,无论是冲力
274 概念还是求助于从技艺活动中获得的经验,都不足以克服新动力学所面临的巨大障碍——揭开自然数学化秘密的钥匙牢牢掌握在深谙如何拓展阿基米德思想的人手中。

关于阿基米德的著作对于现代早期科学产生的意义,这种

① E. J. Dijksterhuis, *Mechanization*, III:2.

看法具有某种“先验”意味。不过，保罗·劳伦斯·罗斯（Paul Lawrence Rose）1975 年的出版的《意大利的数学复兴》（*The Italian Renaissance of Mathematics*）一书为柯瓦雷的看法和戴克斯特豪斯早期观点中预设的数学人文主义者的工作提供了大量史料。这部著作温和地提出了论点，并用文献做了彻底证明，我们现在就来讨论它。①

**希腊数学和数学物理学遗产的恢复**

罗斯的论点最简单地概括就是，“数学的复兴是科学革命必不可少的序幕”。② 这一断言本身听起来像是陈词滥调。除了认为数学化仅仅是真正科学革命的次要补充的迪昂（第 2.2.4 节），没有人怀疑过历史学家一致认为构成了科学革命实质部分的那些著作显示出了至少与希腊人相当的专业数学水平，要不是事先吸收了希腊遗产，这是根本无法想象的。因此我们要问，是什么使西欧人能够超越希腊遗产（包括希腊遗产在伊斯兰世界获得的扩充）呢？罗斯著作的一个优点恰恰在于对这个问题的处理。首先，他按照当时的宽泛含义来理解“数学”，从而包含了天文学和数学物理学中的阿基米德传统。③ 其次，通过详细论述数学中的整个人文主义运动，罗斯逐步确定了一个位置，从这里可以准确地确定对

① 所谓“温和地提出”，我指的不仅是罗斯谦虚的语气，而且指他并没有围绕其论点组织整本书。他主要关注的似乎是尽可能详细地描述数学中的人文主义运动，从各种文献中收集材料，并把这些零散的片段连贯地拼在一起。我在正文中析出的罗斯那些更具分析性的观点几乎被他的博学多识所湮没。

② P. L. Rose, *The Italian Renaissance of Mathematics*, p. 2.

③ 和往常一样，他几乎略去了音乐科学。

希腊遗产的恢复从哪里微妙地转入了进一步阐述和转变。为此，他详细讨论了这样一些主题（当然仅限于意大利发生的事情）：陆续出现的城市学术中心；保存希腊手稿的图书馆；图书馆的借阅政策；翻译计划的制定和执行；所涉及的赞助网络；人文主义运动领袖们的生活、著作和抱负，其中既有像红衣主教贝萨里翁（Bessarion）和教皇尼古拉五世这样的人文主义赞助者，也有像尼科洛·塔尔塔利亚（Niccolò Tartaglia）[1]、弗朗西斯科·毛罗里科（Francesco Maurolico）[2]和费德里科·科芒蒂诺（Federico Commandino）[3]这样的翻译家，还有像雷吉奥蒙塔努斯（Regiomontanus）[4]、哥白尼、塔尔塔利亚、贝内代蒂、圭多巴尔多（Guidobaldo dal Monte）[5]和伽利略这样致力于发掘由所有这些人恢复的希腊遗产的人。最后，罗斯总是将人文主义运动与之前中世纪恢复希腊纯数学和应用数学遗产的努力进行比较。这里他的主要问题是，为什么中世
275 纪的运动走入了死胡同，而文艺复兴时期相应的运动却最终引发了科学革命。我们先来讨论这条研究线索。

## 中世纪与文艺复兴时期翻译工作之比较

罗斯问道，为什么在13世纪下半叶的穆尔贝克的威廉（Willem van Moerbeke）[6]那里达到顶峰的把希腊数学文本翻译

① 塔尔塔利亚（1499/1500—1557）：意大利数学家、工程师。——译者
② 毛罗里科（1494—1575）：希腊数学家、天文学家。——译者
③ 科芒蒂诺（1509—1575）：意大利人文主义者、数学家。——译者
④ 雷吉奥蒙塔努斯（1436—1476）：德国数学家、天文学家、占星学家。——译者
⑤ 圭多巴尔多（1545—1607）：意大利数学家、力学家、天文学家、光学家。——译者
⑥ 穆尔贝克（1215—约1286）：佛兰德斯翻译家。——译者

成拉丁文的工作一直是不完整的？为什么与人文主义运动重新从事这项工作相比，中世纪的努力显得那样无益呢？特别是，为何阿基米德的数学物理学著作(《论浮体》《论平面的平衡》)的拉丁文译本的出版能在文艺复兴晚期产生积极作用，而在中世纪却不行？更引人注目的是，同样是穆尔贝克翻译的《论浮体》，为什么塔尔塔利亚和科芒蒂诺在1543年和1565年出版它时能够获得"新生"，而"在整个中世纪却暗淡无光"？[①] 以下是罗斯(在很大程度上得益于克拉盖特对阿基米德著作在中世纪命运的扎实研究)[②]对这些问题的回答，它对于我们理解科学革命的准备工作有深刻意义：

> 在穆尔贝克之前，只有两部完整的阿基米德著作为阿拉伯-拉丁传统所知。穆尔贝克直接从希腊语翻译了其余大部分著作，其中包括重要的力学文本，但他的译本在两个世纪里几乎不为人知，对经院几何学的影响微乎其微，对经院力学和物理学则毫无影响。事实上倒是发生了一种奇特的逆向影响。为阿拉伯-拉丁传统所知的那些阿基米德著作被"经院化"了。托马斯·布雷德沃丁(Thomas Bradwardine)和萨克森的阿尔伯特(Albert of Saxony)等经院学者用新的逻辑形

① P. L. Rose, *The Italian Renaissance of Mathematics*, p. 78. 就《论浮体》而言，意大利人文主义者使用的是穆尔贝克的译本，因为穆尔贝克使用的希腊文原本丢失了，因此得不到比他的译本更权威的文本。(直到20世纪初，希腊数学史家Heiberg才找到了该文本的另一份希腊文手稿。)

② M. Clagett, *Archimedes in the Middle Ages*, 5 vols. (Madison: University of Wisconsin Press, 1964—1984).

> 式对阿基米德原先的几何学证明做了详细阐述，引入了相当陌生的哲学和物理学论证。……为什么穆尔贝克的数学翻译会遭到忽视？［诚然，］有迹象表明穆尔贝克对数学并不精通。但忽视的原因并不在于翻译的质量，而在于中世纪学者没能把这一传统继续下去。这不仅是因为经院哲学家认为仅凭阿拉伯—拉丁传统的少量阿基米德著作和巴斯的阿德拉德(Adelard of Bath)[①]翻译的大量欧几里得著作就可以达到目的，而且也要归咎于当时的数学家们（最初鼓励穆尔贝克完成这项事业的那些数学家们也未能因此而免责）。[②]

由这段解释可以看出，罗斯认为在早期西方科学中存在着两种传统，一种是数学的，另一种是经院的，两者既不能混同，也没有自然的继承关系：

> 14 世纪的物理学和运动学并不能提供两次数学复兴之间的缺失环节。其证明可见于文艺复兴时期的数学家们精心
> 276 制定的出版计划，这些计划几乎或完全不包括经院学者的著作。事实上，恰恰是因为经院物理学与数学的复兴不是一回事，这两场运动才会在 16 世纪彼此独立地繁荣发展。当时的

① 巴斯的阿德拉德(约 1080—约 1152)：12 世纪英国自然哲学家。——译者

② P. L. Rose, *The Italian Renaissance of Mathematics*, pp. 80 - 81. 在最后一句话里所指的数学家中，罗斯特别提到了像诺瓦拉(Campanus de Novara)那样的人，他们对欧几里得、托勒密等等在整个中世纪非常流行的人物的著作进行了简写。

人清楚地看到，一个是哲学，另一个是数学。[1]

因此，欧洲恢复数学特别是数学物理学领域的希腊文献的第一次努力过早地终止了，而且未能起到有益作用，因为当时解决物理学问题的经院方法被证明是更吸引人的。因此，罗斯专门讨论的15世纪初开始于意大利的第二次努力必定源于“我们后来的数学家[感到]有必要复兴数学，因为中世纪的复兴到了1300年已经丧失了动力”。[2] 那么，这后一次努力如何能成功地从全部恢复过渡到谨慎的拓展，最后发展到大规模转变呢？

### 阿基米德传统的局限性与伽利略的克服

这里罗斯认为最重要的原动力是几乎所有人文主义数学家都察觉到的“数学的永恒确定性与哲学的永恒争论之间的”[3]尖锐对立，从雷吉奥蒙塔努斯开始，很多人都对此作过表述。人文主义数学家认为，希腊语和大量文本错误妨碍了他们理解具有绝对确定性的希腊祖先的原始含义，这促使他们从翻译（其希腊语和数学语言都越来越精通）和仔细校正过渡到阐明和富于想象地提供缺失的证明，再到独立重建遗失的著作。在文艺复兴数学的这种总体趋势下，数学物理学的阿基米德传统的命运便是一个明显例证。它以乌尔比诺（Urbino）学派为中心，科芒蒂诺、圭多巴尔多和伯

---

① P. L. Rose, *The Italian Renaissance of Mathematics*, p. 76.

② Ibidem, p. 84.（句子结构略微作了调整）

③ Ibidem, p. 97.

纳迪诺·巴尔迪(Bernardino Baldi)[①]都可算作其主要成员。他们是如何对待业已恢复的阿基米德遗产的呢？圭多巴尔多和巴尔迪都意识到,阿基米德的静力学成就在其他领域也许会富有成效,但他们都不愿超越“阿基米德的纯粹性”[②]而求助于亚里士多德静力学中的动力学原理：

> 伽利略16世纪80年代成为数学家时,参与了正值高潮的数学复兴运动。塔尔塔利亚和科芒蒂诺的著作正广为流传,贝内代蒂的《数学物理思辨种种》(*Diversarum Speculationum mathematicarum et physicarum liber*)于1585年出版,圭多巴尔多的《论力学》(*Liber Mechanicorum*)刚刚以拉丁语和意大利语出版,对阿基米德《论平面的平衡》(*De*
> 277 *Aequeponderantibus*)的释义不久就要问世。然而,在16世纪80年代看似繁荣的力学正在经历一场危机。虽然静力学已经在阿基米德的框架中稳固地建立起来,但动力学从阿基米德时代起就一直难以纳入这种框架。[③]

将整个意大利数学复兴推向高潮的是伽利略。伽利略得到了圭多巴尔多的赞助(圭多巴尔多确保伽利略得到了比萨大学的数学教席),接受了圭多巴尔多的计划,很快便超越了这项计划严格的纯粹主义,最终将动力学观念融入其中。虽然这些观念有各种

① 巴尔迪(1553—1617):意大利数学家。——译者

② P. L. Rose, *The Italian Renaissance of Mathematics*, p. 214.

③ Ibidem, p. 280.

非数学的模糊性，但事实证明，同样可以按照阿基米德的方式对其进行数学化。这是这场运动的顶点，在此过程中“进展的观念转变为进步的观念”——“科学革命的精神到来了”。[①] 罗斯在该书结尾指出，必须认识到有两种科学以外的力量对这场运动的胜利做出了巨大贡献。一个是赞助体系，它不仅为从事这项工作的人提供了财力支持，而且也把他们与宫廷生活联系在一起，从而有助于使数学科学融入整个意大利文化。另一个是刚刚发明的印刷术，雷吉奥蒙塔努斯已经意识到它对于传播数学知识意义重大。“印刷术是使文艺复兴有别于之前几次复兴的一个关键因素，它从一个全新的维度来表达文化体验。”[②]然而最重要的是对复兴本身的强烈愿望，此时正值圭多巴尔多和巴尔迪第一次尝试撰写一部数学科学的历史，以“通过革新和复兴为创新辩护”，[③]这绝非偶然。

### 关于阿基米德问题的暂时结论

科学革命编史学中有一个臭名昭著的困难，也许可以称之为“现代早期科学的阿基米德起源”，当初主要由柯瓦雷所主张。在考察希腊科学以及它“未能”产生科学革命时（第 4.2.2 节），我们把这个问题定义为：假如阿基米德的著作对 16 世纪数学物理学的影响如此具有革命性，为什么它当初在公元前 2 世纪的影响却微不足道呢？克拉盖特在 20 世纪 60 至 80 年代指出，数学物理学的

---

① P. L. Rose, *The Italian Renaissance of Mathematics*, p. 294.

② Ibidem, p. 293.

③ Ibidem, p. 294.（句子结构略微作了调整。）

阿基米德传统在中世纪晚期便已得到恢复，而且自那以后一直存在着，这使该问题变得更加棘手。现在这一问题似乎应当重新表述为：为什么阿基米德著作在16世纪的出版对后来的科学思想产生了直接的革命性影响（正如柯瓦雷、戴克斯特豪斯等许多科学史
278 家所指出的那样），而同样的著作在阿基米德时代以及似乎存在于整个中世纪的手稿传统中却没有产生这种影响呢？

值得注意的是，虽然罗斯在书中并没有如此明显地提出这个问题，但却逐步接近了问题的解决。他的贡献本质上有两点。第一，他超越了柯瓦雷的立场，表明阿基米德的思维模式如果严格运用，就会和严格运用亚里士多德的运动学原理一样走入死胡同。在把伽利略当成恢复了原初纯粹性的阿基米德数学物理学的顶点时，罗斯得以判断把阿基米德遗产变成现代早期力学所需的创造性步伐有多宽。当然，这并不是说紧接着阿基米德之后就不可能迈出这一创造性步伐。但它的确表明，纯粹的阿基米德主义是不够的，必须结合亚里士多德的思维模式才能跨越古希腊科学与现代早期科学之间的门槛。

第二，罗斯指出数学传统在13世纪被“经院化”了，这一观点大大有助于解释阿基米德的遗产为何在中世纪一直影响不大。

显然，这两种回答立刻引出了新的问题。这些更加尖锐的新问题似乎围绕着从13世纪到伽利略时代亚里士多德主义思想与阿基米德方法之间的关系。罗斯的研究有力地表明，无论是把伽利略的工作片面地基于纯粹的阿基米德传统还是纯粹的亚里士多德传统，都不足以理解伽利略是如何迈出其创造性步伐的，因为这两者本身都会走入死胡同。真正的问题是，这两种迥异的思想传

统在伽利略心灵中的互动如何能够引出某种近乎全新的东西。考虑到阿基米德传统在中世纪似乎被经院哲学所掩盖,而三个世纪后却成功地招架住了经院哲学,这个问题便愈发显得迫切。在考察了我们问题的阿基米德一面之后,我们将考察这样一部分科学革命文献,它们认为科学革命的关键在于16世纪对亚里士多德主义的变革。我们先把相关文献置于恰当的编史学传统框架内,即通过文艺复兴哲学的某个方面来解释科学革命。

**关于文艺复兴思想的三个论题与现代早期科学的产生**

就到文艺复兴时期的思潮中去寻找科学革命的原因而言,对希腊数学文本的恢复和拓展对近二三十年来研究文献的影响远不 279
及人文主义对古代文献的恢复所引发的某些哲学思潮。科学史家们极为细致地追溯了这些哲学思潮的影响。[①] 于是,伊壁鸠鲁和卢克莱修的原子论观念在文艺复兴时期的复兴向来被视为形成现代早期科学的重要因素,[②]而科学革命主要人物思想中长期被忽视的斯多亚主义要素近来受到了越来越多的编史学关注。[③] 然而,还有三种同样由古代文献所引发的思潮,这种历史重建以关于

① 最近的文集见 Gaukroger (ed.), *The Uses of Antiquity: The Scientific Revolution and the Classical Tradition* (Dordrecht: Kluwer, 1991)。

② M. J. Osler (ed.), *Atoms, Pneuma, and Tranquillity: Epicurean and Stoic Themes in European Thought* (Cambridge: Cambridge University Press, 1991)不仅提供了关于原子论的一系列新研究,而且多次提到了以前的文献(其中很多是19世纪的德国哲学家写的)。

③ 特别相关的例子是 P. Barker, B. J. T. Dobbs 和 J. C. Kassler 在两部文集中的论文。

科学革命起因的论题形式表现出来。16 世纪对亚里士多德主义的变革、赫尔墨斯主义思维模式的传播以及怀疑论的复兴都被说成有助于产生现代早期科学。我们将在以下三节分别讨论这些说法,首先是约翰·赫尔曼·兰德尔(John Herman Randall,Jr.)[①]在 1940 年首次提出的惊人观点:"对亚里士多德主义科学最大胆的偏离都是在亚里士多德主义的框架内通过对亚里士多德主义文本进行批判性反思而实现的。"[②]

### 4.4.3 亚里士多德主义的变革

兰德尔的文章《科学方法在帕多瓦学派的发展》可以方便地分为三个部分。作者试图证明三点:(1)文艺复兴时期的帕多瓦大学有一个亚里士多德主义者的学派,为实验科学构想了一种非常复杂的方法论;(2)伽利略知道这个学派,并以它的成果为基础;(3)所有这些对于解释现代早期科学的产生大有帮助。

在这篇文章的经验部分,兰德尔呼吁关注 15 世纪以来帕多瓦大学的亚里士多德主义哲学家当中有一个传统,旨在改进亚里士多德的《后分析篇》(*Analytica posteriora*),后者涉及经验在证明性科学(demonstrative science)中的作用。这些哲学家不是像亚里士多德所主张的那样,在通过简单纯粹的观察而获得的自明的

---

① 兰德尔(1899—1980):美国哲学家。——译者

② 兰德尔的论文"The Development of Scientific Method in the School of Padua"最初于 1940 年发表在 *Journal of the History of Ideas*,1961 年略为修改后发表于 *The School of Padua and the Emergence of Modern Science*。我参考的是后一版本。引文出自 p. 63。

自然真理中寻求科学研究的经验起点，而是逐渐摸索出了一套方法论(称为“回溯”[*regressus*])，更加深入地研究了经验现象如何与被用来解释现象的原因关联在一起。兰德尔表明，到了16世纪末，这场运动尤其在雅各布·扎巴瑞拉(Jacopo Zabarella)[①]的逻辑著作中达到了顶峰：

> 经院学者逻辑的弱点恰恰在于仅凭一般观察就接受了第一原理。而扎巴瑞拉以及整个新科学则坚持认为，必须先对 280
> 经验进行认真分析，以发现观察结果的精确“原理”或原因，发现其中所涉及的普遍结构。采取这种分析性的发现方式之后，我们就能对事实如何从这种原理或原因中推导出来做出演绎证明：我们能够沿着真理的道路走下去。科学方法就是：对几个选定的例子或实例进行严格分析，从中推出一般原理，再从该原理回到系统性的有序事实，回到正式表达的科学本身。扎巴瑞拉称之为“分解法”(resolutive methods)与“合成法”(compositive methods)的结合；这正是伽利略采用的程序和术语。[②]

这样我们不知不觉来到了论证的第二步，它旨在把伽利略描述为由此揭示的帕多瓦传统的顶点。读过伽利略著作的人会多次

---

① 扎巴瑞拉(1533—1589)：意大利亚里士多德主义哲学家、逻辑学家。——译者

② J. H. Randall, *The School of Padua and the Emergence of Modern Science*, pp. 55 - 56.

遇到“分解法”与“合成法”这样的表述，兰德尔现在表明，这两个术语及其背后精致的方法论都源于帕多瓦大学的一种悠久传统。伽利略曾在扎巴瑞拉去世三年后的1592年被任命为这所大学的教授。因此，兰德尔猜想伽利略的成就本质上在于采取了为他准备好的正确科学方法，并以前人规定的方式把这种方法应用于自然现象，这似乎并不牵强。于是，对整个运动进行考察就是看“意大利大学的科学如何能在自我批判中稳步发展到伽利略的成就”。[①] 在文章的最后，兰德尔潇洒地评价说（显然暗指但丁在《神曲·地狱篇》中赋予亚里士多德的资格）：

> 事实上，现代科学之“父”原来就是那位一切有识之士的老师（the Master of them that know）。[②]

### 文艺复兴时期的亚里士多德主义作为一个初兴的学术分支

现在回想起来，可以认为兰德尔的文章服务于双重目的。它提出了一个特殊论题来解释科学革命，其思路后来被再次讨论；它也预示着一个新的专业学术分支将在七八十年代变得充满活力。这一分支主要是由查尔斯·施密特（Charles B. Schmitt，1933—

① J. H. Randall, *The School of Padua and the Emergence of Modern Science*, p. 25.（引文中漏掉的词是“反教权的”[anti-clerical]。它指的是兰德尔坚持说，帕多瓦的亚里士多德主义传统是阿威罗伊主义的，离神学很远——他用这一点将其本人的论题与迪昂论题区分开来。我这里没有讨论这一特殊主张及其后来在文献中的命运。华莱士在“Randall *Redivivus*”中对此作了更详细的讨论。）

② Ibidem, p. 63.

1986)进行界定和从事的,文艺复兴哲学史家克里斯泰勒也被视为其创始人之一。施密特在《亚里士多德与文艺复兴》(*Aristotle and the Renaissance*,1983)一书中作了最早的综合,他力图根除经院学者与现代早期科学出现之间这段时期关于亚里士多德主义学说的一些常见误解。亚里士多德主义学说并不是静态的,而是可以看成有极大发展,这源于一些内在驱动力以及在人文主义努力之下重新获得亚里士多德及其评注者著作的原始文本等外部影 281
响。亚里士多德主义也并非繁荣的文艺复兴哲学当中的一套孤立教导:它既影响了主要处于其他传统中的思想家,也被后者所影响。此外,亚里士多德主义并不是一种同质的学说,而是包含着相当不同的途径、方法和意见,从伽利略在帕多瓦大学的同事切萨雷·克雷莫尼尼(Cesare Cremonini)[①]对亚里士多德的教导进行毫无想象力的阐述,到伽利略在同一所大学的同事扎巴瑞拉采取了相当程度的自由,如此等等,不一而足。简而言之,直到17世纪,亚里士多德主义仍然是一种活跃而富有弹性的哲学,能够大大加以改进以适应新的思潮。[②]

在施密特看来,似乎只有一种新思潮能够使亚里士多德主义学说失去自13世纪以来一直拥有的活力。罪魁祸首当然是现代早期科学。虽然并不像伽利略、培根、霍布斯等反对者所描绘的那

---

① 克雷莫尼尼(1550—1631):意大利自然哲学家。——译者

② C. B. Schmitt, *Aristotle and the Renaissance*, passim (in particular, pp. 7 and 10 - 11). 在提供全面概述方面,这本小册子不同于施密特的大部分其他工作,因为他选择的表达方法是讨论某个专业问题的细致的研究论文。其中许多问题都收在 Variorum Reprints 于1981、1984和1989年出版的三卷著作中。

样僵化和无法继续在思想上发展，但是与新科学引入欧洲的洞见相比，亚里士多德主义学说几乎提供不了什么新东西。施密特没有忘记指出威廉·哈维等生命科学先驱者对于亚里士多德主义的持久忠诚；但在施密特看来，文艺复兴时期的亚里士多德主义与科学革命之间的本质关联是，后一运动很快便彻底征服了前者。他不祥地撇开了兰德尔的论题，即前者导致了后者，从而把恢复这一论题的任务留给了另一位研究文艺复兴时期亚里士多德主义特征的学者。他就是威廉·华莱士（William A. Wallace），我们现在就来讨论他通过亚里士多德的变革对现代早期科学起源的解释。

### 兰德尔的缺失环节被发现

华莱士的专业领域是亚里士多德主义学说史，尤其是其经院哲学和耶稣会的变种。在《因果性与科学解释》（*Causality and Scientific Explanation*，1972）中，他力图表明《后分析篇》和无数评注中提出的亚里士多德主义方法论与现代早期科学的拥护者们所倡导和运用的方法都有一种寻求事物真正原因的实在论倾向。由此设定的基本连续性为华莱士的后续研究提供了框架，他的研究越来越集中于揭示伽利略在亚里士多德科学本性思想中的根源。在华莱士看来，兰德尔论题的一个弱点是，扎巴瑞拉与伽利略之间的关联虽然合理，但一直没有定论。[①] 诚然，伽利略早年未发

① 特别参见 W. A. Wallace，"Randall *Redivivus*：Galileo and the Padua Aristotelians，" *Journal of the History of Ideas* 49，1988，pp. 133－149（收入了 W. A. Wallace，*Galileo，the Jesuits and the Medieval Aristotle*，1991）。

表的文稿中有一些对之前亚里士多德主义学者著作的抄写或摘录，但与扎巴瑞拉著作的详细比较尚不能断定伽利略是否熟悉这些著作。然而，华莱士为找到缺失环节做出了贡献，[①]它们似乎位 282
于一个意想不到的地方——罗马学院(Collegio Romano)，也就是说，位于耶稣会在罗马的学术中心。通过广泛校勘整理以及其他策略，华莱士牢固确立了两点：一是伽利略通过耶稣会哲学教师保罗·瓦留斯(Paulus Vallius)[②]的一本教科书间接知道了扎巴瑞拉的工作；二是伽利略很晚才摘录了瓦留斯论述"回溯"等主题的章节。伽利略是在1588年至1590年间这样做的，也就是说，就在他1591年继续撰写那部打破旧习的、具有浓厚阿基米德色彩的未完成论著《论运动》之前。

华莱士在他1984年的著作《伽利略和他的来源：伽利略科学中的罗马学院遗产》(*Galileo and His Sources: The Heritage of the Collegio Romano in Galileo's Science*)中详细提出了所有这些观点，又在若干论文中做了进一步阐述。[③] 如果我们关注华莱士在这些著作中如何来解释亚里士多德主义变革与科学革命发生之间的因果联系，就会发现兰德尔曾经考虑过的一些关键点(当然是以简要的旁白)被提了出来。虽然得到了扎巴瑞拉与伽利略之间现已确立的可靠关联的支持，但兰德尔的论题是否强到足以具

① 也就是说，除了卡鲁戈和克隆比(参见本书第2.4.2节)。

② 瓦留斯(1561—1622)：意大利耶稣会逻辑学家。——译者

③ 这些文章收入了W. A. Wallace, *Galileo, the Jesuits and the Medieval Aristotle*, 1991。华莱士更早的一本书 *Prelude to Galileo* (Dordrecht: Reidel, 1981)讨论了密切相关的议题。

备其最初的提出者和后来的倡导者所赋予它的解释能力，这绝不是不言而喻的。该论题必须面对的主要关键问题（事实上是在兰德尔的文章最初发表后不久提出来的）①是三个历史悠久的问题。它们涉及数学在伽利略工作中的作用，方法在现代早期科学出现中的作用，以及伽利略的工作在多大程度上能够代表整个科学革命。让我们看看兰德尔和华莱士是如何尝试回答这些问题的。

### 兰德尔论证中缺失的另外三个环节

首先，伽利略的工作中存在着数学要素，这在大传统的形成时期备受重视。兰德尔附带地承认，扎巴瑞拉的方法论著作中没有任何迹象表明科学所寻求的原理应当是数学原理。对兰德尔而言，他不必因此而实质性地修改他关于现代早期科学的亚里士多德主义起源的原始论题，而只需做出尽可能小的调整。他援引了文艺复兴时期亚里士多德主义中的一个独立潮流（他答应在其他地方讨论，但从未进行讨论）②以及阿基米德等人希腊数学文本的重新获得，把它们作为注入新的帕多瓦方法论的两个缺失要素。在仓促地援引了这些要素之后，他仍然感到能够宣布：

> 为扎巴瑞拉的逻辑方法论补充了这个数学重点之后，人们一直梦寐以求的“新方法”就完整了。③

---

① 例如戴克斯特豪斯在 *Mechanization*，111:14－18 中提出的。

② J. H. Randall，*The School of Padua and the Emergence of Modern Science*，pp. 23，27. 兰德尔明确否认新柏拉图主义对意大利（而不是德语国家）数学化科学的方法论准备有任何贡献。

③ Ibidem，p. 66.

这立即引出了一个我们所熟悉的问题(第 3.1.1 节),即科学 283
革命在多大程度上能被视为方法的革命。显然,无论是扎巴瑞拉还是帕多瓦大学的其他亚里士多德主义者,都不曾用他所倡导的方法应用于实际的科学问题。那么,把它的应用当作关键的新颖之处,而不是认为方法的改进者与实际应用者之间存在着深刻的连续性,难道不是自然得多吗?在这个问题上(这是其论题的关键),兰德尔并非完全坦诚。他曾在一句不太要紧的话中承认,“在方法上和哲学上(如果不是在物理学上的话),[伽利略]仍然是一个典型的帕多瓦亚里士多德主义者”。[①] 但在另一处他又毫无证据地说,

> 在帕多瓦,亚里士多德主义物理学与新生的“伽利略”物理学有意处于明确的对立状态,这一至关重要的冲突极大地有助于后者的实现。[②]

最后,我们注意到在兰德尔的文章中,伽利略的工作干脆被等同于现代早期科学:在这里,仅仅通过修辞手段,一个关于伽利略科学起源的论题被等同于一个关于科学革命原因的论题。解释现代早期科学起源的努力有一个特殊特征我们将一再遇到。无论声称的解释集中在意大利(罗斯对阿基米德传统的分析也是如此)还

---

① J. H. Randall, *The School of Padua and the Emergence of Modern Science*, p. 25.

② Ibidem, p. 21.

是集中在科学革命的任何其他中心，在每一种情况下，我们都将关注这种解释的地理限制将会导致什么问题，弄清楚作者对它的处理方式，并且在结论部分用这些作者的处理来对在全部地域处理科学革命的少数几种解释进行平衡和补充。

**华莱士对同样问题的处理**

现在回到现代早期科学的亚里士多德主义起源，我们发现华莱士也把他的亚里士多德主义联系局限在意大利。在一处引人注目的旁白中，为了支持他所断言的16世纪亚里士多德主义与科学革命之间的重要关联，他试图把科学革命的时间移到《关于两门新科学的谈话》问世之后，也就是说几乎到了17世纪中叶：

> 伽利略为力学科学做出的独特贡献的确把这门科学变成了一门新科学，17世纪科学革命在它的基础上迅速建立起来。①

我并不认为这种权宜之计能够挽救原先的论断。即使在其他方面完全接受，主张现代早期科学的亚里士多德主义起源的论断也仅限于挖掘意大利的关联，从而仅限于确定伽利略所继承的思
284 想遗产，几乎把科学革命的所有其他开拓者都排除在外。尽管如此，方才引用的这段话表明，华莱士比兰德尔更加坦诚地处理了论题所面临的主要困难：伽利略的数学化努力情况如何？关键的新

① W. A. Wallace, *Galileo and His Sources*, p. 347.

颖之处在哪里：是亚里士多德的帕多瓦追随者对传统亚里士多德主义方法论的改进，还是扎巴瑞拉抽象的复杂方法论让位于伽利略决意重新创造一门大体上非亚里士多德主义的新物理学？

我们发现，华莱士对这些问题的态度模棱两可。他坦承，对于"'新科学'与亚里士多德的《后分析篇》所规定的科学（*scientia*）理念之间是否存在本质的连续性，历史学家将继续产生分歧"。[①] 他还承认，"为［伽利略］赢得'现代科学之父'称号的更多是这些创新，而不是它们所源出的温床"。[②] 尽管有这些考虑，华莱士还是倾向于认为伽利略对运动的数学化符合亚里士多德关于证明性科学的理想，而且与罗马学院所做的改进完全相容。但是，倘若一种方法论明显能够容纳两种完全不同的科学类型，我们难道不能立刻推论出，方法问题与科学革命的原因问题无关吗？华莱士当然深知方法与应用的区分，但他倾向于竭尽所能把这种区分的意义降到最低。[③] 那么，这种进路的基本谬误难道不是来自那种先入为主的愿望，要对17世纪的新科学进行形式上的定义，而不是通过其实际内容和世界观的变化来定义（首先正是后者才使得像自然的数学化这样的事业切实可行）吗？

在某种意义上，华莱士不得不同意这一点。在《伽利略和他的

---

① W. A. Wallace, *Galileo and His Sources*, p. 347.

② Ibidem, p. 339.

③ 一个富有启发性的段落见 W. A. Wallace, *Causality and Scientific Explanation*, vol. 1, pp. 154 – 155。这里，在中世纪论辩的语境下，华莱士承认这种区分的重要性："的确，在揭示自然奥秘方面几乎没有取得什么进步。"他接着说："但这更多是因为缺乏应用技巧，而不是可资利用的方法的缺陷。"

来源》结尾，华莱士利用一切机会把伽利略与当时改进和变革亚里士多德观念的努力联系起来，然后他觉得应当追问伽利略的科学中还有什么东西是新的。值得注意的是，在对伽利略的思想根源作了这样一种前所未有的彻底研究之后，华莱士讨论的恰恰是自伯特、戴克斯特豪斯和柯瓦雷以来的科学史家所挑选出来的那些全新特征：伽利略主要受阿基米德的启发对物理学进行了数学化，以及设计实验来查明数学假定及其推论在一种被认为不存在偶然阻碍的理想化实在中是否实际成立。《青年时期著作集》的完成年代似乎很接近于撰写《论运动》的1591年，它们表明伽利略心灵中"先进的"亚里士多德主义标记远比以前认为的晚得多，但1591年
285 仍然标志着伽利略在阿基米德的支持下偏离了关于位置运动问题的正统立场。和业已接受的图像一样，在华莱士的新图像中，《论运动》的冲力物理学未能经受住伽利略早期的数学化过程，从而导致帕多瓦时期的伽利略就该问题提出了全新的概念。[①] 这里仍然是有待解释的现代早期科学起源中的一个关键时刻。为亚里士多德主义方法论而付出的努力并没有使我们更接近这样一种解释。这些努力澄清了伽利略所继承的思想遗产的重要一部分，伽利略等人继续把这种遗产改造得几乎面目全非。是什么原因使伽利略这样做，对我们来说仍然是个谜。

---

① 在"Aristotelian Influences on Galileo's Thought"（1983；reprinted in *Galileo, the Jesuits and the Medieval Aristotle*）中，华莱士力图把伽利略在帕多瓦的工作解释为"渐进的亚里士多德主义"。在我看来，要想做到这一点，只有对伽利略的新见解持一种几乎完全形式的看法，同时忽视罗斯分析的它们的阿基米德根源。

### 4.4.4　赫尔墨斯主义与新柏拉图主义

20世纪20年代至60年代初，当科学革命的概念形成时，解释新科学运动起源的章节往往会专辟几页来讨论文艺复兴时期的新柏拉图主义。于是，在伯特、戴克斯特豪斯和柯瓦雷带有强烈“数学化”色彩的论述中，新柏拉图主义是数学的更高地位的序幕和灵感来源，这种地位对于哥白尼、开普勒、伽利略和笛卡儿等人完成的自然的数学化是不可或缺的。在巴特菲尔德和霍尔夫妇等人较少数学色彩的考察中，新柏拉图主义是科学革命在16世纪的早期阶段思想气氛变化的诸多迹象之一。

与此同时，对于15世纪末以来意大利产生的那些新柏拉图主义潮流的确切贡献，仍然有一些不同意见。例如，柯瓦雷责备伯特未能区分两种新柏拉图主义：一种把数学尊为在科学上富有成效的精确性典范，另一种则徒劳地相信夹杂着魔法和神秘主义的数的象征意义。[①] 霍尔夫妇的著作对文艺复兴思想中具有潜在科学性的潮流与“神秘主义”潮流做了更加清晰的区分，这种区分充斥于远远超出了新柏拉图主义和数学主题的整个论述，从而把科学革命描述为理性的科学思想从16世纪仍然在很大程度上占主导地位的众多蒙昧主义思潮中解放出来。此外，把哥白尼寻求行星体系和谐有序的安排归功于他在学生时代受到的新柏拉图主义影响，在相关文献中已成为平常事。

总之，对15、16世纪新柏拉图主义的这种援引一直比较松散

① A. Koyré, *Études Galiléennes*, p. 213.

和一般。1964 年,一套与新柏拉图主义相关联的特定文本被挑选
286 出来作为文艺复兴时期自然思想的重要核心,而且以更直接的方式与科学革命的产生相关联,此时情况发生了重大改变。这套文本便是赫尔墨斯著作,1463 年马西利奥·菲奇诺(Marsilio Ficino)[①]将它从希腊语译成了拉丁语。它之所以与现代早期科学的兴起有关,主要是因为赫尔墨斯把人构想成一个魔法师。用来说明这种情况的论点在研究文献中被称为耶茨论题,以向其主要创始人英国历史学家耶茨表示敬意。我们已经讨论过她关于 16、17 世纪欧洲思想的部分工作。在第 3.3.1—5 节,我们集中讨论了她在 1964 年出版的《布鲁诺与赫尔墨斯主义传统》中提出原始论题之后所引出的科学革命解释。在本节我们将讨论这个论题本身,它声称 17 世纪科学革命的重要方面只有通过文艺复兴时期魔法思想和实践的某些特征才能解释,这些特征可以追溯到 15 世纪末对赫尔墨斯著作的接受和详细阐述。[②]

**耶茨论题**

和所有伟大著作一样,《布鲁诺与赫尔墨斯主义传统》包含着各个层次的讯息。在标题所指出的那个层次,这本书旨在表明,文艺复兴时期的重要哲学家布鲁诺的著作遭到了误解。他的一系列出版物以及 1592 年被捕之前的欧洲旅行应被视为向宗教分裂的

---

① 菲奇诺(1433—1499):意大利文艺复兴时期人文主义哲学家。——译者

② B. R Copenhaver,“Natural Magic,Hermetism,and Occultism in Early Modern Science”提出了重要的预备性思考,他警告说,与耶茨论题引出的文献相比,历史学家应当更为严谨地使用“赫尔墨斯的”和“赫尔墨斯主义的”等词。

欧洲发出一种救世主式的呼吁，要求在一种魔法和卡巴拉讯息的旗帜下重新团结起来，这种呼吁源于一种对赫尔墨斯著作的极端解释。耶茨认为，赫尔墨斯文本之所以能被如此利用，是因为其年代被彻底弄错了。菲奇诺译完它之后，赫尔墨斯著作并没有被视为希腊、罗马、埃及、犹太教甚至是早期基督教的某些要素在公元2世纪的混合，一如卡索邦在1614年所表明的那样，而是被当成了与摩西同时代的值得尊敬的古代文本，据说其中已经预示了柏拉图和基督教的真理。

耶茨著作的主体是这样一段叙事：带有强烈魔法色彩的赫尔墨斯主义传统，起初菲奇诺将魔法从一种在中世纪看来并不起眼的戏法提升到了崇高的哲学层次；然后又通过乔万尼·皮科·德拉·米兰多拉(Giovanni Pico della Mirandola)[1]与卡巴拉联系起来；最后因为布鲁诺而在一种带有强烈行动主义魔法色彩的新世界观中完全得到实现。在这种观念中，那种对布鲁诺的公认看法，即认为他是一位早期的反亚里士多德主义者，通过把哥白尼的有限变革拓展为现代的无限空间观念而帮助开创了现代早期科学，让位于一种新的图景，在这种层面上，新图景似乎使布鲁诺远离了与现代早期科学的兴起有关的任何思潮。[2] 一个突出的例子是，耶茨引证了布鲁诺对哥白尼日心宇宙图的使用。在布鲁诺手中，这幅图变成了一种魔法的秘密文字，它不再是对数学论断的图示， 287

---

① 皮科(1463—1494)：意大利文艺复兴时期哲学家。——译者

② 例如，柯瓦雷在《伽利略研究》中仍然用这样一种过时的方式解释布鲁诺。在《从封闭世界到无限宇宙》中，柯瓦雷似乎意识到，这对于布鲁诺来说并非正确语境。

而是象征符号或护身符。

然而根据这种论述，在另一个层面上布鲁诺肯定值得拥有以前因为年代误置而赋予他的科学史上举足轻重的地位，因为文艺复兴时期的赫尔墨斯主义思想与现代早期科学的产生之间的确存在着一种重要关联。耶茨在该书最后一章精心描述了这根连接线应当在哪里画出以及如何画出。它并不在科学思想史本身当中，她明确告诫说："本书与导向伽利略力学的真正科学的历史毫不相干。"[①]对耶茨来说，在这本书中（有别于她后来移至"玫瑰十字会"），前现代与现代的欧洲自然思想之间有一道绝对的分水岭：

> 没有人会否认17世纪代表着人类历史上极其重要的时期，这时人类第一次开始安全地踏上那条此后一直把他引向现代科学控制自然的道路，这是现代欧洲人的惊人成就，而且在整个人类史册中也仅仅是现代欧洲人的成就。[②]

耶茨著作的背景使她能够精确地标示出所谓的分水岭：它在梅森（伽桑狄作为辅助）和开普勒与赫尔墨斯主义思想的后期代表罗伯特·弗拉德之间的争论中几乎可以清晰地感觉到。最早提议对思维模式做出彻底改变的人虽然很熟悉（梅森）或深深地沉浸于（开普勒）赫尔墨斯主义思维模式，但都非常精确地标示了他们自己真正的数学方法与弗拉德的魔法和卡巴拉之间的区别：

① F. A. Yates, *Giordano Bruno*, p. 447.

② Ibidem, p. 432.

> 梅森是一个现代人，他已经越过分水岭，与我们位于同一侧；在他看来，相信星辰的魔法图像的力量是非常疯狂的。……
>
> [开普勒]极为清楚地看到，他本人与弗拉德之间的差异根源在于对数的不同态度，他本人的态度是数学的和定量的，而弗拉德的态度则是毕达哥拉斯主义的和赫尔墨斯主义的。……
>
> 17世纪是现代科学的创造时期，弗拉德争论发生在一个关键时刻，此时正值新的转向开始发生，机械论自然哲学提供了假说，数学的发展则为人类第一次决定性地战胜自然提供了工具。[①]

在这个层面上，现代早期科学与赫尔墨斯主义思维模式是彻底的对立面。然而，在另一个层面上它们又不是。当我们离开历 288
史描述和分析的领域而开始寻求原因时，就会从一个层面转移到另一个层面：

> 科学史可以解释并沿着各个阶段导向现代科学在17世纪的产生，但它并没有解释**为什么**会在这个时候产生，为什么会对自然界及其运作产生这种新的强烈兴趣。[②]

耶茨注意到，科学史家们已经意识到这种解释的缺口。但她

① F. A. Yates, *Giordano Bruno*, pp. 435, 441, and 447.

② Ibidem, p. 447.

似乎并没有意识到科学史家们填补这一缺口的努力是多么复杂多样，而是用优美动人的文字展示了自己的贡献，这些贡献值得大段引用。她从一种关于最深层次的人类思想和感情的整体观念出发，像科学革命这样的思想剧变可以在其中找到自己的根源，然后过渡到一种更加具体的分析框架：

> 这是一场意志运动，它其实起源于一场思想运动。在激昂情绪的笼罩下，一个新的兴趣中心产生了；意志把心灵导向哪里，心灵就转到哪里，新态度、新发现随之而来。在现代科学产生的背后是意志面对世界及其奇迹和神秘运作的一种新方向，是对于理解和操纵这些运作的一种新渴望。
>
> 这种新方向来自何处，又是如何产生的呢？本书给出的一个回答是“三重伟大的赫尔墨斯”（Hermes Trismegistus）。在这个名字之下我包括了菲奇诺新柏拉图主义的赫尔墨斯核心；皮科所揭示的赫尔墨斯主义与卡巴拉的重要联系；把太阳当作神秘魔法力量的源泉；魔法师试图利用和操纵的充斥于整个自然界的活力；专注于把数当作揭示自然奥秘的道路；存在于赫尔墨斯哲学著作中的……哲学：万物是一，操作者可以依靠他所使用程序的普遍有效性；最后，在某些方面也是最重要的一点，使“三重伟大的赫尔墨斯”得以基督教化的那些奇特的历史错误。因此，一个虔诚的赫尔墨斯主义者可以合法地思索他所处的世界，研究创造的奥秘，甚至（虽然不是所有人都愿意作这样的延伸）在魔法中操纵世界的力量。
>
> “三重伟大的赫尔墨斯”的统治有着明确的年代界限。它

开始于菲奇诺翻译新发现的赫尔墨斯著作的 15 世纪末，结束于卡索邦揭示其身份的 17 世纪初。在他的统治时期里出现了导致现代科学产生的新世界观、新态度和新动机。[1]

接着，耶茨直面了其论题所面临的关键问题， 289

> 魔法师试图操作的程序与真正的科学无关。问题是，这些程序是否激励了面向真正的科学及其运作的意志？[2]

耶茨在之前的章节里已经为这个问题准备了部分回答。根据这些章节的内容，我们可以提出五种不同的（尽管显然是相关联的）断言。它们或可标记如下：从数到数学；普遍和谐；以太阳为中心；人作为操作者；两个阶段的科学革命。我们现在就按照耶茨的顺序来讨论这些断言。

**卡巴拉与召唤天使；或，从数到数学**

耶茨著作的主要论点所运用的两种分析层次可见于它的许多副主题。她认为——在她后来的工作中变得更加核心——对数的魔法操作为产生科学革命所运用的“真正的数学”做出了贡献。她在一个层次上承认，

> 无论是与象征主义和神秘主义有机结合的毕达哥拉斯主

① F. A. Yates, *Giordano Bruno*, pp. 448 – 449.

② Ibidem, p. 449.

> 义的数，还是与希伯来字母表的神秘力量相关联的卡巴拉的数字魔法，本身都不会导向实际用于应用科学的数学。[①]

但她又说，这些魔法操作为"真正的数学"留出了余地，而且像约翰·迪伊这样的人还证明了一种文艺复兴时期的世界观，通过魔法符号和数来召唤天使与倡导发展数学似乎是同一个硬币的两面。耶茨认为，迪伊代表着文艺复兴时期魔法师的原型，这种魔法师会把在我们看来似乎完全不同的活动统一在一起。那时其内在关联被认为植根于存在，植根于魔法世界观，植根于科内利乌斯·阿格里帕(Cornelius Agrippa)[②]在1533年的魔法理论和实践教科书中简洁区分的三种实在层次。耶茨对这种关联作了如下总结：

> 阿格里帕说，宇宙可以分为三个世界——元素世界、天界和理智世界。每一个世界都从它上方那个世界获得影响，因此，造物主的力量经由理智世界的天使们降至天界的星辰，再从那里降至地界的元素和由元素构成的一切事物。魔法师认为自己可以使同样的进程向上，通过操纵下方世界而把上方世界的力量引下来。他们试图通过医学和哲学来发现元素世界的力量；通过占星学和数学来发现天界的力量；关于理智世界，他们研究宗教的神圣仪式。[③]

① F. A. Yates, *Giordano Bruno*, p. 147.

② 阿格里帕(1486—1535)：德国魔法师、神秘学家、占星学家、神学家、炼金术士。——译者

③ F. A. Yates, *Rosicrucian Enlightenment*, Paladin 版导言, p. 17.

关于文艺复兴时期的魔法世界观如何转变为耶茨所谓的现代早期科学的玫瑰十字会阶段，耶茨的看法一直在不断演变。在她后来的著作中，迪伊被赋予了更加关键的地位。我们之前讨论过耶茨本人思想中的“玫瑰十字会阶段”，这里我们必须关注原始耶茨论题的数学部分，在我看来，这属于其中最弱的部分。这并非如霍尔所说是因为约翰·迪伊“根本没有发现任何新的东西”，[①]也不是因为后来的研究严重质疑了耶茨对迪伊思想世界的解释，而主要是因为她总是混淆数个世纪以来数学学科的进展与科学革命主要特征之一——自然的数学化。这里我们触及了耶茨论题的一个明显缺点，我们在其他情况下还会再次碰到：关于科学革命的实质，她的认识肯定不甚完美。 290

一个重要的小征兆是耶茨把罗伯特·胡克天真地说成“皇家学会最优秀的数学家之一”，[②]这种观点很可能会使天堂中的耶茨夫人与一位研究胡克数学能力的权威甚至是与牛顿爵士本人产生冲突。显然，数学素养不同于把数学的某些部分卓有成效地运用于某些自然现象，比如自由落体和抛射体运动，或者行星的实际轨道。就耶茨的论断是数学在魔法世界观中受到了更多尊敬而言，其论点多多少少相当于传统上把这样一种功能归因于新柏拉图主义。但耶茨进一步指出：

> 文艺复兴时期的魔法正在转向以数作为一种可能的操作

① A. R. Hall, *Revolution in Science*, p. 34.

② F. A. Yates, *Rosicrucian Enlightenment*, p. 230.

关键，人类在运用科学方面所取得成就的后续历史表明，数的确是使宇宙的力量服务于人的操作的关键或关键之一。①

关于17世纪的数学化过程在何种程度上产生了立即可用的结果，即使容许作这种严重夸大，也只有把"数"当成涵盖任何可测量的东西，耶茨的断言才能有效。由于耶茨把数理解成了卡巴拉意义上复杂的象征符号或严格毕达哥拉斯意义上构成世界的抽象实体，她的说法并没有抓住要害——毕竟，对数字命理学的拒斥构成了使自然的数学化成为可能的现代早期思维习惯的一个关键要素。②

**普遍和谐**

渗透于赫尔墨斯主义思想中的另一种观念是大宇宙与小宇宙之间的密切联系，这种联系由支配着整个宇宙的和谐所建立。耶
291 茨只是非常简要地触及了这个主题，她未作过多证明地声称，这里存在着"对宇宙进行真正数学思考"的另一种推动力。③

毫无疑问，普遍和谐的主题出现在赫尔墨斯主义的思维模式中。不过，该主题其实独自构成了一个与音乐理论紧密相连的思

---

① F. A. Yates, *Giordano Bruno*, p. 146.

② 对数字命理学作为一种有效的科学言说方式的拒斥是现代早期科学的一个重要前提，这似乎还有待学者进行研究。E. J. Dijksterhuis, *Simon Stevin*; J. V. Field, *Kepler's Geometrical Cosmology* (Chicago: University of Chicago Press, 1988)；以及H. F Cohen, *Quantifying Music* 等研究指出了开普勒、梅森和斯台文对待数的（本身非常不同的）态度。

③ F. A. Yates, *Giordano Bruno*, p. 151.

想复合体,这为进一步考察它提供了恰当的背景。在过去几十年里,和谐观念在文艺复兴时期和现代早期思想中的位置已经开始成为编史学关注的问题。① 我确信,只有比以前更加密切地关注这个庞大的话题,我们才能理解科学革命及其原因。例如,哥白尼和开普勒为什么会把行星轨道在日心说假设中的“和谐”安排评价得这样高,以至于会暂时接受它的许多明显的荒谬性,这个著名问题或许可以通过更深入地了解和谐观念在当时思想中的位置而接近正确答案。然而,所有这一切几乎与耶茨论题无关,就耶茨论题关乎天文学问题而言,它涉及非常不同的断言。

### 以太阳为中心

表现于赫尔墨斯著作许多文本中的太阳崇拜自然为耶茨证明赫尔墨斯主义思想与科学革命之间的联系提供了诱人的机会。一个明显的联系是哥白尼在《天球运行论》的第一卷众所周知地援引了三重伟大的赫尔墨斯,在那里哥白尼不再是一位枯燥乏味的数学家,而是表现为赞美太阳的灵感迸发的诗人。另一个联系是耶茨试图表明布鲁诺的哥白尼主义与他的赫尔墨斯主义世界观息息相关。耶茨在下面这段话中把这种联系变成了科学革命的原因:

---

① 这些问题的开拓性学者是 D. P. Walker(他是耶茨在瓦尔堡研究所的同事)。他的一些相关作品(如“Ficino's *Spiritus* and Music”)被收入了 P. Gouk 编的文集 *Music, Spirit and Language in the Renaissance* (London: Variorum, 1985)中。P. Gozza 编的选集 *La Musica nella Rivoluzione Scientifica del Seicento* (Bologna: II Mulino, 1989)的导言中讨论了历史学家对于和谐和音乐科学问题的思考目前达到的水平。

> 布鲁诺的世界观表明了通过扩展和强化对待世界的赫尔墨斯主义冲动可以发展出什么东西。……如果消除了万物有灵论,用惯性定律和引力定律来取代自然的精神生命作为运动原则,作客观理解而不是主观理解,那么布鲁诺的宇宙就会变成像艾萨克·牛顿那样的机械论宇宙,这个宇宙将会按照神赋予宇宙自身的规律奇迹般地永远运动下去,这个神不是魔法师,而是机械师和数学家。长期以来,人们误认为布鲁诺的赫尔墨斯主义魔法世界是一个先进思想家的世界,预示着一种新的宇宙论,将会成为科学革命的成果。这个事实本身就证明了"三重伟大的赫尔墨斯"为科学革命的准备发挥了某种作用。[①]

换句话说,即使布鲁诺的世界观与现代早期科学的世界观截然相反,即使达到后者需要彻底改变前者的所有关键参数,我们也
292 仍然可以认为,通过一种增强的"面对世界的意志",前者有助于产生后者。即使我们接受这个结论,它也完全没有解释这些参数是如何改变的,首要的问题是理解 17 世纪初的思想家何以能够"消除宇宙的万物有灵论"。

这种质疑在很大程度上是一种先验的观点,针对的是耶茨论证的逻辑结构。1977 年,研究哥白尼思想的历史学家罗伯特·韦斯特曼(Robert S. Westman)认真而彻底地检查了耶茨相关论断背后的事实依据。他在《魔法变革与天文学变革:耶茨论题再思

---

① F. A. Yates, *Giordano Bruno*, p. 451.

考》一文中令人信服地表明了以下三点:(1)赫尔墨斯主义的太阳崇拜与传统世界图景(太阳位于共同围绕地球旋转的七个天球中间一个的上面)的相容性并不亚于它与哥白尼日心假说的相容性;(2)除了布鲁诺,没有任何文艺复兴时期的赫尔墨斯主义哲学家曾经为16世纪的专业天文学家关于哥白尼主义的说法增加任何原创性的观念;(3)布鲁诺在实在论意义上接受了日心观点,后来又对其作了无限主义的详细阐述,这与其说符合赫尔墨斯主义背景,不如说符合一种关于无限思想的悠久传统。这些观点合在一起有效地驳倒了耶茨的论点,即"布鲁诺对哥白尼主义的使用突出地表明,真正的科学与文艺复兴时期的赫尔墨斯主义之间的界线是多么游移不定"。[①]

### 人作为操作者

耶茨在文艺复兴时期与科学革命之间建立的一种更有前途的关联可见于受赫尔墨斯著作启发而产生的一种彻底改变的对人的看法。这涉及

> 把宇宙看成一个魔法力量的网络,人可以对这些力量进行操作。文艺复兴时期的魔法师植根于文艺复兴时期新柏拉图主义的赫尔墨斯主义核心,我认为,正是文艺复兴时期的魔法师例证了人对宇宙的态度改变,这是科学兴起的必要准备。[②]

① F. A. Yates, *Giordano Bruno*, p. 155.

② F. A. Yates, "Hermetic Tradition," p. 228.

在赫尔墨斯著作中，人被设想为“一个伟大的奇迹”，他源于神，被赋予了主宰自然的权力：

> 发生改变的是人，他现已不是上帝奇迹的虔诚旁观者和上帝本身的崇拜者，而是操作者，试图从神的秩序和自然秩序中获取力量。……通过魔法师，人已经学会如何使用联系天与地的链条，通过卡巴拉，人已经学会操纵将天界（经由天使）与上帝联系起来的更高链条。[①]

293 因此耶茨声称，在两个不同但却密切相关的方面，这种关于人的行动主义新图景对于现代早期科学的产生至关重要。一方面，它是弗朗西斯·培根有力表达的那种观念的起源，即科学家的使命并不限于被动地沉思自然。人还应通过更好地认识自然规律来揭示自然中的隐秘力量，并积极参与利用，令其服务于人的利益。耶茨认为，这种行动主义的科学观与魔法师的行动主义极为类似，只不过潜藏在行动主义背后的自然观在此期间有所改变。

在保罗·罗西 1957 年写的《弗朗西斯·培根：从魔法到科学》（*Francis Bacon: From Magic to Science*）一书中，耶茨找到了这种培根式功利主义的历史根源的证据。罗西的主导观念是，培根关于“科学作为自然的仆人，协助其运作，通过狡猾手段秘密迫使其服从人的统治这一观念；以及知识就是力量的观念”，都可以追

① F. A. Yates, *Giordano Bruno*, pp. 144 - 145.

溯到魔法和炼金术传统。[1] 罗西补充说，这并不是说培根本人仍然坚持他的行动主义观念所源出的传统。相反，他使这些观念发生了一种决定性的新转向，反对魔法师把其发现秘密地限制于少数新加入者，而是希望把科学变成一种向所有人开放的、服务于所有人利益的协作事业。此外，培根还谴责魔法膨胀的个人主义以及仓促做出只有通过更耐心的努力才能获得的断言。从罗西的案例研究中出现的整体图像完全符合耶茨本人的构想，即在 1600 年左右，文艺复兴时期的魔法思想朝着现代早期科学的关键特征做出了修改。

这种观念还可以被进一步拓展。毕竟，培根关于科学事业的行动主义观念背后是他认为可以对自然进行操纵。这种看法又与他所倡导的研究自然的实验方法（第 3.4.1—3 节）息息相关。因此耶茨自然会认为，应把魔法的操作方式当作操纵自然以显示其隐秘性质的科学实验的一种自然雏形。奇怪的是，耶茨本人对这种思路的表达最不明确，即使在耶茨所援引的赫尔墨斯主义运动与现代早期科学的兴起之间的各种因果关联中，它可能是最合理的，所引出的争议也最少。它可能也是耶茨论题为我们理解西方思想中（与希腊化世界最终的科学停滞相比）使科学革命得以可能的那些改变的态度所做出的最为持久的贡献。

尽管如此，我们仍然应当意识到由此建立的关联的局限性。毕竟，实验在 17 世纪履行着各种不同功能，耶茨对此并没有做出足够的区分。她肯定以一种过于片面的方式把“科学”与“操作”联 294

① P. Rossi, *Francis Bacon*, p. 21.

系起来。霍尔说，“耶茨夫人把现代科学看成‘理论技术’”，①这样说也许并不完全准确；正如我们在第3.3.5节所指出的，她其实把科学视为一种“灵知”。然而，把新的行动主义及其现已揭示的魔法起源与整个科学革命联系在一起，肯定走得太远了。

在这一点上，我们不妨回顾一下库恩的看法，即科学革命由两种截然不同的思想运动所构成：“古典数学科学”的转变和“培根科学”的产生（第2.4.4节）。库恩认为，这种区分的一个关键优点是，借助它或许能够解决目前公认的科学革命解释所面临的一些老问题。例如，除了那种长期存在的观念，即新柏拉图主义有助于数学地位的提升，16世纪末和17世纪的数学古典科学必定从赫尔墨斯主义思维模式中所获甚少。但库恩指出，如果把论题主要局限于培根科学的产生，那么赫尔墨斯主义对于现代早期科学产生的解释力就能大大提高：

> 把弗朗西斯·培根看成从魔法师帕拉塞尔苏斯到实验哲学家罗伯特·波义耳之间的过渡人物，这种看法比近年来其他任何研究成果都更有助于改变人们历来对新实验科学产生方式的旧看法。②

如果说，在涉及数学科学、普遍和谐和日心宇宙观的内容上，耶茨把赫尔墨斯主义说成科学革命的原因似乎过分了，而如果仅

① A. R. Hall, *Revolution in Science*, p. 33.

② T. S. Kuhn, *Essential Tension*, p. 54.

限于对培根意义上的探索性实验科学的促进，其意义又会大打折扣，那么就产生了一个问题：关于科学革命是如何产生的，这是否是耶茨论题提供给我们的最后的东西。抑或这里还有一种更广泛的真理？

## 两个阶段的科学革命

对耶茨而言，关键的过渡时期是17世纪的前几十年，在此期间，赫尔墨斯主义世界观所体现的人和世界的新观念让位于现代早期科学。尽管她意识到魔法的操作方式与科学的操作方式是完全对立的，但这种过渡本身是以渐进的方式发生的：

> 培根是那些微妙转变的一个突出例子，通过那些转变，文艺复兴时期的传统几乎在不知不觉中呈现出一种17世纪的气质，步入了一个新的时代。……也许正是在从文艺复兴时期到17世纪的这些过渡中，我们会意外发现那个秘密，即科学是如何产生的。①

关于这种微妙而决定性的过渡，另一个例证是笛卡儿在1619 295
年那个著名的神秘启示。在耶茨对这一事件的叙述中，笼罩在这一体验周围的气氛渗透着后来玫瑰十字会版本的赫尔墨斯主义观念，但这一体验最终把笛卡儿引向了完全相反的方向，即精确科学的道路：

① F. A. Yates, "Hermetic Tradition," pp. 241, 243.

> 在过渡时期，一种对待世界的赫尔墨斯主义的、几乎是"玫瑰十字会"的冲动导致了有效的科学直觉。但是，赫尔墨斯主义对想象世界的能力的集中培养难道不是为笛卡儿跨越那个内在的边界铺平了道路吗？[1]

在这样最终到达了耶茨论题的最高层次之后，我们发现赫尔墨斯主义思维模式与真正科学的思维模式之间的彻底对立（已经因为两者之间的微妙过渡而变得越来越难以捉摸）完全消失了，并且让位于一种全新的科学革命观，对此耶茨只作过如下表述：

> 把科学革命看成两个阶段或许会富有启发性，第一阶段是由魔法操纵的万物有灵论的宇宙，第二阶段是由力学操纵的数学宇宙。[2]

这种对科学在一个戏剧性的历史转折点所发生事情的看法背后是耶茨灵知主义的科学观，我们知道，这种科学观决定性地影响了她的思想史研究方法。对于那些并不认同科学是以连续阶段进行的新发现的人来说，耶茨对于现代早期科学兴起的许多赫尔墨斯主义解释大体上是（即使不一定全是）徒劳的。而对于或多或少认同这种观念的人来说，许多隐约暗示和未被其热情文字充分证实的东西，也许会获得一种未被她完全表达的意义和重要性。

① F. A. Yates, *Giordano Bruno*, p. 453.

② Ibidem, p. 452.

弗朗西斯·耶茨的个人观点已经被不止一次地(较为谨慎或不太谨慎地)等同于她所记述的赫尔墨斯主义观点。对此，她往往会天真地回应说，自己不是一个"神秘学者"或"女魔法师"，而只是"一个谦卑的历史学家，最喜欢的就是读书"。[①] 然而，就耶茨个人观点所提出的问题并非完全没有道理。她就这些主题所写的文字中一直有某种神秘的东西。在阅读她的作品时，我们感觉她在试图定义某个不可名状的核心，在它周围徘徊，从各种不同观点接近它——其最终要旨则留给读者去猜想。这种方法很适合她的主题，该主题本身就更适合直观把握，而不是逻辑分析。因此，通常 296
的学术批评(如本书前面所讨论的那些)可能最终是不恰当的。当初写作时，即六七十年代，耶茨的工作明显引起了许多人的共鸣，他们的感受从此发生了改变。正因为耶茨论题在很大程度上与一种很难定义的奇特的科学观联系在一起，我们才有必要以一种近乎挑剔的方式从她的论题中筛选出那些从更加传统的观念来看似乎值得保留的东西。仍然存在着一种挥之不去的怀疑，即耶茨可能瞥见了关于现代早期科学起源的真理，而我们目前依然未能把握其充分意义。

### 4.4.5　怀疑论的复兴

古代哲学思潮在文艺复兴时期的恢复对现代早期科学的兴起所做的另一项贡献据称与怀疑论在16世纪的复兴有关。在1960年出版的《怀疑论史：从伊拉斯谟到斯宾诺莎》(*The History of*

---

① F. A. Yates, "Hermetic Tradition," p. 228.

*Scepticism from Erasmus to Spinoza*)一书中,研究现代早期欧洲宗教和哲学思想的历史学家理查德·波普金(Richard H. Popkin)[①]收集了大量关于怀疑论思想家个人思想的历史研究,并用关于该时期独特特征的一个总论题将这些研究结合在一起。[②] 作者认为,虽然自斯宾诺莎以来怀疑论主要被等同于对天启宗教的怀疑,但在波普金著作指定的那一时期,怀疑论论证在宗教改革与反宗教改革的神学争论中扮演了至关重要的角色,其影响也超出了宗教领域本身,在哲学和科学中引发了一场深刻的"怀疑论危机"。"现代哲学与科学观的最终出现"正是源于17世纪上半叶对这场危机的解决。[③]

波普金先是指出,这场危机始于在时间上碰巧相当接近的两个完全不同的无关事件。一个可以追溯到16世纪20年代初,当时马丁·路德把他对于教会某些做法的批判扩展为一场针对基督教信仰公认来源——教父传统以及教皇和公会议(Councils)的权威——的全面神学批判。路德宣称,信徒阅读《圣经》时的良知是宗教认识唯一有效的标准,由此打开了真正的潘多拉魔盒。数个世纪以来被视为理所当然的东西成了争论的对象:能够有效地评判宗教信仰基础的标准是什么?宗教改革的支持者和罗马天主教

① 波普金(1923—2005):美国哲学家。——译者

② 1960年,此书在 van Gorcum, Assen 出版时名为 *The History of Scepticism from Erasmus to Descartes*。修订版于1964在 Humanities Press 出版以及1968年在 Harper Torchbook 出版。后来它被不断修订,扩展为今天的 *The History of Scepticism from Erasmus to Spinoza* (Berkeley: University of California Press, 1979)。我参考的是1979年版本。

③ R. H. Popkin, *The History of Scepticism from Erasmus to Spinoza*, p. 85.

正统的支持者都开始诋毁对方言之凿凿之事。新教徒指责，擅自
确凿地告诉我们应当如何理解神的话是一种傲慢，这种傲慢有着
根深蒂固的可错性；而罗马天主教徒则津津乐道于人的良知不可 297
避免具有主观性：一个事物之所以得到认识，是因为一个人的良知
或者对个人启示的感觉告诉他这必定为真，这很难说是客观真理
的可靠标准，它们毕竟只是一些主观信念。

人文主义者对古希腊哲学中怀疑论传统的发现陷入了这场关于神学认知基础的激烈争论。主要是经由西塞罗的阐释，“学园”版本的怀疑论，即认为不可能获得确定的知识，那时刚刚开始传播。神学家有时会用其中的论证来表明，其对手的立场不可避免会导致怀疑论（被视为一种必须绝对避免的立场）。在少数情况下，怀疑论立场会被用来强调在宗教问题上不可能达到确定性，所以要么是遵循传统（这是多数情况下所得出的结论），要么让其同胞不要争论他的宗教偏好（少数持异议者会做出这样的建议）。然而，当塞克斯都·恩披里柯（Sextus Empiricus，公元 2 世纪）的著作于 1562 年开始出版时，怀疑论的涓涓细流终于汇成一股洪流。恩披里柯曾系统地展示了由另一种版本的怀疑论——皮罗主义（Pyrrhonism）发展出来的论点。这里的出发点是，学园派怀疑论的主张（没有什么东西是确定的）存在着内在矛盾，因为该断言不可避免会指向自身。因此可以认为，学园派怀疑论仅仅是把其对手积极的教条主义换成了一种消极的教条主义，然而真正的对立在于两类人之间：一类人——所有教条主义者——认为我们可以确定地认识某种东西（即使这种认识仅限于：我们无法确定地认识任何东西），另一类人则决定悬搁一切判断（皮罗主义者们

就认为必须如此)。因此,恩披里柯对皮罗主义的阐释系统地表明了所有据称确定的教条知识本质上都是不确定的。在接受这种观点时,很难说恩披里柯具有原创性,但碰巧只有他的相关著作被保存下来。就这样,一个生前最多只能算是二流、在中世纪几乎完全不为人知的思想家,在他的一部著作于1562年首次出版后的几十年内就变成了“神圣的恩披里柯”。法国人文主义者米歇尔·蒙田(Michel Montaigne)运用恩披里柯所阐释的皮罗主义的一连串反教条论证,将其变成对神学、哲学和科学的难以克服的思想挑战。

蒙田以一种散漫但却极具说服力的随笔形式解释了为什么要怀疑任何超出了个人感觉印象的陈述。他给出的许多理由都来自
298 皮罗主义的论证,比如感觉经验是不可靠的,理性容易犯错,寻找判断对错的标准一定会导致无穷后退,等等。蒙田指出,航海大发现使最后那个困境更加紧迫,因为我们现在知道存在着一个新世界,那里的人所使用的推理判断标准非常不同——谁能在他们与我们的标准之间做出选择呢?除此之外,蒙田还补充了哲学学说的多样性,这已经成为他那个时代非常显著的特征。既然除亚里士多德之外,人文主义者还发现有如此众多相互竞争的学说,谁能判定哪一种学说包含着真理?在学者的著作中,任何一个陈述都能在其他地方找到对立陈述(这里哥白尼被作为一个突出的例子提了出来:甚至连地球静止于宇宙中心这样一个似乎自明的真理都是成问题的)。那么,我们能确切地知道什么呢?

就宗教而言,蒙田得出结论说,由于真正信仰的可靠标准显然不可能找到,所以最好是坚持天主教会的传统。因此波普金认为,

蒙田引发了一场关于自然认识的名副其实的“皮罗主义危机”：

> 时值16世纪的思想世界瓦解之际，蒙田重新赋予恩披里柯的皮罗主义以力量，他的“新皮罗主义”(nouveau Pyrrhonisme)不再是[某些]历史学家……所描绘的死胡同，而是现代思想形成过程中一种至关重要的力量。通过把宗教改革危机、人文主义危机和科学危机中未直接表明的怀疑论倾向拓展为一种全面的皮罗主义危机(*crise pyrrhonienne*)，蒙田温和的《为雷蒙·塞邦辩护》(*Apologie*)成为对整个思想界的致命一击。它也是现代思想的发源地，因为它导致要么尝试反驳新皮罗主义，要么设法与之共存。[①]

让我们看看“现代思想”是如何在蒙田引发的怀疑论危机中产生的。

**17世纪初的“怀疑论危机”**

波普金指出，在17世纪20年代的法国，问题已到了严重关头。蒙田的怀疑论论点(大多经由皮埃尔·沙朗[Pierre Charron][②]，他将其老师蒙田的文学随笔系统化为严密的学说)被一些自称为“自由派”(libertines)的有识之士所采用。这些人是否真正拥护天主教会或某种宗教信仰，至今仍存在争议。由于疑心怀疑论会导致

① R. H. Popkin, *The History of Scepticism from Erasmus to Spinoza*, p. 54.

② 沙朗(1541—1603)：法国天主教神学家、哲学家，蒙田的弟子。——译者

无神论,人们针对皮罗思想的价值展开了激烈争论。在这种唇枪舌剑、火药味十足的气氛中,人们设计出三种应对皮罗主义的途径。第一种途径是以亚里士多德主义学说作为安全堡垒:由于亚里士多德是正确的,其哲学超越了怀疑,所以连最机智的怀疑论论
299 证也无法撼动它。另一种更具想象力的途径是超越怀疑论者的怀疑:先全盘接受他们的思考,把这些思考发展到梦想不到的极端,然后表明仍然可以找到一条绝对确定的原理,在此基础上可以构造一门新的哲学。正是沿着这条道路,笛卡儿达到了"我思"并进而运用"我思"。第三种途径要比笛卡儿早十年左右,它其实是把怀疑论论证看成不可反驳的,同时主张,如果不持一种那么严格的知识观念,我们就可以在怀疑论与教条主义之间找到一条中间道路,波普金称之为"温和的"或"建设性的"怀疑论。波普金指出,这就是伽桑狄和梅森的道路,他们从相反的两端到达了这一点。

伽桑狄是"博学的自由派"中的一员,他从纯粹的怀疑论立场(以此来猛烈抨击亚里士多德主义)转向了这样一种观点:如果我们放弃证明性知识的理想,代之以假说性知识,注意不要超越事物的现象及其相互联系,那么我们就能得到这样一种科学,它不再会遭到怀疑论的破坏,不再徒劳无望地永远悬搁对一切事物的判断。怀疑论者是对的:人并不习惯于认识事物的本质,对于我们的理解力来说,自然并不必然是完全透明的。但怀疑论者也不对,因为人类的理性和感觉经验虽然不可避免带有局限性,但不会注定使我们无知。我们可以建立一门关于现象如何向我们显现的科学,以我们的经验为指导,以所预言的经验得到证实为标准。

伽桑狄的朋友梅森从另一端达到了大致相同的立场。在《科学真理：驳怀疑论者或皮罗主义者》(*La verité des sciences contre les septiques ou pyrrhoniens*)一书中，梅森试图承认怀疑论者反对传统的教条主义者是有道理的，以此来避开恩披里柯的致命武器。然而，怀疑论论证在科学面前失败了，科学被赋予了另一种知识理想，即伽桑狄建议的那种关于感觉现象及其相互联系的假说性知识。梅森在余下的800页里概述了科学能够教给人类什么东西，表明在怀疑论与教条主义之间还可以走一条中间道路。

根据波普金的说法，“科学前景”就是这样从17世纪初的怀疑论危机中孕育出来的。不过，这场胜利被拖延了，因为同样的怀疑论危机也导致了一种更为强大的教条主义——笛卡儿哲学，必须先来表明它没有能力降服怀疑论。要么笛卡儿所提出的新的教条 300
和之前的教条一样易受怀疑论攻击(笛卡儿似乎也承认过，他的体系最终要依赖于某种个人启示)，要么他就是一个“身不由己的怀疑论者”。无论是哪种情况，怀疑论最终都会取得胜利，笛卡儿的猛烈进攻失败了，科学作为一种“温和的怀疑论”取得决定性胜利的时机已经成熟：

> 与梅森相比，伽桑狄也许完成了一场更重要的现代革命，即把科学与形而上学分开。他的新观点建立在对实在或事物本性的任何认识持完全的皮罗主义基础之上，从而发展出一种方法和一套科学体系，在17世纪的所有体系中，这一体系最接近于实证主义者和实用主义者的现代反形而上学观点。……[他是]伽利略与牛顿之间一个非常重要的环节，他不再把“新

科学”构想成自然的真实图景，而是构想成一个仅仅以经验为基础、通过经验来证实的假说体系，在这种构想中，科学从不被看成关于实在的真理之路，而只是关于现象。[①]

我们之所以在这里概述波普金关于文艺复兴时期和17世纪初的怀疑论的论述，是因为它似乎蕴含着关于科学革命原因的要旨。现在的问题是，这种要旨究竟是什么？波普金的论题能够用来解释什么呢？

### “怀疑论危机”与科学革命

一方面，波普金的著作给读者留下这样一种印象，即作者并未试图“解释科学革命”。他似乎把科学革命当成了一个同时代的事件，与其他事件一起使“皮罗主义危机”达到高潮，在其他方面走的是自己的独立道路。于是，波普金曾在一段典型的旁白中谈到了“宗教改革危机与科学革命所导致的怀疑深渊”。[②] 此外，波普金很清楚伽桑狄所倡导的那种“温和的怀疑论”抑制而非激励了伽桑狄作为创造性科学家的能力，因为它使伽桑狄变得过于谨慎和保守。波普金还明确指出，伽利略在他的论述中没有位置：

在伽利略和康帕内拉(Campanella)[③]看来，上帝已经赋

① R. H. Popkin, *The History of Scepticism from Erasmus to Spinoza*, pp. 145–146.

② Ibidem, p. 147；类似的见 p. 176。

③ 康帕内拉(1568—1639)：意大利哲学家、神学家、占星学家。——译者

> 予我们认识事物本性的能力。然而，与上帝的完备知识相比，我们的知识仅仅是部分的。尽管如此，我们没有理由去质疑或怀疑我们的知识，也没有理由把我们的知识严格限制于现象而非实在。怀疑论危机似乎绕过了这些思想家，他们怀疑的只是亚里士多德主义者对确定性的追求，而不是追求本身。[①]

这类考虑引出了这样一幅图像：科学革命是导致皮罗主义危机的一个动因，而不是它的产物。但另一方面，如果试图彻底领会波普金的全部要旨，我们就会怀疑波普金是否还没有提及关于现代早期科学形成的具有启发性的观点。诚然，波普金的论题仅限于狭窄的地理范围。在考察皮罗主义危机以及解决它的努力时，波普金几乎只讨论了法国人的思想。17世纪初的法国固然是科学革命的一个焦点所在，波普金所论述的中心人物——伽桑狄、梅森和笛卡儿——也的确是科学革命的主要开拓者，尽管波普金倾向于认为这些人是由科学革命塑造的，而不是为科学革命做出了贡献。但读罢波普金的著作，读者很难消除一种清晰的印象：急于解决因古代怀疑论的复兴而导致的困境，有助于引导那些以法国为中心的科学革命主要人物的思想。 301

当然，这并不是说没有其他影响因素。关键是，虽然思想背景和习惯非常不同，但是通过直面怀疑论的挑战，这些人都把自己的建设性思想集中于同一个目标——以某种方式革新科学。问题是，这种对科学革命的部分解释（这里的“部分”既指地理范围，也

① R. H. Popkin, *The History of Scepticism from Erasmus to Spinoza*, pp. 148 - 149.

指“怀疑论危机”并非这里的唯一动因)是否可以进一步拓宽。

在某种意义上,波普金肯定是将它拓宽了。毕竟,他最终声称从怀疑论危机中产生了“科学的视角”。他的意思是,科学家们开始学会放弃追求确定性;形而上学与科学分离开来;要想反对针对知识断言的怀疑论反驳,可以将这些断言局限于现象,而不拓展到实在。

这些主张的一个困难是,它们绝不是相互等价的。在将“科学的视角”干脆等同于这样一种实证主义科学观时,波普金放弃了太多对于科学革命必不可少的东西——首先是伽利略和开普勒的成就。我们完全可以将科学设想成怀疑论与教条主义之间的一条“中间道路”,同时依然认为科学处理的是实在——后一立场构成了争论的来源,这种争论可能永远都不会平息。无论科学是否告诉我们事物的真实情况,我们难道不能声称,正是科学固有的假说性使我们得以超越教条的准确定性而走向一种中间立场,使知识断言不再受到怀疑论的攻击吗?

这里回想一下第 3.1.2 节中讨论的麦克马林关于科学革命方
302 法的论述。那里描述的从科学方法的“概念论”观念(仍然为伽利略和开普勒所部分支持)到“实用恰当性”(在惠更斯、牛顿等人的工作中得到表达)的转变,现在经由波普金的论题被进一步突显出来。它使我们看到,试图摆脱怀疑论危机的早期法国经验论者如何在思想上为这种转变做好了准备。在这个意义上,我们可以卓有成效地说,怀疑论的复兴是科学革命一个重要方面的原因。

再回想一下拉布的论题,即现代早期科学是加剧并最终解决全欧洲“权威性危机”的主要动因(第 3.6.1 节)。该论题同样被波普金的论述进一步突显出来，波普金表明，16 世纪的怀疑论冲击在很大程度上表达了对于丧失思想确定性的敏锐感受，而新科学最终作为中间道路前来营救，在此基础上或许可以和平解决思想争端。[①]

还有进一步的考虑。科学涉及的并非绝对确定的东西，而是暂时的真理，它将随时间不断被修正。上一章已经指出，对科学品性的现代看法——科学假说的临时性；不再把权威当作可靠知识的来源；重新以未来为导向——是如何在 17 世纪逐渐形成的。认为这样一种革命性的人类知识观只是经由人类思想的一个怀疑论阶段而获得的，这难道不是很诱人么？伊拉斯谟、莫尔、拉伯雷等人文主义者在反击经院教条主义时，都把公元 2 世纪的怀疑论幽默作家卢齐安（Lucian of Samosata）[②]当作他们嘲笑一切知识断言（当然不包括天启知识）的典范。面对蒙田用更严肃的笔调进行阐述的那种认识上的无知时，这些人会采用一些权宜之计，比如半开玩笑式的写作，到想象中寻求庇护，嘲笑批驳自己和他人，等等。[③]

---

① R. H. Popkin, *The History of Scepticism from Erasmus to Spinoza*, pp. 147 - 148："对某些人来说，时代……引发了一种对确定性的追求，对人类知识绝对确定基础的追寻。而对另一些人来说，一旦对知识的不可错基础的追求被放弃，他们追求的仅仅是稳定性，是一种生活方式。"拉布在 *The Struggle for Stability in Early Modern Europe*, pp. 39 - 40 中引用波普金的书作为对他本人论题的确证（尽管他认为不应在神学争论中去寻找"怀疑论危机"的唯一根源）。

② 卢齐安（约 120—180 后）：古希腊修辞学家、讽刺作家。——译者

③ 关于卢奇安的怀疑论嘲笑作为拉伯雷的《巨人传》、伊拉斯谟的《愚人颂》、莫尔的《乌托邦》等著作灵感来源的观点，我参考了 Frederik Bokshoorn, "Het sceptisch tekort," *Tirade* 26, 1982, 280/1, pp. 562 - 579。他的讨论又可以追溯到 M. A. Schreech, *Rabelais* (Ithaca, N. Y.: Cornell University Press, 1979) 和 C. Robinson, *Lucian and His Influence in Europe* (London: Duckworth, 1979)。

我们能够就此给出似乎合理的解释:一种文明必须通过这样一个彻底怀疑的阶段来消除教条思想的魔咒,最终找到一条更具建设性的出路以跳出由此导致的不确定性深渊——现代早期科学便体现了这条出路。

这样一种解释当然也有其局限性。正如波普金注意到的,没有证据表明伽利略受到了“怀疑论危机”的影响,尽管他的确沉浸于人文主义思想之中,而且很可能从人文主义者那里获得了反对教条主义断言的冲动,同时又使这种冲动变得更具建设性。此外,希腊化世界提供了一个在先的范例,表明怀疑论的思维模式——事实上是怀疑论本身的产生——是为了消除各种哲学学说的混乱。怀疑论思想甚至曾与一种繁荣的科学运动——亚历山大科
303 学——共存。亚历山大科学逐渐衰落,而 17 世纪的科学却从那里继续前进并征服了世界。在公元前 2—3 世纪,怀疑论并未发生它在 17 世纪初的法国发生的那种建设性转变,我们不禁想知道为什么会如此。文艺复兴时期的西欧思想再一次显得像是古希腊人最初表演的重放。那么,那些典型转变为何会在文艺复兴结束时发生呢?我们现在应当总结一下已经考察过的关于现代早期科学产生之谜的种种解释,看看它们把我们带到了哪里。

## 4.5 “内部”路线的收获

下面我将力图确定前面给出的各种科学革命解释告诉了我们什么。在此过程中,我希望尽可能地避免把我个人的偏好强加于读者。对于某一种解释,每个人的印象必定各不相同,不当地干预

个人判断会显得自以为是。尽管如此，编史学的历史学家仍然可以做一项可能有用的工作，即提出指导线索帮助读者做出判断，虽然这种判断最终只能取决于个人品位。我希望简要而系统地比较各种解释，以提供这种思想支持。这种比较是沿着各种维度进行的：时间、地点、解释范围、能否通过更加清晰地定义"科学革命的解释"这个原初问题来重新表述。

在开始比较之前，我想指出我们的各种解释所共有的一个显著特征，那就是，每一位作者都是凭借着博学多才、丰富的想象力和有序思维，大胆地努力解决一个重大的历史之谜。我们一直在考察宏大的历史书写，无论我们指出什么缺点，都不应被视为贬低了这个主要优点。这些解释的另一个优点是，关于科学革命主要人物所处的整体思想氛围，它们教给我们许多新东西。无论对于各种论题的解释力是否完全满意，我们都了解到关于科学革命之前那段时间的数学、亚里士多德主义、赫尔墨斯主义和怀疑论思维模式的许多东西。

但我们这些论题面临一些困难。其中时间问题最不重要。关于文艺复兴时期的思想与现代早期科学之间因果连续性的断言，304
就其本性而言，不会受到关于中世纪与现代早期之间因果连续性的类似断言所面临困难的影响。这种困难仅仅是一个时间差问题。关于"中世纪"的断言往往不得不去解释长达数个世纪的连接环节。只有迪昂论题认为科学革命发生在14世纪，所以免除了这种要求；而霍伊卡的论题，即自然的偶然性这一有益观念及其被唐皮耶的禁令所促进，则必须面对这种时间差。霍伊卡之所以遇到这种困难，是因为他援引一种总体上"有利的科学氛围"使这种观念得以保存(更多内容见第 5.2.8 节)。[①] 本章所讨论的其他解释都不受这种困难的影响,因为对于文艺复兴时期的连续性来说,一个完美的连接点出现在文艺复兴时期与现代早期科学平稳的时间过渡之中。

地点问题和解释范围的问题则是另一回事。即使我们接受每一种解释本身,仍然可以看出我们的每一种解释都是不完整的,因为它只是解决了问题的一部分。"阿基米德"解释及其"亚里士多德"对应都把伽利略视为文艺复兴思想中某个传统的顶点。两者都只讨论了意大利,而没有就科学革命的其他中心发表任何意见。而"怀疑论"解释虽然能被扩展到整个欧洲,但主要是关于法国,以伽桑狄、梅森和笛卡儿为关注焦点。"赫尔墨斯主义"解释虽然特别提到了开普勒、梅森、笛卡儿和培根,但显然把伽利略完全排除在外。只有"哥白尼"解释涵盖了科学革命的整个地理范围,因为为了应对哥白尼假说所面临的反驳,欧洲各地的开拓者们不得不对长期存在的科学观念重新概念化。然而,"哥白尼"解释虽然涵盖了天文学和数学物理学领域的革命,但却丝毫没有谈及培根科学的出现。而如果把解释范围局限于培根科学,则在数学领域非常不管用的"赫尔墨斯主义"解释却显得最有力量。面对着这些明显困难,我们无法回避一个问题,即这些困难是否是寻求科学革命的原因这个原初问题所固有的?它们能否被克服?如何克服?

在为我们的困境寻求出路之前,让我们进一步加剧它。到目前为止,我们只是提出了从各种解释中产生的问题,却未质疑那些

① R. Hooykaas,"The Rise of Modern Science:When and Why?" p. 456.

解释本身的有效性。但其作者希望解释的是什么呢？这里我们碰到了最后一个问题，可能也是最大的问题。让我们思考一下，在评价文艺复兴时期的人文主义者恢复古代传统的努力所带来的结果 305
时，关于希腊人为何没能产生科学革命的各种解释可能为这种评价提供些什么。

这种努力的主要结果是，西欧科学的整体状态所达到的水平大致与希腊人离开时的（以及穆斯林世界在数个世纪以前重新恢复的）科学水平相当。从这里出发，原则上可能有三种结果。一种可能性是，希腊著作一直处于停滞状态。这在历史上发生过两次：先是在希腊化世界，那时科学处于创造性阶段的末期，然后是在整个拜占庭时期。另一种可能性是，希腊遗产得到丰富和扩展。这也发生了两次：一次是希腊遗产在穆斯林世界，一次是在文艺复兴时期的西欧。最后一种可能性是，这些扩展能够开创一种新科学：科学革命的科学。正如我们都知道的，这只发生了一次。因此，我们真正的问题在这里——正是在这个特殊背景下，寻找现代早期科学从文艺复兴思想中产生的原因才获得了全部意义。

由刚才这些思考可以看出，要想解释科学革命从文艺复兴时期方方面面的思想中获得了哪些东西，不能仅仅是堆砌来自某种文艺复兴思潮的材料，寻求与 17 世纪科学先驱思想中某些要素的关联，而是必须寻求传统中的那些典型转变，它们仿佛是一些关键结点和真正富有创造性的步骤，共同构成了现代早期科学的开端。例如，罗斯指出阿波罗尼奥斯的圆锥曲线著作的先行刊印对于开普勒不可或缺是一回事，但进而解释开普勒为何能用阿波罗尼奥斯的椭圆为一个前所未有的目的服务则是另一回事。[①] 同样，问题并不在于表明伽利略在一种阿基米德传统中工作，并且熟悉亚里士多德方法论的改进，也不在于揭示开普勒痴迷于毕达哥拉斯的思想，或者笛卡儿、梅森和伽桑狄关注怀疑论。问题并不在于解释这些人如何使用希腊遗产（无论这个主题本身如何有趣），而在于他们如何成功超越了希腊遗产。

如果再次回顾我们所列出的解释清单，现在关注它们是否有能力应对这一特殊挑战，那么我们的确可以看到一些引人注目的观点。库恩已经解释了为什么哥白尼的变革几乎不可能紧随托勒密发生，而是需要等待几个世纪，直到托勒密对行星问题的解决方案的弱点变得明显起来。他还表明，通过努力应对那些似乎无可逃避的反驳，在哥白尼那里有限的变革仍然可以成为现代早期科
306 学必不可少的组成部分。同样，耶茨解释了布鲁诺等人对赫尔墨斯主义遗产的行动主义转变如何促进了探索性科学实验的产生。

这些都是了不起的成果，我们做出最终总结之后应当铭记它们。同时我们也注意到，其余的解释在这方面没有取得重大成果。[②] 在亚里士多德主义方法论那里，我们似乎很难发现它如何可能对伽利略的创造性步骤贡献甚多——考虑到迈尔和格兰特所概述的亚里士多德主义传统中那些无益的思维习惯，这种贡献就更少。而在怀疑论遗产那里，的确显示出了转变，但这种转变一

① P. L. Rose, *The Italian Renaissance of Mathematics*, p. 293.

② 我这里没有讨论霍伊卡的解释，因为其主要优点是结合他所提出的另外两种部分解释而得到的，我将在第五章加以讨论。

直没有得到解释。由于波普金的工作，我们现在可以看到，伽桑狄和梅森的确是在科学中寻求介于怀疑论与教条主义之间的一条中间道路，但我们仍然需要解释他们何以能够迈出这前瞻性的一步。同样，罗斯明确表示阿基米德遗产仍然需要进一步丰富才能产生伽利略的科学，但我们不知道是什么原因使伽利略能够这样做。

这一切都意味着，我们现在已经由文艺复兴时期的思想得出了我们早先考察希腊科学进入的死胡同时所得出的同样结果。在那里我们得出结论说，希腊遗产得益于文化移植，我们进而表明，正如一系列古代科学史家所指出的，西欧文明在三个方面有别于希腊化文明。我们看到，在中世纪晚期和文艺复兴时期，西欧为科学革命的发生提供了肥沃的土壤，原因在于：(1)源自《圣经》世界观的影响；(2)技术的创新与活力；(3)社会分层有利于科学成为一种具有尊严和自主性的事业。相比于迄今为止我们所讨论的大部分观点，这三种提法有一个很大的优点，那就是它们涵盖了整个西欧，因此可以指望能在整个地理范围内处理科学革命。毕竟，科学革命是在整个西欧发生的——难道我们不应在影响整个西欧的事件中寻找科学革命的解释吗？

为了采取这样一种进路，我们必须离开自然思想领域而去考察各种历史发展。在某种意义上，它们是西欧所特有的，因而或许可以用来解释在古希腊停滞的东西何以能在17世纪初的西欧全面开花结果。在过去60年左右的时间里，历史学家们一直在提议此类事件中的某一个可能导致了现代早期科学的产生。我们将在下一章考察他们各自给出的理由。我们将从宗教改革谈到航海大

307 发现，从机械钟谈到商业资本主义，从印刷机谈到技艺和手艺，从炮手和水手的实际需要谈到一种科学意识形态的兴起。把西欧历史的这一全景尽收眼底之后，我们将再次追问我们从现代早期科学的兴起之谜中学到了什么。

# 第五章　现代早期科学从西欧历史事件中产生 308

## 5.1　宗教与现代早期科学的兴起

无论是过去还是现在，研究科学与宗教的关系这一主题的文献汗牛充栋。能够唤起如此深层情感的历史议题并不多见。围绕这一特定主题进行讨论时，我们几乎无法在超脱与介入之间找到适当的平衡——偏袒和离题是使多艘编史学之船失事的斯库拉岩礁(Scylla)和卡律布迪斯大漩涡(Charybdis)。

这一广泛主题涵盖了大量各不相同的论题。比如我们可以考察今天关于进化论与神创论的争论，或者考察反驳科学发展会导致无神论的17世纪小册子，在这两种情况下，我们都会发现自己——也许是不情愿地甚至是不知不觉地——参与了一场更大的争论，观点从一个领域渗透到了其他领域。[①]

① 一份全面的参考书目(包含关于科学与信仰的历史关系的大部分英语文献)可见于 John Hedley Brooke，*Science and Religion：Some Historical Perspectives*。另外两部由科学史家撰写的内容广泛的较新著作是 C. A. Russell，*Cross-currents：Interactions between Science and Faith* (Leicester：Inter-Varsity Press，1985) 和 D. C. Lindberg and R. L. Numbers (eds.)，*God and Nature：Historical Essays on the Encounter between Christianity and Science* (Berkeley：University of California Press，1986)。

即使我们局限于有关宗教与科学革命的问题，还是会出现一些迥然不同的话题。比如阿莫斯·冯肯施坦(Amos Funkenstein)[①]曾经指出，17 世纪兴起了一种新的相当短命的写作类型，联系科学来讨论宗教事务。他称这种写作类型为“世俗神学”，包括伽利略(他的《致大公夫人克里斯蒂娜的信》)、帕斯卡、波义耳、牛顿等现代早期科学家讨论宗教和神学议题的大量论著，这些议题的出现与新科学和这些科学家自身的贡献有关。历史学家已经考察了这种“世俗神学”著作中的相当一部分——作为一种拥有自身独特特征的写作类型，它还有待学者进行研究。[②]

在这方面出现的另一个议题是，现代早期科学如何导致了基督教信仰重要方面的转变。韦斯特福尔在其最早的著作《17 世纪英格兰的科学与宗教》(*Science and Religion in Seventeenth-Century England*)中简洁地概括了这种转变：

309 1600 年时，西方文明的核心是基督教；而到了 1700 年，

① 冯肯施坦(1937—1995)：美国犹太史家、中世纪思想史家、科学史家。——译者

② A. Funkenstein, *Theology and the Scientific Imagination from the Middle Ages to the Seventeenth Century*, p. 3：“16—17 世纪短暂出现了一种处理神圣问题的独特的新途径，在某些方面可以说是一种世俗神学。它之所以是世俗的，是因为它是由平信徒为平信徒构想的。伽利略和笛卡儿、莱布尼茨和牛顿、霍布斯和维科要么根本不是神职人员，要么神职等级并不高。他们并非职业神学家，但却详细讨论了神学问题。他们的神学是世俗的，还因为以世俗世界为导向。他们认为，新的科学和学术已经使做神学的传统模式变得过时；许多职业神学家都赞同他们的这种看法。无论是之前还是之后，科学、哲学和神学从未被看成几乎同一种工作。”不幸的是，虽然冯肯施坦令人信服地表明了这种类型如何产生于职业神学家在中世纪大学被赋予的首要地位，但他并没有(见其著作的 p. 9)把这种令人大开眼界的出色见解变成一部成熟的比较研究，以对这种新类型的共同特征进行考察。

现代自然科学已经取代了宗教的核心地位。[①]

韦斯特福尔继续写道，哥白尼在天文学上的变革已经对《圣经》重要段落的解释提出了质疑。此外，现代早期科学引出了许多大问题：启示真理与科学发现之间的对比；人在宇宙中的位置——关于这个主题，神学家和科学家都拥有或提出了自己的观点；最令人不安的问题也许是上帝在一个机械化宇宙中的地位和功能。韦斯特福尔这样引出了其中隐藏的基本悖论：

> 尽管大师们[17 世纪的英格兰科学家]怀有天然的虔诚之心，但启蒙运动的怀疑态度已经开始在他们中间酝酿。诚然，他们的虔诚使之受到抑制，但无法将其完全打消。出现了无数论述自然宗教的论文，每一篇都结论性地证明，基督教的基本原理在理性上是可靠的，还有什么能够解释这个事实呢？大师们在自己的心灵中滋养了无神论者。无神论是他们的研究所引发的对不确定性的模糊感觉，这种不确定性与其说是他们自己信念的不确定性，倒不如说是可能隐藏在自然科学原理背后的最终结论的不确定性。每一位大师都带着极度的确定和自信，由创世证明了上帝的存在；但由于太过频繁地重复，那种自信透露出一种不安全感。在牛顿那里，这种不安全感正在演变成公开的恐惧。……随着现代科学的诞生，信仰不可动摇的时代已经远离西方人而去。[②]

---

① R. S. Westfall, *Science and Religion in Seventeenth-Century England*, p. ix, preface to the 2nd ed.

② Ibidem, pp. 219 - 220.

这里,科学革命被视为使科学与宗教的关系从此变得极其成问题的决定性事件,基督教信仰的支持者显然处于防守地位。这种成问题的关系往往被投射到科学革命之前的年代。于是,安德鲁·怀特(Andrew D. White)[①]在1896年出版的《基督教世界科学与神学论战史》(*History of the Warfare of Science with Theology in Christendom*)一书中将现代早期科学的兴起描述为一个特殊阶段。在这种一度被广泛认同的观点看来,现代早期科学的出现似乎是独立的科学思想从教条神学的枷锁中解放出来。在这些论述中,对伽利略受审形象的颇为片面的解释显得尤为突出。

如今,像怀特那种粗糙的观点已经鲜有学术追随者。然而,其弱化版本仍然风行,这是有充分理由的。毕竟,退一步说,那个时代的许多宗教权威并没有热情赞颂新科学,这是一个无可辩驳的历史事实。因此,断言现代早期科学的兴起至少部分归功于基督
310 教思想的发展(尤其是新教的某些方面),而不是得益于与宗教势力的长期斗争,似乎显得很矛盾。然而,这一断言可以从两个不同的层面来维护。为之提出理由的第一次努力(1935/1938)作为"默顿论题"进入了科学编史学。默顿的原初论题主张,在17世纪英格兰科学的参与者当中,清教徒之所以占了很大比例,至少部分是因为一种特殊的清教伦理,它倾向于促进科学的发展。在随后的争论中,许多历史学家(姑且不问对错)都将这一论题看成一种解释科学革命的努力,我们将在第5.1.2节就它的这一身份进行探讨。在此之前,我们先来讨论霍伊卡所提出的一种竞争性的看法。

① 怀特(1832—1918):美国外交家、教育家、作家。——译者

他在 1972 年指出，经由新教信仰的核心信条而成为西欧思想重点的《圣经》世界观为自然科学——此前主要由希腊精神所滋养——提供了现代早期科学兴起所需的关键要素。我们先来关注这种解释科学革命的特殊尝试。

### 5.1.1　霍伊卡与《圣经》世界观

对荷兰科学史家赖耶·霍伊卡（1906—1994）来说，构成自然的首先是具体的、可触知的物（things），而不是理想的、数学的东西。他固然承认 16、17 世纪科学革命中的量化要素，但无论是柯瓦雷的数学观念论还是戴克斯特豪斯的数学工具主义都无法满足他的自然观。对他而言，在一种重要的意义上，理性力学与自然科学领域几乎格格不入，因此，不能把这一特殊学科在 17 世纪初的出现视为科学革命的核心。

在霍伊卡看来，科学革命的关键毋宁说在于这样一个历史过程，在此过程中，人类逐渐学会了抑制其过分拓展推理能力的天然倾向。直到将理智驯服到以自然事实为指导，现代早期科学才能产生。因此，与古希腊人及其大部分中世纪继承者相比，必须对自然事实持一种更加谦卑的态度。这并不是说霍伊卡在宣扬一种纯粹而简单的经验主义，而是必须使理性与经验一次次达到恰当平衡。但在现代早期科学开始之前，理性在平衡中的分量往往过重（第 4.2.1 节）。有两个主要事件（一个直接，一个间接）为使经验在平衡中取得恰当地位贡献最大，即航海大发现和宗教改革。

在稍后一节里（第 5.2.8 节）我们将讨论，霍伊卡认为航海大发现有助于营造一种新的思想氛围，使自然发出自己的声音，而不 311

是必须接受理性先验构造的裁决。在本节，我们考察霍伊卡关于宗教改革也发挥了同样作用的论述。尽管相关思想在他 30 年代以后的许多著作和文章中都出现过，但最有说服力的论述可见于他 1972 年的小书《宗教与现代科学的兴起》(*Religion and the Rise of Modern Science*)。

**《圣经》世界观**

霍伊卡承认，《圣经》并未给出希腊科学和自然哲学所表达的那种世界图景，因为并没有什么《圣经》科学，《圣经》也没有宣称要给出这样一幅图景。但可以谈及某种《圣经》世界**观**，即对自然及其与造物主之间关联的总体看法。霍伊卡认为，在某些方面，这种《圣经》世界观包含了针对希腊理性主义的所有必要解毒剂。和其他明显更具宗教性的自然观一样，在希腊科学中，自然也属于神圣的领域。《圣经》世界观的独特之处在于自然被彻底"去神圣化"，因为它有一种具有绝对最高统治权的上帝观念。在被用于对自然的科学研究时，这导致了一种对自然更加谦卑同时也更强硬的态度——既接受又统治。上帝的行为是人所无法理解的：任何人的先验构造都不能最终领悟上帝的行为，这意味着无论我们在现实中发现什么，都必须把它当作上帝的馈赠来接受：

> 在这种唯意志论的思维方式中，自然秩序并非我们的逻辑秩序，而是神所意愿的秩序。[1]

---

① R. Hooykaas, *Religion and the Rise of Modern Science*, p. 108.

同样可以得出，与希腊观念相反，技艺——人类干预自然事务——并非不可能模仿甚至超越自然。此外，希腊人鄙视体力劳动，从而阻碍了真正的实验科学，而在《圣经》看来，动手劳动是一种荣耀，因为劳动一般被认为服务于上帝，因此可以得到认可。

《圣经》中包含的上帝观和自然观的种种特征所共有的东西，恰恰是使理性与经验持续有效互动所需要的东西。希腊人的抽象推理能力和提出理想化构造的能力对于成熟的科学来说固然是必需的，但《圣经》对于如实接受自然事实的谦逊态度，以及认为上帝赋予了人同自然较量的能力，对于现代早期科学的兴起同样不可或缺：

> 用隐喻的方式来说，科学的身体成分也许是希腊的，其维生素和荷尔蒙则是《圣经》的。①

在该书的大部分章节中，霍伊卡都致力于阐明这些一般信条。312
他表明，16、17世纪许多虔诚的基督徒科学家在提出对新科学特质的看法时，所展示的正是这些《圣经》世界观的特征，现在它们第一次被用于自然的科学研究。这里自然会产生一个问题：《圣经》世界观既然已经存在了相当长时间，为何直到16、17世纪才以这样一种决定性的方式影响了科学的发展。

## 信徒皆祭司

尽管霍伊卡在书中并未特别讨论这个问题，但是由他给出

---

① R. Hooykaas, *Religion and the Rise of Modern Science*, p. 162.

的大量论证，我们可以总结出两种互补的不同回答。[①] 他指出，一方面，随着13世纪以来自然哲学家越来越熟悉希腊人的伟大成就，他们起初还不敢用《圣经》中隐含的世界观来直接对抗这些东西：

> 在中世纪……《圣经》的看法仅仅被附加到亚里士多德的观念之上，而并未超越它。[②]

然而，数代经院学者在不同程度上所达成的艰辛妥协，由于宗教改革，让位于用《圣经》的唯意志论更加全面地对抗希腊理性主义——用"耶路撒冷"来对抗"雅典"。霍伊卡这里引入论证的关键概念是

> 新教特别强调"信徒皆祭司"(general priesthood of all believers)。这意味着，一切有才智之人都有权甚至有义务不依赖于传统和等级的权威去研究《圣经》，也有权和有义务不考虑自然哲学的各个创始人的权威去研究上帝所写的另一本书——自然之书。[③]

换句话说，通过新教信仰的基本信条，上帝在《圣经》和自然这

---

① 我从作者处得到的这本小册子其实是一份从未发表过的篇幅大得多的荷兰语手稿的概要。

② R. Hooykaas, *Religion and the Rise of Modern Science*, p. 12 - 13.

③ Ibidem, p. 109.

两本书中显示自己的传统观念获得了一种新的意义。我们必须以虔诚而谦卑地接受直接所予的同样态度来研究两种启示，不受权威或传统的干扰。对于上帝的另一本书来说，这不可避免会使我们更加尊重那些往往不受欢迎的硬自然事实，而不是我们可错的理性为了把事实解释掉而做出的先验建构。

这种研究方法恰恰最符合霍伊卡把自然看成顽固的硬事实领域的观念。因此，他以16—17世纪科学史上那些做出过美妙构造 313
的自然研究者在面对冲突事实时将其放弃为例，表明对既定的自然持一种新的圣经式的尊重所产生的效果。这里最好的证人是开普勒，众所周知，他因为8弧分偏差而拒绝接受自己经过艰苦计算而提出的似乎与数据符合得相当好的假说。在通往现代早期科学之路的这个关键时刻，我们发现《圣经》自然观战胜了希腊理性主义。开普勒本人设想的"天文学家作为自然之书的上帝祭司"表达了这一点：[①]

> 他服从于既定的事实，而不是维护古老的偏见；在他看来，一种基督教的经验主义战胜了柏拉图式的理性主义；这个孤独的人服从事实，并与长达两千年的传统决裂。[②]

霍伊卡整本书都在引证这种对待自然事实的新的尊重态

---

① Quoted ibidem, p. 105, from Kepler's letter of 16 March 1598 to Herwart von Hohenburg (Kepler, *Gesammelte Werke* 13, p. 193: "Ego vero sic censeo, cum Astronomi, sacerdotes dei altissimi ex parte libri Naturae simus..." ).

② R. Hooykaas, *Religion and the Rise of Modern Science*, p. 36.

度——尤其是在新教科学家当中，但绝不只是新教科学家。[①]

## 对论题的限定

霍伊卡小心翼翼地对所有这些作了限定。首先他并未断言，对于经验的新的尊重仅仅来自“信徒皆祭司”这一新教观念所体现的《圣经》世界观。霍伊卡认为，14世纪的唯名论、航海大发现以及基督教所激发的对体力劳动的更大尊重已经开始把欧洲人的思想转到了同一方向。

此外，霍伊卡很清楚，在主要的新教神学家当中肯定也存在着一种狭隘的反科学主义。在这一点上，他有很大一部分相关论证都旨在表明，认为他们拘泥于《圣经》字句这一主题在文献中被过度夸大了，以至于历史学家会引用完全虚假的东西。[②] 不仅如此，即使在拘泥于《圣经》字句或反科学主义的确盛行的地方，这都未能阻止《圣经》世界观中的健康成分影响许多新教科学家的思想，后者并不像他们的罗马天主教同事那样受到教会权威的束缚。

最后，也是最重要的，霍伊卡当然没有宣称科学革命完全是新教学者的功劳。尊重自然的新路是新教徒和天主教徒共同开辟的。

不过，这里还有霍伊卡从未直面的一个问题：如果《圣经》世界

---

① 这里的一个例子是帕斯卡，霍伊卡在1939年的一个研究中讨论了他的相关思想（我1990年将它译为“Pascal：His Science and His Religion”）。霍伊卡关于开普勒的简要评论同样可以追溯到一篇早期的文章：“Het hypothesebegrip van Kepler”（Kepler's Conception of Hypothesis；同样发表于1939，从未翻译）。

② 特别是，有一则来自加尔文的反哥白尼的“引文”通过安德鲁·怀特而变得臭名昭著，但霍伊卡1955年表明它并未出现在加尔文著作中的任何地方。对这件事情的概述可见于R. Hooykaas, *Religion and the Rise of Modern Science*, pp. 117－122, 154。

观的确为现代早期科学提供了一种关键要素，那么既然在经院哲学统治期间总是失败，这种新的要素如何能在16—17世纪开始影响天主教科学家呢？在这一点上似乎有两条路可走，霍伊卡也的确采用了它们。一条路是指出《圣经》世界观仅仅是有利于重新尊 314
重自然事实的诸多历史因素之一，以强调该论题的相对性。另一条路则是把论证从直接因果性变成统计规律性。早在19世纪末，博物学家康多尔(Alphonse de Candolle)[①]就曾指出，自17世纪以来，新教徒为科学所做的巨大贡献与其人口比例是不相称的。[②]罗伯特·默顿从康多尔的相关计算中获得启发，我们将在下一节更详细地考察他关于清教主义促进了科学职业这一论题。

### 5.1.2 默顿论题

默顿论题起初并不是要对科学革命做出解释；相反，是其拥护者和批判者将它变成了对科学革命的解释。这个"默顿论题"也仅仅是体现了完整默顿论题的1935年博士论文的一部分。1938年，该论文以《17世纪英格兰的科学、技术与社会》(*Science, Technology and Society in Seventeenth-Century England*)为题出版。[③] 在科学史家当中，"清教主义与科学"这一假说已经代表了"默顿论题"，

---

① 康多尔(1806—1893)：法国/瑞士植物学家。——译者

② 康多尔相关论证的一个例子见 I. B. Cohen (ed.), *Puritanism and the Rise of Modern Science: The Merton Thesis*, pp. 145 - 150。

③ 这篇博士论文略为加工后作为一篇论文发表在1938的 *Osiris* 上。1970年以书的形式再版，作者为之写了一篇新序。I. B. Cohen(默顿的后继者，作为指导默顿博士论文的萨顿的助手)在他编的文集 *Puritanism and the Rise of Modern Science: The Merton Thesis* 的导言中(pp. 1 - 111)对默顿论题的起源和命运作了详尽说明。在以下注释中，我参考的是默顿1970年的版本。

而事实上，该假说仅仅占据了全书十一章中的三到四章。在为该书 1970 年重印版所做的序言中，默顿不无道理地抱怨说，人们相对忽视了其他一些要素，而这些要素同样关乎他对科学技术与 17 世纪整个英格兰社会之间关系的广泛研究。

作者写这本书的意图可以说成是“一篇关于职业的历史社会学论文”。其出发点是作者注意到 17 世纪以科学为职业的英格兰人数目激增。默顿还对《英国传记词典》(*Dictionary of National Biography*)中的 17 世纪职业作了统计分析，以支持这个结论。考虑到科学在 17 世纪初尚未体制化，也未被普遍视为一项合法活动，因此需要考察是什么样的社会环境使如此众多的人才集中在科学领域，以及更具体地研究他们如何以及为何会集中于各个科学活动中心(这是更详细的传记文集研究所额外揭示的)。

默顿由著名的韦伯论题——旨在表明新教伦理与资本主义精神的兴起之间有重要联系——获得暗示，并将韦伯沿着同一方向的暗示——新教伦理与经验科学的兴起之间可能存在着类似的联系——详细阐述为对这种因果关联的一种全面研究，只不过明确限制于英格兰的情形。默顿用连续三章讨论了他的论题，即英国清教主义与科学拥有某些共同的重要价值，这些价值有助于解释当时科学在英格兰的兴起，他试图提出以下观点：

315 1. 无论教义背景和清教创始人的最初意图是什么，我们可以辨识出一种特定的清教伦理。它在 16、17 世纪发展起来，我们也许可以用韦伯的方式将其刻画为“现世的禁欲主义”，因为它是一种服务于上帝荣耀的实用的功利主义，但以世俗活动为导向，而未转向修道院生活的“超越现世的禁欲主义”。和韦伯一样，默顿为这种伦理的要旨所找到的最佳证明是清教牧师理查德·巴克斯特(Richard Baxter)[①]的《基督徒指南》(*Christian Directory*)。

2. 通过考察英国科学家如何为发展科学辩护,可以揭示出许多动机,它们着重强调科学的有用性。同样,在清教伦理的实用导向与新科学的实验倾向之间似乎有一种明显的相似性。在援引科学家的辩护时,默顿的首要(虽然绝不是唯一的)证人是罗伯特·波义耳。默顿在这方面的主要结论是:

> 经验主义和理性主义被奉为信条,也可以说受到赐福。真实情况很可能是,清教的精神气质并未直接影响科学方法,这只不过是科学内史中的一种平行发展而已,但可明显看出,通过对某些思想行为模式的心理认可,这类态度合在一起便使得一种基于经验的科学得到赞许,而不是像在中世纪时期那样受到谴责,或充其量也只是得到默认。简而言之,清教主义改变了社会导向。它使一种新的职业等级制度建立起来。……清教主义的一个结果是改造了社会结构,使科学受到了尊崇。这对于某些人转向科学领域肯定产生了影响,要不然,这些人就会转向——在另一种社会环境中——具有更高荣誉的职业。[②]

3. 在英国科学家相关陈述的引导下,默顿通过抽象推导确立

① 巴克斯特(1615—1691):英国清教领袖、神学家、诗人。——译者

② R. K. Merton, *Science, Technology and Society in Seventeenth-Century England*, pp. 94 - 95.

了如下假说："新教与科学的种种假设在某种程度上具有共性"，[①]然后用关于科学家在各个宗教派别中分布的统计数据来检验这一假说。首先，默顿发现皇家学会的创始人当中有相当多的清教徒。他把研究从这一点扩展到其他时间地点，发现现有的统计数据始终表明，新教徒在科学家当中的比例远高于根据新教徒和非新教徒（当然主要是天主教徒）在整个欧洲人口中的分布所预期的比例。默顿并不是说科学因此只能在新教徒中繁荣兴盛。显然，科学也在天主教国家得到了发展。但他的确断言，这并没有推翻他
316 的论题，而只是强调了它的相对性。在整个研究中，默顿都极为重视这一特征。预期的反驳仅仅表明：

> 其他情况也许同样能促使人们拥护科学，而且这些因素足以克服现存宗教体制中的敌对情绪。[②]

不过总体来说，默顿认为有充分的理由对其著作的相关内容做出以下总结：

> 清教主义所构成的正统价值体系无意中促进了现代科学。清教的几乎不加掩饰的功利主义、对现世的兴趣、有条不紊坚持不懈的行动、彻底的经验主义、自由研究的权利甚至是义务以及反传统主义，所有这些都与科学中同样的价值观念

① R. K. Merton, *Science, Technology and Society in Seventeenth-Century England*, p. 110.

② Ibidem, p. 136.

相一致。这两大运动的美满结合建立在内在相容性的基础之上，即使到了 19 世纪，这两者的离异仍然尚未完成。[①]

该书的其余章节致力于指出那些最具功利性的动机（当时把科学用于采矿、航海、枪炮制造等实用行业），根据默顿的说法，它们有助于解释新科学活动的特定流向。我们将在第 5.2.3 节回到原始默顿论题的这个部分。

**默顿泥淖**

书各有命，对默顿这本书来说尤其如此，批判者对它的讨论可能超过了其他任何一本论述 17 世纪科学的书。[②] 1973 年，也就是

① R. K. Merton, *Science, Technology and Society in Seventeenth-Century England*, p. 136.

② 收集了大部分争论内容的主要文集是 C. Webster (ed.), *The Intellectual Revolution of the Seventeenth Century* (1974) 和 I. B. Cohen (ed.), *Puritanism and the Rise of Modern Science: The Merton Thesis* (1990)。其他某些争论文章收在 C. A. Russell (ed.), *Science and Religious Belief: A Selection of Recent Historical Studies* (1973)中。1990 年以前几乎所有英语争论文章都列在了 I. B. Cohen 编的选集的 pp. 89－111。默顿本人对这场争论的看法、他的回忆以及他后来阐述的科学社会学主题（比如本书第 3.5.1 节讨论的科学的四种规范）在其论题中的起源可见于他给 *Science, Technology and Society in Seventeenth-Century England* 重印本写的"Preface: 1970", "George Sarton: Episodic Recollections by an Unruly Apprentice," *Isis* 76, 284, 1985, pp. 470－486 一文，以及为 I. B. Cohen 的选集写的"*STS*: Foreshadowings of an Evolving Research Program in the Sociology of Science"。

与此同时，关于默顿论题的争论一如既往。特别值得注意的是 Steven Shapin, "Understanding the Merton Thesis"一文。1988 年在耶路撒冷举行了一次讨论会，R. Feldhay 和 Y. Elkana 将提交的论文以" 'After Merton': Protestant and Catholic Science in Seventeenth-Century Europe"为题发表。虽然大多数论文都提出了罗马天主教与科学的问题，但有四五篇是关于默顿论题本身的。和 Shapin 在刚才提到的那篇文章中

该书问世35年后,《17世纪英格兰的科学与宗教》一书的作者韦斯特福尔断然拒绝

> 冒险进入清教主义和科学的泥淖,它的存在似乎只是为了吞噬所有那些试图穿过它的人。这个问题虽然在20世纪50年代初还很模糊,但至少相对新鲜。在我看来,20年的争论丝毫没有澄清它,在保持其新鲜方面做得就更少。①

然而,我们编史学家有义务继续前进,找到一条安全可靠的新路穿过这一泥淖。至少就我们的目的而言,最有希望的道路在于努力查明,在作者和批判者看来,默顿论题到底与科学革命的原因有何关系——在我们的总结中,这个问题不大可能特别明显。我们决定迅速概览一下针对该论题的各种批判,以穿过那片泥淖。它们大都涉及默顿原始论证链条中的各种环节能否站得住脚。

---

(接上页)一样,也和我在本章的做法一样,H. Zuckerman 区分了两个默顿论题,并集中于"另一个默顿论题"。E. Mendelsohn 和 D. Struik 试图把默顿的早期工作置于语境中,默顿本人发表了 Sorokin 对其博士论文的批判性评价以及他当时的辩护。

最近天主教与17世纪科学的主题受到了关注,J. Morgan 在"Puritanism and Science:A Reinterpretation," *Historical Journal* 22,1979,pp. 535－560 一文和 *Godly Learning:Puritan Attitudes towards Reason, Learning and Education, 1560—1640* (Cambridge:Cambridge University Press,1986)一书中深入讨论了清教主义与17世纪科学的原初议题。

① R. S. Westfall, *Science and Religion in Seventeenth-Century England*, p. x, preface to the 2nd ed.

## 对默顿论题的批判:“清教徒”与科学有什么关系 317

在默顿的论证中,几乎没有哪个环节未受到最严厉的批判。例如,理查德·巴克斯特被说成根本不能代表17世纪的清教主义。默顿相当宽泛的“清教主义”观念被批评为太过综合、太过排他、观念完全错误,再不然就是无法容纳在整个17世纪的政治宗教动荡中难以捉摸、不断变化的宗教忠诚模式。默顿对皇家学会创建者的统计的可靠性也遭到质疑,这部分是因为前述理由,部分是因为他把许多次要人士归入了创建者。他沿着韦伯的足迹由加尔文主义的预定论信仰导出“现世的禁欲主义”也是有争议的。还有人指出,默顿把科学和宗教都当成了本质上同质的东西来处理,就好像它们在这个重要的世纪没有发生重大变化似的。

由这些批评引出了各种各样的结论:从认为17世纪的科学与新教之间存在着其他因果关联(前面讨论的霍伊卡的论述大概是此类尝试中论证最严密的),到认为对科学发展尤为有利的是自由主义(或者在另一位批判者看来是“享乐自由主义”)而非清教主义,再到干脆否认它们有任何关联。

这类问题——它们是否有效我们在此不再深入探讨——至少直面了作者本人的实际陈述和意图。但默顿也遭到了非常不当的指责,说他完全是通过清教伦理来解释英格兰科学的兴起,而事实上,他曾在整个研究中不遗余力地指出,不仅这两者之间存在着相互关系,而且在解释这一现象时,可能还有其他因素同样重要甚至更加重要。一般说来,在这场混乱的批判中,默顿着手解决的原初历史问题往往遭到了忽视,即通过社会价值观念的改变来解释17

世纪英格兰职业兴趣的变化。[①] 那么，默顿解决这一特定问题的明确目标为何会被视为一种解释科学革命的努力呢？依我之见，这主要是霍尔的工作，他在1963年的著名文章《再评默顿》中对默顿论题作了详细检查。

**默顿论题与解释现代早期科学的兴起**

默顿从未在他的书中宣称，他要解释或者实际上已经解释了现代早期科学的兴起。这从他有意识地局限于英格兰科学就可以明显看出来。在序言的第1页，大陆科学就被明确排除在讨论范
318 围之外。(不过默顿还是忍不住加上一句："英格兰科学与大陆科学之间的关联……并未使图像发生实质性变化。")[②]科学革命概念当初作为一种分析工具被创造出来，是为了赋予构成现代早期科学兴起的一系列现象以更密切的统一性，此后默顿对大陆科学的排除便成了一个相当严重的脱漏。考虑到该书的写作时间，我们不能把这种脱漏看得像现在这么严重。我们知道，创造科学革命概念是柯瓦雷和巴特菲尔德的工作，而不是默顿的科学史教父乔治·萨顿的工作。

事实上，默顿论题的支持者和批判者后来对论题范围的扩展

① 这个相对温和的目标经常被认为代表着对自主观念的先验的社会还原，这一争论本身也许首先表明了容易在社会学家与思想史家之间产生的误解。(G. A. Abraham，"Misunderstanding the Merton thesis"表达了社会学家的看法，即历史学家价值和动机所具有的导致人类行为差异的不同功能)。这种特殊误解其实源于有关通过早期资本主义的需求来解释科学革命的相关争论(见第5.2.1-5节)。

② R. K. Merton，*Science, Technology and Society in Seventeenth-Century England*，xxxi(这是原序的第1页)。

清晰地表明了创造科学革命概念所获得的分析性成果。科学革命概念是如此具有说服力，以至于当人们回顾默顿论题时，是将默顿论题往回投射于它之上的。对默顿论题的扩展可以追溯到霍尔的文章，认为默顿主张

> （如果我正确领会了默顿1938年观点的话）社会学历史提供了足以解释17世纪科学革命这个关键事件的原理。[1]

引人注目的是，在这篇文章中，霍尔以一种相关的编史学模式对默顿进行了攻击，指责默顿论题实际上局限于英格兰的情形，所以并不像（批判者而非作者）所认为的那样真能解释整个科学革命。这场编史学喜剧的下一环似乎是英国历史学家克里斯托弗·希尔（Christopher Hill）[2]对默顿论题的采用。在其《英国革命的思想起源》（*Intellectual Origins of the English Revolution*, 1965）一书中，希尔认为默顿已经一劳永逸地在17世纪科学与新教之间建立了至关重要的联系。在全盘采用该论题之后，希尔也欣然承认说，他本人的论证仅限于英格兰的情形！

关于古怪的曲解就说这么多。这些曲解都把默顿论题视为对科学革命的解释，并且指责它实际上未能给出这种解释。最终结果

---

① A. R. Hall, "Merton Revisited, *or* Science and Society in the Seventeenth Century," 55. 诚然，霍尔在这段话之后接着说，"即使给出这样一种解释并非默顿的主要关切或明显关切"，但自那以后，无论是霍尔还是几乎所有其他评论者都把这一警示抛到了脑后，他们继续把默顿论题理解为试图解释科学革命。（见下文）

② 希尔（1912—2003）：英国马克思主义历史学家。——译者

是,默顿论题——无论是否连同希尔对它的辩护——通常据称代表着一种对现代早期科学之兴起的解释。我们还需要查明在科学史家当中,它以这种多半属于计划外的身份做得有多好(或有多糟)。

霍尔的部分批判与默顿论题的有限范围有关,因为默顿一直强调现代早期科学的培根方面,而没有强调伽利略、开普勒等人所做的概念革新。至于其他方面,霍尔的反驳在很大程度上源于他厌恶对思想史中的事件做出任何“外部”解释(更多内容参见第5.
319 2.5节)。拉布在1965年提出了一个更加具体的反驳,他指出,如果默顿论题是想解释现代早期科学的兴起,那么需要考察的关键时期是1640年之前的数十年。拉布断言,到了1640年科学革命已经基本结束。重要发现已经做出,接下来只需对其进行详细阐述和巩固。在新科学的巩固过程中,新教徒固然可能处于上风(毕竟,反宗教改革的主要支持者直到这时才开始反对科学运动),但这对科学革命的产生显然并不十分重要。科学革命当然既是新教徒的事情,也是天主教徒的事情:

> 只有忽视这一时期的大量天主教科学活动才能做出那些关于新教——更不要说清教主义——重要性的主要断言。……显然,尽管缺乏宗教激励,但正统的天主教徒还是在这一百年(从16世纪40年代到17世纪30年代)对科学产生了极大兴趣。是否可以认为,宗教刺激对科学的兴起并不特别重要,或者天主教徒与新教徒具有同样的优势?[①]

① T. K. Rabb, “Religion and the Rise of Modern Science,” pp. 269 - 270.

我们知道，霍伊卡后来的论题以及通过当时的宗教发展来一般性地解释科学革命的任何尝试最薄弱的地方都在这里。虽然在特定时间和地区无疑都存在着由宗教信仰和动机极其相似的科学家所组成的特定网络，但整个科学革命是一个太过复杂的事件，因而无法通过任何特定的基督教教派的突出贡献来做总体解释。

这样一个试探性的结论为接受海尔布伦最近的提议留出了余地。他说，我们需要接受的是一个"普遍的默顿论题"，即声称"现代早期科学无论在何处繁荣兴盛，都从有组织的宗教那里获得了重要支持和加强"——无论是新教还是天主教。[①] 这一结论并未排除霍伊卡和法林顿令人信服地指出的可能性，即科学革命至少在部分程度上要归因于基督教本身所共有的、有别于各种非基督教信条的一个或多个特征（我们将在下一章讨论现代早期科学未能在东方文明中出现时继续讨论这种可能性）；也没有排除以下可能性："在科学兴起的过程中……宗教是一种外围关切"——这是拉布得出的最终结论；[②]也没有事先排除以下想法，即虽然作为对于整个科学革命的解释，默顿论题显然是有缺陷的，但如果只被用于科学革命的一部分，倒有可能获得新的意义。事实上，已经有两 320
位历史学家沿着这些线索提出了建议。

## 默顿论题回到英格兰

即使我们认为默顿在清教主义与英格兰科学之间建立的联系

① J. L. Heilbron, "Science in the Church," p. 11.

② T. K. Rabb, "Religion and the Rise of Modern Science," p. 279.

是成立的，只要“英格兰”仍然只代表科学革命实际发生的诸多国家中的一个地理区域，该论题似乎就不能被用于英格兰之外的地方。不过，一旦认为英格兰科学在科学革命进程中扮演着独特角色，默顿论题就可能获得一种新的有效性。库恩1976年的《物理科学发展中的数学传统与实验传统》一文已经清楚地表明了这一点，他在文中将科学革命划分为古典科学的转变和培根科学的同时出现。库恩希望通过对默顿论题进行补救来进一步提升他本人图示的分析能力：

> 默顿论题的主要缺陷一直是(注意!)，它试图解释的东西太多。就算培根、波义耳和胡克看起来符合默顿论题，可是伽利略、笛卡儿和惠更斯却不符合它。……
>
> 不过，如果不把它用于整个科学革命，而是用于促进了培根科学的运动，那么默顿论题的吸引力就要大得多。[①]

虽然库恩并没有继续这样说，但他的重新解释使默顿在清教伦理与据称由它所促进的科学的强烈经验倾向之间建立起来的联系听起来合理得多，在库恩的框架中，经验倾向显然更接近于“培根”传统而不是“古典”传统。诚然，沿着这些线索的修正仍然没有解决与原初论题相关的所有棘手问题。它仅仅表明，如果这些问题能被解决，那么这种修正的结果可能的确与科学革命的原因密切相关。

① T. S. Kuhn, *Essential Tension*, pp. 58-59；另见 pp. 115-118；引文出自 p. 59。

类似的考虑也适用于对默顿论题的另一种编史学调整。正如在库恩所提出的修正中，英格兰作为培根科学的一个所在地得到了强调，在本-戴维对科学革命的解释中，英格兰也被赋予了自身的位置。本-戴维将默顿的见解（即当时基于实用理由对科学的合法化）与下述分析结合在一起：在整个17世纪的欧洲，有哪些社会阶层易于接受（或不接受）将科学家合法化的努力。只有考察了那种以本-戴维论题为顶点的编史学传统，曾在研究文献中遭到严重误解的本-戴维论题才能展现出其全部潜力。我们讨论完关于17世纪英格兰的清教主义和科学的默顿论题之后，就来讨论那种特殊传统。

**默顿论题的变化无常：简要回顾** 321

默顿论题的编史学经历异常混乱，以至于在本节的最后，我宁愿冒着过分重复的危险，分阶段简要概述一下科学革命史家们对它做了什么。

20世纪30年代末刚刚产生时，默顿论题旨在解释关于英格兰科学的某种局部问题（虽然作者思想背后无疑有一种未加阐明的观念，即17世纪英格兰科学对于现代早期科学的兴起有特殊意义）。

与默顿当时的做法完全独立，现代早期科学的兴起这一观念因为“科学革命”概念的创造而获得了更大的概念融贯性。

到了五六十年代，当科学革命概念更为流行时，默顿论题被其支持者（希尔）和批判者（霍尔）当成了对科学革命的解释。

就这一特殊身份而言，人们很快就认识到了默顿论题的明显缺点。

不过,学者们在70年代对科学革命的新解释似乎为默顿论题提供了新的喘息机会,使它重新能够在现代早期科学如何产生这个老问题上激发富有成果的思考。

**引起默顿论题混乱的另一个来源**

还有一个引起混乱的要素我们尚未提及。那就是,最初提出的默顿论题远不只是"清教主义与科学"这一假说,而大多数历史学家却认为它表达了完整的默顿论题。原初论题中那些被忽视的要素与实用目标有关,默顿认为这是科学在17世纪得以发展的原因。默顿论题的这个特殊部分属于解释现代早期科学之兴起的一个更大传统。现在我们就转向这个传统。

## 5.2 现代早期欧洲的积极生活

有一组关于科学革命的特定解释,关注的是自16世纪初以来西欧历史中出现的一种新活力。无论航海大发现、技艺和手艺的兴盛、枪炮制造的出现、印刷机的发明、采矿业的改进等成就是否被用来与据说宁静的中世纪沉思作对比,一些历史学家正是到
322 这些领域中去寻找欧洲历史上促使现代早期科学出现的决定性新要素。据我所知,最早提及所有这些主题并赋予它们以内在融贯性的严肃作品是奥尔什基三卷本的《现代语言科学文献史》(*Geschichte der neusprachlichen wissenschaftlichen Literatur*, *1919—1927*)。

## 5.2.1 奥尔什基与柯瓦雷论科学家对欧洲萌发活力的反应

列奥纳多·奥尔什基(Leonardo Olschki)1885年出生在意大利城市维罗纳,父亲是出版商利奥·奥尔什基(Leo S. Olschki)。他的主要兴趣领域是意大利语、法语和文学。1913年至1933年,他在海德堡大学教罗曼语文学,后因"纽伦堡法令"的颁布而遭驱逐。在罗马获得一个教席之后,他于1938年前往美国,先后在约翰·霍普金斯大学和伯克利教书。1962年,奥尔什基去世。①

奥尔什基这部1266页巨著的正式目的是概述从莱昂·巴蒂斯塔·阿尔贝蒂(Leon Battista Alberti)②到伽利略用意大利本国语写成的与科学有关的著作。他原本打算将分析扩展到伽利略的弟子,并介绍从奥雷姆至笛卡儿和以后的法国科学文献以及相应的德国状况,但未能实现。③

在某种层面上,这部极为博学的著作(据我所知,就全面性而

① 这些材料取自 *Physis* 4,1962,pp. 159 - 160 的一篇讣告。三卷本的 *Geschichte der neusprachlichen wissenschaftlichen Literatur* 如下:*Erster Band*:*Die Literatur der Technik und der angewandten Wissenschaften vom Mittelalter bis zur Renaissance* (Heidelberg:Winter,1919);*Zweiter Band*:*Bildung und Wissenschaft im Zeitalter der Renaissance in Italien* (Leipzig and Florence:Olschki,1922);*Dritter Band*:*Galilei und seine Zeit* (Halle:Niemeyer,1927)。全集由 Kraus Reprint (Vaduz) 于1965年重印。

② 阿尔贝蒂(1404—1472):意大利文艺复兴时期人文主义者、建筑师、理论家。——译者

③ L. Olschki,*Geschichte der neusprachlichen wissenschaftlichen Literatur* II,p. vii.

言奥尔什基是后无来者)代表了将当时的科学著作作为语言产物进行分析的一种尝试。也就是说,奥尔什基考察了这样一些主题:本国语从拉丁语中解放出来;某位科学作者为何会先用一种语言后用另一种语言进行写作;所有这些作品在他们那个时代文学散文中的地位;它们在风格、语法、语义和文学上的特性;一种原本极不适合科学术语的语言逐渐适应了标准化科学报告的形式要求。简而言之,如果奥尔什基的确完成了他的全部计划,我们将会拥有目前科学革命编史学仍然急需的东西:一位精通语言文学史和科学史的作者对他认为是语言产物和文学艺术作品的科学革命开创性著作的系统概述。

奥尔什基并没有将他的分析局限于阿尔贝蒂、达·芬奇、塔尔塔利亚和伽利略等人所使用语言的形式方面。他始终关注的是语言如何决定论证,他对伽利略对话体伟大著作的处理是其整个努
323 力的顶点。在奥尔什基看来,语言有助于决定科学思想方向的首要例子可见于本国语在整个文艺复兴时期被越来越多地使用,这反映了从枯燥而苍白的经院式博学决定性地转向一种混合的科学/技术文献,后者建立在工匠、实践者、旅行家——简而言之,文艺复兴欧洲赋予生命以新的活力的所有那些要素——的经验之上。奥尔什基的最终目的乃是“揭示科学发展的文化前提”。① 他相信,通过对本国语科学文献进行分析,他已经发现了一条通往这一目标的道路。毕竟,这种新的写作类型是

① L. Olschki, *Geschichte der neusprachlichen wissenschaftlichen Literatur* I, p. 5:“die kulturellen Vorbedingungen der wissenschaftlichen Entwicklung aufzudecken.”

在生活的形式和观念的世俗化迫使人们将已经远离世界的科学引入实际思想活动领域时兴起的。……因此，本国语科学文献以应用科学和经验科学开始，一旦超越实际需要的界限，就会独立发现通往纯粹科学抽象的道路。这部早期科学散文的兴起与形成史所关注的正是这一发展的终点，它可见于伽利略和笛卡儿的作品，他们的创造和发现并非古代和中世纪研究方法的反映，而是一种观念的进一步发展和胜利。[①]

因此，奥尔什基并不是要表明伽利略的科学基本上完全集中于实际问题。他的要旨其实是，伽利略之所以能够超越其科学前辈积累起来的学识，是因为最近出现了一种将数学概念应用于实际技术问题的传统，这种传统是他从之前的本国语文献中接受的。也就是说，透视、采矿、防御工事、弹道学等问题为转向经验世界提供了动力，没有这种转向，科学在 17 世纪的彻底变革是不可想象的。这里仅举一例：按照奥尔什基的说法，伽利略（在《关于两门新

① L. Olschki, *Geschichte der neusprachlichen wissenschaftlichen Literatur* I, pp. 5 - 6: "Sie entstand, als die Verweltlichung der Lebensformen und -anschauungen die Menschen zwang, die weltfremd gewordenen Wissenschaften fur die praktische und geistige Betätigung heranzuziehen .... Deswegen beginnt die neusprachliche wissenschaftliche Literatur mit den angewandten und den Erfahrungswissenschaften, um, jenseits der Grenzen praktischer Notwendigkeiten angelangt, selbständig den Weg zu den reinen wissenschaftlichen Abstraktionen zu finden. Das Ende dieser Entwicklung, welcher diese Entstehungs- und Bildungsgeschichte der neueren wissenschaftlichen Prosa gewidmet is, zeigt sich im Werke Galileis und Descartes', deren Schaffen und Entdecken keine Emanation antiker und mittelalterlicher Forschungsmethoden, sondern die Fortentwicklung und der Triumph einer Idee sind."

科学的谈话》第一天的开始)广为人知地援引威尼斯兵工厂和在那里碰到的实际问题获得了一种高度的纲领性价值,因为他宣布了是什么首先使新科学成为可能。这在当时是一个极不寻常的新关注焦点。不过奥尔什基仍然小心翼翼地作了限定:

> 节省动力、机器的能力、枪的精确性、防御工事的抵抗力等问题正是两个世纪以来的技术文献所处理的问题。然而,伽利略主要把作坊传统(他经由他的老师对此相当熟悉)看作是经验和观察的领域,适合为机械技艺的理论基础划定初步界线。
> 324 因此,他对那些问题的表述是根本不同的,对它们的解决完全独立于这种直接的作坊和理论家传统,尽管他会不时关注是否有可能将他通过思辨和实验而发现的理论应用于实践。[①]

## 奥尔什基对马赫经验论的超越

这里只是最简要地勾勒出奥尔什基观点的大概。他那三大卷

---

① L. Olschki, *Geschichte der neusprachlichen wissenschaftlichen Literatur* III, pp. 156 – 157: "Die Probleme der Kraftersparnis und der Leistungsfähigkeit von Maschinen, der Treffsicherheit von Geschossen, des Widerstandes von Festungsbauten sind die gleichen, die schon durch zwei Jahrhunderte hindurch in der Literatur der Technik ihre Erörterung gefunden hatten. Galilei hat aber die Ueberlieferung der Werkstätten, die er durch seinen Lehrer erst kennen gelernt hatte, hauptsächlich als Gebiet der Erfahrung und Beobachtung betrachtet, um in erster Linie die theoretischen Grundlagen der mechanischen Künste festzulegen. Deshalb ist die Formulierung jener Fragen doch eine grundsätzlich verschiedene, ihre Lösung von jeder unmittelbaren Ueberlieferung der Werkstätten und der Theoretiker durchaus unabhängig, wiewohl seine Aufmerksamkeit stets wieder auf die Möglichkeiten praktischer Anwendungen der spekulativ und experimentell gewonnenen Lehren hingelenkt wird."

著作极为细致、密集、不十分准确但却引人入胜，有助于在迄今仍然充满活力的科学革命编史学中开辟一个新传统。但他的著作很少被引用，更不要说详细讨论，我希望有朝一日能对它进行单独研究，这是完全值得的。事后看来，奥尔什基从一开始就设法避开了许多继续详述由他首次提出的主题的人注定要掉入的陷阱。在奥尔什基这里并不存在纯粹通过实用性来解释现代早期科学兴起的问题。例如请注意上述引文中的微妙措辞：尽管暗示伽利略的灵感最终来自技术领域，但奥尔什基明确指出，伽利略把由此获得的洞见提升到了一个新的理论抽象层面。

奥尔什基认为，文艺复兴时期的技艺和技术对于现代早期科学的出现相当重要，这种看法依赖于将现代早期科学刻画为经验的和观察的，就此而言，他有意识地追随了马赫的足迹。[①] 虽然奥尔什基的著作中可能不时会出现一些马赫处理科学史的实证主义方法，但他更为细致的历史敏感性使他能在很大程度上超越马赫编史学的固有限制。这基本上独立于迪昂的发现，迪昂将在奥尔什基撰写这几卷著作期间（显然是独自进行的）深刻改变历史学家对现代早期科学兴起的看法。作为伽利略的仰慕者，奥尔什基对迪昂把主要原创性归功于巴黎唯名论者从而贬低了伽利略的独立功绩感到不满。因此，对于经院学者为现代早期科学的起源所做的贡献，除了纯粹的博学，他不能赋予任何其他重要性。在奥尔什基看来，伽利略主要是阿基米德传统的数学物理学家，但伽利略之

① 我从与 I. B. Cohen 的交流中得知，马赫的《力学史评》中存在着对奥尔什基思想的某些预示。

所以能够同时超越古典传统和经院学说的限制，恰恰是因为他创造性地详细阐述了许多实际问题，新出现的本国语科技文献传统使他对这些问题拥有敏锐的眼光。

这样一种聚焦于伽利略成就的观念注定会与柯瓦雷十多年后针对现代早期科学起源提出的更具“观念论”色彩的解释相冲突。
325 这种冲突并非简单的“经验主义与数学主义”的对立，因此也更加有趣。① 毕竟，奥尔什基精良的经验论的确使他足以能够先于柯瓦雷十年提醒人们注意“[伽利略]思想中彻底的柏拉图主义倾向”和“思考自然的柏拉图主义方法”，尽管按照奥尔什基的说法，伽利略

> 与柏拉图的关系……乃是基于某种精神上的亲近，而非意识到观点上的相似。就一般意义上的精神倾向而言，伽利略是一个柏拉图主义者，但柏拉图的文学特色对他的吸引要远甚于柏拉图的学说本身。②

① 根据 I. B. Cohen 对奥尔什基声明的有趣回忆，伽利略的确像他所描述的那样做了实验，这在某种程度上与柯瓦雷的看法是相违背的。参见 I. B. Cohen，“Alexandre Koyré in America：Some Personal Reminiscences，” p. 58。

② L. Olschki，*Geschichte der neusprachlichen wissenschaftlichen Literatur III*，p. 164：“die durchaus platonische Richtung seines Geistes”；p. 165：“eine platonische Methode der Naturbetrachtung”；p. 174：“so erkennt man，wie sein Verhältnis zu ihm weniger ein wissenschaftliches und gelehrtes，als ein stimmungsmässiges war，das eher vom Gefühle einer geistigen Verwandschaft，als vom Bewusstsein einer Gleichartigkeit der Meinungen gefestigt wurde. Der allgemeinen Geistesrichtung nach ist Galilei Platoniker，aber Platos literarische Eigenarten fesselten ihn viel mehr als seine eigentlichen Lehren.”

对伽利略看法的这种相似性恰恰可以帮助我们确定，奥尔什基和柯瓦雷对新科学起因的看法在哪一点上渐行渐远。

**奥尔什基与柯瓦雷的观念对比**

关于现代早期科学出现的原因，柯瓦雷的论述仅有只言片语。在这些问题上，他主要是用自己的核心观念来纠正其他历史学家的错误看法。例如，柯瓦雷在《伽利略研究》中指出，奥尔什基的错误与其说在于承认伽利略的柏拉图主义（尽管奥尔什基误认为这与强调伽利略的经验主义倾向相容），倒不如说在于认为现代早期科学起源于工程科学家传统。[①] 问题是，弹道学、防御工事、水力学等领域的所有活动本身并不足以推翻业已接受的科学理论：

> 子弹和炮弹击毁了封建制度和中世纪城堡，但中世纪动力学却抵挡住了冲击。[②]

柯瓦雷欣然承认，中世纪和文艺复兴早期见证了一波又一波辉煌而独特的技术发明，比如原始平衡摆（foliot balance）、哥特式教堂的建筑原理等等。这些发明证明了技艺和手艺——也就是"常识意义上的各种技艺思想"[③]——的成就，但也表明了这些活动在得不到未来的科学革命科学支持时固有的局限性。然而，这

---

① A. Koyré, *Études Galiléennes*, p. 13；亦参见"Galileo and Plato," p. 17, note 3。

② A. Koyré, "Origines," 本文英文版的 p. 12。

③ A. Koyré, "Monde de l' 'à-peu-près,'" p. 344："la pensée technique du sens commun."

种新科学一旦通过伽利略和笛卡儿的理论努力而产生，便立刻使这些经验活动发生了改变。被引入新的精确性领域后，技艺在历史上第一次变成了技术本身。因此，奥尔什基把发动伽利略革命
326 所必需的转向归因于工程师"科学"，这归根到底是把科学发现与技术发明之间的联系（现在认为是理所当然的，但在科学革命到来之前却几乎不存在）向前作了投射。关键动力其实是引入了阿基米德的著作。而紧接着决定性地转向一个完全不同的层面，即物理理论的建立，可见于贝内代蒂成功地克服了工程科学家的局限性，尽管这仅在伽利略的工作中才得以充分实现。

我认为奥尔什基和柯瓦雷在这一点上的分歧并不像柯瓦雷所说的那么大。毕竟，奥尔什基也意识到，新出现的工程科学传统要想超越最初的限制，数学传统是不可或缺的。但从这一共同看法出发，他们得出了相反的结论。通过考察柯瓦雷对科学史解释所持有的观点，我们可以领会他们的最深分歧所在。

柯瓦雷的科学史研究方法通常被认为体现了"内部主义"。这大体上当然是真的，但并没有给出完整图像。[①] 柯瓦雷将研究科学家的社会环境及其个人心理的各种进路并入了"心理社会学解释"这个有趣的标签之下，他很乐于承认，产生科学必须满足某些特定的条件，而这些条件只有在极少数情况下才能满足。毕竟，文

---

① 柯瓦雷表达以下观点的论文是"Commentary on H. Guerlac's 'some Historical Assumptions of the History of Science'"和"Les philosophes et la machine"（后者可见于他的 *Études d'histoire de la pensée philosophique*）。Y. Elkana，"Alexandre Koyré：Between the History of Ideas and Sociology of Disembodied Knowledge"基于完全不同的理由同样认为柯瓦雷是一个不那么纯粹的内部主义历史学家。

明没有科学也能繁荣起来，中国、迦太基和波斯的情况便是如此。致力于科学事业需要闲暇，也要有做深入的纯理论研究的意愿。要想实现那些条件，需要有拥护者，或者至少是某种尊重，能在更广的社会中承认研究的价值并不限于立即见效的实用领域，而在大多数情况下，后者是官僚唯一关心的东西。因此，官僚社会和贵族社会容易仅仅看重那些魔法的、神圣的知识，或是专注于施加政治权力。这样我们就能理解为什么科学没有在中国和波斯庞大的官僚制度中产生，也能理解它如何可能在希腊兴起，但并不能理解为什么后一事件确实会发生。

同样的局限性也适用于解释 17 世纪科学革命的任何尝试。当时的科学爱好者之所以总是诉诸新科学的用途，主要是为了迎合王公贵族和官僚，后者有权赋予自由的理论研究以闲暇。科学家正是以这种方式获得了社会认可，如果没有这种认可，对纯粹科学的追求从一开始就不可能。不过，除了在寻求新科学的合法性方面基本成功以外，诉诸新科学的用途几乎不起什么作用。例如，虽 327
然惠更斯制造精确时钟的确受到了确定海上经度问题的激励，但对他而言，制造精确时钟对于理论天文学的好处肯定是第一位的。

因此，柯瓦雷暗示而非断言，科学的合法性是“心理社会学解释”能把科学史家带到的最远的地方。希腊城邦的结构无法解释希腊科学，就像“帕多瓦或佛罗伦萨无法解释伽利略”一样。[①] 所有这些都表明，“要对科学思想的产生给出一种社会学解释……是

① A. Koyré, “Les philosophes et la machine,” pp. 323 – 324: “Syracuse n’explique pas Archimède, pas plus que Padoue ou Florence n’expliquent Galilée.”

不可能的”。[①]

**柯瓦雷与历史解释的局限性**

就这一点可以作两个评论。首先，柯瓦雷这里未能明确讨论一个区分，该区分无论是对于他自己的论证还是对于科学史中的整个“外部”解释都很基本。我们发现柯瓦雷承认(后来本-戴维对这些线索作了更加细致的探讨)，研究使现代早期科学得以出现的社会条件是有意义的。然而，他认为科学思想的发展是一个首先由自身内在逻辑所引导的过程，拒绝接受任何有可能减少科学思想内部发展自主性的解释。奇特之处在于，在暗地里区分了这两种分析层次[②]之后，他立刻将两者合在一起，然后整个拒绝了这种研究方法本身。而我认为，这种区分是至关重要的，通过既定文明和时代框架中的某些社会条件存在与否来解释或许相当有启发性，但的确应当抵制对科学思想进行社会还原的尝试。这种社会还原论在20世纪30年代——即柯瓦雷的科学史思想灵活多变的时期——无疑大行其道，因此我们可以理解为什么他虽然意识到了这种区分，但仍然倾向于将两者合在一起，并将奥尔什基相当缜密的分析当作那个时代提出的历史唯物主义最粗糙的产物丢进了同一个垃圾堆。我们将在下一节讨论那些产物，并且回到这样一种想法：数十年来，由

① A. Koyré, “Les philosophes et la machine,” p. 323: “même s'il est impossible, comme je le crois, de donner une explication sociologique à la naissance de la pensée scientifique.”

② 这两种分析层次是：研究使科学得以出现的社会条件，以及对科学思想进行社会还原。——译者

于未能明确区分科学史的这两个社会分析层次，这一学科已经受到了极大损害。事实上，直到现在它也没有被完全克服。

这里我只想断言，如果我们试图了解 17 世纪的欧洲何以能够做到古希腊从未成功做到的事情，那么就不能像柯瓦雷那样，轻易拒斥奥尔什基那种对欧洲社会新动力的开创性研究。尽管柯瓦雷在这一点上是相当一致的，因为对他来说，希腊停滞的问题并不存在：我们知道在他看来，伽利略本可以作为直接继承人紧跟着阿基米德出现，而不是时隔 18 个世纪才出现(第 4.2.2 节)。

柯瓦雷如此不在乎探索科学革命的原因还有另一个理由，那就 328
是他对历史解释即使在最好情况下能得到什么结果持怀疑态度。他相信，我们最终不可能知道技术发明或科学发现为何会出现：

> 一切解释，无论听起来多么言之成理，最终都是原地打转。毕竟，这对人类思想来说并不是丑闻。存在着不可解释的事件、不可还原的事实、绝对的开端，这在历史乃至人类思想史上是相当正常的。
>
> ［简而言之：］在历史中不可能穷尽所有事实来解释每一件事情。①

① A. Koyré, "Les philosophes et la machine", p. 316: "Car toutes les explications, si plausibles qu'elles soient, finalement tournent en rond. Ce qui, après tout, n'est pas un scandale pour l'esprit. Il est assez normal qu'il y ait dans l'histoire—même dans l'histoire de l'esprit—des événements inexplicables, des faits irréductibles, des commencements absolus." Ibidem, p. 339: "Il est impossible, en histoire, d'évacuer le fait, et de tout expliquer."

因此，柯瓦雷确信首要任务是实现他关于现代早期科学如何出现的革命性观念中的新洞见。首先应当塑造“科学革命”的概念，如实地做出描述，进行解释性的分析。[①] 至于就科学革命的原因可以给出多少合理的说法，这项任务可能要留给别人了。尽管柯瓦雷作了明智的警告，我们现在仍然要探讨，如果不重蹈社会还原论的覆辙，在陷入最终的循环陷阱之前，我们在多大程度上能够获得关于新科学可能源于欧洲重新萌发的活力的一些启发。

### 5.2.2　赫森论题：现代早期科学与资本主义

由奥尔什基最先触及的那些主题的命运很是奇特。除少数例外，他对我们理解现代早期科学的兴起所做出的贡献仅在一些脚注中得到了承认，因此他的完整成就一直不为人们所注意。[②] 然而，这些主题本身并没有因此而消失。大致情况如下。在三四十年代，苏联物理学家赫森和奥地利哲学家/科学家齐尔塞尔远远超出了奥尔什基的意图，对实际需求有力地促进了现代早期科学的兴起这一整体观念做了一种马克思主义转变，默顿则带着不大明显的马克思主义意味将这种观念与他本人的“清教主义与科学”论题联系起来。到了 50 年代，整个研究方法遭到了（特别是霍尔的）

---

① 亦参见 A. Koyré, *Newtonian Studies*, p. 6：“在尝试给出一个关于 17 世纪科学革命历史出现的解释之前（不论它是什么样的解释），我们必须首先弄清楚它的内容。”

② 我所知道的两个例外是 Lynn White 和 I. B. Cohen。参见 L. White, *Medieval Religion and Technology*, pp. 121－123（附有奥尔什基关于伽利略工作的命运的有益概要）和 I. B. Cohen, “A Harvard Education,” p. 17，后者指出，奥尔什基“当前遭到了可耻的忽视”。

严厉抨击，因为新出现的科学革命概念似乎与它不相容。从50年代末开始，该主题卷土重来，对它的讨论更多是片段性的。像机械钟、海外探险或印刷机等欧洲活力的标志性成就，奥尔什基只是附带谈及，现在则更详细地被说成有助于引发科学革命。在这方面，我们要讨论兰德斯（也包括柯瓦雷）、霍伊卡和爱森斯坦。由于通过欧洲各方面的活力对科学革命所做的解释本身构成了一种较为 329
连贯的编史学传统，因此大致以时间顺序来讨论有助于澄清以它的名义进行的各种争论的性质。于是，我们现在就来讨论许多问题的肇始者——鲍里斯·米哈伊洛维奇·赫森（Boris Mikhailovich Hessen，1893—1938）。

赫森在1931年的《牛顿〈原理〉的社会经济根源》一文中相继提出了三个观点。[①] 首先，他希望表明三卷《自然哲学的数学原理》处理的所有主题都源于17世纪初因新兴资本主义的需求而产生的技术问题；其次，赫森认为，牛顿作为他那个阶级的产物，不可能从物理世界图景中得出唯物主义的无神论结论；最后，由于不了解蒸汽机，牛顿没能提出由马克思的合作者恩格斯给出最终形式的能量守恒原理。在提出这三个观点之前，赫森先以释义形式对历史唯物主义作了简要说明，并且穿插引用了马克思《政治经济学批判》序言中的一些经典论述。在整篇论文中，对于这些马克思主义历史分析出发点的真理性，赫森要么是理所当然地接受，要么是大加称颂，认为它们是完备的、无可辩驳的、绝对确定的真理。

---

① 这篇论文发表于 *Science at the Cross Roads*。我参考的是1971的影印本，附有李约瑟的前言和P. G. Werskey的导言。

通常认为，赫森的第一个观点（不管他的标题如何）涉及的是现代早期科学的兴起，而不仅仅是关于牛顿。① 这里我们不去考虑赫森的另外两个观点。我们可以在不严重扭曲赫森原意的情况下，把后来既广为人知又声名狼藉的"赫森论题"总结成这样一种主张，现代早期科学的出现可以以技术发展为中介，通过早期资本主义的需求来解释：

> 16—17世纪自然科学的辉煌成功取决于封建主义经济的瓦解，商业资本、国际海事关系和重工业（采矿业）的发展。②

赫森论证的出发点是"商业资本的发展"在若干技术领域产生了一些十分明确的问题：水上运输、采矿业和弹道学（既包括刚刚开火后子弹在枪膛内的运动，也包括出膛后子弹的运动）。然后，赫森试图确认并列出当时所有这些问题的清单，比如"船只吨位的增加和速度的增加""矿井通风方法"和"稳定性与枪炮最小重量的结合"，等等。③

对于清单上的每一项，赫森都确定了"解决这些技术问题所需
330 的物理前提"。④ 例如，"要想增加船的吨位，就必须知道物体在流体中漂浮所遵循的基本定律，因为要想估算吨位，需要知道如何估

① 参见 P. G. Werskey, "On the Reception of *Science at the Cross Roads* in England," p. xxi（其中对科学革命概念的援引有些时代误置）。

② B. Hessen, "The Social and Economic Roots of Newton's 'Principia,'" p. 155.

③ Ibidem, pp. 158, 161, and 164.

④ Ibidem, p. 158.

算船的排水量。而这些是流体静力学问题”。同样，“排风设备需要对气流进行研究，这是气体静力学的问题，而这又属于静力学工作的一部分”，如此等等。[①]

确认了包含相关技术问题解决方案的各个物理学领域之后，赫森又列举了16、17世纪在这些物理学领域进行研究的科学家，他发现所有领域当时的确都被涵盖了：

> 上述指定的问题几乎涵盖了整个物理学领域。
>
> 如果将这一系列基本论题与我们分析运输的技术需求、传播手段、工业和战争时所发现的物理问题相比较，就可以清楚地看到，这些需求从根本上决定了这些物理学问题。[②]

赫森不厌其烦地一再重复自己的观点，而不是用论证来支持。他进而断言：

> 我们的结论是，物理学方案主要取决于由新兴资产阶级推到第一线的经济技术任务。
>
> 在商业资本时期，生产力的发展为科学制定了一系列迫切需要完成的实际任务。[③]

① B. Hessen, “The Social and Economic Roots of Newton's ‘Principia,’” pp. 158 and 161.

② Ibidem, p. 166.

③ Ibidem, p. 167.

然后是一段插曲，赫森（以恩格斯为指导而完全忽视了迪昂）把中世纪大学的科学黑暗与随后的科学复兴进行了对比。最后，他开始讨论《自然哲学的数学原理》。赫森承认，这三卷著作是用抽象的数学语言写成的，“要想在其中找到牛顿本人是如何解释他所提出和解决的问题与其背后的技术需求之间的联系，那是徒劳的”。[1] 事实上，马克思主义者很少会被这样一个细节所阻止。如果历史事实碰巧阻止他经由当时的明确陈述这一前门进入，那么以“历史是人民造就的”作为方便手段的后门依然是敞开的。赫森先是收集了牛顿所有书信中论述技术问题的只言片语（主要见于牛顿给弗朗西斯·阿斯顿［Francis Aston］[2]的信）并简要谴责了所有其他唯心论历史学家，说他们在牛顿那里除了伟大的天才之外什么也看不到，“只是在抽象思想的天空中翱翔”。[3] 接着，赫森
331 列举了《自然哲学的数学原理》中讨论的物理学领域，并且欣喜地注意到，这些领域正是当时新兴资产阶级正在努力解决的那些技术问题所需要的。以上论述便是赫森相关观点的全部内容。

**赫森论题的起源和影响**

如果是这样，为什么还要在这样一种观点上如此花费笔墨呢？不仅对今天的读者而言，就是从 1931 年之前的科学编史学所达到的复杂程度来看，其缺点也是显而易见的。就连一个半世纪之前

① B. Hessen, “The Social and Economic Roots of Newton's ‘Principia,’” p. 171.

② 阿斯顿（1644/1645—1715）：牛顿的朋友兼三一学院的同事、皇家学会会员（1681—1685 年任皇家学会秘书）。这封著名的信写于 1669 年 5 月 18 日。——译者

③ B. Hessen, “The Social and Economic Roots of Newton's ‘Principia,’”, p. 174.

马赫的宣言，都要对赫森观点中粗糙的时代误置甘拜下风。这里所谓的“粗糙”主要并不是指突然出现某个“Herique”那样的事实错误(翻译是只用五天时间仓促完成的，将西里尔字母转写成拉丁语字母的过程中存在着一些错误，结果导致马格德堡著名市长[①]的名字被篡改)，也不是指提到了伽利略称赞“佛罗伦萨兵工厂”[②]。[③] 我所谓的“粗糙”首先是指整个观点最重要的症结所在，简单地说就是，赫森把我们今天对某些技术问题的物理背景的理解投射到了16—17世纪的工程师那里，但是实际上，这些人要么凭借经验解决自己的问题，要么不知所措或根本不关心它们的解决(几乎在所有其他情形中都是如此)。就好像在流体静力学领域的专家出现并告知如何做之前，整个世界历史上的造船工人从来没能“增加船的吨位”似的。所以问题依然是，为什么要如此关注这样一个草率的学说呢？

这与赫森论文发表时的外部环境有莫大关系。

这篇论文是提交给1931年夏天在伦敦举办的第二届国际科技史大会的。赫森是由依然杰出的老布尔什维克尼古拉·布哈林(Nikolai Bukharin)率领的苏联代表团的成员。虽然在政治上布哈林已经遭到斯大林清洗，但他仍被认为适合在意识形态上向世界展示俄共当时对于科学在腐朽的资本主义制度中与建设社会主

① 科学史上著名的马格德堡实验是时任马格德堡市长的奥托·冯·盖里克(Otto von Guericke)做的。作者这里指赫森把“Guericke”误写成了“Herique”。——译者

② 伽利略实际称赞的是“威尼斯兵工厂”。——译者

③ B. Hessen, “The Social and Economic Roots of Newton's ‘Principia,’”, pp. 163 and 164.

义社会过程中所扮演不同角色的看法。1931 年，赫森任莫斯科物理研究所所长。他对相对论的支持已经导致他与当局在意识形态上的分歧越来越大，而且正如洛伦·格雷厄姆(Loren Graham)[1]最近所指出的那样，可以把赫森的论文视为对自己在国内所遭受的具有潜在致命性的猛烈攻击所做的辩护。尽管如此，赫森依然于 1935 年在大清洗运动中被捕，并于 1938 年连同其保护人布哈林一并被处决。[2]

这样一个具有政治色彩的代表团突然出现在平静的科学史会议上，的确导致了不小的骚动。其持续影响有三重。首先，主要通过苏联大使馆的巨大努力，代表团设法在五天之内以《十字路口的
332 科学》(*Science at the Cross Roads*)为题刊印了它的论文，大都相当冗长。这个标题意指布哈林在开幕词中所指出的科学的双重状态：在颓废的资本主义制度下陷入了深刻的危机，而在正在建设新社会的国家中却朝气蓬勃。这种想法在几位带有左派倾向的杰出英国科学家那里引起了深深的共鸣。就我们的目的而言，其中特别需要关注贝尔纳和李约瑟。虽然他们都很清楚，在其家乡剑桥，

---

① 格雷厄姆(1933—)：美国科学史家，研究专长为苏联科学史。——译者

② 在“The Socio-political roots of Boris Hessen”中，格雷厄姆描述了赫森在伦敦会议中遇到的麻烦。他似乎试图通过其论文中隐含的以下两段话来摆脱困境：(1)看看我的马克思主义是多么正统，看看我是多么忠诚地赞同当前对“破坏分子”的斗争；(2)倘若我们都接受的牛顿的物理学植根于资产阶级利益，正如我在这里表明的，那么我们也可以接受爱因斯坦的物理学，即使他的资产阶级根源并不明显。(顺便提一句，格雷厄姆说赫森生于 1893 年，但我曾经的基础俄语老师 M. Broekmeyer 给我看的 1978 年的一篇文章的作者 K. H. Delokarov 说是 1883 年。)格雷厄姆也给出了关于代表团内部权力关系的各种有趣细节，布哈林的权力远比局外人当时认为的要小。此外，布哈林的纲领性论文也被其斯大林主义对手视为异端。

科学并非处于危机状态，而是正在经历黄金时代；他们也不可能没有注意到赫森粗糙的观点，特别是在科学编史学领域已经赢得名声的李约瑟。但是出于超出本书讨论范围的一些理由，主要正是赫森的论文使这些人大开眼界，表明通过社会经济背景来分析科学的历史可能取得怎样的成果。[①] 贝尔纳将把“历史上的科学”（见第3.6.2节）建立在这种洞见的基础之上，并把赫森论题作为一个构成要素吸收进来。李约瑟随后引出的思想进程我们将在下一章讨论。

赫森的论文对另一些科学史家也产生了重要影响，尽管大体上沿着相反的方向。许多人必定会认为，“假如这就是科学史的外部研究方法的全部内容，那么科学史的外部研究方法将被彻底抛弃”。科学编史学中“内部主义者”与“外部主义者”之间的灾难性分裂正是源自于赫森论题。这一分裂浪费了太多思想良机，而且至今未被弥合。要想克服从事实际工作的科学家几乎与生俱来的一种偏见，即科学是理智探究的完全自主的产物，我们最需要的是耐心、精细的辨别和小心翼翼地避免粗糙的还原论。然而，这篇气量狭窄的论文以最粗糙的斯大林主义坚持着顽固的教条。除了彻底抛弃其要旨之外，那些并不把苏联看成乐土的人还能做什么呢？

几乎普遍采用的解决办法是暂时默默地拒斥。但也有两位对科学史感兴趣的非共产主义学者并未就此止步。默顿利用赫森论文中的要素来安排他本人论文（见下一节）的技术章节，而历史学

① 关于这次会议对贝尔纳和李约瑟等人的思想冲击，引人入胜的材料（以及对它们所做的一种非常倾向性的解释）可见于 G. Wersky, *The Visible College* 各处。

家乔治·诺曼·克拉克(George Norman Clark)[①]则直面了这一挑战。后者在1936年的一场礼貌但却极具破坏性的演讲“科学的社会和经济方面”中做出了回应,它一年后发表在一本不太切题的小书《牛顿时代的科学与社会福利》(*Science and Social Welfare in the Age of Newton*)之中。

### 克拉克对赫森论题的挑战

克拉克乐于承认,经济生活和战争有助于引导17世纪科学家的心灵转向具体的研究主题。但除了这两方面的因素以外,还有
333 其他因素促进了17世纪的“科学运动”。这里他首先提到了医学或“治疗技术”对生物学研究的影响。[②] 接着,他提醒我们注意,艺术和音乐理论“与建立17世纪科学中显著的数学方法密切相关”。[③] 但他坚持认为,不能把来自治疗和艺术的推动力归结于经济领域,因为这两者都超越了纯粹的实用性。

克拉克指出,历史学家很早就认识到实验方法源于工业、技艺和手艺中经常用到的程序。而且

> 很早就认识到,中世纪晚期商业领域引入理性记账是定量思维习惯的另一个结果,这种定量思维在伽利略和牛顿的工作中与实验紧密结合在一起。[④]

---

① 克拉克(1890—1979):英国历史学家。——译者

② G. N. Clark, *Science and Social Welfare in the Age of Newton*, p. 70.

③ Ibidem, p. 72.

④ Ibidem, pp. 78 - 79.

然而要点在于，这些源于矿工、技师、工匠和商业记账的实验和定量方法“要想成为科学的，就必须与其他某种东西相结合”。[①] 这里的“其他某种东西”就是宗教。克拉克用当时一些科学家的例子（特别是牛顿）来阐明自己的断言，指出他们从事科学具有宗教动机。克拉克警告说，“除非有相反的证据，否则就应相信这些动机”。[②] 然后，作为整个论证的顶点，克拉克指出：“无私利的求知欲，心灵意欲不带任何实际目的地有条理地运用自身，这是一种独立的独特动机”。[③] 正是这个最伟大的动机连同另外五个动机造就了17世纪的科学运动。这场新科学运动“只是触及了人类生活需求的某些方面”。[④] 毕竟，当时迫切需要回答的许多实际问题在17世纪结束之后的很长一段时间里仍未获得科学解决；同样，许多有益的科学应用源于本来纯粹以自身为目的的科学研究。由此，克拉克在论文结尾冷冷地写道：只有牢记这两个限定，赫森论题才是可接受的。

### 5.2.3　默顿论17世纪的科学与技术

默顿试图在《17世纪英格兰的科学、技术与社会》的一到六章表明，对科学的职业兴趣在17世纪的英格兰显著增长可能与当时的清教伦理有因果关联。但这只是他想要提出的论点的一部分。默顿博士论文的其余部分是想查明：

---

① G. N. Clark, *Science and Social Welfare in the Age of Newton*, p. 79.

② Ibidem, p. 82.

③ Ibidem, p. 86.

④ Ibidem, p. 89.

334 是什么力量把科学家和发明家的兴趣引导到特殊轨道上来的呢？问题的选择是否完全出于个人兴趣而与社会文化背景根本无关呢？抑或这种选择明显受到各种社会力量的限制和引导，如果确实如此，这种影响的程度又如何呢？[①]

相比于讨论"清教与科学"的各章，默顿在后面各章中不仅关注英格兰科学，还关注了现代早期科学在欧洲大陆的产生。或许有些奇怪，默顿即将成为美国社会学主流的主要代表，但无论是其相关论述的整体结构还是许多实际数据都来自赫森，而且几乎是未作批判地参考。于是，除了有若干页提到了奥托·冯·盖里克（Otto von Guericke）[②]，我们还看到出现了否则便不知出处的 Herique，以及由赫森发明的同样伪造的"佛罗伦萨兵工厂"。[③] 就扩展到欧洲大陆的观点而言，默顿的论述相当依赖于赫森。除了援引其他许多文献，默顿为赫森论题独立补充的实质性内容主要有以下几点。

首先，默顿展示了来自英格兰科学与技术的大量经验材料。例如，为了给赫森关于牛顿《自然哲学的数学原理》的论题提供证据，默顿提到了牛顿在一条关于流体介质阻力的定理结尾处的一个评论（似乎为赫森所忽视）。牛顿在那里写道："我认为这个命题也许可以用于造船。"[④]这一特殊发现后来被归功于赫森，并以此

---

① R. K. Merton, *Science, Technology and Society in Seventeenth-Century England*, p. 137.

② 盖里克（1602—1686）：德国科学家、发明家。——译者

③ R. K. Merton, *Science, Technology and Society in Seventeenth-Century England*, pp. 148, 187, and 275.

④ Ibidem, p. 180 (指 Book Ⅱ, Section Ⅶ, Scholium to Proposition 34).

表明赫森的观点理应受到嘲笑，因为当时的造船者不可能理解这里所涉及的极为复杂的数学推理，这种归功典型地表明，赫森对默顿观点的影响经常被忽视。[①]

更重要的是，默顿再次为他通过搜寻当时的文献所得出的结论补充了一些统计学证据——他为这一程序赋予了可观的纲领性价值。默顿预见到了他本人的论题未来会遇到的争论，于是抱怨说：为了证明思想史中的某些观点“是正当的，各方往往会寻求一些精挑细选的案例来为自己辩护，这些案例会按照计划来证实这些对立意见的某一方”。[②] 因此，默顿根据各自的主题对某四年的皇家学会会议讨论的话题做了分类。他认为这些话题要么属于“与社会经济需求相关的研究”（他大体上是按照赫森的分类进行细分的），要么属于“纯粹科学”。[③] 结果，由这种分类方式所导致的统计结果从一开始就被赫森时代误置的观点中的基本缺陷所扭曲。然而，如果我们试图根据不那么时代误置的标准对默顿列出的话题进行重新分类，那么许多话题（接近所考察数目的一半）似 335
乎的确是在处理明显的实际问题。余下的问题仍然是那个老问题，即这一结果意味着什么。这当然是统计数据所不能解决的。

在论证中的这一关键点上，默顿没有赫森那么教条，也比他更谨慎，总之更为缜密。在所有相关章节中，默顿试图表明自己并不

① 虽然我没有找到这个常见错误的书面证据，但我有时能在交谈中听到它。不过，霍尔（“Merton Revisited”；见第 5.2.5 节）并没有落入这个小陷阱。

② R. K. Merton, *Science, Technology and Society in Seventeenth-Century England*, p. 199.

③ Ibidem, pp. 200 - 202.

希望仅仅通过当时的社会技术需求来建立一种单一原因的单向关系，以解释17世纪的科学高涨或者当时科学的特定方向。然而，由于所做的限定非常复杂，我们难以确定默顿仍然准备捍卫的论题的确切形式是什么。我甚至不相信阅读相关章节能够就此给出一幅完全一致的图像。默顿带着相对性的语气写道："归根结底，即使想粗略地确定实用考虑在多大程度上把科学家的注意力集中到特定问题上也是不可能的。"[①]在另一些讨论具体案例的地方经常会包含一些明确得多的表述。现在我们转而引述默顿所做的主要限定，在此过程中，我将尽可能地不去确定它们在默顿本人思想中的最终混合。

首先是主观动机与体制约束之间的对立。赫森论题太过粗糙，以至于无法区分动机层面与体制层面的分析；克拉克则通过引述科学家坦言的从事科学的动机来反驳赫森论题；与这两个人都不同，默顿非常自觉地区分了两个方面并且做了运用：一方面是科学家的实际动机，另一方面则是在一种潜意识层面引导科学家沿某一方向进行研究的更大的社会价值观念。如果像波义耳那样的人显示出对具有潜在用途的事情有科学兴趣，那么这往往是受了占主导地位的社会价值观念的引导，而不是为了满足个人需要。像罗伯特·胡克那样的案例是很少的，谋利是较为穷苦的胡克从事科学的一个重要动机，这在当时的科学家当中很少见。因此默顿指出，胡克的案例并不能完全排除这样一种可能性，即当时的科

① R. K. Merton, *Science, Technology and Society in Seventeenth-Century England*, p. 176.

学家广泛转向科学的应用可能源于一种更加普遍的社会约束。

其次，默顿乐于接受克拉克将“无私利地追求真理”当作从事科学的一个独立动机，他只是强调，鉴于某些普遍的社会价值观念，这种追求仍然可能沿着这个方向而不是另一个方向进行。[①]如默顿所言，当时较为功利的价值大大推动了用科学来解决实际的技术问题。

余下的问题是，默顿认为因体制而产生的价值观念到底以何种 336
方式培养了科学研究的方向。对于确定默顿观点的最终价值而言，这一直是一个非常重要的议题，但在这一点上，默顿关心的是讨论其他作者的观点，而不是详细阐述自己的观点。[②] 不过，我们在他的书中还是可以找到一些线索。我所发现的最为相关的说法如下：

> 随着现代的兴起，当科学尚未获得社会自主性的时候，对功利的强调可以作为对科学的一种支持。科学得到社会方面的鼓励甚至是尊重，主要是由于它的潜在用处。[③]

其背后的观念似乎是，新科学事业的可应用性必须被视为一

---

① R. K. Merton, *Science, Technology and Society in Seventeenth-Century England*, pp. 206 – 207.

② 在“Understanding the Merton Thesis”一文中，夏平令人信服地指出，当时默顿心灵背后的社会动力学机制是帕累托的社会学体系。关于帕累托剩遗物和派生物机制的一篇有启发性的概述见 S. E. Finer (ed.), *Vilfredo Pareto: Sociological Writings* (London: Pall Mall Press, 1966) 的导言。

③ R. K. Merton, *Science, Technology and Society in Seventeenth-Century England*, pp. 231 – 232；另见 p. 205。

种必要的意识形态，以证明科学本身是正当的、合法的，从而获得社会支持。此后的文献普遍将这一观念归于默顿，即使这种观念在他的博士论文中始终是很不明确的。[①] 本-戴维将把它详细阐述为一种关于现代早期科学兴起的成熟论述，我们将在第 5.3 节进行考察。

### 5.2.4　齐尔塞尔与现代早期科学的社会根源

与科学史家相比，从奥尔什基那里得益最多的是奥地利哲学家/科学家埃德加·齐尔塞尔(Edgar Zilsel，1891—1944)。齐尔塞尔和奥托·纽拉特(Otto Neurath)[②]构成了维也纳学派(Wiener Kreis)的"左翼"。他也是恩斯特·马赫学会(Verein Ernst Mach)的委员会成员。德奥合并之后，齐尔塞尔设法离开了奥地利，从 1939 年到 1944 年自杀一直在美国生活。流亡期间，他曾就现代早期科学兴起的各个方面写了许多论文，所有这些文章都像是他没来得及写完的一部更加详细的专著的摘要。[③]

与赫森一样，齐尔塞尔也是一位马克思主义者。然而，除了这个简单的事实，两人的相似性到此为止。这两个人鲜明地例证了

① 在 1970 年版的前言中 (pp. xviii - xix)，默顿比他 1938 年的原始文本更强调这一点。

② 纽拉特(1882—1945)：奥地利科学哲学家、社会学家。——译者

③ 齐尔塞尔的相关论文散见于不同期刊和著作。1976 年，Wolfgang Krohn 翻译了其中八篇，收在 *Die sozialen Ursprünge der neuzeitlichen Wissenschaft* (The Social Origins of Early Modern Science)一书中。在 pp. 44 - 46，Jörn Behrmann 对齐尔塞尔的生平和工作做了简要介绍。在以下注释中，我先是给出英文版页码，括号中给出 Krohn 选集中的页码。

自 1917 年布尔什维克夺取政权以来马克思主义思想的分裂，一条越来越宽的鸿沟将许多屈从于斯大林主义神话的人与西方逐渐消失的马克思主义者分隔开来，后者设法摆脱了这一思想墓地以及笼罩在它周围的国家权力光环。与赫森的马克思主义不同，齐尔塞尔的马克思主义并非要对理智的文明人加以严格限制，而是在社会分析还不够缜密的领域中激励新思想。正如我们将要看到的，齐尔塞尔所使用的阶级分析方法肯定有自己的局限性，但我们依然能够看出齐尔塞尔是如何按照马克思的原有意图来使用它的——作为一个新的框架来扩大人类在思想上对实在的把握。

齐尔塞尔发表于 1941/1942 年的论文《科学的社会学根源》包 337
含着对其基本论题的非常简明的阐述。这篇论文只是为齐尔塞尔已经开始但从未完成的完整研究提供了一份大纲。它刚一开篇便强有力地主张对现代早期科学的起源进行社会学分析：

> 倘若科学曾在许多不同的文化中发展起来，而在另一些文化中又缺少科学，那么科学起源的问题将会被普遍视为一个社会学问题，并且可以通过挑选出各个科学文化相对于非科学文化的共同特征来回答这个问题。不幸的是，历史现实并非如此，因为充分发展的科学只出现了一次，那就是产生于西方文明。这一事实使我们的问题变得模糊起来。我们太容易把我们自己和我们的文明看成人类进化的自然顶点了。由这一假定产生了一种信念，认为人类正在变得越来越有智慧，直到有一天，作为单向智慧上升的最后阶段，几位伟大的探索者和先驱者出现并且创造出科学。因此，人们没有意识到，人

类思想是沿着各种不同道路发展的，科学的道路只是其中之一。我们忘记了科学竟然能够产生，特别是在特定时期和特殊的社会条件下产生，这是多么令人惊讶。①

那么，如何做这样一种社会学分析呢？这里齐尔塞尔的马克思主义假定表现于，他理所当然地认为，既然“现代科学的兴起……是在欧洲资本主义早期”，那么从封建主义向早期资本主义的转变以及与之伴随的社会变迁便“构成了科学兴起的必要条件”。② 这里时间上的巧合变成了一种明确的因果关联，而没有作任何进一步论证。

沿着这些线索进行分析会得出两个不同层面的结论。第一个结论是，“在中世纪理论中几乎不存在的定量方法的出现与资本主义经济的记账和计算精神是分不开的”。③ 这种看法已经存在了相当长一段时间。虽然我们并不清楚它究竟源于何处，但它很可能出现在由韦伯、桑巴特和西美尔等学者组成的德国经济学家和社会学家团体中。④ 对于现代早期科学的定量方面与早期资本主

---

① E. Zilsel, “The Sociological Roots of Science,” pp. 544 - 545 [pp. 49 - 50].

② Ibidem, p. 545 [p. 50].

③ Ibidem, p. 546 [p. 52].

④ 与那个团体有松散关系的作者 J. A. Schumpeter 在 *Capitalism, Socialism and Democracy*（ch. Ⅱ; p. 124 in the 1962 ed.）中有一段典型的话：“伽利略刚毅的个人主义是新兴资本家阶级的个人主义。……这些业绩背后的精神[是]理性主义的个人主义的精神。”G. N. Clark, *Science and Social Welfare in the Age of Newton*; E. J. Dijksterhuis, “Renaissance en natuurwetenschap”和 D. Struik, “Further Thoughts on Merton in Context,” *Science in Context* 3, 1, 1989, pp. 227 - 238 也有其他一些提及。

本书没有讨论 Franz Borkenau（他后来在西班牙内战和欧洲共产主义史方面做了更好的工作）和 Henryk Grossmann 这两位作者（戴克斯特豪斯在 *Mechanization*, Ⅲ: 26 对他们有简要批判），他们在 30 年代也提出了把现代早期科学的兴起与资本主义联系起来的论题。

义的记账习惯之间的关联，人们做了相当不同的解释，从我们讨论韦伯时碰到的那种微妙的缠结（第3.6.6节），一直到齐尔塞尔那种直接的因果关联。表现为后一形式的所有理论都会遭到来自戴克斯特豪斯的基本反驳的致命挑战：定量操作早于商业资本主义好多个世纪，因为定量操作可以追溯到古代早期。[①] 这些理论的共同之处在于，它们都建基于一种大体上先验的东西，而不是立足 338
于来自早期资本主义和现代早期科学的可靠历史证据。例如，齐尔塞尔仅限于援引卢卡·帕乔利（Luca Pacioli）[②]和斯台文等数学家在记账技巧方面所做出的贡献——毋庸置疑，历史事实还不足以证明商业资本主义的兴起与现代早期科学的兴起之间存在着因果关联。齐尔塞尔研究现代早期科学兴起之原因的持久意义其实在于一种更具原创性的思路，这是他的研究的主要部分，其出发点是区分了“从1300年到1600年知识活动的三个社会阶层：大学、人文主义和劳动”。[③] 他主张，这三个阶层在习惯和能力上有显著不同。

在这三个世纪里，大学中的那种经院理性与“发达经济的理性方法”[④]极为不同。前者对无穷无尽的区分和分类感兴趣，每当神父们传授传统的宗教教义时，我们就会看到这种区分和分类。而世俗学问则源于接受了人文主义的意大利大学以外。这种学问感兴趣的是语词而非事物。从社会学上讲，它可以使赞助者和人文

---

① E. J. Dijksterhuis, “Renaissance en natuurwetenschap,” pp. 4 – 13.（这一点在其 *Mechanization*, Ⅲ:26 中有简要总结）

② 帕乔利（1445—1514）：意大利数学家。——译者

③ E. Zilsel, “The Sociological Roots of Science,” p. 548 [p. 53].

④ Ibidem.

主义学者获得声誉。人文主义者和经院学者一样鄙视机械技艺，而不是自由技艺：

> 机械技艺与自由技艺、手与舌的社会对立影响了文艺复兴时期所有的思想活动与职业活动。……
>
> [与此同时，]在大学学者与人文主义学者之下，技师、水手、造船工、木匠、铸工和矿工默默无闻地工作着，把技术和技术社会推向前进。……摆脱了行会传统的束缚，在经济竞争的激励下从事发明创造，他们无疑是经验观察、实验和因果研究的真正先驱。[①]

这些技师一般来说都没有受过什么教育，但有少数群体在一定程度上从中解放了出来。这些群体包括著名的艺术家/工程师(如菲利波·布鲁内莱斯基[Filippo Brunelleschi][②]、本韦努托·切利尼[Benvenuto Cellini][③]等人；斯台文也算其中一员)，[④]还包括外科医生、乐器制作者、航海仪器和天文仪器制造者等。这些出众的技师不再像经院学者和人文主义者那样发表空洞而冗长的说辞，而是做出了大量科学发现。然而关键的一点是，他们缺乏分析技巧对这些发现进行系统整理，将它们由经验规则提升为精确的科学定律。毕竟，

---

① E. Zilsel, "The Sociological Roots of Science," p. 550 [p. 56], p. 551 [pp. 56 - 57].

② 布鲁内莱斯基(1377—1446)：意大利建筑师、工程师。——译者

③ 切利尼(1500—1571)：意大利雕刻家。——译者

④ E. Zilsel, "The Origins of Gilbert's Scientific Method," p. 245 [p. 121].

> 自然科学既需要实验和观察，也需要理论和数学。唯有受过理论教育和理性训练的人才能为科学提供它的另一半方法。①

但这就意味着， 339

> 科学方法的这两个要素在1600年之前一直是分离的——只有上层的有学识之人、大学学者和人文主义者才能接受对理智的系统训练；实验和观察则留给了下层劳动者。②

这种分离清楚地显示于两种完全不同的文献，即拉丁语文献和本国语文献。16世纪以来开始渐渐增多的后一种文献的作者通常没有能力阅读前者，而前者的作者总是忽视后者。

> 只要这种分离仍然存在，只要学者们不考虑运用遭到鄙视的工匠们的方法，现代意义上的科学就不可能出现。③

在以极大耐心把每一颗棋子小心翼翼地移到恰当的地方之后，齐尔塞尔准备走最后一步把对方将死：

> 然而，1550年左右，随着技术的进步，一些有学识的作者开始对机械技艺感兴趣，后者已经在经济上变得非常重要。……

---

① E. Zilsel,"The Origins of Gilbert's Scientific Method," p. 248 [p. 124].

② E. Zilsel,"The Sociological Roots of Science," p. 553 [p. 59].

③ Ibidem, p. 554 [p. 59].

> 科学方法的两个要素之间的社会壁垒最终被打破，受过学术训练的学者采用了高级工匠的方法：真正的科学诞生了。这是在1600年左右完成的。①

关于这种打破是由什么引起的，齐尔塞尔未在这个有些棘手的问题上多浪费一个字，而是到活跃于1600年左右的某些科学思想家的著作中寻找证据来支持自己的论题。那个时代的三位主要证人是伽利略、培根和吉尔伯特。他注意到这三个人都嘲笑过经院哲学和人文主义的论证模式。特别是，齐尔塞尔指出伽利略在当时技术中的所有背景经验都曾被奥尔什基讨论过。② 在培根的著作中，齐尔塞尔发现尤为重要的是对科学合作的呼吁，他说这明显来自于工匠中司空见惯的劳动分工。当时的罗盘制造者罗伯特·诺曼(Robert Norman)③曾经讨论过航海问题，齐尔塞尔花了一页认真考察了吉尔伯特的磁学理论在这些航海问题中的背景。为了支持自己的论题，他还试图表明，经由艺术家/工程师传统，17世纪初也出现了科学进步的观念。④ 总之，齐尔塞尔的一系列文章之所以显示出无可置疑的说服力，很大程度上是因为他收集了广泛的历史材料，并用高超的技巧加以整理，使之为自己的理论目的服务。

**齐尔塞尔论题的优点和缺点**

齐尔塞尔收集的经验材料确实足以巩固奥尔什基此前提出的

---

① E. Zilsel, "The Sociological Roots of Science," pp. 554 - 555 [pp. 59 - 60].

② 然而，齐尔塞尔仅在他的其他文章的两个脚注中提到了奥尔什基。

③ 诺曼：16世纪英国水手、罗盘制造者，发现了磁偏角。——译者

④ E. Zilsel, "The Genesis of the Concept of Scientific Progress."

重要观点：现代早期科学有一种技术和手工劳动背景，它很可能促进了现代早期科学的产生。齐尔塞尔主要为其补充了以下四点：(1)在1600年左右现代早期科学产生之前的几个世纪里，技术和技艺与早期资本主义的产生紧密相关；(2)直到1600年左右，曾分属不同社会阶层的自然哲学和技艺手艺彼此之间的距离才开始消解；(3)熟练的工匠通过经验规则为现代早期科学做了有效准备；(4)社会壁垒的瓦解使得有逻辑技能的思想家第一次把这些规则变成了科学规律，从而产生现代早期科学。 340

我认为齐尔塞尔最重要的贡献在于，他使"现代早期科学的技术背景"这一主题获得了一种概念上的清晰性。该主题在奥尔什基和默顿那里还有些含混不清，在赫森那里又过分狭窄了。然而，这也是其论题的主要不利之处；奥尔什基和默顿使各自的论题留有少许的不确定性或许是明智之举。不知怎地，一旦沿着这些思路做出的解释超出了某个难以确定的边界，似乎就会令人沮丧地失去刚刚从清晰的概念定义中获得的可信性。①

至少齐尔塞尔的论题是如此。一个显著的缺点是，他未能告诉我们这一关键转变是如何产生的。从1550年到1600年，熟练的技师与用拉丁语写作的知识人之间的社会壁垒是如何开始瓦解的？这是西欧社会史中一种一般性转变的一部分？抑或只是一个孤立事件？如果是这样，它是如何产生的？齐尔塞尔在这一点上并没有说更多的东西。

我们已经指出，一个密切相关的缺陷在于，齐尔塞尔在处理

---

① A. R. Hall在*Revolution in Science*，p. 15给出了类似的说法："至少从更广的历史视角来说，关于技术进步（这本身是无可置疑的）如何影响了'科学的'理想和方法，在这个问题上试图得出过于明确的回答也许是无用的。"

“早期资本主义”与现代早期科学兴起的关系时使用了大体上先验的方法。除了数学家对早期资本主义记账方法的贡献，他只是提到了手艺行会的消解——这是关于16世纪欧洲社会史的另一个极富争议的话题。

最后也是最重要的一点是，齐尔塞尔论题的成败取决于他对现代早期科学由什么构成所持有的一种非常明确的看法。诚然，量化在齐尔塞尔设想的科学中具有一席之地，但他对马赫观点的忠诚表现在他把观察和实验当成了现代早期科学最重要的新特征。的确，在数学世界图景的出现处于成败关头时，强调现代早期科学的实验特征更容易使我们看到体力劳动与现代早期科学的关系。但我们能否说，艺术家/工程师的确在从事科学工作，只不过需要运用一些逻辑严格性和系统思考？换句话说，熟练技师的“定量经验规则”果真如齐尔塞尔花大量笔墨所主张的那
341 样，是“现代科学物理定律的前身”吗？[①] 即便结合了逻辑的、系统的理论思考，什么样的经验规则能够接近惯性定律、开普勒定律或摆线等时性的确立与证明呢？[②] 这类问题一直是那种试图通过科学革命发生地的历史特质来研究科学革命之谜的方法的最成问题的方面。

### 通向比较研究之路

齐尔塞尔无疑认为自己已经说明了理由（尽管是概要性的），但他详细表达了一项重要的保留意见。他乐于承认自己的结论仍

① E. Zilsel, “The Sociological Roots of Science,” p. 553 [p. 58].

② A. C. Crombie 在 M. Clagett (ed.), *Critical Problems in the History of Science*, pp. 68 – 69 给出了类似的论证。

然没有解决一个问题，即为什么其他某些文明同样以货币经济为基础，同样拥有熟练的技师和世俗学者这些社会阶层，但却未能产生类似现代早期科学那样的东西。齐尔塞尔对这个问题的最初回答集中于古典时期。这里我们再次看到了我们所熟悉的镜像在起作用：齐尔塞尔认为，当时奴隶从事的体力劳动被认为是非常卑贱的工作，在这种情况下，“手与舌”之间的社会壁垒是不可能被克服的。因此，

> 科学之所以能在现代西方文明中充分发展起来，是因为欧洲早期资本主义以自由劳动为基础。……缺乏奴隶劳动是科学出现的必要条件而非充分条件。①

和其他几个地方一样，在这一点上，齐尔塞尔也对现代早期科学兴起的充分条件和必要条件作了认真细致的区分。我们不清楚他是否认为通过历史研究可以发现充分条件。但他的确认为，历史学家有一种方法可以发现必要条件。这就是比较的方法，它是历史学家所拥有的唯一可与实验相对应的方法。例如，

> 如果将早期资本主义社会与中国文明相比较，就会发现更多的必要条件。在中国，奴隶劳动并不占主导地位，货币经济从大约公元500年起就存在了。而且中国既有手艺高超的技师，也有与欧洲人文主义者大致对应的学者型官员。然而，不受权威束缚的、因果的、实验的定量科学并没有产生。其原

① E. Zilsel, “The Sociological Roots of Science,” p. 560 [p. 65].

因就像资本主义为何没能在中国发展起来一样缺乏解释。[1]

齐尔塞尔在论文的最后呼吁沿着这些线索进行研究。他理所当然地认为,比较研究必须按照社会学方法进行。也就是说,他径直认为文明之间的差异(就这些差异能够解释科学的产生而言)只
342 能是一种社会差异,而不是精神的/思想的差异。齐尔塞尔的另一个未经论证的看法是,历史学家所做"对应"的不可避免的"近似"性(不同于科学家所做的严格的一一对应)不会损害他们结论的有效性。虽然齐尔塞尔忽视了跨文化历史比较过程中涉及的诸如此类的方法论困难,但他仍然称得上第一次把握住了在现代早期科学的产生这一研究领域积蓄已久的、令人兴奋的思想良机。

齐尔塞尔在这一呼吁的结尾处指出:"很奇怪,这种类型的研究非常之少。"[2]他这样说是有充分理由的。齐尔塞尔如何可能知道,正当他在纽约写下这些话时,英国剑桥的一位生物化学家正要代表皇家学会前往中国,思考"这种类型的研究",而且正忙于学习中文以具体落实这一研究。[3] 我们在适当的时候将会了解到更多关于这场中国冒险的——仍在显现的——成果(第六章)。

### 5.2.5　霍尔对"外部"解释的反驳

我们所讨论的观念合体——关于技术、技艺、手艺、资本主义

---

① E. Zilsel, "The Sociological Roots of Science," p. 560 [p. 65]. (如果考虑到,韦伯关于世界宗教的经济伦理的论文被导向研究这个问题,那么最后一句话是愚不可及的。)

② Ibidem.

③ H. Holorenshaw [李约瑟的化名], "The Making of an Honorary Taoist," pp. 12-13.

及其与现代早期科学产生的可能关联——在很大程度上是三四十年代的事情。到了50年代和60年代初，整个议题便很快失去了重要性。[①] 那时，霍尔是极少数研究这些问题的人之一，他与其说是在补充进一步的论据，不如说是在批判性地权衡利弊。这表现于他的两篇非常有影响的纲领性文章，即《科学革命中的学者与工匠》(1959；它以典型的霍尔式思路作了细致的分析)和《再评默顿，或17世纪的科学与社会》(1963；这里派别色彩更加明显)。前者的主要目标是描述16、17世纪的技术对于科学的有限意义；后者的主要目标则是利用大有希望的编史学机遇来揭示默顿/赫森/齐尔塞尔研究方法的局限，提供这种机遇的是一种以新的科学革命概念及其固有的科学观念自主性为中心的研究纲领。

## 学者与工匠

霍尔对技术史一直保持着浓厚兴趣。他始终关心的一个话题是：划清技术史与科学史的界限，使这两个领域完全不同。他1952年的博士论文是《17世纪的弹道学》(*Ballistics in the Seventeenth Century*)。它的一个主要结论是，枪炮制造的出现对于弹道学——或者就此而言，对于当时任何其他物理科学——的意义是微不足道的。该研究使他接触到了默顿的工 343
作，因为默顿继赫森之后也很强调枪炮制造对于科学的重要

① 我们也许自然会以为这与冷战有关，冷战在美国和西欧许多地区大大有助于使马克思主义变得在思想上可疑。在"The Scientific Revolution: A Spoke in the Wheel?"中，Roy Porter沿着这种思路，指出科学革命概念更加符合五六十年代的政治气氛。

性。霍尔与默顿后来建立起的友谊[①]并不妨碍他清晰而公正地区分了赫森、默顿和齐尔塞尔各自论题中教条主义的细微差别，也不妨碍他对这三个人的总体研究思路进行反驳。

霍尔所做反驳的共同主题是，科学家在整个科学革命过程中扮演着大体上独立的角色。他承认在中世纪和文艺复兴时期，技术取得了显著进步。但技术几乎在任何时间、任何地点都总有进步，因此，如果说 16 世纪的学者第一次开始关注技术，那么“这只是观者眼中的变化”。[②] 更一般地说，把 17 世纪的科学家看成“旧时的自然哲学家与工匠的某种混合”，[③]乃是错误估计了科学革命的主要人物不得不努力解决的那些思想问题。这并不是说完全没有关联，而是说，历史学家在谈及技术、技艺和手艺对于科学革命的重要性时必须作恰当的限定。霍尔断言，这一恰当限定表明，它们的贡献其实仅限于四种可能性：技术、技艺和手艺可以(1)向受过科学训练的人提出适合分析研究的问题和信息；(2)产生“既合制造目的又合科研目的的技巧和设备”；(3)提供科学仪器；(4)提出“科学自身结构中并未包含的主题”。[④] 如霍尔所言，当时技术的这些不同功能都能在整个科学革命中找到例证。但我们这里必须再次小心地做出限定，因为其中某些可能性在化学这样的领域要比在天文学这样的领域中实现得远为充分，要不是因为仪器，天文学将与手艺毫不相干。

---

① 默顿在 1957 年的威斯康星会议上评论了《科学革命中的学者与工匠》。

② A. R. Hall, “The Scholar and the Craftsman in the Scientific Revolution,” p. 16.

③ Ibidem, p. 17.

④ Ibidem, p. 20.

这便把我们直接引到了霍尔的下一个重要观点：整个研究方法在很大程度上并不符合科学革命这一概念，无论在思想范围还是地理范围上。

## 科学革命：一个更富有成果的研究纲领

《再评默顿》的核心观点是，赫森/默顿/齐尔塞尔的研究思路已经过时，因为此时出现了一个对于正在迅速专业化的科学史学科来说更有希望的研究纲领，那就是科学革命概念所体现的研究纲领。由柯瓦雷及其信徒提出的科学革命概念认为，16、17世纪的科学中发生了一场宏大的思想剧变，而且涉及一种新 344
的世界图景，这种概念使旧思路的缺点暴露无遗。哥白尼、开普勒和伽利略及其同伴所做的概念革新只有通过科学观念的自主发展才能解释。对这一观点的捍卫促使霍尔不知不觉间把默顿的两个论题——清教主义论题和关于科学作用的论题——看成旨在"解释科学革命"。这一误解（默顿确实为此提供了某些机会，主要是他不加批判地依赖于赫森的数据和分类方式）又进一步与霍尔本人关于科学史中的"解释"的奇特构想混合起来。霍尔对默顿"清教主义与科学"假说的抱怨清晰地反映了这种构想。霍尔悲叹道：

> 默顿不愿明确宣布宗教与科学的关系。假如清教主义并非（比如说）《自然哲学的数学原理》的"最终原因"，那它是一种原因么？宗教对科学的促进是否是决定性的因素？[1]

---

[1] A. R. Hall, "Merton Revisited," p. 62.

这明显误解了默顿的原初问题，就好像默顿一直在着手“解释《自然哲学的数学原理》”似的。默顿提出他的“清教主义与科学”假说乃是为了指出和说明，社会价值观念有助于使拥有牛顿那样教养和天赋的年轻人能够从事科学，而不是从事其他更受社会认可的知识职业。但霍尔要求提出更加清晰的论题，对他来说，这意味着这些论题必须阐明从事科学的明确动机。因此，他继续以类似的情绪抱怨说，我们并不清楚默顿讨论当时技术的章节到底想说什么：

> 和宗教问题一样，问题要想有意义，就必须被清晰明确地提出来。我们在什么时间、什么情况下才能推论说，某项科学工作的完成是出于科学以外的某种原因？那些经常主张这一点或者坚称这是事实的人应该制定出他们的推理原则。①

有趣的是，当某位学者（比如齐尔塞尔）的确采取了一种更加明确的立场时，霍尔依然不满意。显然，有一种更深的反对意见促使他呼吁自己的对手提出明确的论点，一一点数，而后将其批驳得体无完肤。接下来，霍尔在这篇文章中并没有隐瞒自己的主要反对意见是什么。《再评默顿》的其余部分是对科学史的外部研究方法的持续批判。由霍尔这部分表述可以看出，对他来说，科学史的外部研究方法是还原论的，或者用他自己的话说，归根结底是“把345 科学家当作木偶来对待。”②通过把技术、技艺和手艺等同于科学

① A. R. Hall, “Merton Revisited,” pp. 63–64.

② Ibidem, p. 72.

史的外部研究方法，并且表明默顿并没有理解外部（特别是社会学的）观点如何有助于解释现代早期科学的产生，霍尔为奥尔什基40年前提出的议题归于沉寂做出了自己的贡献。然而，接下来的25年表明，这些议题又卷土重来，尽管面貌有所不同。

### 5.2.6　现代早期科学的工匠起源：一种临时评价

奥尔什基20年代提出的思想到了60年代初变成了一种多层次的、有时相当混乱的观念复合体。原先的主题，即现代早期科学的工匠背景，其复杂性有四个来源。首先，引入资本主义作为一种独立的因果动因（以及引入它的方式）为该议题加上了前从未有的、后来也从未完全失去的意识形态负担。然后，科学革命概念的形成使一个关键问题突出出来，即当时的手艺实践在多大程度上能够解释创造性思想领域中的革命；它也需要确定，沿着这些思路的论题适用于哪些恰当的地理区域。最后，对于什么是历史解释以及通过历史解释可以得到什么，争论者的看法有明显分歧——这些分歧太容易按照“内部”与“外部”的界线进行有害的二分。

在我看来，只要现代早期科学的工匠起源仍然陷在这种多层次的复杂性之中，我们就永远不会接近于问题的解决。因此，让我们试着把问题理顺。首先，至少暂时排除早期资本主义的开始与现代早期科学的出现之间的可能关系，可以使我们收获颇丰。这两者之间无疑是有关联的，许多文献都已经注意到这一点。同样毫无疑问的是，对于把这些关联变成一种可靠的因果关系，尚未有人给出令人信服的理由。[①] 例如，追溯数学对于资本主义记账活

① 李约瑟越来越认识到，从未建立过什么可靠的关联。参见本书第6.5.2节。

动的贡献是一回事，把现代早期科学的产生归因于当时资本主义的经济组织方式则是另一回事。在等待对这一论点做出有说服力的解释期间，更明智的做法似乎是先局限于这样一种观念，即两者或许能够追溯到同一个根源——西方先前发展过程中的某些特质
346 既产生了商业资本主义，稍后又产生了包括现代早期科学在内的一系列其他独特的西方现象。①

这或许也有助于将这个问题从内部、外部二分的束缚中摆脱出来。任何解释科学革命的努力都不应导致“把科学家变成木偶”，霍尔这样说肯定是有道理的。但他错误地认为，只有内部观点才能避免这样一种还原论。甚至连柯瓦雷都意识到了这种错误，只是他之后又忘记了，寻求科学的社会条件不等于将科学思想**还原为**其大环境中的任何动因。科学思想发展的内在自主性（历史学家忽视这种内在自主性是非常危险的）并非没有自己的局限性（尽可能找到这些局限性是历史学家的任务）。最近几十年，沿着这些非还原论的外部思路产生了一些非常有创意的思想。我们将在以下各节进行讨论。

最后是比较容易处理的地理问题。如果关于现代早期科学特征的某项研究有意局限于某一国家或地区，那么必须认识到，不要立即把其结论（或者通过事后之见，或者通过先见之明）拓展到科学革命所涵盖的整个地理区域。抽象地提及时，还难以看出这一准则的意义，但是由默顿论题的兴衰以及第 3.7 节的内容我们可以知道，它在编史学实践中绝非自明。

---

① 几乎被科学史家完全忽视的另一个先决条件是非常小心地定义所涉及的“资本主义”概念，并且按照历史事实尽可能精确地确定它出现的时间。

## 经验规则与自然定律,以及两者之间的鸿沟

把三项重要补充归入或移入原先的论题之后,我们终于可以回到这里编史学争论中的主要争论焦点了。那就是:之前和当时的技艺和手艺实践是否有助于为新的科学世界图景这一科学革命的主要产物做好准备,如果有,那么在何种程度上有帮助。或者用齐尔塞尔选择的贴切语词来确定这个问题:经验发现的规则与理智表达的自然定律之间到底是什么关系?两者之间的差异仅仅是表述的严格性有所不同,还是它们之间存在着更大的鸿沟?

我们由此表述的困境为案例研究提供了材料。中世纪技术史家林恩·怀特1966年的文章《泵与摆:伽利略和技术》做了这样一种研究,该文特别把奥尔什基当作开拓者,并且专注于文艺复兴晚期的两种技术产物——泵与摆。[①] 关键问题是,伽利略用泵(开始把真空当作一种可操作的物质来建立理论)和摆(等时性的发现以及可能用于精确计时)做了什么。这里怀特介绍了他的发现:为伽 347
利略《关于两门新科学的谈话》中的相关理论提供了原材料的这两种装置在伽利略那个时代是非常新的。抽吸泵是在15世纪的第二个25年在意大利发明的,它为当时实际操纵真空提供了唯一可用的手段。同样,最早记述用摆来控制往复运动的书是在1569年写的。因此怀特认为,我们所谓"人造自然"(见第3.4节)的两个重要仪器的新进展正在暗中等待伽利略,于是怀特得出结论说:

---

① 重印于White,*Medieval Religion and Technology*。此书中有一个论点(散见于"Natural Science and Naturalistic Art in the Middle Ages," pp. 23－41和"The Medieval Roots of Modern Technology and Science," pp. 75－91)等同于现代早期科学在中世纪技术中的起源的某种论题。尽管该论点引人深思(怀特一贯如此),我最终还是决定这里完全不作讨论,主要是因为它过于依赖迪昂论题,从而没有什么影响,而且在我看来也站不住脚。

> 在伽利略时代迅速发展的机械技艺——他本人的隐喻是威尼斯兵工厂——提供了新的受控环境，几乎是实验室的环境，在这种环境中，他可能是最早观察到等时性或水柱断裂这类在纯粹自然状态下不易觉察的自然现象的人之一。正是像抽吸泵和摆这样的伽利略的技术创新环境使其新科学的基调变得在历史上可以理解。[①]

虽然这个结论很是温和，但它的最后一句似乎仍然超出了奥尔什基非常重视的一个限度，问题是这一步是否有道理。奥尔什基对伽利略的看法（第5.2.1节）可以概括为以下三点：(1)他把伴随自己成长的作坊传统当作力学问题的金矿；(2)他完全独立地处理了这些问题，远远超出了那种传统所固有的理论反思的能力；(3)他始终密切留意其理论成果在实践中的应用。对我们来说，这里的关键是第二点。在威尼斯兵工厂，伽利略注意到一种现象，它并不为当时其他自然哲学家所知，却是不熟悉理论的操作泵的工程师和工人们的常识。（这也是齐尔塞尔的观点：伽利略正在亲自缩小社会差距。）怀特所做的修正，即泵在很长一段时间里并不流行，根本不会改变主要局面，即伽利略把一种以前从未讨论过的现象提升到了理论层面。为什么水柱会"断裂"？工程师们把这种现象随便归因于材料缺陷或类似的借口，几乎不关心任何进一步的解释，同时又认为这种现象是一个必须应对的无法回避的现实。而伽利略已经为这种情况做好了准备，因为他之前专注于阿基米德的思想，随后又对亚里士多德持批判立场。因此，伽利略能够看

① 重印于 White, *Medieval Religion and Technology*, p. 132.

到在半个多世纪里没有人看到的东西,即这其中有真空参与。由此出发,他做了一系列推理和实验,这种努力在 20 年内将在帕斯 348
卡的《论流体平衡和空气团的重量》一文那里达到顶峰。这里**真的**只有经验规则被形式化为自然定律吗?

我最近在研究一个类似的案例:伊萨克·贝克曼对节拍的处理。[①] 1628 年 5 月 8 日,贝克曼熟识的一位管风琴师告诉他,管风琴师习惯于用节拍为乐器调音。(1511 年的一份程序明确指定,不能把关键音程调成完全纯的,而必须"根据耳朵的容忍程度有所降低"。)[②]贝克曼立即设计出一种关于节拍的物理理论(他在其中成功地把握住了现象的本质)。这里发生了什么事情?管风琴师的程序显然是经验规则("耳朵"规则),如果的确存在这种规则的话。现在,工匠的经验规则被提炼成物理学家的自然定律,这使我们预期,贝克曼一旦在管风琴师的影响下变得对乐音现象敏感起来,他将把管风琴师朴素的"耳朵的容忍程度"详细阐述为一种成熟的理论。在部分程度上,这就是所发生的事情。贝克曼的确把一种前所未有的定量精度引入了对现象新的物理解释之中。然而,管风琴师的话并没有使他措手不及。1614 年/1615 年,贝克曼曾经提出过一种关于和音的物理理论。1617 年左右,他又进而推测当协和音程开始偏离纯音程时会发生什么——但尚未看到它在节拍中的表达。1619 年,他写了一份关于节拍的简短说明——但

---

① H. F. Cohen, "Beats and the Origins of Early Modern Science."

② Arnolt Schlick, *Spiegel der Orgelmacher und Organisten* (Mainz, 1511; facsimile edition with appended translation, Buren: Knuf, 1980), pp. 78 - 79: "Item fach an in ffaut im manual sein quint ascendendo cffaut / die mach dar zü nitt hoch genug / oder gantz gerade in. sonder etwas in die niedere schwebend. so vil das gehor leyden mag."

尚未看到与和音本性的关联。九年后，管风琴师朋友的一则提示使他立即看到这些东西是如何实际联系在一起的。最终结果是，贝克曼关于节拍的思想之所以富有成果，是因为他之前的理论。这一理论并不依赖于任何技术洞见，而是一种全新的理论方法——将一种新的非亚里士多德主义运动原理运用于和音问题——的"成果和表达"，而千百年来，和音问题一直被视为一个抽象的算术问题。[①] 在这一案例中，手艺经验做出的贡献固然重要，但却是次要的；它有助于使那些已经通过自身的努力做好准备的人开动脑筋。

贝克曼的整个工作为我们这里探讨的编史学理论提供了一个极好的测试用例。贝克曼受过学术训练，但完全沉浸在手艺实践中，而且熟悉不同阶层的从业者，历史学家完全可以追问，他的技术背景对其丰富的(虽然当时尚未发表)科学成就有何贡献。这个问题构成了凡·贝克尔 1983 年出版的尚未得到翻译的开拓性著作《贝克曼与世界图景的机械化》中令人信服的一章的主题。

在仔细研究贝克曼的大部分笔记时，凡·贝克尔注意到，为了
349 解决具体的科学问题，贝克曼经常求助于来自手艺实践的类比和隐喻，而且往往来自于他本人在蜡烛和引水管道方面的专业经验。但凡·贝克尔断言，这也是经验规则结束的地方。贝克曼的科学日记表明，他很清楚不熟悉理论的实践者的保守心态以及纯粹经验程序所固有的局限性，因此不能指望这个领域能为我们理解世界真正做出贡献。正如当时设备的改进需要留给从业者本人来完

① 音乐科学在 17 世纪从一门应用算术变成了一种物理学—自然哲学理论，这是我的《量化音乐》一书的主要主题。

成，贝克曼确信，如果需要表述关于自然的一般见解，理论家是不可或缺的：

> 有人认为实践（即使没有理论）才是唯一基本的东西，理论仅仅是对已经应用于实践的事物的系统表述，因此理论家应当始终向实践者请教。贝克曼肯定不属于这样一类人。①

由此似乎可以得出两个结论，分别由奥尔什基和霍尔给出。第一个结论特别与伽利略有关。根据罗斯对数学人文主义的论述（第4.4.2节）我们可以得出结论，也许可以把伽利略看成本身已经走入死胡同的阿基米德思想传统的顶点。伽利略之所以能够克服它的局限性，似乎不能仅仅解释为改进了当时的亚里士多德主义方法论（第4.4.3节）。如果考察奥尔什基最先呼吁关注的伽利略在技艺和手艺方面的背景，这似乎就容易解释了。然而——这是第二个结论——最重要的是认识到，这里仍然涉及巨大的创造性步伐，它们根本无法归结为（正如奥尔什基深知的）早先的经验技术传统。这一结论（通过考察深刻卷入经验技术世界的两位科学革命的开拓者，可以支持这一结论）可以一般化，有待未来提出可能的反例。对它的进一步支持是，它对应着我们在第3.4.3节达成的一个结论，即17世纪整体上缺乏一种基于科学的技术。此外，贝尔纳对科学家与技师之间整体关系的总结也能支持它：

---

① K. van Berkel, *Isaac Beeckman (1588—1637) en de mechanisering van het wereldbeeld*, p. 230；一般结论见 pp. 230 - 231。当然，作者在进一步论证时，认为贝克曼的确在其工匠背景中找到了阐述其微粒世界图景的灵感。

> 技术传统自有它的力量，就是永不会犯大错——以往若行得通，那么再做也可能行得通；但其弱点可说是不能脱离故辙。从工程学方面能够期望有稳步的、累积的技术进步，但显著的转变必须有科学参与。汤姆孙(J. J. Thomson)曾经说过："应用科学研究导致种种改进，而纯粹科学研究则导致革命。"[①]

350 于是，我们似乎暂时得出了柯瓦雷以一般方式、霍尔以更加具体的方式得出的结论：当时的技艺和手艺有力地推动了科学革命，为之提供了思想的食粮，从而帮助确定了科学革命的方向——但它并没有暗中包含科学革命。

### 在街头寻求科学变革

尽管如此，我们仍然可以问，这是否必然就是事情结束之处。和往常一样，当我们最终发现，17 世纪初构造的受数学和实验启发的新世界图景与假定的原因之间存在着一个不可逾越的鸿沟时，也许值得研究一下库恩对古典科学与培根科学所做的区分是否能够再次得到有益的利用。[②] 产生这种怀疑还有另外的理由，它可见于对理解自然感兴趣的某些文艺复兴思想家著作中的一个持久主题：他们迫切要求摆脱安乐椅上的哲学，要到街头和作坊里去寻找一种实践智慧，彼得·拉穆斯(Petrus Ramus)和胡安·路

---

① J. D. Bernal, *Science in History*, p. 42.（汤姆孙的引文出自 Lord Rayleigh, *The Life of Sir J J. Thomson* [Cambridge: Cambridge University Press, 1942], p. 199。）

② T. S. Kuhn, *Essential Tension*, pp. 56 - 58.

易斯·比韦斯(Juan Luís Vives)[①]等人怀疑,这可能就是期望中的科学变革所需的要素。50 年代末和 60 年代,霍伊卡和罗西特别讨论了这一主题。当它连同先前奥尔什基所分析的传统被霍伊卡和罗西越过意大利扩展到伯纳德·帕利西(Bernard Palissy)[②]、罗伯特·诺曼和阿格里科拉(Georg Bauer Agricola)[③]等受过教育的工匠时,所有这些材料已经朝着建立齐尔塞尔关于"手与舌"在 16 世纪的最终合流这个一般观点走了很长一段路。霍伊卡的主要兴趣点是,这些著作显示出了对于体力劳动的高度尊重——他把这场深刻的历史变革首先归因于正在开始彰显的《圣经》世界观。[④]罗西 1962 年的著作《哲学与机器》(*filosofi e le macchine*,1970 年被译为《现代早期的哲学、技术和技艺》[*Philosophy,Technology,and the Arts in the Early Modern Era*])的主要观点则是表明这一传统如何在培根那里达到顶点,培根的合作科学理想从作坊实践中获得了很大启发。

所有这些有力地表明,现代早期科学的手艺起源这一广泛观念所固有的因果潜力也许会大大增强,我们只需把这种观念集中于培根科学的兴起——特别是集中在那段准备时期,巴特菲尔德和霍尔泛泛地称之为某种"外部的科学革命"(第 2.4.3 节),我们将在结尾的第八章尝试对此作进一步的概念化。

---

① 比韦斯(1492—1540):西班牙学者。——译者

② 帕利西(1510—1590):法国陶工。——译者

③ 阿格里科拉(1494—1555):德国科学家,现代矿物学的奠基人。——译者

④ 霍伊卡在 *Religion and the Rise of Modern Science*,ch. 4 总结了他的相关看法。他讨论这一主题的较早著作包括 *Humanisme, science et réforme: Pierre de la Ramée* (Leiden:Brill,1958) 和"Das Verhältnis von Physik und Mechanik in historischer Hinsicht," in idem,*Selected Studies in History of Science*。

**欧洲萌发的现代性的其他表现**

奥尔什基曾把现代早期科学的手艺背景置于现代早期欧洲的积极生活这一一般主题之下。他附带提到的活力增长的其他标志
351 还有机械钟、航海大发现和印刷机。自那以后，学者们将欧洲萌发的现代性的所有这些表现都与科学革命因果地关联起来。以下三节就来讨论其各自的说法。

## 5.2.7　时间革命：兰德斯与柯瓦雷

作为欧洲的独特发明，机械钟可以追溯到 13 世纪末。[1] 到了 17 世纪，机械钟成为新宇宙图景的绝佳隐喻。然而，时钟也在科学革命中发挥着更具体的作用。以地理经度问题为例，从 1522 年起，它被认为有可能通过精确计时来解决。虽然正如第 3.4.3 节所指出的，科学与它的有效应用之间的鸿沟太大，在科学革命过程中尚不能弥合，但在这个领域，新科学的直接成果最能与迫切的实际需要密切联系起来。而且也涉及大量资金。因此，时钟和经度为本章所讨论的作者提供了不可抗拒的诱饵，他们都认为科学革命存在着技术根源和社会经济根源。奥尔什基对这一问题的讨论主要集中在伽利略为了测量经度而发现了木星的卫星。[2] 赫森在

---

① 关于历史上的测时法有大量专业文献，当然也包括机械钟是何时、何地以及如何发明的(更多的内容见第 6.4 节)。D. S. Landes 在 *Revolution in Time* 一书中消化了大部分文献，并且通俗易懂地作了阐述。他在 pp. 53 - 58 讨论了这项发明及其年代。后来对机械钟可能的史前史的一篇非常有趣的讨论见 L. Okken，“Die technische Umwelt der frühen Räderuhr”。

② L. Olschki，*Geschichte der neusprachlichen wissenschaftlichen Literatur* Ⅲ，p. 274；also the chapter on “die Briefe über geographische Ortsbestimmung” on pp. 437 - 447. 最近对这一主题的讨论见 Silvio A. Bedini，*The Pulse of Time：Galileo Galilei，the Determination of Longitude，and the Pendulum Clock*。

这一领域又发现了一个实际问题的例子,它源于资本家的需求,并导致了惠更斯和牛顿新的科学发现。(这样一个寻求科学"世俗核心"的马克思主义者竟然完全忽视了高额的资金回报,这着实很奇怪。)①默顿沿着赫森的足迹做出了典型的限定,即这种关联是"复杂的、间接的,但依然是明确的"。② 齐尔塞尔只提到了这个问题一次,他表明吉尔伯特的发现在很大程度上要归功于水手和罗盘制造者罗伯特·诺曼。这里的关联在于当时力图通过罗盘的磁偏角来发现经度。③

经度问题绝非测时法对现代早期科学的唯一影响。据我所知,经济史家和时钟爱好者戴维·兰德斯对这里所涉及的时钟、罗盘、背测式测天仪(backstaffs)、望远镜、摆、船、港口、天文观测和天文报酬、航海国家的政府、科学家的动机、工匠的成就作了最出色的统一处理。在 1983 年出版的《时间革命》(*Revolution in Time*)一书中,兰德斯以精确的论证对该书的副标题"时钟与现代世界的形成"作了生动的分析。依靠(大都是关于测时法的)大量专业文献,兰德斯在思想史和社会经济史的广泛框架中考察了机 352
械钟在近 700 年时间里对西欧生活的影响。这本书以宏大的视野和丰富的细节表明,当时的劳动安排、工作习惯、商业机会、算术能力、交通运输、战争等等都要归因于机械钟。它还介绍了对

① B. Hessen, "The Social and Economic Roots of Newton's 'Principia,'" pp. 159, 175.

② R. K. Merton, *Science, Technology and Society in Seventeenth-Century England*, p. 171.

③ E. Zilsel, "The Origins of Gilbert's Scientific Method," p. 235 [p. 112].

时间的机械测量如何影响了科学革命时期(当然还有以后)经度问题的解决。该书令人难忘地指出,现代性在什么意义上依赖于精确计时。但它几乎没有考察时钟对现代早期科学出现的更具体的影响。

## 精密时钟与科学革命

在这方面,兰德斯只给了一个提示(它对于科学史家而言是自明之理):越来越精确的计时为观测天文学提供了新的机遇。它在15世纪下半叶第一次被意识到,后来又被黑森的伯爵领主威廉四世(William Ⅳ,landgrave of Hesse)和第谷·布拉赫大加利用。在其他方面,时钟文献似乎只是提供了特别由林恩·怀特和西尔维奥·贝迪尼(Silvio Bedini)[①]所提出的重要观点,即在14世纪迅速建立起来的专业钟表匠群体为发挥机械技能提供了重要的训练场,这种技能对于科学革命期间制造科学仪器是不可或缺的。[②]

不过,问题也许不只是研究历史上的测时法的专家们所关注的那些问题,因为他们主要关注钟表匠手艺的详情细节。[③] 我们可以问,追求更高的计时精度是否与作为科学革命重要理想的精确科学知识有关。

① 贝迪尼(1917—2007):美国历史学家,专门研究早期科学仪器。——译者

② L. White, *Medieval Religion and Technology*, pp. 87, 130 - 131.

③ S. Bedini, "Die mechanische Uhr und die wissenschaftliche Revolution," in K. Maurice and O. Mayr (eds.), *Die Welt als Uhr: Deutsche Uhren und Automaten, 1550—1650* (Munich: Deutscher Kunstverlag, 1980) 仅是诸多例子中的一个。

对于柯瓦雷来说,这里的确存在着一种关系,而且是一种明确的毫不含糊的关系。[①] 16 世纪末处于完善状态的机械钟——它本身已是一种独特的卓越发明——的确代表着最优秀的工匠在不借助科学原理(因为当时尚未存在)的情况下凭借自身的力量所能达到的极致。然而,尽管做出了逾两个半世纪的集体努力,他们的时钟仍然不够准确,必须根据日晷的读数作定期检查(兰德斯也提到了这一事实,不过是在完全不同的语境下)。[②] 对于日常生活来说,这肯定已经足够好了(兰德斯对这一说法也不会有异议)。然而,科学家一出场,时钟所需的精度便发生了决定性的变化。无论他们追求时钟精度有何动机(柯瓦雷果断选择了天文学观测而不 353
是经度问题,但其相关论述并没有为这种选择给出解释),是**他们**使这些重要改进成为可能。显然,工匠继续发挥着作用,但是在新的精确宇宙中,相比于那些把追求精度看成重新理解自然的重要组成部分的新成员的思想,他们的努力立刻变得次要。也就是说,在柯瓦雷看来,兰德斯认为长达七个世纪之久的提高时间测量精度的持续努力要分为两个阶段,1600 年左右科学革命的介入是朝着以前不可思议的精度而努力的关键激励。

这里有两个问题要问。我们很熟悉第一个问题,简单地说就是,如果没有科学革命的介入,钟表匠的行会是否会无力继续追求更高的精度? 如果我们认为——考虑被柯瓦雷当作主要证据的一个最明确的例子——把自由摆应用于钟表装置这种关键想法不仅

---

① A. Koyré,"Monde de l'‘à-peu-près,’" pp. 353 - 362.

② D. S. Landes, *Revolution in Time*, p. 88.

是由一个成熟的科学家提出的，而且直接源于一种高度抽象的数学问题的语境，[1]那么对这个问题就很难给出否定的回答（这个回答又倾向于确证上一节所得出的一般结论）。诚然，我们肯定可以在一定程度上对这种回答做出限定，比如指出（正如兰德斯完全有权做的那样）惠更斯及其同仁本身也成了一种工匠，[2]或者"最好的工匠拥有令人惊讶的理论知识和概念能力"。[3] 但我们仍然可以从兰德斯的概述中得出结论：新的主角在 1600 年左右出场，自那以后抢尽了风头。

这留下了一个问题，即他们的出场是否得益于当时正在发生的事情。换句话说，近三个世纪以来把时间测量提高到任何其他传统文明都比不上的精度，是否可能为一种希望尽可能精确地表述一切主题的新科学在欧洲突然繁荣起来做好准备？或者更简洁地说，在一个仍然大体上传统的社会中，作为追求精确可靠知识的体现，相对精确的机械钟的存在本身是否有助于现代早期科学的出现？

事实上，这似乎正是柯瓦雷想到的问题。[4] 他的意见可辅之以刘易斯·芒福德（Lewis Mumford）[5]同样顺便表达的一种看
354 法，其大意是："就其本质而言，[钟表]把时间与人类活动分离开来

① 在 J. G. Yoder, *Unrolling Time* 中有详细讨论。

② 鉴于 J. H. Leopold, "Christiaan Huygens and His Instrument Makers"所提出的看法，又需要对这一陈述作某种限定。

③ D. S. Landes, *Revolution in Time*, p. 113.

④ A. Koyré, "Monde de l'' à-peu-près, '" p. 353.

⑤ 芒福德（1895—1990）：美国技术史家、文化史家、建筑评论家、城市规划设计师。

有助于建立对一个由数学可测序列组成的独立世界的信念。”[①]

据我所知，这些大有前途的可能性还几乎没有被探索过。

### 5.2.8 霍伊卡与航海大发现

有尽之海是希腊人或罗马人的，
无尽之海是葡萄牙人的。

——费尔南多·佩索阿(Fernando Pessoa)[②]，1918 年[③]

葡萄牙人……发现了新的岛屿、新的土地、新的海洋、新的民族，更有甚者发现了新的天界和新的星辰。

——佩德罗·努涅斯(Pedro Nunes)[④]，1537 年[⑤]

在科学史家当中，只有霍伊卡对葡萄牙的科学史和文学史怀有持久的兴趣。他在 60 年代初便学会了阅读葡萄牙文著作，并能讲一口流利的葡萄牙语。由于葡萄牙没有“本土的”科学史家，研究航海大发现对于现代早期科学的重要性这项任务便落在了霍伊

---

① L. Mumford, *Technics and Civilization* (London: Routledge & Kegan Paul, 1934), p. 15.

② 佩索阿(1888—1935)：葡萄牙诗人。——译者

③ 引自 R. Hooykaas, “Portuguese Discoveries and the Rise of Modern Science,” in idem, *Selected Studies in History of Science*, p. 598。

④ 努涅斯(1502—1578)：葡萄牙数学家。——译者

⑤ 引自 R. Hooykaas, *Science in Manueline Style*, p. 11, note 22(以及“Portuguese Discoveries,” p. 587)。

卡身上。[①] 诚然，对于早期航行的细节，他可以依靠两位著名的地理学史家、制图学史家阿尔曼多·科尔特桑(Armando Cortesão)[②]和路易斯·德·阿尔伯科基(Luis de Albuquerque)[③]的工作，但如何解释新发现对于当时葡萄牙科学和文学的影响，霍伊卡在很大程度上只能依靠自己。不幸的是，他发表的这类著作虽然大多是用英文写的，一般却只在葡萄牙和荷兰流通，因此在整个科学史界几乎没有得到什么回应。尤其令人遗憾的是，我们在其相关研究成果中看到，他试图重新解释现代早期科学的兴起。特别是在1966年发表的文章《葡萄牙人的发现与现代科学的兴起》中，他对此作了令人信服的解释。

## 理性与葡萄牙人经验的冲突

霍伊卡的出发点是自15世纪初以来葡萄牙水手沿非洲海岸探秘时的发现所引出的思想挑战。葡萄牙文化不可避免要对这么
355 多新东西进行消化吸收，但几乎同时引入葡萄牙的人文主义价值观使这个过程变得更加令人烦恼：

> 在欧洲文学中，也许葡萄牙文学最清楚地反映了人们心

---

① 关于霍伊卡对科英布拉的访问及其新发现，参见 L. de Albuquerque，"Professor R. Hooykaas and the History of Sciences in Portugal"。霍伊卡在以下等著作中记录了这些内容："Portuguese Discoveries"(最早发表于1966年；这是这里要用的主要论文)，"Humanism and the Voyages of Discovery in 16th Century Portuguese Science and Letters" (1979) 以及 *Science in Manueline Style* (1980)。论点的概要可见他的"The Rise of Modern Science：When and Why?" (1987)。

② 科尔特桑(1891—1977)：葡萄牙制图学史家。——译者

③ 阿尔伯科基(1917—1992)：葡萄牙数学家、地理学家、历史学家，专长为航海大发现时期葡萄牙的科学发现。——译者

> 灵中的痛苦冲突：一方面，通过人文主义教育，他们比中世纪前辈更了解古代学术，也愈发不加批判地仰慕古代学术；另一方面，他们在同一时代又面对着丰富的证据，表明古代的不足之处和容易犯错。
>
> 在欧洲，葡萄牙不得不最先应对这些相反的影响。他们的解决方案有两个方面：**一是遵循自然，无论它可能导致什么；二是尽可能地尊重传统**，不违反最初的指令。[①]

接下来是对当时作者著作的一系列引人入胜的引述和论述，这些作者不得不面对古人确信不存在的众多现象，比如亚里士多德否认热带可以居住，托勒密根据数学推导相信所有陆地都是北半球的一部分，等等。[②] 路易斯·德·卡蒙斯（Luis de Camões）[③]在其史诗《卢济塔尼亚人之歌》（*Lusiadas*）的第五章表达了这一困境，并且表示认同：

> 那些粗犷的水手，以长期的经验为师，根据事物的表象做出判断，认为确切无疑为真；而那些辨别力更强的人，仅仅凭借理智和科学来认识世界最深的奥秘，判定其为虚假或误解。[④]

这对科学意味着什么？在霍伊卡看来，我们这里正在目睹既定硬事实领域意义上的“博物学”的诞生，“知识（和自然本身）的偶

---

① R. Hooykaas, “Portuguese Discoveries,” p. 587.

② 这些例子在 *Science in Manueline Style* 中有非常详细的讨论。

③ 卡蒙斯（1524—1580）：葡萄牙最伟大的诗人。——译者

④ 引自 ibidem, p. 588。

然性凸显出来”。[①] 古代自然哲学家过于理性的思辨所囿于的狭窄的感觉材料世界现在被炸得粉碎。这并非由自然哲学家自发完成，而是在几乎不识字的水手强烈敦促下完成的！正是他们的报告迫使像胡安·德·卡斯特罗(João de Castro，1500—1548，《论地球》[*Tratado da sphaera*，约1538年]的作者；葡萄牙在印度殖民地的第四任总督)这样的学者承认，经验在事实领域要优先于理性思辨。[②] 霍伊卡是这样表述其基本论题的：

> 15—16世纪的葡萄牙海员和科学家对现代科学的兴起做出了重要贡献，他们无意中破坏了科学权威的信念，增强了对一种经验的博物学方法的信心。[③]

356 霍伊卡并未自称第一次指出了这种关联。其实，弗朗西斯·培根已经清楚地觉察到这一点，我们只需看看《新工具》中的段落，“当物质地球的方域……业已大开和敞启，而我们思想的地球若仍自封于旧日一些发现的狭窄界限之内，那实在很耻辱”。[④] 因此霍

① R. Hooykaas,“Portuguese Discoveries,” p. 590.

② 霍伊卡在其 *Science in Manueline Style*(这是 *Obras completas de D. João de Castro* 第四卷的一部分)中有详细讨论。

③ R. Hooykaas,“Portuguese Discoveries,” p. 580.

④ Hooykaas,“The Rise of Modern Science: When and Why?” p. 470 (Francis Bacon, *Novum organum* I, aphorism 84 [*Works* I, p. 191]:“Neque pro nihilo aestimandum, quod per longinquas navigationes et peregrinationes (quae saeculis nostris increbuerunt) plurima in natura patuerunt et reperta sint, quae novam philosophiae lucem immittere possint. Quin et turpe hominibus foret, si globi materialis tractus, terrarum videlicet, marium, astrorum, nostris temporibus immensum aperti et illustrati sint; globi autem intellectualis fines inter veterum inventa et angustias cohibeantur.”)

伊卡坚称，培根并非不知道这两个事件——航海大发现和通过不带偏见的观察和实验而进行的即将发生的科学变革——基本上同时发生以及它们的因果关联。

霍伊卡也同意培根的看法，即现代早期科学的诞生是“思想氛围一般的渐进变化”，而不是“一个异乎寻常的单个事件”。① 但是关于航海与现代早期科学的诞生之间的时间关联仍然有一个问题，霍伊卡直面了这个问题。② 首先，开创新科学的并非葡萄牙人本身，虽然他们为其奠定了不可缺少的基石。霍伊卡认为部分原因在于葡萄牙文化在大约1540年之后众所周知的整体衰落，部分原因在于学者与工匠之间缺乏合作，部分原因在于耶稣会士对教育的垄断往往会抑制科学思想的自由。③

科学革命不仅不是葡萄牙人实现的，而且也没有在他们做出那些伟大发现时发生，而是要到一两百年以后。霍伊卡认为，应当把这种“相当长的时间滞后”视为“一段潜伏期，在此期间‘新哲学’已经出现，尽管几乎悄无声息”。④ 把葡萄牙人的发现与现代早期科学的兴起联系起来的关键要素主要在于“16世纪地理学的剧变”。⑤

让我们回顾一下此前讨论的几种被冠以“霍伊卡”标签的关于现代早期科学兴起的解释。考虑到他关于“宗教与现代科学的兴

① R. Hooykaas, “The Rise of Modern Science: When and Why?” p. 471.

② 培根在使这两个事件“同时发生”时，想到的很可能是英国航海家德雷克(Francis Drake)而不是达·迦马。

③ R. Hooykaas, “Portuguese Discoveries,” pp. 594–596.

④ R. Hooykaas, “The Rise of Modern Science: When and Why?” p. 473.

⑤ Ibidem.

起”的论题(第 5.1.1 节),以及稍加修改后赞成迪昂对唐皮耶 1277 年禁令所做的解释(第 4.3 节),本论题应该如何理解呢?霍伊卡关于现代早期科学起源的三个论题如何结合在一起呢?

**自然的偶然性与现代早期科学的兴起**

幸运的是,不必等待编史学家去查明,霍伊卡本人在 1987 年的文章《现代科学的兴起:何时与为何》中权衡了他的若干论题,并从中导出了共同点。发现这个共同点并非特别困难,因为它几乎是霍伊卡所有著作中的主要论题(在第 4.2.1 节中已有概述)。

357 在霍伊卡看来,整个科学史上至关重要的是事实的发现,尤其是如果该事实似乎被我们预定的推理所排除。在他的许多出版物中,这篇文章罕见地引述了托马斯·赫胥黎(Thomas H. Huxley)[①]的名言:“面对事实,像小孩子一样坐下来,愿意放弃任何先入之见,无论自然引向何方和何种深渊都谦卑地跟从,否则什么也学不到。”[②]

因此,在霍伊卡看来,科学革命(如果它的确是一场革命的话)首先是事实至上的科学家所做的发现。于是,他对科学革命的解释可以归结为,指出先前那些有助于产生这样一种思想氛围的历史事件,即谦卑地服从事实,充分认识到自然最终的偶然性。因此,不需要证明唐皮耶的禁令立即开创了新科学,因为它显然没

① 赫胥黎(1825—1895):英国植物学家,达尔文主义最早也是最有力的支持者。——译者

② Leonard Huxley, *Life and Letters of Thomas Henry Huxley* (London: Macmillan, 1900; New York: Appleton, 1901), vol. 1, p. 219: T. H. Huxley to C. Kingsley, 23 September 1860.

有，也不需要证明航海大发现或者宗教改革会产生这种结果，因为它们也没有，至少不是直接的。在每一种情况下，只要指出它们对于科学革命思想氛围的贡献就够了。[①] 齐尔塞尔关于工匠与学者汇合的基本观点也是如此，霍伊卡完全赞同该论题，因为这些群体之间社会壁垒的消除也迫使科学家放弃了他们的傲慢态度，屈服于工匠向他们揭示的自然事实。

在所有这些情况下，不论当事人有何意图（在大多数情况下是无意的），营造一种思想氛围是最关键的。在各种不同激励中，霍伊卡最终认为最重要的激励始于小小的葡萄牙：

> 当科学家最终承认（不是偶然承认，而是原则上和实际上承认）经验的优先性时，巨大的变化（不仅在天文学或物理学中，而且在所有科学学科中）便发生了。航海大发现所导致的态度转变是划时代的事，它不仅影响了地理学和制图学，而且影响了整个"博物学"。
>
> ……最早组织航海大发现的航海家亨利（Henry the Navigator）[②]并不是科学家，也没有科学目标。但正是他采取的行动掀起了一场运动，它在发展成16世纪地理学剧变的过程中，为所有其他科学学科或早或晚的变革做好了准备。[③]

---

① 亦参见 R. Hooykaas，"The Rise of Modern Science：When and Why?" p. 456："任何为科学创造有利氛围的历史事件都应当考虑。……有些因素虽然对科学没有立即产生直接影响，但却营造了一种氛围，有利于新的观念和方法被接受。"

② 航海家亨利（1394—1460）：葡萄牙王子，探险家的赞助者。——译者

③ R. Hooykaas，"The Rise of Modern Science：When and Why?"，pp. 472，473.

### 5.2.9 爱森斯坦:科学从抄写走向印刷

历史学家伊丽莎白·爱森斯坦(Elizabeth L. Eisenstein)曾从
358 事法国史研究,后来着迷于研究印刷术的历史。她1979年出版的两卷著作《作为变革动因的印刷机:现代早期欧洲的传播与文化转变》(*The Printing Press as an Agent of Change: Communications and Cultural Transformations in Early-Modern Europe*)获得了当之无愧的广泛赞誉。凭借可靠的洞察,她从那些除少数专家以外鲜有人关注的不同寻常的主题中,发现了一个对于我们理解过去至关重要的主题(一如时间革命在兰德斯1983年的工作之前也鲜有人关注)。这些专家始终未能从书籍史这一相当狭窄的领域走向欧洲现代化这一更大的问题领域,而爱森斯坦却勇往直前,独自一人把所有人的模糊看法,即印刷机的问世大大改变了现代早期欧洲,变成了她声称明确受到从抄写转向印刷影响的当时各种观念和活动。

更重要的是,与其他大多数历史学家的习惯形成鲜明对比的是,爱森斯坦在详细讨论我们关于文艺复兴和宗教改革的看法为何必须考虑印刷术的影响之后并没有就此止步。由于很熟悉关于16—17世纪科学的大量文献,她进而详细讨论了印刷机对于16—17世纪科学的贡献。她把人们关于印刷术对科学革命可能有什么影响的模糊看法变成了关于印刷术实际起什么作用的明确观点。对于包括我在内的许多读者而言,其整个努力的最终结果是,我们在阅读任何来自或涉及16—17世纪欧洲的文献时总会不时喃喃自语:“呀,如此这般的东西只可能出现在印刷文化而不是抄写文化中”。

在我看来，这些令人钦佩的贡献只有一个重要欠缺。在其著作的第三部分“自然之书的转变”（随后的讨论都在这一标题下展开）中，我们也许以为她会做出一种独立而持续的论证，在其中相继提出若干假说，以说明印刷术对科学到底有什么作用。在这样一种论证之后，也许会对她的新解释如何影响了之前的科学革命观进行综述，并把她同那些已故和在世学者的遗留分歧置于脚注、附录或参考书目中，以满足专家的需要。

但不幸的是，爱森斯坦似乎只是在质疑他人观点时才会产生想法，只是在指出他人观点为什么错误时才会建立自己的看法。结果，在那部 708 页的著作中，她的观点几乎总是隐藏在往往很激烈的持续争论之中。她对相关文献的许多看法始终夹杂在争论过程中，而从未具有全面的编史学概述所必需的条理性，她也未就自身的立场给出令人信服的证据。这样一来，两者都因为一种无益 359
的混乱而受到损害。难道爱森斯坦真的认为自己观点的有效性取决于确定其前辈不认同她的观点吗？

值得注意的是，1983 年出版的《现代早期欧洲的印刷革命》（*The Printing Revolution in Early Modern Europe*）的删节版并未打破原来的框架并彻底重新组织整个论证，所以仍有同样的毛病。在接下来关于爱森斯坦主要思想的讨论中，我将忽视她那种有些令人恼火的表述方式，尽可能将她的观点摆出来，而不至于像她那样陷入学术争论。

## 抄写文化与印刷文化

爱森斯坦的出发点，或者其基本论证所围绕的中心是，在有印刷术的文化和没有印刷术的文化中，文本的传播方式有根本区别。陈述这个看似自明的事情是需要勇气的。由于关于抄写文化的可靠数据实在太少，爱森斯坦在这里谨慎地讨论了印刷机所导致的剧变：比如越来越多的书籍得到传播和销售；既然复制中的抄写错误现在可以排除，或者在某个版本中得到权威校正，某种程度的标准化已经可以实现；大量文本能够得到保存，即便是火灾、偷窃甚至审查也无法将其根除。印刷文化的新特征也不限于书写的文字。印刷机还通过标准化的插图、图形、图表和其他图解为阐明文本（解剖图、数学论著等）提供了前所未有的机遇。这一切都意味着，单单是思想产物的代代相传再也不是一项重大的文化功绩：在时间的长河中，思想能够以基本未受损害的状态大体上原封不动地保存下来，这一理所当然之事在印刷术出现之前是不可想象的。在对这些问题进行细致讨论的过程中，爱森斯坦一直引导读者去发挥想象力，从而意识到对文本的处理在抄本时代究竟意味着什么——所谓“抄本时代”是指从大约公元前4000年各个文明中心陆续发明出文字，一直到1450年左右西欧发明出一种对文字进行复制、保存、标准化和传播的可靠方法。

**印刷术之前和之后的科学**

这一重大变化对科学意味着什么呢？爱森斯坦最为深远的断言是，“印刷机为现代科学……奠定了基础”。[①] 诚然，她承认萨顿
360 和桑代克等科学史家对印刷术重要性的反对意见是值得考虑的。

① E. L. Eisenstein, *The Printing Press as an Agent of Change*, p. 704.

这种看法认为，印刷术在16世纪妨碍而不是推进了科学的发展，因为它恰恰使那些错误的书籍流行起来，比如《天文学大成》和萨克罗博斯科(Johannes de Sacrobosco)[①]的《天球论》(*Tractatus de Sphaera*)，而不是哥白尼的《天球运行论》。爱森斯坦沿着两条论证思路进行了回击。首先，“无论早期印刷商多么缺乏鉴别力，他们并没有减少书籍供应。他们从未缩小，而总是在拓宽图书馆的藏书范围”。[②] 其次，也是更重要的，恰恰是通过提供关于同一主题的持不同见解的文本，出版商才使科学家第一次能够进行广泛的文献考察，注意到在抄本时代一定注意不到的那些不一致性，从而在前人缺点的基础之上建立新理论。在爱森斯坦看来，这恰恰使哥白尼革命成为可能。

在整本书中，爱森斯坦始终认为不应该相信以下观点，即现代早期科学兴起的典型特征是决定阅读“自然之书”而不是书本。恰恰相反，自然之书首先也是通过书本来理解的，科学家关于自然之书的发现只有印刷出来才能接受学术审阅。因此，关于哥白尼的真正新颖之处在于，他是最早有机会不慌不忙地仔细审阅整部《天文学大成》的天文学家之一，就像第谷和开普勒能在各种相互竞争的行星理论之间进行史无前例的选择一样。

开普勒在图宾根求学时，天文学家必须在三种不同理论

① 萨克罗博斯科(约1195—1256)：英国天文学家，他写的《天球论》是中世纪最权威的天文学教科书之一。——译者

② E. L. Eisenstein, *The Printing Press as an Agent of Change*, p. 511.

> 中做出选择。而一个世纪前,哥白尼在克拉科夫求学时,学生们能接触到一种理论就不错了。[①]

与此密切相关的一种新颖之处是,印刷机使人们能够不再忙于复制文本和确定其可靠性。

> 16世纪的天文学家之所以与前人不同,与其说是因为受到了某种文艺复兴思潮的影响,不如说是因为不再需要复制和记忆,而是可以利用新的纸质工具和印刷文本了。[②]

特别是哥白尼,

> 与这位北方学者赴意大利求学或学习希腊语相比,这位天文学家一连30多年研究大量记录能以足不出户的方式来完成要更加引人注目。[③]

于是爱森斯坦断言,我们开始理解,现代早期科学史中许多著名的关键事件都有一种更具体的原因,而不像人们通常援引的那些不够明确的解释所暗示的那样。例如,库恩认为哥白尼之所以
361 能在托勒密的行星理论中发现前人未曾注意的"怪物"(第4.4.1

① E. L. Eisenstein, *The Printing Press as an Agent of Change*, p. 629.

② Ibidem, p. 602.

③ Ibidem, p. 593.

节),是因为随着时间的推移,以格式塔转换的方式产生了一种新的思维模式。第谷1572年看到新星被认为是一种观看天空的新方式。巴特菲尔德认为,诸如此类的微妙意义转变表明,在16世纪突然出现了一种新的思考状态(第2.4.3节)。爱森斯坦(以她将微妙视为模糊的一贯倾向)指出,如果我们对抄本时代和新的印刷时代的状况进行对比,那么所有这些东西就会变得更容易理解。科学家们并非是以新的方式看待熟悉的事物,毋宁说,印刷工业将新旧资料一齐置于他们眼前。

沿着这样的思路,爱森斯坦解决了科学革命编史学中的一些老问题。以中世纪为例。许多大有希望的新领域得到了探索,比如马里古的皮埃尔(Pierre de Maricourt)①对磁性的研究或者弗赖贝格的迪特里希(Dietrich of Freiberg)②对彩虹的研究,但这些研究总是日渐低落。与16—17世纪的情况相比,这里总是缺乏连续性,这与从抄写到印刷的转变密切相关。再以小数的发明为例。伊曼努尔·邦菲斯(Immanuel Bonfils)③早在14世纪就先于斯台文发明了小数。区别在于,复制邦菲斯发明的希伯来抄写员未能认识到它的意义,邦菲斯的发明一直埋藏于手稿中,直到1936年才由历史学家所罗门·甘兹(Solomon Gandz)④发表,而斯台文却能以书的形式让他的发明立刻为人所知。因此,

> 如果说在手稿中追溯到的有前途的开端似乎都衰落下

① 马里古的皮埃尔:13世纪法国磁学家。——译者

② 弗赖贝格的迪特里希(约1250—约1310):德国神学家、物理学家。——译者

③ 邦菲斯(约1300—1377):犹太数学家、天文学家。——译者

④ 甘兹(1883—1954):奥地利科学史家。——译者

> 来，不了了之，如果说重要的古代作品都像阿基米德更难懂的论著那样“沉睡”，那么抄写文化的状况应当至少为此承担部分责任。困扰中世纪研究的许多缺陷——低水平的数学技能，观测仪器的欠缺，“无节制地思辨”的倾向，等等——可能也要部分归因于传播的状况。①

在这方面，我们现代精良的手稿版本恰恰容易使今天的历史学家注意不到抄写文化的那些最妨碍科学持续进步——在印刷术出现之前，科学的持续进步无论如何都不可设想——的特征。②

或者再以学者与工匠的关系为例。这里涉及爱森斯坦著作的一个奇怪特征。她总是不失时机地表达与其他历史学家的不同意见，以致完全没有看到，在许多情况下她与他们的立场其实有许多共同点，而且的确需要向他们学习不少东西。与齐尔塞尔之间就是如此。爱森斯坦没有看到她可以为齐尔塞尔论题增加一个重要
362 成分，而是严厉指责他相信学者与工匠相隔甚远。她没有看到这只是齐尔塞尔论题的一半，另一半是说，直到 1600 年左右学者与工匠实际接触，现代早期科学才可能兴起。诚然，在齐尔塞尔的论述中，这种接触的状况一直有些模糊，这里爱森斯坦提出了一种有趣的观点——他们其实是在印刷作坊进行接触的，这些作坊“是学者、艺术家和文人的聚会之所，是外国的翻译家、移民和难民的避难所，是先进学问的机构，是各类文化思想交流的中心”。③ 爱森斯坦进而对她关于工匠与学者交流的断言做了限定，她提醒说，技

---

① E. L. Eisenstein, *The Printing Press as an Agent of Change*, p. 504.

② Ibidem, p. 499.

③ Ibidem, p. 23；关于齐尔塞尔论题，见 pp. 521－522, 558, 561。

术在付印时超越了在抄本时代被各个技艺行会小心守护的界限：围绕着他们典型工艺流程的秘密禁令正在被解除。因此，学者和工匠都在服务于印刷商需要的过程中发生了转变。

让我们暂时中断关于爱森斯坦观点的叙述，我想说，这个观点听起来不错，但过于抽象。我们需要用一些实际例子对它进行确证，即哪些科学革命的主要人物在哪些印刷作坊接触了哪些工匠。伽利略是在那里接触工匠的吗？不，伽利略只提到了威尼斯兵工厂。贝克曼是在那里接触工匠的吗？不，贝克曼是凭借一己之力。梅森是在那里接触工匠的吗？不，梅森是到他们的作坊里看望他们。齐尔塞尔论题和其他论题中的关键问题并不在于这些分离的群体在 16—17 世纪是否真的开始接触，因为他们的确有所接触这一点是不容置疑的。爱森斯坦的确为这种广受欢迎的看法补充了一个新的接触场所。问题在于，这种接触在多大程度上促成了思想的重新定向（什么促成了重新定向正是争议所在）。然而，爱森斯坦未能对这个更深的问题做出回应。

现在回到爱森斯坦对现代早期科学其他论题的贡献。首先是关于默顿论题的争论。在她的论述中，这些内容主要围绕着这样一个问题：对于现代早期科学的形成而言，天主教和新教的影响谁占上风。这里，她针对天主教国家（尤其是但不只是意大利）的审查制度对于科学思想的影响提出了一些重要观点。她表明，与天主教的印刷所相比，新教的印刷所要更有商机，而且更敢于出版像伽利略《关于两门新科学的谈话》那样有风险的文本。特别是，荷兰成了自由出版的避风港，那里出版的一些文本在天主教作家的家乡是不可能出版的。因此，新教之所以能在科学革命中占上风，宗教裁判所起了很大作用，因为它使本地出版商心灰意冷，使出版物遭禁，从而导致大胆的思想被窒息。

363 最后是希腊停滞的问题。在讨论希腊科学及其停滞原因时，爱森斯坦聚焦于亚历山大科学，她将科学在亚历山大城的繁荣主要归因于缪塞昂(Museum)有当时世界上最丰富的藏书。但我们必须意识到，这样一个"重要的抄写信息中心"是异乎寻常的。[①] 她提醒说，一方面，它使希腊科学有可能做出独一无二的成就；另一方面，这种成就之所以会终止，原因在于即便是这样一种异乎寻常的研究工具仍然是有局限性的，这些局限性只有等印刷术出现才能克服。这里爱森斯坦给出了一个极富启发性的对照：15 世纪末，天文学家雷吉奥蒙塔努斯利用了匈牙利国王马蒂亚斯·科维努斯(Matthias Corvinus)在布达(Buda)搜集的规模同样庞大的手抄书籍：

> 1470 年以前，雷吉奥蒙塔努斯所走的道路与前人相仿，……他们也是多才多艺的游学之士，效命于红衣主教和国王。他把图书管理与天文学结合起来，就此而论，他遵循的是亚历山大人和阿拉伯人的典型样式。然而，当他 1470 年离开布达的图书馆，在纽伦堡建立其印刷所时，雷吉奥蒙塔努斯跨越了一个巨大的历史分水岭。此前，他曾以传统方式为同行和赞助人服务。在一位纽伦堡富人的赞助下，他开办了印刷所和天文台，以各种新的方式服务于后人，比如刊印复制正弦表和正

① E. L. Eisenstein, *The Printing Press as an Agent of Change*, p. 559, note 115.

切表、成系列的星历表，为仪器打广告，培养学徒继续印刷技术论著，发布即将出版的书目等等。1476年，雷吉奥蒙塔努斯英年早逝。他的一些手稿直到他去世后半个多世纪才得以印行。其他一些手稿完全遗失了，以致他改造天文学的最终方案永远无从得知。此外，他在布达挑选的丰富藏书散佚了，而且在1527年遭到了土耳其人洗劫。过去也有类似的灾难导致了天文学的倒退。与过去不同的是，雷吉奥蒙塔努斯所走道路的势头日益强劲。由他发起的一系列出版活动从未止步。①

这里我们已经触及了问题的核心。在抄本时代，力图保护文本免受腐烂、变质和毁坏始终是学者们的首要关切。即便科学的确繁荣起来，它也只是繁荣一时。就算大量遗失的信息重现于世，就像亚历山大遗产在15—16世纪的西欧被重新发现那样，这本身依然不足以维持科学的持续进步。只有印刷机能够实现这一点：

最丰富的手稿图书馆所设置的界限被……打破。即便是古代亚历山大学者所能看到的非凡资源，也比不上从抄写转向印刷之后所能获得的资源。从15世纪开始的新的开放式 364
信息流使新发现能够越来越快地积累起来。……正如赫拉克勒斯之柱是地理空间的尽头，人类的知识也要在抄本资料所设定的固定界限处止步。……随着从抄写转向印刷，封闭的

① E. L. Eisenstein, *The Printing Press as an Agent of Change*, pp. 586－587.

圈子被打破了。……当我们比较希腊人有限的人类居住区和探索时代不断拓宽的视野，或者追溯“从封闭世界到无限宇宙”的宇宙论变迁时，应当更多地思考“没有围墙的图书馆”的出现。……信息的流动已经被重新定向，它对自然哲学产生了不容忽视的影响。①

## 印刷机作为对现代早期科学兴起的解释

比起科学的盛衰交替，科学的持续进步才是有待解释的关键问题，这个根本构想与本-戴维关于传统社会中科学非连续性的看法(第4.2.3节)有很大共同点。同样显著的是，爱森斯坦完全没有注意到这种思想的相遇，而是像往常一样，针对本-戴维在一篇早期文章中关于伽利略受审的影响所讲的一句不太要紧的话进行批评。当然，在为最终打破循环指定原因方面，他们有一个明显分歧(我们将在下一节看到这一点)。现在让我们看看爱森斯坦认为自己已经解释的问题是什么，其解释的地位又如何。

爱森斯坦自己的说法当然是，她为解释现代早期科学的兴起做出了重要贡献。但这种说法是需要限定的。在相关章节中，大量混乱掩盖了真正需要解释的问题：是那场独特的科学革命，还是一般的诸科学革命。这不仅是因为她没有意识到库恩的术语中所涉及的这些模糊不清之处(见第2.4.4节)，而且也因为她对那场科学革命的实质还不够清楚。这里我们必须区分两个问题。

首先，认为科学革命本质上是从阅读故纸堆转向“阅读自然之

① E. L. Eisenstein, *The Printing Press as an Agent of Change*, pp. 517 - 519.

书”，这果真是科学史家的共识吗？尽管科学史家在不同程度上认为这是科学革命的重要组成部分（第 3.2.1 节），但很少有人没有关注当时发生的概念革命。我们已在本书第二章说过许多，这里无需重复。此外，关于科学与学术如何运作，爱森斯坦认为，学者们主要是通过考察文献从而熟悉前人的工作并对其进行批判来推进学术进展的。我们已经注意到，如果她不把这种考察看得那么 365
认真，或者给学者们的思考和想象少一些约束，或许可以使她本人的工作受益甚多。例如，设想伽利略投身于一种彻底的“文献考察”似乎是完全荒谬的。假如相比于让·布里丹在两个半世纪之前可自行支配的抄本，伽利略要反对印刷机更自由地提供的所有那些亚里士多德主义著作，那么他如何可能做出任何推进呢？

其次，谈论科学革命时，爱森斯坦主要提到了当时变得对科学家重要的工具，在某种意义上，她整个论证的主要观点是，对于科学家来说，书籍是比望远镜更为重要的工具。[1] 这再次严重低估了科学革命的数学方面（而不是观察方面）。同样，这种忽视有两种来源。爱森斯坦本人很清楚其中一种。其著作的一个一般观点是，不仅是文字，而且图形、图表等都通过印刷机发生了重大转变。她还指出，这对“四艺”（*quadrivium*）的后续变革产生了重大影响。然而，做出这一结论之后她未能详细阐述，因为这将是“一项过于艰巨的任务，无法在这里完成”。[2] 鉴于她这本书所要完成的任务，我们当然尊重她的这样一个决定。但我们仍然希望作者能

① E. L. Eisenstein, *The Printing Press as an Agent of Change*, p. 520.

② Ibidem, p. 533.

够更好地认识到，这一忽略将会导致一种多么片面的科学革命观。而她再次抓住伯特与戴克斯特豪斯的某些小分歧大加指责，以至于完全没有注意到可以从这些学者以及同样被她忽视的柯瓦雷那里学到：除了改进的观察和实验，科学革命还有其他侧面。

那么，爱森斯坦如何看待其解释的地位呢？在她看来，对科学革命的解释往往会滑入两个截然不同的方向。一个是狭隘地拒绝到理智世界以外寻求解释，另一个则是倾向于认为在科学革命之前发生的几乎所有事情都为科学革命的出现做出了贡献——“在过于广泛的领域中漫游，为所有事物编制清单，惊叹于时代的普遍骚动”。[①] 即使我们避开这两个极端，也可能陷入那些古老的争论，比如柏拉图抑或亚里士多德、默顿论题、学者与工匠，等等。所幸，爱森斯坦为我们所有人指出了出路，读者可以猜猜它是什么：

> 通过更加强调从抄写到印刷的转变，可以把许多不同趋向容纳进来，而不必诉诸一种不加鉴别的大杂烩，也不致使那些思想争执继续下去。[②]

366 仅仅因为最后一个进入游戏就宣布绝对胜出，这当然没有多少说服力，尤其是因为爱森斯坦对关于科学革命的各种学术解释的了解还远不够透彻。关于现代早期科学起源的各种解释应当就

---

① E. L. Eisenstein, *The Printing Press as an Agent of Change*, p. 685 (cf. p. 592).

② Ibidem, p. 685.

其自身的价值而得到评判，而不应考虑对它们的辩护已经引发了多少学术争论。

爱森斯坦还准备了一个较好的论证来赋予印刷以优先地位。印刷机正处于“内部”（科学家的思想）与“外部”（被发表的科学家想法）的界线之上，作为一个因果要素，它天然适合提出一种解释，可以将思想与外部世界最自然地联系起来，而不是经由默顿论题或许多其他论题所暗示的那些不太直接的关联。这大概就是爱森斯坦为何会在其著作行将结束时断言：

> 我们不能仅仅把印刷术当成复杂因果关联中的许多要素之一，这是因为传播的变革把因果关联本身的性质改变了。印刷术之所以具有特殊的历史意义，是因为它在流行的连续与变化模式中造成了根本改变。①

不幸的是，每一位试图捍卫特定的科学革命解释的人都乐于就自己的观念主张这种东西，负责任的历史学家仍然会像对待其他任何解释时一样，谨慎权衡它的价值。简而言之，爱森斯坦持一种观点，但我们仍然需要查明它究竟能走多远，她的观点并不能让我们完全信服。

而这尤其是因为她有意拒绝沿一条可能使这个问题获得澄清的道路走下去，也就是与其他文化进行对比。从下面这段吸引人的话中我们可以窥知一二：

---

① E. L. Eisenstein, *The Printing Press as an Agent of Change*, p. 703.

> 1460年至1480年间最早生产的印刷机使用的动力多种多样,这些动力是在抄本时代孕育的。在不同文化背景中,同一种技术可能被用于不同的目的(比如在中国和朝鲜),还可能不受欢迎而完全不被使用。……15世纪在美因茨发展出来的复制过程本身并不比其他无生命的工具更重要。除非被认为对人有用,印刷机是不可能在15世纪的欧洲城镇开动起来的。此外,印刷机还可能受到欢迎并被赋予截然不同的用途——例如被教士和统治者垄断,而不让市民企业主自由运用。
>
> 367 ……但事实依然是,一旦许多欧洲城镇配备了印刷机,印刷术的变革力量就开始起作用了。①

于是,如果暂时作一总结,我们可以说:尽管有诸多说法至少是可疑的,但爱森斯坦确实论证了印刷术为现代早期科学的兴起提供了某种极为重要的东西。至于是否还能说出更多的东西,这个问题我们只能暂时中止,直到我们沿着爱森斯坦仅仅浅尝辄止的比较路线前进时再进行讨论。

## 5.3 本-戴维与新科学的社会合法性

> 科学门类众多。如果科学恰好处于统治地位,受到所有人的青睐,人们不仅尊重科学,而且尊重科学家,那么科学的门类会更多。这首先是统治科学家的那些国王和君主的职

① E. L. Eisenstein, *The Printing Press as an Agent of Change*, pp. 702–703.

责，因为他们能使学者不再为日常所需而焦虑，从而把精力花在赢得更大的名誉和尊重上，这种追求是人性的精华所在。

但目前的状况恰好相反。因此，新科学或任何新的研究不大可能在我们这个时代兴起。我们所拥有的科学仅仅是过往美好时代的一些残余。

——比鲁尼(al-Biruni)，约 1030 年①

在这段引人注目的话中，伟大的波斯天文学家、物理学家比鲁尼用日常语言预示了约瑟夫·本-戴维对科学家的社会角色进行历史社会分析的出发点。这个出发点是：在传统社会中，由于缺少对科学家的社会认同，科学事业不可避免具有不稳定性(见第 4.2.3 节)。比鲁尼把由此导致的科学盛衰更替模式归因于以赞助为基础的社会关系的内在不稳定性，他特别明确指出，这种盛衰更替是科学在各个时代再正常不过的进程。此前的科学史都符合他的论断，此后五个世纪的历史也是如此。本-戴维的话很好地概括了 17 世纪的巨大分野，对于生在 17 世纪之后的我们来说，要想认识到科学此后成为一种持续的、不断发展和前进的事业是多么不同寻常，需要历史想象力的巨大飞跃。于是，对于科学革命竟然会出现的惊奇感是本-戴维解释这样一个偶然事件的努力

① E. L. Eisenstein, *The Printing Press as an Agent of Change*, pp. 702 – 703. 这是比鲁尼对印度天文学的一项考察的开篇段落。引自 D. Chattopadhyaya (ed.), *Studies in the History of Science in India*, vol. 2, p. 511。(译文由编者取自 E. C. Sachau, *Albiruni's India*, part i, ch. xiv, p. 152。我没有核对那里的引文。)预示本-戴维核心思想的另一位敏锐的科学社会学家是弗朗西斯·培根：*Novum organum*, aphorisms 78 – 80。

的根本:“需要解释的是科学[即我们今天已经习以为常的一种持
368 续不断的事业]竟然会出现。”①

在本-戴维看来,这个问题并不等同于寻找伽利略、开普勒或任何其他人的科学思想的起因。恰恰相反,他确信科学思想领域基本上是自主的。科学社会学家可以试图理解是哪些特定的社会条件促进了科学事业或使之成为可能,但却不能通过社会环境来解释科学家的思想。思想继承有其自身的逻辑,这种逻辑只有通过认真重构那些思想才能把握。但这些思想是否能够兴起,以及是否会落在肥沃的土地上,社会分析却能帮助阐明。② 因此,对于本-戴维来说,科学作为一种持续事业的兴起这个问题可以归结于追问:

> 是什么使17世纪的一些欧洲人在历史上第一次把自己看成科学家,并认为这种角色具有独一无二的特殊义务和可能性?是什么使这种自我定义能被社会接受和尊重?③

请注意,这里问了两个相关但迥然不同的问题。一是科学家为何会以新的方式看待自己,二是这种新的自我观念为何会在更大的社会中得到尊重?本-戴维的解释分为几个阶段。他首先表

① J. Ben-David, *The Scientists Role in Society*, p. 31.

② Ibidem, pp. xxii – xxiii (introduction to the 1984 ed.), 1 – 2 (列出了适合科学社会学家处理的一系列主题), 12 – 14, 170, 185. 另见 J. Ben- David, “Puritanism and Modern Science,” p. 261。

③ J. Ben-David, *The Scientists Role in Society*, p. 45.

明，西欧的一些独特特征同时出现，使得主要在16世纪和17世纪初的意大利发展起来的科学超越了亚历山大人的水平。他进而指出，那里科学所拥有的更广泛的社会基础仍然不足以使这场运动继续下去，因此，要不是与北欧的一些社会状况结合在一起，最终创造了科学家这样一种社会角色，科学可能已经衰落了。我们现在把本-戴维相当复杂的论证分成以下几个部分。[①]

**科学、艺术和赞助的变迁**

使科学获得比在其他地方更稳固的社会基础的第一个西方独特特征是中世纪大学的兴起。此前在其他地方，学术传播主要依靠短暂的师徒关系。如今，这些关系在大学中得到巩固，从而增强了学术的连续性。科学主题被定义为自然哲学，在许多大学的艺学院都有机会进行研究，带有自然主义倾向的哲学家可以自由地培养个人兴趣。然而，这种安排也阻碍了科学兴趣与更高的哲学 369
兴趣的分离。这样一来，科学作为一种本身具有价值的事业并没有获得其应有的尊严。

15世纪时，对科学有兴趣的那些艺术家提供了一条更有希望的道路来通向这一目标。本-戴维主要从奥尔什基那里获得启发，表明拥有数学技能的人如何帮助建筑师和艺术家来研究立体几何、透视法等问题。这种有助于使数学从极端的抽象和孤立中解

① 这是《科学家在社会中的角色》第四章和第五章前半部分的主要内容，然后渐渐转向作者的第二个主要关切：确定了科学家的角色如何产生之后，他在该书的其余部分陆续分析了科学最繁荣的几个地理中心的体制安排。

放出来的联合只存在了不长时间;不久,艺术家学到了所有必要的科学知识。这种联合给科学带来的持久好处是,科学在艺术家的陪同之下进入了宫廷,尤其是在意大利。这并不是说,科学被纳入了艺术家在15世纪以后所从属的那种赞助体系。关键是,在君主的赞助下,意大利各地在佛罗伦萨的柏拉图学园的庇护下建立了许多学院来研究人文主义关心的各种问题,此时有兴趣研究自然的人也可以在那里找到位置。某些意大利贵族认为这些兴趣有可能使理智得到满足:

> 在意大利,科学只得到了某些上层知识精英的拥护,他们试图取代官方的大学哲学家,并使天主教会的思想视野现代化。①

在这种安排中,科学在学院中的主要支持者是少数教士和追求思想革新的非神职贵族,其主要问题在于缺乏持久性:

> 科学和科学家仍然依赖于统治着国家和教会的上流阶层中的某些对学问有兴趣的人。必须让这些人相信自然科学很重要,相信让公众普遍认同科学,使之自由传播是完全值得的,尽管由这种认同可能产生教义方面的严重困难。但这些人并不相信这些。事实上在那个时代,情况也只能如此,因为有利于哥白尼理论的论证还不够有说服力,科学只能提供天

① J. Ben-David, *The Scientists Role in Society*, p. 63.

> 文学和力学理论的一些使人感兴趣的片段以及对伽利略将在未来完全为人们意识到的才能的无限信心，而当时的人文主义和神学却展现了大量学问、智慧和美。只要科学的拥护者需要说服的人对传统学问坚信不疑，科学运动就注定要失败。对于上流阶层的那些重要人物以及大多数并不重要的人来说，科学在思想和审美上都是二流活动，在道德和宗教上又有潜在的危险。①

它简要概括了本-戴维所概述的历史上一次相当罕见的暂时 370
的体制安排，使科学得以繁荣了一段时间。变成卓越的文学作品时（就像伽利略所做的那样），科学能使支持它的贵族们铭记；被用来辅助大型的工程项目时，科学能使人肃然起敬；被富于想象的创造性天才所培育时，科学能获得尊重——但只要科学仍然与社会阶层联系在一起，就像在意大利一样，社会组成固定不变，科学就不可能得到更为持久的拥护。

现在，我们已经到达了本-戴维所认为的科学史上的关键转折点：

> 倘若在欧洲各地，科学的命运都像在意大利一样依赖于这些受过教育的"负责任的"统治阶层，那么一个自信和自尊的科学家群体就可能推迟很长时间才出现，甚至是无限期推迟。幸而北欧的社会结构有所不同，科学才得以发展。……

① J. Ben-David, *The Scientists Role in Society*, p. 65.

> 在北欧有一个流动阶层，他们关于科学的乌托邦主张充分体现了他们的抱负、信念和兴趣，在思想、经济和社会方面都是如此。此外，这个阶层中有部分人发现，在宗教上科学事业比传统哲学更可接受。因此，当科学潮流正从意大利的科学群体和学院中退去，最终到达法国和英格兰时，其方向发生了逆转。那时发生的变化导致了一个至今尚未停息的浪潮。[①]

**北欧对科学的新支持**

为什么只有北欧能够持久地从事一种大体上自主的科学活动呢？

在本-戴维看来，首要原因在于其社会组成。在意大利，社会生活中最有活力的人——商人、银行家和企业家——成了城市的贵族，其代价是失去了看待社会事物的独特眼光，接受了贵族的价值观。尽管注入了这些新鲜血液，意大利的阶层制度还是等级森严，那些寻求支持的科学家没有更多去处。而在英格兰和法国，情况正好相反，社会中最有活力的成员正在寻找自己的位置。社会分层总体上更具流动性，尤其是在英格兰，这就是本-戴维所谓的"科学主义运动"为何能在北欧而不是在意大利兴起的原因。也就是说，在这些流动的、未经改编的、非正式的社会阶层中出现了某些群体，他们的抱负与新科学的希望是一致的：

> 由于发现了新的地方、航线、市场和商品，某些地方的个

① J. Ben-David, *The Scientists Role in Society*, pp. 65 - 66.

人及群体财富迅速增加，这些地方就更容易把科学断言视为 371
比传统哲学更有效的发现真理的途径。之所以会产生这种认同，也许部分原因是这些断言很符合一个在社会和物质上不断改变的世界的新前景，但更起决定作用的是，这些群体的利益与传统特权的压制性主张一般来说是相反的。[1]

简而言之，本-戴维认为关键在于，"在北欧，……科学最终变成了一种正在形成的进步观念的核心要素。"[2]17 世纪出现了一种新的意识形态，它将科学与科学以外的一些考虑联系起来。对于那些并不一定了解科学是什么的人来说，科学的思维模式开始充当社会教育变革的理想。[3] 这些人帮助创立和激励了非正式团体，由此发展出了伦敦皇家学会和法国皇家科学院。对他们来说重要的是，这种新科学——不像某种无所不包的哲学——能够充当一个中立的平台，不是用权威，而是用理论上中立的实验结果来解决纷争。(这一特征被皇家学会的首位宣传者托马斯·斯普拉特[Thomas Sprat][4]广为宣传，后来则被夏平和谢弗用作另一种历史观点的基础；见第 3.6.1 节)：

在那些有意改变世界的人看来，经验科学是真正的先知。

---

① J. Ben-David, *The Scientists Role in Society*, pp. 68 - 69.

② Ibidem, p. 66.

③ 请注意，本-戴维在这种背景下使用的"科学主义"(scientism)一词指的是科学被视为更大抱负的一种象征，而这个术语的一个更常用的含义是形成一幅由科学启示的世界图景(特温特大学历史系的 T. Vanheste 收集了能在文献中找到的一系列含义)。

④ 斯普拉特(1635—1713)：英国作家、主教。曾写过《伦敦皇家学会史》。——译者

> 它所产生的革新包含着无可辩驳的证据,使所有哲学争论变得不必要。它不仅能产生革新,还能促进社会和平,因为它能使人就特定问题的研究程序达成一致,而不要求在其他方面达成一致。
>
> ……经验科学象征着一种仍然有待实现的目标:创造一种新的社会秩序,不是通过持续的暴力冲突,而是通过理性而客观的程序对事物加以改变和改进。①

这便是强调经验程序和科学实用性的意义,为此可以援引培根著作的核心信条,并将其变成一种培根式的意识形态。虽然在现实中,按照字面来运用培根的方法很难推进科学,但科学主义运动从整个科学方法中挑选出了那些最符合其抱负的要素。倘若科学观变成了又一种竞争性的哲学,如笛卡儿主义一般条理分明和逻辑上封闭,科学就不可能打破传统上被短暂的宫廷赞助所设定的界限。"然而,通过设计出一个不断扩张和变化、但却规范运作的科学共同体,培根主义与这样一种封闭的科学观是不同的。"②

372 最后,只有宗教权威尚未成为铁板一块,所有这些才是可能的,因为这种宗教权威容易遏制竞争思想的有效传播,从而破坏使科学繁荣起来的思想氛围。本-戴维认为,新教对科学的有利之处在于宗教多元主义的环境以及相应的宗教政策,而不是某种共有的伦理。此外,新教环境中产生的科学主义运动给科学的抱负染

① J. Ben-David, *The Scientists Role in Society*, pp. 73, 79.

② Ibidem, p. 73.

上了一种独特的宗教色彩;“科学要素与宗教要素实际融合为一种新的意识形态。”[①]

于是,北欧与地中海附近更早文明的区别有两个决定性方面:

> 科学在北欧转变成为这样一种普遍的实际看法,这个事实反映了一种开放的阶层制度开始形成。知识人接受了这种看法,将它发展成一种对传统权威形成潜在威胁的意识形态,而这只有在教义不太确定的新教那里才是可能的。[②]

**科学主义运动在英格兰和法国的不同命运**

在前文中,地理术语“北欧”和“英格兰”似乎可以不加区别地使用。但事实上并非如此。本-戴维认为,法国也出现了在社会起源和社会抱负上与英格兰非常类似的科学主义运动。法国科学院的重要人物所源出的群体之所以能够产生,在很大程度上要归功于一些异端的非正式人士的努力,他们积极投身于“这些群体所依赖的宗教多元论事业”。[③] 共同的心态在特奥弗拉斯特·勒诺多(Théophraste Renaudot)[④]和梅森等人与英吉利海峡对岸的特奥多尔·哈克(Theodore Haak)[⑤]和塞缪尔·哈特利布(Samuel

① J. Ben-David,“Puritanism and Modern Science,” p. 260(在1985年的文章中,本-戴维比《科学家在社会中的角色》第四章较为模糊的处理更为清晰地表述了这个问题的“清教”方面)。

② Ibidem, p. 70.

③ Ibidem, p. 81.

④ 勒诺多(1586—1653):法国医师、慈善家。——译者

⑤ 哈克(1605—1690):德国加尔文派学者,后来生活在英格兰。——译者

Hartlib)[①]之间的密切交流中得以自然表达。17世纪60年代，随着非正式群体组织成规范的机构，巨大的差异出现了。在英格兰，“科学主义运动”成了皇家学会的一部分，经由光荣革命也成为整个官方社会的一部分。而在更为传统的中央集权的法国，当法国科学院成立时，路易十六没有让“认为科学有广泛社会技术意义的群体”介入。[②] 通过把活动严格限制于科学研究，其皇家创始人及其官僚把科学所体现（但并非规定）的那些更广泛目标推向了对立面，从而最终产生了“哲学”运动，它将在接下来那个世纪囊括法国所有反传统、反权威的思想潮流。但是那时，科学已经通过自身的自主优点证明了自己的斗志，不再需要
373 来自社会阶层的支持，而这种支持在科学革命的早期阶段是不可或缺的。

### 该论题的一些困难

在权衡雄心勃勃的本-戴维论题的功绩时，我们必须首先考虑他是否回答了在试图查明17世纪的欧洲为何能够做到此前任何传统社会都做不到的事情时所要考察的两个问题：科学家们为什么第一次意识到了自身事业的尊严？周围的社会为何会支持这种新的意识，从而产生了科学家的社会角色？虽然前面总结的论证明显与第二个问题有关，但它与第一个问题的关联并不清楚。如果我没有漏掉本-戴维难以完全理解的章节中某些本质

---

① 哈特利布（约1600—1662）：德国—英国博学之士，后定居于英格兰。——译者

② J. Ben-David, “Puritanism and Modern Science”, p. 82.

内容的话，[①]唯一的关键在于，15 世纪艺术家的知识要求使科学家有机会从大学哲学框架中解放出来。抑或是，本-戴维认为，科学家一有机会追求他们的思想兴趣，就会对自己的活动充满自豪并开始寻求支持？虽然就这一看法可能要说很多东西，[②]但我在本-戴维的讨论中找不到对它的文本支持。

在本-戴维的论证中，并非只有这一个缺陷。他把南欧实际上限制于意大利，把北欧限制于英格兰和法国，因此，他不仅把西班牙(以及就科学而言更重要的)奥地利和南德排除出了南欧，而且把德国和(就科学而言更重要的)荷兰排除出了北欧。按照本-戴维的逻辑，荷兰本应也有一场“科学主义运动”，使科学成为社会进步的象征。本-戴维把荷兰没能产生这样一场运动归因于那里据说有强大的新教制度，[③]但这是毫无道理的：如果欧洲有某个地方受到宗教多元主义的统治，那只能是荷兰。在这样一个科学人才辈出的国家，为什么没有科学意识形态出现，这仍然是一个谜。[④]

尽管有这些弱点，该论证广阔的地理范围也表现出了一些令人印象深刻的长处。在这里，科学的重心从地中海世界到大西洋

---

① 这本书很难读。我还记得第一次读它时，我知道自己读的是某种非常特殊的东西，但无法解释为什么认为这本书如此重要。又读了两遍，只有像小学生一样做了忠实的摘录，我才知道作者要做什么以及是怎样做的。我把该书的这一特征列为 Gad Freudenthal 在“General Introduction: Joseph Ben-David—An Outline of His Life and Work”中列举的遭到忽视和误解的原因中的又一条。

② 不过，穆斯林文明中科学家的态度似乎要求对这一陈述作某种限定(见第 6.2.2－5 节)。

③ J. Ben-David, *The Scientist's Role in Society*, p. 71.

④ 除非我们突破本-戴维的解释，把这种现象归因于一种相当狭隘的功利主义态度长期阻碍(当然不是阻断)了荷兰的科学事业。

沿岸的转移——只有少数几位学者对此作过暗示(见第 3.6.3 节)——与欧洲这些地区的社会组成联系起来,因此也变得更容易理解。英格兰的科学也是如此。我们在文献中每每会注意到一种把科学革命的构成要素集中于英格兰的倾向。本-戴维的论证提供了一幅更大的图景,它在某种程度上为某个似乎相当偏狭的步骤作了辩护:我们现在知道英格兰为何会在现代早期科学的兴起
374 中占据一个特殊位置了。这一结论可以进一步推广。本-戴维把科学革命看成一个不断发展的、而不是不成功的事件,他对促成科学革命的社会条件的概述(无论多么需要改进和详细阐述)也许可以看成某种综合,本章讨论的几乎所有假定的原因都可以在其中找到合适的位置。在本章结束时,我们把本-戴维论题作为我们的讨论框架,看看外部解释能带给我们什么收获。

## 5.4　“外部”路线的收获

我们在本章对两个主题的若干变种进行了研究,这两个主题是:(1)现代早期科学如何产生于宗教改革的一些未曾预料的后果;(2)现代早期科学如何产生于欧洲萌发的新活力。这些变种引起了学者们的很大兴趣,但我们很少看到对科学革命的直接解释。本-戴维论题的主要功绩在于,通过消化吸收关于这两个主题的大量文献,有意识地把有待解释的东西从科学本身明确转移到科学的**合法化**,本-戴维使它们服务于一个富有成效的目的。

有三种资源使本-戴维能够做到这一点。第一种资源是,默顿的重要著作《17 世纪英格兰的科学、技术与社会》对此有所预示。

后来的许多学者都提出了潜藏在默顿论题中的科学的有效合法化问题，其中最直接的就是本-戴维。[①] 第二种资源是，他对科学史中的“社会”解释能够做到什么以及做不到什么有明确而现实的看法。如果针对的是像赫森论题那样的还原论的外部解释，那么来自彻底“内部主义者”的反驳自然会构成明显打击，但对于本-戴维更为温和的处理却无计可施。然而，本-戴维在解释策略上表现出的认识论上的温和并不会像通常那样导致模糊不清。这要归功于他对第三种资源的运用：引入三个中间概念作为科学领域本身与其社会环境之间的桥梁。批评者认为本-戴维的解释只不过是我们所熟悉的默顿主题的翻版。他们没有看到，本-戴维通过“科学家的社会角色”“科学的意识形态”和“科学主义运动”这三个强有力的概念将这些主题良好地组织在一起。[②] 事实上，不仅是默顿关于清教主义和科学功利性的主题，而且还有奥尔什基关于 15、16 世纪意大利的科学与艺术的论述，以及齐尔塞尔所说的学者与工匠的接触，这些主题都很容易在本-戴维的解释框架中找到自己的位置，变成一个设计精妙的拼图游戏中的众多组件。库恩所关 375

① 在关于默顿论题的文章“Puritanism and Modern Science”中，本-戴维区分了默顿论题的社会—心理方面（他认为这个方面很弱而且未经证明）和历史—体制方面（他试图亲自详细阐述这个方面）（特别参见 pp. 255 - 261）。在我看来，即使在这里，本-戴维也没能特别令人信服地表明，引入我所谓的他的三个中间概念在多大程度上澄清了整个问题。

② 尤其见库恩的评论文章：“Scientific Growth: Reflections on Ben-David's ‘scientific Role,’” pp. 172 - 173。在我看来，库恩在整篇评论中完全没有看到本-戴维在其著作的一至四章所要做的事情，这主要是因为他把本-戴维的“科学家的社会角色”概念与他本人的“范式”概念合在一起了（p. 169）。

注的技艺工艺主题对培根科学兴起的意义也可以被纳入进来。

所有这些并不是说，我们现在已经稳获一把万能钥匙，能够对科学革命进行“外部”解释。首先，本-戴维论题虽然很全面而且富有成果，但还是太粗略了，而且有太多缺陷，难以充当万能钥匙。当然，他的论题为进一步的研究提供了一个有用框架，其中最为迫切的似乎是：对科学革命各个地理区域（特别是英格兰以外的地区）支持科学的动机作更深入的研究。[1]

其次，本-戴维论题并不能囊括本章讨论的科学革命的所有那些据称的原因。比如，它丝毫没有讨论印刷机的影响。由于爱森斯坦后来论题的实质在于，从抄写转向印刷使科学的持续发展获得了更大的机会，将她的洞见纳入一种更广义的本-戴维论题似乎已经没有什么困难。此外，把16、17世纪对于经验事实首要性的所有强调全都归于科学的合法化过程肯定是太过了——科学革命中重要的经验成分无论如何都需要得到进一步的历史概念化。而且也没有必要把本-戴维归于新教的作用——作为宗教多元主义的一种并非有意的偶然来源——看成新教对现代早期科学产生的唯一贡献。作为对科学革命关键要素的可能激励，无论是默顿对清教伦理的强调，还是霍伊卡所指出的“信徒皆祭司”，本-戴维的解释都不能减少其重要性。特别是，霍伊卡令人信服地坚称，正是开普勒思想中“基督教的-经验的”要素促使这位思辨性思想家对自己的想象力成果进行了耐心细致的检查。奥尔什基关于本国

① H. Dorn, *The Geography of Science* 就该主题作了一些评论。（在我看来，它似乎过分集中于皇家对赫尔墨斯主义思维模式的兴趣。）

语技术文献对伽利略重要意义的看法也不能被本-戴维的解释所囊括。[①] 解释科学革命时，所有这些论题似乎都包含着值得保留的洞见。

再次，本-戴维论题的解释范围有两个重要的局限性。作者不仅完全没有触及科学观念这个层面，而且他的论题旨在解释科学革命的**持续**，而非科学革命的发生。这里提出的关键问题并非新的科学运动如何产生，而是它如何可能获得越来越大的动力。

最后，面对“内部主义”的惯常反驳，本-戴维虽然巧妙维护了他的论题，但也因此没能在外部解释与内部解释之间保持平衡。上一章讨论了关于科学革命富有成效的内部解释要到哪里寻找， 376
本章讨论的则是外部解释。但这些原因如何才能结合起来呢？是否可能提出一种全面的历史图景，使它们都能各居其位呢？

这样一幅图景是否可行？如果可行，它会是什么样子？只有进一步扩展我们研究的边界，才能弄清楚这一点。这样做的另一个同样重要的原因在于，本章所讨论的两条主要解释途径——在欧洲宗教和正在萌发的活力的背景之下考虑科学——或许还没有被科学革命史家们充分利用。这两个主题虽然往往会给出某些不太确定和非决定性的结论，但作为解释资源很可能要丰富得多。

---

① S. Drake，*Galileo：Pioneer Scientist*（Toronto：University of Toronto Press，1990）或 M. Clavelin，*La philosophie naturelle de Galilée*（Paris：Colin，1968）等当前的一些对伽利略工作的研究并没有采用这种观点。在第三章一开始，Clavelin 就把“希腊数学、当时的静力学著作和贝内代蒂的综合”视为伽利略思想及其造成转变的主要根源（英文版的 *The Natural Philosophy of Galileo*［Cambridge，Mass.：MIT Press，1974］，p. 119）。

如果与科学在其他文明中的命运和环境进行比较和对照，它们可能会变得更加突出。

也就是说，我们现在要讨论齐尔塞尔所提示的一种跨文化比较进路的可能优点。考察了那些把现代早期科学在欧洲的产生视为理所当然的文献之后，我们开始讨论一些大胆的学者，他们试图通过追问为什么科学革命没有自然地产生于其他地方和其他任何伟大的文明来回答同样的问题。毕竟，我们的研究不仅是把历史学家关于自然和科学革命原因的各种论题汇总、总结并做出批判性的考察，也是希望整个研究能够按照我在导言中所概述的理想来进行。这一尚且遥远的最终理想是把科学革命这一独特事件整合到整个历史中。我希望能够理解这样一些问题：现代早期科学的实质是什么？它如何能够产生？为什么会在西方产生？西方社会有哪些特殊的思想特征和社会状态有助于产生这种难以预料但也很难说是偶然的结果？在寻求这样一种整合和更深理解的努力过程中，接下来一章与之前的内容同样重要。我希望通过它的结论表明（无论这些结论是多么具有暂时性，从而必定能够改进），唯有对不同社会中的科学进行比较研究才能拓宽我们的视野，帮助我们发现有利于这个最终目标的关键要素。

因此，接下来一章并不是要报告目前对东方科学的理解状况（这是我完全不能胜任的），而是要考察一些文献（其中李约瑟的著
377 作以其卷帙浩繁和锲而不舍显得十分突出），它们试图通过比较东西方科学来解释为什么是西方而不是东方产生了现代早期科学。我希望由此挑选出那些最值得借鉴的成果。即使如此，所涉及的学术风险无疑是相当大的，因为我们即将踏上比以前更不牢固的

地面，甚至总有可能认为地面太不稳定，以致根本无法踏上。

尽管如此，如果在应对专家们不可避免的、往往相当合理的指责时，我们不得不放弃追问大问题，那么这将严重阻碍学术的发展，因为（正如我们在整本书中已经看到的）学术的兴旺繁荣不仅依赖小的回答，也要依赖大问题。归根结底是想说，如果接下来我在跨文化比较科学史方面的编史学努力能够让读者们相信，沿着这条道路来帮助我们认识现代早期科学的起源这项工作是值得做的，而且读者们可能会比之前采取这条进路的少数几位历史学家以及现在正要报告其研究成果的我本人做得更好，那么我已经实现了最接近下一章的目标。

# 第六章　现代早期科学未在西欧以外产生

## 6.1　恰当定义问题的最初尝试

要讨论为什么过去任何其他伟大文明中都没有发生科学革命这个问题,我们必须面对两组预备性议题。一是确定我们要谈论哪些文明,以及如何证明我们的选择是正当的。二是讨论科学革命史中的跨文化比较研究时能否提出有意义的问题,如果能,它们是什么?

这两组首要议题涉及一些互相关联的棘手问题,例如:到底是否存在一种被称为“非西方科学”的东西?就那些可以设想发生但实际上从未发生的事件进行追问有意义吗?在某件事情未曾实际发生的情况下,我们如何来表明它本可以发生?我们如何可能宣称,某种类似于科学革命的东西本来近在眼前,却因为种种原因从未实现?那种“类似于科学革命的东西”需要与科学革命有多相似,才能使任何比较从一开始就切实可行?如此等等,不一而足。对于这些相当基本的问题,单单把它们认真梳理清楚可能就需要一本书的篇幅。有鉴于此,我提议做出两个关键区分以直奔主题,我认为这两个区分实际上是当前讨论非西方科学的大量文献的基础。

首先应当确定，我们只讨论科学革命成果从欧洲诞生地向外传播之前各个文明中的那些科学状态。这并不是说，在公元1600年以前就没有科学观念和程序的传播——远非如此，我们将在本章稍后部分对此进行讨论（第6.4节）。但这里的关键是，我们关注的是对本土科学的比较，而不是西方科学在其他文化中的接受史（虽然我们会发现，北京的耶稣会士传授了科学革命的一些早期 379
成果，研究它们的接受情况可以使我们获得关于中国的科学与文明的特质的某些重要洞见）。

在这一限制之下，为了形成清晰的概念，我们应当就科学区分四种类型的文明。它们按照升序依次是：(1)无科学的文明，(2)有一些科学的文明，(3)有发达科学的文明，(4)产生了现代早期科学的唯一一种文明。

径直宣称这四个抽象范畴都在现实世界中有具体例证，这明显是对某些问题做出了预先判断，而这些问题乃是我们在这一领域安全地开展比较研究之前所应当追问的。不过，这四个范畴中的第一个和最后一个似乎没有什么争议。本书迄今为止集中关注的第四种文明显然是存在的。我们也可以举出第一个范畴的某些例子而不必担心引发争议：比如罗马和东印度群岛就根本没有或几乎没有产生什么值得一提的科学。因此，这样一些文明在本研究中可以不予考虑。如果根本没有科学可供开始，我们追问“为什么科学革命没有发生”也就不会有什么收获。

### 西方——科学的唯一创造者？

把第二种和第三种文明放在一起与第四种文明相对立，也就是说，追问除了西方传统是否还有其他文明曾经造就了真正的科学，就会导致一个更有争议的议题。诚然，我们在本章主要并非考察科学是否以及在何种程度上曾经存在于西方传统以外的某种文明，而是要讨论一些学者对那个较窄问题的处理，即现在看来，少数几种文明似乎已经很接近于产生类似科学革命的某事件的临界点，然而这一事件最终并未产生，这究竟是怎么一回事。很明显，即使是对后一问题进行讨论的可能性本身也要依赖于对前一问题的肯定回答。特别是，李约瑟坚持对这两个问题进行区分：

> 随着学术研究渐渐揭示出亚洲文明的贡献[李约瑟在1963年这样写道]，有一种相反的倾向通过过分抬高希腊人的地位，宣称从一开始，不仅是现代科学，甚至连科学本身都是欧洲所特有的，试图以此来维护欧洲的独特性。在这些思想家看来，托勒密体系把欧几里得的演绎几何学应用于对行星运动的说明已经构成了科学的精髓，文艺复兴时期所做的
> 380 仅仅是传播。与此对应的是一种坚定的努力，试图表明非欧洲文明中的所有科学发展实际上只是技术罢了。
>
> [总而言之：]我们可以因为**现代**科学产生而且仅仅产生于欧洲这一不可否认的历史事实而感到骄傲，但我们不要因此而宣称对它的永久专利。①

李约瑟接下来提出了自己的观点，表明要想支持这样一种对

---

① J. Needham, *The Grand Titration*, pp. 41, 54.

事物的片面看法，就必须对科学做出狭隘得让人无法忍受的定义。事实上，只有通过坚持于定义，而不是更加虚心地愿意把系统地研究自然现象，在这些现象与其解释之间建立某种对应视为构成了科学本身（不要忘了，如果运用那种狭隘的定义，那么 1600 年以前西方科学传统中的许多内容也会被抛弃），才能断言科学仅限于西方文明。[①] 简而言之，倘若迄今为止出版的十五大卷《中国的科学与文明》（*Science and Civilisation in China*）还不能使读者相信至少有一种活生生的非西方科学传统，那么我认为没有什么能够做到这一点。

## 在科学革命的门槛上

下一个要问的问题是，范畴二与范畴三之间的区分能否站得住脚。支撑这一区分之标准的经验基础在于这样一种怀疑：虽然追问为什么中国没有发生科学革命或许有意义，但是追问日本和朝鲜为什么没有发生科学革命却肯定毫无意义。诚然，日本和朝鲜以及其他一些文明都曾显示出真正科学研究的一些迹象，并且做出了一些绝非微不足道的发现（例如日本被称为“和算”的代数或者计算相当复杂的玛雅历法）。[②] 但这些学科的专家一般并不会追问研究中国、印度或阿拉伯科学的学者们经常提出的那个问题——“为什么科学革命没有本土的对应物”。理由当然是，这些

---

① N. Sivin 在 *Chinese Science* 的前言中就这一观点作了某些清晰的区分。

② S. Nakayama, “Japanese Scientific Thought,” in *Dictionary of Scientific Biography*, vol. 15, 1st supplement, pp. 728 – 758, and E. G. Lounsbury, “Maya Numeration, Computation, and Calendrical Astronomy,” ibidem, pp. 759 – 818.

有限的研究线索以及零散的结果远不足以构成一个全面而融贯的整体，使人们不可能想到现代早期科学或某种类似的东西将会发生。因此，本章不会出现日本、朝鲜和哥伦布之前的美洲。拜占庭也是如此，它是介于范畴一与范畴二的一个有趣的临界个案，因为在许多个世纪里，拜占庭一直坐拥辉煌的科学遗产，但是除了单纯的保管，却没有用它创造出任何东西。[1]

这样，我们就只剩下穆斯林世界、印度和中国这三种非西方文明了。对于这些文明，我们或许可以说，其科学达到了一个距离突破并不太远的阶段，这种突破与西欧实际发生的那种突破差不多是同等的。但范畴三到底是实际存在，抑或仅仅是我们人为制造
381 的一种概念区分，在历史上其实应当完全归于范畴二？换言之，我们能否有意义地说，这三种文明中的科学发展已经足以使某种类似于科学革命的东西变得可以设想，可以认为这就是下一个发展阶段，但却由于某种原因而没能跨越门槛？或者再换句话说，追问科学革命为什么发生在西欧而不是其他地方，这究竟是否有意义？林恩·怀特所谓的“李约瑟的宏大问题(Grand Question)”是否有任何实际意义？[2]

### “宏大问题”的意义：一种临时肯定

我们很快就会发现，在非西方科学的历史研究领域之内和之

① H. Dorn, *The Geography of Science*, pp. 97 - 109 对拜占庭的科学有一些有趣的评论。

② L. White, Jr., contribution to a review symposium on *Science and Civilisation in China*, in *Isis*, 75, 276, 1984, passim. 李约瑟在“Foreword for Debiprasad Chattopadhyaya's *History of Science and Technology in Ancient India*,” p. v (1986) 中采用了这一表述。

外，有许多学者的确断然否认以否定方式表述为“为什么不”的“宏大问题”是有意义的。对于这种否认首先可以给出一种纯粹实用主义的回应：倘若没有人费心提出这个问题，那么无论它最终是否“有意义”，我们对于非西方科学内容的实际了解都将会远远少于过去 40 多年里所取得的成果。毕竟，无论是就其起源而言还是就整部著作的指导线索而言，李约瑟的《中国的科学与文明》都源于自信地期待能对这一问题给出合理的回答。

然而，接下来我将不会继续以预备性的方式来讨论“宏大问题”是否有意义。相反，我请求读者和我一起暂时假定它有意义，或者至少可以以一种有意义的方式对它进行重新表述。在保证了这么多之后，我们将适时地处理这一错综复杂的问题，依次考察我们编史学概述中的一些主要人物对它的讨论——当然有李约瑟，但也包括研究伊斯兰科学的学者阿卜杜勒-哈米德·萨卜拉(Abdelhamid I. Sabra)[①]和艾丁·萨耶勒(Aydin Sayili)[②]，以及汉学家内森·席文(Nathan Sivin)[③]与葛瑞汉(Angus Charles Graham)[④]。我将在学术争论中实际出现的议题背景之下展示和考察他们对这个问题的看法，并从本书的编史学视角出发为这种讨论补充某些新的贡献。现在只需说，在我看来，这些议题所引起的争论大大有助于使本章的主题变得如此激动人心：引人注目的是，关于科学革命原因的一些最深刻的讨论正是在历史学领域的

① 萨卜拉(约 1930—　)：美国科学史家。——译者

② 萨耶勒(1913—1993)：土耳其科学史家。——译者

③ 席文(1931—　)：美国科学史家、汉学家。——译者

④ 葛瑞汉(1919—1991)：英国汉学家。——译者

这些较为遥远的幽深之处发生的。

## 暂时排除印度

于是，我们似乎要讨论三种可能有资格作为科学革命候选者的文明。然而，有充分的理由将印度排除在外。正如拜占庭显得像是介于范畴一与范畴二的一个临界个案，印度也显得像是横跨
382 在范畴二与范畴三之间。当然，有一些印度科学史家(特别是阿卜杜勒·拉曼[Abdur Rahman]和德比普拉萨德·查托帕迪亚雅[Debiprasad Chattopadhyaya][①])确实提出，为什么东方没有发生科学革命这个问题对于印度也值得追问，[②]但是对这个问题的系统回答——如同李约瑟就中国所做的——仍然阙如，我们甚至怀疑是否有人会做这种努力。

当然，自英国殖民印度以来，在重建数学和天文学这两个被认为是印度擅长的领域方面，印度学者和西方学者都做了许多高度技术性的工作。查托帕迪亚雅编的《印度科学史研究》(*Studies in the History of Science in India*，出版于 1982 年，是该领域论文的

① 查托帕迪亚雅(1918—1993)：印度马克思主义哲学家，主要研究古印度哲学中的唯物论潮流和古印度科学史。——译者

② A. Rahman，"Sixteenth- and Seventeenth-Century Science in India and Some Problems of Comparative Studies"；D. Chattopadhyaya，introduction to his anthology Studies in the *History of Science in India*. 李约瑟在"Foreword for Debiprasad Chattopadhyaya's *History of Science and Technology in Ancient India*"中指出，他现在也认为这是 一个可回答的问题。亦参见 Satpal Sangwan，"Why Did the Scientific Revolution Not Take Place in India?" in Deepak Kumar (ed.)，*Science and Empire: Essays in Indian Context* (*1700—1947*) (Delhi：Anamika Prakashan，1991)，pp. 31-40。

一个样本，包括一些很早的文章）清楚地表明，在其他方面（在不同于植物学、医学和技术的物理科学中），除了对思辨性的原子观念有一种偏爱之外，几乎没有什么东西能使印度成为科学革命的合适候选者。局外人很难判断为什么会如此。[①] 是因为印度科学史还没有找到它的李约瑟吗？——也就是说，找到一位学者准备利用未经考察或遭到误解的文献宝藏，从中重建出关于本土科学的全面资料？抑或因为保存下来的原始资料不允许作这样的重建？抑或因为那个尽人皆知的问题，即无法编制可靠的印度历史年表？还是因为印度文明更倾向于形而上学思辨，而不是一种独立的科学事业？[②]

显然，我没有资格在这些选项中做出选择。就当前的目的而言，只要注意到，无论将来的研究能否表明印度科学总体来说能与西方科学在科学革命前夕的状态进行卓有成效的比较，反正那一时刻尚未到来，这就足够了。到目前为止，关于这个话题还没有值得一提的编史学传统，因此要把印度排除在我们的研究之外。

这样一来，本章所要关注的编史学主题就仅限于中国和穆斯林世界的科学。

## 沿着"中国"主线与"阿拉伯"主线进行比较的一个关键区别

虽然在17世纪之前，中国与西方之间有过一些科学传播，但

① 细读查托帕迪亚雅的 *History of Science and Technology in Ancient India* (Calcutta: Firma KLM Private, 1986) 几乎不会改变这幅图景，作者在书中也没有声称讨论了为什么科学革命没有在印度产生这个问题。

② 极度反宗教的马克思主义者查托帕迪亚雅在其 *Studies in the History of Science in India*, pp. xiii - xvi 中激烈地拒斥了最后这种说法。比较 J. Needham, *Clerks and Craftsmen in China and the West*, p. 20。

中国文明实际上向我们呈现出了某种独特的东西:另一种与西方已成惯例的构想相对的高度发达的自然解释构想。这就是中国科学与西方科学之间的比较具有巨大吸引力的原因。用李约瑟雄辩的语言来说:

> 它是如此激动人心,因为中国文化实际上是唯一一个在思想的复杂性和深度上可以与我们比肩的伟大体系——至少是同等的,甚至还超出我们,但肯定是同样复杂的;因为毕竟,
> 383 印度文明虽然很有趣,但更多是我们自身的一部分。……中国文明具有无法抗拒的全然异质的美,只有全然的异质才能激起最深切的爱和学习的欲望。①

因此,就中国而言,采取的比较形式是,找出这两种几乎完全独立的传统的相似与差异。而对伊斯兰科学来说,比较研究的出发点则完全不同。由于阿拉伯科学和西方科学都是希腊遗产的旁系,因此穆斯林文明为什么没有产生科学革命似乎就成了我们在第 4.2 节中讨论过的希腊停滞问题的一个变种。如果希腊人确实接近过现代早期科学的门槛,那么阿拉伯人必然也接近了,而他们为什么没能越过这个门槛,这个问题也同样中肯。同样,这不同于追问:对于两种本质上不同但却同样融贯的科学传统来说,为什么一种传统没能实现另一种传统所完成的突破。

在我看来,致力于这种研究的人并不总是把比较研究出发点的这种差异表达得足够明显。在整个讨论中我们将会发现,它深

---

① J. Needham, *The Grand Titration*, p. 176.

刻地体现在阿拉伯学家和汉学家分别给出的回答中。

**完成初步工作的免责声明**

我们现在已经充分界定了本章的主题。关于它所基于的原始材料，还有一件事情要注意。与大多数读者一样，我没有能力追溯这里所要详述的编史学议题的原始资料。由于我既不懂阿拉伯语也不懂汉语，所以除了阅读比较历史学家用西方语言写的关于这一主题的材料，我没有办法了解有关伊斯兰科学或中国科学的任何东西，而且在他们意见分歧之处，我基本上缺乏标准来决定采用何种解释。例如，李约瑟曾经声称，在所有无机科学中，他总能与其合作者一起（其中许多是中国人）发现中文文本概念的完美西文对应。[①] 现在我很怀疑这一断言暴露了某种过分的自信：某种文明中的一员，即使对另一种文明怀有真正而深刻的尊重，是否能够完全洞悉那种文明的（特别是遥远过去的）思想与感受的最深处？（文学批评家艾弗·阿姆斯特朗·理查兹[Ivor Armstrong Richards][②]甚至把中国哲学概念向英文的转译称为"很可能是……宇宙演化过程中迄今产生的最为复杂的事件"。）[③]

① J. Needham, *Clerks and Craftsmen in China and the West*, p. 402. 但是在 idem et al., *Science and Civilisation in China* 3, pp. xlii - xlvi，关于翻译问题的讨论要温和得多，他说（p. xliii）："一个可能的结论（如果不是确定性）通常会显现出来。"我将在第 6.3 和 6.5.3 节讨论这种分歧的一般背景。

② 理查兹（1893—1979）：英国文学评论家、诗人。——译者

③ I. A. Richards, "Towards a Theory of Translating," in A. F Wright (ed.), *Studies in Chinese Thought* (Chicago: University of Chicago Press, 1953), p. 250.（我是在 George Steiner, *After Babel*, p. 48 找到这段话的。）

我还可以怀疑,由于李约瑟不得不与如此众多的对中国的贬低态度作斗争,他在某种程度上可能一直在夸大自己的观点。为了支持这些怀疑,我可以指出对于《庄子》这部道家经典的多种解读,我非常喜爱它,视之为文学瑰宝。在这里,即使是相当晚近的、在我看来非常博学的译者,比如汉学家伯顿·沃森(Burton Watson)[①]与葛瑞汉,也为短语和关键概念赋予了相当不同的含义,而它们与李约瑟为《庄子》中某些段落(至少是他翻译的那些与科学有关的段落)赋予的含义非常不同。(这里的一个突出例子是李约瑟坚持把"无为"译为"不做违背自然的活动",而不是像通常那样译成"无行动";在第 6.5.2 节我们将会看到这是为什么。)由译者各自的评论和序言可以发现,这里争论的不仅有汉学中的基本问题,而且还有关于神秘主义和科学的各种不同
384 观念。[②] 显然,这类分歧会影响到除《庄子》以外更多文本的翻译。但我这里的要点是,我最终无法回到原始文本,构建一个独立的论证来表明我所料想的情况,即并不总能直接获得与科学有关的中文概念的清晰翻译。

这样,这一试探性的结论结束了我们的预备工作。现在我们就来潜入东方学术的深水之中。

① 沃森(1925—2017):美国汉学家、翻译家,主要翻译中日文学作品。——译者

② Burton Watson, *The Complete Works of Chuang Tzu* (New York: Columbia University Press, 1968); A. C. Graham, *Chuang-Tzu: The Inner Chapters* (London: Allen & Unwin, 1981); J. Needham et al., *Science and Civilisation in China* 2, section 10("无为"的翻译见 pp. 68 - 70;以及 *The Grand Titration*, p. 210)。

# 6.2　伊斯兰科学的衰落

研究17世纪光学和阿拉伯科学的历史学家萨卜拉最近在《中世纪词典》(*Dictionary of the Middle Ages*)中发表了一篇简短而权威的伊斯兰科学史纲要。我们现在藉此来熟悉阿拉伯科学的一些必要的基本事实,以了解三位20世纪学者对伊斯兰科学衰落原因的看法。

## 6.2.1　关于伊斯兰科学的一些基本事实

萨卜拉在这篇纲要的开篇就说:"'伊斯兰科学'一词",

> 就像它的替代性术语"阿拉伯科学"一样,指的是中世纪伊斯兰世界个人或机构的科学努力。这些努力始于8世纪中叶,一直持续到10世纪,表现为以巴格达为中心的如火如荼的翻译活动。直至15世纪初,这些努力在不同时期和不同地点取得了极高水准的成就。此后则是停滞期甚至是贫乏期,尽管当拿破仑1798年远征埃及时,我们仍然能在中东看到这 385
> 种传统的依稀痕迹,并带有一种新的科学觉醒的早期萌芽。[1]

这些基本事实陈述看似平淡,却表明了关于伊斯兰科学的某些重要看法,萨卜拉随后对此作了详述。

---

① A. I. Sabra, "Science, Islamic," p. 81.

首先，虽然阿拉伯科学最初表现为一场翻译希腊科学的运动，但是当这些译本传到西欧时，阿拉伯科学并未走到终点。一方面，这一过程传播的远非整个伊斯兰科学，另一方面，伊斯兰科学本身又自行发展了大约两个世纪。

其次，伊斯兰世界的科学由阿拉伯人、波斯人和土耳其人，穆斯林、基督徒和犹太教徒在从西班牙到波斯的广袤地区发展起来，有两个特征为伊斯兰世界林林总总的科学现象赋予了相当程度的统一性，它们在长达七个世纪的时间里，给整个伊斯兰世界的科学活动打上同一烙印。其中一个特征是“阿拉伯语作为科学表达和交流的主要语言”。另一个特征则是

> 产生和培育新科学传统的文明以伊斯兰教为中心。这种向心性使伊斯兰教成为所有文化活动的参考点（虽然并不总是其前提），无论这些活动在起源或特征上有怎样的异质性。[①]

萨卜拉坚持认为，仅仅把翻译希腊科学和哲学遗产的整个努力视为“接受”——即被动吸收而不是“为己所用”(appropriation)——是极端错误的。这种规模宏大的努力本身已经是想象力、组织和卓越学术的伟大功绩。而且，当整个希腊科学和哲学思想中的很大一部分被译成阿拉伯语时，在某种意义上产生了一种新东西。希腊人在七个多世纪所从事的工作从未变成一个融贯的、累积性

① A. I. Sabra, “Science, Islamic,” p. 82.

的知识体，现在通过几乎同时的纯粹翻译活动，却突然显现为一个整体。再加上当时来自印度天文学和算术的重要内容也经由阿拉伯文本而为人所知，我们可以得出以下结论：

> 经过大约150年的努力，阿拉伯世界获得了在丰富性与多样性上前所未有的科学遗产。①

这份科学遗产以多种方式得到了发展。这种“为己所用”是高度创造性的，一些重要的新东西补充了进来，部分在科学思想本身的层面，部分在研究与教育的体制化层面。萨卜拉先是讨论了后者，指出伊斯兰世界产生了以前并不见诸希腊罗马文明的四种机构：医院、公共图书馆、从事高等学问的伊斯兰学校（madrasa）以 386
及天文台。② 诚然，医院自然只是间接地支持科学；图书馆显然装满了手稿，而不是印刷的书籍；伊斯兰学校的目标只是宗教学问；天文台通常相当短命。但它们都在某种程度上培育了科学，即使只是促进了科学在整个伊斯兰世界的迅速传播。

伊斯兰世界对科学发展的另一项独特贡献源于信仰所提出的科学问题。其一是确定“祈祷方向”（qibla），即穆斯林祈祷时必须面向的麦加的精确方位。另一个问题是在13世纪出现了一种需

① A. I. Sabra, “Science, Islamic,” p. 83.

② 更多内容参见 A. Sayili, *The Observatory in Islam and Its Place in the General History of the Observatory* 的导论。关于医院的说法是有争议的：F. E. Peters, *Allah's Commonwealth*, p. 375 认为医院最早见于东罗马帝国。作者还认为伊斯兰学校的教育仅限于伊斯兰律法（p. 680）。

求,即需要有专门的计时员(muwaqqit)来保证计时的精确性。虽然计时员与清真寺有关,而且没有严格的科学义务,但只要他愿意,其职务仍然使他有充分机会从事科学。

那么,伊斯兰科学的总体成就究竟在哪些方面超越了希腊人的已有发现呢?

## 总体成就与支持手段

在数学领域,伊斯兰世界对印度计算技术与希腊遗产的结合是卓有成效的,它不仅"使代数科学走上了新的道路",[①]也促进了几何学的发展。较之其他科学得到更多培育的天文学主要致力于观测,旨在提高托勒密行星理论中参数的精确性。在光学领域,希腊传统被引上了新的方向,同时并未改变旧有基础。工程师们采用了一种数学的、理想化物理学的阿基米德传统,这使

> 他们拓展了阿基米德对浮体的研究,研究了重量、各种天平、比重测定以及合金中金属的比例。[②]

除此之外,我们还应提到炼金术中对物质性质的测定,以及自然哲学中的某些思辨,后来西方中世纪的冲力观念便是它的一个非凡成果。

毫无疑问,作为一种社会活动,科学所获得的资金、鼓励和一

① A. I. Sabra,"Science, Islamic," p. 86.

② Ibidem, p. 87.

般刺激实际上都来自宫廷。最初的翻译活动围绕着巴格达的哈里发们开展起来。随着阿拔斯王朝的衰落和终结,穆斯林团体内部独立王国的数目开始增加,那些渴望学习或发展科学的学者们也有了更多机遇。 387

> 随着相互竞争以获得政治权利和文化思想优势的统治王朝不断增加,学术中心也在伊斯兰世界不断增多。宫廷赞助开始增加和分散,对于科学活动的兴旺而言,这一直是主导性的支持形式。[①]

一方面,这种形式的社会支持非常稳定,足以支持那种直至15世纪末才消亡的科学传统。另一方面,它显然依赖于个别统治者的科学头脑。天文台的持续时间都很短暂,马拉盖天文台(Maragheh)的57年已算长久。对于个别学者如何掌握并传播他们的科学,我们几乎一无所知。但有一点似乎是清楚的:由于广泛使用的是纸张而非纸草或羊皮纸,手抄本供应充足,价格也较为便宜。以下是两个例子:

> 9世纪初,为了在巴格达购买一份《天文学大成》的抄本,犹太占星学家之子,日后著名的数学家与天文学家,年轻的沙纳德·本·阿里(Sanad ibn Ali)[②]卖掉了父亲的毛驴,筹到了

---

① IA. I. Sabra,"Science,Islamic," p. 83.

② 沙纳德·本·阿里:公元9世纪巴格达的数学家、天文学家。——译者

足够的钱。到了11世纪，在布哈达(Bukhara)，年轻的阿维森纳(Avicenna)①只花了3迪拉姆(dirham)就买到了法拉比关于亚里士多德《形而上学》的评注(这显然是一个相当便宜的价格)。②

## 伊斯兰科学的特征及其衰落问题

我们对伊斯兰科学知之甚少，科学思想的实际传播过程只是其中一个主题。事实上，萨卜拉提醒我们，今天分散于从德黑兰、开罗到洛杉矶的各个图书馆的"绝大部分"伊斯兰科学手稿从未被任何人考察过。③ 这也是当今为数不多的阿拉伯科学史家们继续对文本进行编目、编辑和评注的一个重要原因。正如埃米莉·萨维奇-史密斯(Emilie Savage-Smith)④在最近的一份书目概述中所指出的，"全面的、解释性的伊斯兰科学史仍然有待出版"。⑤ 她进而将萨卜拉在这一领域的特殊贡献定义为"对西方学者就伊斯兰科学的传统看法——即当西方人再次由一手文献接触到希腊和拜占庭的思想之前，伊斯兰科学不过是其贮藏所——进行重新评价。萨卜拉敦促对术语进行重新定义，并对早期伊斯兰科学采用新的研究方法，把早期伊斯兰科学看成伊斯兰文明本身

① 阿维森纳(980—1037)：阿拉伯语作伊本·西纳(Ibn Sina)，伊斯兰哲学家和科学家。——译者

② A. I. Sabra, "Science, Islamic," p. 84.

③ Ibidem, p. 81.

④ 萨维奇-史密斯：牛津大学东方研究所伊斯兰科学史教授。——译者

⑤ E. Savage-Smith, "Gleanings from an Arabist's Workshop: Current Trends in the Study of Medieval Islamic Science and Medicine," p. 248.

的一种现象”。[①]

那么，根据这种新的研究方法，我们应当如何界定伊斯兰科学的特征呢？诚然，萨卜拉断言，阿拉伯数学家使用的形式、风格和术语与他们所遵循的希腊传统往往无法辨别出差异，而且“寻找中世纪的阿基米德或牛顿将是徒劳的”，[②]但萨卜拉坚称，无论上述 388
看法有多么正确，它们都没有切中要害。关键在于，应当把伊斯兰科学本身视为一种有趣的、富有革新精神的事业，体现了一种丰富的、大体上自主的文明。只有在这一框架下，才能提出伊斯兰科学如何以及为什么会走向终结的问题：

> 正是伊斯兰科学的这种高品质和复杂内容使得衰落问题尤为尖锐。问题并不是伊斯兰科学家的努力为何没能产生“科学革命”（这也许是一个无意义的问题），而是在最初几个世纪的惊人繁荣之后，他们的工作为何会衰落并最终停止发展。例如，为什么代数在12世纪之后没能出现重要进展？为什么没有人沿着伊本·海赛姆（Ibn al-Haytham）[③]和卡迈勒丁（Kamal al-Din）[④]两位数学家业已指明的道路，把他们的实验光学工作继续下去？为什么一度被视为并被设立为一种专业化科学机构的天文台未能获得持久的根基？为什么对于天

① E. Savage-Smith，“Gleanings from an Arabist's Workshop：Current Trends in the Study of Medieval Islamic Science and Medicine，” p. 248.

② A. I. Sabra，“Science，Islamic，” p. 87.

③ 伊本·海赛姆（965—1040）：即拉丁西方所说的阿尔哈增（Alhazen），伊斯兰物理学家、数学家。——译者

④ 卡迈勒丁（1267—1319）：波斯数学家、光学家。——译者

> 文学观测的长期兴趣未能发展为更加精良的规划？我们之所以必须面对诸如此类的问题，是因为阿拉伯科学家们的现存著作并非原科学(protoscience)，而是实际意义上的科学。[①]

于是，我们也许可以推测：在萨卜拉看来，追问科学革命为何没有发生是无意义的，因为这样做会使我们的注意力再次偏离阿拉伯科学本身所取得的成就——阿拉伯科学再次被用来解决一个本质上异质于它的问题。[②] 萨卜拉强调，只有试图回答具体的历史问题才能有助于解决那个真正的问题，即阿拉伯科学的衰落。迄今为止，人们往往通过被归于伊斯兰文明的某种本质特征(比如趋向可感事物、远离抽象事物的一种所谓“‘闪米特心灵’[Semitic mind]的倾向”[③])来回答。但“这些本质主义解释乃是真正历史研究的毫无价值的替代品”。[④] 根据萨卜拉的说法，[⑤]到目前为止只有两位历史学家曾以这样一种真正的历史精神讨论了这一问题，他们是美国的阿拉伯学者约翰·约瑟夫·桑德斯(John Joseph Saunders)[⑥]和土耳其历史学家、《伊斯兰的天文台》(*The Observatory in Islam*)的作者萨耶勒。这两位学者的相关著作将会构成我们的研究主题。除了论述他们各自的作品，我还将补充奥地利/美国伊

① A. I. Sabra,“Science, Islamic,” p. 88.

② 根据与萨卜拉的一次交谈(1989年10月)，我推测他也认为负责任的历史学家必须回避“为什么不”的问题，因为这些问题超出了经验领域。

③ A. I. Sabra,“Science, Islamic,” p. 88.

④ Ibidem.

⑤ 见于他1988年8月15日给我的信，对此我深怀感激。

⑥ 桑德斯(1910—1972)：英国历史学家。——译者

斯兰学者古斯塔夫·埃德蒙德·冯·格鲁内鲍姆(Gustave Edmund von Grunebaum)[①]的工作。冯·格鲁内鲍姆的工作虽然主要遵循的是萨卜拉所谴责的本质主义路线,但却是在一种更高的层次做的,因而值得我们注意。

在这三位历史学家中,桑德斯从历史视角提出了伊斯兰文明的衰落、尤其是伊斯兰科学的衰落问题。[②]

### 衰落问题简史 389

西欧起初远远落后于阿拉伯世界,在文艺复兴时期逐渐赶上,最后通过科学革命获得了绝对优势。直到启蒙运动时期,欧洲人才开始意识到他们在包括科学在内的每一个文化领域都已经超过了以往的竞争对手。尤其是孟德斯鸠和伏尔泰开始研究这一切发生的原因,最终他们在土耳其人的专制统治和腐败本性中找到了答案。到了 19 世纪,人们沿着三条截然不同的道路寻求解释。一条是约瑟夫·戈比诺(Joseph Arthur comte Gobineau)[③]通过种族来解释世界历史。另一条是宗教和神学领域——欧内斯特·勒南(Ernest Renan)[④]指控伊斯兰的正统神职人员压抑和窒息了自由探索的精神。最后,马克思及其追随者将穆斯林文明的衰落归咎于经济,即封建制度的发展导致了学术生活的衰落并促进了正统。

---

① 冯·格鲁内鲍姆(1909—1972):奥地利历史学家、阿拉伯学家。——译者

② J. J. Saunders,"The Problem of Islamic Decadence," pp. 701 - 704.

③ 戈比诺(1816—1882):法国外交官、作家。在《人种不平等论》中提出白色人种优越于其他人种,并称"雅利安人"即日耳曼民族代表文明之最高峰。——译者

④ 勒南(1823—1892):法国哲学家、历史学家和宗教学者。——译者

在尝试提出自己的解释之前，桑德斯总结说：直到 20 世纪，人们才充分意识到这个问题的复杂性。

### 达成一致的基本观点

这三位学者似乎在 20 世纪为伊斯兰科学衰落原因的探讨做出了最大的贡献。他们虽然在这一问题的确切本质及其解答的关键要素上存在很大分歧，但就衰落的主要原因却达成了一致。这不同于就希腊科学进行的争论。学者们就古希腊科学的衰落给出了种种解释：从奴隶制的社会根源，一直到理性思辨的倾向以及不利于建立一种可靠的经验基础。而冯·格鲁内鲍姆、萨耶勒和桑德斯都认为，伊斯兰科学衰落的根本原因在于信仰，在于这种信仰的正统拥护者们窒息了一度繁荣的科学。不过，他们的一致性仅止于此。如果追问正统何以能够如此，这些学者给出的回答非常不同。粗略说来，冯·格鲁内鲍姆将它主要归于伊斯兰教在形成初期所确立的信仰的某些核心特征；桑德斯将它主要归于 11 至 15 世纪侵扰阿拉伯世界的蛮族入侵所造成的灾难性后果；萨耶勒则将它主要归于穆斯林文明未能将科学和哲学与宗教调和起来。以下是他们各自的论述。

## 6.2.2 冯·格鲁内鲍姆与穆斯林共同体在律法之下的维护

冯·格鲁内鲍姆 1955 年的著作《伊斯兰文化传统的本性与发展》(*Islam: Essays in the Nature and Growth of a Cultural Tradition*)中有两章与伊斯兰科学的衰落有关。“穆斯林世界与

穆斯林科学”一章直接讨论了这一问题。另一章“穆斯林文明概 390
况”也值得我们考虑，因为冯·格鲁内鲍姆在其中力图表明，无论是对于穆斯林信仰的主导价值观还是信徒的生活，科学和哲学都是边缘性的。

冯·格鲁内鲍姆大体上从这样一种观点出发：不同的文明重视和尊重不同类型的事业和人。他的说法令人印象深刻：

> 每一种文明和每一个时代都偏爱少数几种人，会为他们提供最完满的自我实现的手段，同时也会拒绝更多的人的自我实现，对于后者的独特才能，盛行的模式没有提供有社会意义的用处。①

伊斯兰文明的主导价值使得除少数有识之士以外，科学和哲学对于生活的重要性永远不及按照先知的规定生活。

> 穆斯林认为，尘世生活的目标是通过服务（'ibâda）来寻求幸福（sa'âda），这种理解在政治层面和认识论层面影响了其文明的根本抱负。②

冯·格鲁内鲍姆断言，正是这种特殊的生活观念导致了两种知识的截然二分。一方面是由启示和先知传统所获得的知识，它

---

① G. E. von Grunebaum, *Islam*, p. 25.

② Ibidem, p. 111.

为信徒的生活指明了目标和方向。另一方面则是关于世界的知识,它使信徒的生活获得恰当的方向。事实上,这种二分对应着穆斯林学者始终援引的“阿拉伯”科学与“古代”(awâil)科学之间的区分。这种二分之所以基本,正是因为伊斯兰教信仰无法容纳“西方的主流态度,[也就是]研究本身作为一种促进人洞察造物主神秘方式的努力,……被视为一种荣耀上帝的方式”。[①] 在伊斯兰教中,世界知识的价值仅仅在于能为信徒共同体(community)服务。这一共同体是伊斯兰教思想中的一个核心范畴,或者毋宁说是穆斯林忠诚的真正所在,它凌驾于国家、统治者以及任何权威之上,只有律法本身是例外,因为个人必须遵守律法以实现尘世生活的目标。

除了数学和天文学领域的控制历法和计算祈祷方向,除了属于医学的保持共同体成员健康,古代科学对于共同体并无意义。因此,

391 除了这些明显的(具有宗教合理性的)需求,任何东西都不必要,而且也不应该必要。无论穆斯林学者在自然科学方面做出了多么重要的贡献,无论某些时期的领导阶层和政府带着多么大的兴趣采用和支持他们的研究,那些科学(及其技术运用)在其文明的基本需求和抱负中并无根基。[②]

---

① G. E. von Grunebaum, *Islam*, p. 112.

② Ibidem. (T. F. Glick, “George Sarton and the Spanish Arabists,” *Isis* 76,284, 1985, pp. 496 - 497 对这段话作了一些评价。)

这一重要断言或许会引出两个同样关键的问题。第一，如果冯·格鲁内鲍姆正确地分析了科学对于信徒的生活为何是边缘性的，那么在伊斯兰教的背景下如何会有超出祈祷方向和历法的任何科学研究呢？第二，冯·格鲁内鲍姆将这个问题特别与穆斯林文明联系起来，这样做的意图是什么？在科学革命之前的任何其他文明中，科学是否有过超出边缘性的地位？虽然冯·格鲁内鲍姆本人并没有明确提出这些问题，但下述引文可以被视为对第一个问题的回答——在我看来，这一回答包含了冯·格鲁内鲍姆关于古代科学衰落原因的最有价值的洞见。

那些至今令我们赞叹的伊斯兰数学和医学成就是在特定的地区和时期做出的，那里的精英们愿意超越甚至反抗正统思想和情感的基本倾向。这是因为，科学一直未曾摆脱不虔敬的嫌疑，而在严格的信徒看来，不虔敬近乎等同于宗教上的无理。因此，自然科学事业和哲学事业一样，往往都存在于相对较小的秘传的圈子之中，而且只有极少数代表能够避免偶尔出现的某种不安(这种不安常常导致他们为自己的工作感到惭愧)。他们的工作最后之所以不再有进展，与其说是因为其代表与来自正统的忧虑的怀疑态度进行了持续斗争，不如说是因为一个变得越来越明显的事实，即他们的研究无法为其共同体提供能在本质上丰富其生命的东西。在中世纪晚期，某些领域的科学努力几近消失。当我们根据其他文明来看待穆斯林文明的整体发展，衡量其贡献时，这种损失的确使穆斯林文明变得贫乏，但这并不影响正确生活的可行性，因此并不妨碍共同体的传统生存目标，也不会使之丧失。[①]

换句话说，我们可以由上述断言推出，我们的确在伊斯兰文明中看到了与西方基督教世界典型态度的一个重要分歧。在伊斯兰
392 世界，科学不仅没有被整个共同体视为正当的事业（科学革命之前的其他文明大体上也持这种态度），而且更重要的是，即使是从事科学的人也不认为科学是一种完全正当的活动，他们在从事科学时往往会抱有疑虑，或者模模糊糊地感到自己在做一件不适当的事情。在安宁的"自由"时代，这并不很重要。但在受到正统胁迫时，这些自我疑虑很容易使科学家和哲学家屈服，因为他们与其对手归根结底秉持着相同的价值等级以及对发展古代科学的疑虑。在其灵魂深处，信仰的需要是如此迫切，以至于他们已经将那种正统情感内在化了，即认为自身的努力本质上是不恰当的。

然而，冯·格鲁内鲍姆对这一问题的论述仅限于上述几行字。他进而重申了自己的主要观点，即伊斯兰科学有着饱受怀疑、处于边缘、易被抛弃等特征：

> 外来科学似乎只是一些危险的消遣。从正统观点来看，当伊斯兰文明在中世纪晚期准备放弃外来科学时，它并没有损失任何东西，可能还得到了许多收益。知识范围的减小必定被视为维护原初宗教经验所要付出的一点点代价。[②]

① G. E. von Grunebaum, *Islam*, p. 114.

② Ibidem, p. 118.

他甚至由“任性的好奇心(这是个人在面对派生的受造物时的预期反应)”推出,伊斯兰科学家的“首要冲动是探索和赞叹造物主的方式,而不是理解自然现象的特殊结构和内在价值;虔敬的情绪性的惊叹取代了激起希腊人活力的惊讶”。[①] 由这一表述似乎可以推出,出于某些内在的原因,伊斯兰世界几乎不可能有任何值得一提的科学。在这一章的结尾,他比较了哲学在古希腊和伊斯兰文明中的地位:

> 哲学(*falsafa*)本身在伊斯兰文明中绝不可能获得它在古典时代曾经享有的地位。
>
> [希腊哲学]曾经享有完全的探索自由,这不仅是因为没有任何组织希望约束它,更深的意义上还在于,当它要拓展开来,对宇宙进行完备而独立的解释,从而说明伦理、政治、宇宙论和形而上学时,并没有思想壁垒来限制它。其社会功能是把人引向幸福,帮助人抵抗命运的变迁,通过洞察宇宙的结构,通过德行(这种德行只能通过理性地认识人类境况而得到培养)来克服生命中的恐惧和不确定性。
>
> [但是在伊斯兰世界],主要真理已经确立和固定。思辨仅仅意味着解释。启示是自主的,神学是启示的首要护卫;哲学必定会变成辅助性的、不相关的或异端的。[②] 393

因此,哲学一直是宗教的潜在竞争者。对于将哲学视为受欢

① G. E. von Grunebaum, *Islam*, p. 115.

② Ibidem, p. 120.

迎的补充的阿奎那，我们在伊斯兰文明中找不到对应。伊斯兰教的典型情况是，信徒们从未觉得有必要用理性来支持信仰。

> 同古代一样，伊斯兰文明中的哲学也是专家的领域。但与古代不同，受教育的人不再被期望熟悉专家的成果。……由于伊斯兰教的基本抱负无法充分证明哲学是合理的，所以哲学的外来特征从未被忘记。[①]

**什么和什么相比较？**

对冯·格鲁内鲍姆观点的讨论到此为止。以上是对他几乎从未明确提出的一些问题的一系列回答，我只能希望上述内容忠实传达了他想说的内容。我也希望读者和我一样觉得他的许多观点令人印象深刻。不论这些论点在经验上是否正确——这显然超出了我的评判能力——依据我们对伊斯兰文明史基本内容的了解，它似乎是可信的。其中许多提示性内容都源自作者关于科学在整个社会中的地位的重要表述（读者们定会看到冯·格鲁内鲍姆这里的观点与本-戴维有多么接近）。但另一方面，作者几乎始终处于那种高度抽象概括层面。或者更明确地说：如果不被看成对文明中的科学的比较研究，其论点将毫无意义，但比较工作自始至终是隐而不彰的，我们必定会好奇，这里进行比较的东西究竟是什么？首先，我们从未看到有任何具体的伊斯兰科学成就；正如我们所看到的，除了"为宗教而科学"这一狭窄领域之外，这些成就的存

① G. E. von Grunebaum, *Islam*, p. 121.

在甚至基于先验的理由便被排除了。其次，这里的中间参照体(*tertium comparationis*)究竟是什么，或者说伊斯兰科学在与什么相比较？我们发现它一会儿是古希腊科学；一会儿西方的中世纪科学又成了主要比较对象；然后是某种隐含的、未指明的、完全非历史的东西，它最适合被称为“西方科学本身”。

冯·格鲁内鲍姆卓越的论点表明他属于一个曾经繁荣、现在已经过时的关于“西方”(Abendland)的德国学派——它把西方文明视为一种同质的东西，并将它与其他文化的特征进行对比。这种“西方”并没有被恰当区分，在科学史方面就更是如此，冯·格鲁内鲍姆似乎对西方科学史知之甚少：他关于伊斯兰科学和哲学传 394
统的许多说法也同样适用于科学革命之前的基督教传统。

潜藏于冯·格鲁内鲍姆整个分析背景中的核心问题似乎是：那些声称独自拥有了启示真理的圣经宗教能否产生任何科学，更不用说(我们可以补充一句)现代早期科学？如果这样直白地提出，我们当然不可能给出否定回答，只要看看基督教文明所产生的科学就可以了。但若是如此，为什么伊斯兰教没有产生科学呢？显然，这只能因为有某种原因使伊斯兰教独尊圣经背后的力量要强于西方基督教世界的力量。那么，关于这一点冯·格鲁内鲍姆为我们提供了什么答案呢？

我认为在冯·格鲁内鲍姆引人注目的概述中，有三个要素包含着或许富有成果的核心见解。

第一点是，他认为伊斯兰教信仰有助于使整个共同体对科学活动即使不是完全敌视，也是无动于衷，甚至使科学家在面对来自正统的攻击时几乎毫无防备。如果我们思考今天对伊斯兰世界所采取的极端立场的某些反应(萨尔曼·拉什迪[Salman Rushdie]事件[①]便是一个例证),我们就会发现,在伊斯兰教的大部分时间里,极端主义者似乎控制着他们那些更为温和的兄弟们的心灵,在较长时间里这种控制不大可能在其他文明中碰到。诚然,冯·格鲁内鲍姆并没有用任何经验证据——即面对来自正统的攻击,伊斯兰科学家只是半心半意地捍卫科学——来支持其笼统的陈述,但如果历史研究果真能发现这些理由,那么在我看来,我们已经拥有了伊斯兰文明为何从未产生科学革命的至少一个重要原因。

第二点是冯·格鲁内鲍姆把古代科学描述成一个从未恰当融入文化传统的外来入侵者。与此紧密相关的是第三点,即他强调哲学未能融入穆斯林共同体的精神生活。但他这里并没有深入讨论。我们现在转向萨耶勒,这两点是其整个论证的基础。

### 6.2.3 萨耶勒与科学和宗教的调和失败

土耳其裔科学史家艾丁·萨耶勒(Aydin Sayili,1913—1993)深受美国学术的熏陶,曾于 20 世纪 30 年代末在哈佛大学师从萨顿。与冯·格鲁内鲍姆不同,萨耶勒对这一问题的处理表明他同时专注于伊斯兰科学与西方科学及其各自的历史。[②] 在 1960 年问世

---

① 拉什迪(1947—):印度裔英国小说家。其《撒旦的诗篇》(1988)涉及一些怪诞的以先知穆罕默德的生活为基础的情节,被愤怒的穆斯林领袖们抨击为亵渎神明的作品;1989 年拉什迪被伊朗的霍梅尼宣告处以死刑。于是他成为国际广泛的注意焦点,被迫藏匿了几年。——译者

② I. B. Cohen,"A Harvard Education," pp. 16 - 18 简要提到了萨耶勒。E. Ihsanoglu 跟我谈到了他目前的工作。我认为 *i* 并没有正确地给出他的名字。这个字母应为一个无点的 *i*,它几乎不发音:多多少少像是"Sáyele"。

的《伊斯兰天文台及其在天文台历史中的位置》(*The Observatory in Islam and Its Place in the General History of the Observatory*)一书的附录里，萨耶勒写了一篇富有思想的文章《伊斯兰科学工作衰落的原因》。 395

首先要说明的是，我非常欣赏萨耶勒提出一系列观点时不同寻常的谨慎态度。本书所考察的诸多理论和解释最初由它们的作者提出时所具有的那种确信，在萨耶勒的作品中难觅踪迹。反而，萨耶勒对这类领域中的论点必然存在的不确定性和思辨性有着清醒的意识。然而，与萨耶勒有益的谨慎相对应的是，他往往飞快地陆续提出一系列观点，而不怎么努力将其整合为统一的论点。那些令人大开眼界、可能极富智慧和启发性的观点让读者目不暇接，但萨耶勒几乎没有充分展开这些观点中的任何一个，更不用说将其作为整个论点的明确核心。简而言之，萨耶勒的观点为我们提供了许多思想素材，但读罢后，读者们比赴宴之前感觉更饿了。萨耶勒的文章让我们想起了亚历山大·索尔仁尼琴(Aleksandr Solzhenitsyn)[①]讲述的克格勃的残忍折磨：给快饿死的囚犯提供些许的高级菜肴——微量的肉片、两三块极小的烤土豆、一丁点海龟汤。对这些囚犯而言是生命本身面临危险，而在历史写作中产生的问题则没有那么性命攸关。萨耶勒的文章只是呼吁有一位更系统的继承者来进一步详细阐述被其提出者悬置了的这些观点。

萨耶勒的文章实际上分为两部分：一部分试图对问题作恰当定义，另一部分则对中世纪伊斯兰世界和中世纪基督教世界对待

① 索尔仁尼琴(1918—2008)：俄罗斯小说家与历史学家。——译者

科学、哲学和宗教的态度作了明确对比。我们先来讨论他对问题的恰当定义。

## 探索比较研究之路

首先，萨耶勒通过以下方式将衰落问题与伊斯兰世界为何没有发生科学革命这一问题联系起来。他暂时把衰落定义为科学兴趣和活力在公元9、10世纪达到顶峰之后的总体减少。我们也许有理由推测，如果科学在接下来几个世纪持续发展而未曾衰退，那么伊斯兰科学对世界的贡献应当比其实际贡献多出几个数量级。萨耶勒赞同地引用了19世纪末翻译比鲁尼著作的学者爱德华·扎豪(Edward C. Sachau)[①]的话：

> 4世纪[回教历的第4个世纪，也就是公元10世纪]是伊斯兰精神史的转折点。……倘若没有艾什尔里(Al Ash'arî)[②]和加扎利(Al Ghazâli)[③]，阿拉伯人当中也许可以涌现出像伽利略、开普勒和牛顿那样的人。[④]

396 萨耶勒接着写道，我们的确似乎能够合理地认为，倘若没有出

---

① 扎豪(1845—1930)：德国东方学家。——译者

② 艾什尔里(874—936)：阿拉伯神学家，早期伊斯兰哲学和伊斯兰神学艾什尔里派的创始人。——译者

③ 加扎利(1058—1111)：波斯穆斯林神学家、哲学家、法学家、神秘主义者。——译者

④ 引自 A. Sayili, "The Causes of the Decline of Scientific Work in Islam," p. 408 (我没有核对原文)。

现停滞，伊斯兰科学将会“沿着与欧洲科学大体相同的道路”[①]发展。然而，这种讨论背后有一个隐藏的假定：

> 如果放任不管，科学将会或多或少自行发展，其衰落必定由特定力量所导致，由外部因素所强加。然而，认为通向17世纪科学的欧洲科学发展并不像伊斯兰科学未有类似的发展那样需要解释，这一点绝非那么显然。[②]

毕竟，科学在其他文明中也出现了停滞：印度是如此，中国可能也是如此，在希腊人那里则最为肯定。“因此一般而言，我们也许应该认为科学的停滞至少与科学的发展同样自然”。[③] 这种与十年之后本-戴维的看法惊人相似的观点本可以成为整个论证的基础，因为倘若追溯这种观点至其逻辑结论，它最终将使衰落问题摆脱那个疑问，即伊斯兰世界为什么没能达到“伽利略”阶段。

然而，萨耶勒并没有给出定论，而是转向一种对希腊科学遗产的非常基本的新思考。希腊遗产能否进一步发展呢？我们不能理所当然地认为，希腊科学在其衰落前夕还有进一步发展的内在潜力。相反，有迹象表明希腊科学实际上已经达到了其自然发展的极限。

> 我们已经指出，从希腊科学到伽利略和牛顿的现代科学

① 引自 A. Sayili, “The Causes of the Decline of Scientific Work in Islam,” p. 408（我没有核对原文）。

② Ibidem, pp. 408 – 409.

③ Ibidem, p. 409.

> 的过渡包含着一种基本态度的转变；虽然希腊人已经掌握了关于恒定不变事物的知识，但他们从未成功地掌握关于动态可变事物的知识。因此，关于后者的问题为科学开启了全新的视野，开始对实在的另一个基本方面进行探索。①

萨耶勒接着写道，我们事后知道，突破希腊科学的这些自然界限需要实验方法。但如何才能找到实验方法？这里萨耶勒引入了另一个原创性观点，即越是寻找正确的方法，就越可能在有朝一日找到它：

> 这些考虑给我们留下一种印象：只有通过缓慢的长时间摸索，做许多无用功，中世纪科学才能转变为 17 世纪科学。在这些情况下，集中精力的工作提高了获得重要成就
> 397 的机会。科学家的人数越多，科学工作量越大，就越有可能出现转变。②

这种思考暗示，在为找到实验方法而付出的那些无意识努力中，伊斯兰科学的作用实际上只是“为新科学时代在欧洲的最终出现做准备”。③ 由此产生的图像是，伊斯兰文明既丰富了希腊科学遗产，又提升了它的尊严，但在此过程中，伊斯兰文明消耗了自身

① 引自 A. Sayili, “The Causes of the Decline of Scientific Work in Islam,” p. 408（我没有核对原文）。

② Ibidem, p. 410.

③ Ibidem.

的活力，因而不得不把火炬传递给另一种文明来完成这项工作。

在以下一般陈述中，萨耶勒对于什么是待解释项给出了结论。考虑到萨耶勒先前关于科学自然而然会出现停滞的看法，这一结论多少有些出人意料：

> 就欧洲而言，我们感到有必要解释新科学时代的出现，而就伊斯兰世界而言，需要解释的是科学为何没能达到相同水平。[①]

根据萨耶勒的说法，这就是为什么我们应当通过历史比较来寻求解释。目标有两个：为了更好地理解伊斯兰科学的衰落，以及现代早期科学在欧洲的兴起。

> 因此，在研究伊斯兰科学停滞和衰落的原因时，与欧洲进行比较将有助于我们进行理智选择和问题界定，还能帮助我们检查业已得出的结论。反过来，研究伊斯兰科学停滞的原因也能帮助我们理解与开创17世纪科学相关的欧洲发展。[②]

我们将会看到，萨耶勒是迄今为止唯一一位将两种似乎分离、或者一齐被否认或忽视的立场明确结合起来的科学史家。他相信

① 引自 A. Sayili, "The Causes of the Decline of Scientific Work in Islam," p. 411（我没有核对原文）。

② Ibidem.

(并且解释了为什么相信)比较研究能够帮助我们理解现代早期科学的出现。他还主张,这种比较或许能够照亮同一枚硬币的两面:值得关注的主题不仅有欧洲那一面(为什么科学革命发生在某时某地),而且还有“东方”那一面(为什么伊斯兰世界未能出现科学革命)。

研究目标既已制定,还需要宣布如何来实现。萨耶勒再次展示出他那非教条的谨慎态度。他将自己限定于“内部”原因,也就是说,只去探寻“文化和思想”原因。他认为相比于“对社会、政治和经济因素的推测”,这些原因更易直接“驾驭”。但他明确表示,这只是因为处理前者让他感觉更自在,他随即也承认后者“可能与该主题非常相关”。[①]

接下来必须确切说明我们所要研究的衰落。萨耶勒强调,我们的主题并非穆斯林文明本身的衰落以及除哲学和科学以外的其他
398 知识分支的衰落,而只是“科学活力的减弱”。[②] 当然,这种衰落不可能在时空中进行精确的测量或定位。要想获得一种总体看法,我们只需说:尽管在后来几个世纪偶然会出现几个拥有相当才华的人,但像9、10世纪的侯奈因·本·伊斯哈格(Hunayn ibn Ishaq)[③]、塔比特·本·库拉(Thabit ibn Qurra)[④]、拉齐(al-Razi)[⑤]、法拉比、

① 引自A. Sayili,“The Causes of the Decline of Scientific Work in Islam,” pp. 411-412(我没有核对原文)。

② Ibidem, p. 412.

③ 侯奈因·本·伊斯哈格(809—873):聂斯脱利派基督徒,翻译家、数学家、医师。——译者

④ 塔比特·本·库拉(826—901):阿拉伯天文学家、数学家。——译者

⑤ 拉齐(865—925):波斯哲学家、医师、炼金术士、化学家。——译者

阿维森纳和比鲁尼这样的杰出人物在后来的阶段再未灿若星辰地集中出现。

我们已经看到为什么在萨耶勒看来，继承希腊遗产的这两种社会所完成的科学总量是如此重要：完成的科学工作越多，就越有可能发现实验方法，而只有实验方法才能突破希腊人受到的阻碍。因此在萨耶勒看来，衰落很早就开始了：公元1000年左右，伊斯兰科学的黄金时代已经结束。结合他对这一问题作比较研究的理由，上述想法为其文章第二部分的考虑提供了总体框架。历史学家在这一领域的核心任务就在于查明，对于伊斯兰世界与基督教世界这两种中世纪社会，科学在哪种社会中更有机会被尽可能多的人以尽可能高的强度发展。由于这两种社会本质上都是神权政治的，关键挑战是"以一种有利于科学和哲学的方式来解决信仰与知识的关系。对于中世纪思想家而言，这是一项重大的思想任务，它在很大程度上决定了中世纪科学的命运"。[①] 这便是萨耶勒接下来作更详细研究的总体规划。

## 调和的失败

因此萨耶勒主张，要使科学发展成为可能，必须把希腊遗产与占主导地位的宗教进行调和。在基督教欧洲的确实现了这样一种调和，但在伊斯兰文明中却并非如此。无论是两种社会中的哪一种，教士都是最有学识、最有闲暇、最致力于教育的人，简而言之，作为社会的思想领导者，他们显然最有可能消化希腊学术。在基

① A. Sayili, "The Causes of the Decline of Scientific Work in Islam," p. 410.

督教世界的确是这样，但在伊斯兰世界却并非如此，神学家要么忽视古代科学，要么积极反对它。在西欧，哲学与科学成了宗教的婢女，而在伊斯兰世界，阿拉伯科学与古代科学的区分却成为一种基本的二分，支配着所有其他学术分类，与之相伴随的是古代科学尊严的降低。

在世界历史上，伊斯兰文明第一次认为获取知识对于每一个人是必需的。因此在伊斯兰世界产生了公共图书馆、高等学校或所谓的伊斯兰学校等机构。然而，只有阿拉伯科学被纳入了伊斯兰学校的课程。在某种意义上，伊斯兰学校出现得太晚了。如果
399 它建立于黄金时代，其课程显然也会包括古代科学。“但是当伊斯兰学校出现在伊斯兰世界时，希腊的哲学思想和科学知识已经变得可疑”。① 结果，“古代科学的传播不得不几乎完全依赖于私下研究和私人教导”。② 显然，科学和哲学在欧洲大学中的地位（根据萨耶勒的说法，欧洲大学作为一种机构很可能至少部分模仿了伊斯兰学校）与此截然不同。

奇怪的悖论在于，在伊斯兰世界扩张之初以及整个黄金时代，古代科学尤其是希腊哲学曾被很好地接受。但保守力量开始反击时所针对的主要是哲学。而当哲学被击败时，科学也因为两者之间不可分割的联系而被拖垮。

是什么使古代科学起初如此吸引人？这里我们必须区分伊斯兰文明背景下科学与哲学的吸引力。穆罕默德逝世后的数十年

① A. Sayili, “The Causes of the Decline of Scientific Work in Islam,” p. 415.

② Ibidem.

里，首先吸引穆斯林征服者注意力的是希腊科学的要素。“占有希腊学术的主要动机似乎来自医学和占星学”，正是这些领域最先出现了系统性的思想接触。[①] 后来，科学的运用得到扩展，但整个社会对科学的接受仍然相当有限：在从事科学的小圈子之外，科学并不被视为一种独立的思想活动。萨耶勒在其著作的第一章详细讨论了伊斯兰科学的实用性。其应用超出了冯·格鲁内鲍姆所列举的祈祷方向、历法、医学等少数几项功能。此外，萨耶勒还提到了算术在遗产分配中的用处，天文观测主要服务于占星学，但也为航海和穿越沙漠服务。人们普遍认为，以实用性来评判某一知识分支的价值很合理。[②]

这里的主要观点在于，要使科学在接下来几个世纪仍然可被接受，伊斯兰世界对科学实用性的承认似乎还远远不够。换句话说（我们现在要转向萨耶勒尚未开拓、但却通过相关评论揭示出来的比较领域），现代早期科学的合法化与新教社会培育出的功利主义价值观之间的关联已经得到解释，而我们目前讨论的伊斯兰教至少并不阻碍科学，科学因其直接的实用性而受到重视，但最终却未能避免出于其他原因而反对科学。于是，这些“其他原因”必定代表着一项关键区别，可以部分解释西欧科学与伊斯兰科学的不同命运（在西欧，科学据称的实用性有助于使科学活动合法化，而 400
在伊斯兰世界，对科学的实际使用并不能阻止科学的衰落）。那么，这些原因是什么呢？

---

① A. Sayili, “The Causes of the Decline of Scientific Work in Islam,” p. 416.

② 萨耶勒在 *The Observatory in Islam*, pp. 13 – 24 讨论了所有这些内容。

要想发现这些原因，我们转向萨耶勒的论证并和他一起追问：随着古代科学因为医学和占星学而被引入，神学家到底喜欢古代科学的什么呢？在早期的伊斯兰教士看来，哲学很重要，因为它有助于“把宗教材料与适当的理性思维模式结合在一起”。[①] 此时伊斯兰教徒刚从沙漠中出现，面对着第一批哈里发征服后遇到的有教养的异教徒，他们在捍卫自己的信条时仍然感到信心不足。希腊哲学能够在这里帮助他们摆脱困境。然而随着他们更清楚地且越来越有把握意识到伊斯兰教信仰与希腊思想之间的主要差异，“许多神学家逐渐开始从各种立场反对新获得的知识，这种反对一般会持续数个世纪”。[②]

因为在古代科学中，哲学与科学的联系非常紧密，哲学如果在神学的持续攻击下衰落，科学也不会安然无恙。更有甚者，“伊斯兰科学家虽然能够通过增添事实来丰富希腊遗产，但在提出新的重要科学理论和全新的科学观念方面却远没有那么成功。”[③]（我们必须注意，原始问题的一个关键要素在此被用来解决同一问题的某个部分！）只有像占星学那样，同时受到统治者和广大民众的欢迎，这样一种古代科学才能“抵挡得住神学的责难”。[④]

于是，这里的一个主要论点似乎是，哲学与宗教的分离给科学造成了巨大危害。然而，萨耶勒继续写道，西欧的唯名论同样旨在实现这一分离，但据称它在这一过程中有助于使科学脱离宗教枷

① A. Sayili, “The Causes of the Decline of Scientific Work in Islam,” p. 417.

② Ibidem.

③ Ibidem, p. 420.

④ Ibidem, p. 418.

锁，而不是使科学受到损害。萨耶勒接受这种预想的反对意见，但补充说，有一个关键区别能够解释为何会有不同结果。在欧洲，科学和哲学都已经确立了自己的传统。而在伊斯兰世界，阿拉伯科学与古代科学之间的截然二分却产生了相反的结果：

> 倘若伴随着一种稳固的科学、哲学工作传统，伊斯兰世界对于知识的二分或许也能有利于科学发展和科学工作的多产。
>
> 从科学发展的观点来看，在伊斯兰世界，世俗知识与宗教过早地分离开来。[①]

在欧洲，科学和哲学最先得到接受和重视，一旦传统确立，它 401
们随后与宗教的分离就会被接受。在伊斯兰世界，许多学者竭尽全力来调和宗教与哲学及世俗科学。为什么这些努力最终毫无成果呢？萨耶勒的回答接近冯·格鲁内鲍姆：

> 这些努力认真、谨慎且耐心，但伊斯兰学者却不能让自己相信他们所讨论的基本议题是有效的。[②]

无论是在这篇文章中，还是书中的其他地方，萨耶勒再次没有用任何证据来说明这一重要观点，而是进而表明，伊斯兰科学家用

① A. Sayili, "The Causes of the Decline of Scientific Work in Islam," p. 420.

② Ibidem, p. 421.

以调和科学、哲学与宗教的论证将会落到更加肥沃的西欧土地上。为什么会这样？从伊斯兰的角度来看，最初对希腊遗产的占有似乎来得太快，总体上过于突然，甚至有些轻率。而中世纪的基督教世界却有巨大优势，因为基督教本身正是从希腊化环境中发展出来的。

同样，萨耶勒提出这个重要观点（我们将会看到桑德斯对它的进一步详述）之后，便以其特有的方式抛下了它而作后续思考了。他认为，在伊斯兰世界，调和的努力是由平信徒或至少是处于世俗职位的学者所承担的。伊斯兰教并不承认信仰者与神之间的任何调解，因此，要使个人观点提升为得到认可的教义，必须采取与拥有神学等级制度及其委员会的基督教不同的途径。除了坚持不懈地寻求信徒们的一致意见这一艰难道路，那些希望使自己的科学兴趣获得宗教认可的学者们别无他法。

### 古代科学的命运

调和的失败导致了什么结果呢？首先，萨耶勒断言，

> 穆斯林不大愿意认为，自然过程遵循着某些固定不变的原理。这种观念使他们带着一种顺从的怀疑来看待自然力的运作。在穆斯林看来，神和超自然的力量会持续干预自然，至少认为不能否认这个事实。因此，我们不能确定自然事件到底是出于神的意愿，还是出于普遍的永恒自然规律。于是，至少在某些知识领域存在着某种理智上的麻木。[①]

① A. Sayili, "The Causes of the Decline of Scientific Work in Islam," p. 422.

因此在伊斯兰教中，怀疑、迷信和对奇迹可能发生的信念占有很大比重，所有这些都不利于科学规律的发展。萨耶勒突然改变 402
了中间参照体，指出“这无疑是将伊斯兰科学与17世纪欧洲科学分离开来的最大鸿沟之一”，[①]并进而查明这种鸿沟是从哪里开始出现的。在他看来，直到大约13世纪，一种在很大程度上受制于奇迹和神的干预的自然观同样支配着欧洲。然而从那时起，伴随着奇迹信念的减弱，“神根据某些自然规律而行动”的信念成为惯例。[②] 这里首先要承认哲学尤其是亚里士多德主义哲学的有益影响。显然，要不是欧洲在此期间实现了哲学与宗教的调和（伊斯兰文明却没有），哲学就不可能为科学做到这一点。

哲学对科学的一个类似的有益影响是：在欧洲，哲学把科学置于一个系统框架中，而在伊斯兰世界，科学知识体却“由孤立和独立的学科或信息条目所组成”。[③]

与哲学对科学产生了有益影响的这些主张相反，我们还可以引证说，由最初远远落后于希腊文明的两种文明迅速占有希腊遗产所引起的对权威的过度服从会带来危害。但萨耶勒指出，不加质疑地服从古人权威这一主题对于欧洲来说被过分夸张了，在伊斯兰科学史中，我们也只看到较少的权威崇拜，经常有人表达对科学思想逐渐进步的信念。

在比较的末尾，[④]萨耶勒又介绍了另一种重要的方法论思考。

---

① A. Sayili, “The Causes of the Decline of Scientific Work in Islam,” p. 423.

② Ibidem.

③ Ibidem, p. 424.

④ 我没有讨论与阿拉伯语的命运有关的另一个观点，因为我没有能力把握它。

他断言，穆斯林文明总体上相当稳定。因此，他在论证中所做的推论和结论也许可以结合后来伊斯兰世界遭遇西方时显示出的态度来检验。19世纪奥斯曼帝国尝试将西方教育原理引入其学校制度，这似乎印证了我们之前获得的印象，即“伊斯兰世界倾向于扩大专业化和反对哲学”。[①] 更一般地说，中世纪时，欧洲曾表现出向穆斯林社会这样更发达的社会学习的意愿，但欧洲取得优势之后，穆斯林社会却没有表现出同样意愿。欧洲更大的接受能力也

> 似乎帮助了科学知识在西欧的发展，伊斯兰世界未能显示出对欧洲正在进行的科学工作的积极而持续的兴趣，无疑是一个有重要意义的因素。[②]

**比较历史的陷阱一览**

萨耶勒的分析到这里就结束了。在继续前进之前，我想对他的比较历史方法作几点评论。萨耶勒达到这种方法的途径以及对

403 它的捍卫也许能为自己辩护。我之所以认为他对西方和伊斯兰中世纪进行比较的方式非常令人难忘，是因为他成功地以一种自明的、未曾言明的方式避免了隐藏在这个极富争议的领域中的几乎所有陷阱。许多因素妨碍我们进行比较意义上的跨文化科学史研究，直到今天也是如此。这一雷区遍布情感炸药，但萨耶勒似乎完全不受影响。那么，这些炸药是由什么构成的呢？

---

① A. Sayili, “The Causes of the Decline of Scientific Work in Islam,” p. 428.

② Ibidem, p. 429.

首要的原始炸药当然是西方的优越感。虽然对其他文化的学术兴趣的确源于西方，但从一开始这种兴趣就受到一种情绪感染，即我们自己的文化是评价所有其他文化的唯一标准——它是人类迄今为止所达到的最高成就，值得任何其他落后文明仿效。这里不适合讨论（这属于民族志史的范围）这种原始态度如何几乎逐渐演变成了它的对立面：一种拒绝使用任何判断标准的自鸣得意的相对主义。但有必要指出，本章所讨论的跨文化议题特别能够突出人类学家已经研究了数十年的所有那些议题。因为一个简单事实是，科学革命**的确**发生在西欧而不是其他地方，而自那以来全球的西方化过程也许可以在很大程度上被视为这一关键事件的最终结果。

这是如何发生的，为什么现代早期科学产生于西方，对这个问题的讨论从一开始就受到了那种广泛流传的观念的束缚，即除了西方科学，再无任何其他科学。这一否认有两种不同来源。它得到了方才讨论的西方沙文主义传统的支持，我们在第 6.1 节中引用了李约瑟的话来谴责这种观点。但相当数量的“本土”学者也持这种观点，他们受过纯粹人文主义（通常是儒家）的教育，要么忽视科学，要么认为最好不要科学。

在回答为何除西方以外再无其他文明产生现代早期科学时，从一开始就有许多因素可能破坏学术上的客观性。坦率地说，总有一种诱惑会使我们回答（无论在写作中还是在没能见诸文字的内心想法中）：“因为那些中国人或阿拉伯人或诸如此类的人都太愚钝了”。这一情感或许会加上一种略为文明的伪装，表达为“中国人或阿拉伯人并不像我们那样按照逻辑来思考问题”，或者“他们最多只有原科学，而没有真正的科学”。然而，对于任何文明人404 而言，尤其是对自己文明（在这些文明中，科学长期以来一直是一个重要部分）的历史有兴趣的中国和阿拉伯人而言，这种表述丝毫没有更令人满意。

此外，每一种文化的思维风格各不相同也是一个难以辩驳的事实，人类学家已经无可置疑地确立了这个事实。我们似乎已经为无尽的混乱搭建起了舞台，各种激烈争论也加剧了这一混乱，也许最糟糕的是，人们会因为这种争论看似毫无意义而在绝望中完全放弃。我担心的后一结果正是实际发生的事情。这难道不正是科学革命史家们如此忽视这个迷人的历史领域（其中许多得意的理论都可以作进一步说明）的关键原因吗？。

毕竟，人们已经试图摆脱其中涉及的棘手困境——当然，一些人比另一些人做得更为成功。

一种办法是否认现代早期科学是一种独特的西方成就，并且主张其核心概念在伊斯兰世界或中国独立发展出来的思想中已经可以察觉。

另一种更富有成效和更现实主义的办法是为一种真正的*比较*历史提出标准。这种历史视西方在这个特殊的人类成就领域中的领先地位为事实，但这一事实不是拿来过分炫耀（或骄傲）的，而仅仅是一个引人注目的事实，迫切需要的是通过弄清楚为何其他文明没有发生科学革命来提供学术解释。如果沿着这些思路来进行研究，这个问题必定有助于我们理解各种文明：不仅通过强调为何西方文明能够产生现代早期科学来理解西方文明，还通过关注文明 p 或 q 自身的独特特征（虽然它们总体说来不大有利于 17 世纪以后的科学）来理解这些文明。

然而，这种进路也许会因为很好的学术理由而遭到拒斥，因为其内在危险在于，文明 p 或 q 中的科学会被视为没有独立研究价值。在我看来，这正是萨卜拉反对比较进路的一个主要理由。这种比较进路还可能因为纯粹的方法论理由而遭到拒斥，因为也许有人会说，对于那些只是可以设想而不是真实发生的事件，历史学家应当缄口不言。我们将会看到，葛瑞汉的主要反对意见似乎就在这里。[①]

即使比较进路被接受了，它仍然可能以几种不同方式来进行。

一种是某些西方人的做法，他们一有机会就拼命证明，文明 p 比西方早多少年就发展出了这种概念、理论、工具或方法。我们将会看到，这正是导致李约瑟的工作未能极富启发性的主要缺憾（虽然它也得到了慷慨的承认）。

另一种是某些中国人或阿拉伯人的做法，他们也可能落入同 405
样的陷阱。虽然他们当然不是出于那种李约瑟式的对于西方帝国主义行径的愧疚之情，以及随之而起的对此进行弥补的渴望，而是出于一种利用这些愧疚之情的愿望，或是出于文化沙文主义以及无论什么其他原因。

作了所有这些预备性评论之后，我现在想用一句话来总结我对萨耶勒在这一领域成就的钦佩：他顺利躲过了所有这些地雷。萨耶勒对于他自己文明相关特征的分析是多么客观啊！在他的比较编史学中毫无沙文主义痕迹，也觉察不到任何自我憎恨，支配其

① 萨卜拉也赞同这一点。

讨论的始终只是一种对于历史本身的冷静兴趣。萨耶勒不在乎他所提出的事实对于穆斯林文明是否“有利”。他只想知道在那个特殊环境中，为何开端如此有前途的科学最终却被遏止。

萨耶勒完美的客观性并不意味着他从比较历史实践中得出的所有结论都是无可争议的。但关键是，这种争论只能围绕着一种历史解释相对于另一种历史解释的学术优点来展开。这类争论仅仅预设了最重要的东西：对于世界历史上各种文明的真正尊重。不是视之为全然等同，也不是视之为全然相对，而是认为它们各自的特征、共同点以及独特的与众不同之处都值得作比较研究。

### 6.2.4 桑德斯与蛮族破坏的影响

桑德斯 1963 年发表的《伊斯兰的衰落问题》一文持有某些与萨耶勒相同的关键看法。一是伊斯兰科学虽然大量借用了希腊资源和其他资源，但仍然有许多原创特征总体上展现了自身独有的特性。桑德斯也同意，需要解释的并非穆斯林文明本身的衰落，而是科学的衰落。然而，他的科学衰落标准要比萨耶勒的标准更为严格（他似乎并不熟悉萨耶勒的工作）。科学衰落不仅是没能增加知识财富，而且还损失了之前获得的部分知识。我们将会看到，桑德斯因此为伊斯兰科学的衰落指定了比萨耶勒更晚的时间，这一时间非常有利于他本人的解释。

在桑德斯看来，解释的出发点应当是两种文明利用希腊遗产的不同方式：

显然，要想解释为什么伊斯兰世界和西方走上了如此不同的道路,必须从比较每种文明诞生和达到成熟的条件开始。①

基督教世界兴起的关键在于,它是在罗马帝国内部作为它的一部分而出现的,而伊斯兰世界则是从沙漠中新出现的。这种起源的不同为两者打上了极为不同的印记: 406

> 文艺复兴时期西方对希腊的重新发现被誉为再次征服了一个一直正当地属于基督教世界的逝去的思想王国……
>
> [与此相反,]伊斯兰世界并非始于它背后的世俗传统;与西方的哲罗姆(Jeromes)和奥古斯丁不同,它那些学识丰富的博士并没有因为一种辉煌的异教文化而分神和扰乱,而是投身于对圣书的研究和评注之中。正是这一点赋予了伊斯兰世界令人难忘的统一性和神学排他性……
>
> [总之,]古希腊以其理性主义和对自然的好奇心而属于西方,在这种意义上它不属于也从未属于伊斯兰世界。②

在得出这第一个结论之后,桑德斯很快就补充说,伊斯兰世界从沙漠中出现时表现出了明显的接受性和开放性,用冯·格鲁内鲍姆的话说,"鉴于其起源的粗糙性,它的成就是非凡的"。③ 然而,正如文化传播史上向来所是的那样,它的借用是高度选择性

① J. J. Saunders,"The Problem of Islamic Decadence," p. 706.

② Ibidem,p. 707.

③ Ibidem.

的。印度算术被采用了,而印度哲学却没有,因为它对穆斯林信仰毫无意义。同样,希腊戏剧被忽视了,而希腊哲学却可能有助于捍卫信仰,抵御生活在新征服地区的众多基督徒。于是,信仰自始至终都是核心标准,古代科学的命运取决于信仰者对它们的接受程度。

到目前为止,几乎没有什么东西未被冯·格鲁内鲍姆和萨耶勒断言或至少暗示过。然而现在出现了桑德斯论证中的重要转折:

> 因此,穆斯林文化"冻结"的首要的最明显原因就是神学和一种无所不包的宗教律法(*shari'a*)占主导地位,以及缺少一种竞争性的世俗传统以挑战乌力马(*'ulama*,穆斯林的学者或宗教、法律的权威)的独裁。这是勒南的解释,但这引出了进一步的问题,为什么哲学以及后来科学的失败出现在那个时候,而且为什么再也没有恢复。①

对后一问题桑德斯给出了两种回答。第一种回答相对次要,它来自伊斯玛仪派(Isma'ilian)异端,第二种回答来自蛮族入侵。

桑德斯简要叙述了10至12世纪伊斯玛仪派对正统派的严重威胁。正统派最终占据上风,这不仅决定了异端的命运,而且也决定了哲学的命运,因为"正统派将它们视为密不可分的孪生罪

① J. J. Saunders,"The Problem of Islamic Decadence," p. 708.

恶。”[①]诚然，很难相信伊斯玛仪派的拥护者如果占据上风还会继续对科学感兴趣，因为他们很难说是自由思想者，但正如科学革命所暗示的那样，打破单一的信仰体系对科学可能极为有利。抛开猜测，事实仍然是，制服异教徒对科学和哲学都没有什么好处。 407

然而，一个更具决定性的事件是蛮族入侵。正是他们在数个世纪的累积影响使伊斯兰文明失去了思想开放性以及世俗方面的创造性。

## 文明与蛮族部落

直到相当晚近的时期，整个欧亚大陆的文明生活经常受到从西非到蒙古的蛮族部落的威胁。长期以来，西欧一直受到这种劫掠，9 世纪的马札尔人（以及维京人）是在安定下来之前带来巨大破坏的最后一批蛮族，而那时穆斯林文明几乎没有受到影响。但是正当西欧开始恢复之时，局面改变了。从 11 世纪开始，阿拉伯世界不得不陆续面对至少四次入侵。这些冲击积累起来造成了巨大破坏，它必定会使任何文明受到无法弥补的严重损害。例如，

> 伊本·赫勒敦（Ibn Khaldun）[②]告诉我们，巴努希拉尔人给北非柏柏里地区（Barbary）造成的浩劫直到 300 年后都没有修复，而伊拉克再也没能从蒙古人对其灌溉系统的肆意破坏中恢复过来。[③]

---

① J. J. Saunders,“The Problem of Islamic Decadence,” p. 711.

② 伊本·赫勒敦（1332—1406）：阿拉伯历史学家。——译者

③ A. Sayili,“The Causes of the Decline of Scientific Work in Islam,” p. 712.

诚然，这些冷酷无情的征服者并非完全漠视知识追求，旭烈兀汗（Hulagu Khan）[①]就允许纳西尔丁·图西（Nasir al-Din al-Tusi）[②]建立了马拉盖天文台。然而总体上，文化和教育在这些破坏中损失惨重。

桑德斯又说，历史学家们尤其容易低估由此产生的穆斯林世界与西欧命运的对比。人们往往没有认识到欧洲在1214年是多么幸运，当时蒙古人占领西里西亚之后，因其自身继位制度的限制而不得不撤军，以参加新大汗的选举：

> 假如他们西进到莱茵河和大西洋，打垮德国、意大利和法国（他们做到这些本来并不难），那么就不会有文艺复兴，而西方会和俄罗斯一样，花费几个世纪在文明的废墟上进行重建。西欧……在11世纪从黑暗时代浮现出来，时值蛮族对伊斯兰世界发动第一波袭击，从那时起，它得以在欧亚大陆的大西洋
> 408 边缘建立一种新的文明，而不受土耳其人、蒙古人或贝都因人劫掠与破坏的侵扰。西方随后的崛起与伟大必须至少部分归因于这种境况。[③]

入侵的一个后果就是马克思主义者所认为的学术衰退的一个

① 旭烈兀(1217—1265)：蒙古统治者，成吉思汗的孙子。——译者

② 纳西尔丁·图西(1201—1274)：波斯天文学家、哲学家、神学家、数学家、医师。——译者

③ A. Sayili, "The Causes of the Decline of Scientific Work in Islam," pp. 712–713.

独立原因:经济的衰退。数个世纪以来,阿拉伯人一直控制着从塞内加尔至广州的庞大的自由贸易区。入侵将它破坏了。同样的事情也发生在社会结构上。伊斯兰世界从未有过在西欧开始出现的那种自治城市。"穆斯林城镇没有共同身份",充斥着由种族出身和宗教组织起来的不同群体。①

> 与西方的反差几乎不可能更大了。穆斯林世界没有世袭贵族,没有神职人员或僧侣,也没有第三等级。随着贸易的衰退,商人降到了工匠和手艺人的地位,社会则继续保持着由地主、官员和农民组成的古老而简单的结构。②

入侵的另一个后果是,阿拉伯语曾经是穆斯林世界宗教知识和世俗知识的唯一承载者,而波斯语和后来的土耳其语却打破了它的垄断。

所有这一切的最终结果是,公元1300年的伊斯兰世界看起来与三个世纪之前极为不同。"在毁灭性的蛮族入侵和经济衰退的冲击之下,倭马亚(Omayyad)、阿拔斯(Abbasid)和法蒂玛(Fatimid)时代的自由、宽容、探索和'开放'的社会已经让位于一种狭隘、僵化和'封闭'的社会,世俗知识的发展在其中被慢慢扼杀。"③从伊斯兰世界以外的借用再也没有出现过,希腊哲学现在开始被

---

① A. Sayili, "The Causes of the Decline of Scientific Work in Islam," p. 715.

② Ibidem.

③ Ibidem, p. 716.

视为一种对信仰的威胁。所有这些都被编入了加扎利的作品，而伊本·鲁世德（Ibn Rushd，即阿威罗伊）一个世纪之后对古代科学的辩护没能令人信服。[①] 这一点的一个突出表现可见于大历史学家伊本·赫勒敦的著作。博学多才的他对哲学没有表现出任何尊重，因为哲学对信仰者来说是无用的：

> 伊本·赫勒敦听说“哲学科学”正在欧洲的基督徒当中蓬勃发展：他的语气暗示，这对于非信仰者来说是可以预见的。拥有全部真理的伊斯兰教不需要从外界获取任何东西：翻译希腊文的时代早就结束了，在任何时候穆斯林都没有从拉丁人那里获取任何东西。[②]

入侵给伊斯兰世界的精神和心灵生活造成的本质性影响是使人内转。面对着一波又一波的物质灾难，只有宗教才能给他们慰藉。这就是为什么

> 最初本质上是一种宗教文化的伊斯兰教会返回它的起源；……渎神的科学一直都在边缘活动，而且从未把自己
> 409 从不虔敬的指控中解脱出来，它作为“非穆斯林的”东西被无

① Seyyed Hossein Nasr 在其引人入胜的著作 *Science and Civilization in Islam* 中认为，加扎利以伊斯兰信仰的名义对科学的猛烈攻击是伊斯兰科学衰落的主要原因。只不过在苏菲派哲学家 Nasr 看来，随之产生的内转根本不意味着衰落（更多内容参见第 6.6 节）。Nasr 的书在伊斯兰科学的历史进程方面使我受益甚多。

② J. J. Saunders, “The Problem of Islamic Decadence,” p. 718.

声无息地抛弃了。有人说“伊斯兰达不到星辰”，它没有希腊人那种不知餍足的好奇心，

像沉星一样追求知识，

超越人类思想的最终界限；

穆斯林的世界是静止的，穆斯林也在其中静止，在我们看来是衰落的东西，在他看来是在永恒真理的怀抱中憩息。[①]

桑德斯通过与西欧的简略比较结束了讨论。他断言，从原则上讲，伊斯兰科学中发生的事情也完全有可能发生在基督教世界的科学中。然而，无论是开端还是后续发展都存在着关键区别。正如我们所指出的，基督教世界是在希腊文明的摇篮中诞生和成长的。在其文明开始繁荣之后，就再没有遭到蛮族的破坏。它的法律体系并不像伊斯兰律法那样排他和全面，罗马法与教会法总是互相制约。伊斯兰世界从未发生过导致基督教世界多样化的教会与国家的分离。简而言之，一切对西欧活力有利的要素在蛮族入侵之后的穆斯林世界都不存在。并不存在“对伊斯兰世界停滞生活的鼓荡，它没有经历过文艺复兴。伊斯兰已经发现了神：它感到无需再去发现人和世界了”。[②]

### 6.2.5　一些结论和建议

由以上论述似乎可以得出一个显而易见的一般结论，那就是

① J. J. Saunders, “The Problem of Islamic Decadence,” p. 719.

② Ibidem, p. 720.

与本书前面章节所讨论的任何案例相比，对穆斯林文明没有发展出现代早期科学的可行解释的事实基础要更加薄弱。对于早期科学史的每一个部分，无论是古希腊科学、西方中世纪科学还是文艺复兴时期的科学，现在已知的事实都比伊斯兰科学多得多。我们甚至会怀疑，在我们考察的三位学者所达到的这个学术阶段，以及在明显缺少后续比较研究的情况下，要冒险做出冯·格鲁内鲍姆、萨耶勒和桑德斯提供给我们的那些——在科学史的专业程度上当然有所不同的——概括是否过于仓促。

他们各自讨论的出发点——伊斯兰科学的衰落——给了我们暂停的理由。它是什么时候发生的？冯·格鲁内鲍姆模糊地提到，衰落开始于“中世纪晚期”。萨耶勒显得更加精确，他的标准是大科学家的群体不再出现，并把衰落定于紧随黄金时代之后；在他
410 看来，转折点是10世纪。桑德斯则要在科学知识逐渐趋于平稳之外还要求科学知识的丧失，从而把衰落的起点定于11世纪，1300年则标志着衰落的完成。如此界定的衰落碰巧与桑德斯的主要解释策略——蛮族入侵——在穆斯林世界肆虐的时期吻合得很好。与此形成显著对比的是，我们看到萨卜拉把衰落定义为有前途的研究后继乏人以及几乎所有科学活动的消失，这些联合标准促使他将衰落时间定于1500年左右。

由讨论希腊停滞的那些章节我们可以回忆起一些可供比较的情况：存在着一系列有关衰落的定义，由此分别给这一过程指定了不尽相同的时间，但就伊斯兰科学而言，这种分歧要更加令人不知所措。历史学家在着手解释某个历史过程时，往往很难把历史分期与解释清晰地分离开来。我们很难在不顾及他们对某个过程的

解释的情况下轻易断定那个过程发生的时间。然而除了历史学家无法避免的这个困境之外，我们这里也面临着一个简单的事实：对于伊斯兰科学，我们知道的显然还太少，以致无法做出哪怕粗略的分期。

我们是否必须由此得出结论说，我们的三种论述都是没有价值的，在更多的原始事实被收集和承认之前，学者们最好不要在这一领域提出综合看法呢？

我并不这样认为。一方面，这三种论述实在太能激发思想，完全不适合这样一个陈腐的结论。正如我在下文所要表明的，它们包含着太多重要思想和极富启发性的东西以及真正宏大的历史研究所不可或缺的诸多要素：介于纯粹事实与空洞抽象之间的概念化。而且在我看来，要想解决衰落的定义和时间有一种很好的出路。事实上，同样的出路可见于希腊停滞的案例，也就是本-戴维的启发性思想，即在传统社会中，正常模式并非科学的稳定发展，而是与衰落期相交替的间歇式发展。我们可以看到，特别是萨耶勒已经接近了这样一种观点，但并没有推出它的逻辑结论。将本-戴维的观点运用于当前案例的巨大优点在于，它使我们能够解开一个由许多独立问题所组成的复杂纽结，而我认为我们的作者一直把它们当成一个问题来处理。如果接受本-戴维对衰落问题的颠倒，我们就可以开始将这一纽结拆解成至少四条线索：

1. 即使科学在传统社会中注定要衰落，我们仍然可以问穆斯林文明是什么时候开始衰落的。于是，伊斯兰科学的特别之处不再是表现出一种繁荣与衰落的模式，而是它在公元 1500 年之后几

411 乎消亡以及为什么是这样。如果这样来看，分期问题在很大程度上便与解释问题分离开来，而且附于回答之上的意识形态负担要少得多。

2. 之所以如此，是因为寻找伊斯兰科学衰落的原因由此失去了对科学革命原因的许多解释价值。这种研究对于揭示这一衰落的特定本性当然有重大价值，正如希腊科学的衰落，虽然遵循着传统社会中的正常模式，但还是表现出了自身的典型特征。而且，伊斯兰科学衰落的许多特征都可以充当路标，表明是什么东西导致正常模式在西欧第一次被打破。要想最清楚地看到这些路标，我们可以提出以下两个问题。

3. 我们可以问，为什么除了16世纪末的欧洲，伽利略或开普勒——为了简便起见，我们把这一复合人物称为“伽利略”——没有出现在其他任何文明中。要出现这样一个人，显然需要科学达到某种成熟程度，而这个问题就成了界定它并未实际达到的那个程度。然而关键是，没有任何*内在的*理由能够说明为什么这样一个人不会出现在一种后来会衰落的科学传统中。对于这种历史可能性，阿基米德当然是我们的证人。

4. 接下来我们可以问，一位“伽利略”的出现能否使由此引入的新科学足够合乎更大的思想环境和社会环境的口味，以使一种不间断的新科学传统能在那一刻流行起来。换句话说，在某个社会中，科学的思想地位和社会接受状况能否使“伽利略”不是一个孤立的怪人，而是能像西方已经逐渐习惯的那样引起那种持续的、累积性的科学活动？

简而言之，在我看来，应当截然分开地问两个问题：*某种文明*

中能否出现一位“伽利略”？如果能，他能流行起来吗？我认为如果牢记这两个核心问题，我们关于伊斯兰科学衰落的三种讨论就可以得到澄清，其富有成果的要素也可以被挑选出来。

要想显示我们由此可以得到什么，一种方式是表明，如果把这些问题（再加上衰落问题）混在一起会产生怎样的不一致。我们遇到的最清晰的例子见于萨耶勒的讨论，作者先是把衰落问题与伊斯兰世界为何没有发生科学革命的问题等同起来。然而，仅仅过了12页，他就把伊斯兰科学家未能实质性地超越希腊人视为科学从未在伊斯兰共同体中获得充分支持的一个原因。但是对他而言，这种失败原本是问题的一部分。沿着他的 412
处理思路，循环论证是不可避免的。因此，我们必须把其中涉及的问题按照所指出的方式拆解开，并从那里开始分析，通过注意到穆斯林文明中没有发生科学革命，我们对于科学革命的原因能够学到什么。

我陆续以三个阶段来进行这种分析。首先，我会考虑所给出的解释的有效性在哪里部分或完全依赖于特定的科学革命观（例如，萨耶勒认为科学工作的总量是找到实验方法的关键）。接下来，我会指出关于伊斯兰科学的何种材料可以为我们在前几章看到的某些科学革命解释提供有趣的案例（例如，考虑到阿维森纳付三个迪拉姆就可以得到一部《形而上学》评注的新手抄本，爱森斯坦关于印刷革命的观点还剩下什么）。最后，我想列举我们的三位作者所阐述的穆斯林文明的那些显著特征，它们最能帮助我们理解为什么伊斯兰世界没有发生科学革命，而欧洲却发生了（例如，欧洲在10世纪之后未曾遭到蛮族入侵）。

**解释(interpretation)如何依赖于说明(explanation)**

萨耶勒的讨论至少包含三个比较要素,其有效性严重依赖于他对西方科学史的构想。尽管并非无法辩解,但在我们之前的讨论中,这些构想显得像是一些自身富有争议的议题。

首先是萨耶勒的这样一种观念:要使科学繁荣,那么科学、哲学与宗教在后来分道而行之前就必须实现彻底调和。其观点的一个推论是,唯名论者对科学与宗教的分离有利于科学。我不想在这里就这一观点进行争论,但我要提醒读者,本书的第 4.3 节有另外一种构想,即科学在 14 世纪得益于(理性主义)哲学,而不是得益于与宗教的分离。那里也讨论了这样一种观点,即唯名论对于科学只有很边缘的意义,因为唯名论运动一直牢牢囿于亚里士多德主义框架,大都依靠机智的想象而兴盛。

与此相关联的是萨耶勒把亚里士多德主义誉为西方赋予科学一种系统严密性的主要手段,而伊斯兰科学则缺少这种严密性。但我并没有看出为什么西方的情形与穆斯林文明在这方面如此不同。在这两种文明中,亚里士多德主义哲学都构成了自然哲学的实质性部分,例如自由落体问题、抛射体运动和真空,这些问题与光的折射反射以及比重的测定等其他科学主题本质上是分离的。
413 科学革命的一项关键成就是使位置运动脱离了它那令人窒息的环境,将其置于近乎全新的基础之上,并将新的运动学与光学、流体静力学等领域中的松散主题统一在一种新的"自然哲学"的总标题之下。在这一点上,很难看出为什么一种文明要比另一种文明更容易成功应对其中涉及的挑战。

最后是萨耶勒的核心理念,即希腊遗产中缺少的要素是"实验方法”，发现它的关键仅仅是付出努力。我不想重复本书整个第二章的内容，而是让读者来决定是否可以部分或完全接受萨耶勒（萨顿的弟子，而不是柯瓦雷的弟子）这里认为理所当然的东西。毕竟，我的目的并不是要强迫大家在科学革命的实质这个棘手问题上取得一致（这种一致既难以获得，也是不可取的）。我只是想一再表明，解释科学革命的努力在很大程度上依赖于我们对科学革命最终关于什么所持的核心信念。

**伊斯兰科学作为试验场**

通过思考伊斯兰科学史，前几章讨论的关于科学革命的许多合理的尝试解释都可以变得更加清楚。根据我们现在对伊斯兰科学史的了解，我们可以收集几条线索开始检验。总之我相信，正因为与西方科学拥有共同的基础，伊斯兰科学才成了检验那些一般断言有效性的真正宝库，如果没有真正的证明或否证，仅在西方历史的背景之下，那些断言最多只是看似合理。从本质上讲，这正是齐尔塞尔的观点，我也持这种观点（虽然我认为要求“证明”不是历史解释所能提供的）。在目前的情况下，我只能提供一份简短的清单，期待以后的研究能够详细讨论这些问题，依我之见这是完全值得的。

1. **技术、技艺和手艺。**虽然伊斯兰世界发展科学的主要原因在于科学被认为有用，但科学的应用却并不显得是技术性的。在《未受缚的普罗米修斯》（*The Unbound Prometheus*）出色的比较性的第一章中，兰德斯讨论了为什么任何东方社会都没有发生工业革命，但却接受了冯·格鲁内鲍姆和桑德斯关于伊斯兰世界为何没有发生科学革命的解释，[①]这的确意味深长。考察伊斯兰世界中科学家与工匠的关系，从而在这一点上检验相关理论，这样做也许是有价值的。如果这两个群体之间富有成效的频繁接触真能确立起来，它将可能削弱齐尔塞尔等人的论点；然而，我们这些作
414 者都没有提出这个特殊问题，而且我所读到的关于中世纪伊斯兰世界城市生活的一些材料表明，这种接触几乎不可能很频繁。另一方面，引人注目的是，根据萨卜拉的说法，对阿基米德方法进行详细阐述的是工程师而不是科学家。

2. **科学的职业化。**前几章提出的另一个主题（大都与本-戴维关于传统社会中的科学论题相联系）是，如果只依赖于宫廷支持，科学事业将具有内在的不稳定性。伊斯兰科学的命运似乎完全证实了这样一种印象，即如果科学得到的支持仅仅取决于统治者的心血来潮，那么科学必定会不稳定地、间歇性地繁荣与衰落。本-戴维也注意到，欧洲中世纪大学设立哲学教席第一次使在职者能够用大量正式时间去研究科学问题（尽管这不是义务性的），如果这合其心意的话。我们饶有兴味地注意到，在穆斯林文明的一个类似阶段也出现了计时员的职位，如果愿意，在职者可以将其自由用于科学目的。这里我们似乎遇到了一个中间阶段，它既不是完全脱离永久专业机构来发展科学，也不是雇佣人来专门从事科学。但在某个社会中，这样一个半机构化的职位本身显然并不足以为科学打下稳固基础，只要看看计时员无法使伊斯兰科学免于最终的衰落就可以了。

---

① D. S. Landes, *The Unbound Prometheus*, pp. 28 - 30.

3. **科学的用处与合法化。**科学的用处(无论是实际用处还是预期用处)为 17 世纪欧洲科学提供了一个重要的争论点。就伊斯兰科学而言,我们似乎面对着这样一种文明,科学在其中主要是由于明显的用处而受到重视。但直到最后科学事业也没有获得持久的合法性,这是主要反对力量所导致的结果,其中最重要的是源于宗教的主导价值观。在我看来,这表明关于科学革命的争论我们可以得出两个结论。第一个结论是本-戴维有见识的想法,他引入了介于科学的用处与科学的合法化之间的某些"中间概念":伊斯兰科学的命运似乎增强了这样一种印象,即这里并没有什么直接的因果关联。另一个结论则倾向于肯定默顿和他的许多批评者都认同的一个信条:就科学在社会中的命运而言,宗教价值是最重要的。我们还可以进一步提出,现在应该走出关于默顿论题的狭隘争论,对它作跨文化比较。除非(或多或少是基于韦伯比较宗教社 415
会学的例子)引入与诸世界宗教相伴随的各种价值观念,否则在这一历史争论领域不会得到更多启示。

4. **从抄写到印刷。**从表面上看,伊斯兰科学充分证明了爱森斯坦的核心观点:在抄写文化中,除了完好地保存古代论著抄本,不能指望还有任何实质性的科学进展。很可以设想,这或许就是结合伊斯兰抄写文化状况对爱森斯坦主要论题进行持续检验的最终结果。另一方面,如果我们回想起在哥白尼之前 700 年的巴格达,用一头毛驴就可以换来一份抄本,那么请思考一下,爱森斯坦所说的哥白尼闲暇在家时认真研究整部《天文学大成》的新颖性还剩下什么呢?更一般地讲,思考一下萨卜拉会对整个穆斯林世界的公共图书馆系统说些什么,或者穆斯林习惯于在相对便宜的纸上而不是羊皮纸或纸草上书写，这对手抄本的价格意味着什么。简而言之，问题并不在于西方印刷机的发明为何没有像影响欧洲那样影响伊斯兰科学（因为那时伊斯兰科学已几近消亡），而在于穆斯林世界抄写文化的状况是否尚不足以减轻自由传播相对标准化的文本所受的限制。

5.**航海大发现。**霍伊卡提醒我们注意，当海员报告观察到了被古人先天排除的现象——如确实有人居住在热带等——时葡萄牙人文主义学者的震惊。我们可能会好奇，为什么从事古代科学的人没有明显感受到类似的震惊？毕竟，他们属于从西非延伸至中国的自由贸易区的一部分，因此必然在至少五个世纪之前就知道这些现象。为什么他们没有怀疑亚里士多德和托勒密的可靠性呢？为什么他们没有得出结论说，应当通过观察和实验来更谨慎地权衡古人那些崇高的先天推理呢？难道因为对他们而言，即使确实有过震惊，那也一定要表现得更加缓慢吗？[①] 显然，这些都是正当的问题，或许没有目标，但也许值得追问。

6.**希腊的停滞。**我们已经看到了对希腊停滞之谜的一系列回答，主要区别在于，一些人认为当希腊人离开时，科学仍然有某种根本性的东西走错了路（过度依赖纯粹推理的能力；把宇宙看成有生命的，等等），另一些人则认为，要不是由于某些大体上外部的原因（比如不欣赏奴隶从事的体力劳动；基督教吸引了过多的人才，等等），随后便可能发生一场科学革命。现在令人惊

① 我找到的一点线索是比鲁尼的一段话（引自 S. H. Nasr, *Science and Civilization in Islam*, p. 98），它列出了托勒密的一些地理学错误，而没有得出进一步结论。

讶的是,这些诊断中没有一项被用于伊斯兰科学,而伊斯兰科学肯定代表着欧洲文艺复兴之前希腊科学的最完美体现。似乎从 416
未有人提出,伊斯兰科学的错误道路——以致预先排除了一场科学革命——在于理性与经验之间令人遗憾地缺乏平衡,或者指出,伊斯兰社会之所以没能产生现代早期科学是因为它也蓄奴,或者提出,伊斯兰科学之所以没能发展下去是因为它仍然把宇宙看成有生命的。

唯一一位开始看到这里问题的学者同样是我们独具慧眼的萨耶勒。然而,在富有洞察地将希腊人的缺点等同于无法处理与静态相对的动态自然现象之后,他以那种令人沮丧的典型方式放下了这个问题。此外,阿基米德传统在伊斯兰世界似乎一直保持良好,因此阿基米德著作在16世纪欧洲的印刷再次失去了它独特的影响,我们也许可以说,这里是一个卓有成效的比较研究领域。对我来说,在这方面要问的关键问题是:既然伊斯兰文明继承了整个希腊科学,并用印度算术和他们自己的重要发现丰富了它,为什么所有这些仍然不足以打破希腊科学最初所受的限制?①

### 西欧科学与伊斯兰经验

这样来看,这个问题只不过是下面这个一般问题的变种:穆斯林社会可能出现"伽利略"吗?然而,我们这三位具有丰富学识的

---

① 根据我所读到的东西,我这里始终认为穆斯林世界多多少少吸收了整个希腊科学遗产,但我并不确定这种看法是否有道理。

阿拉伯研究者的论述中几乎一切卓有成效的内容似乎都与我们第二个问题域相关:如果能,他能流行起来吗?

我们只碰到了一种提议——可同时见于冯·格鲁内鲍姆和萨耶勒的文章——它似乎预先排除了“伽利略”在阿拉伯世界的出现。它认为,“顺从的怀疑”(resigned doubt)、相信奇迹以及对确立自然现象中的规律性缺乏信心,抑制了伊斯兰科学事业中许多本可以变得有创造性的东西。我承认,我发现这种一般观点与我对比鲁尼和伊本·海赛姆等人骄人成就的了解有些难以相容。萨耶勒认为,倘若伊斯兰科学的黄金时代能够发展得更久一些,“伽利略”也许就会出现。根据我对那个黄金时代的了解,鉴于伊斯兰科学的成就和专注的事物,其中行星问题和亚里士多德的运动观念都与科学革命前夕的西方一样得到了研究;鉴于这个黄金时代持续时间相当长;以及最后,鉴于16世纪末没有欧洲人能够预见到,下一个发展阶段就是我们的自然观实
417 际发生的彻底转变——鉴于所有这些,我很难看出为什么“伽利略”不可能出现在伊斯兰科学的黄金时代,也许是作为它的最高成就而出现。我们在断然否认这些可能性时,是否过于纵容历史学家的那种习惯,即给真正偶然的东西贴上(可做因果解释的)必然性的标签?我并非在倡导无意义的思辨,但我们应当牢记三者的区分:确实发生的事情,没有发生但可能发生的事情,以及不可能发生的事情。

现在回到我们的三位专家所处理的问题,我对有助于澄清欧洲科学命运的穆斯林文明的四种一般特征印象更深,因为它们倾向于表明,假如“伽利略”确实出现在伊斯兰世界,那么为什么他很

可能不会流行。

首先是冯·格鲁内鲍姆的一般观点，萨耶勒则对它做了更详细的分析，即包含大部分科学的哲学在服务于短暂的需求之后，旋即被社会中最有发言权和最有文化的人持续视为一种外来入侵者。冯·格鲁内鲍姆解释了这一历史过程是如何与伊斯兰世界的基本抱负密不可分地结合在一起的；萨耶勒则关注哲学、科学与宗教因为其他原因而没能成功调和起来。他们很可能都是对的，无论如何，这里我们似乎触及了发生科学革命的一个看似陈腐实则根本的条件：科学不能被整个共同体视为与其核心价值直接对立。

其次是同样由冯·格鲁内鲍姆和萨耶勒所注意到的，即穆斯林科学家明显倾向于认同共同体针对其活动所做出的反驳。关于这一点，我已经作了一些评论；这里我只是作一补充，即无论这一特征是否能够得到经验确证，它确实指向了一个可能并不令人惊奇的一般结论：如果没有一群至少半专业的科学家，他们对其毕生工作的价值和尊严怀有一种深刻而持久的信念，那么科学革命是不可设想的。

最后，桑德斯使我们认识到了科学革命的另外两个条件。一是那个简单而根本的想法，即在接下来几个世纪里，在被外来入侵者完全毁坏的土地上，任何科学革命都是不可能发生的。另一点是，在为现代早期科学做准备时，有决定性优势的这样一种社会：它具有类似于罗马法和教会法并存的某种内在相互制衡，具有教会与国家的明确分离，具有一种充满活力的相对自治的城市生活，以及类似的正在萌发的多元主义要素。

418

## 6.3 李约瑟作为跨文化科学史的先驱

> 无论中国今天有怎样的政治变迁，我们依然可以说：就文明而言，我们必须了解中国人的世界——如果不能成功地理解这个伟大榜样，我们将无法追求一种完满的真正人性。
>
> ——李克·曼(Simon Leys)[1]，1974[2]

1937年，在剑桥大学学习的三位中国研究生向其生物化学老师请教——鉴于他刚刚写出一部关于生物化学史的大部头著作，他或许对科学史有所了解——为什么“现代科学仅仅起源于欧洲”。[3] 这位生物化学教授无法立即回答他们；事实上，他从未曾想过这个问题。在他们的影响下，他参加了汉语速成班。仅仅过了几年，在第二次世界大战期间，他抓住一个去中国的机会，投身于中国科学史研究。1944年，在云南省的一个偏远角落，他开始将自己对这一主题的初步想法付诸文字，为那些充满好奇心的学

① 李克·曼(1935—2014)：原名皮埃尔·里克曼斯(Pierre Ryckmans)，比利时汉学家、文学评论家。——译者

② Simon Leys, *Ombres chinoises* (Paris: Union Générale d'Éditions, 1974), p. 266: “Quelles que soient les vicissitudes de la politique chinoise actuelle, il n'en reste pas moins qu'en termes de civilisation, nous devons nous mettre à l'école du monde chinois: sans l'assimilation de cette grande leçon, nous ne saurions preétendre à une humanité complète et véritable.”

③ J. Needham, *Science in Traditional China*, p. 3；除了 *Science and Civilisation in China* 1, pp. 10–13 提到的，这里还能找到这个故事的其他一些材料。

生当初向他提的问题给出一些初步的尝试性回答。到那时，他已经开始深信，这个问题是"文明史中最重大的问题之一"。[①] 他当时也认为，一本书便足以回答这个问题(1938 年已经有了模糊的构思，但直到战后才写成)。这一努力逐渐扩展为七卷本计划，旨在最终明确解答作者关心的问题。十年后的 1954 年，第一卷出版。按照计划(自那以后基本保持不变)，这七卷的全部内容预计共分为 50 节。[②] 起初，一卷能够容纳于一本书中，每一卷包含数节；到了 60 年代，一卷开始被分为数本书；不久，即便是一节内容也足以填充几本书。如今，到了 1992 年，《中国的科学与文明》(*Science and Civilisation in China*)已经不吝笔墨地出版了十五大卷(以及随之推出的节略本)，还有几部附带的文集(其中许多也致力于回答那个原初的问题)。其主要作者李约瑟(Noël Joseph Terence Montgomery Needham)已经几近期颐[1995 年逝世——译者]，人们也不确定《中国的科学与文明》的最后一卷第七卷能否以他为原作者出版。无论结果如何，我们都可以说，在 20 世纪的学术史上，鲜有一个朴素的问题能够引出如此壮观的成果。

**成就的各个方面**

的确，几乎所有尝试评价李约瑟工作的学者，都表达出对其成就的深深敬重。他不仅为我们揭示出一个庞大的、激动人心的学 419

① J. Needham, *The Grand Titration*, p. 148.

② *Science and Civilisation in China* 的最初计划见 vol. 1, pp. xvii – xxxviii; vol. 4, part 1, p. xxviii 宣布了一些变化，关于该丛书扩展的进一步注解见 vol. 5, part 4, p. xxxi。

术领域(在他之前,该领域的存在性要么被否认,要么被忽视,最多只是将其分成高度专业化的片段来研究),[①]率众发掘关于该主题的大量事实,而且还着手综合这些事实,把它们当作组成部分纳入一种全面的历史理解模式,从而为其赋予意义。《中国的科学与文明》一旦完成,我们将拥有一部关于中国科学、技术和医学的从远古至现代的历史,他也始终结合社会和一般文化背景来讨论这三者的发展和表现。就此而言,我们尚未拥有关于欧洲或其他文明的同类历史。所有这些都被慷慨地视为合作研究的成果,而合作者们越来越多的独立贡献虽然提高了专业化程度,却并未使原先的计划支离破碎。虽然李约瑟强调,"要不是与中国朋友们的平等合作,任何事情都是不可能的",但他自始至终都在为整个工作打上自己的印记。[②] 多年来,他也为《中国的科学与文明》补充了大量文章,以便为了特定目的来重新组织那些为该书准备、或已包含于其中的材料,也是为了给关注领域与《中国的科学与文明》相去甚远、因而不会去阅读全部数千页内容的读者概括出重要部分。最后(或许也是最让人印象深刻的),李约瑟始终持一种宏大的历史观,一如林恩·怀特所说:"他能够追问宏大问题,因为他没有那种虚荣心,不会惧怕别人可能认为其回答是错误的。"[③]李约瑟虽

① J. Needham, "The Historian of Science as Ecumenical Man," p. 3 列出了研究中国科学诸方面的更早学者的名字(在文献综述中对他们有更详细的讨论,李约瑟经常通过这些文献综述来引出《中国的科学与文明》中的新话题)。

② 其合作者列于 J. Needham, *Science in Traditional China*, pp. viii, 4–6;以及 idem, *Clerks and Craftsmen*, pp. xviii–xix。《中国的科学与文明》的每一卷都有一个前言衷心感谢所有合作。

③ L. White, Jr., *Medieval Religion and Technology*, p. xviii.

然在各大洲和各个世纪中自由徜徉，但他始终不像思辨历史学家一样忽视实际的历史事实，或者使用它们完全是为了将其塞入预定的模式。李约瑟总是尝试用他竭力获得的一手事实和细节来支持自己的一般图像。

当然，无论在宏观层面还是细节层面，李约瑟的解释都可能招致(有时是严厉的)批评——他的工作从一开始就是极富争议的。不过接下来，我要先来总结许多前人对整个成就所表达的敬意(就像我方才做的那样)，然后再对李约瑟关于科学革命及其未能在中国发生的观点作批判性讨论。

### "李约瑟难题"的本质与规模以及如何处理它

李约瑟做任何事情都很宏大。在许多地方都可以看到他试图回答其"宏大问题"(Grand Question)：在由讲座整理的文章中，在 420
学术论文中，在业已出版的《中国的科学与文明》的若干段落中。多年来，"宏大问题"表现为各种不同形态。《中国的科学与文明》虽然是为了回答这个问题，但实际上已经变成了对于整个中国古代科学技术和医学中所有值得关注的东西的全面概述，因此，他的许多作品仅以一种非常微弱的方式与"宏大问题"相关联。考虑到本书的目的，讨论所有这些材料是没有意义的，尽管为了获得一个总体看法，我读了柯林·罗南(Colin Ronan)编的三卷本《中国的科学与文明简本》(*The Shorter Science and Civilisation in China*)，它是一个官方节略本，涵盖了丛书一至四卷(这是对我们的目的而言最重要的几卷)的大部分内容。不过，我主要依据李约瑟的下列三部著作来理解他关于中国为何没有发生科学革命的思想演进：

——《大滴定：东西方的科学与社会》(*The Grand Titration：Science and Society in East and West*)。这本书出版于1969年，包括1944年至1964年写的八篇文章，它们均以某种方式讨论了“宏大问题”。

——《中西方的学者与工匠》(*Clerks and Craftsmen in China and the West：Lectures and Addresses on the History of Science and Technology*)。这部文集出版于一年之后，包含19篇文章，其中许多文章对于理解李约瑟处理“宏大问题”的方法也非常重要。

——《传统中国的科学：一种比较视角》(*Science in Traditional China：A Comparative Perspective*)。这部文集出版于1981年，包含四篇文章。只有前言和导言能让我们看到李约瑟在早期文章中未曾表述的关于我们主题的一些持续思考。

对其作者而言，所有这些文章(李约瑟曾把撰写它们称为“大声思考”[thinking aloud])[①]仅仅是为《中国的科学与文明》终卷所做的准备，因此，李约瑟从未全面概述和总结他对“宏大问题”的看法。结果，我们面临的东西类似于拼图游戏：到处散落着碎片，几乎可以肯定它们能大致拼成一个壮观的图案，但这幅图只存在于碎片制造者的头脑中。李约瑟的各篇文章以一种相当独特的方式既常常重复，又相互补足。他有一种异乎寻常的能力，能够用适合当时目的的任何长度来展开他的许多得意理论。在《中国的科学

① J. Needham et al., *Science and Civilisation in China*, vol. 5, part 4, p. xxxviii, note b.

与文明》中占数百页篇幅的一个论点也许会以简略的形式作为某一篇文章的主题出现，或者在别处以一个分题出现，甚至在其他文章的论证中被视为理所当然。此外，在过去40多年里，李约瑟的思想发生了变化，特别是变得更加缜密，但奇怪的是，这种变化既比他自己乐于承认的要大，又比一些非常博学的批评者所归功于 421
他的要小。一个非常有趣的例子是，林恩·怀特曾在1984年把1981年出版的文集《传统中国的科学》称为李约瑟迄今为止"最为成熟"的作品，尤其称赞其结尾段落的"多元主义的试探口气"。然而，这段话与他20多年前写的一段话几乎一模一样。[①]

由于所有这一切，李约瑟的读者们尤其在仔细阅读了《大滴定》之后，似乎会对他关于中国为何没有发生科学革命的最终解释产生迥异看法。比如我曾听一位汉学家说，李约瑟认为这是因为儒道之争；而一位比较史专家认为，在李约瑟看来，科学革命没有在中国出现是因为缺少一个自治的商人阶层。我也曾听说，根据李约瑟的说法，明代官僚机构在15世纪的紧缩政策使中国相当大的科技优势化为乌有。鉴于这些所谓的解释如此众多，我们似乎应对李约瑟的所有相关主题进行详细整理，并将它们与其思想发展尽可能地联系起来。我已经努力由上述著作（以及李约瑟其他著作中的数篇文章）中得出了一个融贯的图像。有了这个初步结果，我再回到《中国的科学与文明》的相关卷册进行检验。[②] 这一

① L. White, Jr., contribution to a review symposium in *Isis* on *Science and Civilisation in China*, pp. 173, 175; J. Needham, *Science in Traditional China*, p. 131; and idem, *The Grand Titration*, p. 298.（措辞上只有几处小变动）

② 由于这一程序，以下大多数引文都来自文集。*Science and Civilisation in China* 中的相应出处均写成以下格式：[*SCC* vol. no., part no., page no.]。

程序产生了一个奇特的结果——这是人们关于李约瑟对“宏大问题”持何种立场的困惑的最终来源。我发现，他在“大声思考”时所提出的一些更加大胆的主张是与《中国的科学与文明》中的一些论点相对应的，不过后者一般来说要温和得多，也显示出更好的判断力（比如我在第6.1节中提及的翻译主张可以在《中国的科学与文明》中对翻译问题的公允讨论中找到对应）。因此，至少就“宏大问题”而言，与《中国的科学与文明》大部分内容中的李约瑟相比，《大滴定》和《中西方的学者与工匠》中的李约瑟更像是一位编史学上的极端主义者。我们这里看到了对李约瑟常见评价的又一个例子：人们可能会借助于李约瑟自己的材料激烈批评他的解释。在最终评价李约瑟对“宏大问题”的回答价值时，所有这些矛盾（无论是实际的还是表面上的）意味着什么？我们不需要在此解决这个问题，不过在第6.5.3节的结尾，我们不可避免要再次回到它。

以上便是我尝试处理“李约瑟难题”的做法。我只希望最终能为《中国的科学与文明》难以捉摸的最后一卷即第七卷提出一份足够准确的预想的概要。

422 **“宏大问题”之前李约瑟思想的一些核心特征**

李约瑟当然不是头脑空空地进入了比较科学史领域。他的四种偏爱和耿耿于怀的事物尤其有助于形成其史学工作的特殊色彩。它们分别是：他早年在工具制造方面的经验，对于神圣事物的总体态度，偏整体论的科学观，左倾的政治观点。再加上这位西方人的“东方”倾向，李约瑟的这些思想与感情特征造就了一种独特的、有时令人惊讶的混合物，这种混合物主要因为李约瑟心灵的综合倾向而被合在一起，这使他常常能在别人只看到对立与不相容之处看到统一和一致。[①] 我们将依次简要讨论这些特征。

虽然职业为科学家，但李约瑟认为高中时期的工场经历对他很有影响，“在铸造厂，于车床、铣床之间[获得了]基本的工程学知识”。[②] 这有助于说明他后来为何会坚持体力劳动对现代早期科学兴起的作用，而且在比较古代中国和欧洲的技术成就时能够得心应手。李约瑟是极少数同样精通技术史的科学史家之一。[③]

李约瑟的宗教情感也要追溯到他的青年时期。“在他心中，恐惧和非理性从来没有变得与宗教密不可分”，[④]因此对他而言，宗教可能成了一种解放身心的体验，为他提供了一种容易获得的渠道来超越日常生活的限制。他虽然是虔诚的英国国教徒，却一直认为其信条仅仅是以一种与文化密切相关的方式表达了普遍神圣的东西。下面这段话(写于 1971 年，当时李约瑟正在一座日本寺庙沉思冥想)肯定代表了李约瑟的典型想法，无论它会被视为古怪、动人还是二者兼而有之：

> 佛教并非我的信仰，但这座庙宇极为神圣，一个基督徒不得不以自己的方式进行祈祷，以做出响应。当僧众们诵读释迦牟尼和诸佛菩萨的拯救力量时，……我赞美三位一

---

① H. Holorenshaw [李约瑟的化名]，“The Making of an Honorary Taoist，” pp. 2，20.

② Ibidem，pp. 3 – 4.

③ *SCC* 4，1，pp. xxix – xxxi 讨论了技术史的一般特征。

④ ‘H. Holorenshaw’，“The Making of an Honorary Taoist，” p. 4.

> 体的荣耀，希望它也能被永恒的、超言绝相的、无法言说的道所接纳。[①]

作为一位终日研究复杂活细胞的实验生物学家，学生时代的李约瑟在遇到怀特海的“有机体哲学”时作了热情的回应。他欣然引用了“怀特海的不朽格言，[它说]物理学研究的是较为简单的有机体，生物学研究的则是更为复杂的有机体”。[②] 数学远不足以表达科学研究的主题，这种信念从未离开过他，这也深刻影响了他对科学革命实质的看法。李约瑟本人将这种哲学发展成一套关于他

423 所谓的“整体性层次”(integrative levels)的构想。从本质上讲，这些阶段越来越有序，组织化程度越来越高，从原子、分子一直到我们所知道的最高组织形式。例如，通过比较人和阿米巴虫的组织，我们发现，人的整体性层次可以在四种不同意义上被称为“更高”：组成部分更多也更复杂；有机体对其功能的控制更有效；有机体更独立于环境；存活、繁衍和控制环境的方法更有效。

李约瑟让这些观念发挥的核心功能是：

> 彻底清除“生机论与机械论”的所有争论。争论某一整体性层次的科学能否“还原”为另一整体性层次的科学是徒劳无益的。各层次的科学须用适合那一层次的概念、工具和法则

---

① J. Needham, “The Historian of Science as Ecumenical Man,” p. 5.

② J. Needham, *The Grand Titration*, p. 124. 对这一话题的讨论见 S. Nakayama, “Joseph Needham, Organic Philosopher,” in S. Nakayama and N. Sivin (eds.), *Chinese Science*, pp. 23–43。

> 来工作。例如，遗传学和胚胎学中的许多规律是不受生物化学的新发现影响的。但是另一方面，我们只有借助于生物化学的发现，才能理解这些规律的完整含义和重要性。……我们不能用较低或较精细的层次来解释较高或较粗糙的层次，更不能用较高的层次来解释较低的层次；可是只有等我们成功发现相邻两个层次各种活动的联系之后，才能揭示宇宙的奥秘。①

在这样一种科学哲学中，20 世纪的科学发展显然更像是对牛顿科学的完善，而不是其数学片面性的显露，它迫切要求一种更为整体的、本质上有机论的自然观。

自然和社会也是如此。李约瑟从不认为整体性层次终止于个体的人。赫伯特·斯宾塞把达尔文主义的演化拓展到人类社会层次，这对李约瑟思想的形成产生了重要影响。对李约瑟而言，存在着"宇宙演化、有机体演化与社会演化的本质统一体，人类进步的观念以及所有理应留存的东西都能在其中找到自己的位置"。②虽然偶尔出现倒退，但人类仍然毫不动摇地迈向"那个世界合作联合体（world co-operative commonwealth），我们视之为社会演化的必然顶点"。③

由此几乎在所有层次被写入历史的进步以各种方式显示自

① J. Needham, *The Grand Titration*, pp. 126 - 127.

② 'H. Holorenshaw', "The Making of an Honorary Taoist," p. 9.

③ J. Needham, *The Grand Titration*, p. 139.

身。科学、医学和技术也属于人类进步最明显的表现：

> 这里……，人类一直齐头并进，虽然特定的自然哲学体系也许与种族有关，……但是对自然的实际理解和控制已经跨越所有障碍，代代相传，建立起早期皇家学会所说的"真正自然知识"的大厦。[①]

424 不仅科学，人类社会的政治组织也是进步的这样一种表现，它如今体现于社会主义。由于受到赫森 1931 年演讲的影响，李约瑟的社会主义信条得到了巩固，自那以后他一直保持着强烈的马克思主义色彩。无论多年以来他的许多见解变得多么"异端"（尤其是对历史的阶层解释），据我所知李约瑟从未曾放弃一种观点：共产主义社会代表着人类进步的顶峰，因为它预示了未来的"世界合作联合体"。正是由于这些思想关联（其中最糟糕的是他把自己对辩证唯物主义的曲解纳入了他的"整体性层次"哲学），[②]李约瑟对有史以来最残酷的一些暴政表示赞同。朝鲜战争期间，中国政权指控美国进行细菌战，李约瑟的亲华倾向和社会主义立场使之欣然为前者作证。有不少西方学者从未原谅李约瑟，认为他凭借自己的声誉来支持这些似乎毫无根据的指控，若非如此，《中国的科学与文明》的第一卷本可以得到热诚得多的欢迎。[③]

---

① J. Needham, *Science in Traditional China*, pp. 8 - 9.

② J. Needham, *The Grand Titration*, pp. 127 - 135.

③ D. J. de Solla Price, "Joseph Needham and the Science of China," p. 14; also 'H. Holorenshaw', "The Making of an Honorary Taoist," p. 15.

李约瑟思想开明,慷慨大度,富有同情心,他如何能对这些糟糕的政权保有忠诚,的确让人有些捉摸不透。直到 1971 年,他仍然认为苏联的大清洗应当被称为"斯大林主义的'违法行为'"。[①] 无论这些含糊其辞的推脱从何而来,其中似乎的确包含有许多天真和幼稚。但无论在政治上是否极端幼稚,李约瑟的政治信念肯定影响了他对中国为何从未发生一场科学革命的解释。[②]

## 跨文化科学史研究的变迁

1981 年,李约瑟以一种更多是认命而非痛苦的语气写道,他的开创性努力在很大程度上已经被隔离在两个与之距离最近的学术领域——汉学和科学史——之外。汉学姑且不论,我们不得不同意李约瑟对科学史的看法。毕竟,本章所关注的主题甚至未被我们之前讨论的那些西方科学研究者触及,这一点并非偶然。关于东方科学的发现丝毫没有被整合到持续进行的科学革命研究中。这样的例子成百上千,我们在此只举一例。李约瑟 1964 年指出,如果能够考虑关于西欧以外为何没有发生科学革命的讨论,霍尔的文章《再评默顿》(见第 5.2.5 节)将很可能从中受益(因为提出那个问题本身就能显示出引入"外部"观点的必要性)。[③] 当霍尔 1983 年把"原因问题"当作改写的教科书《科学革命,1500—1750》中的一章时,他在该书序言中提到李约瑟是自己在剑桥的四

---

① J. Needham, foreword to the 2nd ed. of *Science at the Cross Roads*, p. ix.

② 我希望最后一句话能够说明为什么我觉得有必要讲这种政治上的不愉快,即使世界各地的共产主义政权几乎都已经垮台(尽管中国还没有)。

③ J. Needham, *The Grand Titration*, p. 217.

425 位导师之一(另外三位是巴特菲尔德、柯瓦雷和辛格),但在接下来各章(事实上是整本书),他完全忽视了李约瑟及其工作。为何会如此呢?

以下是李约瑟自己的回答:

> [科学史家们]主要感兴趣欧洲文艺复兴之后的科学,这部分是因为他们看不懂用其他语言写成的一手资料。有时他们也对希腊科学感兴趣,很少对中世纪科学或阿拉伯科学感兴趣。最不想听到的是有关非欧洲科学的内容,这在一定程度上是因为他们强烈的欧洲中心主义看法。其心照不宣的假定是:由于现代科学只起源于欧洲,所以必定只是欧洲的古代及中世纪科学才有意思。尽管开明的比较技术史家已经做了各种工作(比如林恩·怀特已经一再表明,传统欧洲得益于古代世界东方国度的发现和发明),但这种明显的**不合理结论**仍然主宰着西方的思想见解。①

根据李约瑟的说法,这种思想倾向背后的核心信念(无论是否言明)是:中国(或者就此而言任何其他东方文明)从未产生过任何真正的科学。这种信念通常暴露出一种强烈的欧洲优越感。这是李约瑟激烈详述的极少数主题之一,在这方面他奇怪地完全一边倒。

> 依我之见,西方人仍然饱受四种罪恶之苦:贪婪、愤怒、

① J. Needham, *Science in Traditional China*, p. 7.

> 愚痴和恐惧。不消多说，贪婪已经深入到资本主义文明结构之中；对异己的道路感到愤怒屡见不鲜；将西方的道路视为唯一的普遍文化难道不是愚痴吗？恐惧，特别是无缘由的恐惧，像“一帮亚洲佬”（hordes of gooks）这种用语所表达的对陌生和未知事物的恐惧，是西方人必须学会克服的一种罪恶。[①]

所有这些说法固然有其道理，但其背后显然也有强烈的情感因素。林恩·怀特说，“有时他似乎在为鸦片战争作个人忏悔”[②]，这并非完全是在揶揄李约瑟。但硬币的另一面从未被李约瑟提及。人们阅读他的著作时会认为，“贪婪”仅仅与某种特殊的社会组织形式密切相关（许多反资本主义情绪的确植根于将贪婪与资本主义廉价地划等号，就好像贪婪在不以自由经营为基础的社会中便不会如此猖獗似的）。[③] 我们几乎从未听他提到传统中国对外国人无端的畏惧和憎恨，中国想到长城以外和海外“蛮族”时所怀有的无比优越感（它是施恩似的而非侵略性的，但仍然是一种优越感），以及和所有非西方文明一样，对其他文明明显缺乏兴 426
趣（人类学在建立一个世纪之后仍然大体上是一门西方科学，这

① J. Needham, “The Historian of Science as Ecumenical Man,” p. 5.

② L. White, Jr., contribution to a review symposium in *Isis* on *Science and Civilisation in China*, p. 173.

③ 早在 1920 年，马克斯·韦伯就已经把这种头脑简单的资本主义观念归于幼稚园（“Vorbemerkung,” in *Gesammelte Aufsätze zur Religionssoziologie* 1, p. 4: “Es gehört in die kulturgeschichtliche Kinderstube, dass man diese naive Begriffsbestimmung ein für allemal aufgibt”）。

并非偶然)。

因此,李约瑟对于中国事物不知餍足的好奇心在某种意义上表明了一种非常典型的西方态度。“人类是一个大家庭,”他曾写道,“科学的世界观显然已经超越了一切种族、肤色和宗教文化的差异。”[①]这种崇高的观念难道不也是首先源于基督教和西方科学的灵感吗?

然而,这并非理解李约瑟毕生工作情感基础的唯一视角,为了这项工作,他毫不犹豫地放弃了自己大有前途的生物化学职业。同样,他表达了对其事业与生俱来的兴趣,这种兴趣与可能孕育它的任何文化根源都没有关系。

> 发生在其他文明中的事情本来就值得研究。难道一定要用一根连续的线把各种影响都贯穿起来,才能写科学史吗?难道不存在一种理想的人类思想史与自然认识历史,使人类的每一项努力都各居其位,而不管其渊源和影响吗?现代的普遍科学及其历史和哲学终将包含一切。[②]

正是秉持着这种观念,李约瑟不仅试图发现中国科学的实际内容,而且试图揭示中国和其他东方科学传统为他一贯所谓的“普遍科学”做出了多少贡献。我们现在就来讨论这些贡献。

---

① J. Needham, “The Historian of Science as Ecumenical Man,” p. 4.

② J. Needham, *The Grand Titration*, p. 53.

## 6.4　非西方科学对科学革命的贡献

李约瑟关于整个世界科学史的核心看法与斯宾格勒式的世界史观(即认为世界历史由相互隔绝的、完全不可公度的文明所构成)截然对立:

> 我们很容易看到,艺术风格和表达方式,宗教仪式和教义,或者不同种类的音乐,往往是不可比较的;但数学、科学和技术的情况却有所不同——人们一直居住在性质基本恒定的环境中,因此,人们对这种环境的认识(如果正确的话)也趋向于一种恒常结构。①

存在着一种真正的普遍科学(或"普世"科学),它产生于从17世纪的西欧开始的现代早期科学,自那以后不断积累;由众多传统文明所孕育的重要科学要素共同参与了普遍科学的创造。对于整 427
个过程,李约瑟最钟爱的隐喻是:传统科学的诸多河流全部汇入了现代普遍科学的海洋。②

现代早期科学仅仅产生于西欧,这一确定但却偶然的事实后来掩盖了为其起源做出贡献的诸多外来要素。弗朗西斯·培根把

① *SCC* 5,4 p. xxxvi.

② E. g., in J. Needham, *Clerks and Craftsmen*, p. 397; idem, *The Grand Titration*, p. 16.

三大“机械发明”——罗盘、印刷术、火药——置于新科学时代的开端，因为它们不为古人所知。而当我们意识到，它们无一例外都是中国的发明时，可以看到，正是培根最早在追溯历史时将其据为己有的。

不止是这三者。李约瑟提出过一种关于各种发明如何成簇传播的全面理论，这些发明可能与促进或阻碍顺畅传播的重大政治事件相关联。这里仅以一簇发明为例，在 13 世纪末 14 世纪初，欧洲出现了火药、缫丝机、机械钟和拱桥。在李约瑟看来，所有这些都是中国的发明，它们经由因蒙古征服而开辟的自由商路来到西方。[①]

不过我们可以理解，为什么随着耶稣会士来到北京，传播方向在历史上第一次发生逆转，西方人便迅速遗忘了——如果曾经注意到的话——如此众多的天才发明源于东方。除了在追溯历史时将其据为己有，另一个原因是：当这些发明和发现远离故土进入中世纪欧洲社会时，它们所拥有的潜在社会变革力量被发挥了出来。而在中国，铸铁、火药、造纸术、印刷术等等并没有对整个社会造成多大影响。虽然李约瑟强烈反对那种习惯看法，即它们在中国仅被用于无聊而愚蠢的事情，认为这种观点愚蠢而空洞，但他也不得不看到，这些发明只有到了西欧，才在整个社会产生了最为剧烈的反响。与在中国社会表面泛起的相对平静的涟漪相比，这种反响不仅有量的差别，更有质的差别。在火药、罗盘等等的有限影响

① J. Needham, *The Grand Titration*, pp. 114 - 115; also pp. 86 - 113; idem, *Clerks and Craftsmen*, pp. 61, 70.

下，中国的社会秩序总体上一直保持稳定，但“我们不能想象如果没有火药、纸张、磁针的影响，欧洲的封建制度会解体”。[①]

## 科学与技术的合并和区分

至此，读者们也许会疑惑自己是否仍在阅读一本关于科学革命而不是工业革命的书。在我们关于传播的所有例子中，科学难道不是与技术完全混在一起了吗？似乎的确如此，这也是李约瑟的事业中令人极度困惑的方面之一。

初看起来，李约瑟似乎完全没有区分科学与技术。例如，他曾 428
用“中亚与科学技术史”作为一篇论文的标题，但文章通篇是对技术发明的讨论。[②] 这里我们看到，两个概念实际上在其思想中融为一体。在另一些情况下，他对两个概念保持了清晰的区分，这在《中国的科学与文明》中占主流，但在补充文章中非常少见。这些情况下他承认，在传统社会中，自然哲学大体上是与种族有关的思想结构，很难沿着通常的技术发明路径来传播。[③] 但李约瑟也常常认为（这便把其思想中两种实际上不相容的观念连接起来：一方面是科学与技术的实际融合，另一方面是彻底分离）技术仅仅是应用科学：“我们无法将科学与技术分离，将纯粹科学与应用科学分离——两者无法摆脱地纠缠在一起。”[④]

林恩·怀特将技术与应用科学的这种（在他看来相当错误的）

---

① J. Needham, *Clerks and Craftsmen*, p. 82.

② Ibidem, ch. 4.

③ E. g., J. Needham, *The Grand Titration*, p. 16 [*SCC* 1, pp. 223, 238 - 239].

④ J. Needham, “The Historian of Science as Ecumenical Man,” p. 3.

等同归因于当年李约瑟的唯一一位科学史教师——剑桥科学史、技术史、医学史家查尔斯·辛格(Charles Singer)——对他的早期影响。[①] 我还想补充一点:正如李约瑟曾再三强调的,中国科学是比西方传统科学更具实践性的活动。这正是许多科学史家否认中国有过任何自己科学的原因:在他们看来,它们全都是技术。《中国的科学与文明》表明,这种断言根本不正确,或者至少不够正确;但也无可否认,如果李约瑟始终认为工业革命之前的技术史实际上属于不同的文化领域,从而应被排除在外,那么《中国的科学与文明》不仅会变得相当贫乏,而且会大大缩水,于是在提出李约瑟最渴望表达的观点时,这套书便显得没那么有说服力了。因此,考虑到李约瑟憎恶"不相信非西方科学的西方人",他在讨论时将科学与技术紧密联系起来便有着意识形态上的重要性。

其结果有时会让人非常困惑。例如,虽然李约瑟一般会把他的"宏大问题"定义为中国为什么没有发生科学革命,但在一篇文章中,他突然将其表述为"[中国]为什么没能像欧洲文明那样成功地产生现代科学技术"。没过几行他又写道:"中国为什么没有本土的工业革命?"[②]这两个问题无疑是相关的,因为我们无法设想没有一场科学革命在先的工业革命,但是要想回答其中任何一个问题,都必须考虑完全不同的要素。(例如,往复运动与旋转运动的相互转换的起源[无论在蒸汽机历史的背景下它是多么有趣]

① L. White, Jr., contribution to a review symposium in *Isis* on *Science and Civilisation in China*, p. 178.

② J. Needham, *Clerks and Craftsmen*, p. 72.

与“中国为什么没有发生科学革命”这个问题毫无关系。)

此外,在李约瑟的所有文章中,仅由技术推出的结论往往只通 429
过一种未言明的延伸便被用来刻画科学。不过在我看来,李约瑟在大部分工作中对科学与技术的合并所产生的最大危害存在于科学传播这一问题域,它本来就被诸多陷阱所困扰。林恩·怀特甚至进而断言,如果从李约瑟关于现代之前的种种传播案例中去掉那些实际属于技术发明的部分,那么将所剩无几。[①] 根据我本人对李约瑟工作的理解,这不太符合实情。不过,我们仍然能从他的工作中挑选出一些相当不同的传播模式,其最终结果是,我们很愿意拥有的东西——对科学革命前夕有多少西方科学应当归因于非西方来源作一种宏大的历史考察——依然缺乏。接下来,我将展示我自己对这项考察的片段内容的理解,首先从李约瑟几乎未曾做出贡献的一个领域开始。[②]

### 科学革命之前伊斯兰世界对西方科学的丰富

伊斯兰科学向欧洲的传播大致可以分为三个阶段。第一阶段是阿拉伯文著作连同希腊文著作在公元 10 至 12 世纪被译成拉丁

① L. White, Jr., contribution to a review symposium in *Isis* on *Science and Civilisation in China*, pp. 178 - 179.

② 特别是在各篇文章中,源于技术传播的图像也被允许影响科学图像,而在 section 7,“Conditions of Travel of Scientific Ideas and Techniques between China and Europe” (*SCC* 1, pp. 150 - 248),这两者一直保持着清晰区分。据我说知,这一节最接近于对科学发现在前现代世界的传播的完整考察。不过,在 SCC 的随后几卷可以看到许多补充材料,如 vol. 5, part 4, section 33 i,“Comparative Macrobiotics”,它也包含关于伊斯兰世界炼金术的不少内容。

文。伊本·海赛姆(阿尔哈增)、阿维森纳(伊本·西纳)、阿威罗伊(伊本·鲁世德)等大批学者的著作为西方所知,极大地影响了经院时代的自然哲学。对欧洲精确科学影响最大的也许是代数技巧,伊斯兰科学用它丰富了希腊遗产(伊斯兰科学本身又被印度数学大为丰富)。第二阶段是,伊斯兰科学的少量科学要素在接下来几个世纪被传到欧洲,并且在科学革命前夕参与形成了欧洲科学。第三阶段(严格说来其实并非传播)始于19世纪,它是西方科学史家对伊斯兰科学史的研究。从事这项工作的学者相对较少,它当然还在不断发展,中东学者自然也对此做出了贡献。这个跨文化研究领域的先驱者有艾尔哈特·维德曼(Eilhard Wiedemann)[1]、萨顿、奥尔多·米耶利(Aldo Mieli)[2]和威利·哈特纳(Willy Hartner)[3]等人。正如我们已经看到的,伊斯兰科学的绝大多数现存手稿资料仍然"有待研究"。在某种意义上,"传播"的第三阶段几乎还没有开始。不过,我们这里关注的是第二阶段。据我所知,只有萨耶勒试图为此寻求一种一般看法,其努力可见于《伊斯兰的天文台》的结论和1958年的文章《伊斯兰与17世纪科学的兴起》。

430　关于天文台,萨耶勒的一般结论是,"天文台作为一种有组织的专业化机构诞生于伊斯兰世界",[4]它本身有了极大的发展。其发展过程中有两个顶峰:一是在蒙古可汗旭烈兀的大力支持下建立的马拉盖天文台,它无疑受到了远东的影响;二是15世纪的撒

① 维德曼(1852—1928):德国物理学家、物理学史家。——译者

② 米耶利(1879—1950):意大利科学史家。——译者

③ 哈特纳(1852—1928):德国科学史家。——译者

④ A. Sayili, *The Observatory in Islam*, p. 391.

马尔罕(Samarqand)天文台。根据萨耶勒的说法,有许多迹象表明,欧洲数理天文学因格奥尔格·普尔巴赫(Georg Peurbach)[①]和雷吉奥蒙塔努斯而迅速取得的进展,应当部分归功于当时以撒马尔罕天文台为中心的伊斯兰成就的激励。

萨耶勒非常谨慎,极力避免由之前或同时存在的相似内容来推断传播或影响。比如,虽然伊本·纳菲斯(Ibn al-Nafis)[②]对血液循环的发现于16世纪被译成拉丁文,这个时间早于新的血液循环思想出现在意大利和英格兰的时间,但萨耶勒并不将其视为西欧向伊斯兰世界借鉴的决定性证据。不过,他的确认为有足够的证据来断定,除了首先建立天文台这一伟大功绩,伊斯兰科学对科学革命前夕欧洲科学的贡献还集中在以下几个领域(均为天文学领域):(1)对托勒密行星理论某些参数的关注发生了转移(既有计算上的,也有观测上的),这种转移将在欧洲参与日心说的建立;(2)天文观测仪器(第谷使用的某些新仪器也可以追溯到穆斯林世界的先例);(3)系统的而非间断的天体观测。所有这些都使萨耶勒得出结论:

> 虽然很难为每一个具体案例给出决定性的证据,但不断积累的印象使我们的疑虑愈发减少。……[尽管伊斯兰科学衰落了,但]我们依然能够合理地说,……翻译阿拉伯文著作的时期结束之后,伊斯兰世界继续为17世纪科学的产生做出

① 普尔巴赫(1423—1461):奥地利天文学家、数学家。——译者
② 伊本·纳菲斯(1213—1288):阿拉伯医学家、解剖学家。——译者

了正面贡献。此外,我们有理由相信,伊斯兰世界的这种贡献既不琐碎,也不可忽视,而是有某种重要性。[①]

无论构成这一温和结论的各种主张有着怎样的优点,我们这里关心的最终结论似乎是:共同的希腊遗产使得来自伊斯兰科学的某些独特影响能够或多或少直接参与16、17世纪欧洲科学革命的形成。[②]

**中西方之间的阿拉伯人**

在1948年的一篇美文《科学的统一:亚洲不可或缺的贡献》中,李约瑟提出了一个非常有启发性的观点,涉及穆斯林世界在科学从西方向远东(以及相反)传播过程中的作用。我们都知道有两次大规模翻译科学和哲学文献的努力:一次以巴格达为中心,在伊
431 斯兰科学的黄金时代将希腊文译成阿拉伯文;另一次始于10世纪末的西班牙,是将阿拉伯文译成拉丁文。李约瑟断言,所有这一切最好是通过一个位于地中海周围、天然异质但最终高度相互依赖的系统来理解,引人注目的是:

> 东亚科学并没有被纳入这一系统。……倒不是说阿拉伯文明与东亚科学之间不存在接触,事实恰恰相反。但出于某

① A. Sayili,"Islam and the Rise of the Seventeenth Century Science," p. 368.

② 对这一总体结论的支持可参见 N. M. Swerdlow and O. Neugebauer, *Mathematical Astronomy in Copernicus's* De Revolutionibus, 2 vols. (New York: Springer, 1984), part 1, pp. 41-48 ("Arabic Astronomy and the Maragha School")。

> 种原因，人们在把阿拉伯语文献译成拉丁语时，总是选择古代地中海的著名作者，而不是伊斯兰学者论述印度和中国科学的书籍。[①]

他给出了若干例子，其中最引人注目的是比鲁尼对印度科学的宏大考察，它写于1012年左右，直到1888年才第一次被译成欧洲语言。阿拉伯人和中国人之间还存在许多个人接触，比如伊本·拔图塔(Ibn Battutah)[②]14世纪到中国旅行并描述了自己的见闻。此外，旭烈兀汗在13世纪中叶让纳西尔丁·图西在马拉盖建立天文台，从而使整个穆斯林世界的阿拉伯天文学家（还包括可汗请来的西班牙和中国的天文学家）密切合作。这些成果从未传到西方。因此，李约瑟断言：

> 业已给出的例子表明，阿拉伯科学与东亚科学之间并不缺乏联系，但东亚科学也的确没有渗透到法兰克人和拉丁人那里，而它们恰好是后来发展出现代科学技术……的地方。[③]

那么，尽管有阿拉伯的过滤，到底有什么从中国传到了西方？

## 科学革命之前中国对西方科学的丰富

首先，李约瑟坚持认为，无论是技术发明还是科学发现，中国

① J. Needham, *Clerks and Craftsmen*, p. 15.

② 伊本·拔图塔(1304—1368)：一译白图泰，阿拉伯旅行家。——译者

③ J. Needham, *Clerks and Craftsmen*, p. 17 [*SCC* 1, pp. 220 - 223].

在17世纪之前贡献给世界的远比从世界中获取的要多。不仅来自西方的可能影响难以渗透到中国,印度和阿拉伯世界的贡献乃至佛教思想也是如此。虽然佛教深深地渗透到中国人的心灵之中,但作为副产品的源自佛教教义的原子论思辨在中国科学思想中几乎找不到痕迹,根据李约瑟的说法,中国科学思想更倾向于类似阴阳的波动模式。尽管阿拉伯人、印度人和中国人有许多个人接触,但李约瑟断言,“很难给出证据说,印度人或西方人对中国的科学和医学产生过持续影响”。①

432 如果我们现在倒转视角,看看有哪些科学发现从中国传到了西方,从而参与了科学革命的形成,我们就必须先从李约瑟的所有工作中挑选出一些材料,再从中过滤掉其实关乎技术而非科学的部分。最终的收获似乎有五项:磁学、炼丹术、观测天文学、宇宙论、时间测量。接下来我们依次讨论这些内容。②

**磁学**。这是李约瑟的得意展品之一。其论点通常由两部分组成:首先表明在发现磁性物质的关键性质方面,中国远远领先于西欧;接下来主张,至少应当把吉尔伯特之前西欧的磁学知识归功于中国。

李约瑟强调,争论焦点是磁石的指向性,而不是其吸引能力,两种文明都知道后者的要点。③ 欧洲最早提到磁罗盘的是12世

---

① J. Needham, *Clerks and Craftsmen*, p. 19 [*SCC* 1, pp. 151 - 157, 212 - 214].

② 还有一个思辨性断言讨论的是矩形栅格在制图学中的应用的传播(*SCC* 3, pp. 587 - 590),但由于李约瑟并没有把这一断言拓展到科学革命的形成(因此在他的相关文章中没有提到),所以我这里没有讨论。

③ *SCC* 4, 1, p. 236:“总体上也许可以说,古代和中世纪的欧洲和中国对吸引的认识没有多大差别。”

纪 90 年代的亚历山大·尼卡姆(Alexander Neckam)[①],而在大约 1080 年,沈括已经清楚地描述了磁针的两种关键性质:总是指向南方,且略微偏向东方;1116 年,寇宗奭测得这个磁偏角约为 15 度。之前或后来的记载都曾提到一种浮于液体表面的鱼形磁性物质,它们被用做磁罗盘。简而言之,“在西方人甚至还不知道极性之前,中国人已经在关心磁偏角了”。[②] 那么,欧洲人是如何发现极性和磁偏角的呢?

既然在当时的印度文化区和伊斯兰世界,除单纯的吸引外再没有提及任何磁现象,李约瑟便得出结论说,对磁体指向性的认识大概不是沿海路传到欧洲的(比如异国水手看到中国同伴在摆弄罗盘),而是沿陆路。李约瑟承认这似乎很奇怪,因为要想避开印度、拜占庭和穆斯林,就必须认为是很不开化的北方部族传播了这项知识。不过他还是接受了这个结论,并表示我们恰恰需要更多地研究喀喇契丹(Qara-K'itai)如何能够完成这一功绩。他甚至准备将以下结论作为不可避免的推论来接受:欧洲在海上运用这种新的磁学知识不依赖于中国早先制造出航海罗盘。引人注目的是,虽然李约瑟似乎愿意承认欧洲人能够想到把一项外来发现用于航行,但他这里似乎并不愿考虑那个推论(对于不受约束的读者而言,那简直是所有这些材料的必然推论),也就是:从未有人传播过中国关于磁体指向性的知识,但欧洲人独立地重新发

① 尼卡姆(1157—1217):英格兰神学家、博物学家、教师。在欧洲最早描述了磁罗盘。——译者

② J. Needham, *The Grand Titration*, p. 73 [*SCC* 4, 1, pp. xxiii - xxiv; further discussed on pp. 239 - 312, 330 - 334].

433 现了这些知识。我们马上就会看到，李约瑟这里为何没有持这种常识解答。①

让我们暂时承认"传播"是一个事实。于是，中国人在"磁极性、磁感应、剩磁、磁偏角等方面的知识领先地位"使李约瑟能够充分利用它对于非西方科学为科学革命所做贡献的意义：

> 磁学确实是现代科学不可或缺的组成部分。马里古的皮埃尔是中世纪研究罗盘最有成就的学者，吉尔伯特和开普勒关于磁在宇宙中的作用有所构想，而他们的预备知识都是从中国来的。吉尔伯特认为，所有天体运动都是源于天体的磁力；开普勒则认为，引力必定与磁吸引相类似。他把地球当作一块将物体引向自身的巨大磁石来解释物体落地的倾向。重力与磁力相类似的观念为牛顿做了至关重要的准备。在牛顿的综合中，几乎可以说引力是自明的，遍布整个空间，一如磁力无需任何明显中介便可跨越空间起作用。因此，中国古代的超距作用观念经由吉尔伯特和开普勒为牛顿作了重要准备。②

请注意，自从李约瑟把沈括的寥寥数语用作其激动人心的出发点，其主张现已得到多么宏大的拓展。也请注意，开始时关于磁

① J. Needham, *Clerks and Craftsmen*, pp. 246 - 248. *SCC* 4,1, pp. 330 - 331 以一种更加微妙和谨慎的方式得出了本质上相同的结论。

② J. Needham, *The Grand Titration*, pp. 73,74 [*SCC* 4,1, p. 334].

体指向性的一个论点，经由吉尔伯特先于任何中国学者研究的那些吸引性质，现在引出了其最终结论。

**炼丹术。**《中国的科学与文明》用很大篇幅讨论了炼丹术（alchemy）的道教起源。这里的炼丹术是一种长生的手段，炼丹的最终目标是找到长生不老药。李约瑟声称，这里存在着第二项"对科学革命的伟大助益"：

> 对于化学家来说，帕拉塞尔苏斯理应和伽利略一起受到关注，通过他的重要声明"炼金术不是要制备黄金，而是要准备药剂"，他正在把中国关于长生不老药的古老信念引入欧洲。这种信念是所有医药化学和化学疗法的最终来源。[①]

关于可能的传播路线，除了阿拉伯人也沉湎于大量炼金术活动这一事实，我们看到的只是猜测。此外，除了大胆断言"在现代科学的起源中，帕拉塞尔苏斯的医疗化学革命几乎与伽利略和牛顿的工作同样重要"，[②]李约瑟完全没有解释帕拉塞尔苏斯的医疗化学究竟在何种意义上为科学革命做出了贡献。

**观测天文学。**不仅帕拉塞尔苏斯，而且"第谷·布拉赫……也明显是个中国形象（a patently Chinese figure）"。[③] 李约瑟在另一 434
篇文章中对这一奇怪用语的含义又作了些解释：

---

① J. Needham, "The Historian of Science as Ecumenical Man," p. 4 [SCC 5, 4, pp. 502 – 507].

② *SCC* 5, 4, p. xxxviii.

③ J. Needham, *Clerks and Craftsmen*, p. 406.

> 现代观测天文学之父第谷·布拉赫在16世纪将中国人的两种实用做法——赤道装置和赤道坐标——引入了现代科学,一直沿用至今。第谷此举的明确理由是仪器精度更高,但他拥有阿拉伯人的天文书籍,而阿拉伯人非常了解中国人的习惯。[①]

这一点又在《中国的科学与文明》中得到了进一步阐述,不过它仍然只是一种可能的猜测。

**宇宙论。**关于这一主题,李约瑟的论述也相当简短。他指出,虽然中国天文学缺少与托勒密传统中数学行星理论相对应的东西,但中国的宇宙论并未将地球固定于一个封闭宇宙的中心。中国人认为世界是平的,但李约瑟往往尽可能地弱化这一点。无论如何,他仍然声称"中国间接影响了西方人,使他们从中世纪基督教幼稚的宇宙论中解放出来,这种宇宙论在但丁的著作中仍然能够见到"。[②] 中国大多数著名天文学家都赞同这样一种宇宙观:由未知物质构成的恒星和行星在无限的空间中穿行闪烁。毫不奇怪,在这种宇宙观中创世并无固定日期;无需摆脱对圆周运动的沉迷,

> 它们对欧洲人冲破这种牢狱产生了解放性的影响。我们不知道,像乔尔达诺·布鲁诺或是威廉·吉尔伯特这些人是

① J. Needham, *The Grand Titration*, p. 81 [*SCC* 3, pp. 378 – 379].

② Ibidem, p. 83.

否受过中国的影响，因而能在16世纪结束前攻击托勒密-亚里士多德主义的水晶天球，但我们确定50年以后，由于知道中国聪明的天文学家（欧洲的亲华时期刚刚开始）从未使用过水晶天球概念，欧洲思想家遂大胆采用了哥白尼的学说，而放弃了天球概念。①

**时间测量。**一种准确测量时间的可能方法是将从桶中稳定流出的液体分成可数单元。基于这种原理制造的装置被称为滴漏计时器。公元前2世纪左右，亚历山大城的克特西比乌斯（Ktesibios）发明了一种相当精良的滴漏计时器；在斜面实验中，伽利略采用了一种粗糙得多的滴漏计时器来测量下落时间。13世纪末，机械钟开始出现于整个欧洲，它基于另一些原理：通过一套复杂的齿轮装置以及一个由振荡器控制、同时也对振荡器起调节作用的擒纵装置，重锤的下落变得均匀且可数。在我们已知的材料中，机械钟似 435
乎是突然出现的，我们尚未发现有先例明显根据类似的原理运作。

以上大致就是李约瑟参与研究时，时间测量编史学的状况。50世纪末，受德里克·德·索拉·普赖斯（Derek de Solla Price）②思想的启发，李约瑟发现11世纪末的中国文献里描述了当时的一种异常精巧的水钟，它被用作一个巨型浑天仪中的计时器。依据其详细描述而进行的复原证实，苏颂的水运仪象台对时间的测量

① J. Needham, *The Grand Titration*, p. 85 [*SCC* 3, pp. 219－220 只讨论了体系，没有讨论可能的传播路线].

② 普赖斯（1922—1983）：英国物理学家、科学史家。被誉为科学计量学之父。——译者

很可能要比惠更斯发明摆钟之前的任何机械钟准确得多。李约瑟及其合作者还把苏颂水钟的几个较早版本追溯到公元1世纪。

显然，这本身就是一项重大发现，因此得到了历史学家们的喝彩。但对李约瑟而言，它还有着更大的意义。李约瑟声称，从滴漏计时器向机械钟的演进一直缺失了一个环节，现在苏颂的水运仪象台提供了这一环。演进链条中缺失的一环是一种中间形态的钟，它既以水的均匀流出为基础，同时也配备了擒纵装置。“因此，中国的水—机械钟弥合了滴漏计时器与重锤/弹簧所驱动的钟之间的鸿沟。”[①]关于苏颂水钟的知识必定传到了欧洲。苏颂的水钟或者传播了擒纵装置的制造本身，或者至少传播了“机械测时问题已经原则上得到了解决这种认识”，[②]它使充满活力的欧洲走上了最终制造出机械钟的道路。

这便是李约瑟在1960年的《天钟》(*Heavenly Clockwork*，与普赖斯和王铃合著)一书中热情讲述的那个故事的极短概要。自那以后他又多次重述，只是略作调整，最初的主张完全没有改变。[③] 李约瑟同样没有忘记阐明它对于科学革命的意义：

> 擒纵装置是人类在动力控制方面取得的第一项伟大成就。大家今天熟悉的机械钟之诞生的确是人类独创性的重大胜利。机械钟可能是17世纪科学革命最重要的工具，因为它

---

① J. Needham, *The Grand Titration*, p. 82.

② Ibidem, p. 83 [*SCC* 4, 2, pp. 532 - 546].

③ 最完整的讨论见 *SCC* 4, 2, pp. 435 - 546。

> 训练出了能够制造现代实验仪器的工匠，并为世界图景提供了一种哲学模型，而那是以“机械装置的类比”为基础发展出来的。……
>
> ……除此之外，若再加上一个简单的事实：时间测量是现代科学绝对不可或缺的几种工具之一，我们便可看到，一行和苏颂的确开创了某种东西。[①]

**证明的重负** 436

以上就是李约瑟所说的中国人对于科学革命前夕或其最初阶段欧洲科学的五项重要贡献。其论证中最明显的缺陷现在无疑已经清楚。和往常一样，李约瑟坦率地展示了这些缺陷，对其未作掩饰。他在《大滴定》中承认：“任何一项传播的细节仍然是模糊不清的。”[②]只是李约瑟本人并不认为，现有历史资料无法揭示传播方式的细节是一个缺陷。与萨耶勒不同，李约瑟认为在这些情况下，证明的责任应由那些希望否认传播的人承担。

在罗马法中，断言者应证明(*Affirmanti incumbit probatio*)，但李约瑟坚持认为，

> 正如在所有其他科学技术领域，证明的责任应由那些主张完全独立发明的人承担，某种发现或发明在两种或更多文

① J. Needham, *The Grand Titration*, p. 245(李约瑟在很大程度上把这归功于林恩·怀特的著作 *Medieval Technology and Social Change*，见 ibidem, pp. 83 - 84)；第二段引文见 ibidem, p. 85。

② Ibidem, p. 83.

明中相继出现的时间间隔越长,那个负担一般来说就越重。[①]

换句话说,跨文化传播被认为是"自然"的,而独立发现或重新发现却是必须加以证明的失常。李约瑟的确相信,欧洲独立做出或重新做出了中国的许多早期发现和发明,比如地震仪、差动齿轮和炼钢。[②] 但李约瑟根据什么一般标准来决定赞成或反对传播,我们还不清楚,因为在许多情况下,他根本不把传播方式资料的缺乏视为一种标准。

如果没有传播发生,也就不会有表明传播的原始材料;但缺乏原始材料却并不必然**证明**是独立的重新发明,尽管这会被认为不利于传播而不是支持传播。因此,这两种可能性并不是逻辑对称的。但既然我们会无休无止地争论,需要证明的究竟是传播还是独立的重新发现,最后却毫无结果,那么要想就这些十分可疑但非常重要的事情发表意见,最好是寻求另一种判断标准。就机械钟这个案例而言,兰德斯在《时间革命》一书中使用了一个竞争性的判断标准:看看该案例中那些无可争议的事实最符合哪一种历史模式。[③]

兰德斯所描绘的历史模式是这样的:把苏颂的水钟视为滴漏

① J. Needham, *Clerks and Craftsmen*, p. 70 [*SCC* 4,1,p. xxvii 更谨慎地表达了这种想法]。在 *SCC* 1 论述传播的 section 7 中没有找到这一原理。我的印象是,李约瑟后来介绍了它,在苏颂水钟的发现使他关于传播的思想变得更激进之后(参见 *SCC* 4,2,p. 440)。

② J. Needham, *The Grand Titration*, pp. 52 – 53,59 (通过 SCC 中还可以找到更多例子)。

③ 当然不是通过一种明确的方法论规则,而是作为目前案例中的一种论证模式。

计时器与机械钟之间的"缺失环节"很容易产生误导，它反映出以李约瑟式的"演进"说法来看待历史所导致的思想灾难。事实上，苏颂的水钟应被视为"一个辉煌的死胡同"[①]的最高成就。滴漏计时器原理允许较高的测时精度，几乎肯定会比惠更斯摆钟发明之前的机械钟更精确。 437 苏颂以其非凡的天才把滴漏计时器原理所能实现的结果发挥到了极致，尽管由于许多不稳定因素（比如腐蚀和灰尘，或者液体的粘性随温度变化），它无法长时间保持短期的精度。与此相反，欧洲中世纪发明的机械钟天然地能在短期和长期达到高得多的精度，尽管这一点直到苏颂的水钟建造出来几个世纪之后——意味深长的是，它已遭到破坏和遗忘——才显示出来。我们这里面对的是两种不同文明同样独创地摸索出两种根本不同的时间测量原理，其中一种碰巧比另一种具有大得多的发展潜力。

与服务于我们这里的目的（争论的焦点在于：苏颂的"擒纵装置"是仅被冠以同一个名称，还是与其欧洲对应物有更多相似之处）[②]相比，兰德斯卓越的论证更加深入到了钟表制造的技术细节。对我们而言重要的是，其论证模式可以远远推广到时间测量问题之外，而且连同其论证中的某些支持环节，它将深刻影响本章结尾所要得出的结论，涉及李约瑟关于科学革命的原因以及中国为何没有发生科学革命的说法。

不过对于我们目前的议题，即哪些东方贡献参与了科学革命

① D. Landes, *Revolution in Time*, ch. 1 题为"一个辉煌的死胡同"。

② L. Okken 在"Die technische Umwelt der frühen Räderuhr," p. 113 沿着一条不尽相同的道路得出了同样的结论："对于欧洲早期机械钟的擒纵装置而言，中国钟表制造传统中并无真正的对应。"

的形成，我们也准备了一个结论。

**转向与结论**

关于中国对现代早期科学的出现所做的贡献，李约瑟提出了五个例证。我们已经看到，它们有一些严重缺陷，其中最重要的是，现有资料还根本不能证明传播，以及他总是夸大中国的发现（即使它们的确传到了欧洲）对于现代早期科学的可能意义。做出这些宏大但常无事实根据之主张的李约瑟公开宣称自己是一位"布道者"，他强烈感到要把这样一条信息传递给西方：

> 从事这类重大跨文化工作的人，这样做的时候必定会自然表现出他自己的信仰体系——这是他向同代人和后代人布道（我有意使用了这个词）的机会。如果我们有时像律师为案件辩护一样写作，或者有时过分强调了中国人的贡献，这是我们有意对天平进行纠偏。我们力求纠正一种长期的不公与误解。[①]

438 李约瑟之所以总能激起人们的强烈兴趣，是因为除了这里坦率表明的姿态，还有另一位李约瑟，他很清楚自己已经过分夸大了事实。这位在《中国的科学与文明》的大部分内容里发言的李约瑟也会一改他那些大胆的主张，做出以下更为冷静的表述：

> 西方科学……的发展总体而言并未得益于印度或中国的

① J. Needham, *Science in Traditional China*, p. ix.

贡献。

[此外，]与种族相关的概念体系相互之间无法理解，这的确严重限制了科学思想领域中可能的接触和传播。因此，技术要素可以在古代世界广泛传播，而科学要素通常却未能如此。

[在另一个地方表达得更强烈：]中世纪科学实际上与其种族环境密切相关，不同环境的人要想找到共同的讨论基础即使不是完全不可能，也是非常困难的。例如，倘若张衡曾试图与维特鲁威(Vitruvius)谈论阴阳五行，即使他们能够理解对方，也不可能深入下去。①

当我们讨论真正缜密而复杂的思想结构时，这难道不是一种关于文明之间相互作用的更为可信的构想吗？它难道没有凸显出本节不可避免要得出的结论吗？——很奇怪，这个结论与“另一位”李约瑟在《中国的科学与文明》第一卷结尾所得出的结论并没有那么不同。这个结论就是，虽然关于前现代世界的科学传播，有许多内容仍然模糊不清，但似乎只有穆斯林世界(它本身也得到了印度数学的丰富)与西欧这两个密切相关的科学系统发生了富有成果的互动：之所以“密切相关”，是因为希腊遗产是其共同基础，之所以“富有成果”，是因为穆斯林世界出现的科学思想的确在一

① C. Ronan, *The Shorter Science and Civilisation in China* 1, p. 74 [*SCC* 1, pp. 223, 239]; J. Needham, *The Grand Titration*, p. 16; idem, *Science in Traditional China*, p. 9.

定程度上丰富了希腊遗产，既在西方最初接受希腊遗产的过程之中，也在那之后。因此，不能把希腊停滞问题完全界定为：为何最终停滞的古希腊科学文献传到西欧之后不久就引发了科学革命，因为实际情况是，在此期间它得到了重要补充。但这些补充似乎完全来自穆斯林世界这个西方科学的同母异父长兄。至于遥远的中国科学，西方似乎所欠不多：部分是因为“翻译过滤”，部分是因为中西方的自然哲学无法公度。以下事实最清楚地表明两者之间的鸿沟有多么巨大：据李约瑟说，13 世纪的纳西尔丁·图西主持将欧几里得《几何原本》中的 15 章译成中文，从此就在皇家图书馆中被束之高阁。[①] 它一直静静地待在那里，没有人意识到它的潜
439 在爆发力——它成了历史中一颗令人不安的定时炸弹，但由于种种原因从未引爆。

## 6.5 为什么科学革命没有在中国发生

基于对现代之前中西方科学的比较可以看出，这是两种相互竞争的、大体上独立的传统，分别代表着中西方在理解世界以及人在世界中位置方面相当独立的模式。我们将以三个阶段来作这种比较。我们先来概述李约瑟所阐释的中西方科学的异同；然后探讨各种问题和回答，它们共同构成了李约瑟对其“宏大问题”的立场；最后展示李约瑟的许多批评者所提出的不同构想。之后是结论部分。

① J. Needham, *Clerks and Craftsmen*, p. 21 [*SCC* 3, p. 105].

### 6.5.1　中西方科学的异同

李约瑟认为，中西方科学的一个差异甚至是主要差异在于，中国科学在很大程度上颇具实用性。大马士革学者贾希兹（al-Jahiz）[①]早在公元830年左右就认识到了这一点："奇怪的是，希腊人对理论感兴趣，但不关心实践，而中国人对实践非常感兴趣，但对理论却不太关心。"[②]李约瑟提醒道，这并不是说中国缺乏关于整个宇宙的哲学观念，比如中国11、12世纪出现了新的儒家综合。但中国人并不像希腊人那样构建体系。中国11世纪的程颢曾问："唯务上达，而无下学，然则其岂有是也？"[③]这一批评是针对佛教徒的，但也可以用来总结中国人的进路与科学革命之前西方典型态度之间的重大差异。

在中国思想史上可以看到一种西方所没有的分裂。一方面，道家传统中存在着许多对自然现象的经验观察；而另一方面，逻辑的理性思考在很大程度上都是为了实现并保持社会的秩序和团结——这是儒家和法家主要关注的东西，这两家都对自然毫无兴趣。李约瑟指出，这样一种分歧"在欧洲历史上是找不到的"。[④]在中国思想史上，只有墨家将理性思考与对自然的兴趣结合了起来，而这一学派很早就退出了中国历史。墨家的门徒是其创始人墨翟（公元前5世纪）的追随者。墨翟叛离了早期儒家，宣扬功利

① 贾希兹（776—869）：阿拉伯文学家、神学家、生物学家。——译者

② J. Needham, *Clerks and Craftsmen*, p. 39.

③ J. Needham, *The Grand Titration*, p. 64 [*SCC* 3, p. 166].

④ Ibidem, p. 326 [*SCC* 2, p. 580].

主义和兼爱思想。墨家的经典和阐释大约写于公元前300年左右，其中许多内容涉及因果性、时间与空间、光的现象，等等。墨家把“逻辑过程”应用于“动物学分类以及力学和光学”。[①] 根据李约瑟的说法，在中国思想史上，这些墨家文本要比其他任何文本更接近于西方科学的精神。中国科学史上始终有一个关键问题：当秦朝第一次统一中国时，为什么墨家和其他许多学派都没能挺过最初的镇压？

> 墨家没有演绎的几何学（尽管他们本可以提出一种类似的学说），肯定也没有伽利略物理学，但他们的表述往往显得比大多数希腊人更现代。至于墨家为什么没有在后来的中国社会中发展起来，只有科学社会学才能回答这个大问题。[②]

**中国的天文学、数学和物理学**

现在，我们要从这些一般考察转向那些构成西方科学革命主干的科学。我们发现，中国天文学的基础与西方天文学截然不同——虽然不同，但并非彼此对立或不相容。“希腊天文学总是黄道式的、行星的、角的、真的（true）和计年的，而中国天文学则是极的、赤道式的、时间的、平的（mean）和计日的。”[③]在此基础上发展出一套精密的科学仪器，部分是为了观测，部分是为了在模型中模

---

① J. Needham, *The Grand Titration*, p. 311.

② Ibidem, p. 224 [*SCC* 2, pp. 171 – 184],

③ J. Needham, *Clerks and Craftsmen*, p. 398 [*SCC* 3, p. 229, after de Saussure].

拟天体运动。浑天仪便是后者的典型代表。

值得注意的是，在缺乏像欧几里得几何学那种东西的情况下，中国天文学成功达到了可与西方天文学相媲美的精确程度。中国人很早就知道了诸如毕达哥拉斯定理等一些孤立的几何规则，而且给出了巧妙的证明，但并没有在此基础上构造出西方意义上的演绎几何学。相反，中国数学集中关注的是算术和代数程序。[①]

于是，就天文学和数学而言，可以说中西方科学是取长补短，而不是相互对立："中国人和欧洲人关注的是自然界的不同方面"。[②] 物理学也是如此。中国人的强项是光学（在墨家传统中）、声学和磁学（正如我们已经看到的，与指南针的发明有关），而运动学或动力学在中国传统中几乎没有。原子论观念则不为中国人所 441
知。在李约瑟看来，根据互补的阴阳两极来思考的中国人倾向于场论，其中超距作用是完全自然的，无需通过物质粒子作进一步解释。

至此，我们可以得出一个据我所知李约瑟从未坦率做出的结论：无论传统中国科学如何进一步发展，实现科学革命所围绕的两个关键科学问题——行星轨道问题和与之相关联的地球上的自由落体和抛射体运动问题——都不可能作为重要问题出现。[③]

## 社会中的中国科学家

在《大滴定》（*The Grand Titration*）中，李约瑟用六页讨论了

---

① J. Needham, *The Grand Titration*, p. 44，列出了一些例子［*SCC* 3, section 19］。

② J. Needham, *Clerks and Craftsmen*, p. 398.

③ *SCC* 4, 1, pp. 59 - 62 中有一则讨论最接近于这种说法。

发明家在中国社会中的各种地位。事实上,几乎不可能把科学家从技术发明先驱中分离出来。[①] 以下我将讨论李约瑟列举的各种类型,不过按照社会声望的递减顺序重新排列。

**皇亲国戚**。皇亲国戚们受过良好的教育,但没有足够能力做官。他们生活富裕,有足够的闲暇,如果愿意,将有很好的条件促进科学技术。李约瑟谈到汉代有一位皇亲赞助了天文学家、炼丹家和博物学家,还提到后来有两位皇亲作过一些重要发明。

**高级官员。**实际上,李约瑟所举的例子大都是发明家,而不是科学家,只有两个例外。第一位是张衡,他在公元 2 世纪官至尚书郎。“[他]不仅发明了所有文明中第一台地震仪,第一次用动力来推动天文仪器运转,而且是当时杰出的数学家,浑天仪设计的鼻祖。”[②]另一位是沈括,“中国历史上最伟大的科学家之一”。[③] 他是磁学家,也是使臣和政界元老,在他周围聚集了一群平民技师,沈括是这些人的赞助者。

**专科官僚**。这类人主要是天文学家,往往在皇宫中的专业机构担任文官。作为上天恩泽与大众福祉之间最重要的纽带,皇帝是推动对天界运动进行准确描述的主要驱动力。

**小官吏。**许多极富创造力的发明家虽然有资格做官,但并未获得较高官职。李约瑟强调,这在很大程度上是因为他们与“受古
442 典文人传统熏陶的老于世故的学者”之间存在着巨大鸿沟。由于文

---

① J. Needham, *The Grand Titration*, pp. 24 – 31 [*SCC* 4,2, pp. 29 – 39;这里李约瑟强调了考察的暂时性].

② Ibidem, p. 26.

③ Ibidem, p. 27.

人与有技术头脑的人之间缺乏共同语言，后者的地位注定较低。[①]

**平民、技师、工匠。**李约瑟将他们列为最大的发明家群体，但没有提到他们在科学上的贡献。

**半奴隶。**这种类型只包含一例，确可称为"例外"。他就是公元6世纪的信都芳。他曾相继得到两位贵族的庇护和赞助，据说为其中一位（拥有大量科学仪器）写了几部科学著作。

**奴隶。**这里也只给出了一个例子，即叛乱后沦为奴隶的耿询。他似乎是一位天才的浑天仪制作者，最终获得自由，担任一个小官。

这里收集的例证有许多都只是一些轶事，难以满足一部关于职业的真正历史社会学的要求。如果有什么可靠结论的话，那必定是，支持和培养科学的人主要是官职较高者，但有三类显著例外：天文学家，在官僚体制内部形成了专门机构；道教的炼丹家；科学仪器的制造者，可见诸每一个社会阶层。这就意味着，与古代亚历山大城和穆斯林文明的情形有所不同，中国科学家并非依赖他人生活，并不属于宫廷的随从，而是朝臣和官员。而就技术发明而言，赞助人—委托人制度较为普遍。官员与地位较低的发明家似乎被一条难以弥合的巨大社会鸿沟分隔开来。

### 中国科学研究方法的总体特征

李约瑟提醒说，我们前面讨论的许多中国科学的实用导向"并不意味[中国人的]心智容易满足"。[②] 能够满足中国人科学心智

① J. Needham, *The Grand Titration*, p. 31.
② Ibidem, p. 23.

的东西不同于演绎几何学这一独特的希腊传统所塑造的西方思想。中国的科学研究方法也许可以通过以下几点来刻画：

**对自然现象的分类**。在科学贫乏的阶段，分类可能表现为符号归类体系（symbolic filing system）中"新奇事物的归类"(pigeon-holing [of] novelty)，该体系源于占卜之书《易经》。[①] 阴阳五行学说引出了非常复杂的、相关联的分类体系，显示了中国思想的关键特征（下一节有更详细的论述）。然而，在科学上特别富有成效的分类表现于天文学（星表、对幻日现象的分类）和有机科学（药典、疾病分类等）。

443 **科学仪器**。在这方面，古代中国以其精良的浑天仪（对此，中国人的方位天文学传统远比现代之前的欧洲传统更有利）、观测设备、地震仪等远远领先于中世纪欧洲。

**观测**。中国人对各种主题作了大量数据积累和记录，"其持之以恒鲜有匹敌"。[②] 例如，中国人数千年来对新星、彗星、流星所做的观测直到今天仍然对射电天文学家有用。在他们辛勤的精确观测中，对雪花六角形的发现要早于开普勒的著名论文《论六角形雪花》约 1800 年，太阳黑子观测要早于伽利略及耶稣会士讨论这一主题约 1700 年。特别值得注意的是观测所达到的精度。对磁偏角的早期测量便是一例，起初用于风水，后来用于航海。

**实验**。诚然，李约瑟承认，中国科学家"（和包括欧洲人在内的

---

① C. Ronan, *The Shorter Science and Civilisation in China* 1, p. 187 [*SCC* 2, pp. 335－340].

② J. Needham, *The Grand Titration*, p. 46 [*SCC* 3, pp. 171－172].

所有中世纪人一样)未能运用现代类型的假说,[但]他们年复一年地做实验,得到了能够任意重复的结果"。[①] 这方面的例子是钟和弦的共鸣试验以及炼丹家对动物所做的药物实验。在这样一些领域,中国人非常接近于将传统科学与早期现代科学分隔开来的临界点。诚然,"[他们的实验]没有一个是针对孤立和简化的事物进行的",但伽利略之前的欧洲人也是如此。因此,李约瑟虽然并未"提出要把这种荣誉赋予中世纪的中国人,[但]他们在理论上已经与此很接近,而且实际上往往超出了欧洲人的成就"。[②]

如果考虑以上列出的中国科学特征,特别是注意到最后提到的那一项,那么我们也许会很奇怪,为什么类似于科学革命的突破没有在中国文明的下一阶段发生,因为到目前为止,这一文明在科学上显然要更为先进,至少在 15 世纪之前,它比其他任何中世纪文明都要先进得多。的确,直到 20 世纪 40 年代末或 50 年代初李约瑟最终逐渐认识到这一令人惊叹的发展阶段,他才给出了其"宏大问题"的明确表述,而早在十多年前,这个问题就开始令他着迷。

### 6.5.2　李约瑟的关键问题及其回答

我们或许还记得,李约瑟 1937 年提出的问题是为什么现代科学仅在欧洲产生。李约瑟后来不断将它变为以下问题的变种:"为什么现代科学产生于闪米特-西方(欧美)文明,却未能产生于中国 444
文明"(1944 年),或者(连同两项重要附加)"为什么现代科学技术在欧洲而不是在亚洲发展起来"(1960 年)。[③]

---

① J. Needham, *The Grand Titration*, p. 46 [*SCC* 3, pp. 171-172].

② Ibidem, p. 50(引文中两段话合成了一段).

③ Ibidem, pp. 147, 154.

一旦李约瑟完全致力于研究中国传统科学技术,并日益确信其博大精深,他的头脑中便又形成了一个问题,进一步加强了问题的悖论性。“我们对中国文明了解越多,就越对现代科学技术未在那里发展起来感到奇怪”,[①]于是,他的第二个问题变成了:“为什么从公元前2世纪到公元16世纪,在把人类自然知识应用于实用目的方面,东亚文化要比西欧有成效得多?”[②]这种优势达到了什么程度?李约瑟确信,在科学革命前夕,中国在技术(“应用科学”)方面远远领先于欧洲。他往往断言,在“纯粹”科学方面也是如此,[③]但在极少数时候,他似乎认为中西方科学的概念结构大体上同样复杂和深刻,双方各有所长,难分高下。

我们再次尽量把技术排除在外,那么我们似乎在提出这样的问题:科学革命之前在卓越性与深刻性方面至少与西方不相上下的中国传统科学为何没有自发产生现代早期科学?如果我数得不错,在这个问题上,李约瑟拒斥了四种可能的回答,而给出了六种他完全赞同的回答。然而,如果认为李约瑟在给出回答时忘记了科学革命的实质和原因,那就错了。李约瑟对欧洲科学革命的看法深刻影响了他关于科学革命为何没有在中国发生的回答。因此,我们必须先来考察这些在先的看法。

### 李约瑟对科学革命实质的看法

李约瑟似乎从未专门研究过科学革命。他的观点代表着从这

① J. Needham, *The Grand Titration*, p. 154.

② Ibidem, p. 16 [*SCC* 1, pp. 3-4].

③ J. Needham, *Clerks and Craftsmen*, p. 405.

一主题的各类文献中析出的选择性很强的结论。但即使在这里，它也带有独特的李约瑟风格。

李约瑟关于科学革命实质的最详细描述是我所知道的最鲜明和最全面的定义，占了近一页纸的篇幅：

> 当我们说现代科学只在文艺复兴后期的伽利略时代发展于西欧，我们的意思当然是说，只有在彼时彼地才发展出今天 445
> 自然科学的基本结构，也就是把数学假说应用于自然，充分认识和运用实验方法，区分第一性质与第二性质，空间的几何化以及接受实在的机械论模型。原始的或中世纪的假说与现代假说截然不同，其内在的本质模糊性往往使其无法得到证明或证伪，而且容易和空想的知识关联系统结合在一起。这些假说中的数字以先验构造的"数字命理学"(numerology)或数秘主义形式被摆弄，而不是被用来对定量测量进行比较。我们知道原始的和中世纪的西方科学理论，如亚里士多德的四元素说，盖伦的四体液说，普纽玛生理病理学说，亚历山大原化学的同感与反感说，炼金术士的三本原说(*tria prima*)，犹太教神秘自然哲学，等等，但却不太晓得其他文明也有相应的理论，比如中国的阴阳五行学说或精致的八卦体系。在西方，才华横溢的发明天才达·芬奇仍然居住在这个世界；而伽利略突破了它的樊篱。[1]

在我看来，在这段话里有两点特别值得注意。一是它与柯瓦

① J. Needham, *The Grand Titration*, pp. 14 – 15 [*SCC* 3, pp. 150 – 168].

雷把科学革命看成从“大约的世界”转向“精确的宇宙”的出发点惊人地相似(尤其是加着重号的句子)(见第2.3.3节)。[①] 关于这一对比,李约瑟的看法是,“中国的科学技术直到很晚本质上都是达·芬奇式的,而伽利略式的突破只出现在西方”。[②] 这样一来,李约瑟就把柯瓦雷的区分从现代之前的欧洲进行了拓展,将其应用于一般意义上的传统社会。这一步会导致各种可能结果,我们后面还会谈到。

此外,和在其他地方一样,这里李约瑟始终将伽利略毕生的工作看成科学革命的真正开端。[③] 虽然聚焦于伽利略,但科学革命仍然只是通往现代科学的突破点。李约瑟以自己的独特方式阐述了这一点:

> 对于任何数学家、物理学家或笛卡儿主义者而言,这种看法可能是不受欢迎的;但我本人的专长是生物学和化学,又非常相信培根的哲学,因此我并不认为造成伽利略式突破的科学先声可以包括整个科学。实验假说碰巧在有利的社会条件

① 正如 *SCC* 3, pp. 154 - 158 所指出的,关于达·芬奇的观点受到了 H. T. Pledge, *Science since 1500*, 2nd ed. (London: Science Museum, 1966) (originally published 1939), pp. 14 - 15 的启发;论据的要点在很大程度上来自于柯瓦雷的《伽利略研究》。

② J. Needham, *The Grand Titration*, p. 15.

③ 我碰到的唯一例外是 J. Needham, “The Historian of Science as Ecumenical Man,” p. 1。这里李约瑟忽然谈起了“在17世纪达到顶峰的15、16世纪‘科学革命’”。然而,在他最新的一次声明 *Science in Traditional China*, p. 108, note 2 中,他又把伽利略称为“科学革命之父”。

下被数学化，但这并不能囊括科学的全部精华。[①]

科学革命是“科学的先声而非全部”，这样一种描述并非李约 446
瑟关于科学革命的全部看法。在他看来，科学革命与文艺复兴和宗教改革密切相关，三者共同构成了 15 至 18 世纪封建制度解体和资本主义兴起过程中最重要的标志。他坚持认为，必须把这个历史过程看成“一种有机整体和一系列变化，而[他 1963 年写道]对它的分析几乎还没有开始”。[②] 这种看法与他的好友和同事贝尔纳非常接近(第 3.6.2 节)，或许这就是他们密切合作的结果。它不可避免会对科学革命的解释产生深远影响。

## 李约瑟对科学革命的解释

李约瑟似乎认为，我们对于这些变化——资本主义的兴起及其三个重要标志——是如何产生的还知之甚少。但这并不妨碍他对其始终感兴趣的一个标志[即科学革命]进行解释。这些解释可以追溯到齐尔塞尔的解释，尽管不时也可以看到赫森的痕迹(见本书第 5.2.2 和 5.2.4 节)。李约瑟承认(1964 年)赫森文章中的“假说”“还比较粗糙”，但(又消除疑虑地补充说)，“肯定没有理由不让这些假说继续完善”，而对其横加指责。[③] 然后，他在齐尔塞尔的文章中找到了这种完善。在那里，他发现了自认为非常必要的东西，即这样一些解释，它们

① J. Needham, *The Grand Titration*, pp. 50 – 51.

② Ibidem, p. 40.

③ Ibidem, pp. 214 – 215.

绝没有忽视思想领域中诸多因素——语言和逻辑,宗教和哲学,神学,音乐,人文主义,对时间与变化的态度——的重要性,但[这些解释]将深深地关注对社会及其样式、愿望、需求、转变的分析。[①]

在李约瑟对科学革命的解释中,一个关键要素是科学从早期的商人-探险家和君主那里得到的支持,"君主们赞助他们,权力也依靠他们"。[②] 这里我们看到了那种熟悉的关联,即商人对定量经济的兴趣与一种量化自然科学的兴起之间的关联。李约瑟解释中的另一个关键要素是学者与工匠之间的社会距离。李约瑟主张,这种距离贯穿于整个历史,直到早期资本主义的民主潜流使之终结:"学者从国王的赞助对象变成了工匠的一员。"[③]资本主义带来了现代科学与民主,两者一荣共荣,一损俱损,因为科学本身是一项非常民主的事业。

447 这些观点确实非常粗糙,并于 1944 年发表成文——其黯淡的色彩背后是源于简单化的马克思主义的廉价框架。我绝不是说,李约瑟后来没能完善其相关看法。但这些观点对研究李约瑟思想的历史学家很有用,因为它们揭示了李约瑟着手解决其"宏大问题"的思想倾向——后来,这种思想倾向日趋缜密,但本质一直未变。问题的关键在于,李约瑟关于中国为何没有发生科学

① J. Needham, *The Grand Titration*, p. 216.

② Ibidem, p. 136.

③ Ibidem, pp. 142 - 143.

革命的最初回答一概与他关于欧洲为何发生了科学革命的观点互为镜像。

**科学在欧洲社会与中国社会中命运的镜像**

李约瑟心中的镜像过程可见于下面这段写于1947年的话：

> 追问为何现代科学技术在欧洲社会而没有在中国发展起来，就等于追问为何中国没有产生资本主义，没有文艺复兴，没有宗教改革，没有产生15至18世纪剧变时期的所有那些划时代现象。[1]

但这就意味着我们现在似乎陷入了困境。在编史学考察中，我们去询问为什么科学革命没有在中国发生，因为历史学家关于为什么现代早期科学产生于西欧的所有解释(第5.4节)还不能令我们完全满意。李约瑟的目标则指向了完全相反的方向：他已经对科学革命的原因感到完全有把握，还想知道为什么科学革命没有在中国发生(尽管他曾说，"对我们而言，长期以来中国的经历就是欧洲的对照实验")。[2] 因此，鉴于我们的目标，也许可以问，我们如何才能从李约瑟"宏大问题"的解答中学到东西？

就这些解答仍然仅仅是镜像而言，我们的确不能从中学到任何有用的东西。但李约瑟的思考从未停留在这一阶段。因此，对

① J. Needham, *The Grand Titration*, p. 176.

② 李约瑟的一份会议讨论稿，载 A. C. Crombie (ed.), *Scientific Change*, p. 867。

我们困境的圆满回答就在于，不论我们是否愿意，比较历史对比较的双方都能给予启发。我可以向耐心的读者保证，作为在很大程度上不经意的副产品，李约瑟解答“宏大问题”的努力已经为回答欧洲为何会发生科学革命提供了宝贵洞见。

我们先来评价李约瑟的早期镜像。

### 民主

在满意地确立了现代早期科学只能产生于民主环境，以及早期资本主义提供了这种环境之后，李约瑟曾在 1944 年轻松地表
448 明，中国的社会秩序（他称之为“封建官僚制度”）阻碍了类似的民主发展。诚然，官职也包含着某些民主要素，因为职位不是世袭的，与社会出身无关，只要通过考试，任何有才能的人原则上都可以走上仕途。然而，“直到今天，中国才知道那种与商人掌权相联系的民主，那种与技术变迁意识相关联的革命性民主，那种轰轰烈烈的、基督教的、个人主义的代议制民主……”。①

### 儒家与道家

众所周知，儒家首先是一种社会哲学，主要倡导维护社会秩序和团结不是依靠法律的强制，而是依靠一种以“礼”为标志的“自然的”社会伦理。无论是孔子本人还是其后来的拥护者都没有显示出对自然运作的兴趣。在一篇 1947 年的文章中，②李约瑟把反自

① J. Needham, *The Grand Titration*, p. 152 [*SCC* 2, pp. 130 – 132].

② Ibidem, ch. 4, “Science and Society in Ancient China.”

然主义的儒家与道家对立起来：与儒家相联系的是社会哲学、理性主义、书本学问、封建官僚制度、常任官员和男性，与道家相联系的则是追求科学技术的冲动、易于接纳和不存偏见、注重技艺和手工艺、前封建和反封建的集体主义、革命性的政治冲动、女性崇拜。这里道家被描述成中国持续不断的反向运动，始终试图削弱儒家官僚制度的至高地位："两千年来，道家一直在采取集体主义行动，直到我们这个时代由于社会主义的到来，它才被认为是正当的。"[①]在这篇早期文章中，李约瑟仅仅用道家祖师的只言片语（我在本章开头已经指出，在汉学家看来，这些东西似乎非常可疑）来表明道家的科学头脑，把它们与17世纪欧洲科学家的"进步"姿态相类比。他断言，与儒家不同，道家确实关心自然，这就是为什么那些拒绝作望远镜观测的伽利略的对手们显示出了"一种非常儒家的态度，[而]伽利略则与道家很类似，他对待自然有一种谦卑的态度，希望没有先入之见地进行观察"。[②] 在李约瑟思想的这一阶段，图像是泾渭分明的：道家代表着李约瑟认为进步的一切事物，无论在科学上还是政治上，而儒家则代表着反对进步的一切事物。然而，与封建主义让位于资本主义的欧洲不同，在中国社会的封建官僚制度结构中，儒家一直占据上风，以致道家所体现的进步道路被阻断。因此，对李约瑟"宏大问题"的最终回答还要到中国和欧洲不同的社会结构中去寻找。

显然，这里道家并没有被当作一种思想运动就其本身进行考 449

① J. Needham, *The Grand Titration*, p. 176.

② Ibidem, p. 161.

察,而是充当了一种从欧洲投射到中国的东西并附上一些本地虚饰。然而,随着时间的流逝,李约瑟越来越了解道家及其信徒为科学所做的工作。[①] 道家肯定是最令他本人着迷的哲学,他甚至将一篇自传文章命名为《一位名誉道家的成长》。他最欣赏的是道家对现象的接纳,"顺应自然"的态度,拒绝强迫人或自然,"无为"学说(李约瑟倾向于将它翻译成"不做违背自然的行为",即不强迫事物的发展,而是顺应其过程),[②]以及某种乐知天命的色彩。无论在宗教情感上还是科学思想上,道家都吸引着李约瑟,因此他以赞赏的态度引用中国哲学家冯友兰的话说:"道家哲学是世界上唯一从根本上不反科学的神秘主义体系。"[③]

但李约瑟同时也意识到,虽然"'道'这一存在于万物之中的宇宙秩序[的确]有条不紊地运作,[但是]道家倾向于把道视为理智所无法理解的东西"。[④] 对不可知的"道"或自然秩序的寻求有两个结果。道家学派确实促进了科学,但仅限于经验性、观察性很强的科学。此外,早期道家相信人能够长生不老,这推动了一种旨在发现长生不老药的非常复杂的炼丹术的发展。道家确实包含着大量迷信和法术,但这也有两方面的作用:一方面阻碍了对待事物的科学看法,同时也促进了对待自然的往往与法术相伴随的行动主义态度。

正如我们所看到的,李约瑟早期研究中国时曾认为,如果有一

① *SCC* 2, pp. 33 – 164.

② Ibidem, pp. 68 – 70

③ J. Needham, *The Grand Titration*, p. 163 [*SCC* 2, p. 33].

④ Ibidem, p. 311.

种更加有利的社会经济环境，道家学派将可能产生一个伽利略。[①]不过后来他不大可能还这样认为（尽管他从未否定自己的早期文章），总体而言，他通过儒道对立给出的"宏大问题"的回答渐渐变得不再重要。

## 没有商人就没有现代早期科学

在1953年的一篇文章中，李约瑟集中考察了中国社会结构的另一个方面——商人的地位和心态。[②]

我们已经多次遇到"封建官僚制度"一词。李约瑟对它的用法可以追溯到汉学家魏特夫（Karl Wittfogel）[③]在其《中国的经济与社会》（*Wirtschaft und Gesellschaft Chinas*，1931）一书中创造的概念工具。[④] 其核心观念是，把中国的社会经济和政治组织与西 450
欧的封建制度等同起来是极大的误导。中国的独裁统治及其庞大的官僚制度控制着无力的农民，农民随时可以做劳役，以兴建水利并维持其运转，这一切都有中国自身的特点，魏特夫提出的概念是"封建官僚制度"（后来魏特夫又把这一概念推广和拓展为与"亚细亚生产方式"相联系的"东方专制主义"）。李约瑟在访问中国期

① J. Needham, *The Grand Titration*, pp. 152 - 153.

② Ibidem, ch. 5.

③ 魏特夫（1896—1988）：德裔美籍剧作家、历史学家、汉学家。——译者

④ 当时魏特夫仍然是一个马克思主义者。由他在《中国的经济与社会》中运用的概念最终发展成他的杰作 *Oriental Despotism: A Comparative Study of Total Power* (New Haven: Yale University Press, 1957)。它用马克思主义灵感来反对马克思主义学说（尽管这一点已经被讨论这部杰作的评论家们一再重复解释）。魏特夫转而反对马克思主义后，李约瑟总是拒绝否认魏特夫的原初概念。

间，发现中国学者广泛赞成这一观点。于是李约瑟继续说，中国历史上一个不断出现的主题是：官僚制度总能成功地阻止商人成为在社会中具有自治权力基础的社会群体。虽然整个中国有大量贸易和财富(只要看过《马可·波罗游记》就会知道)，但官僚机构努力把盐和铁这类重要产品的交易牢牢控制在自己手中；对商业利润课以重税，偶尔还会没收以防止财富的持续积累；最后，商人被置于较低的社会阶层。甚至商人们自己也认同这种态度，因为他们认为自己的儿子最好的选择是入朝为官，而不是子承父业。[①]因此，与中世纪欧洲的城镇相比，中国没有与"自由的城市气氛"或"公民的法律保障"相对应的东西。中国的每一个城市都有一个市政长官和一个军队长官以皇帝的名义代表皇帝无拘无束地进行统治。

所有这些都意味着，商人阶层在"把其心态强加于周围社会"方面绝不会成功。[②] 现在我们要提出以下关键联系：如果没有这样一种商人心态，现代早期科学就不可能产生。李约瑟不那么确定为什么会如此，他说："关于现代早期科学与商人之间的确切关联，当然尚未完全阐明。"[③]但这种关联本身是清楚的，因为原因已经指明：没有商人心态，学者与工匠之间的鸿沟就无法克服，正是商人对精确度量的需求促进了物理科学的发展。因此，如果我们考虑到物理学恰恰是传统中国最弱的一门学科，其原因也就清楚了。

---

① J. Needham, *The Grand Titration*, p. 39.

② Ibidem, p. 187.

③ Ibidem, p. 186.

就这样,李约瑟结束了他的第三部分也是最后一部分论述,中国在其中只是充当了欧洲的一个镜像。现在只需要解释,如果所有这一切都是对的,那么它是否符合**阿拉伯**科学的命运呢?他指出,这里或许的确有一个确证,因为伊斯兰科学的衰落或可归因于起初典型的商人社会(想想穆罕默德的早期职业!)后来在波斯的影响下被官僚化。

## 从投射到真正的比较

到目前为止,我们看到的仅仅是把李约瑟关于西方科学和社会的得意观点投射到中国的思想白板上。几乎只有援引魏特夫富有成效的概念时,才是完全基于中国本身的现象。但是随着李约 451
瑟发现越来越多关于中国科学的细节,并开始觉得它们本身越来越有趣,欧洲图景开始淡出,在这个完全来自欧洲经验的概念滤光器自身的色彩淡去之后,中国图景开始焕发光彩。这一切都发生在 20 世纪 50 年代和 60 年代初,在我看来,在李约瑟孜孜不倦地潜心研究中国的科学与文明的一生中,这是最富灵活性的一段时期。

李约瑟也开始变得对西方科学革命的原因不太有把握。他仍然认为齐尔塞尔把现代早期科学的兴起与“高级工匠”的作用联系起来总体上是正确的,但他越来越不明白为什么会如此。他在 1964 年这样写道:“社会经济变迁与‘新科学或实验科学’的成功之间的内在关联是最难确定的。”[①]由于李约瑟思想中的这些变

① J. Needham, *The Grand Titration*, p. 192.

化,投射开始让位于真正的比较。我们现在就来看看他为这些比较设置了什么新的界限。

## 传统中国的官僚与科学

在 1964 年的一篇文章中,李约瑟区分了封建官僚制度对科学在传统社会中的命运所产生的两方面影响。[①] 一方面激励了科学发展,另一方面起了阻碍作用。我们依次讨论这两种不同作用,尽管李约瑟并没有声称它们标志着中国历史的相继阶段。

官僚机构自然重视对地震和洪灾等具有重大社会政治后果的事件进行预测,以保护人身安全和水利工程。官僚与中国早期的地震学成就、雨量器的制造等显然密切相关。而且,出于种种原因,国家对某些科学有直接的兴趣——天文学是政府部门的一部分;在国家的赞助下编纂了各种百科全书;国家出于科学研究等目的组织远征(例如,测量子午线的距离,或者绘制仅在南半球可见的星图),等等。[②]

在另一种不太直接的意义上,李约瑟也声称科学(尤其是其应用)得益于政治秩序。虽然在不容许竞争性的权力来源出现的意义上,官僚统治完全是一体的,但它旨在尽可能地不作干涉,特别是在乡村层面:

> 在整个中国历史上,最好的地方官对社会事务干涉最

① J. Needham, *The Grand Titration*, ch. 6.

② Ibidem, p. 212.

> 少。……或许可以说，……人类活动的这种不干涉主义观念……有利于自然科学的发展。[①] 452

这里给出的关联似乎特别牵强：官僚制度倾向于远距离发挥作用，这符合作为物理学原理的“超距作用”，而“超距作用”原理有利于促进“早期的波动说，发现潮汐的本性，认识地球植物勘探或磁学中矿物与植物之间的关系”。[②]

于是我们看到，李约瑟现已确信，在科学革命之前，中国相对于西方的总体优势在很大程度上是技术方面的。正如我们所预料的那样，我们讨论的主要是“应用科学”。无论李约瑟给出的关联有多么薄弱，在他看来，这种优势在很大程度上要归功于中国的封建官僚制度。（“而欧洲科学一般而言是一种私人事业。因此，它在数个世纪里停滞不前。”）[③]那么，官僚制度与中国科学最终被西欧科学超过之间有怎样的关系呢？

在这方面，李约瑟的观点几乎没有什么变化。他一如既往地确信，由于没有自主的商人阶层，现代早期科学注定不可能在中国产生。[④] 这意味着，官僚制度间接阻碍了中国的科学革命，因为它限制了商人阶层。但李约瑟现在发现，在某些方面，官僚制度还直接阻碍了科学。我找到了两个例子。其一遵循着齐尔塞尔的思路，即学者与工匠之间的鸿沟阻碍了科学发展。现在，这种观点被

---

① J. Needham, *The Grand Titration*, pp. 210 – 211.

② Ibidem, p. 211.

③ Ibidem, p. 212.

④ Ibidem, p. 211；另见 pp. 39 – 41。

拓展到了中国。它涉及公元3世纪的一篇纪念文章，其中称赞了一位能工巧匠：

> 傅玄谈到马钧辩不过那些受古典文学传统孕育的老于世故的学者，虽然马钧的仰慕者用尽一切努力，但他从未能居公家要职，甚至无法证明他所发明的东西的价值。[李约瑟从对相关文本的这段总结立刻做出了如下结论：]这篇文献再清楚不过地揭示出科学技术在士大夫的封建官僚传统中难于进步的原因。①

顺便说一句，请注意这段话结尾处的概念混乱。它清楚地表明了李约瑟的马克思主义信念中又一个根深蒂固的观念：他总是倾向于把官僚看成一个**社会群体**，而不是魏特夫在《东方专制主义》(*Oriental Despotism*)中所说的"比社会更强大的国家"的体现。限制商人的是国家的权力垄断，没有与发明家进行交流的则是学者。

453 官僚制度阻碍中国科学跨过现代早期科学门槛的另一个迹象是，虽然不干涉原则在许多方面有利于科学，但它仍然阻碍了科学的长远发展：

> 只要"官僚封建制度"保持不变，数学就无法与经验自然观察和实验相结合，以产生某种全新的东西。实验需要做许

① J. Needham, *The Grand Titration*, p. 31 [*SCC* 4, 2, pp. 39 - 42].

多主动干预，虽然在技艺和手工艺领域往往已是如此，而且比欧洲更甚，但中国也许更难使之有哲学价值。①

至此，我们已经讲完了李约瑟的解释，即中国的社会政治秩序起初促进了科学，最终却阻碍了一场可能的科学革命。一些读者可能发现，在寻找富有真正见地的绿洲时，我们仍然在穿越李约瑟式的镜像的沙漠。对于这些读者，我有一些好消息要说：以下所要讨论的解释更加有益，因为它们没有打上预先注定的模式印记，而是在相当高的复杂层次上进行，并且得到了许多生动细节的支持。首先是李约瑟对其"宏大问题"的回答，其思路是中国传统思想中缺少自然法的观念。

**自然法**

最初的想法同样要追溯到齐尔塞尔。② 在为科学革命之前学者与工匠的鸿沟寻找证据时，齐尔塞尔在阿格里科拉（16 世纪的采矿名著《论矿冶》[*De re metallica*]的作者）的著作里无意中发现了对自然法概念的一种特殊用法，这种用法将在 17 世纪变得平常，但此前还没有出现。齐尔塞尔指出，我们可以从巴比伦到文艺复兴晚期的整个历史中找到各种例证来说明一种观念，即自然物必须服从神所规定的法则，从星辰到矿物莫不如是。这一观念在

① J. Needham, *The Grand Titration*, p. 212.

② E. Zilsel, "The Genesis of the Concept of Physical Law," passim. 在 *SCC* 2, p. 533, note a，李约瑟说他独立想到了这个想法。

犹太教-基督教传统和希腊-罗马传统中都有体现。齐尔塞尔进而表明，它接下来的发展与罗马人关于成文法与"自然法"（来自上天的法则）的区分密切相关。然后他发现，如上所述，向自然法的科学概念（指可在自然现象中观察到的固定规律）的过渡最初出现在工程界，然后迅速传播到开普勒、笛卡儿、波义耳和牛顿等常用者那里。齐尔塞尔进而把自然法观念的出现归因于专制主义国家的同时兴起。除了后一猜测，这篇论文肯定是齐尔塞尔对科学史最
454 富有见地的贡献。李约瑟以此为出发点，更广泛地研究中国的科学和哲学中是否有什么概念曾经接近了西方意义上的自然法？如果没有，为什么？

李约瑟的论证丰富而细致——对它的简要概述将不可避免地失去这两个特征，因此在以下概述中，论证可能更像是其框架，而不是由整个文本所保证的全貌。[①]

李约瑟采用了齐尔塞尔的结论，即到了17世纪，关于自然法的两种不同观念在西方开始被完全区分开来：适用于所有人的法律和自然界中一切非人的事物所遵循的法则。他随后考察了所有可能的中国哲学，发现没有任何核心概念接近于这种区分。在这方面，一个重要的例证是法家。统治者用法家哲学来维护社会稳定，使之服从于他的意志。法家成为公元前221年第一次统一全中国的集权主义秦朝的国家哲学，这并不是偶然的。秦朝的迅速覆灭也注定了法家的灭亡，成文法的观念在中国思想中再没有获

① 它以许多变种存在，基本文本是 *SCC* 2, pp. 518 - 583。我这里根据的是 *The Grand Titration*, ch. 8。

得过尊重，这也不是偶然的。法家对自然的运作毫无兴趣，但“法”这一概念的不佳声誉却对自然法概念在中国的出现起到了极为负面的影响。

对自然同样没有兴趣的儒家认为，保证社会秩序的不是“法”，而是“礼”。与此相反，道家关心自然，但正如前面所指出的，“道”最终是不可理解的。11、12 世纪新儒学的核心概念“理”也是如此，“理”可以归结为自然中的秩序和样式，但不能归结为法则。

在李约瑟看来，这是一个关键区分。因此他着手表明，我们发现在整个中国思想中，的确有一些美妙的段落注意到了秩序，但并非来自上天的秩序。正如一条对《易经》的注释所言：“不见天之使四时，而四时不忒。”[①]李约瑟雄辩地总结说，这里的核心观念是：

> 万物之所以能够和谐运作，并不是因为有某个来自上天的统治者在发号施令，而是因为它们遵从自身本性中的内在必然性自发地合作。[②]

为了进一步表明这一观念与上天立法者的观念不相容，李约瑟引证了一段他觉得“真正崇高的”公元前 3 世纪的话：

> 天之用密。有准不以平，有绳不以正。天之大静，既静而又宁，可以为天下正。……

① J. Needham, *The Grand Titration*, p. 322.

② Ibidem, p. 323.

455 故曰：天无形，而万物以成；至精无象，而万物以化；大圣无事，而千官尽能。

此乃谓不教之教，无言之诏。①

李约瑟接着表明，这种关于宇宙规律性如何产生的观念与中国思想中没有一个人格化的上帝有很大关系。中国人从来没有把至高存在设想为一个造物主，虽然在中国文明早期，这一至高存在曾经有过某些人格特征，但很快就被去人格化了。因此，中国从未出现这样一种观念，认为人可以通过破译神的法令来理解理性秩序：

这并不是说中国人认为自然之中不存在秩序，而是说，这种秩序并非由一个理性的人格存在所颁布，因此就不能保证有其他理性的人格存在也能用他们自己的尘世语言拼出神以前所颁布的神圣法令。中国人不相信自然法的法令能够解释给人去读，因为他们不确定是否有一个比我们更理性的神明曾经制定了一套可读的法令。事实上，我们觉得道家可能会嘲笑这种观念过于幼稚，不足以解释他们所直觉到的那个精妙而复杂的宇宙。②

我们很快就会发现，关于后面这一点，李约瑟也倾向于赞同那

① J. Needham, *The Grand Titration*, p. 324 [*SCC* 2, pp. 563 - 564].

② Ibidem, p. 327.

些持轻蔑态度的道家的看法。

### 对各种解释的权衡

关于李约瑟在不同时期就与科学革命有关的“宏大问题”给出的回答，我们就谈到这里。我们自然会产生一个问题：李约瑟本人如何看待这些解释的价值？以上我们列出了五种解释，它们都是完全正确的吗？每一种解释是否具有同样的正确性？李约瑟是如何在它们之间达成平衡的？

我们现在已经熟悉了李约瑟的思想，可以比较有把握地说，对他而言，这些解释彼此互为补充——李约瑟并不承认某种解释最好，也不想在诸解释之间分出高下。然而，如果看看时间顺序（不仅是最初提出解释的各种文章，而且也包括继续存在于后来文章中的各自的总结），我们可以看到，“民主”解释在很大程度上逐渐 456
淡出，“商人”“官僚制度”和“自然法”解释更为突出，“道家”解释则处于中间位置。

尽管如此，这些解释之间仍然有一条重要的分界线。多年以来，从思想、社会到不同类型的文明，李约瑟一直怀着相当开放的心态来寻找原因。但他向来认为，一些“阻碍因素”要比另一些因素更具决定性。简而言之，李约瑟认为中国之所以没有发生科学革命，是因为社会经济状况不适宜。1944 年，李约瑟在整个研究之初便非常粗糙和天真地表达了这种感受：

> 如果把欧美与中国的环境条件调换一下，那么其他一切状况也会发生调换——科学英雄时代的伟大人物，如伽利略、

> 马尔皮基、维萨留斯、哈维、波义耳等等，就将是中国人而不是西方人的名字；而今天为了完整地了解科学遗产，西方人必须学习表意文字，就像现在的中国人必须学习字母语言一样，因为大量的现代科学文献都以字母语言写成。①

然而，在对东西方是否存在自然法观念这种典型“心理”差异作了更加细致入微的分析之后，李约瑟给出了本质上相同的结论：

> 处于这种宇宙观背后的，始终是中国的社会与经济生活的具体力量，它使中国从封建制度过渡到官僚制度，必定影响了中国科学与哲学的发展。倘若这些条件从根本上有利于科学，则这次演讲讨论的那些阻碍因素或许已经得到克服。②

李约瑟一直确信“社会经济状况”（尤其是官僚制度阻碍了商人自治）是决定性因素，这种信念有两个来源。③ 第一个来源很明

---

① J. Needham, *The Grand Titration*, pp. 152 – 153.

② Ibidem, p. 328 [*SCC* 2, pp. 582 – 583].

③ 1980 年（*SCC* 5, 4, pp. xxxvii – xxxviii），同一观点得到了更详细的阐述。1986 年，李约瑟在“Foreword for Debiprasad Chattopadhyaya's *History of Science and Technology in Ancient India*”中再次充满信心地作了总结：“回答只能在社会和经济方面。只有当我们知道，中国的特点是官僚封建制度，而欧洲有军事贵族的封建制度（看似强大，其实弱得多，所以当资产阶级崛起时会被推翻），我们才能明白为什么现代科学连同资本主义和宗教改革源于欧洲而且仅仅源于欧洲。印度的情况如何我说不好，但我预期，除了战争和殖民主义，有一些具体的社会经济因素将会解释一个事实：尽管过去的成就很精彩，但现代科学也没有源自那里。”另一方面，1973 年的文章“The Historian of Science as Ecumenical Man,” p. 6 带着更多保留表达了同一观点。

显，即他坚持马克思主义的经济基础终将“决定”思想的上层建筑（第 3.6.2 节）。这一点曾经被他的许多早期批评者所强调。但另一个信念来源也许更为持久，在感情上更为强大，那就是李约瑟渴望免除中国人“失败”的责任：

> 如果充分考虑到环境条件的影响，那么欧洲人发展出现代科学技术并不足为奇，我们的中国朋友没有做到这一点也无可厚非。能力处处都有，有利的条件却并非如此。[①]

换句更直白的话说，绝不能认为中国人因为愚钝而未能实现 457
科学革命![②] 接下来我们就来讨论李约瑟在回答“宏大问题”时明确拒斥的几种可能解释。

**拒斥的种种解释**

李约瑟拒斥了对其“宏大问题”的四种可能回应，依次是：身体特征、气候、语言的作用以及时间观。

**中国人的身体特征**。李约瑟从未试图沿着“体质-人类学”和“种族-精神”的思路来解答其“宏大问题”。他非常简洁地评价说，数十年来与中国朋友和同事的交往已经表明（引用一位意大利旅行家 1515 年的话来说），中国人完全“具备我们的品质”（*di nostra qualità*）。[③] 当然可以对人类种族进行科学的比较研究，但这完全

① J. Needham, *Clerks and Craftsmen*, p. 82.

② See also J. Needham, “The Historian of Science as Ecumenical Man,” p. 6.

③ J. Needham, *The Grand Titration*, p. 191 [*SCC* 1, p. 196, note e].

不同于通过欧洲人优越于所有其他民族来解释科学革命。[1]

**气候**。比较中西方科学之所以如此富有启发性，一个原因是“无需考虑气候条件这一复杂因素。大体说来，中国文化区域的气候与欧洲气候类似”，[2]因此气候差异根本不能用来解释中国为何没有发生科学革命。倘若“宏大问题”是针对印度问的，那么气候也许会是一个因素。

**语言文字**。汉语尤其是表意文字所固有的困难对科学可能产生的影响常常被人提及。李约瑟对这一点的讨论要比前两点更为详细。但他还是完全拒斥了这种解释，主要是因为事实证明，中国的语言文字完全有能力吸收现代科学的概念和专业术语。而且，古汉语非常有利于简练表达对自然的深刻洞见。[3]

**时间观**。在遭到拒斥的几种解释中，李约瑟认为只有时间观的解释值得认真思考。事实上，他在一篇精彩的文章《时间与东方人》中最终拒斥了这种解释。[4] 其核心是这样一种想法（在神学家中尤为普遍），即西方文明的一个独特特征是线性的单向时间观，而包括希腊罗马世界在内的其他文明则是循环时间观。倘若生命只在以耶稣受难和末日审判为标志的短暂时间跨度中才获得全部意义，这就比宿命论更有利于一种远为积极的姿态。宿命论认为，到了适当的时间，一切都会重复。李约瑟先是沿着科学方向把这

① J. Needham, *The Grand Titration*, pp. 216 – 217.（把李约瑟的这种观点与韦伯“Vorbemerkung”中的最后几段进行比较是很有意思的。）

② Ibidem, p. 190.

③ Ibidem, pp. 37 – 39; also J. Needham, *Clerks and Craftsmen*, ch. 6.

④ J. Needham, *The Grand Titration*, ch. 7.

一总体观念作了进一步拓展，特别是表明，线性时间比循环时间更 458
容易数学化，然后考察了中国的时间观主要是线性的还是循环的。

虽然这一话题很吸引人，但因篇幅所限，我只能略为提及李约瑟得出其最终结论的各种思考。由于李约瑟倾向于接受整个论证的前提，所以他同意，"传统自然哲学把时间设想成一段段的，这也许更难产生伽利略式的人物，因为伽利略会把时间均匀成一种抽象的几何坐标，一种可以用数学来处理的连续量"。[①] 因此，李约瑟承认，这也许是古希腊未能将自然进一步数学化的一个障碍。然而，由于李约瑟最终断定，在古代中国的各种时间观中，线性时间观远比循环时间观占主导地位，因此在这个特殊的人类思想领域中，不存在阻碍科学的因素。

> 本文的结论遂涌上心头。假如中国文明没有像西欧那样自然地发展出现代自然科学（尽管在文艺复兴之前的15个世纪里，中国在科学上领先甚多），那么这与中国对待时间的态度无关。当然，其他意识形态因素仍有待详察，但我认为具体的地理、社会、经济条件和结构已足可说明主要原因。[②]

至此，我们结束了对李约瑟所拒斥的几种解释的讨论。对"宏大问题"还有一种解释一直在流传，而且经常被归于李约瑟，但正如我所要表明的，他出于非常明显的理由竭力回避这种解释。它

① J. Needham, *The Grand Titration*, p. 230.

② Ibidem, p. 298.（根据 *Science in Traditional China*, p. 131 对措辞作了调整。）

的想法是这样的：倘若中国在15、16世纪之前果真在科学方面遥遥领先，那么在寻找这种优势丧失的原因时，显然不仅要考察发生在西方的科学革命剧变，而且要考察中国科学在明朝(1368—1644)可能出现的衰落。

**明朝的衰落——李约瑟未作考虑的一种解释**

和往常一样，这一解释的基础仍然是李约瑟本人提供的。以结束于1450年左右的郑和下西洋为例，李约瑟专门撰文详细讨论了这些航行，[①]它们使中国比达·伽马(Vasco da Gama)早半个世纪到达非洲东海岸。李约瑟很关注一件令人扫兴的大事：东方错过了发现西方的机会，反倒是西方发现了东方。他大谈葡萄牙人的贪婪和一神论的侵略行径，与此相对照的则是郑和船队对待被访民族所持的倨傲但却宽容友善的态度。不过，虽然李约瑟极为
459 诚实，不会向读者隐瞒这些航行为什么会结束，但其原因隐藏在一个从句里，需要费些心思才能找到。[②] 简单地说，其原因就是，面对着长城以外的蛮族威胁，为了节省开支，帝国的官僚机构下令终止了这一行动。后来的研究者把这种整体向境内的退却当成了更大论证的基础，决定永久召郑和回国是各种迹象之一。[③] 但李约瑟为何不愿直面这些事实呢？

当然，不应由我来回答明代的这种内转是否也影响了后来科

① J. Needham, *Clerks and Craftsmen*, ch. 4 [*SCC* 4,3, pp. 486 - 535].

② Ibidem, p. 57. 坦率得多的讨论见 *SCC* 4,3, pp. 524 - 528。

③ 例如 W. H. McNeill's chapter, "The Era of Chinese Predominance, 1000—1500," pp. 46 - 47。

学在中国的命运。但李约瑟确信如此。他在《中国的科学与文明》中从容不迫地讨论数学或天文学时，毫不讳言这些学科在明代出现了某种停滞，甚至还对这种境况作过几次概括。[①] 然而，当把各种思路汇集在一起，寻求现代早期科学为什么没有在中国出现时，李约瑟沉默地退出了，他似乎拒绝把这一看似显然的进程当作对“宏大问题”的可能回答。这是为什么呢？当然我们只能猜测，但我有理由相信，如果把李约瑟本人关于停滞时期的说法追溯下去，就会与他最主要的观点不相容，即在整个历史过程中，中国的科学技术一直显示出直线的、稳定的、不间断的进步。

李约瑟关于中西方科学发展脉络总体对比的图像如下。中国和西方（即古希腊）科学在起步时不相上下，也许西方因为先进的几何学而领先一些；然后西方经历了黑暗时代，而中国没有与之对应的时期，因为中国的科学继续平稳发展。这种发展使中国大大领先于欧洲，直到科学革命时期欧洲才赶超了中国，开创了累积性的普遍科学的时代，自那以后中国也适应了这种科学（见图 1）。这幅图像便是李约瑟对“源于西方人误解的关于中国科学停滞不前的陈词滥调”的回应。[②] 显然，它与为中国科学的发展指定某个衰落期是不相容的，与将中国科学的发展视为兴衰交替更不相容。换言之，在李约瑟关于中国科学发展的粗略观念中，根本没有为本-戴维关于传统社会中科学发展的正常模式留下任何余地，这种正常模式是，间歇性的发展和总体衰落。

① 关于数学：*SCC* 3，pp. 50，153 – 154；关于天文学：ibidem，pp. 173，442；关于航海：*SCC* 4，3，pp. 524 – 525；关于一般科学：*SCC* 2，p. 496；*SCC* 3，p. 457；*SCC* 4，3，p. 526（这里植物学不包括在内）。

② J. Needham，*The Grand Titration*，p. 118.

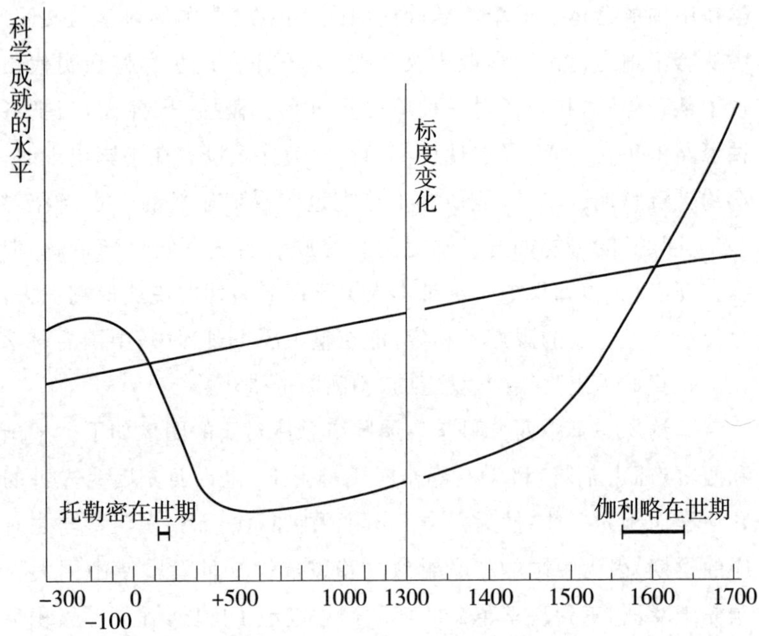


**图 1　李约瑟所绘图解的左侧部分。直线代表中国的科学发展；曲线代表西方的科学发展。摘自 J. Needham, *Clerks and Craftsmen*, p. 414。© Cambridge University Press 1970.**

然而，有理由认为中国科学的发展实际上符合本-戴维的模式而不是李约瑟的模式（当然，其中一些理由可见于出版的《中国的科学与文明》）。[①] 兰德斯虽然没有提及本-戴维的名字或著作，但曾以苏颂的水运仪象台为例，表明有充分的理由认为中国科学的
460 发展并非连续，而是间歇性的。他采用了李约瑟的图，写道："在1500年的时间里，中国只有六位（也许是四位）天文学家兼钟表匠

① 特别是 *SCC* 3, p. 173。

保持了伟大传统，或者更确切地说，是不时地恢复它。”[①]李约瑟用这个例子来表明中国的工程科学具有惊人的连续性。而在兰德斯看来，它却预示着“知识在漫长的时间里一次次流失，因此，每一位伟大的钟表匠都不得不研究过去的记录，以发现那些被遗忘的秘密。”[②]苏颂奇妙的水运仪象台的命运为这一结论提供了有力的佐证。水运仪象台在当时使用过一代，因搬迁之后无法重建，后来被彻底遗忘（尽管后来有一些微弱的努力），直到1960年，李约瑟才重新使它重见天日——如果说有什么“辉煌的死胡同”的话，这就是一个。

李约瑟关于中国发现磁偏角的文章也可以被视为遵循着同一模式。一旦得到沈括的开创性文献，李约瑟立即着手寻找先驱者。他所使用的术语极具启发性。确定了沈括之前两位磁学思想家的名字和著作之后，他问道：“我们如何才能填补从公元80年（王充著作的年代）到980年（大致是王汲的生年）之间的空白呢？”[③]

“填补空白”是为了符合一种必须显示连续性的模式，而这种 461
模式乃是建立在纯粹先验的基础之上，而且面对着李约瑟本人提出的相反证据！未来研究中国科学的历史学家也许值得试着从本-戴维的角度出发，思考一下中国科学史的事实是否符合这种模式。作为副产品，他们或许还可以指出传统中国科学因为明代官僚机构的紧缩政策而陷入衰落，从而进一步研究“宏大问题”在多

① D. S. Landes, *Revolution in Time*, p. 35.

② Ibidem, p. 34.

③ J. Needham, *Clerks and Craftsmen*, p. 242.（李约瑟通常不用B. C. 和A. D.，而用一和十。）

大程度上能够(至少部分地)得到解决。

## 一种真正全面的回答

至此,我们已经考察了李约瑟对一个问题的各种回答,即中国为何没有发生过类似于科学革命那样独特而相对孤立的事件。我们看到了五种回答,其中四种被拒斥,还有一种被回避。这些回答都是针对一个与科学革命本身有关的问题。我们记得,在李约瑟看来,现代早期科学的产生实际上与文艺复兴和宗教改革紧密结合在一起,共同构成了中世纪晚期和现代早期欧洲封建制度的解体和资本主义的兴起这一伟大过程。我们同样记得李约瑟更早的一个看法,即中国有许多天才的发明在本土并无特别影响,传到欧洲之后却对那里的社会秩序产生了巨大影响。李约瑟把这两种观点结合成了在我看来对其"宏大问题"最全面和最具启发性的回答。当然,它并非关于科学革命任何细节的回答,而是关于什么使欧洲社会适合产生科学革命这一问题的回答(如果我可以从李约瑟的表述中忽略关于封建制度解体等等的马克思主义修辞的话)——这一回答是通过与中国进行持续比较而获得的。长期以来,人们一直习惯于通过"西方"(Abendland)及其"浮士德精神"来思考西方的独特特征;正是在这里,李约瑟试图结合更明确的历史现象弄清楚那种精神,据称这种精神为欧洲赋予了活力,并使现代早期科学等事物成为可能。简而言之,这正是李约瑟本人对于欧洲为何与众不同这一永恒之谜所做的贡献,他还帮助人们清楚地认识到,这个谜不仅与现代早期科学的产生有关,而且关系密切。

那么，如何刻画中国和西欧这两个社会的发展原则之间的根本差异呢？

> 中国社会具有某种自动趋于平衡的倾向，而欧洲则有一种内在的不稳定性。……
>
> 中国一直在自我调节，宛如一个活的有机体在慢慢改变平衡状态，或者一个恒温器——事实上，大可用控制论的概念来说明在任何条件下都能保持稳定的文明。这种文明仿佛配有一台自动导向器，一套反馈机制，在所有扰乱之后会恢复原状，即使是根本性的发现和发明所带来的扰乱。就像从旋转的磨石不断迸出的火花点燃了西方的火种，而磨石则不受影响，亦未耗损。①

462

李约瑟继续写道，对于一个社会来说，这种趋于平衡是很自然的状态，而欧洲是个例外。“那么，欧洲不稳定性的原因何在？有人认为是不知餍足的浮士德灵魂在作祟”，②但李约瑟对这种解释并不满意：

> 我宁愿从地理方面的因素来说明。欧洲实际上是一个群岛，一直有独立城邦的传统。这种传统以海上贸易和统治小块土地的军事贵族为基础，欧洲又特别缺乏贵金属，对自己不

① J. Needham, *The Grand Titration*, pp. 119－120.

② Ibidem, p. 120.

能生产的商品(尤其是丝绸、棉花、香料、茶叶、瓷器、漆器等等)有持续的欲望。拼音文字具有内在的分裂倾向,于是产生出许多征战的民族,方言歧异,蛮语纷杂。相比之下,中国是一大片连起来的农耕陆地,自公元前3世纪以来就是统一的帝国,其行政管理传统在现代之前无有匹敌者。中国有极丰富的矿产、植物和动物,而由适合于单音节语言的牢固的表意文字系统将其凝结起来。欧洲是海盗文化,在其疆界之内总觉不安,神经兮兮地向外四处探求,看看能得到什么东西——亚历山大大帝到过大夏,维京人到过维尼兰(Vineland),葡萄牙人到过印度洋。而人口众多的中国则自给自足,19世纪之前几乎对外界无所需求。……一般只满足于偶然的探险,根本不关心未受圣贤教化的远方土地。欧洲人永远在天主与“原子和真空”之间痛苦徘徊,摇摆不定,陷于精神分裂;而智慧的中国人则想出一种有机的宇宙观,将自然与人,宗教与国家,过去、现在、未来之一切事物皆包含在内。也许正是由于这种精神紧张,使欧洲人在时机成熟时得以发挥其创造力。①

在我看来,这段极富创见的文字源于李约瑟对两种截然不同文明各自的特征了然于胸。它对促成科学革命的环境的探讨是我所见过最详尽的。它还非常有趣地显示出,李约瑟本人在这里比较的两种生活方式之间摇摆不定。他属于西方,比我们大多数人

① J. Needham, *The Grand Titration*, pp. 121 - 122 [*SCC* 4,3, pp. 517 - 521 更深入地讨论了欧洲与东方持续的贸易赤字问题]。

更了解西方的独特特征，他承认现代科学是其最令人钦佩的果实。463
但他也渐渐认识到，中国的生活方式总体而言要比西方的更加自然和平衡，简言之更为有机。他强调了欧洲人灵魂中的某种"精神分裂"；相比郑和，他憎恶达·伽马（及其后继者）对待土著人的方式；他认为整个自然法观念"相当幼稚"。[①] 我们还记得，李约瑟认为科学革命只代表"科学的先声而非全部"，因为在牛顿综合之外，还存在着完全普遍的科学的一些关键要素。而且，李约瑟反复猜测中国发生一场科学革命的历史可能性——不是西方"机械论的"科学革命，而是中国自己的一场"有机论的"科学革命。对于这场从未实现的科学革命，我们必须加以探讨。

## 一场有机论的科学革命？

在本书中，我们碰到过：直觉经验论者伽利略、数学家伽利略、实验家伽利略、冲力理论家伽利略、亚里士多德主义方法论者伽利略、技术发明家伽利略。现在我们最终面对的是所有伽利略当中最出乎预料的："有机论科学家伽利略"？

对于我的这种（也许有些玩笑式的）表述所概括的问题，李约瑟的看法有过动摇。"中国的长青哲学（*philosophia perennis*）是一种有机论的唯物主义"，[②]他确信需要将这种要素与科学革命的机械论科学结合起来，才能克服后者片面的数学还原论。科学是经历了牛顿阶段之后才达到这样一种"有机论哲学"，还是说，从传

① J. Needham, *The Grand Titration*, p. 121.

② Ibidem, p. 21［*SCC* 几乎各处］。

统科学到普遍科学的整个过渡能走一条独立的“有机论”道路，而不是科学实际所走的“机械论”道路（或与之并行）？“对统计规律性的认识及其数学表达是否本可以通过不同于西方科学实际走的道路来达到呢？”①

李约瑟有时并不这样认为。他曾说（此后曾有对中国的科学和哲学比李约瑟了解少得多的科学家重复过这种观点的前提，尽管不是其结论），道家

> 在没有为牛顿世界图景奠定正确基础的情况下，……一直在摸索爱因斯坦后来在西方所得出的那种世界图景。科学不可能沿着那条道路发展起来。②

但在另一些场合，他又不那么肯定了：“谁会说牛顿阶段是可有可无的？”③

现在，（李约瑟断言，）假如科学原则上可能走一条不同于牛顿
464 的道路，而且假如中国的社会经济条件更加有利，那么就可能发生一场中国的科学革命，其中有一点是可以肯定的：“由此发展出的自然科学……将是高度有机论的和非机械论的。”④让我们对这种有机论的、非机械论的科学再作一些探讨。

李约瑟的一项公认的学术成就是成功地理解了宋代繁荣起来

---

① J. Needham, *The Grand Titration*, p. 37.

② C. Ronan, *The Shorter Science and Civilisation in China* 1, p. 292.

③ J. Needham, *The Grand Titration*, p. 328 [*SCC* 2, p. 458].

④ Ibidem, p. 328 [*SCC* 2, p. 583].

的一种自然哲学，即通常所谓的"新儒学"，尽管它实际上综合了儒、释、道和一些颇具原创性的思想。没有人曾像李约瑟那样重视11、12世纪的五位思想家的文本，他们基于"理"和"气"的概念提出了一种哲学。在这五位最重要的新儒学思想家的教诲中，李约瑟认识到了某种他本人非常熟悉的东西：一种关于有机发展的哲学，不由得让人想起他本人关于整体性层次的观念。他把"理"视为"宇宙模式"或"组织原则"，把"气"理解成"物质-能量"，向西方人成功地传达了一种很难理解的宇宙观。李约瑟在何种程度上把自己的观点加到了这些思想之中，只能由专家来评判；可以肯定的是，《中国的科学与文明》第二卷的相关章节的确引人入胜。[①]

对新儒学的分析并不仅仅是为其自身(李约瑟的分析很少会如此)，他认为这种哲学是贯穿于整个传统中国自然观之中的一种对待自然的有机论态度的顶点。这种自然观可见于阴阳五行学说，《易经》中所体现的观念世界，道家学说中的诸多要素，等等。李约瑟常把它所表达的思维模式称为"关联思维"。[②]

"在原始思维中，任何事物都可以是任何其他事物的原因：一切都是可信的，没有什么是不可能的或荒谬的。"[③]有两条主要道路走出了原始思维：一条是西方的"机械因果性"道路，由希腊人首先开辟出来；另一条则是中国人的道路。在中国人的观念中，

① 在 Ronan 的简写本 *The Shorter Science and Civilisation in China* 1，pp. 230－249 中尤其如此[*SCC* 2，pp. 457－495]。

② *SCC* 2，pp. 216－345.

③ C. Ronan，*The Shorter Science and Civilisation in China* 1，p. 165.

> 一切事物都有原因，但没有任何事物是机械地引起的。……自然过程的规律性不是被设想成法律的统治，而是被设想成共同生活中的相互适应。……[中国人的做法是]将万事万物系统化为一种结构样式，对宇宙各个部分的相互影响进行制约。①

而且(这里把“原因”理解成“机械原因”)，

> 对于古代中国人来说，各个事物相互联系而非互为因
> 465 果。……宇宙是一个巨大的有机体，时而这一组分起主导作用，时而另一组分起主导作用，各个部分都以全然的自由相互协作。
>
> 在这样一个系统中，因果性并不像一连串事件，而是像现代生物学家所说的哺乳动物的“内分泌乐队”，这里虽然所有内分泌腺都在工作，但任何时候都不容易发现哪一个要素在起主导作用。我们应当清楚，在思考哺乳动物乃至人本身的高级神经中枢等问题时，现代科学需要类似这样的概念。不过撇开现代科学不提，**这样一种因果性概念显然主导了中国思想，相续的观念要服从相互依赖的观念**。②

李约瑟随后又试图表明，这种有序关联的系统从思想上对应

---

① C. Ronan, *The Shorter Science and Civilisation in China* 1, p. 165.

② Ibidem, pp. 167 - 168.

于官僚制度的行政管理系统，而且通过莱布尼茨与北京耶稣会士的通信，这种思维模式大大影响了西方后来的哲学思想。这些内容就不必详谈了。我们已经能够清楚地看到，对李约瑟来说，有机论哲学是解决数学还原论问题的关键。自科学革命以来，现代科学及其整个自然理解一直服从于数学还原论。现在，这种还原论应当被克服，因为它已经发展到极限。我们也许还记得，李约瑟开始研究中国科学之前便已萌生这种想法（参见第 6.3 节）。自那以后，他在古老的中国哲学深处发现了它，因而始终对其着迷。于是李约瑟想知道，为什么这种有机论科学未能像希腊人的机械论思想（虽然也混合了一些东方智慧的产物）最终产生现代早期科学那样导致一场科学革命呢？

前面已经指出，这一问题只有两种可能的回答，李约瑟都考虑过。一种回答是，这条路走不通，因为牛顿阶段是必不可少的。有时李约瑟会不情愿地接受这个回答（有些人根本不认为有机论哲学是今天的科学所必需的，对于这些人来说，这个回答当然是很自然的）。①

他的另一种更为常见的回答是，社会经济条件不适宜。② 但这种回答其实很奇怪。回想一下，中国的社会经济条件据称不利于西方意义上的机械论科学，主要是因为商人心态无法在中国产生，因为根据齐尔塞尔和李约瑟的说法，这种心态是产生机械论科

① 例如 *SCC* 2，p. 285。华裔物理学家钱文源在 *The Great Inertia*（特别是 pp. 131 sqq.）中指出，李约瑟的科学哲学基于对现代物理学的一种误解。

② 例如 *SCC* 4，l，p. 1。

466 学所不可或缺的。然而人们没有看到,(即使用李约瑟本人的术语来说)缺乏一个自主的商人阶层如何可能阻碍中国发生一场有机论的科学革命。因此,要么宋代以后新儒学的发展可能会受到元明两代衰落的影响,要么沿着有机论道路根本不可能产生累积性的科学。我认为,恐怕后一推论看起来最为合理。

### 6.5.3　李约瑟的批评者提供的其他观点

李约瑟做的每一件事都很宏大。因此,自《中国的科学与文明》问世以来,他的著作受到了比其他科学史家更多的批评和关注,这绝非偶然。我不可能讨论所有这些批评,在这方面已有多部著作问世。我只讨论似乎为我们的核心问题提供了另一些富有成效的解决方案的批评和评论,这个核心问题就是:为了更好地理解科学革命的内容和原因,我们可以从传统中国科学那里学到什么?

据我所知,李约瑟很清楚年轻一代的这些观点。他曾就其中一些人(特别是席文)的批评为自己的观点进行辩护,并且愉快地继续自己的工作,而不去理会他们的看法。[①] 相关话题可以分类如下:耶稣会士的科学作为测试用例,李约瑟的遗产,比较研究的性质,以及"宏大问题"的方法论地位。

#### 科学革命来到中国之后

读者们也许还记得,在我们关于伊斯兰科学的讨论中,萨耶勒在即将结束分析时宣称,要想检验他的结论,可以看看当伊斯兰世

① *SCC* 5,4,pp. xxxvi－xxxviii,xliv.

界与现代早期科学或其中某些部分相遇时会发生什么情况。在穆斯林世界,这种相遇开始得很晚,其实是在科学革命之后的几个世纪。而在中国,科学革命在进行中时,这种相遇就开始了。那些成功获准进入北京皇宫的耶稣会传教士们把科学革命的早期成果用于传播天主教。著名的利玛窦是这些有学识的耶稣会士中的第一人,他于1601年获准定居北京,1610年在那里去世。这些人都很熟悉他们自己国家的科学状况,作为传教策略的一部分,他们将西方科学成果慷慨地传授给任何愿意了解这些学问的儒家学者。那么,儒家学者对西方科学有何看法呢?

汉学家和科学史家席文曾经指出,在某种意义上,中国的确经历了一场科学革命。[①] 席文的意思是,中国的精英们确实接触了 467
耶稣会士传播的西方科学,他强调,由这些人的反应我们可以学到很多东西。毕竟,这一幕是

> 世界历史上非西方科学与欧洲科学的最后一次重要相遇。到了18世纪,现代科学正在依靠帝国的声望跨越民族界限,基于……抽象价值的……竞争已成过去。[②]

倘若中国人一经接触便学会了新科学的原理和成果,那将有力地表明,通过其本土的科学发展,中国人已经接近于他们自己的

① N. Sivin,"Why the Scientific Revolution Did Not Take Place in China—Or Didn't It?" pp. 546 - 549.

② Ibidem, p. 547.

科学革命。若非如此,查明他们到底为何没有接受和利用当时的西方科学,从而给历史学家提供一个现成标准来衡量这两种大体上自主的自然思想结构之间的差异,便非常值得。

李约瑟曾用一个例子来说明后耶稣会士时代的科学及其被中国学者接受的情况。这与他所说的中国思想中缺少自然法概念有关。李约瑟指出:“耶稣会传教时代以后,中国人对介绍到中国来的自然法概念几乎没有什么反应。”[①]中国人基本上无法理解这个概念,这可见于 18 世纪的一位传教士所写的令人兴奋的报告:

> 我们教导[中国的无神论者]说,上帝从无中创造了宇宙,用他那无穷的智慧立下一般的法来统治世界,万事万物皆遵守此法而呈现出奇妙的规律性。每到这时,他们就会说,这些都是空洞的言辞,他们对此毫无概念,而且对他们的理解力一点帮助也没有。他们又回答,至于我们所谓的法,乃是一位立法者所制定的一种秩序,能够迫使执法、知法、领悟法之造物去遵守。假如你说上帝曾制定过法,让能知法的存在物来执行,那么动植物及一切遵守这些宇宙法的物体就得了解宇宙法,因此就得有理解力,这是荒谬的。[②]

所有这些的确妙不可言,人们肯定想看到更多的内容。李约瑟为什么没有再多讲一些呢?

答案可见于他 1966 年写的一篇极为奇特的论文——《欧洲和

① J. Needham, *The Grand Titration*, p. 308.

② Quoted ibidem.

中国在普世科学演进中的角色》，它明确预示了尚未写成的《中国的科学与文明》最后一卷所得出的一般结论。[①]

让我们回忆一下李约瑟关于中西方科学发展模式的看法：中 468
国是稳定地直线发展，西方则是从黑暗时代复兴，从东方得到少许帮助，接着是科学革命突然爆发。从17世纪科学开始，西方科学的发展开始呈指数增长，这就引出了关于中国后来科学发展状况的两个问题：第一，西方科学在哪些明确的时间点超越了中国的各门科学？第二，中国某一特定的科学分支何时与西方对应的学科融合起来，变成普遍科学或"普世"(oecumenical)科学？李约瑟把第一个时间点称为"超越点"，而把第二个时间点称为"融合点"。

这篇论文最后要达到的结论乃是李约瑟庄严宣布的"普世发生律"(law of oecumenogenesis)。它断言，某一学科分支越是有机，或者说所研究现象的整体性层次越高，其"超越点"与"融合点"之间的时间跨度就越大。这听上去也许有些难懂，现在我们适当予以说明。数学、天文学和物理学领域的超越点当然与科学革命相一致，相应的中国学科很快便与科学革命的科学融合起来，李约瑟把融合点定于17世纪中叶。在植物学领域，由于米歇尔·阿当松(Michel Adanson)[②]的工作，西方科学在1780年左右超越中国，融合则发生在19世纪末。李约瑟深刻反思后得出结论，直到19世纪末和20世纪初，西方医学相对于中国医学才获得显著优势，而融合点尚且遥远。

---

① J. Needham, *Clerks and Craftsmen*, p. xiv, ch. 19(该论点的片段内容已经出现于 *SCC*)。

② 阿当松(1727—1806)：苏格兰裔法国博物学家。——译者

于是我们看到,超越点与融合点之间的时间跨度的确随着相关学科有机度(degree of organicity)的增加而增加。接着,李约瑟把化学作为一个完全独立的测试用例。其超越点因拉瓦锡和道尔顿的工作而被定于1800年左右,融合点则被定于1880年,"介于物理科学和植物学的超越点与融合点之间的图形"适时地出现了。[①](图2以图解形式显示了李约瑟所设想的整个图景。)

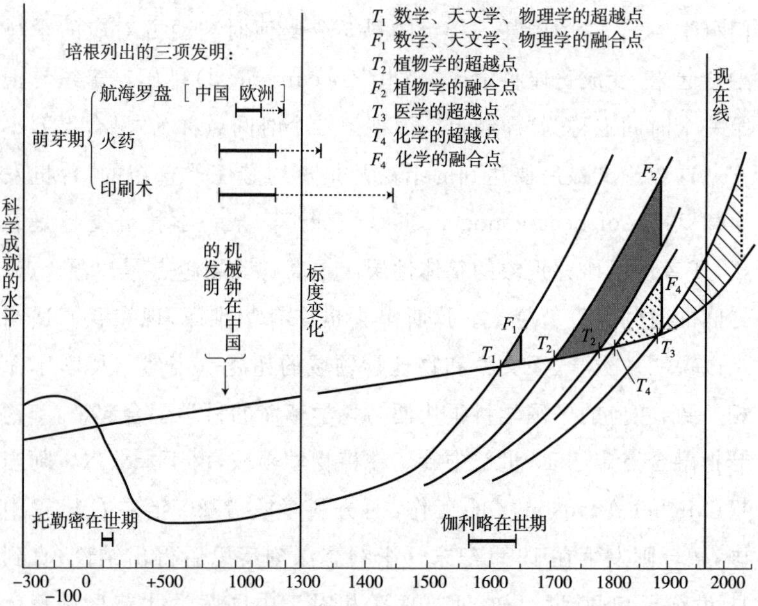


**图2 李约瑟所绘图解,图1中已有部分复制。右侧部分显示了文中所说的李约瑟的"普世发生律"。摘自 J. Needham, *Clerks and Craftsmen*, p. 414。© Cambridge University Press 1970.**

① J. Needham, *Clerks and Craftsmen*, p. 415.

当然,我们对这篇难以置信的论文的兴趣在于它对数理科学融合点的确定。对此,李约瑟坦率地说,

> 东西方的数学、天文学和物理学初次相遇之后便很快统一在一起。1644年明朝灭亡时,中国和欧洲在数学、天文学和物理学之间不再有任何明显区别,它们完全融为一体。①

我们发现(除了奇特地重申各自的研究方法和概念框架之间的根本区别),这些断言的证据只有:南怀仁神父(Father Verbiest) 469
为北京的天文台配备了按照西方原理制造的天文仪器;欧洲天文学家采用了中国人已经使用很久的赤道坐标;18世纪朝鲜的一台天文仪把两种传统的要素结合在一起;最后是,薄珏可能在1635年独立制造了望远镜。

这便是全部,李约瑟为这些零碎证据制定的整个概念框架显然没有为深入研究当时的中国人接受17世纪西方科学的情形留下任何余地。然而似乎有充分理由作这样的研究。美国汉学家史景迁(Jonathan Spence)1984年指出,在他看来,所有这些早期交流表明,"互动的努力完全没有成功。……我们有理由认为,在20世纪之前,中国从未进入普遍有效的现代科学的世界"。②

以天文学为例。它尤其具有指导意义,因为李约瑟在《中国的

① J. Needham, *Clerks and Craftsmen*, p. 398.

② J. D. Spence, contribution to a review symposium in *Isis* on *Science and Civilisation in China*, p. 181.

470 科学与文明》中针对耶稣会士那一幕所讲的寥寥数语主要涉及天文学领域，他的注意力大都集中在耶稣会士对中国科学成就的低估以及对哥白尼假说的闪烁其辞上（从 1616 年起，亦即利玛窦到达北京 15 年之后，罗马教廷怀疑该假说是异端）。① 如果我们仔细考察大量事实，就会得出一幅完全不同于普世发生律所规定的图景。这幅图景不是由李约瑟，而是由席文勾勒的。在《为什么科学革命没有发生在中国》一文中，席文表明，在这个对中国人来说至关重要的领域，西方的优势的确被一些内行所接受。但这些人所做的概念变革仅限于观测天文学的程序，类似伽利略的突破那样的东西并没有随之发生。②

或以时间测量为例。戴维·兰德斯引人入胜地描述了耶稣会士把机械钟带到北京皇宫展示时发生的事情，以此表明中国的水钟传统陷入了他所说的“辉煌的死胡同”，这与西方机械钟的发展可能性截然相反。③ 一般来说，认为那些西方人有可能制造出了更高级的钟表，这种想法与中国人通常对蛮族所持的倨傲和轻视态度相冲突。清初的一位皇帝的确使用过新机械钟，这令那些因为没有钟而不够准时的官员惊恐万分（皇帝看过钟之后要求知道“为什么奏本上迟了？”）。朝臣和嫔妃们仅仅把钟表看成有趣的玩

① 耶稣会士那一幕不在著作范围之内，因为这部著作关注的是前现代世界的中国科学，但它偶尔会出现在对某一门科学分支的讨论结尾。迄今为止最详细的讨论涉及的是天文学（*SCC* 3，pp. 437 – 461）；还有几页涉及地理学（ibidem，pp. 583 – 586）和测时法（*SCC* 4，2，pp. 436 – 439，504 – 506，513 – 516，524）。

② N. Sivin，“Why the Scientific Revolution Did Not Take Place in China—Or Didn't It?” pp. 546 – 548.

③ D. S. Landes，*Revolution in Time*，ch. 2，“Why Are the Memorials Late?”

具。所有这些时钟(无论是西方人制造的,还是中国人仿制的)都没有离开过皇宫。就引进西方的机械钟而言,迅速的文化传播差不多已经到此为止,更不用说融合了。

类似地,荷兰汉学家安国风(P. M. Engelfriet)目前正在研究儒家学者徐光启在利玛窦神父的支持下把《几何原本》的前六卷译成中文的情况。[①] 虽然还没有得出最终结论,但很清楚,对欧几里得著作的第二次翻译对中国精神生活(更不用说社会生活)的影响并不比12世纪《几何原本》的第一次翻译更大。翻译者十分欣喜;后来的几位数学家试图把欧几里得的证明方法与他们帮助恢复的本土传统中的方法结合起来,但也仅止于此;《几何原本》的其余内容一直要等到1857年才被译成中文。

从以上所述当然不能推出:17世纪的中国人过于迟钝,以至于无法理解这些东西。关键在于,跨文化互动是一件非常复杂的事情。许多要么接受要么排斥的态度与文化密切相关,这可能会阻碍文明的顺利传播,而且即使愿意学习各种文明用以表达自身的符号表示,外国人可能也很难理解这些东西,其难度超出了李约 471
瑟以其劝诱改宗的热情所做的幻想。我并不是说这不可能,但我认为,要想完整地理解来自外来文化(包括其科学在内)的任何符号表示系统,必须作异常艰苦的深入研究。这不可避免地引出了一个棘手的问题,即我们能在多大程度上认为李约瑟毕生的工作体现了这样一种完整理解。

---

① 在 *SCC* 3,p.52 顺便提及。我有幸读到了安国风正在进行的研究的一份初稿。

**回答“宏大问题”的时候到了吗?**

如果不是因为几位非常博学的李约瑟的批评者已经提出,我是不会轻易提出刚才那个问题的,因为我最终没有资格回答它。虽然他们没有就此说太多东西,但中山茂(Shigeru Nakayama)特别是席文已经指出(我们前面的许多论述都倾向于支持这种说法):李约瑟为了回答他的“宏大问题”而写的几乎一切内容都应被视为李约瑟的所有先入之见朝向中国的社会和思想世界的巨大投射。[①] 让我们仔细考虑一下这样一种结论在多大程度上是正当的。

首先要确定我们谈论的是哪一个李约瑟:一个李约瑟试图劝人改变信仰,在编史学上持极端主义态度,用卷帙浩繁的鸿篇巨制为中国人辩护,说他们有一种稳定的先进科学传统,在现代早期科学产生之前一直领先于欧洲,此后又急起直追;另一个李约瑟是一位有耐性的学者,虽然片面但却很明事理,他似乎已经预见到我们在读他的文章时所能想到的每一条反对意见。我们究竟在谈论其中哪一个呢?真正的李约瑟会乐意现身吗?

我几乎不怀疑,倘若果真这样召唤,两者都会出现;在他人看来完全不相容的东西,李约瑟往往会认为互补。因此,争论谁是真正的李约瑟没有多少意义。重要的是认识到,虽然《中国的科学与

① 我这种清晰印象得自 Nakayama,“Joseph Needham, Organic Philosopher,” in S. Nakayama and N. Sivin (eds.), *Chinese Science* 以及本节利用的 Sivin 的所有论文。(引人注目的是,Colin Mackerras 在其著作 *Western Images of China* [Oxford: Oxford University Press, 1989]中忙于把任何作者对中国的看法还原为反映政治立场的投射,却完全没有看到这可能也适用于李约瑟。

文明》中有种种合理性，也作了许多限定性陈述，但只要一转到“宏大问题”，大多数文章的那种简单化的、激进化的图景就会支配李约瑟的心灵。他固然技艺高超地巧妙安排了章节和篇幅，以至于给读者一种“全都符合”的感觉，但与这种感觉相对应，读者自然会产生一种怀疑，认为这种符合只是反映了论证上的安排，而不是用来支持这种论证的材料所固有的一种秩序。此外我还要指出，李约瑟习惯于提到：虽然某一主题仍需更为细致地考察，但他确信，“当所有信息全都具备之后”，我们将会发现答案是如何如何。所 472
有这些都使我们更加怀疑，读者的那种“全都符合”的感觉也许只是源于李约瑟先入之见的连贯性，而没有反映出中国科学与社会的真正样式。

与此同时，我们也意识到李约瑟的主要先入之见源于何处。它们本质上有两个来源：一是他的马克思主义——在早期研究中国时，这种立场比较僵化，后来则变得越来越灵活，尽管我们也发现这种灵活性有某些明显界限。这些界限往往出现于他第二个基本的先入之见起作用之时，即他迫切希望极力反对其同时代及之前的许多西方人不假思索或不知不觉间持有的关于中国的陈词滥调。问题在于，李约瑟是否不经意间落入了他最希望避免的陷阱：表面上是在写中国，内心却认为欧洲是最高的。

如果我没有误解席文（一位严厉但受人尊重的批评者）的意思，那么他实际上是想说，在某种意义上，对中国的科学与文明的研究还没有开始，特别是涉及到科学革命的议题时。“虽然每一种文化必定要经验相同的物理世界，但会以非常不同的方式将其分解成易于处理的各个部分，”席文这样写道，[①]因此，我们必须先弄清楚中国人究竟是如何分解他们的世界的，才能考虑把他们的成果与那些做法迥然不同的文化所获得的成果进行比较。显然，席文和萨卜拉一样认为，如果历史学家在研究一种非西方文明时从一开始想的就是它为何没能以西方特有的某个事件而告终，那么他就不能纯粹为这种文明本身而作自由研究。因此席文指出，只有在这种更深的意义上对中国科学了解更多，特别是中国科学的统一性和社会价值，再次提出“宏大问题”或许才有意义——如果在遥远的将来仍然有人愿意提出这个问题的话。[②]

席文的亲密同事英国汉学家葛瑞汉也对“宏大问题”的恰当性提出了质疑。葛瑞汉对“宏大问题”的反对意见是方法论性质的，在否定性结论方面也更加激进。他曾在一篇极具探索性的文章《中国、欧洲和现代科学的起源：李约瑟的〈大滴定〉》中提出了自己的观点。在我所见过的对比较科学史的基本问题进行的探讨中，这篇文章以及席文的两篇论文当属最富启发性的一类。葛瑞汉的敏锐见解最终可以归结为简单的一点，即我们不能就未发生的事情来回答问题。其主要理由似乎是，当某一事件的一系列必要条件出现时，我们必须表明，它们的结果不可能通过其他途径来达到，而只有当必要条件所涉及事件的确发生时，我们才能这样做。因此他的建议是，我们应当只以“正面的”方式来提问题。不是

① N. Sivin, preface to S. Nakayama and N. Sivin (eds.), *Chinese Science*, p. xviii.

② N. Sivin, “Why the Scientific Revolution Did Not Take Place in China—Or Didn’t It?” p. 549.（在 *SCC* 5,4, pp. xxxi - xxxvii 和 p. xli，李约瑟把席文的这些观点简洁地称为斯宾格勒式的，并继续与之作斗争。）

“为什么科学革命没有在中国发生?”,而是“为什么科学革命发 473
生在欧洲?”这一建议利落地结束了我们的整个研究,因为葛瑞汉(并非职业科学史家)似乎欣然接受了本书前两章要我们严重质疑的东西:自信地期待科学革命的研究者能够提出确定的因果关系模式,而根本不需要独立检验科学革命未在其中发生的那些文明的经验。

诚然,这种逻辑循环的出现早已被柯瓦雷预见到了(第 5.2.1 节:“一切解释,无论听起来多么言之成理,最终都是原地打转”)。然而,尽管我对李约瑟关于“宏大问题”的大部分工作能否站得住脚深表怀疑,但我仍然相信,除了激励他着手进行整个工作以外,“宏大问题”还使他对那场科学革命提出了一些极有价值的洞见。而葛瑞汉认为,把那场科学革命与在别处未曾发生的事情进行比较,不可能使我们变得更有智慧。

不过,我们的确需要批判性地严厉对待李约瑟的比较方法。李约瑟曾把自己的方法称为一种“滴定”:“用已知强度的化合物溶液来测定某溶液中所含化合物的量。前者将后者完全转变成第三种化合物,转变的终点则由颜色变化或其他方法来确定。”[1]这意味着在研究中国及其他文化的发现与发明之历史时,他和他的合作者“总是想确定年代”,以确定优先性,让荣誉名至实归,像这样“将各大文明相互‘滴定’”。[2] 不论这种“滴定”方法在 20 世纪 30 年代有多少优点,其间科学史写作的专业标准已经使这种方法显

① J. Needham, *The Grand Titration*, p. 12.

② Ibidem;另见 idem, *Clerks and Craftsmen*, pp. 239 – 240。

得过时。在阅读李约瑟对“宏大问题”的回答时，我们很少觉得他把整个思想材料当作一个一致的整体“从内部”加以研究，即暂时只去了解它们实际所说的内容，而不带任何其他目的。硬币的另一面是李约瑟相信，人类朝着真理的迈进是不可避免和不可阻挡的，而科学提供了这种迈进。我们几乎不必完全同意今天的相对主义就可以明白，要想理解科学革命的实质和原因，需要为西方或其他文明中不可预测的偶然因素留出大得多的余地。

因此，我们再次面临这一问题：给出回答的时机是否已经成熟？把《中国的科学与文明》看成一个关于事实信息的巨大宝藏（其中许多内容尤其是后几卷的内容都是相当可靠的，而其他部分要差一些），而把它的解释完全抛掉，这样不是更好吗？幸运的是，李约瑟最优秀的批评者非常明智，没有提出这样一种轻松的解决办法。对这些部分程度上错误的综合的回应是，不是放弃综合，而
474 是要提出更好的综合。此外，宏大的综合总会在某些方面出错。在概念框架与填充它的历史事实之间总是存在不一致之处，尽管在李约瑟这里，天平更多地偏向了他的先入之见一侧，而牺牲了历史事实。一旦遇到某个文本让他想起最心爱的信念，他头脑中的这个放大器就会迫使他从文本中得出超出证据支持的推论。但另一方面，我们在阅读李约瑟时之所以常常会产生同样独特的兴奋感，恰恰是因为他刚刚还在思索某种神秘的中国古代哲学的细节，接下来可能又在向我们讲述浮士德精神——这种所谓的精神究竟源于欧洲生活的何种典型特征，如果不对这些特征作适当思考就不可能理解科学革命。当我们呼吁作更新的学术研究时，这种宏大视角必不可少。

之所以如此,还因为李约瑟的工作对"宏大问题"提出了一些不可或缺的见解,也揭示了能在哪些富有成效的领域作进一步研究。如果没有他之前"与天使的搏斗"(林恩·怀特把对李约瑟回答其"宏大问题"的不懈努力严肃地称为"与天使的搏斗"),[1]这种研究是不可设想的。在下一节中,我们将列出那些结果和值得进一步研究的内容,从而结束关于中国部分的这一章。

### 6.5.4 一些结论和建议

我们先来考虑,由李约瑟的研究是否可以得出一个关于中国发生科学革命可能性的结论,该结论与他本人愿意承认的结论完全不同。然后讨论中国科学史的内容可以为检验仅仅基于西方经验的科学革命解释提供机会。最后列出李约瑟及其批评者的那些关键思想,它们似乎能够帮助我们更好地认识科学革命的实质和原因。

#### 重新思考有机唯物论

李约瑟对他所谓"永恒的中国有机唯物论哲学"的表述是《中国的科学与文明》中最具启发性的内容之一。"顺应自然";"无为"是最高的行为方式;事物的自发流动;事物的有机整体性与机械可分性的对比;"关联思维";把因果关系理解成相互依赖性,而不是相继的"如果/那么"关系:李约瑟把所有这些东西以及许多类似的概念说成是走出原始思维的另一条道路,它有别于西方的自然认

① L. White, Jr., contribution to a review symposium in *Isis* on *Science and Civilisation in China*, p. 175.

475 识进路。在其论证的这一点上，我们似乎不得不得出李约瑟向来拒绝做出的一个结论。然而，如果我们抛弃他对这样一种有机论哲学的希望，即视之为现代“弹子球物理学”的必要补充，也抛弃他一贯坚持的一种看法，即中西方自然认识进路的这种主要差异并无独立的解释有效性，而是最终必须归结为中国社会与欧洲社会的主要差异；[①]如果我们抛弃他终生秉持的所有这些先验信念，难道不是正可得出一个结论，可以概括兰德斯关于计时工具在中西方命运的说法吗？这个结论就是，似乎至少存在着两条走出原始思维的道路。两者都很值得追求，没有哪一种具有明显的内在优越性。正如苏颂的水运仪象台也许要比中世纪欧洲的机械钟更准确，如果我们愿意，也可以说中国的传统自然观在一些方面要比科学革命之前欧洲的自然哲学更先进。只不过其中一个碰巧比另一个拥有更大的发展可能性。有机唯物论最终走入了一个“辉煌的死胡同”，而从亚里士多德主义和希腊遗产的其他一些分散的（同时也是得到丰富的）残余中产生出了一种进而征服世界的科学。

仅仅完全依赖于李约瑟本人所提供的材料和解释，我们不可能确定地提出这样一种对欧洲和中国事物的看法（这也是李约瑟始终极力避免的）。如果它的确有什么意义的话，那么可以说，它把李约瑟“宏大问题”的编史学地位置于一种非常不同的视角之中。对它的简要回答变成了类似这样一种东西：中国之所以没有发生科学革命，是因为中国人“关联”模式的自然研究进路的发展可能性中没有包含这样一种结果。这种回答似乎又把我们抛到了

① 李约瑟在 *SCC* 2，p. 579 竭力主张了这一观点；另见 *SCC* 5，4，pp. xxxvii－xli。

最初的出发点:历史学家应当努力从西欧本身的思想、生活方式和外部事件中寻找现代早期科学产生的原因。但这并不意味着我们绕道研究东方是徒劳的,并不意味着从中国经验中什么也学不到。我们先在少数几个领域把这些教益列出来,在这几个领域,中国似乎为现代早期科学的"西方"解释提供了一个合适的试验场。

## 中国科学作为试验场

由于李约瑟的工作方法以及中国科学相比于伊斯兰科学的"异质性",似乎很少有材料能够用于试验。我们已经看到,耶稣会士传播西方科学的努力也许可以充当一个富有成效的试验场来检验李约瑟自己的解释,学术的注意力似乎越来越集中在这个方向。476
此外,齐尔塞尔认为学者与工匠之间存在着社会壁垒,这种壁垒的最终消除导致了科学革命,这些看法或许也可以结合中国的经验进行有益的检验。然而,由于齐尔塞尔的解释被李约瑟强行投射到了中国,因此还需要对中国古代学者与工匠的关系(同时必须在科学活动与技术活动之间做出富有思想的区分)进行无偏见的研究。我们还记得,齐尔塞尔相信有可能结合中国的经验来独立检验其论题的可能性(第 5.2.4 节),其结果肯定是讽刺性地表明,人文社会科学领域中的"独立检验"出乎意料地误入了歧途。

于是,我们似乎只剩下印刷术的案例了。这毕竟是一项中国的发明,而不是西方的(无论约翰内斯·古腾堡[Johannes Gutenberg][1]是独立地重新做出了该项发明,还是听说了一些关于中国做法的

[1] 古腾堡(1395—1468):德国发明家。——译者

传闻，这样说都是正确的)。爱森斯坦设想中国人在造纸和印刷方面的经验为她的科学革命解释提供了一个合适的试验场，这无疑是正确的。关于这个话题，李约瑟有过一些论述，可以用作这种检验程序的出发点。他的论述听起来非常开明，在这个领域，他没有受到任何意识形态观点的影响。以下一席话着实让人感兴趣：

> 与研究其他文明的学者相比，汉学家更少依赖于断断续续从各个地点得来的那些不可靠的手稿。……由于造纸始于公元100年左右，印刷术始于公元700年左右，用中文写的东西几乎只有两种情况：要么印刷出来了，要么遗失了。……中文文献之所以遗失甚巨，不可胜数，部分是因为早在印刷术这种大规模复制技术出现之前很久，纸这种易损坏的复制媒介就发明出来了，但也是因为剧烈的皇朝更迭和外敌入侵毁掉了大量印刷书籍。有数以万计的书籍我们只知书名。倘若没有印刷术，只留下书名的书籍会数以百万计。[①]

所有这些都表明，(1)印刷术是书写文字一代代顺利流传下去的必要条件，但很难说是充分条件；(2)关键变量与其说是印刷术这一发明本身，不如说是它如何在社会中继续起作用(爱森斯坦也暗示过这一推论，但未作进一步详细阐述)。

---

① J. Needham, *Clerks and Craftsmen*, p. 24; also ibidem, p. 79, and idem, *The Grand Titration*, p. 65, note 1.

**欧洲科学与中国经验**

人总想得到比实际更多的东西。开普勒推翻了整个行星运动科学——但我们希望他也能发现万有引力定律。在建立了一门新 477
的音乐声学的数千页单调乏味的文稿中,梅森给出了六七处具有真知灼见、但彼此毫无关联的评论,远远超出了他自己的音乐科学——但我们仍然禁不住要责备他未能看到,如果把这些松散的想法适当地联系起来,就可以先于半个世纪之后的约瑟夫·索弗尔(Joseph Sauveur)[①]提出音乐理论。李约瑟第一次在科学史领域进行了宏大的比较研究——但我们很容易把这种原创性活动视为理所当然,并进而喋喋不休地诉说他落入了多少陷阱。我们不应附和他人,断定李约瑟的整个事业从一开始就是错误的,这样做既不明智,也不公平。

李约瑟至少有三种构想——这些构想只可能源自他的比较观点——包含着对科学革命的实质和原因的极富成效的洞见:(1)研究非西方文明中的科学所提出的挑战迫使科家史家把内部观点与外部观点结合起来,以帮助我们理解现代早期科学的产生;(2)把"大约的世界"这个观念扩展到非西方文明;(3)把欧洲文明构想成"一种海盗文化"。

1. **对科学史学科的挑战**。李约瑟坚持认为,研究非西方文明中的科学史对这一职业提出了独特的挑战。他用异乎寻常的手法表达了这种信念,但这不应掩盖其中隐藏的真知灼见:

如果你不相信用社会学可以解释文艺复兴晚期产生现代

① 索弗尔(1653—1716):法国数学家、物理学家。——译者

> 科学的“科学革命”，认为这些解释太过革命性而予以放弃，而你同时又想说明，欧洲人为何能够做到中国人和印度人做不到的事情，那么你就会陷入一种无可逃脱的困境。即使不用纯粹偶然的因素来解释，也得用种族主义来说明，无论作了何种伪装。[①]

当然，这种情况被典型地夸大了，因为我们不清楚为何无法借助于科学思想（它们依靠自身的内在逻辑自行发展起来）在某一文明中的特定形式进行独立的解释。而另一方面，如果我们试图解决李约瑟向我们提出的无可逃避的问题，而又不考虑政治和社会经济生活在其他文明中的具体表现，不考虑一个社会中的主导价值观念在多大程度上促进了科学，那么我们就只能满足于固步自封。当然，在李约瑟那里，被当作“社会学”的东西往往只是过时的马克思主义修辞，但肯定没有理由放弃寻求一种更好的社会学。在本书中我已经竭力表明，这种社会学的概念框架已经伴随我们
478 很长时间了。此外，在寻找内部因素与外部因素之间的准确联系时，我们必须比李约瑟更加小心，在我看来，从内部因素出发总是最好的，不是因为它们必然更为根本，而是因为它们提出了最好的问题。这里应当注意林恩·怀特睿智的话：

> 像传统中国或中世纪欧洲那样的复杂社会……是由行动、观念和情感的巨大网络所构成的。革新可以始于该网络

① J. Needham, *The Grand Titration*, p. 216.

的任何地方，然后沿着最出乎预料的道路和方向行进，产生的结果事先几乎无法猜到。[1]

我刚才把李约瑟的“宏大问题”称为“无可逃避的”，事实上，我认为它是李约瑟传递给科学史这门学科的重要信息。有人可能会从实证主义角度称这一“宏大问题”是“无意义的”，甚至详细说明它为什么不可能有解，就像16世纪末的任何一位天文学家都能告诉开普勒他的问题无意义从而不可能有解一样，但问题并不会因此而消失。拒绝以某种方式提出这个问题危险地近乎于用偶然因素来解释科学革命，这里我完全同意李约瑟的看法：“把现代科学的起源完全归因于偶然无异于宣告历史作为一种启迪人类心智的形式的破产。”[2]目前尚未完成的里程碑式的《中国的科学与文明》已出版多卷，面对这部皇皇巨著，我们不能倒退回去，忽视东方科学史为科学革命研究者所准备的主要教益：提出新思想意义上的教益，从检验过程中获得的教益，涵盖整个思想世界及其直接间接环境的教益。

2. **科学革命之前的“达·芬奇式的”世界。**我们已经看到李约瑟是如何把柯瓦雷的“大约的世界”观念进行拓展，从而将柯瓦雷有些狭隘地认为完全缺少科学的那些文明涵括在内的。在17世纪欧洲“精确的宇宙”到来之前，无论是中世纪欧洲的科学，还是任

① L. White, Jr., contribution to a review symposium in *Isis* on *Science and Civilisation in China*, p. 173.

② J. Needham, *The Grand Titration*, p. 216.

何其他传统文明中的先进科学,仍然带有“大约的世界”的性质。用柯瓦雷的话说,这是一个“没有人试图超越不精确的日常生活对数、重量和尺度的实际使用”的世界,或者用李约瑟的话说,是“原始假说或中世纪假说所固有的本质模糊性[使]这些假说总是无法得到证明或否证”的世界。

我认为这种观念极好地简要定义了科学革命的完整意义。它
479 以最简洁的形式表明了现代早期科学的产生所带来的根本变化。柯瓦雷强有力的观念在很大程度上仍然没有得到充分利用,李约瑟对它同样强有力的拓展也是如此。除了用这种观念将整个东半球与种族相关的思想结构与诞生在欧洲的那种普遍科学相对抗之外,甚至连李约瑟都没有用它做更多事情。[①] 他们的工作中之所以会出现这种忽视,一个原因可能是这种观念与欧几里得几何学密切相关:柯瓦雷和李约瑟都倾向于把他们的“精确”概念局限于几何上的精确性。这便不必要地使这种观念接近于那种作为科学革命后果的数学还原论。柯瓦雷和李约瑟都对这一后果表示遗憾。总之,两人都不认为17世纪之后的科学是有益的,主要是因为对自然现象的数学研究方法倾向于越来越强烈地剥夺“精确宇宙”中使生活变得适宜的那些特征。也许这就是为什么两人都没有继续讨论把科学革命刻画成从“达·芬奇式的”世界过渡到“伽利略式的”世界的原因。

碰巧,李约瑟论述这种看法的一段话启发他的批评者葛瑞汉把精确宇宙的观念进一步拓展,使之削弱了与欧几里得几何学的

① 对该命题的有力表述见 *SCC* 3, pp. 448 - 449。

限制性联系。在这篇文章中，葛瑞汉先是对李约瑟“宏大问题”的恰当性提出了质疑，然后对李约瑟的一些回答和结论作了批判性的细致考察，并给出了他自己的一种大体上原创的回答（当然是受到了李约瑟的话以及席文观念的启发）。在给出这种回答时，葛瑞汉先是指出，一旦我们认识到中文作者的推理与我们在日常生活中所做的一样——通过权衡优劣、诉诸类比、援引先例等等——中文文本最初的奇异性就消失了。然而，

> 正如席文注意到的，我们缺少的是“严格证明的概念”。也许有必要强调，这个证明概念比据称能够一般地刻画西方思想的任何模糊的“理性”概念都要狭窄。即使在西方，也需要一种特殊气质才能认识到我们儿时所学的几何学证明的完整价值，这些证明远远超出了常识的一般要求。
>
> 因此，含混地指责中国思想家缺少我们那种对理性的尊重毫无裨益。……重要的是，大多数中国思想家（和我们一样，在精确科学之外的大部分思考中）都会交流各种各样的论点，他们看不出以同样形式来表述前提和结论，填充所有步骤（无论多么显而易见），把每一种思路都推到其逻辑极限有何意义。①

这里，精确科学所栖居的“精确宇宙”概念被拓展到了其欧几 480
里得几何学起源之外，使之适用于更广泛的领域。他以简单的方

① A. C. Graham, “China, Europe, and the Origins of Modern Science,” pp. 62 - 63.

式清晰区分了科学革命之前的“达·芬奇式的”世界与这场革命所造就的“伽利略式的”世界。我们可以继续分析数学化、实验、经验观察等等到底在多大程度上参与了现代早期科学的形成——我认为，这是科学革命所带来的转变的一个无法缩减的核心。我们仍然需要（这种需求一直存在，现在或许更为迫切）研究使这个严格证明和否证的新世界得以出现的条件。

3. **是什么使欧洲与众不同。**关于欧洲独特性根源的比较研究已经有相当一段时间了。参与这方面研究的不仅有历史学家，而且有社会学家、经济学家、哲学家和神学家等等。除了两个例外，科学史家一直处于这场争论之外。这是很不幸的，因为他们关注的核心主题——17 世纪的科学革命——不仅是欧洲独特性的首要表现之一，而且（正如我在导言一章所指出的）也有利于进一步巩固欧洲的特殊道路。因此，科学史家忽视相关争论只会使他们自己的思想受到损失——当然也会使所有其他人受到损失。如果不对科学革命的上述两种角色进行充分思考，那么任何关于为什么只有欧洲传统社会才开创了现代性的争论都不可能完整。

只有林恩·怀特和李约瑟这两位科学史家对这场争论做出了贡献，并认为自己的毕生工作就是参与这场争论。在科学史家当中，也许可以把这两个人称为受尊敬的局外人甚至标新立异者。之所以这么说，是因为怀特主要是一位技术史家，他对现代早期科学及其中世纪前身持有一种相当奇特的看法，[①]至于为什么要这

① 这里或许也应提到兰德斯，但我一直把他看成经济史家而非科学史家；这也许是错误的。

样称呼李约瑟,前面已经讨论很多了。

关于欧洲与中国的显著区别,李约瑟的构想表现于两个不同层次:一方面是出色地列出了若干特征:欧洲的精神分裂;强烈的探险欲望,部分是与东方长期的贸易逆差所致;多元主义分裂,部分是因为其拼音文字所固有的异质性。这些概括有助于我们理解为什么这种独特的文明能够产生科学革命。不幸的是,李约瑟对这些特征只是点到为止。在他看来,他终生专注的是更大的诱饵,即欧洲与中国整体社会结构的比较。但李约瑟这里还远远未能满 481
足似乎真正需要的东西:对中西方社会进行一种精细的、非还原论的历史-社会学研究。要想领会这样一种比较的基本特征,我们就必须超越李约瑟的轨迹,看看能从那里学到什么东西。

## 超越李约瑟的轨迹

本杰明·纳尔逊(Benjamin Nelson)和席文这两位评论家注意到一个奇怪的现象:李约瑟甚至从未提到(更不用说利用)韦伯为了解释现代资本主义为何产生于欧洲而不是中国而对中国社会与欧洲社会所做的广泛比较。① 诚然,这从来也不是李约瑟的问题(虽然在他本人看来,资本主义的诞生总是与现代早期科学的诞生密不可分地联系在一起)。而且,经过数十年持续不断的研究,

---

① 以下讨论利用了以下文献:M. Weber,"Konfuzianismus und Taoismus";B. Nelson,"Sciences and Civilisations,'East' and 'West':Joseph Needham and Max Weber";N. Sivin,"Chinesische Wissenschaft:Ein Vergleich der Ansätze von Max Weber und Joseph Needham"(以及 Wolfgang Schluchter [ed.],*Max Webers Studie über Konfuzianismus und Taoismus:Interpretation und Kritik* [Frankfurt a. M.:Suhrkamp,1983]中的其他文章)。

汉学家和社会学家们的确已经表明，韦伯的比较（始于 1913 年/1920 年）当中有某些重要部分存在严重缺陷。再者，这些缺陷最清楚地表现于自然科学领域，韦伯否认中国本土思想史中有自然科学。[①] 尽管有所有这些缺点，韦伯在比较历史社会学方面的文章与李约瑟相比有一个很大的优点，即它有一些非常微妙的概念作整个体系的基础，这些概念（尽管往往来源于西方现象）能够很好地用来分析其他文明。[②] 韦伯对统治模式的分析，对不同社会阶层及其各种宗教倾向之间的“选择性亲和”(elective affinity)的分析等等，向我们展示了一个远比李约瑟社会学中的永恒因素——商人、官僚及其对抗——更复杂的学术世界。要想推进中国科学与欧洲科学的比较研究，把李约瑟关于中国科学特征的最佳成果与韦伯研究中强有力的社会分析结合起来也许会富有成效。

不过，仍然有一个重要问题需要借助于韦伯并未提供的社会学概念工具来解决，他对科学社会学没有做过任何研究。这个问题或可称为中国科学的“大致模式”(broad pattern)。它是稳定发展呢，还是时断时续？与李约瑟所持的未间断前进的图像相反，移居海外的中国物理学家钱文源 1985 年提出了所谓的“巨大的惯性”(the great inertia)图像。[③] 在他看来，存在着一个无法解决的

① 韦伯得出这一轻率结论并非如席文所认为的，仅仅是因为缺乏二手文献；另一个原因是他确信必须把中国的思想世界看成一个“魔法园地”(*Zaubergarten*)。

② 韦伯在“Wirtschaftsethik der Weltreligionen”(*Gesammelte Aufsätze zur Religionssoziologie*, 1, p. 237, note 1)的导言中合理地建议，读这部研究时应当时刻记得 *Wirtschaft und Gesellschaft* 的“Religionssoziologie”一章中所制定的概念框架。

③ 特别是 Wen-yuan Qian, *The Great Inertia*, passim, but pp. 81－85 and 124。

悖论：一方面是中国一直没有能力现代化（在他本人看来很丢脸），另一方面则是李约瑟宣称的传统中国科学成就的荣耀。钱文源承认中国科学取得过少量成就，但他基于历史和方法论理由得出结论：总体而言，中国代表着"科学停滞"的一个案例，而这正是李约瑟所憎恶的图像。不论钱文源的论证有多少优点，它肯定需要支 482
持，而这种支持只有一种历史性的科学社会学才能提供。如前所述，本-戴维所提出和运用的概念工具似乎为更好地查明传统中国科学的发展道路提供了一个极好的出发点。科学史家哈罗德·多恩（Harold Dorn）[①]最近朝这一方向迈进了一步。在1991年出版的《科学的地理学》（*The Geography of Science*）中，他提出了一个内容丰富的、引人深思的论题，涉及两种截然不同的科学图景，分别遵循"水力"模式和"降雨"模式。一方面，历史上存在着"水力型"社会。多恩采用了魏特夫"东方专制主义"理论的一种温和版本——在有些地方，要使农业能够持续发展，气候需要有大量水分调控（灌溉、排水、防洪），在这些地方，政府往往很容易变成中央集权的官僚机构。多恩认为，在整个历史上，这些官僚机构往往会显示出对功利性科学研究的强烈兴趣。与希腊科学不同，水力型社会中的科学是由机构来从事的，常常由不具名的个人来完成，而且几乎完全导向对社会有用的知识。无论我们考察埃及、巴比伦、印度、中国还是玛雅文明的科学，这种特殊模式都一再出现。在这样一种分析框架中——其中有大型水利设施、中央集权的官僚机构，对科学的实际应用等等，所有这些都与仅在希腊产生的"纯

① 多恩（1928—）：美国科学史家。——译者

粹”科学相反——似乎能够充分理解中国科学如何代表了某种特殊的社会学样本，它与以希腊方式培育出来的科学自然会走不同的道路。[①]

这一构想听起来固然有可信性。但李约瑟的研究已经清楚地表明，传统中国的科学远不只是纯粹官僚的事务，尽管关于科学在中国社会中的地位，他的印象还有许多待改进之处。此外，与李约瑟关于中国科学社会学的研究相比，本-戴维的方法为更加谨慎细致地研究尤其是以下两个相关问题提供了机会：哪些人发展了迥异于技术的科学？这些人得到了哪些社会阶层的支持（如果存在着这些阶层的话）？不仅如此，发展科学的人和广大公众是如何看待科学的？把它看成一种具有独立价值的活动？出于种种原因认为它是不恰当的？抑或只是一种单纯的消遣？在能对中国、穆斯林世界和西方的科学进行成熟比较之前，要想理解中国科学在社会中的地位，就必须回答这样一些关键问题。

再没有谁比在本节中反复出现的多才多艺的李约瑟更迫切地要求我们作这样一种全面的比较了。

483

## 6.6 比较路线的收获

李约瑟 1961 年写道：“最终必须在儒家—道家世界观对科技的影响与基督教世界和伊斯兰世界对科技的影响之间进行一种详尽的比较。”[②]在他看来，这里存在着真正的二分：

---

① 特别是 H. Dorn, *The Geography of Science*, chs. 1 - 4。

② J. Needham, *The Grand Titration*, pp. 34 - 35.

> 尽管我们西方人从学生时代起便知道了十字军与撒拉逊人之间的巨大鸿沟，但了解更多之后，我们感到非常不愿意把阿拉伯文明视为“东方的”。伊斯兰文化虽然起源于沙漠，但实际上，与之同属一系的更多是欧洲的贸易城邦文化，而不是中国的农耕官僚文化。[①]

至少在科学史方面，我们无需完全采用这种推理来找到富有启发的结论。既然我们已经讨论了西欧的科学革命以及为什么没有类似的事件发生在穆斯林世界或中国，我们终于能够对科学在这三种文明中的命运作一比较。

我们得出的结论在很大程度上要受到从先前整个论述中得出的最大教训的限制：事实上，要想独立研究中国和穆斯林世界的精确科学，科学的统一性或缺乏统一性，以及科学在社会中的价值，仍然有很长的路要走。牢记这一限制条件，现在要把我们在这方面碰到的那些有价值的见解联系起来。为此，我们以两个问题作为一种启发性的指导线索：(1)我们那个复合的“伽利略”是否可能在欧洲以外的地区出现？(2)这种假想的出现是否可能开创一种持续的科学研究传统，就像科学革命所开创的科学研究传统一样？沿着这些线索，我们最终是否会面对中国与基督教世界和伊斯兰世界的截然二分，就像李约瑟所建议的那样？

## 一个阿拉伯的或中国的“伽利略”？

从字面上看，这些问题肯定只能带来空洞的思辨。它们旨在

① J. Needham, *Clerks and Craftsmen*, pp. 28–29.

让人了解在某种文明中培育的科学的结构性特征。从这个意义上说，我们的结论一直是，并没有什么明显的结构性理由表明为什么伊斯兰科学的黄金时代不可能出现“伽利略”。我们已经指出，伊斯兰科学包括了完整的希腊科学资料（第一次以一个统一的整体出现）以及来自印度和中国的大量扩充。在采用部分希腊遗产及
484 其伊斯兰扩充方面，中世纪的欧洲继承较少。正如李约瑟所表明的，中国的贡献被从翻译努力中过滤掉了，欧洲后来也极不可能直接采用来自中国的任何科学发现（有别于技术发明）。因此在某种意义上，西方中世纪的遗产要比伊斯兰科学的完整资料更贫乏。我们现在是否必须断定，自那以后带给科学革命之前西方遗产的少量补充造成了关键区别？需要注意的是，阿基米德遗产其实并不是这些补充的一部分。它曾孤立地存在于希腊晚期著作和阿拉伯科学著作中，也存在于欧洲中世纪文献中，直到被人文主义数学家所了解，随后又被伽利略充分利用，才变得显著起来。对行星运动的研究在希腊晚期科学、伊斯兰科学和开普勒之前的欧洲科学中基本上也是以同样的方式进行的。于是，从发生最终突破的关键学科已有知识的量和已有方法的质来看，似乎没有决定性的理由可以表明，为什么只有西方中世纪科学能够发展到使“伽利略”的工作成为下一步，无论这一步有多么激进。目前尚不清楚为什么穆斯林文明就不能有这样一种进一步发展。因此我的结论是，没有什么能够排除“伽利略”在伊斯兰科学的黄金时代出现。

中国的情况则截然不同。中国尽管有巨大的创造力，有许多实验、准确的观察、美妙的分类、精巧的科学仪器，但短时间内在任何地方都没有发生欧洲那种科学革命的迹象。我们也看到，关于

中国最终可能发生一场“有机论”的科学革命，存在着令人难以置信的猜测。如果转换成我们这里采用的术语，那么所有这一切意味着，传统中国不可能出现“伽利略”。当然，这意味着我们的第二个问题，即“伽利略”能否在中国盛行，失去了任何意义。至于就中国而言这个问题为何无法回答，另一个原因是，我们对科学在中国社会中的地位还知之甚少。与此相反，我们发现，作为我们考察对伊斯兰科学衰落的各种解释的最终结果，有几个很好的理由可以解释为什么“伽利略”不可能在穆斯林世界盛行：因为持续的入侵，因为伊斯兰教信仰的内在价值体系剥夺了对科学活动来说不可或缺的支持，无论这种支持来自科学家本身，还是来自最有号召力和影响的思想领袖所代表的整个共同体。

**最主要的对立** 485

上述考虑意味着，我不能赞同李约瑟关于远东世界与地中海世界的对立。诚然，伊斯兰科学和西方科学有相同的根源，从各自内容的角度来看，它们得到培育的方式自然有很多共同之处。但两者的运作环境极为不同——事实上，这种极大差异导致伊斯兰科学衰落消亡，而西方科学则产生了科学革命。因此，除了李约瑟的二分还有各种传统社会与一个传统社会之间的对立，后者突破了自己的限制，令人惊讶地创造了现代世界。西方从其余世界中分化出来（李约瑟对我们更深地认识这一点做出了巨大贡献）仍然是摆在我们面前的基本问题。在结束本章之前，我们要从文献中引入一个更广的科学革命视角，或许有助于使这一分化过程从自然科学的角度来看变得更清楚。

## 东西方的自然进路及其宗教背景

在1968年的著作《伊斯兰的科学与文明》(*Science and Civilization in Islam*)中,伊朗科学史家(也是苏菲派哲学家和在美国接受训练的物理学家)赛义德·侯赛因·纳斯尔(Seyyed Hossein Nasr)[①]指出,到了中世纪末,伊斯兰文明非常自觉地拒绝采取必要步骤走向科学革命。伊斯兰科学家本可以推出其研究的逻辑结论,但他们拒绝这样做,因为他们意识到,缺乏"智慧"的"知识"是无益的。科学革命是无智慧的科学的胜利,面对着这样一种预期形象,伊斯兰科学家退却了,他们及时退回到对神的统一性本身进行内省和沉思,在宏伟的万物体系中,科学应当始终服从于这个目的。姑且不谈我们习惯上所谓的伊斯兰科学的"衰落"是否源于一项明智的决定,[②]这里给出的解释显然暗示着关于自然在基督教和伊斯兰世界图景中的位置的某种观念。纳斯尔进一步拓宽了他在另一本书《人与自然》(*Man and Nature*,同样出版于1968年)中的观点,写道:

> 为什么现代科学没有出现在中国或伊斯兰世界,其主要原因是,有一种形而上学学说和传统宗教结构拒绝把自然变成一种世俗的东西。无论是李约瑟所说的"东方官僚主义",还是其他任何社会经济解释,都不足以解释西方的科学革命

① 纳斯尔(1933—):伊朗哲学家、科学史家。——译者

② 在纳斯尔著作的序言中,Giorgio de Santillana 礼貌但毫不迟疑地指出这样一个命题是不可能的。

> 为何没有在别处发展起来。最基本的理由是，无论在伊斯兰世界、印度还是远东，自然物都没有丧失神圣性和精神性，这 486
> 些传统的精神维度强大到无法在传统的正统思想体系以外发展出一种纯粹世俗的自然科学和世俗哲学。就这一点而言，在许多方面与基督教相似的伊斯兰教是一个完美的例子，现代科学并没有在它的怀抱中发展起来，这一事实并不像某些人声称的那样是衰落的标志，而是表明伊斯兰教拒绝考虑任何纯粹世俗的知识，认为它们偏离了人类生存的最终目标。①

在这里，西方之所以与其余世界对立，是因为在世界各个文明中，只有它剥夺了自然的神圣性，把自然变成了一种世俗的东西。我们无需感到惊奇，李约瑟并不赞同这种观点，对他来说，科学革命预示着开创普遍有效的科学，而不是深刻地侵犯和歪曲事物的自然秩序。在《中国的科学与文明》的一条“作者说明”中，他讨论过这个问题，认为纳斯尔旨在回到一种中世纪世界观，这是没有回头路可走的，而且还说了一句惊人之语：“科学家必须把自然当作‘世俗的’来工作。”②

这种看法还导致了进一步的问题，据我所知李约瑟从未考虑过。是什么独特的自然观提供了这种自由，可以把自然当作“世俗的”来看待？虽然李约瑟坚持认为世界各个文明的科学经验最终都可以用社会和经济来解释，但他从未详细比较过不同文明对待

① S. H. Nasr, *Man and Nature*, pp. 97 - 98.

② *SCC* 5,4, p. xl.

自然的态度，也没有想过它们或许可以追溯到对待圣俗事物的态度差异。换句话说，李约瑟缺少一种类似于韦伯的比较研究那样的东西，在其中，主要研究领域不是“经济伦理”，而是世界各大宗教的“自然观”。不过有一个例外。李约瑟曾经顺便指出，佛教对中国思想的贡献从一开始就不可能在科学上富有成果，因为

> 对科学发展来说，一个绝对必要的先决条件就是接受自然，而不是背离它。如果科学家忽视了[自然的]美，那仅仅是因为他对机制着迷。而对这个世界超凡脱俗的拒斥似乎与科学的发展不相容，无论在形式上还是心理上。①

诸如此类的考虑很容易进一步拓展。韦伯在其比较研究中竭力区分不同宗教对待世界的不同态度，从印度宗教对世界的拒斥一直到中国思想对世界本身的和谐接受。韦伯不仅试图把这些不同态度与各种社会阶层（他们最直接地持有这些不同宗教所表达的世界观）的社会经济地位联系起来，而且还考察他们对待世界的
487 态度，以查明（这是其相关研究的最终目标）这些态度是否可能引起那种有条理的、自律的、理性化的生活导向，他认为这对于现代资本主义精神的产生是不可或缺的。

我们似乎还可以怀着某种不同的目标来从事这项深入的比较研究：确定何种对待世界的态度最符合科学革命所体现的那种对自然的处理。荷兰历史学家和文化哲学家劳克斯特曼（P. F. H.

---

① *SCC* 2，p. 431.

Lauxtermann)沿这一方向给出了有益的线索。[①] 他认为,现代自然科学不可能出现在印度这种以来世为导向的文明中,因为在那里人试图完全放弃自然,转向自身。它也不可能出现在中国这种世俗文明中,因为在那里生活导向的是与自然的和谐。现代早期科学只可能出现在像犹太—基督教那样认识到人的悲剧二重性的地方:既参与自然,同时又超越它。如此在放弃自然与融入自然之间漫游的过程中,西方人采取了一种双重态度,只有这种态度才可能造就那种对待自然的复杂的冷静客观,使科学家得以将自然变成一个对象。一旦被视为对象,自然就可以服从于对自然现象的数学分析,屈从于人的意志。

虽然在我看来这些想法很有前途,但它们都有一种内在的危险,即解释得太多(其提出者也心知肚明)。即使犹太-基督教的自然观被视为科学革命的必要条件,它也肯定不是充分条件,因为这种观念在现代早期科学诞生之前许多个世纪便已存在。因此,在犹太—基督教的广泛框架内,还必须寻找更具体的决定因素。[②] 这种寻找已经有相当长一段时间。这便是我们一再回到的那种特殊的编史学传统,它识别出了欧洲的那些特征,使该地区打破了传统的生活模式和思维模式。这类具体特征包括:中世纪城市的相对自治,本笃会修道院生活的纪律,法律管理(韦伯),所谓的"军事革命"(迈克尔·罗伯茨[Michael Roberts][③]),机械钟(兰德斯),

① 这段话源于几年前的一次交谈。

② Lauxtermann对此命题并无异议。我藉此机会感谢十年来他与我就欧洲何以与众不同这一话题作了富有启发的交流。

③ 罗伯茨(1908—1996):英国历史学家。——译者

独特的技术驱动力(怀特)等等。未来的研究不仅可能给出更多的此类特征,还可能使我们更深刻地理解其内在关联(李约瑟、桑德斯和萨耶勒的特殊贡献正在于此)。诸如此类的特征都不能用来解释科学革命必然要发生。所有这些合起来可以在相当程度上有助于解释,假如这样一个事件即将发生,那么实现它的地方为何只可能是欧洲。

488 在本书中,沿着漫长的思想线索,我们已经从欧洲中世纪被视为科学停滞和贫瘠的最好样本,走向了同一时期被视为使欧洲与众不同的温床,尤其是就其独特的产物即现代早期科学而言。在最终完成了整个旅程,经历了世界科学史的各种片段之后,现在我们要把各种线索汇集在一起,思考历经50年的"科学革命"概念把我们带到了哪里。

# 第三部分　总结和结论：“真理的盛宴”

排除这类[使用大胆因果假说的]研究意味着通过放弃真理的盛宴来确保自己免遭谬误的毒害。

——威廉·休厄尔

# 第七章 科学革命概念50年



## 7.1 第三部分介绍

无论是哪种情况，在就其自身探索了某种运动之后，我们应当给它最具建设性的评价——追问它如何才能更完整地履行其承诺，其目前预设所导致的局限需要在哪一点得到超越。

——埃德温·阿瑟·伯特，1965①

什么样的结论最符合之前的论述？答案取决于如何刻画之前的论述。

关于某个历史主题的编史学历史可以写成多种方式，它有两种极端的可能性。一种方式是只概述历史学家关于现代早期科学产生的构想，视情况需要将其按照时间顺序或主题列出。之前的论述中有很大一部分内容正是这样做的。我认为，这样一种编史学的簿记活动有其自身的价值。它仿佛是把一个小型图书馆缩减成一本书，使读者可以方便地查到文献的重要部分，还可以对该领域已有的成就有所领会，并确定新的研究生长点。不过，对这项活

① E. A. Burtt, *In Search of Philosophic Understanding*, p. 23.

动还可以有更多的理解，至少我在做这件事时是这样认为的。

这里的"更多"或许在于——这是编史学历史的另一个极端——以下这样的程序：从我所坚信的一种关于科学革命及其原因的成熟想法开始，由此考察关于这些问题的已有文献，把每一位作者的做法与我自己之前的想法相对照。假如这就是我的目的，那么论证的结论几乎可以自行写出。它将用直截了当的不容置疑的句子阐明关于科学革命的真相，暗示读者最好赞同它的说法。这类结论在学术界屡见不鲜（当然在编史学史领域并不那么常见），世界某个领域的某个方面被说成是该领域的唯一关键，整个之前的论述都旨在为其整体有效性提供证据。[①] 它们可能被抛弃，也可能流行一段时间。无论是哪种情况，学术界最终都会认识到，它们仅仅是诸多贡献中的一项（无论多么富有启发性），注定要以更加温和得体的面貌继续存在。

但我的目的并不是向读者兜售我本人关于现代早期科学产生的某种特定观念。我的做法既不是演绎（依照某种固定的标准衡量一切），也不是归纳（从头脑一片空白开始），而是一直在寻求介于这两种极端之间的中间道路。一方面，这在我看来更多是一次发现之旅，我所碰到的越来越多的要素开始各居其位，变得越来越明朗，在此期间，我认为头脑中缺少一幅关于科学革命的明确图像并没有什么坏处。而另一方面，我几乎不可能不带着我自己的某些或显或隐的一般观念来从事这项研究。我始终用这些观念来组

---

① 在"The Conquest of Bias in the Human Sciences"的最后一章，R. Wentholt 详细讨论了人文社会科学中这种操作模式的心理背景。

织论述;发现文献背后所隐藏的结构;将历史学家的思想彼此联系起来;发现不一致的地方,将其追溯到往往富有启发的根本处;简而言之,寻找共同点。

在我看来,温和而谨慎地寻找和确立共同点是正在撰写编史学史的历史学家的一项重要任务。我冒昧地希望,它所带来的好处能够超出历史学界。许多历史学科之外的学者想把历史学家的研究成果用于他们所关注的社会科学或哲学。他们有时会抱怨说,他们所遇到并希望用于更一般目的的历史成果不够同质,无法直接应用。他们需要(用一位技术社会学家的独特表述来说)从历史学家那里得到一个"同质的数据库"。[1] 面对这样一种不可能的需求,历史学家惯于报以冷笑,并进而完全忽视它。在寻找适合推广的数据时,学者们可能会因为遇到挫折而亲自动手将相关的历史著作同质化,令历史学家怒不可遏,要么会怒气冲冲地完全退出历史,给自己的思想造成损失。正是在这些充斥着相互激怒和不解的不愉快的边界地带,从事编史学研究的历史学家有一项几乎完全被忽视的重要任务需要完成,事实上,这项任务也延伸至他的历史学家同行。他自然不会把历史学家的解释挤压成一个同质的数据库,因为生活太过丰富,这样的程序无法适用——历史上发生
的事情往往是由例外的、独特的、意想不到的、"无法预料的"东西 493
决定的。但另一方面,历史学家在数十年里已经写了数万页的东西来力图理解历史上的一个特定情节,和我们所有人一样,对于想得到什么东西,如何进行研究,关注什么事实,如何把事实整理成

① 这位技术社会学家是 Wiebe Bijker。

不同范围和深度的观念,他们都有不同的看法。面对这样一种令人眼花缭乱的多样性,用一条指导线索将这些历史想象成果尽可能地加以描绘和整理,使那种令局外人和专业人士目不暇接的混乱变得更为协调,也许是有益的。如果在作这种整理时没有对其多样性(这也是生活本身的多样性)怀有必要的尊重,那么这种活动将是徒劳的。因此,在前面的章节中,我的目标一直是在无法把握的混乱与令人不快的同质化之间达成恰当平衡,这一过程或可称为“温和的同质化”。

帮助过我的那些广泛的指导线索从一开始就在与我讨论的那些历史学家的思想相互孕育。在这种不断清晰化的过程中,它们最终产生了一种较为协调的模式,或者毋宁说是两种模式。半个世纪的编史学努力开始变得明朗起来,这种努力所针对的现象——科学革命本身——也是如此。

因此,我们最后的第三部分由两章组成。本章旨在勾勒出由先前考察所产生的编史学图像。在本书中,我多数时候不得不根据材料,将它按照主题而不是时间顺序来呈现。现在,我要对“科学革命”概念的50年进行分阶段总结。我从这一概念的“史前史”开始,经由柯瓦雷对它的创造,讨论它后来的奇特经历,直到接近目前(也就是到20世纪90年代初)。科学革命的原因问题贯穿于论述当中,最后讨论将来学术界处理这一功用甚多但不可或缺的概念时应当采取哪些明智的方向,有哪些方向不太明智。我希望,开始时呈现的那个苍白骨架能够因为本书主体所考察的血肉而生动起来。

在下一章也就是最后一章,我将以高度浓缩的形式阐述我现

在对科学革命的理解。在撰写本书的过程中,它已经在我的脑海 494
中逐步成形。我要非常明确地强调,我并不认为我本人的科学革命观就是决定性的,本书的目的也不是为了达到这样一种观念。我的主要目的是向读者呈现一个美妙而深刻的历史书写世界,它讨论的是一个极其重要的主题,不论我对这一主题有何看法。最重要的是,我一直在努力公平对待我所讨论的历史学家,随着写作的进行,我越来越钦佩他们富有想象力的敏锐头脑。这些人把自己的学术生命奉献给了与我的首要主题——现代早期科学的产生——同样有价值的主题。在撰写本书时,我并不想说服读者相信我的任何观点,而是想通过展示这些著名学者的想法,使读者产生否则便可能不会产生的思路。

## 7.2 科学革命概念的兴衰

17世纪科学照亮了人类的心灵,虽然启蒙思想从中获得了许多灵感,而且逐渐提炼出一种观念,认为科学发展是革命性的、阵发性的,但18世纪思想家并没有由这一情节创造出一个历史范畴。只有康德对它作了概念化(categorize);他的概念化不可避免是哲学的而不是历史的。

19世纪出现了关于现代早期科学之产生的两种新的历史概念化,但很快便几乎销声匿迹。休厄尔深刻认识到各个学科在其剧烈革命时期所发生的转变,但并没有从中提炼出一个概念,这固然是源于他对研究的整个组织安排,但更是因为他的主要哲学兴趣是诸革命,而不是那一场革命。随后兴起的实证主义非但没有弥补这一点，反而使这一充满希望的开端无法富有成果地延续下去。不过实证主义阵营中出现了历史概念化的另一个核心。孔德看到了休厄尔未能看到的东西：科学史的结构统一性。但他完全缺乏休厄尔所拥有的东西：一种历史感。在整个 19 世纪和 20 世纪初，实证主义的先入之见一直主宰着对 17 世纪科学的看法，马赫便是最具影响力的例子，表明这种哲学恰恰阻碍了当时其他历史研究分支所经历的历史概念化。

这种情况一直没有改变，直到具有强烈实证主义倾向的科学哲学家迪昂对科学史产生兴趣（这更多是因为他的政治和宗教信
495 仰，而不是他的哲学），他把对中世纪科学的突然发现变成了一种关于现代早期科学**真正**产生的全面理论，认为现代早期科学产生于 14 世纪，而不是 17 世纪。这一理论——虽然提出时显得有说服力，但本质上不大可能——使科学革命概念呼之欲出。

另一条线索直接参与了科学革命概念的塑造，那就是美国哲学家伯特在很大程度上凭借他本人的思想所达到的洞见，即研究 17 世纪科学有助于解释科学的数学还原论，对此他既钦佩又憎恶，因为它对人类精神的自主性构成了威胁。由此产生了一本书，它把从开普勒和伽利略到牛顿的事件（以及哥白尼的序幕）比以前更为紧密地联系起来。

数学哲学家柯瓦雷正是主要从这两条线索——迪昂不同寻常的理论和伯特的连贯解释——汲取了灵感，富有成效地运用了他的反实证主义信条。科学革命概念诞生之时，正值柯瓦雷把注意力从神秘主义史和宗教史转向现代早期科学史，此时伯特也正从后者转向前者。因此，伯特的《近代物理科学的形而上学基础》充

当了两人的一座桥梁，对柯瓦雷而言是走向现代早期科学史，伯特则是远离了它——从某种意义上说，这本书构成了科学革命概念形成过程的关键。

这个概念是在距今半个多世纪的《伽利略研究》中创造的。柯瓦雷最初提出概念的时间范围很窄，定义也很明确。科学革命现在第一次以一个成熟的历史概念出现，它被视为人类思想的一种嬗变——虽然早有准备，但依然突然。这场嬗变被认为发生于1600 年之前和之后的几十年间，包括伽利略和笛卡儿把希腊人和中世纪欧洲封闭的、目的论的、质的宇宙替换成了欧几里得几何学的无限空间观念，细小的微粒在这个无限空间中漫无目的地来回游荡，研究它们的是令人费解地同样在场的人的心灵。最初的"科学革命"概念与其说是指一个历史时期，不如说是指一个事件或高度相关的一系列事件。柯瓦雷对它的创造结束了康德和启蒙运动的"史前史"观念、中间的各种努力、这个新历史概念的诞生和童年啼哭。我们继续概述在其少年、青年和成年初期发生了什么事情。

**概念的拓宽和内转**

到了 20 世纪 40 年代末，科学革命概念开始变得流行。它风行于美国，柯瓦雷对这一概念的获得使科学史成为激动人心的思 496
想史。随着另一位数学思想家戴克斯特豪斯从研究迪昂得到了与柯瓦雷相当类似的观念，它也在一种相反的意义上流行起来，尽管由于自称相信科学史的连续性，戴克斯特豪斯拒绝接受科学革命的观念。巴特菲尔德和霍尔这两位学者在英国最为多产地运用了科学革命概念，他们对术语的使用更加灵活。虽然他们对柯瓦雷断然的非连续性也几乎没有兴趣，但他们看到，可以用这个概念来支持一种关于现代早期科学产生的连续论立场，只要对这一概念在时间上加以拓宽，在定义上不那么明确。巴特菲尔德和霍尔都把科学革命概念应用于时间跨度非常大的科学史上，尽管他们也承认，在完整的"外部"科学革命内部存在着某种"内核"科学革命，大致从伽利略到牛顿。这一概念主要正是以这样一种拓宽的、相当不确定的面貌流传于整个新生的科学史界。柯瓦雷进而拓宽了它的时间范围，使其科学革命概念最终涵盖了从哥白尼到牛顿的整个时期。他力争使其定义像最初一样明确，尽管从未试图使其原始定义与它现在所指的更长时期协调一致。

此拓宽过程的一个重要的（可能是决定性的）动机是，在柯瓦雷的最初构想中，科学革命几乎仅限于数学物理学和天文学领域。非数学的光学、电学、磁学、化学、生命科学等等在其中没有明确作用。柯瓦雷实际上继续忽略了这些领域（这与他原初的构想相一致，但与他后来赋予科学革命的更大时间跨度不相容），而巴特菲尔德特别是霍尔则把15至18世纪的所有科学发展纳入了一种大体上未经组织的叙事中。

在柯瓦雷的原初构想中，科学革命完全是一种心灵的冒险。因此，它似乎并不容易与一二十年前奥尔什基的努力相融合，奥尔什基试图确定现代早期科学在技术、技艺和手工艺世界中的背景。到了30年代，奥尔什基的努力与不那么敏锐的、主要（但不限于）受马克思主义启发的尝试融合起来，以解释现代早期科学的产生。然而，这种努力未能理解那个有待解释的问题（如果柯瓦雷的科学革命有意义的话）：他所定义的思想嬗变为什么会以那种方式发生。“外部”解释的支持者未能足够精确地说明那种联系，霍尔等人则宣称，这一事件的纯思想性足以表明，我们只能在理智领域寻 497
求其解释，就这样，外在主义传统的科学编史学与围绕新科学革命概念的科学编史学开始分道而行。

如前所述，这个概念原初的精确定义已经因其所指时间段的拓宽而受到了很大压力。柯瓦雷关于伽利略实验历史实在性的夸张陈述的曝光终结了它。与此同时，稀释过程凭借自己的力量无情地进行着。霍尔最终只集中在他那冗长的科学革命的唯一规定性特征：从神秘主义、魔法和迷信的邪恶统治过渡到理性思想的胜利。至于其余，无论是“柯瓦雷式的”科学还是所有其他非数学科学，霍尔都按照它们随时间的不断发展进行描述，相比起来，某些学科不时会被更剧烈的逆转所打断。也就是说，起初的一种明确定义的概念，现在正变成一种叙事的总体框架。这很可能是迄今为止还很短暂的科学革命概念史中最重要的转向。

事实上，如果仅仅被视为科学史上一两个世纪的合适标签，科学革命概念便可涵盖内容、地域和时间上各不相同的纷繁复杂的事件和思想潮流。当原先的连贯性被默默抛弃之后，如何赋予这个拓宽的概念以一种新的统一性？直到今天，这个问题一直困扰着科学革命史家们。

### 试图重新构造一个被稀释的概念

在迎接挑战的过程中，库恩和韦斯特福尔都力图挽救这样一个被稀释的概念的某种概念连贯性，都试图赋予 17 世纪科学（但没有包括医学）的几乎所有关键事件以结构性意义。库恩所做尝试的主要优点是，除有意纳入"培根科学"外，他还表明，他对科学革命两种潮流的区分可以与当前的**解释**尝试很好地吻合，迄今为止，这些尝试一直被困在一种地理学和研究领域意义上的包罗万象的科学革命概念中。其主要缺点是，关于如何将微粒世界观纳入这一图景，库恩陷入了混乱。韦斯特福尔所做安排的主要优点是，除有意纳入化学和生命科学以及同样有问题的微粒传统以外，作为一种也许意想不到的副产品，他将迄今为止**静态的**科学革命概念变成了一个**动态的**概念。他表明，科学革命随时间的延续并非从一开始便已成定局，而是说，新的科学运动经历了自身富有成效的张力，最终在牛顿综合中达到顶点，使整个事情获得了一
498 个否则便得不到保证的圆满结局。这种论述的主要缺点是，关于实验在数学传统以外的作用，韦斯特福尔陷入了困境，并把"mechanical"一词的各种含义混为一谈。

除了剩余的这些悬而未决的问题，没有人能为笛卡儿在逐渐显现的科学革命发展中找到一个足够恰当的位置——他过时地寻找着一种关于世界和人的无所不包的学说，他所设想的微粒机制在很大程度上受到了误解，但对于为新的科学潮流提供一种恰当的形而上学基础又是不可或缺的。

除此之外，还有一个悬而未决的问题是为科学革命**确定时间**。并非所有人都同意把牛顿的工作视为科学革命的结束(尤其是巴特菲尔德和霍尔把结束时间延后了好几百年)，但是关于科学革命应从什么时候开始则有大得多的分歧：始于哥白尼或更早，还是始于伽利略和开普勒或笛卡儿？这个问题更多依赖于历史学家对连续性和非连续性的看法，而这又关乎对科学革

命原因的看法。

解释科学革命一直是一项艰巨的任务。事实证明，外在世界的事件与主要人物思想活动等重要待解释项之间的精确关联是很难捉摸的。在一种非常奇特和不透明的选择过程中，有少数努力被过滤出来，此后被当成了标准解释。[①] 对这些解释而言，自然的数学化尤其难以处理。对默顿论题而言，或至少对于它的各种误解和歪曲[版本]（评论者们把默顿的原始论题变成了一种对科学革命的解释，说科学革命源于新教典型的功利主义动机）而言也是如此。六七十年代赫尔墨斯主义解释出现时似乎也是如此。人们发现，如果把它与培根科学领域联系起来可以解释很多东西，但它似乎无力处理开普勒和伽利略等人开创的自然的数学化进程。

为了走出这种困境，一种办法是把科学革命解释成中世纪和文艺复兴时期自然哲学传统思想之后的又一步，从而消除科学革命的新颖性。事实证明，由此消除（主要是通过诉诸科学方法的连续性）的新颖性总会通过解释重新获得机会。

最终结果是，即使是那些从一开始就旨在解决整个事件的标准解释，最好也只能被视为仅仅适用于它的某个组成部分，无论是从地域上、时间上还是通过科学领域对这些部分进行定义。

这便是我们在用科学革命概念进行分析时所遇到的一些困难 499
和绝境。我们应当如何处理这样一个棘手的概念呢？剥夺它最后

① 对那些解释的一个事实上已经成为“标准”的批判性考察是 A. R. Hall, *Revolution in Science*, ch. 1,“The Problem of Cause”。

的意义痕迹?抛弃它?复活它?现在距离新生儿的第一声啼哭已经过去了50多年,我们应当期待什么,鼓励什么?因为碰到太多难以克服的困难而中年死亡?抑或复苏?

**困境加深**

诞生大约50年之后,科学革命概念开始服务于与其创始人的设想极为不同的功用。对于这个业已证明非常棘手的概念某一方面的考察当然没有停止。但在过去的10到15年里,这个术语被越来越多地用来指17世纪科学中那些最得意的情节,如果作者想就此提出一个论点,那么给它贴上“科学革命”的标签会显得更为崇高和更值得我们注意。以英格兰为中心的研究方法尤其容易陷入这种用法。把科学革命等同于英格兰事件的倾向逐渐增强,导致科学史专业的培养中心移到了盎格鲁撒克逊世界,英语以外的知识开始萎缩。

在其他方面,科学革命概念静静地作为一个单纯的标签,覆盖着诸如关于16、17世纪科学的大学课程。假如把一次讨论从15世纪透视法到19世纪医学的各种主题的会议冠以“科学革命”的标签,也不会有人不同意。[①] 在整个学科中都可以看到这种勉强而杂乱的用法,一个可预见的建议是完全取消这个概念。例如,1988年科学史家简·戈林斯基(Jan Golinski)[②]提出了这样一个问题:“一种欧洲范围的连贯的科学革命概念能否在持续的编史学

① 1990年9月17—20日在牛津大学基布尔学院举行(当然,这本身是一次非常愉快和有益的会议)。

② 戈林斯基(1957—):英国科学史家、科学社会学家。——译者

考察下继续存在下去。”[①]像他这类建议背后似乎是一种愤怒，即我们对这个概念的根本期望——能够适用于 16、17 世纪整个地理和时间范围的欧洲科学的清晰定义——在其存在的 50 多年里已被证明难以实现。

导致这个结果的最后一股强大动力似乎源于过去几十年研究科学革命各个方面的大部分严肃工作所受到的驱策。这种驱策旨在表明，在早期历史学家看来新科学取得的平稳、快速的大规模胜利实际上走的是一条更加曲折的道路，残余的非科学思维模式在整个科学革命时期仍然保持着自身的活力。这样一种进路虽然提 500
供了必要的修正，但也容易模糊原初概念的清晰轮廓，只要看看最近体现这种进路的文集《重新评价科学革命》(*Reappraisals of the Scientific Revolution*，1990)便可明白这一点。读者细读它便会怀疑(我认为这与编辑的意图并非完全相左)，像标题中提到的“科学革命”那种事情是否真的发生过。[②]

## “科学革命”正在走所有历史概念的老路吗？

我现在还听到一些读者私下说，不断稀释一个曾经明确的概

① 对 1988 年 9 月 11—19 日在曼彻斯特举行的英国科学史学会与科学史学会联合会议上关于“科学革命及其社会背景”的两场会议的介绍。Robert A. Hatch 在一篇非常有意思的文章“The Scientific Revolution: Paradigm Lost?”(发表于 *OAH Magazine of History*)的最后提出了一个类似的观点。在暗示“科学革命也许无法归结为一种‘观念’、一个‘事件’、一个‘情节’，因此无法进行概念分析或社会分析”时，Hatch 也强调，“在哥白尼与牛顿之间发生了一场深刻的持久转变”。

② R. S. Westman and D. C. Lindberg, introduction to D. C. Lindberg and R. S. Westman (eds.), *Reappraisals of the Scientific Revolution*. 我正文中的话并不是要贬低这部非常出色的文集，我在先前各章已经利用了其中许多成果。

念也许正是我们应当期待的。我们这里一直在考虑的或许只是历史概念必须服从的一般真理的又一个案例。文艺复兴时期的思想曾被雅各布·布克哈特(Jacob Burckhardt)[①]赋予了一种清晰的、毫不含糊的概念含义,但此后在很大程度上被消解了,主要是因为事实证明,他认为这个概念所指情节的典型特征也适用于其他时期。[②] 我们也不必奇怪,柯瓦雷为其科学革命概念最初赋予的清晰含义已经被后来的历史研究结果所模糊。如今,这个概念已经履行了曾经有益的服务,时间已经开始抛弃它。毕竟,历史概念仅仅是隐喻,我们使之具体化时应当小心;它们或许有助于暂时集中历史想象力,但我们永远不应忘记,它们仅仅是介于我们的看法和最终不可知的历史事实之间的透镜。[③]

从那种被称为"叙事主义"(narrativism)的历史哲学出发,我可以在一定程度上同意这些看法。我乐于承认,我们这里一直在记录的东西显示了历史概念的一个众所周知的生命周期,因此,我们无需对结果——明显消解——感到惊讶。同样,敦促"回到"柯瓦雷概念的原初含义也是毫无意义的。这个概念激励了50多年的历史研究,我们因此而永远失去了曾经提出它时的那种"天真"。

尽管如此,在把这个案例还原为一种普遍模式时,我们很容易

① 布克哈特(1818—1897):瑞士艺术史家、文化史家。——译者

② E. J. Dijksterhuis, "Renaissance en natuurwetenschap," pp. 14 – 15 出色地概述了导致文艺复兴概念被稀释的历史争论的一般模式。

③ 感谢 Klaas van Berkel 一直努力使我面对这类观点,从而促使我弄清楚我在多大程度上愿意接受它们。

看不到该周期在这里显示的那种特殊的高度偶然性。此外，我对科学革命概念**仅仅是**一个比喻表示质疑。它直接指向一个过去的事件或情节，具有无可争议的历史实在性：现代早期科学的出现。1700 年左右，一两个世纪之前还不见于欧洲（或世界任何其他地方）的某种东西在那里出现了：牛顿的综合，还有许多伴随的研究方法、观念和暗示，都说明出现了一种非常成功的探索自然奥秘的新方式。无论如何，我们需要给产生这一结果的一系列活动赋予融贯的意义。要想做到这一点，最好的办法就是用一个统一的（而 501
不是单一的）概念来引导（而不是主导）研究。因此，我们面临的挑战不是痛惜或被动默许原初概念的必然消散，而是保留这一概念，为之填补符合最佳历史研究成果的新含义。

### 让这个概念彻底消亡会怎样？

尽管科学革命概念似乎使我们陷入了非常棘手的困境，但如果真的废除它将意味着过早投降和轻率放弃一个不可或缺的历史概念。它之所以不可或缺，一个原因是，一些非常富有成果的、大都未被充分利用的科学革命解释将因此而悬置半空。我们果真希望这些解释今后缺少一个待解释项，因为其背后的科学革命概念已被悄悄取消吗？

但我之所以认为这个概念是必不可少的，主要是因为它指示了历史上那个独特的时刻，此时西方从思想和操作上成功驾驭了自然。因此，放弃这个概念等于在一项富有挑战性的任务面前悄然退缩，这项任务是理解世界历史上的一个关键问题：欧洲打破传统社会方式的来源、表现和后果。无论是把现代早期科学仅仅当成无数思想潮流之中的一种,还是力图揭示现代早期科学中的一些可见于各种人类活动的主观因素,这些努力虽然本身往往是值得的,但都不应使我们无视一个基本事实:自科学革命爆发以来,科学已经远远超出了所有这一切——科学革命体现了人类开始对自然有一种统一的、连贯的理解;这种理解一直是而且永远是不完整的;其发展充满了挫折;我们甚至不清楚自然现象是在什么实在性层面被理解的;这种理解是以前所未有的规模进行的。这种突破是如何发生的以及如何能够发生,这个问题继续困扰着科学史家,我们整本书讨论的也是这个问题。但要想从历史上理解其真正意义,就必须认识到,在不同于任何其他人类活动的科学革命发生以来,科学的实质到底是什么。西方之所以显得与众不同,正是由于科学在16、17世纪的产生这一非常特殊的事件——它永远决定了欧洲对传统行为模式和思维模式的持续偏离,正如巴特菲尔德、李约瑟和贝尔纳以各自的独特方式看到的。

然而,为什么像科学革命这样重要的一个概念,在书写整个历
502 史方面——也就是在狭窄的科学编史学界之外——只起了很小的作用?林恩·怀特在1966年警告说,

> 虽然科学史学科如今正在赢得哲学家越来越多的认可,但25年前,科学史家不仅在热烈讨论作为一种自足思想活动的科学,而且还讨论科学与其他人类关切之间有怎样和多大程度的关联,与此相比,今天的一般历史学家、经济学家、社会心理学家、社会学家和工程师对科学史已经不再感到那么兴

奋了。如果它还像目前那样相信所有科学观念都是精确无误的,那么我对科学史未来的健康状况表示担忧。[①]

也许是由于最后的有意挖苦,怀特的明智警告一直收效甚微。的确,三四十年代的社会史大都很粗糙,而且怀有偏见。虽然其核心处藏有更伟大的东西,但对于把科学史整合到一般历史之中这样一个目标而言,其与生俱来的还原论其实是障碍而不是激励。科学思想史家也有一项艰巨的任务要完成:理解过去的科学文本本身就是艰苦的事情,除了博学和了解迥然不同的事实知识,它还必须满足很高的专业标准和要求,需要各种不同素质的罕见结合。此外,当"一般"历史学家与科学史上发生的事情保持敬畏距离时,他们对"两种文化"的敬意超出了正常程度。这一切都是事实,但科学革命是人类历史上一个重要情节,我们为何把它变得如此边缘?

我认为,我们作为科学革命的研究者,应当保留这一概念作为我们的共同主题;应当一次次地对其重新加以定义,直到它在整个历史框架内取得协调性、事实准确性、解释力和相关性等共同特征。我并不认为这样一个目标可以轻易而迅速地达到。但我也并不认为期望中的结果前景是如此黯淡。关于科学革命的实质和原因,还有什么思想和方法未被利用或充分利用,我们已经在前面的章节中深入研究了。

① L. White, Jr., *Medieval Religion and Technology*, p. 123.

## 7.3 对未来科学革命观的想法

现在顺便考察一些特别有前途的想法,我这里并不准备列出
503 对新的研究课题的建议,这些建议我们一直在提,也不打算穷尽或再次收集迄今为止讨论的历史学家的所有观点,而是想回忆某些宽泛的想法,或许有利于我们今后对科学革命的理解。

首先是相对的非连续性。它表明某些事物可能在历史上突然改变,尽管在考察时,这些剧烈转变或“嬗变”总可以被视为在较早的时候已经准备好。同一原理还可以有反方向的表述:即使寻求历史中的连续性从来也不是徒劳的,但这并未消泯逐步转变与相对突然的转变之间的区别,因此,我们仍然可以问心无愧地把后者称为“革命”。

还有就是,要想全面把握科学革命期间普遍存在的那种新颖性,就需要理解包括欧洲在内的所有传统社会所处的“大约的世界”如何过渡到 1600 年左右开始的自然的数学化过程所开创的“精确宇宙”。

还有就是,认为“内部科学革命”以某种方式包含在“外部科学革命”之中,这种想法已经存在了至少一个世纪。

还有就是,不妨认为科学革命沿着两种潮流前进:一种是数学的/实验的,另一种则是探索性实验、物质世界的微粒模型以及来自机器领域的类比的某种混合。

还有就是,这两种潮流以各种方式相互作用,和谐要素与互不兼容的要素提供了动力使之不停地运动下去。

还有就是，无论是科学革命本身，还是它在整个思想背景和社会环境中的传播模式，总体而言都具有偶然性。

还有就是，有些人无法接受新科学不再属于一种全面的哲学，他们试图寻求一种业已失去的知识的统一性——这种寻求表现为，部分基于新科学见解来构造无所不包的新哲学。

还有就是，有些人无法接受新科学似乎剥夺了世界的终极意义，他们试图寻求一种业已失去的宇宙的统一性——这种寻求表现为，重新肯定神秘的和魔法的思维模式，旨在以某种方式捍卫人类精神的自主性。

还有就是，应把过去的科学尽可能地置于其思想背景和社会环境中。与之相联系的想法是，只有非教条地运用，尤其是不要把创造性活动还原为（有别于互相关联）社会方式，这样一种“新语境 504
主义”才能运作得最好。最好把这种方法固定于一般理解的社会史，而不是深奥的相对主义形式。通过这样一种方式，科学史学科以外的人也许能（借助于一种重要的副产品）对科学革命重新产生应有的兴趣。

还有就是，整个欧洲之所以能够迅速接受新科学，并不纯粹是因为新科学在思想上具有优势，这种接受本身就是一个很大的谜。科学的社会史或许有助于解决这个谜，我们需要关注这样一些想法：(1)普遍的赞助体系是当时支持科学的重要手段；(2)全欧洲的权威性危机；(3)怀疑危机；(4)新科学的功利主义承诺，源于各种基督教教义的价值观，以及与之相伴随的科学主义运动的兴起，都促进了新科学的合法化。

还有就是，现在有必要打破关于科学革命“标准”解释的那个狭窄圈子,努力把鲜为人知的因果关联也包含在论述中。在这样做时,没有必要把这些因果关联先验地限制于"内部"或"外部"关联,关键是弄清楚解释项(*explanans*)是什么(无论它来自哪个领域),以及它与待解释项(*explanandum*)到底是如何关联的。

还有就是,如何把自然的数学化过程与各种(尤其是来自社会的)因果动因联系起来,这个问题已被证明几乎完全无法处理,而各种因果动因可以与"培根"科学富有启发地联系起来。

还有就是,在之前的许多思潮中寻求科学革命的原因时,永远不要忽视一个关键问题:新科学的主要人物在何种程度上超越了培养他们的那些更早的思维模式。

还有就是,科学革命发展的最低要求是:(1)一种自信的思想氛围,从事科学的人要对科学的价值感到自豪;(2)一个拥有共同核心价值观念的共同体,认为与科学相关的那些价值观念与这种核心价值观念相容;(3)一个不受大规模持续破坏的地区。

还有就是,一个充满新生的多元主义要素的社会为现代早期科学的兴起和繁荣提供了也许必不可少的重要基础。

最后是,我们可能碰到的科学革命的任何原因最终都会在"西方与其余世界的分化"这一最重要的议题中找到其合适框架。

505 **余下的任务**

上述任务不可能由一个人来完成。接下来要做的是所有任务中最大的部分:把这些想法以及其他许多可能的想法纳入一种半旧半新的科学革命观。本书体现了我的一个信念:要想看到最有前途的前进方向,我们首先要向后看,以从影响这个领域的人那里接受指导，从而使我们的目光变得更敏锐。从这种向后看的努力出发，我提炼出了前面一些想法。显然，即使要采用所有这些想法，也仍然可以通过许多不同方式对其进行运用和结合。本书的最终目的始终是，促使专业科学史家（尽可能地得益于其他专业的历史学家）继续前进，重新得出一种全面的图像，以深化我们对科学革命的理解。正是持着这种特殊的态度，我现在要通过众多可能样本中的一种来展示我目前对科学革命的大致理解。它由两部分组成：一部分是关于我所理解的科学革命的有合理结构的概要，对它的表述几乎是标语式的；另一部分考察的则是似乎最符合这种科学革命解释的因果关联。

# 中译本补遗(2012 年)

亲爱的读者,现在您已经读完了《科学革命的编史学研究》第七章,您自然期望紧接着看本书原有的最后一章:“科学革命的结构”(The Structure of the Scientific Revolution),暗示托马斯·库恩那部世界闻名的著作。不过,您这里将不会看到这一章了。在与译者张卜天博士交流的过程中,我向他提议用一篇补遗来替换这一章。他和美国出版商(芝加哥大学出版社)立即友好地表示赞同。

是什么促使我提此建议呢?当初最后一章的开头是这样写的:

> 在接下来的概述中,其背后的想法被视为理所当然的,因为这些想法已在第一和第二部分详述过了。……这篇概述只是之前整个论证事后的想法,对它最恰当的检验是把它写成书的形式,看它是否能够囊括共同构成现代早期科学诞生的一系列历史事实。但这需要另一本书来讨论,事实上,我希望接下来能写这样一本书。而目前,接下来的内容仅仅是一种非常临时的概述。

当本书 1994 年问世时,我已经开始着手“我希望接下来能写”

的第二本书。2010年,第二本书终于以《现代科学如何产生:四种文明,一次17世纪的突破》(*How Modern Science Came Into the World. Four Civilizations, One 17th-Century Breakthrough*)为题由阿姆斯特丹大学出版社出版。它的开篇是这样的:

> "17世纪科学革命"曾经是一个富有革新精神和鼓舞人心的概念。由它产生了关于现代科学兴起的主导叙事。在此期间,这种叙事变成了一种束缚——许多事件和背景往往无法纳入其中。在课堂上,我们充分利用了这种情况;在研究中,我们大多数人宁愿完全放弃这个概念,认为它充满了难以处理的复杂性。然而,无论是早期以理论为中心的编史学,还是现如今以语境和实践为导向的研究进路,都并不迫使我们完全放弃这个概念。在本书中,我将对其叙事进行完全的重建。在此过程中,我将采用综合方案,坚持比较,顽强探索背后的样式。
>
> 我分析的关键是把科学革命看成六次不同但却紧密关联的革命性转变,每一次转变大约持续25年到30年。这一设想也使我得以解释现代科学如何能产生于欧洲,而不是希腊、中国或伊斯兰世界。[……]
>
> 在1994年出版的《科学革命的编史学研究》中,我批判性地认真考察了关于这一事件的大约60种观点,这些观点因其大胆创意和解释范围而从大量文献中被遴选出来。我现在要提出我自己的观点。它是在与那60种连同最近若干种解释以及许多范围更集中的研究进行认真对话的过程中形成的。

它在很大程度上也基于对该主题一手文献的熟悉。在《科学革命的编史学研究》的最后一章,我初步概述了自己正在酝酿的观点。对我而言,那篇概述是一块很好的踏脚石,但在此期间我的思想已经有了许多新的转向。因此我丢弃那本书的最后一章,感谢它曾经给我的鼓励。

在接下来的补遗中,我要做两件事:先是简要提供自1992年——即我完稿那一年——以来问世的具有专业可靠性的科学革命研究的最新信息(只有非常粗略的概述),然后解释这本《科学革命的编史学研究》中详细讨论的某些想法如何启发我对这一主题的思考发生那些"新的转向",并最终导向了《现代科学如何产生》和它的一个简写本《世界的重新创造》(*De herschepping van de wereld*)。这个简写本(不是用英语写的,而是用我的母语荷兰语写的)面向的是更广泛的非专业读者。它2007年在荷兰出版;德译本于2010年问世;由张卜天博士翻译的中译本于2012年问世。

**科学革命著作的出版(1992—2012)**

据我所知,自1994年以来有14本书主要关注科学革命本身,而不是科学革命的某个方面(在此期间出现了很多这类书籍)。也就是说,这些书把科学革命看成一个欧洲范围的事件,涉及对自然界的一种基本上全新的理解,而且不论具体分期如何,都会包括17世纪。在这14本书当中,有一本是由威尔伯·阿普勒鲍姆(Wilbur Applebaum)编辑的大型百科全书,一本是由马库斯·赫利尔(Marcus Hellyer)编辑的文集,还有十本是首先做课堂之用的简短或非常简短的教科书。最后是两部长篇研究。较早的一部是一套新近研究系列的第一卷(该系列研究将由斯蒂芬·高克罗杰[Stephen Gaukroger]独自完成)。另一部则是我本人的《现代科学如何产生》。现在,我将首先讨论阿普勒鲍姆的百科全书和赫利尔的文集,然后是十本教科书,最后讨论高克罗杰和(在下一节中)我本人的著作,尤其会关注我那本书使用的概念工具在多大程度上源于我在科学革命编史学领域的早期工作。

**Wilbur Applebaum (ed.)**, *Encyclopedia of the Scientific Revolution from Copernicus to Newton*. New York / London: Garland, 2000; xxxv+758 p.
威尔伯·阿普勒鲍姆(编):《科学革命百科全书:从哥白尼到牛顿》

在导言中(pp. xi - xiv),阿普勒鲍姆列出了(到那时为止)近年来反对"科学革命"概念的几个理由,然后为自己继续使用该术语做出了辩护。他从最近的文献中提炼出了七种重要反对意见。它们声称,对该术语的使用蕴含着:(1)脱离文化语境;(2)人类因为今天最终获得了科学真理而从"无知、迷信和错误"中解放出来的必胜主义论述;(3)事件的发展时断时续;(4)长时间"同时支持相反的理论";(5)没有给予之前的恢复希腊文本和"中世纪晚期对传统原理的质疑"(等等中世纪晚期与17世纪发展之间的连续性)以充分赞扬;(6)除物理学和天文学以外的所有其他学科,尤其是化学和生命科学缺少一种革命性发展;(7)19、20世纪科学事业中发生的更加激进的转变及其导致的结论:"有两次或两次以上的科学革命"。

有鉴于此,阿普尔鲍姆指出:

> 无论这一时期的事件是否代表了我们所说的现代科学的开端,它们肯定构成了与过去的决定性断裂。古代和中世纪科学的基本公理,它们的研究方式和科学解释,无论千百年来经过了怎样的修改,均已被推翻。旧科学理论受到挑战和新科学理论出现和被争论的过程有时很慢,但这并不说明科学革命的概念是无效的,科学革命并不是一个事件,而是一个事件复合体。

在这种有些生硬的反驳之后,阿贝尔鲍姆在其导言的剩余部分概述了那些他认为最重要的巨大变化。正如这部百科全书的标题所示,他认为科学革命从1543年持续到1700年左右,但需加上一个限定:“决定科学革命性质的决定性事件集中于17世纪上半叶。……紧随科学革命的这段独具创造性的时期之后的是进一步吸收和发展它所取得的成就。”

当然,构成百科全书主体的许多词条都与个人有关,但也有许多词条是主题。阿普勒鲍姆把它们分成了五类:(1)哲学学派、世界观以及相关的概念;(2)学科(范围、分支、方法、发现);(3)机构、组织和传播;(4)社会和文化背景;(5)编史学问题和解释。类别(2)占了最多词条——除了个人,科学学科显然是百科全书的中心议题。幸运的是,许多词条都是由阿贝尔鲍姆所能找到的最权威的历史学家写的,比如理查德·韦斯特福尔撰写了与艾萨克·牛顿有关的所有词条。我本人撰写的“科学革命”词条(第589—593页)(写于1996年)为我这本编史学著作提供了一个略作更新的摘要。

**Marcus Hellyer**, *The Scientific Revolution: The Essential Readings*. Oxford: Blackwell, 2003; viii+264 p.
马库斯·赫利尔(编):《科学革命专题读本》

在“编者导言:什么是科学革命”(pp. 1－15)中,赫利尔试图表明为什么科学革命会变成一个极富争议的概念。毕竟,虽然一些学科在16、17世纪的欧洲发生了根本改变,但还有许多学科(化学、生命科学、医学)远没有这么重大的变化。为了应对这一困难,历史学家寻求其他一些特征,与那些存在剧变的学科的特征不同,它们的确涵盖了当时几乎所有重大变化。赫利尔说,这些共同特征包括五个内部特征与一个“外部”特征,即可见于科学内部的五个过程:(1)对古代知识的恢复通往革新;(2)共同的形而上学基础;(3)新的方法;(4)观察和实验取代了由权威来指导;(5)数学与自然哲学相融合;(6)(以及一个具有“外部主义”性质的特征)源于资本主义贸易的实际关切的背景。针对这六种特征,赫利尔以如下方式分别列出了为什么不能认为它们真正为各个学科所共享:(1)在16世纪,对于亚里士多德文本的尖锐批评远比革新更普遍;(2)博物学仍然基本处于机械论哲学领域之外;(3)各个学科的方法多种多样;(4)对权威的拒斥有相当一部分是源自古物研究界,也就是说,来自科学以外的领域;(5)许多科学领域仍然处于数学领域之外;(6)由伽利略、笛卡儿等主要人物所带来变化的理论/概念方面太过重要,没有必要做一种笼统的“理论与实践”的二分。

此时赫利尔介绍了(他声称)自20世纪70年代以来产生的新问题。这些问题连同对待当今科学的一种更具批判性的新态度,使人们对科学的社会文化背景产生了新的兴趣。从那以后，人们开始关注从事科学的人在社会中处于何种境地以及他们对自身角色的设想；机构；实践、尤其是实验；认识到现代早期的学科层次与我们的有所不同，比如对魔法和炼金术有完全不同的评价。赫利尔还认为，科学与宗教之间据称的对立已经让位于更细致入微的了解。

> 作为这些研究的结果［赫利尔由以上推断］，科学革命（the Scientific Revolution）作为概念和叙事陷于一片混乱。事实上，构成这个短语的所有三个词都是有疑问的。“the”意味着现代早期只有一次革命，但情况并非如此。此外，它还意味着一个重要性的等级，但如果16、17世纪的诸多事件是“the”科学革命，那么18世纪的化学革命将仅仅是“a”革命，必然具有次要意义，其他时代的历史学家会对此提出质疑。
>
> 此外，带着对［科学］行动者所使用范畴的更大敏感性［……］，历史学家现在承认“科学”一词也是误导和时代误置的。科学与自然研究之间的关联并不是在现代早期建立的……
>
> 对于一个持续了至少一个半世纪甚至更长时间的过程而言，称之为“革命”似乎不太恰当。不仅如此，革命的镜头是扭曲的：任何从我们的观点看不够激进的进展都会被抛出历史叙事。……因此，“科学革命”一词虽然没有被替换，但已不再受人青睐。“现代早期科学”一词所携带的思想负担较少，已经取得了一些成功。

赫利尔的结论是，无论我们是否觉得有必要保留这个概念，他在该文集中选择的文章至少表明,“从 1500 年到 1700 年自然研究发生了根本转变,不仅在理论上,而且在方法、体制和日常做法上”。

关于这两部著作就说这么多。它们分别出版于 2000 年和 2003 年,表明科学史写作中有哪些新潮流导致了对科学革命概念可行性的广泛疑虑。现在我将按照出版顺序提供十本教科书的简要特点。处理的要点如下:

- 作者是否接受“科学革命”这个概念或至少是这个术语?如果接受,那么:
    - 作者认为科学革命代表什么?
    - 作者如何确定科学革命的时间?
    - 作者是否区分了科学革命和准备期,若有区分,是哪一个准备期?
- 什么样的问题和/或分析单元在支配论述?
- 作者是否试图为科学革命或其中一部分指定原因?
- 作者的学术专业或专长如何影响这本书?

**Steven Shapin**, *The Scientific Revolution*. Chicago: University of Chicago Press, 1996; xiv+218 p.
史蒂文・夏平:《科学革命》

这本书开篇便是那句经常被引用的自相矛盾的话:“没有科学革命这样的事情,本书讨论的正是这一点。”夏平在导言中列出了历史学家(肯定也包括他自己)对这个词感到不安的六点原因,最终他似乎勉强认可了以下纲领:

> 我们可以说,17世纪出现了一些自觉的大规模尝试,想改变关于自然界的信念以及保卫信念的方式。一本关于科学革命的书可以正当地讲述这些尝试,不论它们成功与否,不论它们在当地文化中是否受到质疑,不论它们是否完全协调。

于是,科学革命在夏平的书中就成了"旨在理解、解释和控制自然界的各种文化习惯,它们各有不同的特点,各自经历了不同的变化模式"。因此,这里不再认为科学革命标志着前现代与现代理解自然界的方式之间的独特分水岭——与现代科学兴起的任何关联均已严格切断。夏平在该书的最后一页声称,科学"肯定是我们已经获得的最可靠的自然知识体",但在之前的163页中,他却从未提出或回答科学起初是如何变得这样可靠的。与所有这些相一致,关于这种如此缓和的科学革命的原因,夏平未置一词。"为什么"的问题没有出现;这本书从一个局部语境移到下一个局部语境。

虽然未提出分期,但该书的讨论实际上仅限于17世纪。第一章以伽利略发现太阳黑子开篇,题为"所知者何?";第二章题为"如何得知";最后一章题为"知识何为?"。第一章简洁叙述了早期作品中常常讨论的内容(从地心宇宙到日心宇宙,从亚里士多德受目的引导的世界到充满运动微粒的世界,等等),不大会引起争议,但后面两章主要建基于《利维坦与空气泵》的读者所熟悉的情节和观点。其核心问题始终是,从事科学的人通过什么手段来试图说服别人相信他们的观点和结论(夏平宁愿说"信念")。

**John Henry**, *The Scientific Revolution and the Origins of Modern Science*. Hampshire/London: Macmillan; New York: St. Martins, 1997; x + 137 p.(第三版 2008 年在 Palgrave MacMillan 出版)
约翰·亨利:《科学革命与现代科学的起源》

本书所属的系列丛书“旨在呈现关于自 16 世纪以来欧洲历史上重要主题和情节的‘争论状态’”。因此,亨利在与文献持续对话过程中讨论了自己希望提出的要点,认为科学革命发生在哥白尼与牛顿之间。他承认目前关于科学革命概念的种种疑虑,但倾向于继续坚持它,甚至用一句简短的“科学革命已完成”结束了这本书。该书副标题已经清楚地表明,亨利的初衷就是把科学革命视为现代科学的起源——在他看来,这正是使科学革命如此重要和值得我们关注的原因。

在文艺复兴所带来的许多变化中,亨利认为“人文主义者的改良主义思想”是科学革命的首要起因。在亨利的处理中,科学革命本身的标志首先是数学、自然哲学和实验之间的融合进程。在整个科学史职业生涯中,亨利始终非常重视魔法和宗教,认为它们是 17 世纪科学的重要方面,这里他将文献中的各种解释性论题(例如默顿论题和耶茨论题)与后来研究所揭示出的这些材料和观点作了权衡比较,从而详细讨论了这两者。英格兰与欧洲大陆之间的重要差异在许多地方也已经出现。

**Rienk Vermij**, *De wetenschappelijke revolutie*. Amsterdam: Nieuwezijds, 1999;128 p. 重印时作为一部更厚的著作《科学简史》(*Kleine geschiedenis van de wetenschap*)的第一部分在同一出版社出版;2006.
里恩克·维米耶:《科学革命》

维米耶区分了三个时期。在第一章,在古代世界产生并且在欧洲中世纪扎下根来的世界观念为后续发展搭好了舞台。在接下来一章,16世纪文艺复兴的特征是对古代和中世纪遗产普遍感到不安,这导致人们沿着各个方向摸索可能的替代方案。最后在17世纪,这些文艺复兴时期的试探手段被并入了科学革命本身当中。在维米耶那里,科学革命概念实际上代表亚里士多德主义世界观被笛卡儿的世界观所取代,虽然后者不断得到完善,但直到17世纪下半叶才被惠更斯和牛顿实质性地改变(第三章)。所以在维米耶看来,笛卡儿是在科学革命的中心人物——他直接坚持"科学革命"这种表达,而且似乎也认为它涵盖了现代科学的起源。除了文艺复兴时期的准备工作以及它如何引发了科学革命,维米耶既没有提出也没有回答任何"为什么"的问题。

**James R. Jacob**, *The Scientific Revolution. Aspirations and Achievements, 1500—1700*. Amherst: Prometheus, 1999; xviii+148 p.
詹姆斯·雅各布:《科学革命:抱负与成就,1500—1700》

和维米耶一样,雅各布也用一章写了古典遗产,接下来一章写了文艺复兴时期的"宇宙论革新和破坏性怀疑"。在这里,文艺复兴时期的魔法、印刷术的发明、现代怀疑论的兴起以及航海大发现等现象同样充当了科学革命本身的序幕,这里科学革命也涵盖了17世纪。雅各布对科学革命的讨论在很大程度上集中于个人,特别关注科学和宗教的发展及其在法国和英格兰的相互关联。雅各布讨论了英国皇家学会及其实际关切以及各种新教教派对其实验和其他研究的影响,他之前对波义耳的研究工作可以在其中反映出来。在整本书中,对于科学革命作为产生现代科学的事件这一地位,雅各布既没有肯定,也没有否认,也没有质疑。

**Michel Blay**, *La naissance de la science classique au XVII^e siècle*. Paris: Nathan, 1999; 128 p.
米歇尔·布莱:《经典科学在 17 世纪的诞生》

与这里讨论的其他著作相比,这本著作最少受有关科学革命概念的各种怀疑的影响。本书标题为"经典科学在 17 世纪的诞生",事实上在布莱看来,这恰恰是科学革命的实质内容。所有其他作者都因为科学革命概念无法涵盖非数学科学以及其他经常被提到的缺点而受到一定程度的困扰,但布莱的看法非常类似于柯瓦雷,因为在布莱看来,自然的数学化才是整个事件的关键。的确,"世界秩序已不再相同,我们目前生活的世界框架现在已经确立",布莱在其小册子的最后这样总结道。

在受伽利略启发的新的实在论数学领域内部,布莱关注的核心是关于无限的思想史。他较为详细地概述了对无限的数学处理如何从伽利略发展到牛顿,并从那里发展到用牛顿和莱布尼茨的微积分来解决涉及无限大和无限小的数学问题的第一批数学家(尤其是皮埃尔·瓦里尼翁[Pierre Varignon])——其中许多细节布莱已在其他著作中作过讨论,他在这里把这些内容当作现代科学出现过程中的核心事件来概述。

**Paolo Rossi**, *The Birth of Modern Science*. Oxford: Blackwell, 2000; ix+276 p.
保罗·罗西:《现代科学的诞生》

罗西(2012年去世)著作(最初是用意大利语写的)的开篇写的是,为了挽救被控施巫术的老母亲免受火刑,开普勒付出了经年累月的艰苦努力。罗西曾有相当一部分学术生涯致力于表明现代科学如何从文艺复兴时期的魔法中发展出来,所以开篇这段话让人想起了罗西的一个主要关切——17世纪的迷信和其他绝非现代的观点如何可能而且确实与现代科学的开端并存。罗西并未追问"科学革命"是否仍是一种可行的表述,或者是否代表着现代科学(至少是它的大致轮廓)的形成。在他的论述中,科学革命始于哥白尼,此前则是魔法潮流占主导地位的文艺复兴时期的序幕。与大多数其他作者相比,罗西更加坦率地让个人占据了中心舞台,比如伽利略、笛卡儿以及最重要的牛顿,他对这些人工作的讨论始终遵循着科学学科的通常分类。除此之外,罗西还选了一些在其他教科书中几乎看不到的特殊主题加以讨论。比如一些早期先驱认为化石和其他一些陆地现象表明,不仅人类可能有自己的历史,自然也是如此。和大多数作者一样,在所有这些内容中,罗西既没有提出也没有回答任何"为什么"的问题。

**Peter Dear**, *Revolutionizing the Sciences. European Knowledge and Its Ambitions, 1500—1700*. Basingstoke: Palgrave, 2001; viii+208 p.
彼得·迪尔:《科学革命:欧洲知识及其抱负,1500—1700》

迪尔承认可以用"科学革命"来指称17世纪"对自然观念、知识的正当目的以及知识获取方法的大规模深刻重构"。然而,由于他认为"裁定过去信念的真理性与历史学家无关",因此迪尔始终执意避免把科学革命当作现代科学的形成来处理。和夏平一样,迪尔在科学革命与今天之间建立的唯一联系出现在该书结尾："现代世界很像弗朗西斯·培根所设想的世界。"事实上，这一思路很好地囊括了整本书的指导线索，即在17世纪，对自然"沉思式的"理解让位于一种"操作式的"认识——也就是说，与60多年前柯瓦雷对科学革命的设想截然相反。在迪尔看来，科学革命的结果是"自然知识越来越意味着关于自然物如何运作以及如何使用它们的知识"。

迪尔明确而广泛地区分了16世纪的"科学复兴"和他为17世纪指定的严格的科学革命。虽然他认为历史学家研究过去的事件在何种条件下能够产生是正当的，但这类或任何其他性质的"为什么"的问题在他的书中并不占有什么位置。无论是这本书还是迪尔的其他著作都有一个显著的议题，那就是越来越用"实验"来指称的那种经验——不是我们大家都知道会发生的事情，而是认真叙述(波义耳做得尤为详细)实验者在特定时间地点观察到特意设计的人工环境下发生的事情。由此引出的问题是，如何让局外人相信实验者在如实地叙述，迪尔沿着夏平和谢弗早先描绘的线索详细讨论了这个问题的解决方案。

**Wilbur Applebaum**, *The Scientific Revolution and the Foundations of Modern Science*. Westport (Connecticut): Greenwood, 2005; xxi+245 p.
威尔伯·阿普勒鲍姆：《科学革命与现代科学的基础》

与五年前在他编辑的百科全书(见上文)导言中表达的科学革命观相一致，阿普勒鲍姆这里同样既坚持"科学革命"这一表述本身，又坚持正是科学革命为现代科学奠定了基础。他这本教科书几乎完全是按照科学学科进行编排的,因此,笛卡儿和牛顿等先驱者不断在各种不同的标题下重现。考察完学科之后,阿普勒鲍姆又考察了方法的运用、"机械论哲学"、魔法潮流以及在此期间宗教与科学之间不断变化的关系。他把16、17世纪作为一个整体,在时代年表中来回跳跃,其跨度比这里讨论的其他教科书范围更广。

科学革命是由什么引发的,这个问题并没有出现;相反,阿普勒鲍姆在结束时概述了科学革命的结果如何影响了随后(从启蒙运动一直到当今科学)发生的事件。

**Margaret J. Osler**, *Reconfiguring the World. Nature, God, and Human Understanding from the Middle Ages to Early Modern Europe*. Baltimore:Johns Hopkins UP,2010;xii+184 p.
玛格丽特·奥斯勒:《重构世界:从中世纪到现代早期欧洲的自然、上帝和人类认识》

玛格丽特("玛吉"[Maggie])·奥斯勒(2010年去世)在整本书中小心翼翼地避免提及"科学革命"。因此,她把整个时期(1500年至1700年)看成一个不断发展变化的时期,尽管在她的处理中17世纪要比以前的发展占去更多篇幅。这一决定的另一个后果是,"为什么"的问题既没有被提出,也没有得到回答。奥斯勒还执意避免"追溯过去以寻找现代科学的起源,……不是要发现自己所关注的事物在过去得到了哪些扭曲反映",而是必须设法理解当时那些人是如何看待自然界的,他们的看法如何会改变以及为何会改变。这些出发点(没有科学革命,没有与现代科学的关系)并未导向一种不同于这里讨论的其他教科书的叙事。这里的呈现顺序同样主要依赖于学科和个人,更多关注的是奥斯勒本人的研究主题——皮埃尔·伽桑狄以及(在亨利的书中也是如此)神学争论,主要是关于上帝全能的争论不休的问题。

**Lawrence M. Principe**, *The Scientific Revolution. A Very Short Introduction*. Oxford UP, 2011; xiv+148 p.
劳伦斯·普林西比:《科学革命》

与这本小册子所属的系列丛书相一致,它是这里讨论的所有十本书中篇幅最短的。普林西比承认关于"科学革命"这一表述已经出现了各种问题,但还是采用了它。与此同时,他在整本书中恰当地关注了标志着这一事件(他把时间定为1500年至1700年)的连续与断裂的混合。在导言和结尾中,他试图确定这一事件对我们现在意味着什么:不仅为现代科学奠定了基础,而且(此观点不见于其他书籍)也因此而失去了"充满美与希望的世界,我们往往已经忘记如何去看待它"。

普林西比用"月上世界"、"月下世界"和"小宇宙和生命世界"这三个标题来安排和通常一样非常庞杂的种种学科。在此之前论述了科学革命之前世界的面貌,他称其为"关联的世界",之后的一章题为"建造一个科学世界"。这里普林西比显示了科学如何从更大社会中的一种边缘现象变成一种由于体制建设、由于一系列发现的可能用途等等而极为显赫的事业。这本书的开篇讲述了1664年的彗星以及随之而来的针对其性质和意义的欧洲范围的争论,他藉此以一种富有表现力的形象囊括了所有这些重要主题,从一个关联的世界(但仍然鲜活地存在)一直到一个已经可以明显感到的科学世界。

当然,普林西比本人的研究中最突出的主题——在"化学"

(chymistry)框架下炼金术的历史——在他关于月下世界的一章中得到了特别关注。最后,他的书中从未追问(当然也不会回答)是什么导致了科学革命。

这样就完成了我对1994年至今(2012年)问世的十本很短的教科书的概述。除了文本本身(很少超过100页至150页),大多数作者都提供了插图、脚注、进一步阅读建议甚至是相当详细的参考书目(其中不少人都提到了我这部编史学著作)、时间表、原始文本选择、索引,等等。

此外,所有的书(夏平、维米耶和布莱的除外)都是应某丛书编辑之邀而写的。这些丛书无一例外都致力于探讨欧洲历史事件,从而实际上排除了对古希腊自然认识的深入讨论,而且大多数情况下都使其作者的讨论局限于大约1500年以后的事情。类似地,就一位作者罕见地提到了非西方世界而言,其短暂出现只是因为要在希腊遗产和中世纪欧洲着手处理希腊遗产之间讨论伊斯兰。

最后,也是最重要的,这十位作者确立和安排各自叙事的方式已经在很大程度上被每个人不得不应对的主要挑战所确定,简单地说就是:"我如何才能最好地服务于阅读我著作的学生?"事实上,所有这十本书都是为课堂之用,因此叙事的结构和步调已经事先被课题需要所规定。结果,无论彼此间有什么差异,每本书无一例外都把科学革命的"主导叙事"作为其主要组织原则。也就是说,大致在柯瓦雷与霍尔之间成形的科学革命叙事支配着所有这些书的主要情节。诚然,每位作者都会在可资利用的看法和观念中做出个人选择,大多数作者都表明了主导叙事在哪些方面为一种更令人满意的最新的科学革命叙事留下了足够空间,但课堂教科书的形式并没有为构想可行的替代方案提供现成的机会。无论其作者是否会在约束较少的情况下趁机对标准叙事进行实质性的修改(我将在下一节讨论这个问题),可以肯定的是,教科书并非以更加基本的方式对事情作重新考虑的合适机会。

而我接下来要讨论的两本书的情况则有所不同。高克罗杰的书和我本人的书主要都不是为课堂所写的简短教科书,而是学术专著,旨在从头开始重新思考困扰着科学革命概念的所有问题并提出(如果可能的话)新鲜的观点。现在,我先来(同样简短地)讨论高克罗杰提出的观点。

**Stephen Gaukroger**, *The Emergence of a Scientific Culture. Science and the Shaping of Modernity, 1210—1685*. Oxford UP,2006;ix+563 p.
斯蒂芬·高克罗杰:《科学文化的兴起:科学与现代性的形成,1210—1685》

尽管篇幅甚巨,学术性很强,但这本书只是完全由高克罗杰撰写的多卷本著作的第一卷。到目前为止,第二卷也已经出版[①]。每一卷的副标题都是"科学与现代性的形成"。这非常恰当地定义了作者旨在完成的事情。这是一个独特的西方事件,始于中世纪的欧洲,最终使"一切认知价值都被吸收到科学价值之中",高克罗杰整个工作的目的就是理解这个世界历史上独一无二的事态是如何出现的。

第一卷涵盖的时期与我们倾向于为科学革命指定的时期当然有很大重叠。正是由于这种重叠,我认为在这里讨论(无论多么简

① 目前四卷已全部出齐。——译者

短)这本书很重要。但作者既不是说科学革命始于1210年,也不是说它止于1684年——他选择这两个年份是出于不同的理由,当然都与他希望探讨的核心问题相关。他坚持认为,从1210年开始,人们开始严肃争论从神学观点出发是否可以接受刚刚由翻译家(这些翻译工作主要在安达卢西亚进行)引入基督教欧洲的亚里士多德主义世界观。根据高克罗杰的说法,这场争论开启了一个至今仍未结束的前所未有的时期,在此期间,对自然界结构的关注从以前习惯性占据的文化边缘越来越移向学术中心,最终也成为其他大多数人的文化关切。于是,欧洲从1210年开始沿着一个越来越显著区别于所有其他文明的方向移动,虽然其他文明也曾在各个时期有过一种大体上自然哲学性质的繁荣研究。在高克罗杰看来,欧洲的经历,连同科学事业在文明世界的那个特定部分所获得的独特连续性,与均以"繁荣-衰落"模式为标志的古希腊、中国和伊斯兰世界的早期经历有根本不同。

关于是什么赋予了欧洲科学(比如17世纪80年代中期的样子)自那以后获得的持久性,高克罗杰拒斥了三种标准论述。在他所谓的关于科学革命的启蒙运动解释中,那时出现的科学胜利习惯上(现在仍然)被归因于:(1)据称摆脱了宗教的束缚,(2)据称的自主性,(3)据称随后出现了一种新的基于科学的技术。通过拒斥这三种标准看法,高克罗杰的书旨在表明究竟是什么促成了科学事业在科学革命进程中形成的那种连续性。

高克罗杰在本卷给出的回答当然大部分与科学革命时期相吻合,有几个主题明显受到了关于科学革命的"什么""如何"以及"为何"的以前工作的影响。他的主角既不是"科学",也不是"现代早期科学”,而是“自然哲学”——在他的处理中,这一表述涵盖了这一时期对自然的所有探究。在这一宽泛的自然哲学概念中,高克罗杰区分了三种主要潮流:一个主要涉及量,另一个涉及“机械论”,即一种关于运动微粒的哲学构想,另一个则涉及“博物学”,即通过观察来研究现象,无论是否借助实验和/或工具。一到 17 世纪初,高克罗杰便开始主要论述这三种潮流在伽利略、笛卡儿、培根等主要人物那里发生了什么。

除了这三种大体平行的潮流中的各种发展,高克罗杰的另一个主要关切是,一种正在发生根本转变的自然哲学在从事它的人手中如何合法化。是什么使他们的方法和结论能够在一种主要由基督教关切和被基督教接纳的真理所驱动的文化中被接受?高克罗杰试图展示自然哲学家的角色在这一时期如何改变。他详细论证说,在 17 世纪变得最重要的不是追求真理,而是在一种以实用为目标的语境下追求客观性和公正性。他的结论是,新的自然研究模式远非摆脱宗教的束缚,而是以

> 启示与自然哲学的结合为标志,由此造就了一种迥异于任何其他科学文化的独特事业,它在很大程度上要为随后自然哲学在西方的独特发展负责。

于是从这个意义上讲,在高克罗杰看来,的确是科学革命时期标志着我们今天生活于其中的现代世界的最终出现。

### 我本人关于科学革命的不断发展的看法

由以上论述可以得出一个明确无误的结论:在大多数(虽然不

是全部)科学史家看来,科学革命的"主导叙事"曾经是一种起解放作用的强有力的论述,开启了关于科学及其过去的各种令人兴奋的新视野,但现在已经成为一种束缚。这种叙事与科学革命教科书的作者们宁愿讲述的故事不再契合。事实上,在一定程度上我也赞同这一观点。我的编史学研究已经让我相信没有任何单一的论述(不论是"数学化"还是其他什么东西)能够涵盖诸多(但并非所有)现代科学的基本要素在17世纪第一次出现的极为复杂的方式。但这一结论并不违反我矢志不渝的信念:(1)此前已有数个世纪的努力,试图可靠地把握自然界的结构,17世纪的决定性差异在这一过程中显示出来;(2)当时获得的这种转变称得上是人类历史上真正革命性的事件之一;(3)面对着对人类随后的命运如此具有决定性的一个事件,有充分的理由不放弃寻求它背后的融贯性。该主张本身似乎已经屈服于一种共同的怀疑态度,即是否可能通过新的概念化努力来不断控制各种复杂性。对我来说,这种渗透一切的怀疑无异于把远未患上致命疾病的婴儿和洗澡水一齐倒掉。

在第一章,我把"科学革命"概念称为"秘密宝藏"。当我写那一章时,我只是想说科学史家拥有解开现代世界兴起之谜的一把不可缺少的万能钥匙,这个谜引起了其他学术领域学者的激烈争论,但这些学者并没有太注意我们这份隐秘的宝藏。随着周围的人对任何意义上的科学革命概念的迅速放弃,我现在面对的是一份我们正忙于亲手掩埋的财富。

但我们为什么要这样?如果一个单一的概念因为若干很好的理由不再令人满意,那么合理的解决方案应该是提出一个更加多元的概念。所以我认为,我们需要做一种新的概念化,既能保留其前身中仍然有效的东西,又能拓宽科学革命概念,使之不在另一个极端被自身的复杂性所淹没。所谓“多元”,我指的是应当在比数学化更多的领域,也比迄今为止更深的层次来寻求和挖掘背后的融贯性。我的编史学著作(特意不仅仅是罗列历史学家的想法)已经取得了一些极富创造性但尚未挖掘的构想、进路和方案来进入这一无人涉足的领地,我认为所有这些都非常值得扩大和深化,并且在一定程度上改变主导叙事。现在应当充分利用这些想法,看看它们能使我在最终直接处理科学革命的工作中走多远。这便是您刚才读的第七章的结果。

那么,我在文献中遇到的最有前途的想法是什么?在撰写《现代科学如何产生》的漫长过程中,我是如何处理它们的?

**寻找一个新的主角**

我的编史学努力首先提醒我,我不得不做出一个明确的决定:什么分析单位最适合我的新目的。谁,或者说什么,应该是我的新书的主角?我应当坚持“现代早期科学”吗?

我通过三个步骤决定摆脱那种表述。

首先,我不再把科学革命的结果称为“现代早期科学”。这个术语不仅未能恰当表示科学革命的最佳程序和产物与标志着今天现代科学的某些基本产物和程序之间引人注目的、总体上完全新颖的相似性,而且“现代早期”(人们是如此频繁地用它来指 1500 年至 1800 年这一时段)错误地暗示紧随其后的必然是现代性的出现——这是我以前没能把握的“现代早期”的一种极具目的论色彩的含义。

接下来是“科学”本身。与“现代早期”一样,在《科学革命的编史学研究》中我仍然没有太多犹豫地使用了它。但亚里士多德的著作可以被公平地称为“科学”吗?道家的观念呢?笛卡儿关于我们的世界是如何构成的各种看法呢?例如,当你把亚里士多德称为“科学家”时,你几乎不可能不在心灵的某个偏僻角落把他想象成一个正在努力实现下一个突破的穿白制服的实验室工作者。如果依照传统把亚里士多德、道家或笛卡儿等人的观念称为“科学”,将会引起太多联想,它们反映的是当今科学,而不是任何据称早期的对应活动。因此我带着一种在今天的科学史家当中变得越来越明显的感情,在所涵盖的整个时期(即至少到17世纪末)去寻找对“科学”一词的恰当替代。

但(最后的第三步)把它换成什么?在许多专业人士看来,对于现代之前,说“自然哲学”而不说“科学”几乎已经成为标准用法。但这个术语对我来说太过广泛,特别是如果被不加区分地用来指理解自然或自然某个特定部分的任何努力。其用法抹杀了各种努力之间在我看来越来越重要的基本区别。例如经验主义方法与理智主义方法之间的著名区分,亦即主要通过观察而获得的见解与主要源于思想的见解之间的区分。在《科学革命的编史学研究》中仍被称为“科学”的活动,我现在称之为“从事自然认识”(the pursuit of nature-knowledge)——这是一个有意平淡的术语,意在只有作进一步指定才能达到应有之义。这一决定很快就产生了我的新书中所需的分析单位,那便是“自然认识模式”。在《现代科学如何产生》中我是这样定义它的:

……我指的是处理自然现象的一贯的迥然不同的进路,它们可能在几个方面有所不同。其范围可能很全面,旨在从第一原理中导出整个世界,也可能故意不完全。获得知识的方式可能主要是经验主义的,也可能主要是理智主义的。如果有任何做法伴随着某种自然认识模式,这些做法有可能是观察、实验、仪器等等。寻求知识既可能出于自身的目的,也可能为了实现某些实际改进。在同一时间地点从事不同自然认识模式的人可能交流也可能不交流。

在区分各种自然认识模式时,特别要关注我所谓的它们的"认识结构"。我指的是亚里士多德与伽利略的主要区别所表明的某种东西。例如,在适当的时候我们会发现,17世纪在对不同的自然认识模式(亚里士多德的和伽利略的,但也包括伽利略的和笛卡儿的)中看似相似甚至重叠的观念(尤其是运动和力)作不同处理时出现了许多概念上的混乱。知识是大规模组织起来的,还是零零碎碎组织起来的?知识的时间导向是如何被设想的——实践者们认为自己正在走向开放的未来,还是在重建过去的完美,抑或正在亲自构造一切可能知识真正的最终模式?他们试图在什么抽象层次上把握自然现象?如何处理经验事实——就其自身来处理还是为了服务于某种先验框架,如果是后者,那么是通过例证还是为了事后的检验?

我把这些自然认识模式当成动态的东西来处理。"转变"这个附加范畴使之成为历史分析的可行工具。随着时间的推移,自然认识模式未必保持不变。至少,由于既定框架内部的丰富或者标志着科学革命的那些革命性转变,它们有可能发生转变。

在我的整个新书中,把“自然认识模式”当成历史分析单位所带来的另一个好处是,它可以为我提供持续比较的理想基础。在某种自然认识模式**内部**,我现在可以有意义地比较大体以相同模式工作的不同实践者(例如阿基米德与伽利略比较,或者胡克与培根比较)。我还可以在不同自然认识模式之间进行富有成果的比较。在这方面,《科学革命的编史学研究》“非欧洲”的第六章为我作了很好的准备。写这一章本身就是一次令人振奋的经历。起初,我对中国或伊斯兰“科学”的编史学一无所知,我一路上遇到的任何东西对我来说都是新鲜的,然而当我最终完成了这一章时,我感觉我一直在其主人公的头脑周围漫步——我觉得我知道了李约瑟的非凡心智是如何运作的。虽然我对李约瑟的看法渐渐持批判态度,但首先正是他的工作使我确信,跨文化比较科学史可以使我在试图解决大问题的过程中获得不可或缺的帮助。可以肯定的是,对李约瑟这位伟大先驱落入的重重陷阱的持续识别帮助我避免再次落入其中。尤其是,我对那一章讨论的李约瑟等人著作的编史学研究使我解开了在那里碰到的最大的结——究竟应当拿什么与什么作比较?中国与欧洲(遵循李约瑟)?伊斯兰世界与欧洲(遵循冯·格鲁内鲍姆)?还是特别与中世纪欧洲相比较(遵循萨耶勒)?

我是这样从这片编史学丛林中开出一条路的。尽管前现代中国持续两千多年的实际未曾中断的自然认识活动与古希腊短得多的(最多一千年)类似追求极为不同,但我开始意识到,针对中国的情况可以做一种合理的比较。无论是中国文明还是希腊文明都没有产生现代科学,但两者都各自造就了可行的自然认识,非常值得相互比较。我确实做了这种比较,主要把席文(关于汉代的综合、《授时例》、沈括和炼金术的工作)和葛瑞汉(关于墨家的工作)的研究用作我的经验材料及其解释。

请注意,我在上一段话中只把"实际未曾中断"归于中国传统。事实上,希腊传统是中断的——与中国文明不同,希腊罗马文明的确走到了尽头。诚然,这两种文明都遭到了外国侵略者的蹂躏,但中国文明经历了蒙古族和满族的猛烈袭击之后基本保持完好,而在大约公元 400 年至 650 年间,希腊罗马文明永远灭亡了。

当然,这一切都不是什么新东西,但我为什么突然发现对于我的核心问题,这种对比充满了解释意义呢?答案在于我在不断修订那本新书的第一章时突然想到的一个新概念。我把那个概念称为"文化移植"。我指的是一个完整的知识体被转移到一种此前未被它触及的文明,其核心思想是,移植到至今从未试验过的土壤为被移植素材提供了新的机会,使之有可能得到新的更好的发展、扩充、丰富甚至是较为激进的转变。

在这方面,我热切地抓住了戴维·兰德斯"一个辉煌的死胡同"的想法(《科学革命的编史学研究》,第 6.4 节)。他提出这种想法只是为了表明欧洲中世纪的机械钟与苏颂的水钟之间的巨大差异,力图摆脱李约瑟严格直线演进的科学史进路。机械钟原本并不比苏颂的水钟更精确,甚至要大为逊色,但随着时间的推移,事实证明它能够进一步发展(迅速散布开来;小型化;改进,特别是通过钟摆),而水钟从一开始就已经达到了顶峰,随着时间的推移,只会因为逐渐腐朽和积累污垢而走得越来越差。一种发明或发现可能事后看来拥有一定的潜在发展潜力,随着时间的推移,这种潜力只会变得越来越明显,而且只有在某些局部有利的情况下才会如此,我把这种观念从个别的发明或发现拓展到像古希腊或古代中国那样的整个知识体。

于是,我对两者的比较最终是这样的:

> 事后看来,随着墨子文本谱系的逐渐消失,渗透在中国自然认识著作之中的有机的/关联的世界观可能会或者(更可能)不会有其希腊对应物所拥有的潜力,能够发生转变而导致明显的现代科学出现。在实际成就方面,无论是希腊著作还是中国著作都没有与生俱来的优越性。决定性的差异在于,包含在希腊而不是中国之内的潜在发展潜力有机会随着时间的推移而显现出来。

有了"李约瑟问题"的这个特殊解决方案,希腊自然认识著作的变迁便成为我的下一个重大关切。它相继被移植到了哪些文明之中?

**三次文化移植**

一旦那个特定的问题在我脑海中成形,回答也变得清晰起来——显然,不仅移植到了伊斯兰文明和中世纪欧洲,而且也移植到了文艺复兴时期的欧洲。希腊著作经历了至少三次大规模翻译活动,不仅在公元8世纪的巴格达(把希腊语译成阿拉伯语)和12世纪的安达卢西亚(把阿拉伯语译成拉丁语),而且还有第三次也是最后一次,即因为1453年拜占庭的陷落而在意大利等地进行的翻译。我们还记得,保罗·罗斯在《意大利的数学复兴》(《科学革命的编史学研究》,第4.4.2节)一书中让文艺复兴时期成为一个独立情节,而不只是作为中世纪与17世纪的自然认识之间的桥梁。很大程度上正是由于这种(对我而言)突破性的洞见(我也在诺埃尔·斯维尔德洛的一些工作中看到了它),我终于意识到,迪昂论题(《科学革命的编史学研究》,第2.2.4节)的一个基本预设仍然徘徊在几乎每一位历史学家的心灵中。无论是把中世纪情节看成本身就是革命性的,还是看成科学革命的一个不可或缺的预备阶段,甚至是别的什么东西,几乎所有科学史家都一直把它当作17世纪发生的革命性事件的前身来处理。罗斯显著不同的论述使我意识到,中世纪的情节是短暂而自足的,**到了15世纪中叶,欧洲在许多方面都有了一个新的开始**。

从这种观点看,我现在可以把我的核心问题重新表述如下。希腊著作发生了三次文化移植,第一次是到伊斯兰文明,然后到中世纪的欧洲,第三次也是最后一次是到文艺复兴时期的欧洲。每一次移植都是某个重大军事事件的完全意想不到的后果——在伊斯兰世界是第一次内战,它使倭马亚王朝的统治在公元800年左右被阿拔斯王朝所取代;收复失地运动,在此期间西班牙的伊斯兰部分被来自西班牙北部的基督教国王逐步接管;1453年奥斯曼帝国的苏丹穆罕默德二世征服了拜占庭。每一次都伴随着翻译工作,每一次都会使希腊著作重新繁荣起来。无论在伊斯兰世界、在中世纪的欧洲还是在文艺复兴时期的欧洲被接受,恢复和占有都使希腊著作得到丰富——在每一种情况下,原始著作中潜藏的某些发展可能性都显示了出来。那么,在每一种情况下为希腊著作具体丰富了哪些内容呢?它们之间有什么共同点?

我决定不应只是对单个的成就进行罗列和比较。为了使我的比较变得真正切实可行,我不得不在某个总体观念框架内进行比较。再次受到《科学革命的编史学研究》中讨论的某些作者的启发,我想出了三种这样的观念——上升与衰落的一般模式;希腊著作内部存在着一种基本的二分;在所有三种移植情况下从事的整个自然认识内部,区分了希腊著作本身与围绕希腊著作边缘进行的某些更具地域色彩的努力。

回想一下,我比较过历史学家关于希腊罗马衰落问题的争论与伊斯兰自然认识衰落问题的争论(《科学革命的编史学研究》,第 6.2.5 节)。各位历史学家都同意衰落在某一点上发生了,但对于衰落**何时**发生以及是**什么**使之发生却没有一致意见,他们也没有想到要对这两种情况进行比较。我还注意到,提出衰落问题的每一位作者都落入了一个陷阱——每一次为衰落指定时间在很大程度上都取决于其偏爱的解释。我在《科学革命的编史学研究》就走了这么远,但我现在面临着如何突破恶性循环的问题。

这里萨耶勒的工作被证明是最有帮助的。研究阿拔斯时期的历史学家习惯于谈及“伊斯兰科学的黄金时代”,萨耶勒对那个特定黄金时代的定义适合被远远推广到伊斯兰文明之外。他的标准(《科学革命的编史学研究》,第 6.2.3 节)还有另外几个人赞同,那就是存在着一个相对密集的一流从业者群体。事实上,针对希腊和伊斯兰的情况,历史学家近乎一致地强调了他们各自的黄金时代(尽管对于希腊,最繁荣的时期很少被称为"黄金时代")。然后无论有任何先入为主的解释,衰落都可以被简单地定义为黄金时代的结束。在伊斯兰世界,衰落发生在1050年左右,此前伊本·西纳、比鲁尼、伊本·海赛姆刚刚几乎同时过世,他们的著作都没有被继承下来,更不用说被接下来一代人丰富,他们径直转到了其他关切上。

萨耶勒的看法也为解决希腊的衰落问题开辟了道路——作者们似乎大体同意,公元前二、三世纪出现了极为密集的一流从业者(《科学革命的编史学研究》,第4.2节)。但我知道,劳埃德拒绝把希腊自然认识的衰落时间定得那么早(《科学革命的编史学研究》,第4.2.3节)——我们怎能在数个世纪以后托勒密和丢番图等一流从业者出现之前就谈及衰落呢?我对处理这个特别的反对意见感到茫然,直到我与伊斯兰文明的自然认识历史专家贾米勒·拉格普(F. Jamil Ragep)做了一次谈话。他向我指出,我在《科学革命的编史学研究》中对衰落的论述大体上是正确的,但他坚称有过一次"复兴"。所以他认为,毕竟更晚的年代也产生了庞大的相关手稿遗产,部分在波斯,部分在伊斯坦布尔,部分在安达卢西亚,所有这些极大地改变了任何简单的"衰落"图像。

我立刻意识到劳埃德和拉格普的反对意见颇为相似,它们都源于平凡的历史事实,我觉得我不能忽略或回避。一旦充分理解其共同影响,我便开始对迄今为止直接采用的衰落概念进行必要的完善。下面是我在我的新书中对这两种情况下发生的事情的定义:

> 在每一种情况下都会有一个上升阶段,在两到三个世纪内会以一个相对短暂的"黄金时代"达到顶峰,然后会出现一个急剧的低迷时期,但间或会有一些罕见的个人成就,其质量水平远远高于在此期间成为标准的水平。

换句话说,衰落有一个结尾;存在着再度繁荣,但有一个主要区别——方向仿佛已经倒转,已经不再是原初意义上的新鲜发现,从希腊著作中产生的问题现在以不同方式得到处理,其导向是原先的黄金时代。托勒密或纳西尔丁·图西或许已经超过了黄金时代的天文学家,但他们不再开启新的观角,而是首先试图改进各自黄金时代的缔造者的工作。

为什么会有衰落?在《科学革命的编史学研究》(第 4.2.3 节、第 6.2 节)中,我列出了各种可能的原因。每一种解释,无论是针对伊斯兰的衰落还是古希腊的衰落,都有一定程度的合理性,但没有哪一种的说服力明显超过其他。我越来越倾向于我从本-戴维的论述中得出的一个结论。在他看来(《科学革命的编史学研究》,第 4.2.3 节),自然认识的短期繁荣是事情的自然状态,而我们今天业已习惯的科学事业的持续增长则是一种需要解释的、几乎"病态的"的巨大历史反常。由这种真知灼见可以推知,需要解释的并非衰落本身,因为衰落无论如何都必然要发生,需要解释的至多是它的时间——衰落为什么会在那个时候发生?桑德斯较为温和的解释似乎很合适,即衰落是因为从大约 1050 年开始的无休止的蛮族入侵(《科学革命的编史学研究》,第 6.2.4 节)。

那么,如果应用于其余两种希腊文化移植情形,即移植到中世纪欧洲和文艺复兴时期的欧洲,我的上升/衰落模式在多大程度上仍然有效呢?对中世纪的欧洲来说,不难确定它在 13 世纪上升(此时大阿尔伯特和托马斯·阿奎那对亚里士多德学说作了伟大总结),在 14 世纪达到黄金时代[计算者(the Calculators)、布里丹、奥雷姆],从奥雷姆 1380 年去世开始急剧衰落。中世纪经院哲学从此以后毫无生气地导向了它自身的黄金时代,僵化保守而无法补救——在这个特殊案例中,没有发生任何有重大意义的结尾。最后是文艺复兴时期的欧洲。这里也很容易界定上升期,它始于 15 世纪中叶,并顺利地迎来了一个黄金时代,其标志是 16 世纪最后几十年出现了一批新的一流从业者(例如贝内代蒂、温琴佐·伽利莱[Vincenzo Galilei]、克拉维乌斯、拉穆斯、斯台文)。但衰落呢?

在确定科学革命本身(而不是衰落)是如何介入之前,我必须返回到希腊人,提到我在相继的三次文化移植之间进行区分所需要的另一种总体构想。这种特殊的概念化涉及雅典(Athens)与亚历山大(Alexandria)的二分,它在很大程度上要归功于塞缪尔·桑博尔斯基的一段话,直到我写完《科学革命的编史学研究》,我才意识到它的重要性。我开始认识到,前苏格拉底时期之后有双重的后续工作。从柏拉图开始,以雅典为共同的地理中心,一系列无所不包的哲学体系被构造出来。后来,亚历山大城建成之后,毕达哥拉斯主义传统变成了努力以非常抽象的方式对范围相当有限的经验主题(固体和液体的平衡、光线、振动的弦和行星的运动轨迹)进行数学化。除了(尤其是)地球固定于宇宙中心等几个共同观念,“雅典”与“亚历山大”的从业者之间几乎没有任何有效的思想交流。同样的情形在伊斯兰世界、中世纪的欧洲(数学科学占据一个非常边缘甚至从属的位置)以及文艺复兴时期的欧洲不断重复。

因此,在所有三次移植中并没有一种同质的希腊自然认识著作,而是其间有一种二分,即使在同一个人既从事自然哲学又从事数学科学的罕见情况下(比如阿维森纳),这种二分也依然存在,因为他们的自然哲学与数学科学并无相互影响。

但每一次文化移植也见证了别的东西,这些努力并不能追溯到希腊人,而是标志着某种关于文明本身的东西,在该文明中,翻译工作使人们从事自然认识。在伊斯兰文明中,这些围绕希腊著作边缘的影响直接源自信仰的迫切需要,比如按照《古兰经》规定的规则用新发明的代数来计算遗产。在欧洲,类似的影响以更大规模发生。我的科学史老师霍伊卡以及马克斯·韦伯的某些见解(《科学革命的编史学研究》,第 3.6.3 节)帮我意识到,欧洲所从事的自然认识从一开始就受到一种西欧所特有的外向型基督教信仰的影响。这种事业在中世纪还不太明显,到 15 世纪中叶便已呈现为除了努力恢复包含雅典和亚历山大遗产的文本以外的第三种大体上独立的潮流。这第三种潮流的标志是一种经验主义,它迥异于希腊著作所特有的理智主义进路。它的另一个标志是力图把经验研究成果应用于实用目的。因此,文艺复兴时期欧洲的自然认识的黄金时代不仅包括在亚历山大传统(例如哥白尼)或雅典传统(例如克拉维乌斯)中工作的学者,也包括很多热衷于经验研究、旨在实际改进的人,如达·芬奇、第谷、维萨留斯或帕拉塞尔苏斯。

## 科学革命的开始

在现在到达的这一时间点,即大约1600年,发生了真正了不起的事情——我所谓的科学革命开始了。历史学家为科学革命指定的大相径庭的时间构成了《科学革命的编史学研究》中一个反复出现的主题,也是本篇补遗中的主题。现在已经很清楚,我为什么会选择17世纪初作为分析上最富有成效的科学革命起始时间。布里丹和奥雷姆并没有开创它,而是构成了中世纪情节的顶点。哥白尼也没有开创它,因为他想恢复托勒密行星理论的原始纯洁性,这毫无革命性可言。正如戴克斯特豪斯和库恩指出的,哥白尼运用旋转地球的概念并没有变成真正革命性的,直到伽利略和开普勒意识到它的后果,并将其扩展成一种远离其托勒密和阿基米德前身的新的"实在论的—数学的"科学。

我们能否谈及一场革命,它与之前的一切事物彻底决裂?在《科学革命的编史学研究》的第2.5节以及上一节,我已经表明"连续与断裂"的对立如何一直使研究现代科学兴起的历史学家耿耿于怀。我本人对这个老大难问题的解决方案有两个部分。

首先,我关于文化移植的想法涉及希腊著作有可能(但不是必然)在异国土壤上得到丰富,正如每一种情况下——在伊斯兰世界、中世纪的欧洲和文艺复兴时期的欧洲——确实发生的那样。但丰富可以表现为各种形式,从偶然的改进而保持雅典和亚历山大的自然认识不变,一直到我所谓的"革命性转变"。我现在认为,亚历山大遗产在1050年左右的伊斯兰世界可能发生了"革命性转变",但文艺复兴时期欧洲的所有三种潮流的确几乎同时发生了"革命性转变"。因此我对"革命"的定义不是绝对的,并非暗示历史中曾经发生过某种全新的东西,而是将它定义为某种相对的东西,也就是相对于变化更慢、更平缓的东西而言。事实上,我认为在这三种几乎同时发生的转变中,其中一种远远不如另外两种有革命性。

其次,我无意中了解到唐纳德·卡德威尔(Donald Cardwell)的一个历史思想实验,他想知道在一个18世纪初的见闻广博的观察员看来,什么技术领域最有可能做有利可图的投资并会发生急剧变化。这位观察员的回答将很可能是"冶金和采矿",而在实际历史中,纺纱和织造在19世纪成了变革的巨大推动力。我也在1600年安排了一个同样见闻广博的观察员,让这个完全虚构的人报告当时的趋势,并且在此基础上预测最有可能的未来。我试图通过这种方式表明1600年以后发生的事情是多么不可预知——不是像之前每一个黄金时代过后那样自然衰落,而是不少于三次的真正革命性的转变。

的确是"三次"——在《科学革命的编史学研究》的第2.4.5节,我已经表明存在着一场编史学运动,它始于柯瓦雷和伯特偶然的评论,但主要是在韦斯特福尔和库恩那里,将科学革命分成了两种或(比如在随后的哈克富特那里)三种平行的潮流——一个数学的,一个自然哲学的,一个"培根的"。对于到大约1640年这一时期,我赞同这种宽泛的模式。我力图确定究竟是数学科学和自然哲学的哪些新颖特征如此具有革命性。我对由此产生的三种革命性自然认识模式的命名旨在表达这些全新的特征。我把由开普勒和伽利略发起的潮流(简称"亚历山大加"[Alexandria-plus])称为"数学的-实在论的"(mathematical-realist)或"数学的-实验的"

(mathematical-experimental),把由贝克曼和笛卡儿发起的潮流(简称“雅典加”[Athens-plus])称为“运动的-微粒的”(kinetic-corpuscularian),也就是通过运动微粒来解释世界。在第三种潮流中,培根、吉尔伯特、哈维和范·赫尔蒙特(当然是以不太具有革命性的方式)将以实践为导向的经验主义转变成为我所谓的“发现事实”(fact-finding)的实验主义。

然而,革命性转变过程并非到此为止。我们现在看到了关于整个科学革命编史学的一个有些奇特的方面。不仅是前几章讨论的著作(也就是1994年之前的著作),而且几乎所有后来讨论科学革命的著作都有这个特点。由于科学革命教科书一般是按照重要学科的划分来组织的,读者们也许在一个语境中会从伽利略跳到牛顿,然后在另一个语境中又回到文艺复兴。如果作者承认科学革命内部有某些特定的潮流(数学的、实验的等等)的话,那么这些潮流都呈现为静态的东西,在整个科学革命中本质上保持不变。这方面的一个例外是韦斯特福尔的《现代科学的建构》(《科学革命的编史学研究》,第2.4.5节),它以伽利略与笛卡儿进路之间的动态张力以及牛顿最终解决它作为主要叙事线索。

现在回忆一下,(受韦斯特福尔很多启发)我特意把我的核心概念“自然认识模式”定义为动态的东西,即有可能发生变化,变化程度从得以丰富一直到革命性转变。我现在开始意识到,它们也会发生部分或整体的融合。也就是说,数学、自然哲学和经验主义这些迥异的“自然认识模式”(它们在欧洲文艺复兴时期共存,然后发生了不可预知的革命性转变)的彼此分离并不一定持久。在科学革命的第一阶段(约1600年—1645年),“亚历山大加”、“雅典加”和“发现事实”的实验主义大体上仍然是分离的,然而接下来是另外两个各具特色的阶段。到了1660年,某种融合开始显现,新的革命性转变产生了两种部分全新的“自然认识模式”,然后是25年后的第六次革命性转变。于是在我最后看来,科学革命由六次紧密关联的革命性转变构成。其中三次几乎同时发生在1600年—1645年,接下来两次发生在大约1660年—1685年,最后一次(由牛顿完成)发生在大约1685年—1700年。

### “如何?”“为什么?”

有了这一结论,我可以把我对科学革命史家对这一事件的习惯解释的日益不满变成一种建设性的替代方案。正如第四章和第五章所示,各种解释几乎无一例外是以论题形式提出的。学者们提出了冗长的论证,以坚持宗教改革、资本主义、亚里士多德主义学说的完善或印刷机“导致”了现代科学的兴起。其中每一个论题本身都是铁板一块——只把一种特定的历史现象当作涵盖一切的原因。其结果是相当明显的:每一个论题很快就招致了严厉批评,批判者们会根据构成现代科学兴起的越来越复杂的各种事件指出它的许多缺点。然而在20世纪80年代以前,各种“论题”仍然有增无减,它们继续在相互隔离的领地中进行思考。

自那以后同样没有什么来取代它们——对原因的探寻被认为毫无希望,连同科学革命概念本身一道被放弃了。科学史家没能按照库恩在他1977年的《物理科学发展中的数学传统与实验传统》一文(《科学革命的编史学研究》,第2.4.4节、第5.1.2节)中给出的非常丰富的建议行事。在这篇文章中,库恩主张把若干著名因果论题的有效性仅仅局限于他所区分的一两种潮流。例如,他非常明智地建议把“默顿论题”的相关性仅仅限制于科学革命的“培根”潮流。

既然我现在把科学革命定义为六次紧密关联的革命性转变,我抓住这个难得的机会,摆脱了这个以大范围“论题”形式来解释的奇特习惯。现在我可以指出某些事件和情况或许可以合理地充当与特定转变的因果联系。在这种变化了的格式中,我当然可以运用那些论题中在因果关系方面仍然富有成效的内容,但现在缩减至适当的规模。例如,被伊丽莎白·爱森斯坦宣布为整个科学革命唯一原因的印刷机(《科学革命的编史学研究》,第 5.2.9 节)对于革命性转变(1)—(3)并非必不可少,其必要性更多是对于接下来三次革命性转变。

请注意,我对每一次革命性转变提出的不同解释要附属于我对“现代科学为何出现在欧洲而不是其他地方”这一基本问题的回答。事实上,这种回答源于之前所做的各种跨文化比较,它们共同引出了以下核心结论:

(1)现代科学作为一种潜在的发展可能性埋藏在希腊自然认识著作中,也许没有埋藏在中国自然认识著作中。

(2)与中国不同,希腊著作相继发生了三次文化移植。

(3)事实证明,(由于欧洲文明所特有的一系列情况)在文艺复兴时期的欧洲发生的第三次也是最后一次文化移植是三次文化移植中最为激进的一次。事实上,它最适合产生仅仅作为一种潜能而埋藏其中的东西——一种完全不可预知的革命性转变。

两种进一步的考虑使我的各种解释即使合在一起也不够彻底

和完全。首先,我不同意这样一种历史观,认为曾经发生的一切都能做出解释。我认为,构成历史的不仅有按照事后看来可以察觉的逻辑进行的一连串事件,而且也有偶然或至少具有高度巧合性的事件,这些事件在不可预知的时刻(成吉思汗的征服是明显例子)打破了更为普通的事件的不断展开的逻辑。

其次,革命性转变(1)—(3)与后两次转变之间的大约15年间隙如何解释?我的回答在很大程度上得益于本-戴维的某些观点,也得益于夏平和谢弗的《利维坦与空气泵》,以及致力于探讨当时局外人怀疑实验结果可信性的许多新近文献。此外,准备《科学革命的编史学研究》的索引时我就已经开始认识到,在正文中(比如关于默顿和本-戴维的内容)我没有能够在科学史家越来越混为一谈的两种东西之间做出恰当区分,即辩护和合法化。毕竟,证明你为什么认为你关于某种数学规律或实验结果的结论是正确的,不同于证明你正在从事一种有价值的活动,它有益于或至少与你生活于其中的价值观相容。所有这些考虑一起帮我得出了这样一个结论:在17世纪三四十年代,那些革命性潮流(尤其是与伽利略和笛卡儿的名字联系在一起的潮流)的合法性迅速丧失,有可能导致对于整个彻底革新运动的致命后果。于是,1645年—1660年这大约15年标志着全欧洲的一场巨大的合法性危机,经过进一步思考,我发现这场危机由两种截然不同的要素组成——陌生和亵渎。

所谓"陌生"是指,我们今天非常熟悉的各种做法,比如夏平和谢弗的书中集中讨论的空气泵实验,伽利略关于宇宙从根本上受数学支配的观念等等,在17世纪不熟悉它们的人(也就是除开拓者以外的几乎所有人)看来必定极为奇怪和牵强。

所谓“亵渎”特别指针对神学问题,新的自然认识潮流的某些拥护者与当局(尤其是伽利略与梵蒂冈,笛卡儿与乌得勒支市,笛卡儿的正统追随者与法国国王和巴黎大主教)之间发生的一系列冲突。

因此我认为,由于陌生和亵渎这两种强大的情绪,在整个欧洲大陆,革命性转变的势头很快便失去了,它是否能够幸存下来也成了未定之数。

除了我的第一个问题,即现代科学如何能够继续下去,这一结论又引出了第二个主要问题:尽管有极大的困难,现代科学如何能够成功地幸存下来?显然,可行的回答必须解释陌生和亵渎如何不再被强烈感觉到或被实际中和。这里我尤其得益于本-戴维《科学家的社会角色》第五章的重要内容,但也得益于韦伯、霍伊卡和拉布的工作,甚至是默顿论题的某些部分。我的回答的关键是1648年的《威斯特伐利亚和约》及其培养的和解精神,以及“培根式的意识形态”的兴起。关于在1600年左右踊跃开展的革命性转变过程为什么能在17世纪60年代重新恢复速度,对这个问题的进一步详细阐述远远超出了目前补遗的恰当界限。

本篇补遗到这里也该结束了。它的撰写促使我重新考虑自20世纪80年代初我决定列举、总结和比较科学革命史家们的观点以来,在科学革命概念方面发生的所有事情。当时,关于这一主题的最新专著是鲁珀特·霍尔1983年出版的《科学中的革命》(《科学革命的编史学研究》,第2.4.3节)。现在,最新的出版物是我在上一节讨论的奥斯勒和普林西比所写的简短教科书以及我自己的专著。霍尔的著作与奥斯勒、普林西比和我的著作出版相隔不到 30 年。当时与现在所写内容之间的巨大差异证明了科学史界的活力。它们之间更多的相似之处则证明了那三位开拓者(戴克斯特豪斯、伯特和柯瓦雷)的敏锐眼光,他们在近一个世纪前就已经开始构思那场深刻剧变,自那以后它被称为“科学革命”,在未来的很长时间里也将如此。

H. 弗洛里斯·科恩

阿姆斯特丹,2012 年 7 月

# 参考书目

Books and articles only mentioned in passing in one or two notes have not been included in this list.


Abraham, G.A. "Misunderstanding the Merton Thesis: A Boundary Dispute between History and Sociology." *Isis* 74, 1983, pp. 368 – 387.

Albuquerque, L. de. "Professor R. Hooykaas and the History of Sciences in Portugal." In *Symposium "Hooykaas and the History of Science," Held on 3 and 4 March 1977 at the Utrecht State University*, pp. 1 – 13. (This book also appeared as a separate issue of the journal *Janus* 64, 1977, pp. 1 – 129.)

Alembert, Jean Le Rond d'. s. v. "Expérimental." *Encyclopédie*, vol. 6, 1756, pp. 298 – 301.

Ashworth, W.B., Jr. "Natural History and the Emblematic World View." In D. C. Lindberg and R. S. Westman (eds.), *Reappraisals of the Scientific Revolution*, pp. 303 – 332.

Basalla, G. (ed.). *The Rise of Modern Science: External or Internal Factors?* Lexington, Mass.: Heath, 1968.

Beaujouan, G. "Alexandre Koyré, l'évêque Tempier et les censures de 1277." In P. Redondi (ed.), *History and Technology* 4, 1 – 4, 1987, pp. 425 – 429.

Bedini, S.A. *The Pulse of Time: Galileo Galilei, the Determination of Longitude, and the Pendulum Clock*. Florence: Olschki, 1991.

Ben-David, J. *The Scientist's Role in Society: A Comparative Study*. Englewood Cliffs, N. J.: Prentice Hall, 1971. (A reprint was published by the University of Chicago Press, 1984, with a new introduction.)

——. "Puritanism and Modern Science: A Study in the Continuity and

Coherence of Sociological Research." In I. B. Cohen (ed.), *Puritanism and the Rise of Modern Science*, pp. 246 – 261 (appeared originally in 1985).

Berkel, K. van. "Universiteit en natuurwetenschap in de 17e eeuw, in het bijzonder in de Republiek" (University of Science in the 17th century; in the Republic, in Particular). In H.A.M. Snelders and K. van Berkel (eds.), *Natuurwetenschappen van Renaissance tot Darwin: Thema's uit de wetenschapsgeschiedenis*, pp. 107 – 130. Den Haag: Nijhoff, 1981.

——. *Isaac Beeckman (1588 – 1637) en de mechanisering van het wereldbeeld* (Isaac Beeckman and the Mechanization of the World Picture). Amsterdam: Rodopi, 1983.

——. *In het voetspoor van Stevin: Geschiedenis van de natuurwetenschap in Nederland, 1580 – 1940* (In Stevin's Footsteps: A History of Science in the Netherlands, 1580 – 1940). Meppel: Boom, 1985.

Bernal, J.D. *Science in History*. London: Watts, 1954 (edition used: 1969; 4 vols.).

Boas, M. *The Scientific Renaissance, 1450 – 1630*. London: Collins, 1962.

Briggs, R. *The Scientific Revolution of the Seventeenth Century*. London: Longman 1969.

Brooke, J.H. *Science and Religion: Some Historical Perspectives*. Cambridge: Cambridge University Press, 1991.

Bullough, V.L. (ed.). *The Scientific Revolution*. Huntington, N. Y.: Krieger, 1970.

Burke, J.G. (ed.). *The Uses of Science in the Age of Newton*. Berkeley: University of California Press, 1983.

Burtt, E.A. *The Metaphysical Foundations of Modern Physical Science: A Historical and Critical Essay*. London: Routledge & Kegan Paul, 1972 (reprint of the 2nd ed of 1932; 1st ed., 1924).

——. *In Search of Philosophic Understanding*. 2nd ed. Indianapolis: Hackett, 1980 (1st ed.. New American Library, 1965).

Butterfield, H. *The Origins of Modern Science, 1300 – 1800*. Rev. ed. London: Bell, 1957. (1st ed., 1949).

Cantor, G.N. "Between Rationalism and Romanticism: Whewell's Historiography of the Inductive Sciences." In M. Fisch and S. Schaffer (eds.), *William Whewell: A Composite Portrait*, pp. 67 – 86. Oxford: Clarendon, 1991.

Cardwell, D.S.L. *Turning Points in Western Technology: A Study of Technology, Science and History*. New York: Watson, 1972.

Chattopadhyaya, D. (ed.). *Studies in the History of Science in India*. 2 vols. New Delhi, 1982.

Christie, J. R. R "The Development of the Historiography of Science." In R. C. Olby *et al.*, *Companion to the History of Modern Science*, pp. 5 – 22. London: Routledge, 1990.

Clagett, M. *Greek Science in Antiquity*. New York: Abelard-Schuman, 1955.

——. *The Science of Mechanics in the Middle Ages*. Madison: University of Wisconsin Press, 1959.

——(ed.). *Critical Problems in the History of Science: Proceedings of the Institute for the History of Science at the University of Wisconsin, September 1 – 11, 1957*. Madison: University of Wisconsin Press, 1959.

Clark, G.N. *The Seventeenth Century*. Oxford: Oxford University Press, 1972 (reprint of the 2nd ed. of 1947; 1st ed., 1929).

——. *Science and Social Welfare in the Age of Newton*. Oxford: Oxford University Press, 1970 (reprint of the 2nd ed. of 1949; 1st ed., 1937).

Clavelin, M. "Le débat Koyré-Duhem, hier et aujourd'hui." In P. Redondi (ed.), *History and Technology* 4, 1 – 4, 1987, pp. 13 – 35.

Cohen, H.F. "Over aard en oorzaken van de 17e eeuwse wetenschapsrevolutie: Eerste ontwerp voor een historiografisch onderzoek." (On the Nature and Causes of the 17th-Century Scientific Revolution: Preliminary Draft of a Historiographical Research Project). Amsterdam: van Oorschot, 1983. (Inaugural address at Twente University of Technology, 9 June 1983.)

——. *Quantifying Music: The Science of Music at the First Stage of the Scientific Revolution*, 1580 – 1650. Dordrecht: Reidel, 1984.

——. "Music as a Test-Case." *Studies in History and Philosophy of Science* 16, 4, 1985, pp. 351 – 378.

——. "Comment on 'The Universities and the Scientific Revolution: The Case of England' by Mordechai Feingold." In *New Trends in the History of Science: Proceedings of a Conference Held at the University of Utrecht*, pp. 49 - 52. Amsterdam: Rodopi, 1989.

——. "'Open and Wide, yet without Height or Depth.'" *Tractrix* 2, 1990, pp. 159 - 165.

——. "Beats and the Origins of Early Modern Science." In V. Coelho (ed.), *Music and Science in the Age of Galileo*, pp. 17 - 34. Dordrecht: Kluwer Academic Publishers, 1992.

Cohen, I. B. *The Birth of a New Physics*. New York: Norton, 1985 (revised and updated ed. of the 1960 original).

——. *The Newtonian Revolution: With Illustrations of the Transformation of Scientific Ideas*. Cambridge: Cambridge University Press, 1980.

——. "A Harvard Education." *Isis* 75, 276, March 1984, pp. 13 - 21.

——. *Revolution in Science*. Cambridge, Mass.: Harvard University Press, 1985.

——. "Alexandre Koyré in America: Some Personal Reminiscences." In P. Redondi (ed.), *History and Technology* 4, 1 - 4, 1987, pp. 55 - 70.

——(ed.). *Puritanism and the Rise of Modern Science: The Merton Thesis*. New Brunswick: Rutgers University Press, 1990.

Comte, A. *Philosophie première: Cours de philosophie positive, Leçons 1 à 45*. Ed. M. Serres, F. Dagognet, and A. Sinaceur. Paris: Hermann, 1975.

Copenhaver, B.P. "Natural Magic, Hermetism, and Occultism in Early Modern Science." In D.C. Lindberg and R. S. Westman, *Reappraisals of the Scientific Revolution*, pp. 261 - 301.

Crombie, A.C. *Augustine to Galileo: The History of Science, AD 400 - 1650*. London: Heinemann, 1952.

——. *Robert Grosseteste and the Origins of Experimental Science, 1100 - 1700*. Oxford: Clarendon Press, 1953.

——. "The Significance of Medieval Discussions of Scientific Method for the Scientific Revolution." In M. Clagett (ed.), *Critical Problems in the History of Science*, pp. 79 - 101.

——. "Historians and the Scientific Revolution." *Endeavour* 19, 73, January

1960, pp. 9 - 13.

——(ed.). *Scientific Change: Historical Studies in the Intellectual, Social and Technical Conditions for Scientific Discovery and Technical Invention, from Antiquity to the Present. Symposium on the History of Science, University of Oxford, 9 - 15 July 1961.* London: Heinemann, 1963.

Curry, P. "Revisions of Science and Magic." *History of Science* 23, 1985, pp. 299 - 325.

Daston, L. "History of Science in an Elegiac Mode: E. A. Burtt's *Metaphysical Foundations of Modern Physical Science* Revisited." *Isis* 82, 313, 1991, pp. 522 - 531

Daumas, M. *Les instruments scientifiques aux XVII e et XVIII e siècles.* Paris: Presses Universitaires de France, 1953. (Translated as *Scientific Instruments of the Seventeenth and Eighteenth Centuries.* New York and Washington: Praeger, 1972)

Davids, C. A. "Technological Change in Early Modern Europe (1500 - 1780)." *Journal of the Japan-Netherlands Institute* 3, 1991, pp. 32 - 44.

Dear, P. "Totius in Verba: Rhetoric and Authority in the Early Royal Society." *Isis* 76, 282, 1985, pp. 145 - 161.

——. "Miracles, Experiments, and the Ordinary Course of Nature." *Isis* 81, 309, 1990, pp. 663 - 683.

Debus, A.G. *Man and Nature in the Renaissance.* Cambridge: Cambridge University Press, 1978.

——. "The Chemical Philosophy and the Scientific Revolution." In W.R. Shea (ed.), *Revolutions in Science: Their Meaning and Relevance*, pp. 27 - 48. Canton, Mass.: Science History Publications, 1988.

*Dictionary of the History of Science.* Ed. W.F. Bynum, E. J. Browne, and R. Porter. London: Macmillan, 1981.

*Dictionary of Scientific Biography.* 16 vols. Ed. Ch. C. Gillispie. New York: Scribner's, 1970 - 1980.

Dijksterhuis, E.J. *Val en worp: Een bijdrage tot de geschiedenis der mechanica van Aristoteles tot Newton.* Groningen: Noordhoff, 1924.

——. Review of A. Maier, *Die Vorläufer Galileis im 14. Jahrhundert. Isis*

41,124,1950,pp. 207-210.

——. *The Mechanization of the World Picture*. Oxford: Oxford University Press, 1961. (Translation of *De mechanisering van het wereldbeeld*. Amsterdam: Meulenhoff, 1950.)

——. "Doel en methode van de geschiedenis der exacte wetenschappen" (Aim and Methods of the History of the Exact Sciences). Amsterdam: Meulenhoff, 1953 (Inaugural address at Utrecht University.)

——. "Ad quanta intelligenda condita (Designed for Grasping Quantities)." *Tractrix* 2, 1990, pp. 111-125. (Translation of "Ad quanta intelligenda condita." Amsterdam: Meulenhoff, 1955; inaugural address at Leyden University.)

——. "Renaissance en natuurwetenschap" (Science and the Renaissance). *Mededelingen der Koninklijke Nederlandse Akademie van Wetenschappen, Afdeling Letterkunde*, Nieuwe Reeks Deel 19, no. 5, 1956, pp. 171-200.

——. "The Origins of Classical Mechanics from Aristotle to Newton." In M. Clagett (ed.), *Critical Problems in the History of Science*, pp. 163-184.

——. *Simon Stevin: Science in the Netherlands around 1600*. Ed. R. Hooykaas and G.J. Minnaert. Den Haag: Mouton, 1970 (condensed version of the Dutch original, published in 1943).

Dorn, H. *The Geography of Science*. Baltimore: Johns Hopkins University Press, 1991.

Duhem, P. *Études sur Léonard de Vinci: Ceux qu'il a lus et ceux qui l'ont lu*. 3 vols. Paris: Hermann, 1906, 1909, and 1913 (2nd impression, Paris: De Nobele, 1955).

——. *Le système du monde: Histoire des doctrines cosmologiques de Platon à Copernic*. 10 vols. Paris: Hermann, 1913-1959.

——. *Medieval Cosmology: Theories of Infinity, Place, Time, Void, and the Plurality of Worlds*. Ed. and trans. R. Ariew. Chicago: University of Chicago Press, 1985.

Eamon, W. "From the Secrets of Nature to Public Knowledge." In D.C. Lindberg and R. S. Westman (eds.), *Reappraisals of the Scientific Revolution*, pp. 333-365.

Eisenstein, E.L. *The Printing Press as an Agent of Change: Communications and Cultural Transformations in Early-Modern Europe*. 2 vols. Cambridge: Cambridge University Press, 1979.

——. *The Printing Revolution in Early Modern Europe*. Cambridge: Cambridge University Press, 1983.

Elkana, Y. (ed.). *William Whewell: Selected Writings on the History of Science*. Chicago: University of Chicago Press, 1984.

——. "William Whewell, Historian." *Rivista di Storia della Scienza* 1, 2, 1984, pp. 149 - 197.

——. "Alexandre Koyré: Between the History of Ideas and Sociology of Disembodied Knowledge." In P. Redondi (ed.), *History and Technology* 4, 1 - 4, 1987, pp. 115 - 148.

Farrington, B. *Greek Science*. Harmondsworth: Penguin, 1953 (originally in two parts, 1944 and 1949; edition used: the revised reprint of 1961).

——. *Science in Antiquity*. 2nd ed. Oxford: Oxford University Press, 1969 (1st ed., 1936).

Feingold, M. *The Mathematicians' Apprenticeship: Science, Universities and Society in England, 1560 - 1640*. Cambridge: Cambridge University Press, 1984.

Feldhay, R., and Y. Elkana (eds.). "'After Merton': Protestant and Catholic Science in Seventeenth-Century Europe." *Science in Context* 3, 1, 1989, pp. 3 - 302.

Finocchiaro, M.A. *Galileo and the Art of Reasoning: Rhetorical Foundations of Logic and Scientific Method*. Dordrecht: Reidel, 1980.

Fisch, M. *William Whewell, Philosopher of Science*. Oxford: Clarendon Press, 1991.

Fisch, M., and S. Schaffer (eds.). *William Whewell: A Composite Portrait*. Oxford: Clarendon Press, 1991.

Foster, M.B. "The Christian Doctrine of Creation and the Rise of Modern Natural Science." *Mind* 43, 1934, pp. 446 - 468 (reprint used: C. A. Russell [ed.], *Science and Religious Belief*, pp. 295 - 315).

Fournier, M. *The Fabric of Life: The Rise and Decline of Seventeenth-*

*Century Microscopy*. Enschede, 1991. (Johns Hopkins University Press, forthcoming.)

Fox Keller, E. *Reflections on Gender and Science*. New Haven: Yale University Press, 1985.

Freudenthal, Gad. "General Introduction: Joseph Ben-David—An Outline of His Life and Work." In J. Ben-David, *Scientific Growth: Essays on the Social Organization and Ethos of Science*, ed. G. Freudenthal, pp. 1 - 25. Berkeley and Los Angeles: University of California Press, 1991.

Funkenstein, A. *Theology and the Scientific Imagination from the Middle Ages to the Seventeenth Century*. Princeton: Princeton University Press, 1986.

Gascoigne, J. "A Reappraisal of the Role of the Universities in the Scientific Revolution." In D.C. Lindberg and R. S. Westman (eds.). *Reappraisals of the Scientific Revolution*, pp. 207 - 260.

Gillispie, C.C. *The Edge of Objectivity: An Essay in the History of Scientific Ideas*. Princeton: Princeton University Press, 1960. (Reprint with new preface: 1990.)

Gjertsen, D. *Science and Philosophy: Past and Present*. Harmondsworth: Penguin, 1989.

Graham, A. C. "China, Europe, and the Origins of Modern Science: Needham's *The Grand Titration*." In S. Nakayama and N. Sivin (eds.), *Chinese Science*, pp. 45 - 69.

Graham, L.R. "The Socio-political Roots of Boris Hessen: Soviet Marxism and the History of Science." *Social Studies of Science* 15, 1985, pp. 705 - 722.

Grant, E. *Physical Science in the Middle Ages*. Cambridge: Cambridge University Press, 1977 (first impression: Wiley & Sons, 1971).

Grunebaum, G.E. von. *Islam: Essays in the Nature and Growth of a Cultural Tradition.* London: Routledge, 1969 (reprint of the 2nd ed.; 1st ed., 1955).

Guerlac, H. *Essays and Papers in the History of Modern Science*. Baltimore: Johns Hopkins University Press, 1977.

Hahn, R. "Changing Patterns for the Support of Scientists from Louis XIV to Napoleon," In P. Redondi (ed.), *History and Technology* 4, 1-4, 1987, pp. 401-411.

Hakfoort, C. *Optics in the Age of Euler*. Cambridge: Cambridge University Press, forthcoming.

Hall, A. R. *The Scientific Revolution, 1500-1800: The Formation of the Modern Scientific Attitude*. London: Longmans, 1954.

——. "The Scholar and the Craftsman in the Scientific Revolution." In M. Clagett (ed.), *Critical Problems in the History of Science*, pp. 3-23.

——. "Merton Revisited, *or* Science and Society in the Seventeenth Century." *History of Science* 2, 1963, pp. 1-16 (reprint used: C.A. Russell [ed.], *Science and Religious Belief*, pp. 55-73).

——. *From Galileo to Newton, 1630-1720*. London: Collins, 1963.

——. "Magic, Metaphysics and Mysticism in the Scientific Revolution." In M. L. Righini Bonelli and W.R. Shea (eds.), *Reason, Experiment, and Mysticism in the Scientific Revolution*, pp. 275-282.

——. *The Revolution in Science, 1500-1750*. London: Longman, 1983.

——. "Gunnery, Science, and the Royal Society." In J.G. Burke (ed.), *The Uses of Science in the Age of Newton*, p. 111-141.

——. "Alexandre Koyré and the Scientific Revolution." In P. Redondi (ed.), *History and Technology* 4, 1-4, 1987, pp. 485-496.

Hankins, T.L. *Science and the Enlightenment*. Cambridge: Cambridge University Press, 1985.

Hatfield, G. "Metaphysics and the New Science." In D. C. Lindberg and R. S. Westman (eds.), *Reappraisals of the Scientific Revolution*, pp. 93-166.

Hazard, P. *La crise de la conscience Européenne (1680-1715)*. 3 vols. Paris: Boivin, 1935.

Heilbron, J. L. *Elements of Early Modern Physics*. Berkeley: University of California Press, 1982.

——. "Science in the Church." In R. Feldhay and Y. Elkana (eds.), "'After Merton,'" pp. 9-28.

Helden, A. Van. "The Birth of the Modern Scientific Instrument, 1550-

1700." In J. G. Burke (ed.), *The Uses of Science in the Age of Newton*, pp. 49-84.

Hesse, M. "Reasons and Evaluation in the History of Science." In M. Teich & R. Young (eds.), *Changing Perspectives in the History of Science*, pp. 127-147.

Hessen, B. [M.] "The Social and Economic Roots of Newton's 'Principia.'" In *Science at the Cross Roads: Papers Presented to the International Congress of the History of Science and Technology Held in London from June 29th to July 3rd, 1931, by the Delegates of the USSR*, pp. 149-212. London, 1931; (2nd ed., London: Cass, 1971).

Hill, C. "Puritanism, Capitalism and the Scientific Revolution." In C. Webster (ed.), *The Intellectual Revolution of the Seventeenth Century*, pp. 243-253.

Hooykaas, R. "Pascal: His Science and His Religion." *Tractrix* 1, 1989, pp. 115-139. (Translation of "Pascal: Zijn wetenschap en zijn religie"; first published in 1939.)

——. "Science and Theology in the Middle Ages." *Free University Quarterly* 3, 1954, pp. 77-163.

——. *Religion and the Rise of Modern Science*. Edinburgh: Scottish Academic Press, 1973 (1st ed., 1972).

——. "Humanism and the Voyages of Discovery in 16th Century Portuguese Science and Letters." *Mededelingen der Koninklijke Nederlandse Akademie van Weten-schappen, Afdeling Letterkunde*, Nieuwe Reeks Deel 42, no. 4, 1979.

——. *Science in Manueline Style: The Historical Context of D. João de Castro's Works*. Coimbra: Academia Internacional da Cultura Portuguesa, 1980. (This is a separate edition of pp. 231-426 in the 4th volume of *Obras completas de D. João de Castro*, ed. A. Cortesão and L. de Albuquerque. Coimbra, 1968-1980.)

——. *Selected Studies in History of Science*. Coimbra: Por ordem da Universidade, 1983.

——. *G.J. Rheticus' Treatise on Holy Scripture and the Motion of the Earth*.

Amsterdam: North-Holland, 1984.

——. "The Rise of Modern Science: When and Why?" *British Journal for History of Science* 20, 4, 1987, pp. 453 - 473.

Jacob, J.R., and M.C. Jacob. "The Anglican Origins of Modern Science: The Metaphysical Foundations of the Whig Constitution." *Isis* 71, 257, 1980, pp. 251 - 267.

Jacob, M.C. *The Cultural Meaning of the Scientific Revolution*. New York: Knopf, 1988.

Jaki, S.L. *The Origin of Science and the Science of Its Origins*. South Bend Ind.: Regnery/Gateway, 1978.

——. *Uneasy Genius: The Life and Work of Pierre Duhem*. The Hague: Nijhoff 1984.

Jones, R. F. *Ancients and Moderns: A Study of the Rise of the Scientific Movement in Seventeenth Century England*. Berkeley: University of California Press, 1965 (reprint of the 2nd ed. of 1961; 1st ed., 1936).

Kant, I. *Kritik der reinen Vernunft*. 1781 (edition used, Hamburg: Meiner, 1976).

——. *Die drei Kritiken in ihrem Zusammenhang mit dem Gesamtwerk*. Ed. R. Schmidt. Stuttgart: Kröner, 1975.

Kearney, H.F. *Science and Change, 1500 - 1700*. New York: McGraw-Hill, 1971.

——. "Puritanism, Capitalism and the Scientific Revolution." In C. Webster (ed.), *The Intellectual Revolution of the Seventeenth Century*, pp. 218 - 242.

——. "Puritanism and Science: Problems of Definition." In C. Webster (ed.), *The Intellectual Revolution of the Seventeenth Century*, pp. 254 - 261.

Kemsley, D.S. "Religious Influences in the Rise of Modern Science: A Review and Criticism, Particularly of the 'Protestant-Puritan Ethic' Theory." *Annals of Science* 24, 3, 1968, pp. 199 - 226 (reprint used: C. A. Russell (ed.). *Science and Religious Belief*, pp. 74 - 102).

Klaaren, E.M. *Religious Origins of Modern Science: Belief in Creation in*

*Seventeenth-Century Thought*. Grand Rapids, Mich.: Eerdmans, 1977.

Koyré, A. *Études Galiléennes*. Paris: Hermann, 1939 - 1940 (2nd ed. used, 1966).

——. Review of A. Maier, *Die Vorläufer Galileis im 14. Jahrhundert*. *Archives Internationales d'Histoire des Sciences*, 1951, pp. 769 - 783.

——. *From the Closed World to the Infinite Universe*. New York: Harper, 1958 (1st ed., Baltimore: Johns Hopkins University Press, 1957).

——. *La révolution astronomique: Copernic—Kepler—Borelli*. Paris: Hermann, 1961.

——. *Études d'histoire de la pensée philosophique*. Paris: Colin, 1961 (2nd ed. used, Paris: Gallimard, 1971).

——. "Commentary on H. Guerlac's 'Some Historical Assumptions of the History of Science.'" In A.C. Crombie (ed.), *Scientific Change*, pp. 847 - 857.

——. *Newtonian Studies*. London: Chapman & Hall, 1965.

——. *Études d'histoire de la pensée scientifique*. Ed. R. Taton. Paris: Presses Universitaires de France, 1966.

——. *Metaphysics and Measurement: Essays in Scientific Revolution*. Ed. M. Hoskin. Cambridge, Mass. Harvard University Press, 1968.

——. *De la mystique à la science: Cours, conférences et documents, 1922 - 1962*. Ed. P. Redondi. Paris: Éditions de l'École des Hautes Études en Sciences Sociales, 1986.

Kragh, H. *An Introduction to the Historiography of Science*. Cambridge: Cambridge University Press, 1987.

Krohn, W. "Zur soziologischen Interpretation der neuzeitlichen Wissenschaft." In E. Zilsel, Die sozialen Ursprünge der neuzeitlichen Wissenschaft, ed. and trans. W. Krohn, pp. 7 - 43. Frankfurt a.M.: Suhrkamp, 1976.

——. "Die 'Neue Wissenschaft' der Renaissance." In G. Böhme, W. van den Daele, and W. Krohn, *Experimentelle Philosophie: Ursprünge autonomer Wissenschaftsentwicklung*, pp. 14 - 128. Frankfurt a.M.: Suhrkamp, 1977.

Kuhn, T.S. *The Copernican Revolution: Planetary Astronomy in the Development of Western Thought*. Cambridge, Mass.: Harvard University Press, 1957.

Reprint. New York: Random House, Vintage Books, 1959.

——. *The Structure of Scientific Revolutions*. 2nd enl. ed. Chicago: University of Chicago Press, 1970 (1st ed., 1962).

——. "Scientific Growth: Reflections on Ben-David's 'Scientific Role'" (essay review of J. Ben-David, *The Scientist's Role in Society*). *Minerva* 10, 1972, pp. 166 - 178.

——. *The Essential Tension: Selected Studies in Scientific Tradition and Change*. Chicago: University of Chicago Press, 1977.

Landes, D.S. *The Unbound Prometheus: Technological Change and Industrial Development in Western Europe from 1750 to the Present*. Cambridge: Cambridge University Press, 1969.

——. *Revolution in Time: Clocks and the Making of the Modern World*. Cambridge, Mass.: Harvard University Press, 1983.

Leopold, J.H. "Christiaan Huygens and His Instrument Makers." In H.J.M. Bos *et al*. (eds.), *Studies on Christiaan Huygens*, pp. 221 - 233. Lisse: Swets & Zeitlinger, 1980.

Lindberg, D.C. "The Transmission of Greek and Arabic Learning to the West." In idem (ed.), *Science in the Middle Ages*, pp. 52 - 90. Chicago: University of Chicago Press, 1978.

——. "Conceptions of the Scientific Revolution from Bacon to Butterfield: A Preliminary Sketch." In D.C. Lindberg and R.S. Westman (eds.), *Reappraisals of the Scientific Revolution*, pp. 1 - 26.

Lindberg, D.C., and R.S. Westman (eds.), *Reappraisals of the Scientific Revolution*. Cambridge: Cambridge University Press, 1990.

Lloyd, G.E.R. *Greek Science after Aristotle*. New York: Norton, 1973.

McGuire, J.E., and P.M. Rattansi. "Newton and the Pipes of Pan." *Notes and Records of the Royal Society of London*, 1966, pp. 108 - 143.

Mach, E. *Die Mechanik in ihrer Entwickelung historisch-kritisch dargestellt*. Leipzig: Brockhaus, 1883. (Translated by T. J. McCormack as *The Science of Mechanics: A Critical and Historical Account of Its Development*. Chicago: Open Court, 1893.)

McMullin, E. "Empiricism and the Scientific Revvolution." In C. S. Singleton (ed.), *Art, Science, and History in the Renaissance*, pp. 331 – 369. Baltimore: Johns Hopkins University Press, 1967.

——. "Conceptions of Science in the Scientific Revolution." In D. C. Lindberg & R. S. Westman (eds.), *Reappraisals of the Scientific Revolution*, pp. 27 – 92.

McNeill, W.H. "The Era of Chinese Predominance, 1000 – 1500." In idem, *The Pursuit of Power*, ch. 2. Oxford: Basil Blackwell, 1983.

Maier, A. *Die Vorläufer Galileis im 14. Jahrhundert.* Rome: Edizioni di "Storia e Letteratura," 1949.

——. *Zwei Grundprobleme der scholastischen Naturphilosophie.* Rome: Edizioni di "Storia e Letteratura," 1951.

——. *An der Grenze von Scholastik und Naturwissenschaft.* Rome: Edizioni di "Storia e Letteratura," 1952.

——. *Metaphysische Hintergründe der spätscholastischen Naturphilosophie.* Rome: Edizioni di "Storia e Letteratura," 1955.

——. *Zwischen Philosophie und Mechanik.* Rome: Edizioni di "Storia e Letteratura," 1958.

——. *Ausgehendes Mittelalter: Gesammelte Aufsätze zur Geistesgeschichte des 14. Jahrhunderts.* 3 vols. Rome: Edizioni di "Storia e Letteratura," 1964, 1967, and 1977 (the final volume was edited by A. Paravicini Bagliani).

——. *On the Threshold of Exact Science: Selected Writings of Anneliese Maier on Late Medieval Natural Philosophy.* Ed. and trans. S.D. Sargent. Philadelphia: University of Pennsylvania Press, 1982.

Martin, R.N.D. "The Genesis of a Mediaeval Historian: Pierre Duhem and the Origins of Statics." *Annals of Science* 33, 1976, pp. 119 – 129.

Mason, S.F "Science and Religion in Seventeenth-Century England." In C. Webster (ed.), *The Intellectual Revolution of the Seventeenth Century*, pp. 197 – 217.

Merchant, C. *The Death of Nature: Women, Ecology, and the Scientific Revolution.* San Francisco: Harper & Row, 1980.

Merton, R.K. *Science, Technology and Society in Seventeenth-Century England.* New York: Harper & Row, 1970 (published originally in *Osiris* 4, 2, 1938, pp. 360 – 632).

——. "Commentary on the Paper of Rupert Hall." In M. Clagett (ed.), *Critical Problems in the History of Science*, pp. 24 – 29.

——. *The Sociology of Science: Theoretical and Empirical Investigations*. Ed. N. W. Storer. Chicago: University of Chicago Press, 1973.

Montucla, J.-F. *Histoire des mathématiques*. 2nd ed. 4 vols. Paris, 1799 – 1802. Reprint. Paris: Blanchard, 1968.

Mulligan, L. "Civil War Politics, Religion and the Royal Society." In C. Webster (ed.), *The Intellectual Revolution of the Seventeenth Century*, pp. 317 – 346.

Nakayama, S. "Joseph Needham, Organic Philosopher." In S. Nakayama and N. Sivin (eds.), *Chinese Science*, pp. 23 – 43.

Nakayama, S., and N. Sivin (eds.), *Chinese Science: Explorations of an Ancient Tradition*. Cambridge, Mass.: MIT Press, 1973.

Nasr, S. H. *Man and Nature: The Spiritual Crisis of Modern Man*. London: Unwin, 1968.

——. *Science and Civilization in Islam*. Cambridge, Mass.: Harvard University Press, 1968.

Needham. J. *The Grand Titration: Science and Society in East and West*. London: Allen & Unwin, 1969.

——. Foreword. In *Science at the Cross Roads*, pp. vii – x. 2nd ed. London: Cass, 1971.

——. "The Historian of Science as Ecumenical Man: A Meditation in the Shingon Temple of Kongosammai-in on Koyasan." In S. Nakayama and N. Sivin (eds.), *Chinese Science*, pp. 1 – 8.

——. [H. Holorenshaw, pseud.]. "The Making of an Honorary Taoist." In M. Teich and R. Young (eds.), *Changing Perspectives in the History of Science*, pp. 1 – 20.

——. *Science in Traditional China: A Comparative Perspective*. Hong Kong: The Chinese University Press, 1981.

——. Foreword. In Debiprasad Chattopadhyaya, *History of Science and Technology in Ancient India*, pp. v – viii. Calcutta: Firma KLM Private,

1986.

Needham, J., et al. *Science and Civilisation in China*. 15 vols, to date. Cambridge: Cambridge University Press, 1954 -.

Needham, J., with the collaboration of Wang Ling, Lu Gwei-Djen, and Ho Ping-Yü. *Clerks and Craftsmen in China and the West: Lectures and Addresses on the History of Science and Technology*. Cambridge: Cambridge University Press, 1970.

Nelson, B. "Sciences and Civilizations, 'East' and 'West': Joseph Needham and Max Weber." In R. J. Seeger and R. S. Cohen (eds.), *Philosophical Foundations of Science*, pp. 445 - 493. Boston Studies in the Philosophy of Science, vol. 11. Dordrecht: Reidel, 1974.

Okken, L. "Die technische Umwelt der frühen Räderuhr." *Tractrix* 1, 1989, pp. 85 - 114.

Olschki, L. *Geschichte der neusprachlichen wissenschaftlichen Literatur*. Vol. 1, *Die Literatur der Technik und der angewandten Wissenschaften vom Mittelalter bis zur Renaissance*. Heidelberg: Winter, 1919. Vol. 2, *Bildung und Wissenschaft im Zeitalter der Renaissance in Italien*. Leipzig and Florence: Olschki, 1922. Vol. 3, *Galilei und seine Zeit*. Halle: Niemeyer, 1927. (All three volumes were reprinted together by Kraus Reprint, Vaduz, 1965.)

Ornstein [Bronfenbrenner], M. *The Rôle of Scientific Societies in the Seventeenth Century*. Chicago: University of Chicago Press, 1928 (originally 1913; facsimile reprint used, New York: Arno Press, 1975).

Peters, F. E. *Allah's Commonwealth: A History of Islam in the Near East, 600 - 1000 AD*. New York: Simon & Schuster, 1973.

Piaget J., and R. Garcia. *Psychogenèse et histoire des sciences*. Paris: Flammarion, 1983.

Pines, S. "What Was Original in Arabie Science?" In A.C. Crombie (ed.), *Scientific Change*, pp. 181 - 205.

Popkin, R.H. *The History of Scepticism from Erasmus to Spinoza*. Berkeley: University of California Press, 1979 (revised and expanded edition of *The History of Scepticism from Erasmus to Descartes*. Assen: van Gorcum, 1960).

Porter, R. "The Scientific Revolution: A Spoke in the Wheel?" In R. Porter and M. Teich, *Revolution in History*, pp. 290 – 316. Cambridge: Cambridge University Press, 1986.

Pyenson, L. "What Is the Good of History of Science?" *History of Science* 27, 1989, pp. 353 – 388.

Rabb, T. K. "Religion and the Rise of Modern Science." In C. Webster (ed.), *The Intellectual Revolution of the Seventeenth Century*, pp. 262 – 279.

——. *The Struggle for Stability in Early Modern Europe*. Oxford: Oxford University Press, 1975.

Rahman, A. "Sixteenth- and Seventeenth-Century Science in India and Some Problems of Comparative Studies." In M. Teich and R. Young (eds.), *Changing Perspectives in the History of Science*, pp. 52 – 67.

Randall, J.H., Jr. "The Development of Scientific Method in the School of Padua." In idem, *The School of Padua and the Emergence of Modern Science*, pp. 13 – 68. Padua: Antenore, 1961. (chapter appeared originally in 1940).

Rattansi, P. M. "Some Evaluations of Reason in Sixteenth- and Seventeenth-Century Natural Philosophy." In M. Teich and R. Young (eds.), *Changing Perspectives in the History of Science*, pp. 148 – 166.

Redondi P. (ed.). *History and Technology* 4, 1 – 4, 1987, special issue "Science: The Renaissance of a History. Proceedings of the International Conference 'Alexandre Koyré,' Paris, Collège de France, 10 – 14 June 1986."

Revel, J.-F. *Histoire de la philosophie occidentale*. 2 vols. Paris: Stock, 1969 – 1970.

Righini Bonelli, M.L., and W.R. Shea (eds.). *Reason, Experiment, and Mysticism in the Scientific Revolution*. New York: Science History Publications, 1975.

Ronan, C. *The Shorter Science and Civilisation in China: An Abridgement of Joseph Needham's Original Text*. Vol. 1 (vols. I and II of the Major Series), vol. 2 (vol. III and a section of vol. IV, part I, of the Major Series), vol. 3 (a section of vol. IV, part 1, and a section of vol. IV, part 3, of the Major Series). Cambridge: Cambridge University Press, 1978 – 1986.

Rose, P.L. *The Italian Renaissance of Mathematics: Studies on Humanists and Mathematicians from Petrarch to Galileo*. Geneva: Droz, 1975.

Rossi, P. *Francis Bacon: From Magic to Science*. Chicago: University of Chicago Press, 1968 (Italian original: 1957).

——. *Philosophy, Technology, and the Arts in the Early Modern Era*. New York: Harper, 1970 (Italian original: 1962).

——. "Hermeticism, Rationality and the Scientific Revolution." In M. L. Righini Bonelli and W. R. Shea (eds.), *Reason, Experiment, and Mysticism in the Scientific Revolution*, pp. 247 – 273.

——. *The Dark Abyss of Time: The History of the Earth and the History of Nations from Hooke to Vico*. Chicago: University of Chicago Press, 1984 (Italian original: 1979).

Russell C.A. (ed.). *Science and Religious Belief: A Selection of Recent Historical Studies*. London: University of London Press, 1973.

Sabra, A.I. "The Appropriation and Subsequent Naturalization of Greek Science in Medieval Islam: A Preliminary Statement." *History of Science* 25, September 1987, pp. 223 – 243.

——. S.v. "Science, Islamic. *Dictionary of the Middle Ages*, ed. J.R. Strayer, vol. 11. pp. 81 – 89. New York: Scribner's, 1988.

Sambursky, S. *The Physical World of the Greeks*. London: Routledge & Kegan Paul, 1956. Reprint. Princeton: Princeton University Press, 1987 (Hebrew original: 1954).

Sarton, G. "East and West." In idem, *The History of Science and the New Humanism*, pp. 73 – 124. New York: Holt, 1931.

——. *Sarton on the History of Science*. Ed. D. Stimson. Cambridge, Mass: Harvard University Press, 1962.

Saunders, J.J. "The Problem of Islamic Decadence." *Journal of World History* 7, 1963, pp. 701 – 720.

Savage-Smith, E. "Gleanings from an Arabist's Workshop: Current Trends in the Study of Medieval Islamic Science and Medicine. *Isis* 79, 297, June 1988, pp. 246 – 272.

Sayili, A. "Islam and the Rise of the Seventeenth Century Science." *Belleten* 22, 85 – 88, 1958, pp. 353 – 368.

——. "The Causes of the Decline of Scientific Work in Islam." In idem. *The*

*Observatoryin Islam and Its Place in the General History of the Observatory*, appendix II. Ankara, 1960.

Schiebinger, L. *The Mind Has No Sex? Women in the Origins of Modern Science*. Cambridge, Mass: Harvard University Press, 1989.

Schipper, F. "William Whewell's Conception of Scientific Revolutions." *Studies in History and Philosophy of Science* 19, 1, 1988, pp. 43 - 53.

Schmitt, C.B. *Aristotle and the Renaissance*. Cambridge, Mass.: Harvard University Press, 1983.

Schuster, J.A. "Descartes and the Scientific Revolution, 1618 - 1634: An Interpretation." Doctoral dissertation, Princeton University, 1977 (available through University Microfilms International, Ann Arbor, Mich.).

——. "The Scientific Revolution." In R.C. Olby, G.N. Cantor, J.R.R. Christie, and M. J. S. Hodge (eds.), *Companion to the History of Modern Science*, pp. 217 - 242. London: Routledge, 1990.

Settle, T. B. "An Experiment in the History of Science." *Science* 133, 1961, pp. 19 - 23.

Shapere, D. *Galileo: A Philosophical Study*. Chicago: University of Chicago Press, 1974.

Shapin, S. "Understanding the Merton Thesis." *Isis* 79, 299, 1988, pp. 594 - 605.

Shapin, S., and S. Schaffer. *Leviathan and the Air-Pump: Hobbes, Boyle, and the Experimental Life*. Princeton: Princeton University Press, 1985.

Shapiro, B. "Latitudinarianism and Science in Seventeenth-Century England." In C. Webster (ed.), *The Intellectual Revolution of the Seventeenth Century*, pp. 286 - 316.

Sivin, N. Preface. In S. Nakayama and N. Sivin (eds.), *Chinese Science*, pp. xi - xxxvi.

——. "An Introductory Bibliography of Traditional Chinese Science: Books and Articles in Western Languages." S. Nakayama and N. Sivin (eds.), *Chinese Science*, pp. 279 - 314.

——. "Chinesische Wissenschaft: Ein Vergleich der Ansätze von Max Weber und Joseph Needham." In Wolfgang Schluchter (ed.), *Max Webers Studie über Konfuzianismus und Taoismus: Interpretation und Kritik*, pp. 342 - 362. Frankfurt a. M.: Suhrkamp, 1983.

——. "Why the Scientific Revolution Did Not Take Place in China—Or Didn't It?" In E. Mendelsohn (ed.), *Transformation and Tradition in the Sciences: Essays in Honor of I. Bernard Cohen*, pp. 531 - 554. Cambridge: Cambridge University Press, 1984.

Solla Price, D.J. de. "Joseph Needham and the Science of China." In S. Nakayama and N. Sivin (eds.), *Chinese Science*, pp. 9 - 21.

Sorel, G. *Les préoccupations métaphysiques des physiciens modernes*. Cahiers de la Quinzaine, série Ⅷ, no. 16. Paris, 1905 (appeared originally as an article in *Revue de Métaphysique et de Morale*).

Spence, J. D. Contribution to a review symposium on *Science and Civilisation in China*. *Isis* 75, 276, 1984, pp. 180 - 189.

Strong, E.W. *Procedures and Metaphysics: A Study in the Philosophy of Mathematical-Physical Science in the Sixteenth and Seventeenth Centuries*. Berkeley: University of California Press, 1936.

Teeter Dobbs, B. J. *The Foundations of Newton's Alchemy, or "The Hunting of the Greene Lyon."* Cambridge: Cambridge University Press, 1975.

Teich M., and R. Young (eds.). *Changing Perspectives in the History of Science: Essays in Honour of Joseph Needham*. London: Heinemann, 1973.

Vallance, J.T. "Marshall Clagett's *Greek Science in Antiquity*: Thirty-five Years Later." *Isis* 81, 309, 1990, pp. 713 - 721.

Vickers, B. (ed.). *Occult and Scientific Mentalities in the Renaissance*. Cambridge: Cambridge University Press, 1984.

Wallace, W. A. *Causality and Scientific Explanation*. Vol. 1, *Medieval and Early Classical Science*. Ann Arbor: University of Michigan Press, 1972.

——. *Galileo and His Sources: The Heritage of the Collegio Romano in Galileo's Science*. Princeton: Princeton University Press, 1984.

——. *Galileo, the Jesuits and the Medieval Aristotle*. Hampshire: Variorum, 1991.

Weber, M. *Gesammelte Aufsätze zur Religionssoziologie* Vol. 1. Tübingen: Mohr,

1920. (The volume contains "Vorbemerkung," pp. 1 - 16; "Die protestantische Ethik und der Geist des Kapitalismus," pp. 17 - 206; "Die protestantischen Sekten und der Geist des Kapitalismus," pp. 207 - 236; "Einleitung" [to "Die Wirtschaftsethik der Weltreligionen], pp. 237 - 275; "Konfuzianismus und Taoismus," pp. 276 - 536; "Zwischenbetrachtung: Theorie der Stufen und Richtungen religiöser Weltablehnung," pp. 536 - 573.)

——. "Wissenschaft als Beruf." In idem, *Gesammelte Aufsätze zur Wissenschaftslehre*, pp. 524 - 555. Tübingen: Mohr, 1922 (originally published, 1919; originally given as lecture, 1917).

Webster, C. *From Paracelsus to Newton: Magic and the Making of Modern Science*. Cambridge: Cambridge University Press, 1982.

——, (ed.). *The Intellectual Revolution of the Seventeenth Century*. London: Routledge & Kegan Paul, 1974.

Weinstein, D. "In Whose Image and Likeness? Interpretations of Renaissance Humanism." *Journal of the History of Ideas* 33, 1972, pp. 165 - 176.

Wentholt, R. "The Conquest of Bias in the Human Sciences." Unpublished typescript. 1976.

Qian, Wen-yuan. *The Great Inertia: Scientific Stagnation in Traditional China*. London: Croom Helm, 1985.

Werskey, PG. "On the Reception of *Science at the Cross Roads* in England." In *Science at the Cross Roads*, pp. xi - xxiv. 2nd ed. London: Cass, 1971.

——. *The Visible College*. London: Allen Lane, 1978.

Westfall, R.S. *Science and Religion in Seventeenth-Century England*. New Haven: Yale University Press, 1958 (2nd ed. used, Ann Arbor: University of Michigan Press, 1973).

——. *Force in Newton's Physics: The Science of Dynamics in the Seventeenth Century*. London: MacDonald, 1971.

——. *The Construction of Modern Science: Mechanisms and Mechanics*. 2nd ed. Cambridge: Cambridge University Press, 1977 (1st ed., New York: Wiley, 1971).

——. *Never at Rest: A Biography of Isaac Newton*. Cambridge: Cambridge University Press, 1983 (1st ed.: 1980).

——. "Robert Hooke, Mechanical Technology, and Scientific Investigation." In J. G. Burke (ed.), *The Uses of Science in the Age of Newton*, pp. 85–110.

——. "Science and Patronage: Galileo and the Telescope." *Isis* 76, 1985, pp. 11–30.

——. "Patronage and the Publication of Galileo's *Dialogue*." In P. Redondi (ed.), *History and Technology* 4, 1–4, 1987, pp. 385–399.

——. "The Scientific Revolution." In S. Goldberg (ed.), *Teaching in the History of Science: Resources and Strategies*, pp. 7–12. Philadelphia: History of Science Society Publication, 1989 (appeared originally in *History of Science Society Newsletter* 15, 3, July 1986).

——. "Making a World of Precision: Newton and the Construction of a Quantitative Physics." In F. Durham & R.D. Puddington (eds.), *Some Truer Method: Reflections on the Heritage of Newton*, pp. 59–87. New York: Columbia University Press, 1990.

Westman, R.S. "Magical Reform and Astronomical Reform: The Yates Thesis Reconsidered." In R. S. Westman and J. E. McGuire, *Hermeticism and the Scientific Revolution*. Los Angeles: University of California Press, 1977.

Whewell, W. *History of the Inductive Sciences, from the Earliest to the Present Time*. 3rd ed. 3 vols. London: Parker, 1857. (1st ed., 1837.)

——. *The Philosophy of the Inductive Sciences, Founded upon Their History*. 2nd ed. 2 vols. London: Parker, 1847. (1st ed., 1840.)

White, L., Jr. *Medieval Technology and Social Change*. Oxford: Oxford University Press, 1962.

——. *Medieval Religion and Technology: Collected Essays*. Berkeley: University of California Press, 1978.

——. Contribution to a review symposium on *Science and Civilisation in China*. *Isis* 75, 276, 1984, pp. 172–179.

Whitrow, G.J. *Time in History: Views of Time from Prehistory to the Present Day*. Oxford: Oxford University Press, 1988.

Yates, F.A. *Giordano Bruno and the Hermetic Tradition*. Chicago: University of Chicago Press, 1964.

——. "The Hermetic Tradition in Renaissance Science." In *Ideas and Ideals in the North European Renaissance: Collected Essays*, Vol. 3, pp. 227 - 246. London: Routledge & Kegan Paul, 1984 (appeared originally in C. S. Singleton [ed.], *Art, Science, and History in the Renaissance*, pp. 255 - 274. Baltimore: Johns Hopkins University Press, 1967).

——. *The Rosicrucian Enlightenment*. London: Routledge & Kegan Paul, 1972 (edition used: Paladin, 1975).

Yoder, J.G. *Unrolling Time: Christiaan Huygens and the Mathematization of Nature*. Cambridge: Cambridge University Press, 1988.

Zilsel, E. "The Sociological Roots of Science." *American Journal of Sociology* 47, 1941/42, pp. 544 - 562.

——. "The Origins of Gilbert's Scientific Method." In P.P. Wiener and A. Noland (eds.), *Roots of Scientific Thought*, pp. 219 - 250. New York: Basic Books, 1957 (appeared originally in the *Journal of the History of Ideas* 2, 1941, p. 1 - 32).

——. "The Genesis of the Concept of Physical Law." *Philosophical Review* 51, 1942, pp. 245 - 279.

——. "The Genesis of the Concept of Scientific Progress." In P.P. Wiener and A. Noland (eds.), *Roots of Scientific Thought*, pp. 251 - 275. New York: Basic Books, 1957 (appeared originally in the *Journal of the History of Ideas* 6, 1945, pp. 325 - 349).

——. *Die sozialen Ursprünge der neuzeitlichen Wissenschaft*. Ed., intr., and trans. W. Krohn. Frankfurt a. M.: Suhrkamp, 1976.

# 索　引*

（所标页码为原书页码，即本书边码）

本索引主要是为了便于读者查询本书所讨论的科学革命史家及其想法。这些历史学家的名字用大写字母标出。讨论最多的历史学家的条目最后会有特定的子条目列出他们的作品（按时间顺序排列），他们对其他历史学家的看法（按字母顺序排列）以及与其他历史学家的比较（按字母顺序排列）。

该索引还包括这样一些详细条目：科学家；科学的分支、时期和各个方面；科学革命的各个方面（比如确定它的时间）；编史学特征；以及许多附带的主题。关于主要科学家和科学基本属性的条目最后会有子条目列出讨论这些科学家的历史学家。



---

* 为方便读者阅读，已把原书中的尾注改为脚注，所以索引中原本出现的尾注页码已经失去了意义，这里从略。仅在尾注中出现的人名也不再标出。此外，作者用中译本补遗取代了原书第八章（pp. 506－525），所以出现在原书第八章范围内的词条也不再列出。——译者

# 译 后 记

弗洛里斯·科恩(H. Floris Cohen)[①]是荷兰著名科学史家。他生于1946年，早年在莱顿大学学习历史，1975—1982年任莱顿布尔哈夫博物馆(Museum Boerhaave)馆长，1982—2001年任特温特大学科学史教授，2001年提前退休，2006年12月起任乌得勒支大学比较科学史教授，2014—2019年任国际著名科学史期刊*Isis*主编。其代表作有：《量化音乐：科学革命第一阶段的音乐科学》(*Quantifying Music: The Science of Music at the First Stage of the Scientific Revolution, 1580—1650*, 1984)、《科学革命的编史学研究》(*The Scientific Revolution: A Historiographical Inquiry*, 1994)、《世界的重新创造：现代科学是如何产生的》(*De herschepping van de wereld: Het ontstaan van de moderne natuurwetenschap verklaard*, 2007)、《现代科学如何产生：四种文明，一次17世纪的突破》(*How Modern Science Came into the World: Four Civilizations, One 17th Century Breakthrough*, 2010)等。

2010年，阿姆斯特丹大学出版社出版了科恩教授研究现代科

① 请不要与出版《新物理学的诞生》《科学中的革命》等著作的著名美国科学史家I.伯纳德·科恩(I. Bernard Cohen, 1914—2003)相混淆。

学兴起的巨著《现代科学如何产生:四种文明,一次 17 世纪的突破》。这部著作反映了科恩本人关于 16、17 世纪科学革命和现代科学兴起的完整看法,它的编排和思路明显建基于科恩对以往科学史家关于科学革命的种种论述的系统整理和分析,而体现这种整理和分析的正是他 1994 年出版的这本《科学革命的编史学研究》。

剑桥大学历史学家赫伯特·巴特菲尔德(Herbert Butterfield)在《现代科学的起源》(*The Origins of Modern Science*)中有一段经常被引用的名言:"科学革命使基督教兴起以来的所有事物相形见绌,使文艺复兴和宗教改革降格为一些情节,降格为仅仅是中世纪基督教世界体系内部的一些移位。"科恩完全赞同这一观点,他遵循伯特(Edwin Arthur Burtt)和巴特菲尔德等人所持的"相对非连续"立场,认为科学革命绝不只是一个方便的称呼,而是一个真实的历史事件,失去这个概念将是一场"重大的思想灾难"。科学史家拥有科学革命这份"秘密宝藏",它是理解西方如何会在世界历史上占主导地位的关键,而鲜有"一般"历史学家、社会学家、经济学家曾为我们理解这一宝藏做出自己的贡献。

科学革命是西方科学史界在 20 世纪取得最大成就的研究领域,由此形成了几大最有影响力的编史纲领,产出了一批经典研究著作。科学革命的实质是什么?是否真的发生过科学革命?它有确定的时间吗?代表人物是谁?科学革命为何会在西欧发生?为何西欧以外没有发生科学革命?科学史家们对此做了各种各样的探讨,撰写了浩如烟海的科学革命文献。但在《科学革命的编史学研究》之前,尚未有人对这些文献做出系统整理和全面的批判性分析。《科学革命的编史学研究》称得上是一部百科全书式著作，它批判性地系统考察了科学史家关于科学革命的大约60种观点，这样的著作可谓绝无仅有。作者仿佛读过所有关于科学革命的著作，而后一一进行总结概括，并对其特点和不足给出了自己的看法，其认真的治学态度和驾驭材料的强大能力令人叹为观止。

《科学革命的编史学研究》集中关注两个基本问题：科学革命的实质是什么，以及科学革命是如何成为可能的。第一章是导言，之后是该书第一部分，题为“定义科学革命的实质”，分为两章。第二章“大传统”详细讨论了休厄尔（William Whewell）、康德（Immanuel Kant）、马赫（Ernst Mach）、迪昂（Pierre Duhem）、迈尔（Anneliese Maier）、戴克斯特豪斯（Eduard Jan Dijksterhuis）、柯瓦雷（Alexandre Koyré）、伯特、巴特菲尔德、A. 鲁珀特·霍尔（A. Rupert Hall）、玛丽·博厄斯·霍尔（Marie Boas Hall）、库恩（Thomas Kuhn）、韦斯特福尔（Richard Westfall）等人的观点，特别是迈尔、戴克斯特豪斯、柯瓦雷和伯特被称为“四位伟人”（great four），他们从20世纪20年代到60年代初共同锻造和巩固了科学革命概念。作者对他们观点的总结和比较尤其精彩。第三章“更大背景下的新科学”详细讨论了新的方法论、权威作用的逐渐消失、魔法世界观、实验、仪器、女性自然、社团、大学、赞助等议题。

该书第二部分题为“寻找科学革命的原因”，科恩将它分成了三章，很好地综合了内史和外史等多方面的考虑：第四章题为“现代早期科学从先前的西方自然思想中产生”，涉及古代、中世纪和文艺复兴时期的自然哲学、人文主义、哥白尼主义、新柏拉图主义、17世纪初的“怀疑论危机”以及其他“内部”因素，第五章题为“现代早期科学从西欧历史事件中产生”,涉及清教主义、圣经世界观、航海大发现、印刷术的影响、对实用技艺的重新评价、资本主义的兴起以及其他“外部”因素,第六章题为“现代早期科学未在西欧以外产生”,主要集中于伊斯兰世界和中国。这三章详细讨论了霍伊卡(Reijer Hooykaas)、默顿(Robert K. Merton)、奥尔什基(Leonardo Olschki)、赫森(Boris Hessen)、齐尔塞尔(Edgar Zilsel)、兰德斯(David S. Landes)、爱森斯坦(Elizabeth L. Eisenstein)、本-戴维(Joseph Ben-David)、冯·格鲁内鲍姆(G. E. von Grunebaum)、萨耶勒(Aydin Sayili)、桑德斯(John Joseph Saunders)、萨卜拉(Abdelhamid I. Sabra)、李约瑟(Joseph Needham)等人的观点。

该书第三部分本来分为两章:第七章题为“科学革命概念 50 年”,讨论“科学革命”概念半个世纪以来的发展和演变,第八章题为“科学革命的结构”,讨论作者本人对科学革命的理解。但后来科恩教授的思路改变了(新的思路体现于《现代科学如何产生:四种文明,一次 17 世纪的突破》),因此他认真撰写了一篇两万多字的中译本补遗来替换第八章,其中简要概述了 1994 年至 2012 年出版的 14 本关注科学革命本身的著作,并详细论述了他本人关于科学革命的思想发展。这种严谨态度着实令人感佩。

我国目前的科技史研究在很大程度上依然停留在参照现代科学来讲述“英雄科学家”历史故事的水平上,似乎真正的科技史就是弄清楚科学家在何时、何地做出了何种理论或发明这样一些可以完全确定的内容,其他一概不必考虑,也不清楚还有哪些因素应该考虑。一个原因是,我国的科技史研究者不仅很少有人看科学家的原著,甚至也很少有人看国际一流科学史家的著作。我不知道这种作为科学注脚的科技史能有多大价值，它肯定称不上科恩所说的“秘密宝藏”。我们不仅需要知道个别科学家做出了哪些“具体贡献”，更需要知道这些贡献有哪些哲学、宗教、社会背景，根植于何种土壤，其思想背后有何根本动力或张力，“内部”因素与“外部”因素的关系如何等等，只有透过这些内容，才能帮助我们更好地认识西方文明在现代的异军突起以及科学技术在其中扮演的角色，从而更深刻地反思西方近现代科学技术对整个人类文明的影响。

在这个意义上，对于目前的中国科技史界而言，优秀的编史学著作可能更有价值。比如我们曾经介绍和翻译过戴克斯特豪斯、柯瓦雷、伯特、巴特菲尔德等人的所谓“内史”著作，但我们可能并不清楚这些人的观点有何具体区别，除此之外关于科学革命还有哪些科学史家的工作，他们之间的关系如何，等等。本书则可以大大满足我们的这一需要，其如此丰富的内容令人大开眼界，目不暇接。它对各种观点的总结和分析极有价值，很好地综合了内史和外史因素，可以使我们熟悉科学革命的方方面面。相信中译本的出版必将大大拓展中国学术界的研究视野，提高我国西方科技史研究的起点。

当然，对于这样一本大部头著作也很容易提出一些质疑，比如有些与科学革命有重要联系的学者的工作没有被详述（我能想到的有卡西尔[Ernst Cassirer]、梅耶松[Emile Meyerson]、怀特[Lynn White]等人）；对某些科学史家的批评可能过于严厉或不够恰当（比如对马赫、爱森斯坦、夏平和谢弗等人）；在讨论魔法在现代科学起源中的作用的编史学时，科恩几乎完全集中于耶茨

(Frances Yates)和她关于赫尔墨斯主义的说法,这可能是不全面的;也有一些科学史家认为,用第六章这么大的篇幅来讨论现代早期科学为何没有在伊斯兰世界和中国产生,这没有什么意义,比如一位科学史家在书评中说,这就像讨论"为什么儒家没有在16世纪的法国发展出来"一样荒谬。[①] 像这样见仁见智的意见可能还有很多,但它们完全无损于本书所具有的重大价值,读者读完之后自会有自己的评价。

不用说,本书翻译起来十分辛苦,读起来亦不会很轻松。这不仅是因为它篇幅巨大,涉及人物和领域众多,更是因为作者的英语极为缠绕,原文中五六行一句的比比皆是,九十行一句的也不少见,这大概是因为作者的母语并非英语所致。我虽然已经试图将其译得尽可能顺畅和紧凑,但因能力所限,译文一定还有许多错误和不尽人意之处,企盼读者不吝赐教。感谢吴国盛老师、刘钝老师在本书翻译过程中给予我的鼓励和支持。还有其他许多师友给予了各种鼓励和帮助,这里无法一一列出,在此谨向他们表示衷心的谢意!

张卜天

清华大学科学史系

2020年6月11日

① Pamela O. Long, "Review of *The Scientific Revolution: A Historiographical Inquiry* by H. Floris Cohen", *Technology and Culture*, Vol. 37, No. 3 (Jul., 1996), pp. 619–621.

**图书在版编目(CIP)数据**

科学革命的编史学研究/(荷)H.弗洛里斯·科恩著；张卜天译.—北京：商务印书馆，2022
(科学史译丛)
ISBN 978-7-100-20704-1

Ⅰ.①科… Ⅱ.①H… ②张… Ⅲ.①自然科学史—研究—世界 Ⅳ.①N091

中国版本图书馆 CIP 数据核字(2022)第 026289 号



科学史译丛
**科学革命的编史学研究**
〔荷〕H.弗洛里斯·科恩 著
张卜天 译

商 务 印 书 馆 出 版
(北京王府井大街36号 邮政编码100710)
商 务 印 书 馆 发 行
北京中科印刷有限公司印刷
ISBN 978-7-100-20704-1

2022 年 4 月第 1 版　　开本 880×1240 1/32
2022 年 4 月北京第 1 次印刷　　印张 30⅞
定价：168.00 元

# 《科学史译丛》书目

第一辑（已出）

| | |
|---|---|
| 文明的滴定：东西方的科学与社会 | 〔英〕李约瑟 |
| 科学与宗教的领地 | 〔澳〕彼得·哈里森 |
| 新物理学的诞生 | 〔美〕I. 伯纳德·科恩 |
| 从封闭世界到无限宇宙 | 〔法〕亚历山大·柯瓦雷 |
| 牛顿研究 | 〔法〕亚历山大·柯瓦雷 |
| 自然科学与社会科学的互动 | 〔美〕I. 伯纳德·科恩 |

第二辑（已出）

| | |
|---|---|
| 西方神秘学指津 | 〔荷〕乌特·哈内赫拉夫 |
| 炼金术的秘密 | 〔美〕劳伦斯·普林西比 |
| 近代物理科学的形而上学基础 | 〔美〕埃德温·阿瑟·伯特 |
| 世界图景的机械化 | 〔荷〕爱德华·扬·戴克斯特豪斯 |
| 西方科学的起源（第二版） | 〔美〕戴维·林德伯格 |
| 圣经、新教与自然科学的兴起 | 〔澳〕彼得·哈里森 |

第三辑（已出）

重构世界　〔美〕玛格丽特·J. 奥斯勒

世界的重新创造：现代科学是如何产生的　〔荷〕H. 弗洛里斯·科恩

无限与视角　〔美〕卡斯滕·哈里斯

人的堕落与科学的基础　〔澳〕彼得·哈里森

近代科学在中世纪的基础　〔美〕爱德华·格兰特

近代科学的建构　〔美〕理查德·韦斯特福尔

第四辑

希腊科学　〔英〕杰弗里·劳埃德

科学革命的编史学研究　〔荷〕H. 弗洛里斯·科恩

现代科学的诞生　〔意〕保罗·罗西

雅各布·克莱因思想史文集　〔美〕雅各布·克莱因

通往现代性　〔比〕路易·迪普雷

时间的发现　〔英〕斯蒂芬·图尔敏　〔英〕琼·古德菲尔德